Fortgeschrittene Multivariate Analysemethoden

Klaus Backhaus · Bernd Erichson · Rolf Weiber

Fortgeschrittene Multivariate Analysemethoden

Eine anwendungsorientierte Einführung

3., überarbeitete und aktualisierte Auflage

Professor Dr. Dr. h. c. Klaus Backhaus
Westfälische Wilhelms-Universität Münster
Marketing Centrum Münster
Institut für Anlagen und Systemtechnologien
Königsstr. 47
48143 Münster

Professor Dr. Rolf Weiber
Universität Trier
Lehrstuhl für Marketing
Innovation und E-Business
Universitätsring 15
54286 Trier

Professor Emeritus Dr. Bernd Erichson
Otto-von-Guericke-Universität Magdeburg
Universitätsplatz 2
39106 Magdeburg

ISBN 978-3-662-46086-3
DOI 10.1007/978-3-662-46087-0

ISBN 978-3-662-46087-0 (eBook)

Die Deutsche Nationalbibliothek verzeichnet diese Publikation in der Deutschen Nationalbibliografie; detaillierte bibliografische Daten sind im Internet über http://dnb.d-nb.de abrufbar.

Springer Gabler
© Springer-Verlag Berlin Heidelberg 2011, 2013, 2015
Dieses Werk ist urheberrechtlich geschützt. Die dadurch begründeten Rechte, insbesondere die der Übersetzung, des Nachdrucks, des Vortrags, der Entnahme von Abbildungen und Tabellen, der Funksendung, der Mikroverfilmung oder der Vervielfältigung auf anderen Wegen und der Speicherung in Datenverarbeitungsanlagen, bleiben, auch bei nur auszugsweiser Verwertung, vorbehalten. Eine Vervielfältigung dieses Werkes oder von Teilen dieses Werkes ist auch im Einzelfall nur in den Grenzen der gesetzlichen Bestimmungen des Urheberrechtsgesetzes der Bundesrepublik Deutschland vom 9. September 1965 in der jeweils geltenden Fassung zulässig. Sie ist grundsätzlich vergütungspflichtig. Zuwiderhandlungen unterliegen den Strafbestimmungen des Urheberrechtsgesetzes.

Die Wiedergabe von Gebrauchsnamen, Warenbezeichnungen usw. in diesem Werk berechtigt auch ohne besondere Kennzeichnung nicht zu der Annahme, dass solche Namen im Sinne der Warenzeichen- und Markenschutzgesetzgebung als frei zu betrachten wären und daher von jedermann benutzt werden dürfen.

Lektorat: Barbara Roscher

Gedruckt auf säurefreiem und chlorfrei gebleichtem Papier

Springer Medizin ist Teil der Fachverlagsgruppe Springer Science+Business Media
www.springer.com

Vorwort zur 3. Auflage

Die unerwartet schnelle Aufnahme des Buches Fortgeschrittene Multivariate Analysemethoden (FMVA) am Markt hat es notwendig gemacht, in relativ kurzer Zeit eine weitere Neuauflage zu produzieren. Dies war nur möglich, weil sich der Verlag bereit erklärt hat, zur Überbrückung die zweite Auflage noch einmal nachzudrucken, wofür wir herzlich danken. Dieser Nachdruck hat uns die notwendige Zeit gelassen, eine überarbeitete und aktualisierte 3. Auflage zu produzieren.

Alle Verfahren wurden für die 3. Auflage mit IBM SPSS 22 bzw. AMOS 22 neu gerechnet und bei Änderungen die Eingabe-Screenshots sowie Ergebnis-Outputs ersetzt. Das Fallbeispiel zu Neuronalen Netzen wurde mit der nun in IBM SPSS Statistics verfügbaren Prozedur Neuronale Netze gerechnet. Außerdem findet der Leser im Downloadbereich der Internetseite zum Buch www.multivariate.de die Berechnung des Neuronalen Netzes mit dem Erweiterungsmodul IBM SPSS Modeler, das das ehemalige Modul zu Neuronalen Netzen Clementine ersetzt hat. Weiterhin wurden die Literaturhinweise aktualisiert, erkannte Fehler beseitigt und einige Sachverhalte präziser und wie wir meinen auch verständlicher dargestellt. Dabei hat uns eine Vielzahl von Lesern unterstützt, indem sie uns auf Fehler und wenig verständliche Teile aufmerksam gemacht haben. Darüber hinaus hat uns die Diskussionsplattform www.multivariate.de, die wir im Netz betreiben, deutlich gemacht, was offenbar häufiger gefragt wird und wo vermutlich Probleme aufgetreten sind.

Unser Dank gilt neben den kritischen Lesern vor allem unseren Mitarbeitern in Magdeburg, Münster und Trier, die uns bei der Überarbeitung intensiv unterstützt haben. In Münster waren das vor allem Dr. Sascha Witt, M. Sc. Stefan Benthaus und mit besonderem Nachdruck Herr Matthias Reese, der die komplette Transkription von Word in das Programm LaTeX übernommen hat. In Trier gilt unser Dank den Herren Dipl.-Kfm. Michael Bathen und M. Sc. David Lichter.

Vorwort

Alle verbliebenen Mängel gehen selbstverständlich zu unseren Lasten. Auch für die vorliegende 3. Auflage hoffen wir, dass sie weiterhin für die Lehre im Master- und Promotionsstudium sowie den Anwendern aus der Unternehmenspraxis hilfreiche Dienste erweisen kann. Über Rückmeldungen über unsere Internetseite www.multivariate.de oder direkt an:
>03klba@wiwi.uni-muenster.de
>erichson@ovgu.de
>weiber@uni-trier.de

würden wir uns sehr freuen.

Im Sommer 2015
Klaus Backhaus, Münster
Bernd Erichson, Magdeburg
Rolf Weiber, Trier

Vorwort zur 1. Auflage

Mit der 12. Auflage des Buches „Multivariate Analysemethoden" haben wir ein Experiment begonnen, das uns nicht nur Wohlwollen, sondern auch Kritik eingetragen hat. Wir haben die Veröffentlichung in zwei Teile zerlegt: ein gedrucktes Werk (Multivariate Analysemethoden, 12. Aufl.), das jetzt – nun farblich unterstützt – die Grundverfahren der Multivariaten Analysemethoden enthält. Darüber hinaus wird auf unserer Internetplattform www.multivariate.de den Leserinnen und Lesern jeweils eine Darstellung der komplexeren Verfahren der Multivariaten Analyse offeriert. Viele Leser haben uns in dieser Vorgehensweise bestärkt, ein signifikanter Anteil von Lesern hat uns allerdings auch dafür kritisiert und eine Buchausgabe gefordert. Als überwiegend richtig empfunden wurde allerdings die Aufteilung der Verfahren in grundlegende und komplexere Analysemethoden. Wir haben uns vor dem Hintergrund dieser Diskussion entschieden, nun die sieben von uns als komplexer definierten Verfahren in einem zweiten Band unter dem Titel „Fortgeschrittene Multivariate Analysemethoden - eine anwendungsorientierte Einführung" herauszubringen. Die äußerliche Aufmachung ist vergleichbar mit der 13. Auflage des Grundlagenwerkes, das in Kürze erscheinen wird.

Um die Verbindung beider Werke deutlich zu machen, haben wir uns entschieden, das relativ kurze Kapitel III des Grundlagenwerkes, in dem die komplexeren Verfahren in einer Kurzbeschreibung zusammengestellt sind, auch im Grundlagenteil beizubehalten. Wir starten den zweiten Band mit der Auszeichnung als „1. Auflage", obwohl dies nicht ganz korrekt ist. Manche der Verfahren waren schon in der 11. Vorauflage abgedruckt.

Die Trennung der beiden Verfahrensgruppen, bei denen es in beiden Bereichen um eine anwendungsorientierte Einführung geht, richtet sich an unterschiedliche Zielgruppen. Während das Buch „Multivariate Analysemethoden" in den Grundzügen eher auf das Bachelor-Studium gerichtet ist, zielt das Buch „Fortgeschrittene Multivariate Analysemethoden" auf die Verwendung in Master- und PhD-Programmen ab. Mit der Trennung der beiden Bücher folgen wir somit auch der Neuorganisation des universitären Studiums in Bachelor- und spezialisierte Master- sowie Doktoranden-Programme.

Vorwort

Mit Erscheinen des neuen Buches „Fortgeschrittene Multivariate Analysemethoden" folgen wir nach wie vor unserer bewährten Leitlinie für die grundständigen Verfahren: „Geringstmögliche Anforderungen an mathematische Vorkenntnisse und Gewährleistung einer allgemein verständlichen Darstellung anhand eines für mehrere Methoden entwickelten Beispiels." Nur weil die in diesem Buch behandelten Verfahren der Multivariatenanalyse komplexer sind, muss die Darstellung der Verfahren aber nicht unverständlich sein. Damit darf der Leser natürlich nicht mehr als die Vermittlung eines Grundverständnisses der Verfahren erwarten. Die Darstellung der Grundzusammenhänge erschien uns wichtiger als die Behandlung einzelner Details. Darüber hinaus gilt auch: Das Lehrbuch ist ein Buch von Anwendern für Anwender.

Das relativ kurzfristige Erscheinen von „Fortgeschrittene Multivariate Analysemethoden" war nur möglich, weil Mitarbeiterinnen und Mitarbeiter an den verschiedenen Lehrstühlen umfassende Hilfe bei der Erstellung des Buches geleistet haben. In Münster hat sich Herr Dipl.-Kfm. Nico Wiegand in unermüdlicher Sisyphusarbeit um die Koordination und Erstellung eines druckfähigen Manuskriptes bemüht. Er hat eine Reihe von studentischen Hilfskräften angeleitet, die sich auf Fehlersuche begeben haben. In Magdeburg hat Frau Dr. Franziska Rumpel mitgewirkt. In Trier hat vor allem Herr Dipl.Volksw. Dipl. Kfm. Daniel Mühlhaus die Texte kritisch gelesen, konstruktive Verbesserungsvorschläge vorgelegt und auch Textvorschläge erarbeitet. Frau cand. rer. pol. Julia Krimgen hat mit großer Akribie Literatur gesucht, Fehler aufgedeckt, Abbildungen erstellt und bei der Einarbeitung von neuen Textteilen mitgewirkt. Allen Helfern an unseren Lehrstühlen gilt unser besonderer Dank.

Selbstverständlich gehen alle eventuellen Mängel zu unseren Lasten.

Im August 2010
Klaus Backhaus, Münster
Bernd Erichson, Magdeburg
Rolf Weiber, Trier

Inhaltsverzeichnis

I	Benutzungshinweise	1
www.multivariate.de		3
Bestellkarte		5
Zur Verwendung dieses Buches		7
II	Strukturen-Prüfende Verfahren	21
1	Nichtlineare Regression	23
2	Strukturgleichungsanalyse	65
3	Konfirmatorische Faktorenanalyse	121
4	Auswahlbasierte Conjoint-Analyse	175
III	Strukturen-Entdeckende Verfahren	293
5	Neuronale Netze	295
6	Multidimensionale Skalierung	349
7	Korrespondenzanalyse	401
Stichwortverzeichnis		451

Teil I

Benutzungshinweise

www.multivariate.de

Zu den Büchern „Backhaus/Erichson/Plinke/Weiber: Multivariate Analysemethoden, 14. Aufl., Berlin 2015" und „Backhaus/Erichson/Weiber: Fortgeschrittene Multivariate Analysemethoden, 3. Aufl., Berlin 2015" finden die Leserinnen und Leser im Internet unter der Adresse

www.multivariate.de

unterschiedliche Unterstützungsleistungen zu den in den beiden Bänden behandelten Verfahren der multivariaten Datenanalyse. Ziel dieser Internetpräsenz ist es, ergänzend zu den beiden Lehrbüchern auch zwischen den verschiedenen Auflagen auf aktuelle Entwicklungen hinzuweisen und eine Plattform für den Erfahrungsaustausch auch unter den Nutzern der Bücher zu schaffen. Den Kern der Internetpräsenz bilden die folgenden Serviceleistungen:

- **MVA-Grundlegende Verfahren**
  Zu den im Buch „**Multivariate Analysemethoden, 14. Aufl.**" behandelten grundlegenden Verfahren der multivariaten Analyse finden die interessierten Leserinnen und Leser jeweils eine Einordnung dieser Verfahren, einen kurzen Verfahrenssteckbrief sowie eine Übersicht der jeweiligen Kapitelinhalte.

- **MVA-Komplexe Verfahren**
  Zu den im Buch „**Fortgeschrittene Multivariate Analysemethoden**" behandelten Verfahren der multivariaten Analyse finden die interessierten Leserinnen und Leser jeweils eine Einordnung dieser Verfahren, einen kurzen Verfahrenssteckbrief sowie eine Übersicht der jeweiligen Kapitelinhalte.

- **MVA-FAQ**
  Häufig gestellte Fragen und Hinweise zu den Verfahren werden unter der Rubrik „*Frequently Asked Questions*" übersichtlich archiviert, so dass eine schnelle Problemlösung bei häufigen Anwenderfragen gewährleistet ist. Die FAQs sind geordnet und bei jedem Verfahren gesondert aufgeführt.

- **MVA-Forum zu den einzelnen Analysemethoden**
  Die Internetseite bietet spezielle verfahrensspezifische Foren, in denen sich die Anwenderinnen und Anwender über Verfahrensprobleme austauschen und z. B. gemeinsam Lösungen für spezifische Anwendungssituationen finden können. Dabei sind sowohl Fragen von Experten, wie auch von Nicht-Experten, Lösungshinweise oder Verbesserungsvorschläge gerne erwünscht. Überdies werden die Diskussionen regelmäßig von den Autoren verfolgt und durch konstruktive Beiträge das Umfeld „des gemeinsamen Lernens" unterstützt.

www.multivariate.de

- **MVA-Forum zum Buchkonzept**
  Unter dem *Register „Service"* wird ein allgemeines Forum zu beiden Buchkonzepten angeboten. Hier freuen sich die Autoren auch über neue Konzeptvorschläge und beantworten spezielle Fragen zu beiden Büchern.

- **MVA-Anwender- und Dozentensupport**
  Über den MVA-Support können unter dem *Register „Service"* sowohl alle Abbildungen als PowerPoint-Datei als auch die Support-CD mit den Datensätzen und SPSS-Jobs zu allen Verfahren schnell und bequem bestellt werden.

- **MVA-Korrekturliste**
  Das *Register „Service"* enthält für beide Bücher jeweils eine Korrekturliste, in der die Autoren über nach Drucklegung ggf. bemerkte Fehler in der jeweils aktuellen Auflage informieren.

- **MVA-Feedback an Autoren**
  Die Autoren freuen sich, wenn die Leserinnen und Leser in den beiden Büchern entdeckte Fehler über das Feedbackformular direkt an die Autoren melden.

Bestellkarte

- - - - - - - - - - - - - - - **Faxantwort an +49/651/2013910** - - - - - - - - - - - - - - -

Absender

_____

_____

_____

Tel.: _____

Mail: _____

Professur für Marketing,
Innovation & E-Business
Univ.-Prof. Dr. Rolf Weiber
Universitätsring 15
D-54296 Trier

Betr.: Fortgeschrittene Multivariate Analysemethoden

Hiermit bestelle ich (zuzüglich Versandkosten):

☐ die Support-CD mit den Datensätzen und Syntaxdateien zu allen *„Fortgeschrittenen Verfahren"* zum Gesamtpreis von 3 Euro;

☐ das komplette Set der Abbildungen zu den *„Fortgeschrittenen Verfahren"* als geschützte Powerpoint-Dateien zum Gesamtpreis von 10 Euro.

Das Set der Abbildungen als geschützte Powerpoint-Dateien für die einzelnen Kapitel kann zum Preis von je 2,50 Euro erworben werden. Hiermit bestelle ich (zuzüglich Versandkosten) die folgenden Kapitel:

☐ Nichtlineare Regression;

☐ Strukturgleichungsmanalyse;

☐ Konfirmatorische Faktorenanalyse;

☐ Auswahlbasierte Conjoint-Analyse;

☐ Neuronale Netze;

☐ Multidimensionale Skalierung;

☐ Korrespondenzanalyse.

Die Bestellung soll

☐ postalisch als CD versendet werden (plus Versandkosten)

☐ elektronisch zugesendet werden (hier entstehen *keine* Versandkosten)

_____   _____
Datum   Unterschrift

Die Bestellung ist auch über www.multivariate.de möglich!

Zur Verwendung dieses Buches

1	Zielsetzung des Buches	8
2	Strukturierung der fortgeschrittenen multivariaten Analysemethoden	11
	2.1 Strukturen-prüfende Verfahren	11
	2.2 Strukturen-entdeckende Verfahren	14
	2.3 Zusammenfassende Betrachtung	15
3	Die verwendeten Programmsysteme	16
	Literaturhinweise	19

Zur Verwendung dieses Buches

1 Zielsetzung des Buches

Einsatzfeld

Einhergehend mit der breiten Verfügbarkeit von Softwareprogrammen für multivariate Analysemethoden hat sich auch das Einsatzfeld dieser Verfahren sowohl in der Wissenschaft als auch in der Praxis enorm verbreitet. Das gilt nicht nur für die Häufigkeit, mit der multivariate Verfahren angewendet werden, sondern gleichzeitig auch für die Vielzahl der unterschiedlichsten Methoden. Darüber hinaus bilden die multivariaten Analysemethoden, die sich immer noch in einer „stürmischen" Entwicklung befinden, heute eines der Fundamente der empirischen Forschung in den Realwissenschaften. Allerdings ist damit auch die Einschätzung, welche multivariaten Analysemethoden denn in der Ausbildung an Hochschulen eine besonders hohe Verbreitung gefunden haben, nicht einfach.

Veränderung der Hochschullandschaft

Gleichzeitig hat in den letzten Jahren das Bildungssystem der Hochschulen mit der Einführung von Bachelor- und Master-Studiengängen eine grundlegende Veränderung erfahren, so dass es auch hier schwer fällt, eine allgemeine Einschätzung vorzunehmen, welche multivariaten Verfahren eher in der Bachelor-Ausbildung und welche eher in der Master- und/oder Doktoranden-Ausbildung eingesetzt werden. Wird allerdings der Überlegung gefolgt, dass in einem Bachelor-Studium eher die grundlegenden Varianten multivariater Verfahren behandelt werden und erst in der Master- und Doktoranden-Ausbildung Verfahrensvarianten und komplexere Verfahren zur Anwendung gelangen, so kann eine erste Annäherung an die Differenzierung von multivariaten Analysemethoden gefunden werden. Obwohl eine Einteilung der Vielzahl an multivariaten Verfahren in „Grundlegende Verfahren" und „Fortgeschrittene Verfahren" weder leicht noch eindeutig ist, haben die Autoren dieses Buches eine solche Unterscheidung wie folgt vorgenommen:

Grundlegende Verfahren

(1) Multivariate Analysemethoden: Grundlegende Verfahren

- Regressionsanalyse (Lineare Einfachregression und multiple Regression)
- Zeitreihenanalyse
- Varianzanalyse
- Diskriminanzanalyse
- Logistische Regression
- Kreuztabellierung und Kontingenzanalyse
- Faktorenanalyse
- Clusteranalyse
- (Traditionelle) Conjoint-Analyse

Die hier als „Grundlegende Verfahren" bezeichneten multivariaten Analysemethoden werden behandelt in dem Buch:

Backhaus, Klaus/Erichson, Bernd/Plinke, Wulff/Weiber, Rolf:
Multivariate Analysemethoden. Eine anwendungsorientierte Einführung, 14. Aufl., Berlin 2015.

(2) Fortgeschrittene Verfahren der multivariaten Analyse

- Nichtlineare Regressionsanalyse
- Strukturgleichungsanalyse
- Konfirmatorische Faktorenanalyse
- Auswahlbasierte Conjoint-Analyse
- Neuronale Netze
- Multidimensionale Skalierung
- Korrespondenzanalyse

Das vorliegende Buch widmet sich ausschließlich den „Fortgeschrittenen Verfahren" und verfolgt dabei das Ziel, auch hier eine anwendungsorientierte Einführung in diese Verfahren für den Anwender zu geben. Trotz umfangreicher und auch weitgehend benutzerfreundlicher Softwarelösungen ist der Zugang zu den fortgeschrittenen Verfahren der multivariaten Datenanalyse für den Einsteiger i. d. R. nicht einfach, was sich häufig begründet in

- Vorbehalten gegenüber den mathematischen Darstellungen,
- einer gewissen Scheu vor dem Einsatz des Computers und
- mangelnder Kenntnis der Methoden und ihrer Anwendungsmöglichkeiten.

Weiterhin ist eine Kluft zwischen interessierten Fachleuten und Methodenexperten festzustellen, die bisher nicht genügend durch das Angebot der Fachliteratur überbrückt wird. Die Autoren dieses Buches haben sich deshalb das Ziel gesetzt, zur Überwindung dieser Kluft beizutragen. Daraus ist ein Text entstanden, der folgende Charakteristika besonders herausstellt:

1. Es ist größte Sorgfalt darauf verwendet worden, die Methoden *allgemeinverständlich* darzustellen. Der Zugang zum Verständnis durch den mathematisch ungeschulten Leser hat in allen Kapiteln Vorrang gegenüber dem methodischen Detail. Dennoch wird der rechnerische Gehalt der Methoden in den wesentlichen Grundzügen erklärt, damit sich der Leser, der sich in die Methoden einarbeitet, eine Vorstellung von der Funktionsweise, den Möglichkeiten und Grenzen der Methoden verschaffen kann.

2. Das Verständnis wird erleichtert durch die ausführliche Darstellung von *Beispielen*, die es erlauben, die Vorgehensweise der Methoden leicht nachzuvollziehen und zu verstehen.

3. Darüber hinaus wurde – soweit die Methoden das zulassen – ein Beispiel durchgehend für mehrere Methoden benutzt, um das Einarbeiten zu erleichtern und um die Ergebnisse der Methoden besser vergleichen und deren unterschiedliche Fragestellungen leichter unterscheiden zu können. Die Rohdaten der Beispiele können über den Bestellschein am Anfang des Buches oder über die Internetadresse www.multivariate.de angefordert werden. Mit Ausnahme der Nichtlinearen Regression, bei der ein Beispiel aus dem Mobilfunk verwendet wurde, greifen alle anderen Verfahren im ausführlichen Fallbeispiel auf die Situation eines Margarineherstellers zurück, die auch für die im ersten Band behandelten Grundlegenden Verfahren betrachtet wird. Da wohl die meisten Leserinnen und

Zur Verwendung dieses Buches

Leser über Erfahrungen sowohl mit dem Mobilfunk als auch mit dem Margarinekauf verfügen dürften, erhoffen sich die Autoren, dass die Beispiele – ohne besondere Kenntnis des Anwendungsfeldes „Margarinevermarktung" – leicht zu verstehen sind und dann auch problemlos auf die spezifische Fragestellung der eigenen Anwendungsfelder übertragen werden können.

Software-unterstützung

4. Der Umfang des zu verarbeitenden Datenmaterials ist in aller Regel so groß, dass die Rechenprozeduren der einzelnen Verfahren mit vertretbarem Aufwand nur computergestützt durchgeführt werden können. Deshalb erstreckt sich die Darstellung der Methoden sowohl auf die Grundkonzepte der Methoden als auch auf die *Nutzung geeigneter Computer-Programme* als Arbeitshilfe. Es existiert heute eine Reihe von Programmpaketen, die die Anwendung multivariater Analysemethoden nicht nur dem Computer-Spezialisten erlauben. Insbesondere bedingt durch die zunehmende Verbreitung und Leistungsfähigkeit des PCs sowie die komfortablere Gestaltung von Benutzeroberflächen wird auch die Nutzung der Programme zunehmend erleichtert. Damit wird der Fachmann für das Sachproblem unabhängig vom Computer-Spezialisten. Das Programmpaket bzw. Programmsystem, mit dem die meisten Beispiele durchgerechnet werden, ist *IBM SPSS* Statistics (ursprünglich: Statistical Package for the Social Sciences).[1] Als Programmsystem wird dabei eine Sammlung von Programmen mit einer gemeinsamen Benutzeroberfläche bezeichnet. SPSS Statistics hat besonders im Hochschulbereich, aber auch in der Praxis eine sehr weite Verbreitung gefunden. Es ist unter vielen Betriebssystemen auf Großrechnern, Workstations und PC verfügbar.

SPSS

Arbeitsbuch

5. Das vorliegende Buch hat den Charakter eines *Arbeitsbuches*. Die Darstellungen sind so gewählt, dass der Leser in jedem Fall alle Schritte der Lösungsfindung nachvollziehen kann. Die Syntaxkommandos für die SPSS Prozeduren werden im einzelnen aufgeführt, so dass der Leser durch eigenes Probieren sehr schnell erkennen kann, wie leicht letztlich der Zugang zur Anwendung der Methoden unter Einsatz des Computers ist. Dabei kann er seine eigenen Ergebnisse gegen die im vorliegenden Buch ausgewiesenen kontrollieren. Alle Ausgangsdaten, die den Beispielen zugrunde liegen und ggf. die zugehörigen Syntaxdateien zu den einzelnen Analysemethoden, können für die umfangreicheren Fallbeispiele über www.multivariate.de bestellt werden.

6. Die Ergebnisse der computergestützten Rechnungen in den einzelnen Methoden werden jeweils anhand der betreffenden *Programmausdrucke* erläutert und kommentiert. Dadurch kann der Leser, der sich in die Handhabung der Methoden einarbeitet, schnell in den eigenen Ergebnissen eine Orientierung finden.

Interpretation

7. Besonderes Gewicht wurde auf die *inhaltliche Interpretation* der Ergebnisse der einzelnen Verfahren gelegt. Die Autoren haben es sich zur Aufgabe gemacht, die Ansatzpunkte für *Ergebnismanipulationen* in den Verfahren offen zu legen und die Gestaltungsspielräume aufzuzeigen, damit der Anwender der Methoden objektive und subjektive Bestimmungsfaktoren der Ergebnisse unterscheiden kann.

---

[1] Zeitweilig wurde SPSS auch interpretiert als „Statistical Product and Service Solutions" oder „Superior Performing Software System". Im Folgenden verwenden wir für IBM SPSS Statistics weitgehend nur die Kurzform „SPSS".

Dies macht u. a. erforderlich, dass methodische Details offen gelegt werden. Dabei wird auch deutlich, dass dem Anwender der Methoden eine Verantwortung für seine Interpretation der Ergebnisse zukommt.

Fasst man die genannten Merkmale des Buches zusammen, dann ergibt sich ein Konzept, das geeignet ist, sowohl dem Anfänger, der sich in die Handhabung der Methoden einarbeitet, als auch demjenigen, der mit den Ergebnissen dieser Methoden arbeiten muss, die erforderliche Hilfe zu geben. Die Konzeption lässt es dabei zu, dass *jede dargestellte Methode für sich verständlich* ist. Der Leser ist also an keine Reihenfolge der Kapitel gebunden.

2 Strukturierung der fortgeschrittenen multivariaten Analysemethoden

Wird eine Einteilung der fortgeschrittenen multivariaten Verfahren nach anwendungsbezogenen Fragestellungen angestrebt, so bietet es sich an, eine Unterscheidung in primär strukturen-prüfende Verfahren und primär strukturen-entdeckende Verfahren vorzunehmen:

1. *Strukturen-prüfende Verfahren* sind solche multivariaten Verfahren, deren primäres Ziel in der *Überprüfung von Zusammenhängen* zwischen Variablen liegt. Der Anwender besitzt eine auf sachlogischen oder theoretischen Überlegungen basierende Vorstellung über die Zusammenhänge zwischen Variablen und möchte diese mit Hilfe multivariater Verfahren überprüfen. Verfahren, die diesem Bereich der multivariaten Datenanalyse zugeordnet werden können, sind die nichtlineare Regressionsanalyse, die konfirmatorische Faktorenanalyse, die Strukturgleichungsanalyse und die auswahlbasierte Conjoint-Analyse.

    Strukturen-prüfende Verfahren

2. *Strukturen-entdeckende Verfahren* sind solche multivariaten Verfahren, deren Ziel in der *Entdeckung von Zusammenhängen* zwischen Variablen oder zwischen Objekten liegt. Der Anwender besitzt zu Beginn der Analyse noch keine Vorstellungen darüber, welche Beziehungszusammenhänge in einem Datensatz existieren. Verfahren, die primär zur Aufdeckung möglicher Beziehungszusammenhänge eingesetzt werden, sind die Multidimensionale Skalierung, die Korrespondenzanalyse und die Neuronalen Netze.

    Strukturen-entdeckende Verfahren

2.1 Strukturen-prüfende Verfahren

Die strukturen-prüfenden Verfahren werden primär zur Durchführung von *Kausalanalysen* eingesetzt, um herauszufinden, ob und wie stark sich z. B. das Wetter, die Bodenbeschaffenheit sowie unterschiedliche Düngemittel und -mengen auf den Ernteertrag auswirken oder wie stark die Nachfrage eines Produktes von dessen Qualität, dem Preis, der Werbung und dem Einkommen der Konsumenten abhängt. Voraussetzung für die Anwendung der entsprechenden Verfahren ist, dass der Anwender *a priori (vorab)* eine sachlogisch möglichst gut fundierte Vorstellung über den Kausalzusammenhang zwischen den Variablen entwickelt hat, d. h. er weiß bereits oder vermutet, welche der Variablen auf andere Variablen einwirken. Zur Überprüfung seiner (theoretischen) Vorstellungen werden die von ihm betrachteten Variablen i. d. R. in *abhängige* und *unabhängige Variablen* eingeteilt und dann

Kausalanalyse

Hypothesen

Zur Verwendung dieses Buches

mit Hilfe von multivariaten Analysemethoden an den empirisch erhobenen Daten überprüft.

Nichtlineare Regression

Durch die Nichtlineare Regression wird das Anwendungsspektrum der Regressionsanalyse erheblich erweitert. Es lassen sich nahezu beliebige Modellstrukturen schätzen. Anwendungen finden sich z. B. im Rahmen der Werbewirkungsforschung (Abhängigkeit der Werbeerinnerung von der Zahl der Werbekontakte, Abhängigkeit der Absatzmenge von der Höhe des Werbebudgets oder in der Marktforschung bei der Untersuchung des Wachstums von neuen Produkten). Die Nichtlineare Regression ist allerdings mit einer Reihe von Schwierigkeiten verbunden. Der Rechenaufwand ist um ein Vielfaches größer als bei der traditionellen Regressionsanalyse, da iterative Algorithmen für die Berechnung der Schätzwerte verwendet werden müssen. Ob diese Algorithmen konvergieren, hängt u. a. davon ab, welche Startwerte der Untersucher vorgibt. Es werden somit auch erhöhte Anforderungen an den Untersucher gestellt. Ein weiterer Nachteil ist, dass die statistischen Tests, die bei der linearen Regressionsanalyse zur Prüfung der Güte des Modells oder der Signifikanz der Parameter verwendet werden, für die nichtlineare Regression nicht anwendbar sind. Der Untersucher sollte daher, wenn möglich, der linearen Regressionsanalyse den Vorzug geben. Wie gezeigt werden wird, lassen sich auch mit Hilfe der linearen Regressionsanalyse vielfältige nichtlineare Problemstellungen behandeln.

Schwierigkeiten

Strukturgleichungsanalyse

Bei einer Vielzahl von Kausalbetrachtungen werden Zusammenhänge zwischen Variablen vermutet, die sich einer direkten empirischen Beobachtbarkeit entziehen. Solche Variablen werden auch als hypothetische Konstrukte oder latente Variablen bezeichnet. Beispiele hierfür sind etwa psychologische Konstrukte wie Einstellung und Motivation oder soziologische Konstrukte wie Kultur und soziale Schicht. In solchen Fällen kann die Analyse von Strukturgleichungen mit latenten Variablen zur Anwendung kommen. Zur Behandlung von Strukturgleichungsmodellen wird in diesem Buch auf das Programmpaket *AMOS* (Analysis of Moment Structures) zurückgegriffen, das Datenmatrizen aus SPSS analysiert und Ergebnisse mit SPSS austauschen kann. Mit Hilfe von AMOS lassen sich komplexe Kausalstrukturen überprüfen. Insbesondere können Beziehungen mit mehreren abhängigen Variablen, mehrstufigen Kausalbeziehungen und mit nicht beobachtbaren (latenten) Variablen überprüft werden. Der Benutzer muss, wenn er latente Variable in die Betrachtungen einbeziehen will, zwei Modelle spezifizieren:

Latente Variablen

AMOS

Messmodell

- Das *Messmodell*, das die Beziehungen zwischen den latenten Variablen und geeigneten Indikatoren vorgibt, mittels derer sich die latenten Variablen indirekt messen lassen.

Strukturmodell

- Das *Strukturmodell*, welches die Kausalbeziehungen zwischen den latenten Variablen vorgibt, die letztlich dann zu überprüfen sind.

Die Variablen des Strukturmodells können alle latent sein, müssen es aber nicht. Ein Beispiel, bei dem nur die unabhängigen Variablen latent sind, wäre die Abhängigkeit der Absatzmenge von der subjektiven Produktqualität und Servicequalität eines Anbieters.

Konfirmatorische Faktorenanalyse

Die Konfirmatorische Faktorenanalyse (KFA) stellt einen Spezialfall eines (vollständigen) Strukturgleichungsmodells mit latenten Variablen dar, da sie „lediglich" die sachlogisch formulierten Messmodelle von hypothetischen Konstrukten analysiert. Mit Hilfe der KFA werden eine Güteprüfung der Operationalisierung hypothetischer Konstrukte vorgenommen und ggf. auch Abhängigkeiten zwischen mehreren Konstrukten untersucht. Dabei werden immer sog. *reflektive Messmodelle* unterstellt, die ein Konstrukt über empirisch direkt messbare Variablen (sog. Indikatorvariable) operationalisieren. Die Indikatorvariablen müssen so definiert werden, dass ihre Messwerte jeweils beispielhafte Manifestierungen des betrachteten hypothetischen Konstruktes darstellen. Im Gegensatz zur explorativen Faktorenanalyse wird bei der KFA die Faktorenstruktur, d. h. die Zuordnung von Indikatorvariablen zu Faktoren, *vorgegeben* und dann die Stärke des Zusammenhangs durch Schätzung der Faktorladungen überprüft.

Reflektive Messmodelle

Auswahlbasierte Conjoint-Analyse

Während bei der traditionellen Conjoint-Analyse zwecks Analyse von Nutzenstrukturen die Präferenzen von Probanden bezüglich alternativer Objekte (Stimuli) auf ordinalem Skalenniveau gemessen werden (mittels Ranking- oder Ratingskalen), erfolgt bei der Auswahlbasierten Conjoint-Analyse (Choice-Based Conjoint) nur eine Abfrage von Auswahlentscheidungen. Aus einer Menge von Alternativen (Choice Set) muss der Proband nur jeweils die am meisten präferierte Alternative auswählen, wobei meist auch die Option besteht, keine der Alternativen zu wählen. Dies ist für ihn nicht nur einfacher, sondern kommt auch seinem realen Entscheidungsverhalten (z. B. in Kaufsituationen) sehr viel näher, als das Ranking oder Rating aller Alternativen im Choice Set, wie es die klassische Conjoint-Analyse verlangt. Die erhöhte Realitätsnähe wird allerdings mit einem Verlust an Information „erkauft", da bei dieser Vorgehensweise die Präferenz nur noch auf nominalem Skalenniveau gemessen wird. Zur Schätzung der Nutzenbeiträge einzelner Merkmale (Teilnutzenwerte) muss daher eine anderes Schätzverfahren verwendet werden. Während bei der traditionellen Conjoint-Analyse die Schätzung meist durch Regression mit Dummy-Variablen erfolgt, kommt bei der Auswahlbasierten Conjoint-Analyse die Maximum-Likelihood-Methode zur Anwendung. Dabei wird dem Verhalten der Probanden ein probabilistisches Entscheidungsmodell zugrunde gelegt. Wegen des geringeren Informationsgehalts ist es meist nur möglich, die Teilnutzenwerte aggregiert zu schätzen, während es bei der traditionellen Conjoint-Analyse üblich ist, sie individuell für jeden Probanden zu schätzen. Allerdings können auch im Rahmen der auswahlbasierten Conjoint-Analyse mit Hilfe des Latent Class-Ansatzes zielgruppenspezifische und mit Hilfe des sog. Hierarchical Bayes-Ansatzes individuelle Teilnutzenwerte geschätzt werden.

CBC

Kaufsimulation

Zur Verwendung dieses Buches

2.2 Strukturen-entdeckende Verfahren

Die hier den strukturen-entdeckenden Verfahren zugeordneten Analysemethoden werden primär zur *Entdeckung von Zusammenhängen* zwischen Variablen oder zwischen Objekten eingesetzt. Es erfolgt daher vorab durch den Anwender *keine* Zweiteilung der Variablen in abhängige und unabhängige Variablen, wie es bei den strukturen-prüfenden Verfahren der Fall ist.

Neuronale Netze

Neuronale Netze werden heute in der Praxis in zunehmendem Maße sowohl ergänzend zu den klassischen multivariaten Methoden eingesetzt, als auch in den Fällen, in denen die klassischen Methoden versagen. Anwendungsgebiete sind Klassifikationen von Objekten, Prognosen von Zuständen oder Probleme der Gruppenbildung. Insofern bestehen hinsichtlich der Aufgabenstellungen Ähnlichkeiten zur Diskriminanzanalyse und zur Clusteranalyse. Die Methodik neuronaler Netze lehnt sich an biologische Informationsverarbeitungsprozesse im Gehirn an (daher der Name). Es werden künstliche neuronale Netze gebildet, die in der Lage sind, selbständig aus Erfahrung zu lernen. Insbesondere vermögen sie, komplexe Muster in vorhandenen Daten (z. B. Finanzdaten, Verkaufsdaten) zu erkennen und eröffnen so eine sehr einfache Form der Datenanalyse. Besonders vorteilhaft lassen sie sich zur Behandlung von schlecht strukturierten Problemstellungen einsetzen. Innerhalb neuronaler Netze werden künstliche Neuronen (Nervenzellen) als Grundelemente der Informationsverarbeitung in Schichten organisiert, wobei jedes Neuron mit denen der nachgelagerten Schicht verbunden ist. Dadurch lassen sich auch hochgradig nicht-lineare und komplexe Zusammenhänge ohne spezifisches Vorwissen über die etwaige Richtung und das Ausmaß der Wirkungsbeziehungen zwischen einer Vielzahl von Variablen modellieren. Zum Erlernen von Strukturen wird das Netz zunächst in einer sog. *Trainingsphase* mit beobachteten Daten „gefüttert". Dabei wird unterschieden zwischen Lernprozessen, bei denen die richtigen Ergebnisse bekannt sind und diese durch das Netz reproduziert werden sollen (*überwachtes Lernen*), und solchen, bei denen die richtigen Ergebnisse nicht bekannt sind und lediglich ein konsistentes Verarbeitungsmuster erzeugt werden soll (*unüberwachtes Lernen*). Nach der Trainingsphase ist das Netz konfiguriert und kann für die Analyse neuer Daten eingesetzt werden.

Multidimensionale Skalierung

Den Hauptanwendungsbereich der Multidimensionalen Skalierung (MDS) bilden Positionierungsanalysen, d. h. *die Positionierung von Objekten im Wahrnehmungsraum* von Personen. Sie bildet somit eine Alternative zur faktoriellen Positionierung mit Hilfe der Faktorenanalyse. Im Unterschied zur faktoriellen Positionierung werden bei Anwendung der MDS nicht die subjektiven Beurteilungen von Eigenschaften der untersuchten Objekte erhoben, sondern es werden nur wahrgenommene globale Ähnlichkeiten zwischen den Objekten erfragt. Mittels der MDS werden die diesen Ähnlichkeiten zugrundeliegenden Wahrnehmungsdimensionen abgeleitet. Wie schon bei der faktoriellen Positionierung lassen sich sodann die Objekte im Raum dieser Dimensionen positionieren und grafisch darstellen. Die MDS findet insbesondere dann Anwendung, wenn der Forscher keine oder nur vage Kenntnisse darüber hat, welche

2 Strukturierung der fortgeschrittenen multivariaten Analysemethoden

Eigenschaften für die subjektive Beurteilung von Objekten (z. B. Produktmarken, Unternehmen oder Politiker) von Relevanz sind. Zwischen der Multidimensionalen Skalierung und der Conjoint-Analyse besteht sowohl inhaltlich wie auch methodisch eine enge Beziehung, obgleich wir sie hier unterschiedlich zum einen den strukturen-entdeckenden und zum anderen den strukturen-prüfenden Verfahren zugeordnet haben. Beide Verfahren befassen sich mit der Analyse psychischer Sachverhalte und bei beiden Verfahren können auch ordinale Daten analysiert werden, weshalb sie z.T. auch identische Algorithmen verwenden. Ein gewichtiger Unterschied besteht jedoch darin, dass der Forscher bei Anwendung der Conjoint-Analyse bestimmte Merkmale auszuwählen hat. Beziehung zu anderen Verfahren

Korrespondenzanalyse

Die Korrespondenzanalyse dient, ebenso wie die Multidimensionale Skalierung (MDS), zur Visualisierung komplexer Daten. Sie wird daher in der Marktforschung ebenfalls zur Durchführung von Positionierungsanalysen verwendet. Insbesondere kann sie als ein Verfahren der multidimensionalen Skalierung von nominal skalierten Variablen charakterisiert werden. Sie ermöglicht es, die Zeilen und Spalten einer zweidimensionalen Kreuztabelle (Kontingenztabelle) grafisch in einem gemeinsamen Raum darzustellen. Visualisierung

Beispiel: : Gegeben sei eine Häufigkeitstabelle, deren Zeilen Automarken betreffen und in deren Spalten wünschenswerte Merkmale von Autos (z. B. hohe Sicherheit, schönes Design) stehen. Die Zellen der Matrix sollen beinhalten, mit welcher Häufigkeit ein bestimmtes qualitatives Merkmal den verschiedenen Automarken im Rahmen einer Käuferbefragung zugeordnet wurde. Marken und Merkmale lassen sich sodann mit Hilfe der Korrespondenzanalyse in einem gemeinsamen Raum als Punkte darstellen. Dadurch läßt sich dann erkennen, wie die Automarken relativ zueinander und in Bezug auf die Merkmale von den Käufern beurteilt werden. Für die Korrespondenzanalyse spielt es dabei keine Rolle (im Unterschied zur explorativen Faktorenanalyse), welche Elemente in den Zeilen und welche in den Spalten angeordnet werden. Beispiel

Ein besonderer Vorteil der Korrespondenzanalyse liegt darin, dass sie kaum Ansprüche an das Skalenniveau der Daten stellt. Die Daten müssen lediglich nicht-negativ sein. Die Korrespondenzanalyse kann daher auch zur Quantifizierung qualitativer Daten verwendet werden. Da sich qualitative Daten leichter erheben lassen als quantitative Daten, kommt diesem Verfahren eine erhebliche praktische Bedeutung zu. Vorteil

2.3 Zusammenfassende Betrachtung

Die vorgenommene Zweiteilung der multivariaten Verfahren in strukturen-prüfende und strukturen-entdeckende Verfahren kann keinen Anspruch auf Allgemeingültigkeit erheben, sondern kennzeichnet nur den vorwiegenden Einsatzbereich der Verfahren. So können und werden z. B. Strukturgleichungsanalysen oder Konfirmatorische Faktorenanalysen zur Identifikation empirisch relevanter Kausalpfade oder die Eliminierung sachlogisch vermuteter Kausalstrukturen herangezogen, wobei leider viel zu häufig dabei vergessen wird, dass sich damit der konfirmatorische Charakter dieser Verfahren in einen explorativen verwandelt. Darüber hinaus kann der „gedankenlose Einsatz" von multivariaten Verfahren leicht zu einer Quelle von Fehlinterpretationen Fehlinterpretation

Zur Verwendung dieses Buches

werden, da ein statistisch signifikanter Zusammenhang noch keine hinreichende Bedingung für das Vorliegen eines kausal bedingten Zusammenhangs bildet. („Erst denken, dann rechnen!") Es sei daher generell empfohlen, die strukturen-prüfenden Verfahren auch in diesem Sinne, d. h. zur empirischen Überprüfung von theoretisch oder sachlogisch begründeten Hypothesen, einzusetzen. In Abbildung 1 sind die oben skizzierten multivariaten Verfahren noch einmal mit jeweils einer typischen Anwendungsfrage zusammengefasst.

Verfahren	Beispielhafte Fragestellungen
Nichtlineare Regression	Untersuchung des Wachstums von neuen Produkten, der Diffusion von Innovationen oder der Ausbreitung von Epidemien.
Strukturgleichungs-analyse	Abhängigkeit der Käufertreue von der subjektiven Produktqualität und Servicequalität eines Anbieters
Konfirmatorische Faktorenanalyse	Überprüfung der Eignung vorgegebener Indikatorvariablen für die Messung hypothetischer Konstrukte wie z. B. Loyalität, Vertrauen oder Reputation.
Auswahlbasierte Conjoint-Analyse	Schätzung der Nutzenbeiträge einzelner Merkmale von Produkten zur Gesamtpräferenz auf Basis simulierter Kaufentscheidungen.
Neuronale Netze	Untersuchung von Aktienkursen und möglichen Einflussfaktoren zwecks Prognose von Kursentwicklungen
Multidimensionale Skalierung	Positionierung von konkurrierenden Produktmarken im Wahrnehmungsraum der Konsumenten
Korrespondenzanalyse	Darstellung von Produktmarken und Produktmerkmalen in einem gemeinsamen Raum.

Abbildung 1: Synopsis der fortgeschrittenen multivariaten Analyseverfahren

3 Die verwendeten Programmsysteme

SPSS

Grafische Benutzeroberfläche

Zur rechnerischen Durchführung der Analysen, die in diesem Buch behandelt werden, wurde vornehmlich das Programmsystem IBM SPSS Statistics verwendet, da dieses in Wissenschaft und Praxis eine besonders große Verbreitung gefunden hat.[2] Der Name „SPSS" stand ursprünglich als Akronym für „Statistical Package for the Social Sciences". Der Anwendungsbereich von SPSS wurde im Laufe der Zeit ständig erweitert und erstreckt sich inzwischen auf nahezu alle Bereiche der Datenanalyse. „SPSS" steht daher heute als Markenname, der nicht weiter interpretiert wird. Während SPSS ursprünglich nur über eine Kommandodatei gesteuert werden konnte (Batch-Betrieb), besitzt es heute eine grafische Benutzeroberfläche, über die der Benutzer mit dem Programm kommunizieren kann (Dialog-Betrieb). Diese Benutzeroberfläche wird ständig verbessert und erweitert. Über die dort vorhandenen Menüs und Dialogfelder lassen sich auch komplexe Analysen sehr bequem durchführen. Die früher zur Steuerung des Programms benötigte Kommandosprache (Befehlssyntax) findet daher zunehmend weniger Anwendung, ist aber nicht überflüssig geworden. Intern wird sie weiterhin

---

[2]Das Programmsystem IBM SPSS Statistics kann unter den Betriebssystemen Windows, Macintosh und Linux verwendet werden und ist zur Zeit in der Version 22 auf dem Markt. Neben der Vollversion von IBM SPSS Statistics 22 wird zu Lehrzwecken auch eine preiswertere Studentenversion angeboten. Diese weist einige Einschränkungen auf, die aber für die Mehrzahl der Nutzer kaum relevant sein dürfte: Datendateien dürfen maximal 50 Variablen und 1.500 Fälle enthalten und die SPSS-Befehlssyntax (Kommandosprache) sowie die Erweiterungsmodule sind nicht verfügbar.

3 Die verwendeten Programmsysteme

verwendet und auch für den Benutzer besitzt sie gewisse Vorteile. In den einzelnen Kapiteln sind daher auch jeweils die erforderlichen Kommando-Sequenzen – soweit verfügbar – zum Nachvollzug der Analysen wiedergegeben.

Das Programmsystem IBM SPSS Statistics existiert in unterschiedlichen Versionen für PC und Großrechner. Allen Versionen liegt eine gemeinsame Kommandosprache zugrunde. Auf diese wird auch von der grafischen Benutzeroberfläche von IBM SPSS zugegriffen, d.h. wenn der Benutzer über die Dialogfelder des Programms Befehle auswählt, werden diese automatisch in die Kommandosprache übersetzt und in eine Syntaxdatei (Kommandodatei) geschrieben. Es handelt sich dabei um eine einfache Textdatei, die gelesen und bearbeitet werden kann. Alternativ kann man aber auch direkt eine Syntaxdatei erstellen und damit den Programmablauf steuern. Wenngleich sich mit IBM SPSS Statistics auch ohne Kenntnis der Kommandosprache arbeiten lässt, so ist es doch vorteilhaft, einige Grundkenntnisse hierüber zu haben. Zum einen sind einige Funktionen von SPSS nur über die Kommandosprache zugänglich und zum anderen ist es bei komplexeren oder häufig wiederkehrenden Analysen von Vorteil, mit Syntaxdateien zu arbeiten. Die Erstellung einer Syntaxdatei wird dem Anwender sehr erleichtert, indem ihm die beim Dialogbetrieb intern erzeugte Kommandosequenz über ein Dialogfenster, dem IBM SPSS Syntax-Editor, zugänglich gemacht wird. Dort kann er sie wie einen Text weiterbearbeiten und sodann erneut starten. Bei Bedarf kann er sie in einer Datei abspeichern, auf die sich später wieder zugreifen lässt.

Kommandosprache

Das Programmsystem IBM SPSS Statistics umfasst neben dem Basisprogramm (Base System) eine Reihe von Erweiterungsmodulen, mit deren Hilfe die in diesem Buch behandelten fortgeschrittenen Verfahrensvarianten gerechnet werden können. Die Aufstellung in Abbildung 2 zeigt, welche SPSS-Prozeduren für die hier behandelten Methoden benötigt werden und in welchen IBM SPSS-Systemen diese zu finden sind bzw. welche nicht von IBM SPSS angebotene Software verwendet wurde.

Methode	SPSS-Prozeduren	SPSS-System/ eigenständiges Programm
Nichtlineare Regression	NLR	SPSS: Regression Models
Strukturgleichungs-analyse		AMOS*
Konfirmatorische Faktorenanalyse		AMOS*
Auswahlbasierte Conjoint-Analyse	COXREG	SPSS: Advanced Statistics Sawtooth**
Neuronale Netze	MLP	SPSS: Advanced Statistics SPSS: Modeler*
Multidimensionale Skalierung	ALSCAL PROXSCAL	SPSS: Base SPSS: Categories Polycon**
Korrespondenzanalyse	CORRESPONDENCE	SPSS: Categories

*eigenständiges Programmsystem zu IBM SPSS

**eigenständiges Programmsystem, das nicht unter IBM SPSS läuft

Abbildung 2: Synopse der behandelten fortgeschrittenen Analysemethoden und der entsprechenden IBM SPSS-Prozeduren bzw. -Systeme

Zur Verwendung dieses Buches

Mit Ausnahme von *AMOS, Clementine* und der Software von *Sawtooth* laufen alle übrigen Analysemethoden unter der gemeinsamen Benutzeroberfläche von IBM SPSS. Zu den Systemen „*AMOS*" und „*Clementine*" ist anzumerken, dass der Anwender hier zur Durchführung der gewünschten Analysen jeweils mit Hilfe einer graphischen Benutzeroberfläche zunächst das Pfaddiagramm (bei Strukturgleichungsmodellen und der Konfirmatorischen Faktorenanalyse) bzw. das Neuronale Netz konstruieren muss und dann mit Hilfe von Dialog-Fenstern die gewünschten Schätzalgorithmen und statistischen Auswertungen anfordert. Eine Ausgabe der zugehörigen Syntaxdateien ist in diesen Systemen nicht möglich.

Zur Durchführung von Nichtlinearen Regressionsanalysen und der Auswahlbasierten Conjoint-Analyse wurde neben SPSS auch von MS Excel Gebrauch gemacht, um den Rechengang transparenter zu machen. Dabei gehen wir davon aus, das MS Excel heute nahezu ubiquitär verfügbar ist und auch fast jeder Anwender von Multivariaten Analysemethoden damit Erfahrung hat. Infolge seines Leistungsumfangs und seiner Flexibilität sind der Anwendbarkeit von Excel kaum Grenzen gesetzt.

Darüberhinaus aber wurde zur Durchführung der Auswahlbasierten Conjoint-Analyse auch auf die Spezialsoftware von *Sawtooth* zurückgegriffen, wobei verschiedene Programme von Sawtooth eingesetzt werden müssen: Mit Hilfe des Programms SSI Web kann der Fragebogen und das komplette Erhebungsdesign einer Auswahlbasierten Conjoint-Analyse erstellt werden. Mit dem Programm SMRT werden allgemeine Auswertungen vorgenommen, und die Programme „*Latent Class*" und „*CBC HB*" dienen der Schätzung von zielgruppenspezifischen bzw. individuellen Teilnutzenwerten auf Basis der erhobenen Auswahlentscheidungen.

Literaturhinweise

Bühl, A. (2010), PASW 18: Einführung in die moderne Datenanalyse, 12. aktualisierte Auflage, München.

Hair, J./ Black, W./ Babin, B./ Anderson, R. (2010), Multivariate Data Analysis, 7. Auflage, Englewood Cliffs (N. J.).

Härdle, W. K./ Simar, L. (2012), Applied Multivariate Statistical Analysis, 3rd ed., Heidelberg.

Hatzinger, R./ Nagel, H. (2010), PASW statistics: statistische Methoden und Fallbeispiele, München.

Herrmann, A./ Homburg, C./ Klarmann, M. (Hrsg.) (2008), Handbuch Marktforschung, 3. Auflage, Wiesbaden.

Janssen, J./ Laatz, W. (2013), Statistische Datenanalyse mit SPSS: Eine anwendungsorientierte Einführung in das Basissystem und das Modul Exakte Tests, 8. Auflage, Wiesbaden.

Kuss, A./ Wildner, R./ Kreis (2014), Marktforschung: Grundlagen der Datenerhebung und Datenanalyse, 5. Auflage, Wiesbaden.

Norusis, M. (2011), IBM SPSS Statistics 19 Guide to Data Analysis, Upper Saddle River (N. J.).

Schlittgen, R. (2009), Multivariate Statistik, München.

Teil II

Strukturen-Prüfende Verfahren

1 Nichtlineare Regression

1.1	**Problemstellung**	**24**
1.2	**Vorgehensweise**	**28**
	1.2.1 Visualisierung der Daten	28
	1.2.2 Formulierung von Modellen	29
	1.2.3 Finden von Startwerten	31
	1.2.4 Schätzung der Modelle	33
	1.2.4.1 Die Schätzmethode	33
	1.2.4.2 Durchführung der Schätzung mit Excel	34
	1.2.4.3 Ergebnisse	37
	1.2.5 Prüfung der Modelle	40
	1.2.5.1 Statistische Prüfung	40
	1.2.5.2 Sachlogische Prüfung	43
1.3	**Fallbeispiel**	**44**
	1.3.1 Wachstumsmodelle	45
	1.3.2 Schätzung von Logistischem Modell und Gompertz-Modell	47
	1.3.3 Das Modell von Bass	49
	1.3.4 Umsetzung mit SPSS	54
	1.3.5 Multivariate Wachstumsmodelle	61
	1.3.6 Anwendungsempfehlungen	62
Literaturhinweise		**63**

1 Nichtlineare Regression

1.1 Problemstellung

Durch die Nichtlineare Regression wird der Anwendungsbereich der Regressionsanalyse erheblich erweitert.[1] Mit ihr lassen sich beliebige nichtlineare Regressionsmodelle schätzen, aber natürlich auch lineare Modelle, wenngleich mit erhöhtem Aufwand.

Linearität   In der Wissenschaft werden überwiegend lineare Modelle und Methoden angewendet und das hat seinen guten Grund: Lineare Methoden und Modelle sind hinsichtlich ihrer empirischen Schätzung wie auch ihrer praktischen Anwendung für Prognosen oder What-if-Analysen weitaus leichter zu handhaben als nichtlineare.[2] Die Welt aber ist primär nichtlinear geformt. Beispiele sind die Beziehungen zwischen Fallgeschwindigkeit und Zeit, Fahrgeschwindigkeit und Bremsweg, Wachstum und Zeit oder Werbeausgaben und Werbewirkung. In Abbildung 1.1 sind einige Anwendungsbeispiele der Nichtlinearen Regression zusammengestellt.

Meist bilden lineare Modelle nur stark vereinfachte Approximationen der Realität, aber letztlich ist alle Wissenschaft nur Approximation. Wissenschaft und insbesondere Modellbildung sind immer eine Gratwanderung zwischen Simplifizierung und Verkomplizierung. Generell ist simplen Modellen gegenüber komplexeren Modellen der Vorzug zu geben, solange keine relevanten Aspekte vernachlässigt werden. Die Modellkomplexität Komplexität eines Modells muss der Problemstellung angemessen sein, d. h. dem abzubildenden Phänomen wie auch dem Zweck des Modells. Für viele Fragestellungen im Rahmen der Regressionsanalyse (vgl. Kapitel 1 im Buch *Multivariate Analysemethoden*) ist es ausreichend, nichtlineare Zusammenhänge durch lineare Modelle zu approximieren, aber eben nicht für alle.

Sollen oder müssen nichtlineare Modelle mit Hilfe der Nichtlinearen Regression Nichtlineare Regression geschätzt werden, so ist der Anwender mit einer Reihe von Problemen konfrontiert. Im Gegensatz zur linearen Regressionsanalyse ist die nichtlineare Regressionsanalyse sehr viel rechenaufwendiger, da sich die Schätzwerte nicht mehr analytisch bestimmen lassen, sondern mittels iterativer Algorithmen berechnet werden müssen. Angesichts der Rechenleistung heutiger Computer fällt dies allerdings nicht mehr so sehr ins Gewicht. Gravierender ist dagegen, dass iterative Algorithmen keine Gewähr dafür bieten können, dass sie konvergieren oder ein globales Optimum finden. Überdies erfordert ihre Anwendung vom Untersucher, dass dieser Startwerte für die zu schätzenden Parameter vorgibt. Von der Wahl dieser Startwerte hängt ab, ob und wie schnell der Algorithmus das Optimum findet. Es werden also bei Anwendung der Nichtlinearen Regression nicht nur erhöhte Anforderungen an die Rechenkapazität gestellt, sondern auch an den Untersucher.

---

[1] Zur Linearen Regression siehe Kapitel 1 im Buch „Multivariate Analysemethoden". Umfassende Behandlungen der Nichtlinearen Regression bieten die Bücher von Bates/Watts (1988) oder Seber/Wild (2003).

[2] Linearität findet sich vorwiegend im Denken und in den Werken von Menschen. Sie entspricht dem menschlichen Streben nach Einfachheit, Klarheit und Zweckmäßigkeit. Wir bevorzugen beim Wohnen lineare Wände und wir denken den uns umgebenden Raum als linear (euklidischer Raum). Und auch die meisten Rechenkalküle, mit denen wir arbeiten (lineare Algebra, Vektorrechnung), sind linear.

1.1 Problemstellung

Problemstellung	Abhängige Variable	Unabhängige Variable
Gesamtwirtschaftliche Konsumfunktion[3]	Konsum der privaten Haushalte	Verfügbares Einkommen (nach Steuern) und eventuell weitere Einflussgrößen
Zeitliche Entwicklung der Diffusion von neuen Produkten[4]	Kumulierte Zahl der Käufer in einer Produktkategorie (z. B. von Farbfernsehern, Wäschetrocknern, Klimaanlagen, Mobiltelefonen)	Zeit
Einfluss von Marketing-Variablen auf die Diffusion von neuen Produkten[5]	Kumulierte Zahl der Käufer in einer Produktkategorie	Zeit, Preis, Werbeausgaben
Ermittlung der Wirkung des Preises oder der Werbung auf die Absatzmenge[6]	Absatzmenge eines Produktes (Marke) pro Periode	z. B. Preis oder Werbeausgaben
Ermittlung einer Marktresponsefunktion[7]	Absatzmenge oder Marktanteil eines Produktes (Marke) pro Periode	Marketingvariablen wie Werbeausgaben, Preis, Vertriebsanstrengungen
Entwicklung des Pkw-Marktes[8]	Zahl der Neuzulassungen pro Periode	Verfügbares Einkommen, Preiserhöhungen, neue Modelle, Zeit
Thermodynamik: Abkühlung von Körpern[9]	Temperatur des sich abkühlenden Körpers (z. B. eines elektrischen Bügeleisens nach dem Ausschalten)	Zeit
Enzymkinetik: Michaelis-Menten-Modell[10]	Reaktionsgeschwindigkeit eines Enzyms (z. B. bei der Regulierung des Blutzuckerspiegels)	Substratkonzentration (z. B. Glukosekonzentration im Blut)

Abbildung 1.1: Anwendungsbeispiele der Nichtlinearen Regression

Nichtlineare Modelle

Bevor auf die Nichtlineare Regression eingegangen wird, soll zunächst geklärt werden, was ein nichtlineares Modell ist. Dazu sind nachfolgend drei einfache Modelle gegenübergestellt, die sich hinsichtlich ihrer Linearität bzw. Nichtlinearität unterscheiden:

Nichtlinearität

(a) $Y = \alpha + \beta \cdot X + u$ lineares Modell

(b) $Y = \alpha + \beta \cdot X^{0,5} + u$ linearisierbares Modell (sog. *intrinsisch lineares Modell*)

(c) $Y = \alpha + \beta \cdot X^{\gamma} + u$ nicht linearisierbares Modell (sog. *intrinsisch nichtlineares Modell*)

Dabei bezeichnet Y die abhängige Variable, X die unabhängige Variable (Regressor) und u die Störgröße (stochastischer Term). Die Modellparameter sind durch griechische Buchstaben dargestellt.

---

[3] Vgl. Greene (2003), S. 171 ff.
[4] Vgl. dazu Bass (1969) sowie das Fallbeispiel in diesem Kapitel.
[5] Vgl. dazu Bass/Jain/Krishnan (2000).
[6] Siehe dazu das nachfolgende Anwendungsbeispiel.
[7] Vgl. Lambin (1969).
[8] Vgl. Lewandowski (1980).
[9] Vgl. z. B. Bates/Watts (1988), S. 33 ff.
[10] Vgl. z. B. Bates/Watts (1988), S. 33 ff.

1 Nichtlineare Regression

Linear   ad (a): Das erste Modell ist linear in Bezug auf die unabhängige Variable X. Mit einer Vergrößerung von X wächst Y linear, d.h. eine Änderung ΔX bewirkt immer eine gleichbleibende Änderung ΔY, unabhängig von der Größe von X. Die Darstellung von Y im X,Y-Diagramm ergibt eine Gerade (vgl. Abbildung 1.2a). Modell (a) ist aber auch linear in Bezug auf die beiden Parameter α und β, d.h. Y wächst linear mit einer Vergrößerung von α oder β, wenn die jeweils übrigen Größen konstant bleiben.

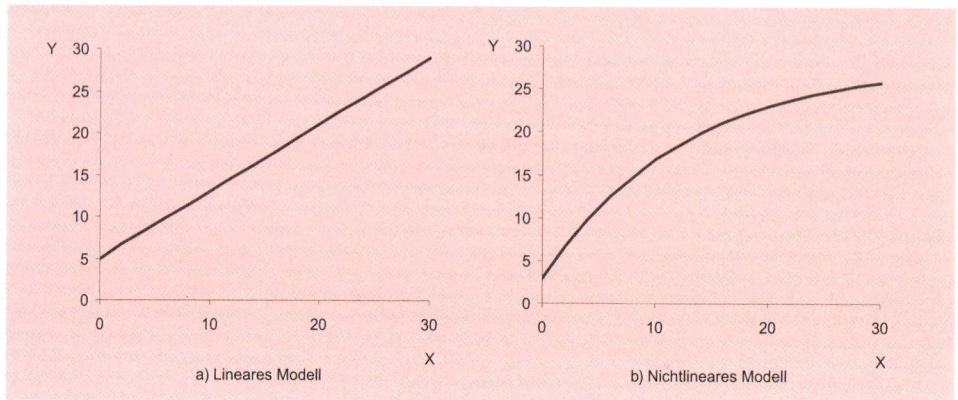

Abbildung 1.2: Lineares und nichtlineares Modell

ad (b): Das zweite Modell (Quadratwurzel-Modell) ist linear in Bezug auf die Parameter α und β, nicht aber in Bezug auf die Variable X. Mit einer Vergrößerung von X wächst Y nur unterproportional bzw. degressiv (vgl. Abbildung 1.2b). Dennoch lässt sich Modell (b) mittels Linearer Regression schätzen, denn diese erfordert lediglich, dass das Modell linear in den zu schätzenden Parametern ist. Mittels der Transformation

$$X' = X^{0,5}$$

lässt sich Modell 2 linearisieren und man erhält:

$$Y = \alpha + \beta \cdot X' + u$$

Dieses Modell ist jetzt linear in Bezug auf die neue unabhängige Variable X'. Nichtlineare Modelle wie Modell (b), die sich linearisieren lassen, nennt man *intrinsisch*
Intrinsisch linear   *lineare Modelle*. Sie lassen sich mittels Linearer Regression schätzen.

ad (c): Das dritte Modell (Potenz-Modell) enthält drei zu schätzende Parameter α, β und γ. Es ist nichtlinear in Bezug auf die unabhängige Variable X und den Para-
Intrinsisch   meter γ. Es lässt sich nicht linearisieren und ist somit *intrinsisch nichtlinear*. Seine
nichtlinear   Schätzung macht die Anwendung der Nichtlinearen Regression unumgänglich.

Das Potenzmodell ist sehr flexibel und enthält die Modelle (a) und (b) als Spezialfälle. Für

$\gamma > 1$ ergibt sich ein progressiver Verlauf

$\gamma < 1$ ergibt sich ein degressiver Verlauf.

Für $\gamma = 1$ erhält man das lineare Modell (a) und für $\gamma = 0,5$ das Quadratwurzel-Modell (b). Für $\gamma = 0,7$ ergibt sich ein Verlauf zwischen diesen beiden Modellen. In Abbildung 1.3 sind die Verläufe des Potenzmodells für unterschiedliche Werte von γ

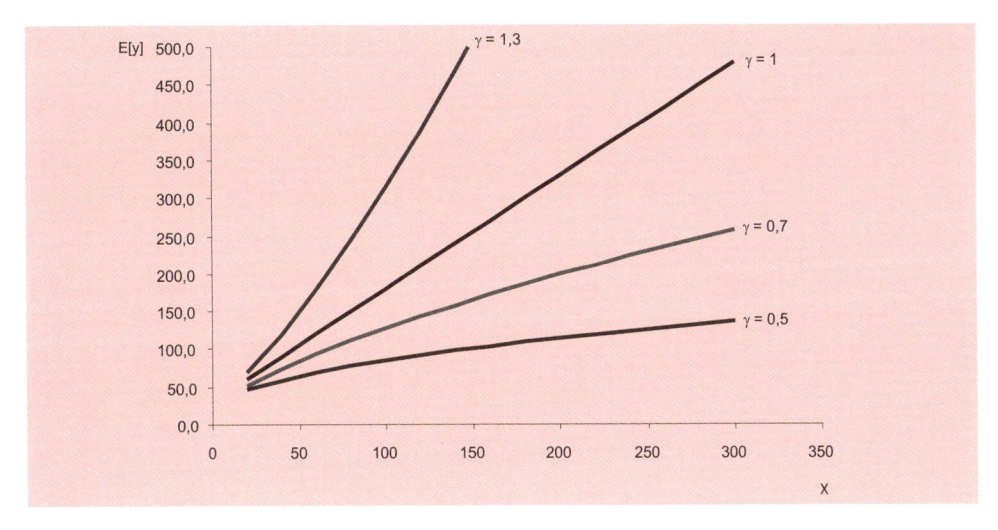

Abbildung 1.3: Verlaufsformen des Potenzmodells $Y = \alpha + \beta \cdot X^\gamma$ für unterschiedliche Werte von γ

dargestellt, wobei wir hier nur die Modellfunktion betrachten (unter Vernachlässigung des stochastischen Terms).

Intrinsisch lineare Modelle mit J unabhängigen Variablen enthalten maximal $J+1$ zu schätzende Parameter (bzw. J Parameter, wenn man auf ein konstantes Glied verzichtet). Intrinsisch nichtlineare Modelle dagegen können auch mehr Parameter enthalten, wodurch ihre Schätzung erschwert wird. So enthält das Potenzmodell hier mit nur einer unabhängigen Variablen ($J = 1$) drei zu schätzende Parameter. Im Folgenden sollen das Potenzmodell und einige weitere nichtlineare Modelle zur Anwendung kommen.

Zusammenfassend ist zu sagen: Bei nichtlinearen Modellen ist zu unterscheiden zwischen intrinsisch linearen bzw. linearisierbaren Modellen und intrinsisch nichtlinearen bzw. nicht linearisierbaren Modellen. Linearisierbare Modelle lassen sich wahlweise mittels Linearer und Nichtlinearer Regression schätzen, wobei sich die Ergebnisse unterscheiden können.[11] Nicht linearisierbare Modelle lassen sich nur mittels Nichtlinearer Regression schätzen.

Anwendungsbeispiel

Der Marketingleiter unseres Margarine-Herstellers möchte herausfinden, welcher Zusammenhang zwischen seinen Werbeausgaben und der Absatzmenge seiner Produkte besteht. Zu diesem Zweck führt er eine experimentelle Untersuchung durch. Es werden 15 unterschiedlich hohe Werbebudgets festgelegt, die in unterschiedlichen, annähernd gleich großen Verkaufsgebieten eingesetzt werden. Die Zuordnung der Werbebudgets zu Verkaufsgebieten erfolgt per Zufall (randomisiert), um systematische Verzerrungen zu vermeiden. Abbildung 1.4 zeigt die Werbeausgaben und Absatzmengen je Verkaufsgebiet, die zwecks Erzielung von Vergleichbarkeit normiert wurden.

Werbebudget

---

[11] Durch die Linearisierung können sich die stochastischen Eigenschaften eines Modells ändern, was Auswirkungen auf die Schätzwerte der Modellparameter haben kann (vgl. z. B. Formel (1.7) unten). Deshalb kann u. U. bei linearisierbaren Modellen die Schätzung mittels Nichtlinearer Regression vorteilhaft sein.

1 Nichtlineare Regression

Verkaufsgebiet	Werbeausgaben [1000 EUR]	Absatzmenge [1000 kg]
1	22	264,9
2	8	176,1
3	14	222,7
4	26	269,3
5	12	194,5
6	2	101,7
7	10	174,9
8	24	275,3
9	6	141,4
10	30	286,3
11	16	241,0
12	20	265,9
13	18	243,4
14	4	129,3
15	28	288,6

Abbildung 1.4: Daten der experimentellen Untersuchung zur Werbewirkung

1.2 Vorgehensweise

1.2.1 Visualisierung der Daten

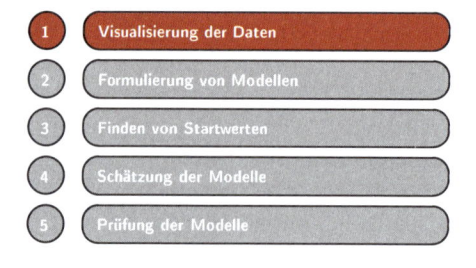

1. Visualisierung der Daten
2. Formulierung von Modellen
3. Finden von Startwerten
4. Schätzung der Modelle
5. Prüfung der Modelle

Streudiagramm

Um ein geeignetes Modell oder auch mehrere Modelle für den zu untersuchenden Zusammenhang zwischen Werbeausgaben und Absatzmenge auswählen zu können, muss man sich zunächst ein Bild dieses Zusammenhangs machen. Hierzu ist die Visualisierung der Daten in Form eines Streudiagramms sehr hilfreich, wie es Abbildung 1.5 für unser Beispiel zeigt. Das Streudiagramm lässt einen deutlich positiven Zusammenhang zwischen der Höhe der Werbeausgaben und der Absatzmenge erkennen. Die Absatzmenge nimmt tendenziell mit der Höhe der Werbeausgaben zu. Dieser Zusammenhang aber ist nicht linear. Vielmehr sinken die Ertragszuwächse bezüglich der Absatzmenge mit steigenden Werbeausgaben, so dass sich ein degressiver (konkaver) Verlauf ergibt. Die vorhandene Nichtlinearität in Abbildung 1.5 mag unbedeutend und vernachlässigbar erscheinen. Ihre Nichtberücksichtigung aber kann gravierende Folgen haben, wie gezeigt werden wird. Es werden deshalb Modelle benötigt, die die Nichtlinearität berücksichtigen.

1.2 Vorgehensweise

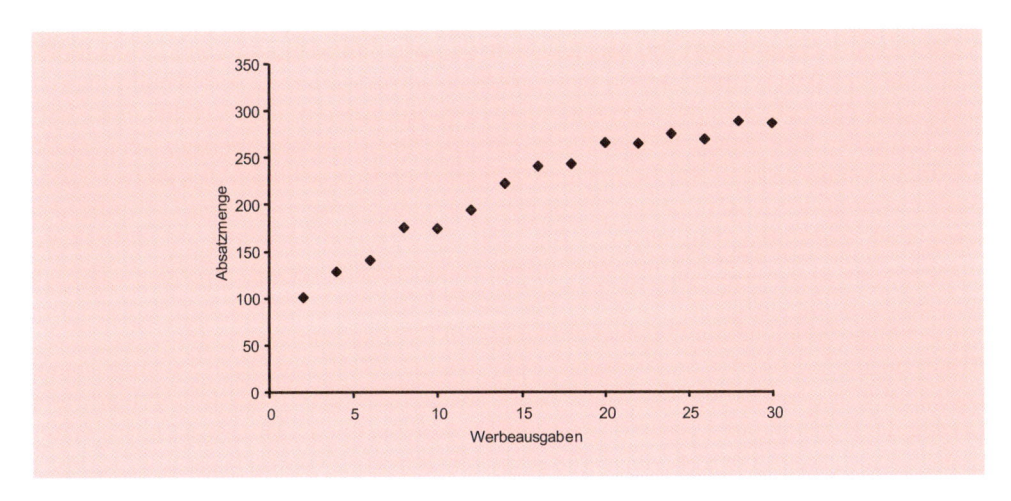

Abbildung 1.5: Streudiagramm der experimentellen Daten zur Untersuchung der Werbewirkung

1.2.2 Formulierung von Modellen

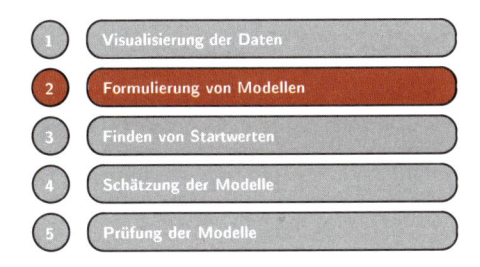

Bezüglich der Formulierung von nichtlinearen Modellen bestehen nahezu unendliche Möglichkeiten. Dennoch wird man sich meist darauf beschränken, aus der großen Fülle bereits vorhandener Modelle eines oder einige auszuwählen. Um den Zusammenhang zwischen Werbung und Absatzmenge abzubilden, beginnt der Marketingleiter unseres Margarine-Herstellers mit den drei oben besprochenen Modellen, dem Linearen Modell, dem Quadratwurzel-Modell und dem Potenz-Modell. Die Modelle lauten hier:

$$Y = \alpha + \beta \cdot W + u \qquad \text{Lineares Modell} \qquad (1.1)$$

$$Y = \alpha + \beta \cdot W^{0,5} + u \qquad \text{Quadratwurzel-Modell} \qquad (1.2)$$

$$Y = \alpha + \beta \cdot W^{\gamma} + u \qquad \text{Potenz-Modell} \qquad (1.3)$$

mit:
Y = Absatzmenge
W = Werbeausgaben
u = Störgröße.

In der Störgröße u sind die sonstigen Einflüsse, die neben der Werbung auf die Absatzmenge wirken und die im Einzelnen nicht bekannt oder beobachtbar sind, zusammengefasst.

1 Nichtlineare Regression

Das Lineare Modell (1.1) soll hier nur dem Vergleich mit den anderen Modellen dienen, denn der Marketingleiter ist sich natürlich bewusst, dass es zur Abbildung der Werbewirkung nicht geeignet sein kann. Es würde implizieren, dass sich bei einer Verdoppelung der Werbeausgaben auch der Zuwachs des Margarinekonsums verdoppeln würde, was unrealistisch ist und auch nicht dem oben beobachteten degressiven (konkaven) Verlauf der Absatzmenge entspricht. Das Quadratwurzelmodell (1.2) dagegen sowie auch das Potenz-Modell (1.3) für Werte $\gamma < 1$ (vgl. Abbildung 1.3) besitzen einen konkavem Verlauf und berücksichtigen somit abnehmende Ertragszuwächse bei steigenden Werbeausgaben.

Allerdings kann auch im Quadratwurzelmodell (1.2) und im Potenz-Modell (1.3) die Absatzmenge Y beliebig groß werden, wenn nur die Werbeausgaben W hinreichend hoch sind. Für den Konsum von Margarine erscheint dies nicht realistisch. Irgendwann werden die Konsumenten gesättigt sein und ihren Konsum an Margarine nicht weiter steigern, auch wenn noch so viel dafür geworben wird.

Der Marketingleiter wählt daher noch ein viertes Modell aus, das ihm für die vorliegende Problemstellung als besonders geeignet erscheint, das sog. „Modifizierte Exponential-Modell" (im Folgenden kurz als „Exponential-Modell" bezeichnet):[12]

$$Y = M - \alpha \cdot e^{-\beta \cdot W} + u \qquad \text{Exponential-Modell} \qquad (1.4)$$

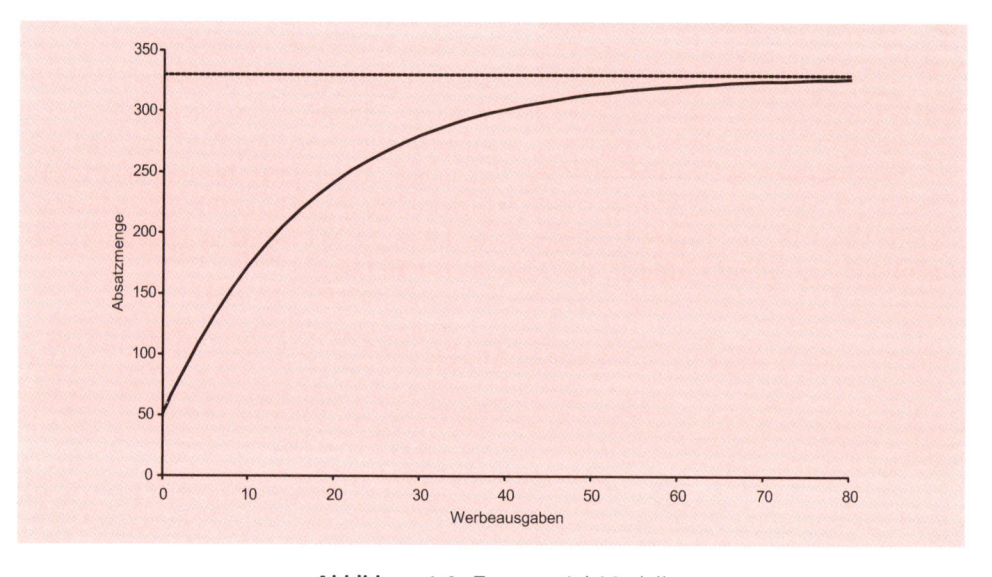

Abbildung 1.6: Exponential-Modell

Wachstumsmodell
Das Exponential-Modell (1.4) ist ein sog. *Wachstumsmodell* (bzw. Sättigungsmodell).[13] Es besitzt, wie auch das Quadratwurzelmodell (1.2) und das Potenz-Modell (1.3), einen konkaven Verlauf, konvergiert aber im Unterschied zu diesen Modellen gegen eine obere Grenze M, eine *Wachstumsgrenze* bzw. Sättigungsgrenze, die hier wegen ihrer besonderen Bedeutung durch einen großen Buchstaben symbolisiert sei

---
[12] Das „Modifizierte Exponential-Modell" unterscheidet sich von einer einfachen Exponentialfunktion der Form $Y = \alpha \cdot e^{\beta \cdot X}$ dadurch, dass es gegen eine Sättigungsgrenze konvergiert.
[13] Vgl. dazu z. B. Hammann/Erichson (2000), S. 446 ff.; Mertens/Falk (2005), S. 177 f.

(vgl. Abbildung 1.6). Das Exponential-Modell erscheint aus theoretischer Sicht unter den obigen Modellen am besten geeignet, um den Zusammenhang zwischen Werbeausgaben und Absatzmenge abzubilden. Da in diesem Modell ein zusätzlicher Parameter zu schätzen ist, lässt es sich nicht linearisieren und ist somit intrinsisch nichtlinear. Die Schätzung des Exponential-Modells, wie auch die des Potenz-Modells, erfordert daher die Anwendung der Nichtlinearen Regression.

1.2.3 Finden von Startwerten

Für die Durchführung der Nichtlinearen Regression werden iterative Algorithmen benötigt. Diese wiederum erfordern, dass der Untersucher zweckmäßige Startwerte für die zu schätzenden Parameter vorgibt. Von der Wahl dieser Startwerte hängt ab, ob und wie schnell der Algorithmus das Optimum findet. Das Auffinden geeigneter Startwerte bildet daher ein wichtiges Element der Nichtlinearen Regression.

Iterative Algorithmen

Das Auffinden von Startwerten ist ein Problem, für dessen Lösung man neben mathematisch-statistischen Kenntnissen oft auch Erfahrung (z. B. aus ähnlichen Anwendungen), Plausibilitätsüberlegungen und Kreativität einbringen muss. Greene spricht in diesem Zusammenhang davon, dass die Nichtlineare Regression sowohl eine Wissenschaft wie auch eine Kunst ist, denn „gute Regeln zum Auffinden von Startwerten existieren nicht".[14] Manchmal wird man deshalb nicht umhin kommen, im Trial-and-Error-Verfahren vorzugehen.

Unbedingt zu vermeiden ist es, mangels besseren Wissens die Startwerte auf Null zu setzen. Dies kann dazu führen, dass der Algorithmus nicht konvergiert oder eine suboptimale oder gar unsinnige Lösung liefert. Besser ist es, wenn man grobe subjektive Schätzungen der Modellparameter vornimmt und diese als Startwerte verwendet. Zweckmäßig ist es auch, die Analyse mit unterschiedlichen Startwerten zu wiederholen und zu prüfen, ob die Ergebnisse identisch sind. Ist das der Fall, kann man relativ sicher sein, ein globales Optimum gefunden zu haben.

Eine häufig verwendete Vorgehensweise zum Auffinden von Startwerten, soweit anwendbar, besteht darin, dass man das Modell zunächst so vereinfacht, dass eine analytische Lösung mittels Linearer Regression möglich wird. Die so erhaltenen Schätzwerte können anschließend als Startparameter für die Schätzung des komplexeren Modells mittels Nichtlinearer Regression dienen. Dies soll nachfolgend für das Potenz-Modell und das Exponential-Modell demonstriert werden.

Vereinfachung des Modells

Startwerte für das Potenz-Modell

Zur Auffindung von Startwerten für das Potenz-Modell (1.3) können wir vereinfachend annehmen, dass $\gamma = 0{,}5$ gilt, womit wir das Quadratwurzel-Modell erhalten. Es ist damit folgendes Modell zu schätzen:

$$Y = \alpha + \beta \cdot W^{0{,}5} + u$$

---

[14] Siehe Greene (2003), S. 171: „Unfortunately, there are no good rules for starting values, except that they should be as close to the final values as possible (not particular helpful)".

1 Nichtlineare Regression

bzw.

$$Y = \alpha + \beta \cdot W' + u \qquad \text{mit} \qquad W' = W^{0,5} \qquad (1.5)$$

Die Werte der neuen Variablen W', die wir durch Transformation von W erhalten, sind in Abbildung 1.7 neben den Ausgangsdaten wiedergegeben. Die Schätzung mittels Linearer Regression ergibt:

$$\hat{Y} = 32,18 + 48,796 \cdot W' \qquad (1.6)$$

Wir erhalten damit die Startwerte 32,2 für α, 48,8 für β und 0,5 für γ.

Nr.	Werbung W	Absatz Y	$W' = \sqrt{W}$	$Y' = \ln(300-Y)$
1	22	264,9	4,690	3,558
2	8	176,1	2,828	4,819
3	14	222,7	3,742	4,348
4	26	269,3	5,099	3,424
5	12	194,5	3,464	4,659
6	2	101,7	1,414	5,290
7	10	174,9	3,162	4,829
8	24	275,3	4,899	3,207
9	6	141,4	2,449	5,066
10	30	286,3	5,477	2,617
11	16	241,0	4,000	4,078
12	20	265,9	4,472	3,529
13	18	243,4	4,243	4,036
14	4	129,3	2,000	5,140
15	28	288,6	5,292	2,434

Abbildung 1.7: Erweitertes Datentableau

Startwerte für das Exponential-Modell

Um Startwerte für das Exponential-Modell

$$Y = M - \alpha \cdot e^{-\beta \cdot W} + u$$

zu finden, wählen wir zunächst folgende Modifikation:

$$Y = M - \alpha \cdot e^{-\beta \cdot W + u} \qquad (1.7)$$

Modell (1.7) unterscheidet sich von Modell (1.4) hinsichtlich der Formulierung des Störterms. Dadurch, dass die Störgröße u jetzt im Exponenten steht, lässt sich das Modell linearisieren, wenn man den Parameter M spezifiziert. Durch Umformung erhält man:

$$M - Y = \alpha \cdot e^{-\beta \cdot W + u} \qquad (1.8)$$

$$\ln(M - Y) = \ln(\alpha) - \beta \cdot W + u \qquad (1.9)$$

Hierfür schreiben wir:

$$Y' = \alpha' - \beta \cdot W + u \qquad \text{mit} \qquad Y' = \ln(M - Y), \alpha' = \ln(\alpha) \qquad (1.10)$$

Für M spezifizieren wir einen Wert, der knapp über dem größten beobachteten Y-Wert liegt, z. B. 300. Damit lässt sich die Variable Y' bilden, die in Abbildung 1.7 wiedergegeben ist. Die Schätzung von (1.10) mittels Linearer Regression ergibt:

$$\hat{Y}' = 5{,}669 - 0{,}100 \cdot W \qquad (1.11)$$

Als Startwerte für die Schätzung von Modell (1.4) können wir damit die Werte $e^{5,669} = 290$ für α und 0,1 für β verwenden. Als Startwert für M wählen wir wiederum den Wert 300.

1.2.4 Schätzung der Modelle
1.2.4.1 Die Schätzmethode

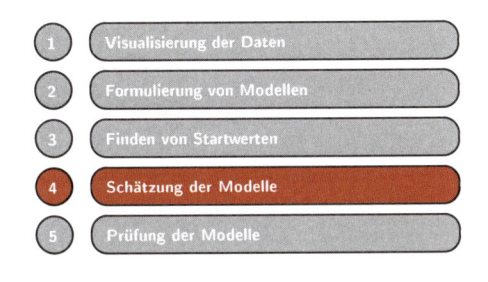

Auch bei der Nichtlinearen Regression kann die *Methode der kleinsten Quadrate* zur Schätzung der Modellparameter eingesetzt werden, wie es bei der Linearen Regression der Fall ist (vgl. Kapitel 1 im Buch *Multivariate Analysemethoden*). Bei der Methode der kleinsten Quadrate (Method of Least Squares, Kleinst-Quadrate-Methode) werden die zu schätzenden Modellparameter so bestimmt, dass die *Residualstreuung* bzw. Summe der quadrierten Residuen (Sum of Squared Residuals), also der quadrierten Abweichungen zwischen den beobachteten Werten y_k und den geschätzten Werten $\hat{y}_k$, minimal wird:

Methode der kleinsten Quadrate

Summe der quadrierten Residuen

$$SSR = \sum_{k=1}^{K}(y_k - \hat{y}_k)^2 \to min! \qquad (1.12)$$

Dabei ist für $\hat{y}_k$ die Regressionsfunktion mit den zu schätzenden Parametern und den Werten der unabhängigen Variablen einzusetzen.

Die Minimierung von SSR auf analytischem Wege mittels Differentialrechnung erfordert, dass SSR partiell nach den Parametern zu differenzieren ist und die erhaltenen Ableitungen gleich Null zu setzen sind. Die Lösung des so entstehenden Gleichungssystems liefert die gesuchten Schätzwerte der Parameter (vgl. Kapitel 1 im Buch *Multivariate Analysemethoden, Mathematischer Anhang*). Ist das Regressionsmodell aber intrinsisch nichtlinear in den Parametern, so ist auch das entstehende Gleichungssystem nichtlinear und besitzt keine explizite Lösung. Vielmehr müssen die Schätzwerte numerisch ermittelt werden, indem man SSR mittels iterativer Algorithmen minimiert.[15] Dies macht die Berechnung nicht nur sehr aufwendig, was allerdings bei der

---
[15] Es existiert eine große Vielfalt von Optimierungsverfahren, die alle ihre Vor- und Nachteile besitzen. Die meisten dieser Verfahren basieren auf der Methode von Newton zum Auffinden der Nullstelle(n) einer Funktion. Diese Methoden benutzen zur Auffindung des Optimums die ersten und zweiten Ableitungen der Zielfunktion nach den Parametern, die, je nach Verfahren, unterschiedlich approximiert werden. Spezielle Verfahren sind die Gauss-Newton-Methode und deren Weiterentwicklung, die Newton-Raphson-Methode. Siehe hierzu Fletcher (1987), S. 44 ff.; Flannery et al. (1986), Kapitel 15.

1 Nichtlineare Regression

Rechenleistung heutiger Computer kaum stört, sondern wirft auch eine Reihe weiterer Probleme auf.

Konvergenzkriterium

Da der minimale Wert von SSR nicht bekannt ist, weiß man auch nicht, ob man ihn gefunden hat. Deshalb definiert man ein Konvergenzkriterium für SSR, mittels dessen entschieden wird, ob man ein Minimum gefunden hat und der Iterationsprozess beendet werden kann. Es besteht damit aber keine Gewähr, dass das so gefundene Minimum auch ein globales Minimum bildet oder ob es sich möglicherweise nur um ein

Lokales Minimum

lokales Minimum handelt. Ob und wie schnell eine optimale Lösung gefunden wird, hängt von dem verwendeten Algorithmus, der Rechengenauigkeit des Computers, der Größe des Konvergenzkriteriums, den Startwerten und eventuell weiteren Parametern ab, die der Untersucher vorzugeben hat. Überdies können sich in Abhängigkeit von der Rechengenauigkeit des Computers und dem Verlauf der Zielfunktion auch unterschiedliche optimale Lösungen ergeben.

Praktische Durchführung

Die praktische Durchführung der Nichtlinearen Regression erfordert, da sie sehr rechenintensiv ist, die Verwendung eines Computers und geeigneter Software. Das Programmsystem SPSS, welches von uns vornehmlich zur Durchführung Multivariater Analysemethoden verwendet wird, enthält im Modul „Regression Models" die Prozedur NLR (Nicht lineare Regression). Sie wird unten bei der Behandlung des Fallbeispiels eingesetzt werden. Aber auch mittels des Tabellenkalkulationsprogramms MS Excel lässt sich eine Nichtlineare Regression durchführen. Dies ist zwar nicht ganz so komfortabel wie die Verwendung von SPSS, hat aber den Vorteil, dass zum einen MS Excel auf nahezu jedem PC vorhanden ist und zum anderen die Durchführung transparenter und damit instruktiver ist als mit einem spezialisierten Programm, das oft eine Black-Box bildet. Die Durchführung der Nichtlinearen Regression mit MS Excel soll nachfolgend demonstriert werden.

1.2.4.2 Durchführung der Schätzung mit Excel

Solver

Das Tabellenkalkulationsprogramm MS Excel besitzt mit dem Solver ein mächtiges Werkzeug, das zur Optimierung von Entscheidungsproblemen entwickelt wurde.[16] Der Excel Solver lässt sich aber auch zur Schätzung von Modellen verwenden, wobei es für die Handhabung keinen Unterschied macht, ob es sich um lineare oder nichtlineare Modelle handelt. Nachfolgend soll die Schätzung am Beispiel des Exponential-Modells dargestellt werden.

Abbildung 1.8 zeigt die vorliegenden Daten aus Abbildung 1.4 im Excel-Arbeitsfenster, Feld B7:C21. Spalte B enthält die Werte der Werbeausgaben W und Spalte C die Werte der Absatzmenge Y. Die Zellen F7 bis F9 enthalten die Modellparameter, für die wir zunächst beliebige Werte eingeben können.

Das Exponential-Modell steht hier in den Zellen I7 bis I21, d. h. jede dieser Zellen enthält die Formel für das Exponential-Modell. Für die aktive Zelle I7 wird sie oben in der Bearbeitungsleiste sichtbar. Die Formel greift auf die Zelle B7 zu, die die Werbeausgaben der ersten Verkaufsregion enthält, und auf die Zellen F7 bis F9, in denen sich die Modellparameter befinden. Die Adressierung der Werbeausgaben ist relativ bezüglich der Zeile und die Adressierung der Modellparameter ist absolut.

---

[16] Zu einer technischen Beschreibung des Excel Solvers siehe Fylstra et al. (1998). Der Solver wurde nicht von Microsoft, sondern von der Firma Frontline Systems entwickelt, die auch die Software MATLAB anbietet. Aktuelle Informationen zum Solver finden sich daher auf der Website www.frontsys.com.

So geschrieben braucht die Formel nur einmal in Zelle I7 eingegeben zu werden und kann dann von dort in die darunter stehenden Zellen I8 bis I21 kopiert werden. Im Prinzip lassen sich so beliebig komplexe Modelle eingeben.

Für die gegebenen Werbeausgaben und die in den Zellen F7 bis F9 spezifizierten Modellparameter liefert das Exponential-Modell als Output die errechneten bzw. geschätzten Absatzmengen, die in Spalte I angezeigt sind. Diese können wir mit den beobachteten Absatzmengen in Spalte C vergleichen. Unser Schätzproblem lautet: Gesucht werden Modellparameter, für die sich eine möglichst gute Übereinstimmung zwischen den beobachteten Absatzmengen in Spalte C und den auf Basis des Exponential-Modells errechneten Absatzmengen in Spalte I ergibt.

Exponential-Modell: $Y = M - a \cdot e^{-b \cdot W} + u$

Nr.	Werbung W	Absatz Y	$(Y-\bar{Y})^2$	Parameter	Startwerte	Absatz geschätzt $\hat{Y}$	Residuenquadrate $(Y-\hat{Y})^2$
1	22	264,9	2166,6	M = 339,114	300,00	263,5	1,917
2	8	176,1	1785,3	a = 269,537	290,00	169,3	45,602
3	14	222,7	18,9	b = 0,058	0,10	219,1	13,054
4	26	269,3	2595,6			279,1	96,372
5	12	194,5	569,0			204,4	97,657
6	2	101,7	13608,0			99,0	7,319
7	10	174,9	1888,2			187,9	168,370
8	24	275,3	3242,9			271,8	12,486
9	6	141,4	5921,8			148,5	51,100
10	30	286,3	4616,7			291,5	27,026
11	16	241,0	512,9			232,2	77,669
12	20	265,9	2260,7			254,3	135,636
13	18	243,4	627,3			243,9	0,209
14	4	129,3	7930,5			125,2	16,797
15	28	288,6	4934,6			285,7	8,614
$\bar{Y} =$		218,4	52679,0 = SST			SSR =	759,826
						R-Quadrat =	0,986
						Std-Error =	7,96

Abbildung 1.8: Schätzung des Exponential-Modells mit dem Excel Solver

In Spalte J sind die quadrierten Abweichungen (Residuen) zwischen den geschätzten und den beobachteten Absatzmengen angezeigt, die sich aus den Differenzen zwischen Spalte C und I ergeben. Die Zelle J22 enthält die Summe der quadrierten Residuen SSR (Formel 1.12). Die Werte in den Spalten I (geschätzte Absatzmengen) und J (quadrierte Residuen) ändern sich in Abhängigkeit von den Modellparametern. Damit können wir das Schätzproblem konkretisieren: Gesucht werden Modellparameter, für die die Summe der quadrierten Residuen SSR minimal wird.

Das Arbeitsfenster in Abbildung 1.8 zeigt den Zustand nach Anwendung des Solvers. In den Zellen F7 bis F9 stehen die gefundenen Schätzwerte der Modellparameter, für die SSR minimal ist. Vor Aufruf des Solvers müssen in diese Zellen die Startwerte eingetragen werden. Die oben abgeleiteten Startwerte wurden zur Kontrolle auch rechts daneben in die Zellen G7 bis G9 geschrieben.

1 Nichtlineare Regression

Solver-Parameter Der Excel Solver lässt sich über den Menüpunkt „Daten / Solver" aufrufen.[17] Es öffnet sich das Dialogfeld „Solver-Parameter", das in Abbildung 1.9 wiedergegeben ist.

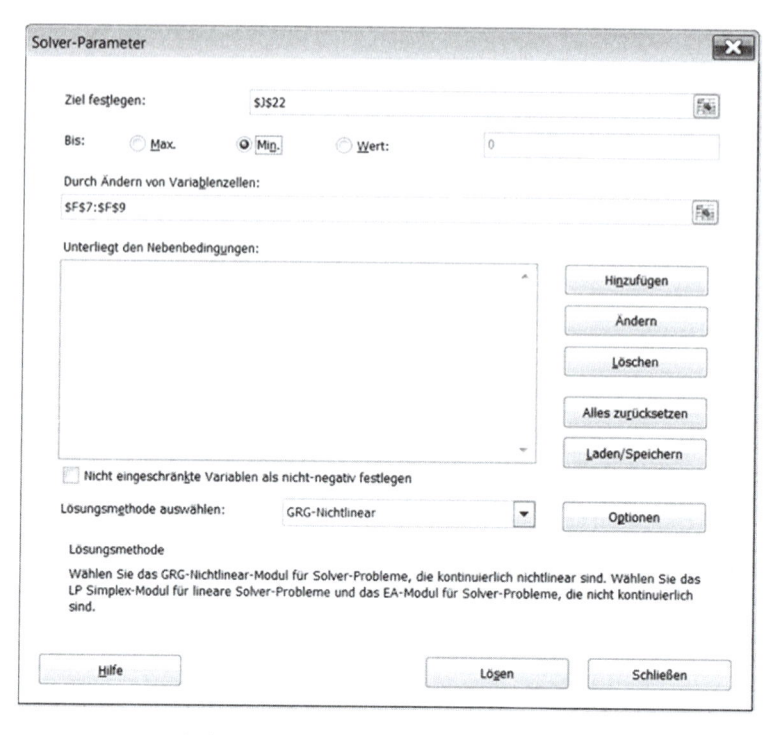

Abbildung 1.9: Dialogfeld des Excel Solvers

Die Anwendung des Solvers erfordert folgende Angaben:

- *Ziel festlegen*
  Die Zielzelle enthält die zu optimierende Zielfunktion, in unserem Fall die Summe der quadrierten Residuen SSR. Im Arbeitsblatt ist dies die Zelle J22. Es muss weiterhin angegeben werden, ob das Zielkriterium maximiert, minimiert oder ob ein Zielwert möglichst gut erreicht werden soll. Anstelle von „Min" hätte hier im Dialogfeld auch „Wert:" und „0" gewählt werden können.

- *Veränderbare Variablenzellen*
  Hier sind die zu schätzenden Parameter anzugeben, die in den Zellen F7 bis F9 enthalten sind. Vor Aufruf des Solvers sind in diese Zellen die Startwerte einzutragen. Für die hier verwendeten Startwerte erhält man in der Zielzelle den Wert SSR $=3072{,}6$.
  Bei Bedarf können auch noch Nebenbedingungen für jeden Wert in den veränderbaren Zellen angegeben werden, z. B. obere und/oder untere Grenzwerte oder die Beschränkung der Lösung auf ganzzahlige Werte.

---

[17] Falls der Solver nicht vorhanden ist, muss er mittels „Extras / Add-ins" installiert werden. Ab Office 2007 ist zunächst der Button „Schaltfläche Office" (Office 2007) bzw. „Datei" (Office 2010, 2013) zu klicken und dann „Optionen / Add-ins" zu wählen. In dem sich öffnenden Fenster ist der Button „Gehe zu" anzuklicken und dann der Solver mittels Kontrollkästchen zu aktivieren. Abschließend dann auf „OK" klicken.

Nach Anklicken von „Lösen" (engl. „solve") berechnet der Solver die gesuchte Lösung. In der Zielzelle J22 erscheint jetzt, wie in Abbildung 1.8 sichtbar, der minimale Wert SSR = 759,826 und in den veränderbaren Zellen F7 bis F9 erscheinen die Schätzwerte der Modellparameter.

Unter dem Punkt Optionen kann zwischen verschiedenen Algorithmen gewählt werden: Newton- oder Gradienten-Verfahren, wobei ersteres standardmäßig verwendet wird.[18] Mittels des Buttons „Schätzen" (engl. „guess") kann man sich vom Solver ermitteln lassen, welches die veränderbaren Zellen sind. Diese Funktion ist allerdings missverständlich benannt, denn hier wird nichts geschätzt. Vielmehr versucht der Solver selbsttätig herauszufinden (zu „vermuten"), welches die veränderbaren Zellen sind. Dabei vermutet er aber oft fasch. Diese Funktion des Solvers sollte daher vermieden werden und ist eigentlich auch überflüssig. Der Untersucher sollte wissen, welche Werte er optimieren will und in welchen Zellen diese stehen.

Algorithmen

Wichtig ist, wie schon betont, dass vor Aufruf des Solvers geeignete Startwerte in die veränderbaren Zellen eingetragen werden. Würde man z. B. jeweils nur den Wert 0 eintragen, so würde der Solver im vorliegenden Fall eine degenerierte Lösung mit negativen Werten für die Modellparameter liefern.

Startwerte

Auf die oben beschriebene Art lassen sich alle vier ausgewählten Modelle schätzen, wobei es bei dieser Methode keinen prinzipiellen Unterschied macht, ob es sich um ein lineares oder nichtlineares Modell handelt. Es ist lediglich in Zelle I7 das jeweilige Modell in der oben beschriebenen Art einzugeben und dann von dort in die darunter stehenden Zellen I8 bis I21 zu kopieren.

Zur Schätzung linearer oder linearisierbarer Modelle ist es natürlich einfacher und zweckmäßiger, die konventionelle Lineare Regression zu verwenden. In MS Excel steht hierfür die Analysefunktion „Regression" zur Verfügung.[19]

1.2.4.3 Ergebnisse

Die Schätzung der vier oben formulierten Modelle liefert die in Abbildung 1.10 zusammengefassten Ergebnisse. Alle Modelle, sogar das lineare Modell, erzielen eine recht gute Anpassung, wie die Bestimmtheitsmaße (R-Quadrat) in der rechten Spalte von Abbildung 1.10 zeigen. Die nichtlinearen Modelle erklären fast 98 % der Streuung (Variation) in den Absatzdaten, das Exponential-Modell sogar fast 99 %.

Modell	Schätzung	R^2
(1) Lineares Modell	$\hat{Y} = 112,13 + 6,639 \cdot W$	0,937
(2) Quadratwurzel-Modell	$\hat{Y} = 32,18 + 48,796 \cdot W^{0,5}$	0,978
(3) Potenz-Modell	$\hat{Y} = -6,79 + 77,872 \cdot W^{0,4}$	0,979
(4) Exponential-Modell	$\hat{Y} = 339,113 - 269,544 \cdot e^{-0,058 \cdot W}$	0,986

Abbildung 1.10: Geschätzte Modelle zur Untersuchung der Werbewirkung

---

[18] Zu diesen Verfahren siehe z. B. Fletcher (1987), S. 44 ff.; Flannery et al. (1986), Kapitel 10 und 15. Das im Solver verwendete Quasi-Newton-Verfahren ist etwas schneller als das Gradientenverfahren, benötigt aber etwas mehr Arbeitsspeicher. Dies dürfte bei der Leistung heutiger Computer nur bei extrem großen Problemen eine Rolle spielen.

[19] Diese ist unter dem Menüpunkt „Daten / Datenanalyse / Regression" aufzurufen. In dem sich öffnenden Dialogfenster sind dann lediglich die Bereiche, in denen die Daten stehen, anzugeben. Hier sind das der Y-Eingabebereich C7:C21 und der X-Eingabebereich B7:B21.

1 Nichtlineare Regression

Die beste Anpassung erzielen die beiden intrinsisch nichtlinearen Modelle (3) und (4), das Potenz-Modell und das Exponential-Modell. Sie sind in Abbildung 1.11 und 1.12 grafisch dargestellt.

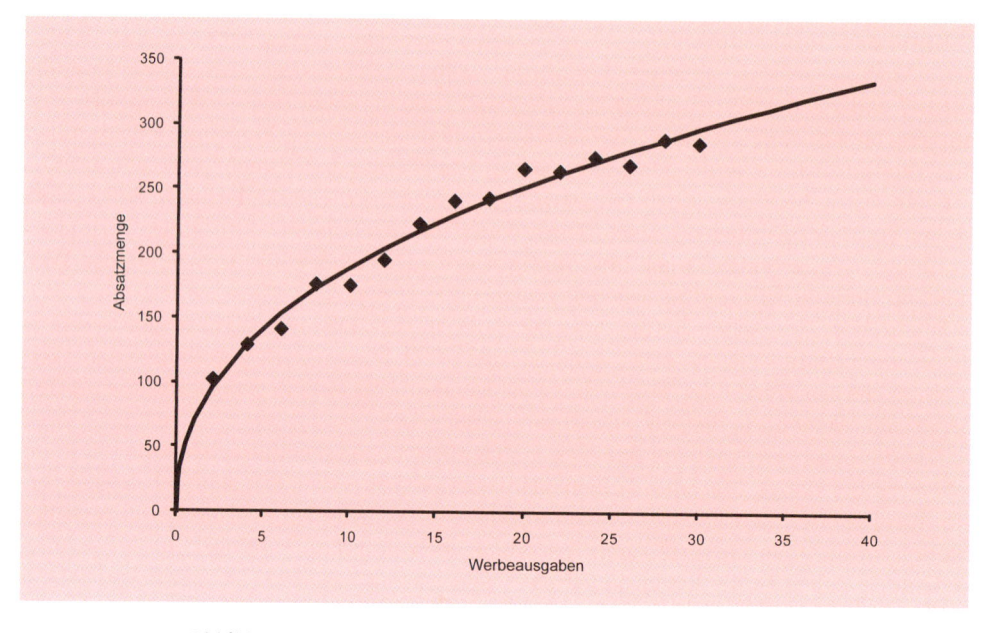

Abbildung 1.11: Potenz-Modell im Streudiagramm der Daten

Potenz-Modell

Der Vergleich zwischen der Schätzung des Potenz-Modells in Abbildung 1.10 und des Quadratwurzel-Modells, welches die Startwerte für die Schätzung des Potenz-Modells lieferte, zeigt, wie die Startwerte durch die Nichtlineare Regression verändert wurden. Der Wert für den Exponenten γ hat sich von 0,5 auf 0,4 verkleinert, wodurch das Modell eine etwas stärkere Krümmung erhält. Der Wert für α hat sich ebenfalls verringert und sogar das Vorzeichen gewechselt. Die Kurve des Potenz-Modells schneidet die Y-Achse im negativen Bereich, was in Abbildung 1.11 allerdings nicht sichtbar wird, da das Potenz-Modell in der Nähe von $W = 0$ sehr steil verläuft.

Exponential-Modell

Beim Exponential-Modell liegen die Startwerte 300, 290 und 0,1 für die Berechnung der Schätzwerte M, a und b recht nahe bei den endgültigen Werten $M = 339,113$, $a = 269,544$ und $b = 0,058$ und bilden somit eine gute Ausgangsposition für die Iteration. Der Wert $M = 339$, die geschätzte Sättigungsgrenze, besagt, dass für sehr hohe Werbebudgets die normierte Absatzmenge pro Verkaufsregion gegen 339 Tsd. kg konvergiert.[20]

---

[20]Es sei hier noch einmal darauf hingewiesen, dass durch die Linearisierung von Modellen u. U. deren Schätzeigenschaften verändert werden. Setzt man den erzielten Schätzwert $M = 339,113$ in das linearisierte Exponential-Modell (1.9) ein, so erhält man mittels linearer Regression:
$\ln(339,113 - Y) = 5,584 - 0,057 \cdot W$ und mit $a = e^{5,584} = 266,134$ ergibt sich:
$\hat{Y} = 339,113 - 266,134 \cdot e^{-0,057 \cdot W}$
Diese Schätzung des Exponential-Modells unterscheidet sich hinsichtlich der Schätzwerte a und b leicht von dem mittels Nichtlinearer Regression geschätzten Exponential-Modell in Abbildung 1.10.

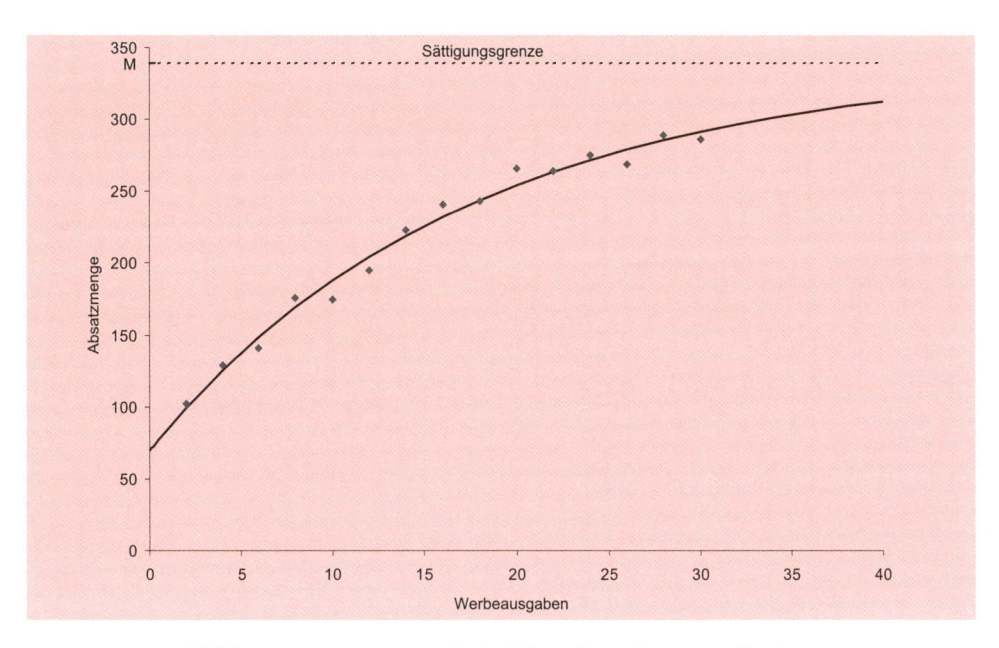

Abbildung 1.12: Exponential-Modell im Streudiagramm der Daten

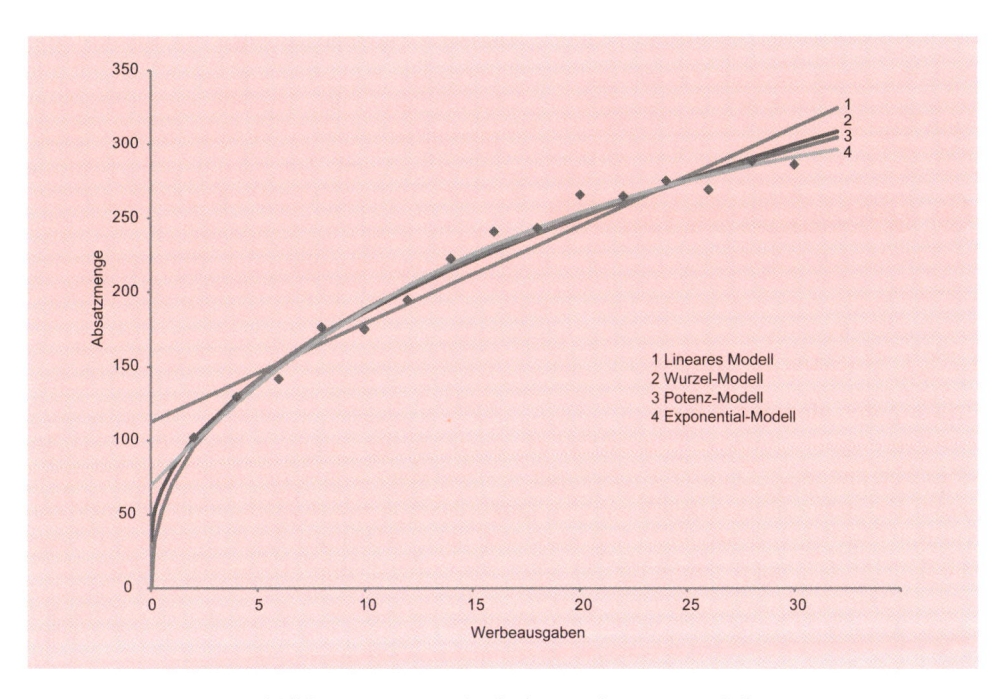

Abbildung 1.13: Vergleich der geschätzten Modelle

1 Nichtlineare Regression

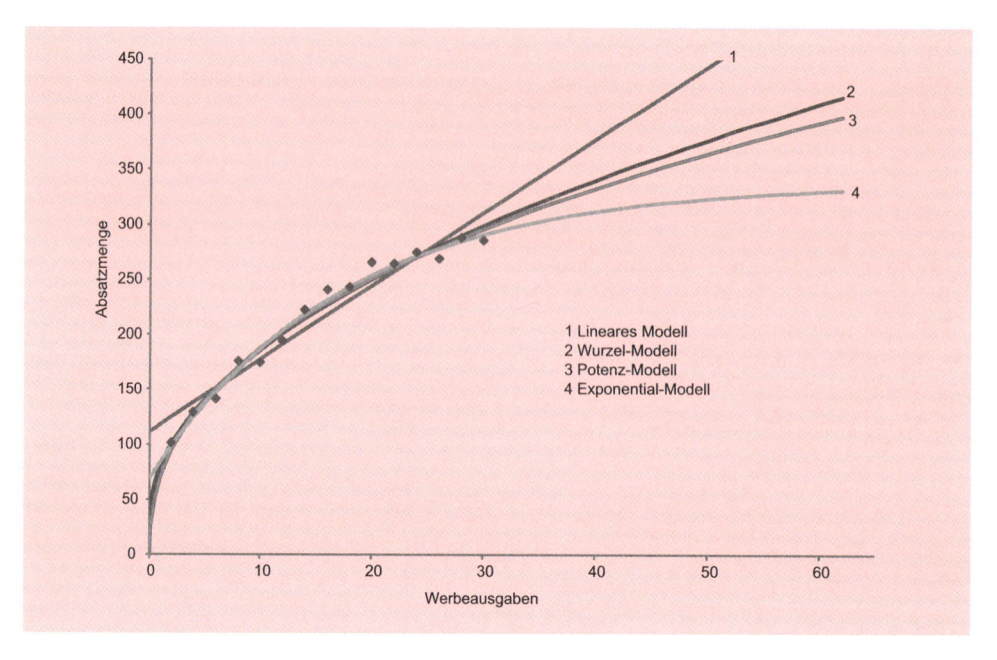

Abbildung 1.14: Vergleich der geschätzten und extrapolierten Modelle

1.2.5 Prüfung der Modelle

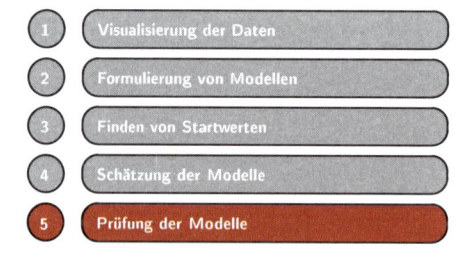

Eine Prüfung der Modelle muss sowohl statistische wie auch sachlogische Aspekte umfassen. Die statistische Prüfung betrifft die globale Güte des Modells sowie die Prüfung der einzelnen Modellparameter, die geschätzt wurden. Die sachlogische Prüfung betrifft die Frage nach der Richtigkeit des Modells aufgrund theoretischer bzw. logischer Überlegungen oder Plausibilitätsbetrachtungen.

1.2.5.1 Statistische Prüfung

Prüfung der globalen Güte

Zur Prüfung der globalen Güte wird, wie auch bei der Linearen Regression, das Bestimmtheitsmaß (R-Quadrat) verwendet, welches angibt, welcher Anteil der Streuung in den Daten der abhängigen Variablen durch das geschätzte Modell erklärt wird (vgl. Kapitel 1 im Buch *Multivariate Analysemethoden*, Abschnitt 1.2.3). Bezeichnet man mit SST die Gesamtstreuung der Absatzmenge (Total Sum of Squares), so gilt:

$$R^2 = \frac{SST - SSR}{SST} = \frac{\text{erklärte Streuung}}{\text{gesamte Streuung}} \quad (1.13)$$

Die Residualstreuung SSR (Sum of Squared Residuals, vgl. Formel 1.12), die für die Schätzung minimiert wurde, wird auch als „nichterklärte Streuung" bezeichnet. Die Differenz SST - SSR heißt analog die „erklärte Streuung".

Die Gesamtstreuung SST errechnet sich als die Summe der quadrierten Abweichungen der Absatzmenge von ihrem Mittelwert. Sie ist also unabhängig von dem verwendeten Modell und es gilt hier:

Gesamtstreuung

$$SST = \sum_{k=1}^{K}(y_k - \overline{y})^2 = \sum_{k=1}^{K}(y_k - 218,4)^2 = 52679,0 \qquad (1.14)$$

Im Excel-Tableau in Abbildung 1.8 findet sich der Mittelwert der Absatzmenge in Zelle C22 und die Berechnung der Gesamtstreuung SST in Spalte D bzw. Zelle D22.

Für das geschätzte Exponential-Modell $\hat{Y} = 339,13 - 269,54 \cdot e^{-0,058 \cdot W}$ beträgt die Residualstreuung SSR = 759,8. Eingesetzt in (1.13) erhält man damit für das Bestimmtheitsmaß:

$$R^2 = \frac{52679,0 - 759,8}{52679,0} = 0,986 \qquad (1.15)$$

Es werden also 98,6 % der Streuung in den Absatzdaten durch das Exponential-Modell erklärt. Im Excel-Tableau in Abbildung 1.8 findet sich dieser Wert in Zelle J24.

In Abbildung 1.10 wurden die Bestimmtheitsmaße für die vier hier geschätzten Modelle gegenüber gestellt. Die beste Anpassung erzielt das Exponential-Modell mit 0,986. Die Anpassungsgüte des Potenz-Modells liegt mit 0,979 etwas niedriger, ist aber nur unwesentlich besser als die des Quadratwurzel-Modells mit 0,978. Demgegenüber fällt die Anpassungsgüte des Linearen Modells mit 0,937 etwas ab, wenngleich auch dieser Wert für ein offenbar falsches Modell erstaunlich hoch ist.

Wie bei der Linearen Regression lässt sich auch bei der Nichtlinearen Regression zur Prüfung der Signifikanz des Bestimmtheitsmaßes eine *F-Statistik* berechnen.[21] Allerdings ist diese unter der Nullhypothese bestenfalls asymptotisch F-verteilt, so dass die Durchführung eines F-Tests fragwürdig ist.

F-Statistik

Eine dritte Größe zur Prüfung der globalen Güte von Regressionsmodellen bildet der *Standardfehler des Modells* (auch Standardfehler der Schätzung), der angibt, welcher mittlere Fehler bei Verwendung des Regressionsmodells zur Schätzung der abhängigen Variablen Y gemacht wird. Er errechnet sich aus den Residuen bzw. der Residualstreuung wie folgt:

Standardfehler des Modells

$$s = \sqrt{\frac{\sum_{k=1}^{K}(y_k - \hat{y}_k)^2}{K - P}} = \sqrt{\frac{SSR}{K - P}} \qquad (1.16)$$

wobei K die Anzahl der Beobachtungen und P die Anzahl der Modellparameter bezeichnet. Im Gegensatz zum Bestimmtheitsmaß ist der Wertebereich des Standardfehlers des Modells nicht normiert. Für das Exponential-Modell ergibt sich hier der Wert:

$$s = \sqrt{\frac{759,8}{15 - 3}} = 7,96 \qquad (1.17)$$

Bezogen auf den Mittelwert $\overline{y} = 218,4$ beträgt der Standardfehler des Modells damit 3,6 %.

Der Standardfehler des Modells dient ersatzweise auch als ein Maß für die Standardabweichung der Störgröße u, die ja nicht direkt beobachtbar ist, deren Streuung sich aber in den Residuen manifestiert.

---

[21] Vgl. z. B. Greene (2003), S. 176; Davidson/MacKinnon (2004), S. 243.

1 Nichtlineare Regression

Standardfehler der Parameter

Prüfung der Modellparameter

Infolge der Störgröße u, die in die abhängige Variable Y eingeht, ist auch die Schätzung der Modellparameter zwangsläufig mit Fehlern behaftet. Die erhaltenen Schätzwerte der Modellparameter sind, wie auch u und Y, Werte von Zufallsvariablen, deren Standardabweichung als *Standardfehler der Parameter* bezeichnet wird. Der Standardfehler der Parameter ist proportional abhängig von der Standardabweichung der Störgröße u, aber auch umgekehrt proportional von der Streuung der betreffenden unabhängigen Variablen. Da die Störgröße und somit auch ihre Standardabweichung nicht beobachtbar sind, wird hierfür ersatzweise die Standardabweichung der Residuen (der Standardfehler des Modells) s verwendet.

Die Standardfehler der Parameter lassen sich bei nichtlinearen Modellen nur approximativ bzw. asymptotisch berechnen (d. h., sie sind nur für große Stichproben gültig).[22] Abbildung 1.15 zeigt die asymptotischen Standardfehler der Parameter für das Exponential-Modell.

Parameter	Schätzwert	Standardfehler
M	339,13	19,991
a	269,54	15,335
b	0,058	0,010

Abbildung 1.15: Schätzwerte der Modellparameter und asymptotische Standardfehler für das Exponential-Modell

Konfidenzintervalle

Zur Beurteilung der Genauigkeit der Parameterschätzung lassen sich mit Hilfe ihrer Standardfehler *Konfidenzintervalle* bilden, die aussagen, in welchem Bereich die unbekannten, wahren Modellparameter mutmaßlich liegen. Ist b ein erwartungstreuer Schätzwert für den unbekannten Parameter β, so ist als Konfidenzintervall ein Bereich um b zu wählen, in dem der unbekannte Wert β mit einer bestimmten Wahrscheinlichkeit liegen wird. Dazu ist eine Irrtumswahrscheinlichkeit α bzw. Vertrauenswahrscheinlichkeit $(1 - \alpha)$ zu wählen, z. B. $(1 - \alpha) = 0,95$. Für diese Vertrauenswahrscheinlichkeit und die Zahl der Freiheitsgrade der Residualstreuung ist sodann das betreffende Quantil (t-Wert) der Student-Verteilung aus einer t-Tabelle zu entnehmen. Das Konfidenzintervall für β lautet damit:

$$b - t_{\alpha/2} \cdot s_b \leq \beta \leq b + t_{\alpha/2} \cdot s_b \tag{1.18}$$

mit:

β = Modellparameter (unbekannter wahrer Wert)
b = Schätzwert von β
$t_{\alpha/2}$ = Wert der Student-Verteilung für Irrtumswahrscheinlichkeit $\alpha/2$ und $K - P$ Freiheitsgrade
s_b = Standardfehler von b.

---

[22] Da die Berechnung etwas komplexer ist, greifen wir hier auf die Schätzung mit der Prozedur NLR von SPSS zurück. In SPSS werden die Standardfehler der Parameter p ($p = 1, 2, \ldots, P$) wie folgt geschätzt: $s_{b_p} = s\sqrt{a_{pp}}$ mit a_{pp} = p-tes Diagonalelement von $\mathbf{J'J}$, wobei $\mathbf{J}$ die Jacobische Matrix ((KxP)-Matrix) mit den partiellen Ableitungen der K Regressionsfunktionen für die vorliegenden Beobachtungen nach den P Modellparametern b_p ist (vgl. SPSS Inc. (2007a), S. 504 f.). Vgl. hierzu auch die Ausführungen im Mathematischen Anhang des Kapitels 1 im Buch *Multivariate Analysemethoden*. Für Lineare Modelle gilt $P = J$ und die Jacobische Matrix $\mathbf{J}$ geht über in die (KxJ)-Matrix $\mathbf{X}$ der Beobachtungswerte der J Regressoren.

Wie der Standardfehler des Parameters gilt auch das Konfidenzintervall bei nichtlinearen Modellen nur asymptotisch.

Für die Sättigungsmenge M des Exponential-Modells erhält man damit das folgende Konfidenzintervall:
$$339,13 - 2,179 \cdot 19,991 \leq \quad M \quad \leq 339,13 + 2,179 \cdot 19,991$$
$$295,6 \leq \quad M \quad \leq 382,7 \tag{1.19}$$
Dabei bildet $t_{\alpha/2} = 2,179$ das Quantil der zweiseitigen t-Tabelle (siehe z.B. Anhang im Buch *Multivariate Analysemethoden*) für $K - P = 15 - 3 = 12$ Freiheitsgrade und die Irrtumswahrscheinlichkeit $\alpha = 0,05$. Mit einer Wahrscheinlichkeit von $\alpha/2 = 0,025$ liegt der wahre Wert der Sättigungsmenge M unter 295,6 und mit eben dieser Wahrscheinlichkeit über 382,7. Oder anders ausgedrückt: Mit einer Vertrauenswahrscheinlichkeit von 95 % liegt der wahre Wert von M zwischen 295,6 und 382,7. Analog lassen sich die Konfidenzintervalle für die anderen Modellparameter berechnen.

Eine alternative Möglichkeit zur Berechnung der Standardfehler, die zum Vergleich herangezogen werden sollte, bildet die *Bootstrap-Methode* (Bootstrapping). Diese Methode ist zwar rechenaufwendig, im Prinzip aber recht einfach. Es werden wiederholt Stichproben aus der vorliegenden Datenmenge gezogen und jeweils das Modell geschätzt. Die Stichproben haben jeweils den Umfang K, wie die Datenmenge, und sie werden jeweils mit Zurücklegen gezogen. Auf diese Weise wird für jeden Modellparameter eine Menge bzw. Verteilung von Schätzwerten dieses Parameters ermittelt. Die Standardabweichung der Schätzwerte eines Modellparameters dient dann als Schätzung des Standardfehlers dieses Parameters. Die sich so ergebenden Schätzwerte des Standardfehlers sind i. d. R. größer als die asymptotischen Standardfehler und variieren natürlich von Fall zu Fall, wobei die Variation auch von der Anzahl der Stichproben abhängig ist.

Bootstrapping

1.2.5.2 Sachlogische Prüfung

Prinzipiell ist, wie schon bemerkt, einfacheren Modellen der Vorzug gegenüber komplexeren Modellen zu geben, vorausgesetzt, sie sind vollständig in relevanten Aspekten.[23] Das geschätzte lineare Modell liefert zwar eine schlechtere Anpassungsgüte als die nichtlinearen Modelle, wenngleich das Bestimmtheitsmaß mit 93,7 % akzeptabel ist. Aber aus sachlogischen Gründen kommt dieses Modell nicht in Frage, da es konstante Ertragszuwächse der Werbeausgaben unterstellt. Dies impliziert, dass ein Konsument, wenn er doppelt soviel Werbung erhält, auch seinen Konsum um die doppelte Menge steigert, was generell wie insbesondere in Bezug auf Margarine abwegig ist.

Das ist anders bei den hier geschätzten nichtlinearen Modellen. Sie weisen einen konkaven Verlauf auf und berücksichtigen somit abnehmende Ertragszuwächse der Werbung. Mit einem Bestimmtheitsmaß von annähernd 98 % und höher besitzen sie alle eine hohe Anpassungsgüte. Aus praktischer Sicht sind die drei nichtlinearen Modelle, das Quadratwurzel-Modell, das Potenz-Modell und das Exponential-Modell, als annähernd gleichwertig zu betrachten.

Abnehmende Ertragszuwächse

Dies gilt allerdings nur, solange sich die Werbeausgaben im Stützbereich der Schätzung, also im Bereich der beobachteten Daten für die Werbeausgaben, bewegen. Hier sind die Verläufe der drei nichtlinearen Regressionsfunktionen, wie Abbildung 1.13 zeigt, kaum unterscheidbar. Für Werbeausgaben außerhalb des Stützbereiches ergeben sich dagegen substantielle Abweichungen, wie Abbildung 1.14 deutlich macht.

---

[23] Vgl. Little (1970), S. 466 ff.

1 Nichtlineare Regression

Bei extrem hohen Werbeausgaben streben die Verläufe der Modelle stark auseinander. Insbesondere der Verlauf des Exponential-Modells weicht stark von den übrigen Modellen ab.

Neben abnehmenden Ertragszuwächsen kann für den Konsum von Margarine davon ausgegangen werden, dass die Konsumenten irgendwann gesättigt sind und ihren Konsum nicht weiter steigern, auch wenn noch so viel geworben wird. Die Existenz einer derartigen Sättigungsgrenze wird unter den hier herangezogenen Modellen nur durch das Exponential-Modell berücksichtigt. Diesem Modell ist daher hier der Vorzug zu geben, nicht nur, weil es die höchste Anpassungsgüte an die vorliegenden Absatzdaten erzielt, sondern auch aus theoretischen Überlegungen.

Sättigungsgrenze

1.3 Fallbeispiel

Wachstumsmodelle

Anhand eines Fallbeispiels soll die Schätzung verschiedener Wachstumsmodelle mittels Nichtlinearer Regression und unter Anwendung von SPSS demonstriert werden. Hierzu wollen wir die Ausbreitung des Mobiltelefons in Deutschland betrachten. Abbildung 1.16 gibt die Zahlen der Mobilfunkteilnehmer von 1990 bis 2007 wieder, die in Abbildung 1.17 grafisch dargestellt sind.

t	Jahr	Mobilfunkteilnehmer in Mio.
1	1990	0,273
2	1991	0,532
3	1992	0,953
4	1993	1,768
5	1994	2,482
6	1995	3,764
7	1996	5,554
8	1997	8,286
9	1998	13,913
10	1999	23,470
11	2000	48,247
12	2001	56,126
13	2002	59,128
14	2003	64,839
15	2004	71,322
16	2005	79,271
17	2006	85,652
18	2007	97,151

Abbildung 1.16: Teilnehmerentwicklung in deutschen Mobilfunknetzen (Mobilfunkverträge)
Quelle: Bundesnetzagentur, Jahresbericht 2007

1.3 Fallbeispiel

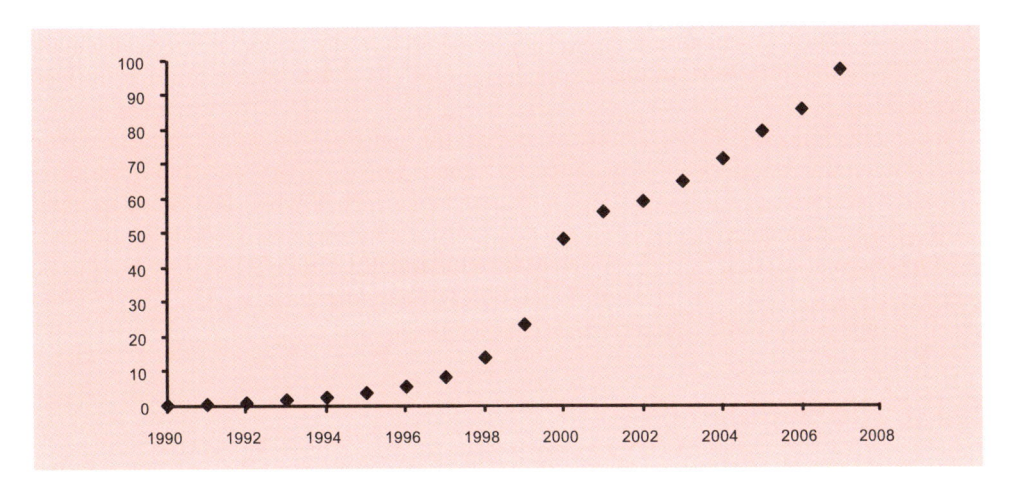

Abbildung 1.17: Diagramm der Teilnehmerentwicklung in deutschen Mobilfunknetzen

Eine wichtige Klasse von nichtlinearen Modellen sind Wachstumsmodelle. Nachfolgend soll zunächst ein kurzer Überblick über Wachstumsmodelle gegeben werden. In Abschnitt 1.3.2 werden sodann zwei dieser Modelle, das Logistische Modell und das Gompertz-Modell, auf die vorliegenden Mobilfunkdaten angewendet und deren Schätzergebnisse miteinander verglichen. Im Anschluss daran betrachten wir in Abschnitt 1.3.3 ein weiteres Modell, das Diffusionsmodell von Bass, welches für praktische Anwendungen eine hohe Bedeutung besitzt. Die Berechnungen mit SPSS werden dann exemplarisch für das Gompertz-Modell in Abschnitt 1.3.4 dargestellt.

1.3.1 Wachstumsmodelle

Die Entwicklung der Mobilfunkteilnehmer bildet einen Wachstumsprozess, wie er sich ähnlich in vielen Bereichen findet. Neben dem biologischen Wachstum finden sich Wachstumsprozesse bei Populationen von Lebewesen und Pflanzen, bei Produkten oder Märkten und bei der Ausbreitung von Innovationen oder auch von Krankheiten (Epidemien). Wachstumsprozesse sind dadurch gekennzeichnet, dass sie an Grenzen stoßen, die das Wachstum abschwächen und begrenzen („Bäume wachsen nicht in den Himmel"). Zur Beschreibung von Wachstumsprozessen kann auf ein umfangreiches Arsenal von Modellen zurückgegriffen werden. Abbildung 1.18 zeigt elementare Wachstumsmodelle (growth models). Im Vorhergehenden hatten wir unter diesen Modellen bereits das Potenz-Modell und das Exponential-Modell zur Modellierung der Werbewirkung herangezogen. In den nachfolgenden Modellen bildet die Zeit t die unabhängige Variable. Auf die Berücksichtigung einer stochastischen Komponente, die sich in nichtlinearen Modellen unterschiedlich spezifizieren lässt, wurde in Abbildung 1.18 verzichtet.

Wachstumsprozesse

Wachstumsmodelle

1 Nichtlineare Regression

Konkav

Potenz-Modell

$$\hat{Y} = a + b \cdot t^c \qquad (0 < c < 1)$$

Konkav mit Abschwung

Quadratisches Modell

$$\hat{Y} = a + b \cdot t - c \cdot t^2 \qquad (c > 0)$$

Konkav mit Sättigungsgrenze

Exponentielles Modell

$$\hat{Y} = M - a \cdot e^{-b \cdot t} \qquad (0 < b < 1)$$

S-förmig mit Sättigungsgrenze

Logistisches Modell

$$\hat{Y} = \frac{M}{1 + e^{a - b \cdot t}} \qquad (b > 0)$$

Gompertz-Modell

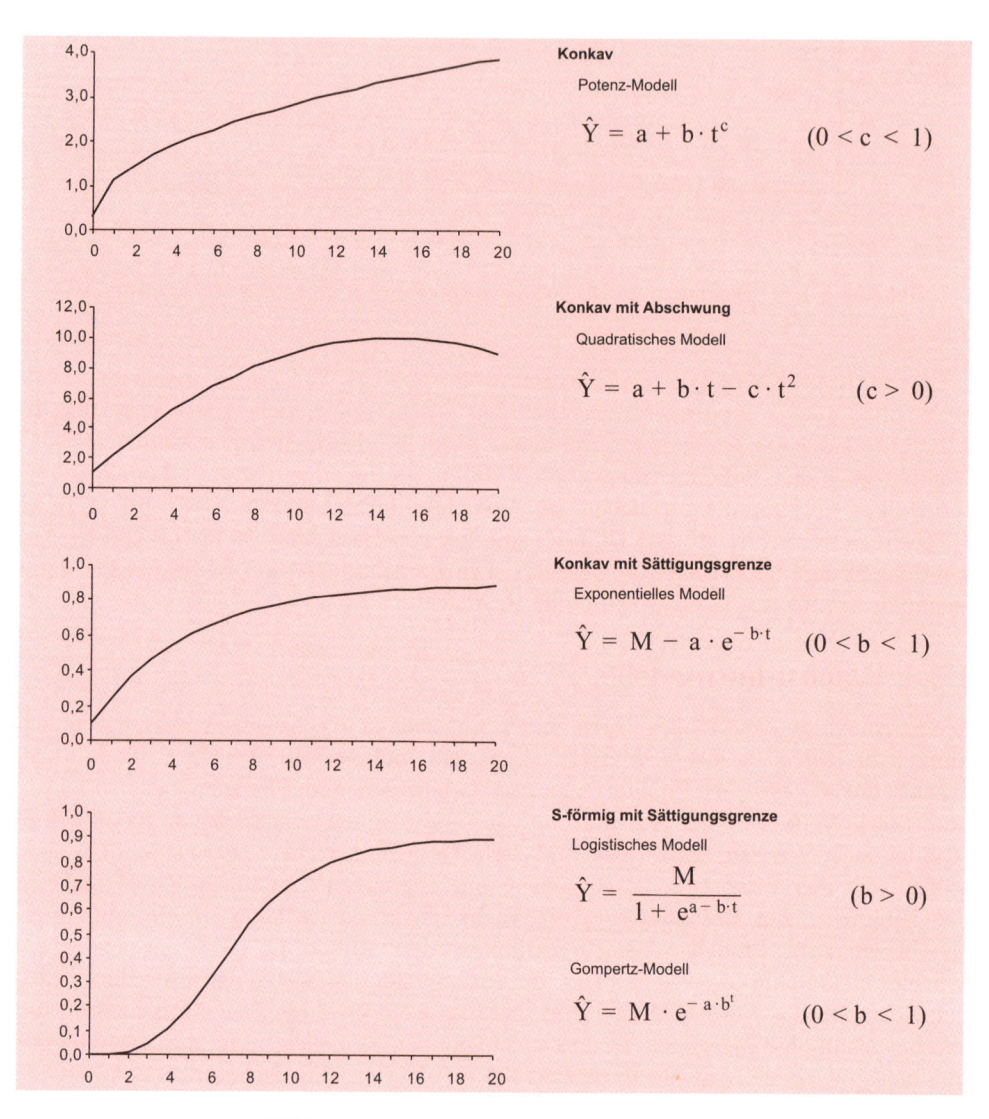

$$\hat{Y} = M \cdot e^{-a \cdot b^t} \qquad (0 < b < 1)$$

Abbildung 1.18: Elementare Wachstumsmodelle

1.3 Fallbeispiel

Wachstumsmodelle im engeren Sinn sind solche, die gegen eine obere Grenze (Sättigungsgrenze) konvergieren (je nach Anwendungsbereich spricht man auch von Sättigungsmodellen oder Diffusionsmodellen). Beispiele sind das *Exponential-Modell* oder das *Geometrische Modell*, die einen konkaven Verlauf aufweisen, oder das *Logistische Modell* und das *Gompertz-Modell*, die einen S-förmigen Verlauf haben.[24] Sie konvergieren jeweils gegen die Wachstumsgrenze (Sättigungsgrenze) M. Alle diese Modelle sind intrinsisch nichtlinear. Ihre Schätzung erfordert daher die Anwendung der Nichtlinearen Regression.

Die Entwicklung der Mobilfunkteilnehmer in Abbildung 1.17 lässt erkennen, dass ein konkaves Modell zur Abbildung des Verlaufs nicht geeignet ist. Nach zunächst progressivem Verlauf schwächt sich das Wachstum um das Jahr 2000 aufgrund von Sättigungstendenzen ab. Es entsteht so ein Wendepunkt, der ein S-förmiges Modell erforderlich macht. Unter den obigen Modellen wären somit das Logistische Modell und das Gompertz-Modell auszuwählen. Allerdings entspricht die Entwicklung nicht ganz dem idealtypischen Verlauf dieser Modelle, da sich in den letzten Jahren das Wachstum noch einmal verstärkt hat. Diese Zunahme ist vermutlich durch die zahlreichen Innovationen und Preissenkungen in diesem Markt sowie den Trend zum Zweithandy bedingt.

Mobilfunkteilnehmer

Das Logistische Modell und das Gompertz-Modell unterscheiden sich primär dadurch, dass das Logistische Modell symmetrisch um den Wendepunkt verläuft, der somit bei $y_W = M/2$ liegt. Der Wendepunkt des Gompertz-Modells dagegen liegt etwas tiefer bei $y_W = M/e \approx 0{,}37M$. In Abbildung 1.19 erfolgt ein Vergleich dieser beiden Modelle.

Logistisches Modell
Gompertz-Modell

	Logistisches Modell	Gompertz-Modell
Modellbeispiel	$\hat{Y} = \dfrac{M}{1+e^{a-b \cdot t}}$	$\hat{Y} = M \cdot e^{-a \cdot b^t}$
Ursprung	$y_0 = M/(1+e^a)$	$y_0 = M/e^a$
Wendepunkt	$y_W = M/2$ $t_W = a/b$	$y_W = M/e = M/2{,}7183 \approx 0{,}37M$ $t_W = \ln(a)/-\ln(b)$
Linearisierung für M gegeben	$\ln(\frac{M}{Y} - 1) = a + b \cdot t$	$\ln(\ln(M) - \ln(Y)) = \ln(a) + \ln(b) \cdot t$

Abbildung 1.19: Vergleich von Logistischem Modell und Gompertz-Modell

1.3.2 Schätzung von Logistischem Modell und Gompertz-Modell

Ermittlung von Startwerten

Zur Schätzung der ausgewählten Modelle sind zunächst geeignete Startwerte zu ermitteln. Dazu verwenden wir die in Abbildung 1.19 angegebenen Linearisierungen für einen gegebenen Wert von M. Für die Sättigungsgrenze M wählen wir einen Wert, der über dem größten beobachteten Wert liegt, z. B. $M = 100$ (vgl. Abbildung 1.16). Für das Logistische Modell ergibt sich damit:

Sättigungsgrenze

$$\ln\left(\frac{100}{Y} - 1\right) = a + b \cdot t \tag{1.20}$$

Mittels Linearer Regression erhält man die Schätzwerte $a = 6{,}2$ und $b = 0{,}5$, die als Startwerte für die Nichtlineare Regression verwendet werden.

---
[24] Vgl. dazu z. B. Hammann/Erichson (2000), S. 446 ff.; Mertens/Falk (2005), S. 157 ff.; Seber/Wild (2003), S. 325 ff.

1 Nichtlineare Regression

Analog erhält man für das Gompertz-Modell mit $M = 100$ die Funktion:

$$\ln(\ln(100) - \ln(Y)) = \ln(a) + \ln(b) \cdot t \tag{1.21}$$

Nach Delogarithmierung der geschätzten Regressionsparameter erhält man die Werte $a = 13,1$ und $b = 0,77$.

Ergebnisse der Modellschätzung

Die Ergebnisse der Modellschätzung, die man mit den obigen Startwerten erhält, sei es mit Excel Solver oder mit der Prozedur NLR von SPSS, sind in Abbildung 1.20 zusammengefasst.

Modell	a	b	M	R^2
Logistisch	5,960	0,509	92,04	0,982
Gompertz	23,023	0,750	103,43	0,987

Abbildung 1.20: Ergebnisse der Modellschätzung

Das Gompertz-Modell erzielt hier ein geringfügig größeres Bestimmtheitsmaß als das Logistische Modell. Mit den gefundenen Schätzwerten lautet es:

$$\hat{Y} = 103,4 \cdot e^{-23,023 \cdot 0,750^t} \tag{1.22}$$

Abbildung 1.21 zeigt den geschätzten und prognostizierten Verlauf des Gompertz-Modells im Streudiagramm der Daten.

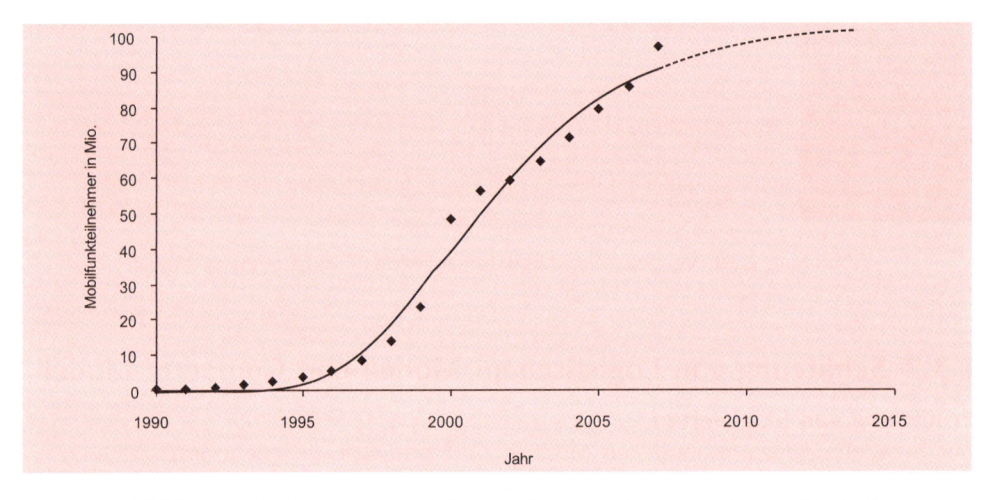

Abbildung 1.21: Gompertz-Modell: geschätzter und prognostizierter Verlauf

Beim Logistischen Modell liegt der geschätzte Wert für die Sättigungsgrenze M unter dem für 2007 realisierten Wert von 97,151 Mio. Eine Prognose mit diesem Modell würde also definitiv zu niedrige Werte liefern. Aber auch die durch das Gompertz-Modell geschätzte Sättigungsgrenze von $M = 103,43$ Mio. erscheint angesichts des empirischen Verlaufs recht niedrig. Eine für prognostische Zwecke bessere Modellschätzung lässt sich mittels gewichteter Nichtlinearer Regression erhalten, indem man die quadratischen Abweichungen für jüngere Perioden stärker gewichtet als die für weiter zurückliegende Perioden.

1.3.3 Das Modell von Bass

Ein Modell, das speziell für die Diffusion von Innovationen bzw. die Nachfrage nach neuartigen Produkten (Gebrauchsgütern) konzipiert wurde, ist das *Bass-Modell*.[25] Dieses Modell ist von großer Bedeutung für die Diffusionstheorie wie auch für die Management-Praxis, wo es breite Anwendung gefunden hat. Wir wollen es deshalb hier als ein weiteres Modell zur Abbildung der Entwicklung der Mobilfunkteilnehmer heranziehen.

Das Bass-Modell basiert diffusionstheoretisch auf der Annahme, dass sich die potentiellen Käufer eines neuen Produktes (oder Adopter einer Innovation) in zwei Gruppen einteilen lassen, nämlich Innovatoren und Imitatoren. Ein neuartiges Produkt wird zunächst nur von den Innovatoren erworben, die durch ihr Verhalten die Kaufentscheidung der Imitatoren beeinflussen. Je mehr die Verbreitung des neuen Produktes zunimmt, desto größer wird der soziale Druck auf die Imitatoren, dieses ebenfalls zu erwerben, um gesellschaftlich akzeptiert zu werden. Entsprechend steigt also die Kaufwahrscheinlichkeit der Imitatoren.

Modelliert wird im Bass-Modell (im Unterschied zu den beiden vorstehend behandelten Modellen) nicht die Zahl der kumulierten Käufer, sondern die Zahl der Käufer pro Periode, die mit S_t bezeichnet sei. Abbildung 1.22 zeigt neben der kumulierten Teilnehmerentwicklung Y_t aus Abbildung 1.16 auch die Werte $S_t = Y_t - Y_{t-1}$ (Zuwächse der Teilnehmer pro Jahr) und Y_{t-1} (um ein Jahr verzögerte Teilnehmerentwicklung).

Das Bass-Modell lautet:

$$S_t = (M - Y_{t-1}) \cdot P_t \qquad (1.23)$$

mit:

S_t = Käufer in Periode t ($S_t = Y_t - Y_{t-1}$)
Y_t = kumulierte Käufer bis einschließlich Periode t ($Y_t = S_1 + S_2 + \ldots + S_t$)
M = potentielle Käufer (Sättigungsgrenze, Marktpotential)
P_t = Kaufwahrscheinlichkeit in Periode t

Die Kaufwahrscheinlichkeit wird wie folgt modelliert:

$$P_t = p + q \frac{Y_{t-1}}{M} \qquad (1.24)$$

mit:

p = Innovationskonstante
q = Imitationskonstante

Nach Einsetzen von (1.24) in (1.23) erhält man:

$$S_t = \left(p + \frac{q}{M} \cdot Y_{t-1}\right)(M - Y_{t-1}) \qquad (1.25)$$

---

[25] Vgl. Bass (1969); Lilien/Kotler/Moorthy (1992); Gierl (2000); Schmalen/Xander (2000); Mertens/Falk (2005).

1 Nichtlineare Regression

Daraus erhält man durch Ausmultiplizieren das Bass-Modell in folgender Form:[26]

$$S_t = (M - Y_{t-1}) \cdot p \quad + \quad (M - Y_{t-1}) \cdot \frac{Y_{t-1}}{M} \cdot q$$
$$= \text{Innovatorennachfrage} + \text{Imitatorennachfrage} \quad (1.26)$$

Im Bass-Modell wirken zwei gegenläufige Effekte: Zum einen steigt die Kaufwahrscheinlichkeit der Imitatoren mit Y. Die Größe Y_{t-1}/M lässt sich als Maß für sozialen Druck interpretieren. Zum anderen sinkt das verbleibende Potential $M - Y_{t-1}$ mit Y. Dadurch kommt es (wie im Produktlebenszyklusmodell) zunächst durch steigende Akzeptanz zu einem Anstieg der Nachfrage und später infolge der Ausschöpfung des Käuferpotentials zu einem Abfall.

t	Jahr	Y_t	S_t	Y_{t-1}
1	1990	0,273	0,273	0
2	1991	0,532	0,259	0,273
3	1992	0,953	0,421	0,532
4	1993	1,768	0,815	0,953
5	1994	2,482	0,714	1,768
6	1995	3,764	1,282	2,482
7	1996	5,554	1,79	3,764
8	1997	8,286	2,732	5,554
9	1998	13,913	5,627	8,286
10	1999	23,470	9,557	13,913
11	2000	48,247	24,777	23,470
12	2001	56,126	7,879	48,247
13	2002	59,128	3,002	56,126
14	2003	64,839	5,711	59,128
15	2004	71,322	6,483	64,839
16	2005	79,271	7,949	71,322
17	2006	85,652	6,381	79,271
18	2007	97,151	11,499	85,652

Abbildung 1.22: Teilnehmerentwicklung in deutschen Mobilfunknetzen erweitert um $S_t = Y_t - Y_{t-1}$ und Y_{t-1}

---

[26] Man kann zeigen, dass es sich beim Bass-Modell um eine Kombination aus Exponential-Modell (bzw. Geometrischem Modell) und Logistischem Modell handelt, wobei ersteres für die Innovatoren und letzteres für die Imitatoren gilt.

1.3 Fallbeispiel

Schätzung des Bass-Modells

Das Bass-Modell lässt sich alternativ mittels Linearer und mittels Nichtlinearer Regression schätzen.

a) Lineare Regression

Durch Umformung in eine quadratische Funktion lässt sich das Modell wie folgt linearisieren:

$$\begin{aligned} S_t &= M \cdot p + (q-p) \cdot Y_{t-1} - \frac{q}{M} Y_{t-1}^2 \\ &= a + bY_{t-1} + cY_{t-1}^2 \end{aligned} \quad (1.27)$$

Die neuen Parameter a, b und c lassen sich mittels Linearer Regression schätzen. Mit den Daten aus Abbildung 1.22 erhält man:

$$\hat{S}_t = 1,70859214 + 0,36250543 Y_{t-1} - 0,00378977 Y_{t-1}^2 \quad (R^2 = 0,291) \quad (1.28)$$

Die Gewinnung der Parameter M, p und q erfolgt indirekt mittels:

$$M = \frac{-b - \sqrt{b^2 - 4ac}}{2c}, \qquad p = \frac{a}{M}, \qquad q = p + b \quad (1.29)$$

Man erhält: $M = 100,155$, $p = 0,017$, $q = 0,380$.[27]

b) Nichtlineare Regression

Zur Gewinnung von Startwerten wird das Modell zunächst wie folgt linearisiert:

$$\frac{S_t}{M - Y_{t-1}} = p + q \frac{Y_{t-1}}{M} \quad (1.30)$$

Für $M = 100$ erhält man durch Lineare Regression die Startwerte $p = 0,004$ und $q = 0,464$. Damit erhält man durch Nichtlineare Regression:

$$\hat{S}_t = \left(0,017 + \frac{0,380}{100,155} \cdot Y_{t-1}\right)(100,155 - Y_{t-1}) \quad (R^2 = 0,291) \quad (1.31)$$

Die Schätzwerte für M, p und q sind identisch mit a).

Die Anwendung der Nichtlinearen Regression bedeutet zwar für den Computer mehr Rechenaufwand, hat aber für den Benutzer den Vorteil, dass die Modellparameter direkt geschätzt werden. Die Berechnungen können wiederum mit Excel unter Nutzung des Solvers oder mit der Prozedur NLR von SPSS erfolgen.

Abbildung 1.23 zeigt den Verlauf von $\hat{S}_t$ (durchgezogene Linie) mit den Daten S_t (gestrichelte Linie). Den kumulierten Verlauf des Bass-Modells erhält man durch:

$$\hat{Y}_t = \hat{S}_1 + \hat{S}_2 + \ldots + \hat{S}_t \quad (1.32)$$

Er ist in Abbildung 1.24 gemeinsam mit den Daten Y_t dargestellt.

---

[27] Man muss hier mit sehr hoher Genauigkeit rechnen (mindestens vier Stellen hinter dem Komma), da bei der Berechnung von M durch den sehr kleinen Wert c dividiert wird. Bei Berechnung mit SPSS entsteht das Problem, dass im Output oder Viewer nur drei Stellen hinter dem Komma angezeigt werden. Die exakten Werte lassen sich z. B. ersehen, indem man die Ergebnisse aus SPSS in Excel überträgt. Man kann dann auch gleich mit Excel die weiteren Berechnungen durchführen.

1 Nichtlineare Regression

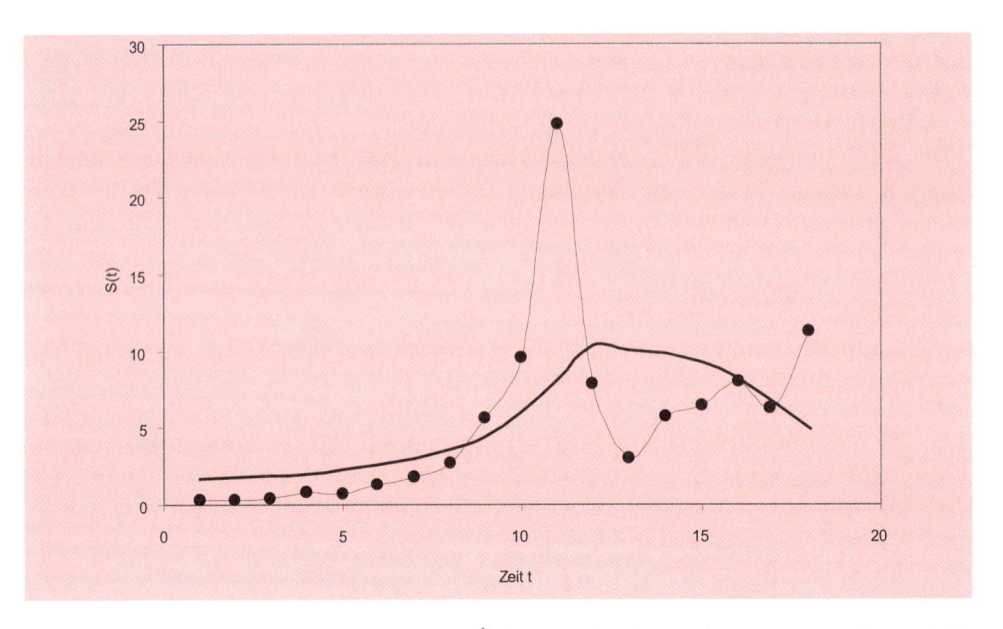

Abbildung 1.23: Schätzung des Bass-Modells $\hat{S}_t$ (durchgehende Linie) und Daten S_t (gestrichelte Linie).

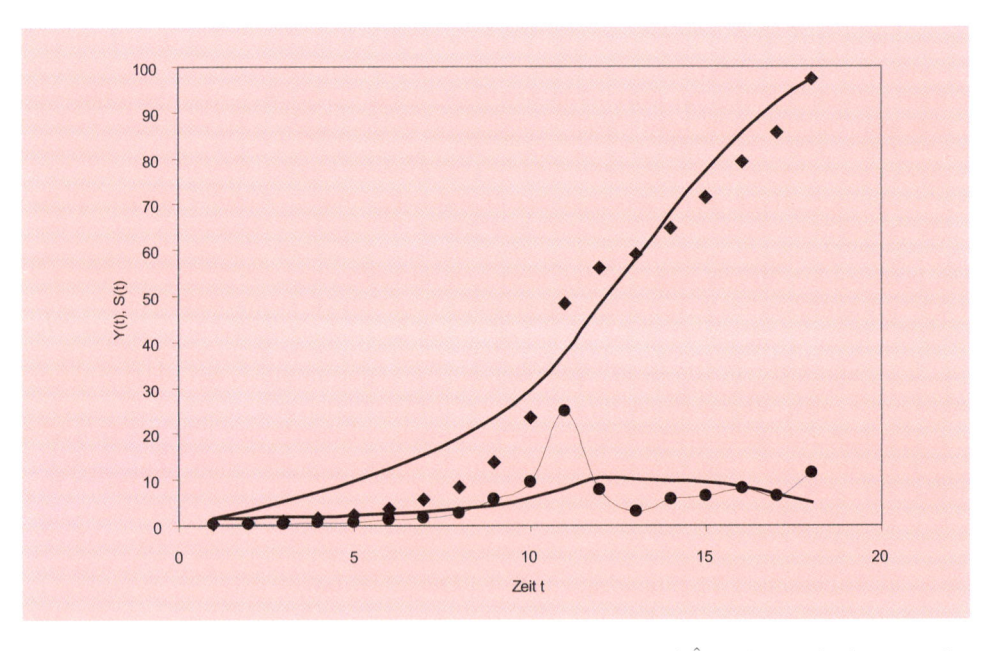

Abbildung 1.24: Schätzung des Bass-Modells: Kumulierter Verlauf $\hat{Y}_t$ und periodische Zuwächse $\hat{S}_t$ (durchgehende Linien) sowie Daten Y_t und S_t.

Beurteilung des Bass-Modells

Das geschätzte Bass-Modell besitzt mit der Sättigungsmenge $M = 100,2$ einen Verlauf, der zwischen dem des Logistischen Modells und dem des Gompertz-Modells liegt (vgl. Abbildung 1.20 und 1.21). Dieser Wert liegt nur geringfügig über dem letzten Beobachtungswert und ist daher vermutlich zu niedrig.

Die Anpassungsgüte des Bass-Modells liegt mit $R^2 = 0,291$ recht niedrig. Die mangelnde Anpassung ist auch aus Abbildung 1.23 ersichtlich. Die periodischen Zuwächse der Teilnehmerentwicklung S_t zeigen einen untypischen Verlauf, der nicht dem des Produktlebenszyklus-Modells entspricht. In Periode 11 (Jahr 2000) nahm die Teilnehmerzahl sprunghaft zu und ab Periode 14 (Jahr 2003) erfolgt nach Überschreiten des Maximums ein erneuter Anstieg.

Das obige Bestimmtheitsmaß darf allerdings nicht mit den Werten verglichen werden, die wir für das Logistische Modell und das Gompertz-Modell ermittelt hatten und die weit höher liegen (vgl. Abbildung 1.20). Bildet man die kumulierten Schätzwerte des Bass-Modells gemäß (1.32), so liefert deren Anpassung an die Daten ein Bestimmtheitsmaß von $R^2 = 0,982$, das damit identisch ist mit dem des Logistischen Modells.[28] Der Grund für den höheren Wert ist darin zu sehen, dass die Streuung der kumulierten Werte sehr viel größer ist als die der periodischen Zuwächse und somit die nichterklärte Streuung relativ zur totalen Streuung sehr viel kleiner ist.

Ein Grund dafür, dass das Bass-Modell hier nur eine unvollkommene Anpassung erzielen kann, ist in einer Diskrepanz zwischen der Art der Daten und den Annahmen des Modells zu sehen. Das Modell geht von einem festen Wert für M aus, hier der maximalen Anzahl der Mobilfunkteilnehmer bzw. dem Marktpotential in Deutschland. Dieser Wert müsste, wenn es sich dabei um Personen handelt, unterhalb der Bevölkerungszahl in Deutschland (82,4 Mio.) liegen. Diese Grenze ist aber bereits weit überschritten (vgl. Abbildung 1.16), was daran liegt, dass die Bundesnetzagentur nicht zwischen Personen und Verträgen unterscheiden kann. Ein gelisteter Mobilfunkvertrag kann auch ein Zweit- oder gar Drittvertrag sein. Bei der angegebenen Teilnehmerentwicklung in Abbildung 1.16 handelt es sich also nicht um Personen, sondern um Verträge, und für deren Anzahl lässt sich theoretisch keine feste Grenze angeben. Um diesen Tatbestand zu berücksichtigen, müsste das Modell erweitert werden, indem man eine variable Sättigungsgrenze einführt.[29]

Die Schätzung von Marktpotentialen mit Hilfe von Wachstumsmodellen ist generell eine unsichere Angelegenheit. Die besondere Bedeutung des Bass-Modells gegenüber anderen Wachstumsmodellen ist daher auch nicht darin zu sehen, dass man damit durch Extrapolation von Vergangenheitsdaten bessere Prognosen für die zukünftige Entwicklung erzielen kann. Vielmehr liegt der Vorteil des Bass-Modells in seiner verhaltenswissenschaftlichen Fundierung. Dadurch lassen sich die Modellparameter inhaltlich interpretieren und exogen schätzen, z. B. durch Expertenurteile, die sich auf Konsumentenbefragungen oder Analogien zu anderen Märkten stützen können. Auf diese Weise kann das Modell bereits vor der Markteinführung einer Innovation

---

[28] Es lässt sich auch ein kumuliertes Bass-Modell formulieren, indem man die Differenzengleichung (1.25) als Differentialgleichung auffasst und integriert. Man erhält (vgl. Bass (1969), S. 218):
$Y_t = M \cdot (1 - e^{-(p+q) \cdot t})/(1 + \frac{q}{p} \cdot e^{-(p+q) \cdot t})$
Die Schätzung dieses Modells durch Nichtlineare Regression liefert ebenfalls $R^2 = 0,982$. Die Werte für M, p und q weichen aber von den obigen etwas ab, da die Modelle zwar mathematisch äquivalent sind, nicht aber hinsichtlich ihrer stochastischen Eigenschaften.

[29] Es gibt eine Fülle von Ansätzen zur Erweiterung des Bass-Modells. Übersichten dazu finden sich z. B. bei Fantapié-Altobelli (1990); Lilien/Kotler/Moorthy (1992), S. 471 ff.; Schmalen/Xander (2000).

1 Nichtlineare Regression

eingesetzt werden.[30]

Für das Bass-Modell liegen zahlreiche Anwendungen in verschiedenen Märkten und Produktkategorien vor. Abbildung 1.25 zeigt einen Vergleich zwischen unserer Schätzung und einer Schätzung für den US-amerikanischen Mobiltelefonmarkt, die allerdings etwas früher stattfand. Sie zeigen, dass sich die Marktentwicklung in Deutschland bedingt durch die etwas größere Innovationskonstante etwas schneller als in den USA vollzogen hat, was sicherlich daran liegt, dass die Einführung hier später begann und so die Technologieentwicklung schon etwas weiter vorangeschritten war. In der rechten Spalte sind die Durchschnittswerte über zahlreiche Studien angegeben.[31]

	Deutschland 1990-2007	USA 1986-1996	Ø-Werte
Innovationskonstante p	0,017	0,008	0,03
Imitationskonstante q	0,380	0,421	0,38

Abbildung 1.25: Vergleich von Parameterschätzungen des Bass-Modells

Derartige Werte aus anderen Märkten können als Basis für eine exogene Schätzung der Modellparameter vor Markteinführung dienen. Für die statistische Schätzung mittels Nichtlinearer Regression können sie als Startwerte dienen.

1.3.4 Umsetzung mit SPSS

Zur Durchführung von nichtlinearen Regressionsanalysen mit SPSS steht die Prozedur NLR (Nichtlineare Regression) zur Verfügung.[32] Ihre Anwendung soll nachfolgend am Beispiel des Gompertz-Modells demonstriert werden, das hier noch einmal (unter Vernachlässigung eines Störterms) angegeben sei:

$$Y = M \cdot e^{-a \cdot b^t} \tag{1.33}$$

SPSS-Syntax

Das Modell enthält die Variablen Y (kumulierte Mobilfunkteilnehmer) und t (Periode). Weiterhin enthält es die drei Parameter a, b und M. Abbildung 1.26 zeigt die SPSS-Syntax zur Schätzung des Gompertz-Modells mittels der Prozedur NLR.

```
* Gompertz-Modell.

MODEL PROGRAM  a=13.1 b=0.77 M=100.

COMPUTE  PRED_=M*exp(-a*b**t).

NLR Y
 /PRED PRED_
 /SAVE PRED
 /CRITERIA SSCONVERGENCE 1E-8 PCON 1E-8.
```

Abbildung 1.26: SPSS-Syntax zur Schätzung des Gompertz-Modells mittels Nichtlinearer Regression

---

[30] Vgl. Bass et al. (2001).
[31] Vgl. Lilien/Rangaswamy (2002), S. 254.
[32] Die Prozedur NLR ist im SPSS-Modul „Regression Models" enthalten. Zu einer Beschreibung siehe SPSS Inc. (2012a), S. 25 - 39; SPSS Inc. (2012b), S. 1223 - 1238.

1.3 Fallbeispiel

Die Schätzung mit SPSS umfasst zumindest drei Schritte:

a) Vorgabe von Namen für die Modellparameter und Zuweisung von Startwerten zu diesen Namen.
Dies geschieht mit dem Kommando MODEL PROGRAM. Hier werden die Namen der Modellparameter angegeben und gleichzeitig erfolgt die Zuweisung der Startwerte, die wir oben (Abschnitt 1.3.2) ermittelt hatten.

b) Spezifizierung des Modells (Erstellung einer „Modellformel").
Dies geschieht mit dem Kommando COMPUTE. In der Modellformel sind die zuvor angegebenen Namen der Modellparameter zu verwenden. Damit kann SPSS erkennen, welches die Namen der unabhängigen Variablen sind, in diesem Fall nur der Name „t" für die Periode.

c) Aufruf der Prozedur Nichtlineare Regression.
Dies geschieht mit dem Kommando NLR und der Angabe des Namens für die abhängige Variable, hier „Y" für die Anzahl der kumulierten Mobilfunkteilnehmer. Das Programm wird weiterhin angewiesen, die geschätzten Werte der Absatzmenge als Variable unter dem Namen PRED_ in der Arbeitsdatei im Dateneditor zu speichern. Schließlich wird noch die Größe des Konvergenzkriteriums für die Minimierung der Residualstreuung SSR (Sum of Squared Residuals) angegeben. Der hier gewählte Wert SSCON = 1,0E-8 wird auch standardmäßig gesetzt. SPSS wird damit angewiesen, dass der Iterationsprozess enden soll, wenn die Änderung von SSR den Wert SSCON unterschreitet.

Alternativ kann die Durchführung einer Nichtlinearen Regression im Dialog-Betrieb erfolgen. Hierzu ist der Menüpunkt „Analysieren / Regression / Nicht lineare Regression" aufzurufen. Es öffnet sich das in Abbildung 1.27 wiedergegebene Dialogfeld „Nicht lineare Regression". Hier ist zunächst die abhängige Variable, die Absatzmenge Y, aus der Liste der Variablen in der Arbeitsdatei auszuwählen. In dem Feld „Modellformel" ist sodann das Modell zu formulieren, wie bereits in Abbildung 1.26 gezeigt.

SPSS-Dialog

Zur Definition der Modellparameter und Angabe der Startwerte ist das Feld „Parameter..." anzuklicken, worauf sich das Dialogfeld „Nicht lineare Regression: Parameter" öffnet (Abbildung 1.28). Hier sind jeweils der Name des Parameters und sein Anfangswert einzugeben und dann der Button „Hinzufügen" anzuklicken. Es ist dabei zu beachten, dass im Dialogmodus die Startwerte mit Dezimalkomma einzugeben sind, während sie in der Syntax in englischer Schreibweise mit Dezimalpunkt anzugeben sind. Nach Eingabe aller Parameter ist auf „Weiter" zu klicken, worauf die Nichtlineare Regression mit „OK" gestartet werden kann.

1 Nichtlineare Regression

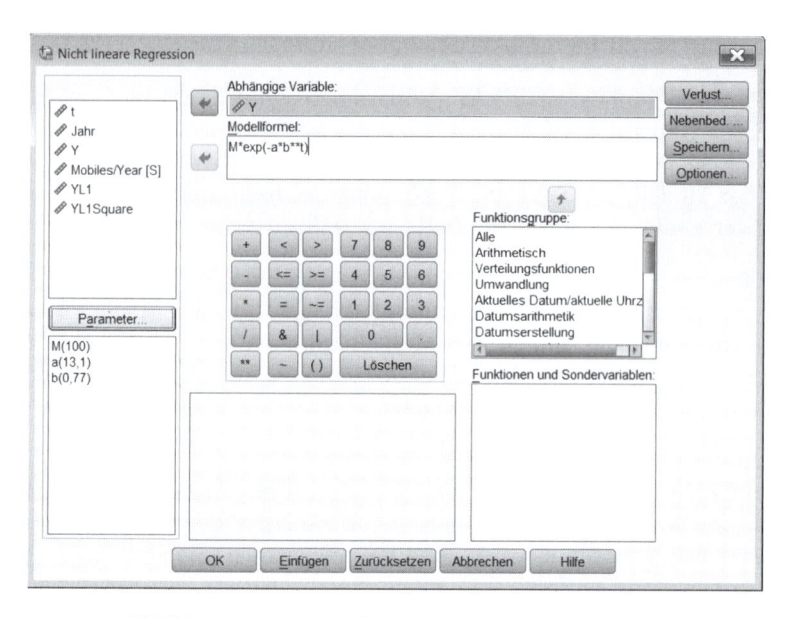

Abbildung 1.27: Dialogfeld „Nicht lineare Regression"

Abbildung 1.28: Dialogfeld „Nicht lineare Regression: Parameter"

Die Abbildungen 1.29 und 1.30 zeigen den Output von SPSS für die Schätzung des Gompertz-Modells. In Abbildungen 1.29 ist das Protokoll für die iterative Minimierung der Residualstreuung SSR mittels des in SPSS verwendeten Levenberg-Marquardt-Algorithmus wiedergegeben. Im vorliegenden Fall wurde das Optimum nach acht primären Iterationen bzw. insgesamt 16 Iterationen gefunden.[33] Das heißt, dass die Startwerte gut gewählt wurden. In den einzelnen Zeilen des Iterationsprotokolls sind die jeweiligen Werte der Parameter einer Iteration und der sich ergebende Wert von SSR angegeben. In der ersten Zeile stehen die vorgegebenen Startwerte für die Parameter. Die Residualstreuung des Modells beträgt hierfür SSR = 808,4. In der

<small>Iterationsprotokoll</small>

---

[33] SPSS unterscheidet zwischen primären Iterationen (major iterations), in denen Ableitungen berechnet und Schätzungen bestimmt werden, und untergeordneten Iterationen (minor iterations), in denen die Schätzungen verfeinert werden. Die Gesamtzahl der Iterationen kann vom Benutzer erhöht werden. Voreingestellt sind 100 Iterationen pro Parameter. Siehe dazu SPSS Inc. (2007b), S. 1235.

Iterationsverlauf[b]

Iterationsnummer[a]	Residuenquadratsumme	Parameter		
		M	a	b
1.0	808,412	100,000	13,100	,770
1.1	289,243	108,429	16,370	,778
2.0	289,243	108,429	16,370	,778
2.1	276,827	104,713	20,401	,757
3.0	276,827	104,713	20,401	,757
3.1	269,706	103,877	22,387	,752
4.0	269,706	103,877	22,387	,752
4.1	269,447	103,540	22,891	,750
5.0	269,447	103,540	22,891	,750
5.1	269,444	103,458	22,990	,750
6.0	269,444	103,458	22,990	,750
6.1	269,444	103,438	23,014	,750
7.0	269,444	103,438	23,014	,750
7.1	269,444	103,432	23,021	,750
8.0	269,444	103,432	23,021	,750
8.1	269,444	103,431	23,023	,750

Ableitungen werden numerisch berechnet.

a. Die Nummer der Hauptiteration wird links von der Dezimalstelle angezeigt und die Nummer der untergeordneten Iteration rechts von der Dezimalstelle.

b. Die Ausführung wurde nach 16 Modellevaluierungen und 8 Ableitungsevaluierungen gestoppt, da die relative Verkleinerung zwischen den aufeinanderfolgenden Residuenquadratsummen maximal SSCON = 1,000E-8 ist.

Abbildung 1.29: Iterationsprotokoll

letzten Zeile stehen der minimale Wert SSR = 269,4 und die endgültigen Schätzwerte der Modellparameter.

Abbildung 1.30 zeigt die weiteren Ergebnisse. In der Tabelle „Parameterschätzer“ sind neben den Schätzwerten der Modellparameter auch deren Standardfehler und Konfidenzintervalle für eine Vertrauenswahrscheinlichkeit von 95 % angegeben.

Parameterschätzer

Die nachfolgende Tabelle enthält die Korrelationen zwischen den Parameterschätzern. Daraus lässt sich gegebenenfalls ersehen, ob das Modell redundante Parameter enthält.

Die ANOVA-Tabelle schließlich enthält die Streuungszerlegung sowie die Ermittlung des Bestimmtheitsmaßes zur Beurteilung der globalen Güte des Modells. Das Gompertz-Modell kann hier, wie wir schon oben gesehen hatten, 98,7 % der Streuung in der Teilnehmerentwicklung in deutschen Mobilfunknetzen erklären.

ANOVA-Tabelle

In SPSS stehen zwei Algorithmen für die Schätzung zur Verfügung, die Levenberg-Marquardt-Methode und die Sequentielle Quadratische Optimierung. Für die Auswahl ist das Dialogfeld „Nicht lineare Regression: Optionen“ (Abbildung 1.31) aufzurufen.

Algorithmen
Levenberg-Marquardt-Methode

1 Nichtlineare Regression

Parameterschätzer

Parameter	Schätzer	Standardfehler	95%-Konfidenzintervall	
			Untere Grenze	Obere Grenze
a	23,023	8,886	4,082	41,963
b	,750	,032	,682	,818
M	103,431	7,847	86,704	120,157

Korrelationen der Parameterschätzer

	a	b	M
a	1,000	-,984	-,836
b	-,984	1,000	,907
M	-,836	,907	1,000

ANOVA[a]

Quelle	Quadratsumme	df	Mittel der Quadrate
Regression	41922,611	3	13974,204
Residuen	269,444	15	17,963
Nicht korrigierter Gesamtwert	42192,055	18	
Korrigierter Gesamtwert	20647,950	17	

Abhängige Variable: Y
a. R-Quadrat = 1 - (Residuenquadratsumme) / (Korrigierte Quadratsumme) = ,987.

Abbildung 1.30: SPSS-Output für die Schätzung des Gompertz-Modells mittels Nichtlinearer Regression

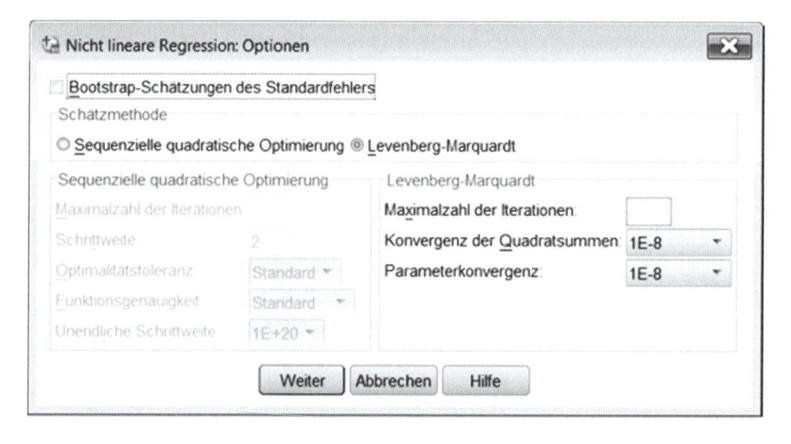

Abbildung 1.31: Dialogfeld „Nicht lineare Regression: Optionen"

1.3 Fallbeispiel

Die Levenberg-Marquardt-Methode bildet heute das bevorzugte Verfahren zur Gewinnung von nichtlinearen Kleinste-Quadrate-Schätzern. Sie kombiniert das Gauss-Newton-Verfahren mit einem Gradienten-Verfahren (Methode des steilsten Anstiegs).[34] In SPSS wird die Levenberg-Marquardt-Methode standardmäßig verwendet, wenn die Summe der quadrierten Residuen SSR minimiert werden soll.

Anstelle der Summe der quadrierten Residuen lassen sich in SPSS auch andere Kriterien verwenden. Kriterien, die minimiert werden sollen, werden auch als „Verlustfunktionen" (loss function, penalty function) bezeichnet. In SPSS kann der Benutzer seine eigene Verlustfunktion definieren. Hierzu ist das Dialogfeld „Nichtlineare Regression: Verlustfunktion" aufzurufen. Bei Anwendung einer benutzerdefinierten Verlustfunktion wird anstelle der Levenberg-Marquardt-Methode die Sequentielle Quadratische Optimierung angewendet.[35] Diese wird insbesondere auch angewendet, wenn Nebenbedingungen für die Schätzwerte der Parameter berücksichtigt werden sollen.

Verlustfunktionen

In SPSS lassen sich zusätzlich zu den asymptotischen Standardfehlern der Modellparameter auch Standardfehler durch Bootstrapping (siehe oben) ermitteln. In Abbildung 1.32 sind den asymptotischen Standardfehlern die Bootstrap-Schätzer der Standardfehler gegenüber gestellt. Sie sind hier bedeutend größer als die asymptotischen Standardfehler und führen zu entsprechend erweiterten Konfidenzintervallen.

Bootstrap-Schätzer

	Parameter	Schätzer	Standardfehler	95 %-Konfidenzintervall	
				Untere Grenze	Obere Grenze
Asymptotisch	a	23,023	8,887	4,080	41,966
	b	,750	,032	,682	,818
	M	103,430	7,847	86,705	120,155
Bootstrap	a	23,023	35,698	-48,409	94,455
	b	,750	,046	,657	,843
	M	103,430	11,484	80,451	126,409

Abbildung 1.32: Gegenüberstellung von asymptotischen Standardfehlern und durch Bootstrapping ermittelten Standardfehlern

Die Anzahl der Stichproben vom Umfang K für das Bootstrapping wird in SPSS wie folgt bestimmt: $N = 10\ P\ (P+1)/2$.[36] Für $P = 3$ Parameter im Gompertz-Modell ergibt sich damit $N = 60$. d. h., das Modell wird 60 Mal geschätzt und aus den sich ergebenden Verteilungen der Schätzwerte für die drei Parameter werden deren Standardabweichungen berechnet. SPSS wählt in diesem Fall für die Modellschätzung die Sequentielle Quadratische Optimierung. Der Aufruf der Bootstrap-Schätzer erfolgt über das Dialogfeld „Nicht lineare Regression: Optionen" (Abbildung 1.31).

---

[34] Siehe dazu Flannery et al. (1986), S. 678 ff.; Fletcher (1987), S. 100 ff.; Bates/Watts (1988), S. 80 ff. In SPSS wird ein modifizierter Levenberg-Marquardt-Algorithmus verwendet, der von Moré (1977) vorgeschlagen wurde.

[35] Die Sequentielle Quadratische Optimierung (SQP), die auch als Lagrange-Newton-Methode bezeichnet wird, gilt als besonders robustes Verfahren und wurde speziell zur Behandlung von Optimierungsproblemen unter Nebenbedingungen entwickelt. Siehe hierzu z. B. Fletcher (1987), S. 304 ff.

[36] Vgl. Norusis (2008), S. 306.

1 Nichtlineare Regression

Syntaxdatei In Abbildung 1.33 ist abschließend die Syntaxdatei mit den SPSS-Kommandos für das gesamte Fallbeispiel wiedergegeben.[37] In der Datendefinition werden die folgenden Namen für die Variablen gesetzt:

t = Periode
Y = kumulierte Mobilfunkteilnehmer
S = periodische Zuwächse
$YL1$ = kumulierte Mobilfunkteilnehmer um eine Periode verzögert

```
* MVA: Beispiel zur Nichtlinearen Regression.
* DATENDEFINITION.
DATA LIST FREE / t Jahr Y S YL1.
BEGIN DATA
 1  1990  0,273   0,273   0,0
 2  1991  0,532   0,259   0,273
  .
  .
  .
18  2007 97,151  11,499  85,652
END DATA.

* PROZEDUR.
* Nichtlineare Regressionsanalyse für den Mobiltelephonmarkt.

* Logistisches Modell.
MODEL PROGRAM a=6.2 b=0.5 M=100.
COMPUTE PRED_=M/(1+exp(a-b*t)).
NLR Y
 /PRED PRED_
 /SAVE PRED
 /CRITERIA SSCONVERGENCE 1E-8 PCON 1E-8.

* Gompertz-Modell.
MODEL PROGRAM  a=13.1 b=0.77 M=100.
COMPUTE  PRED_=M*exp(-a*b**t).
NLR Y
 /PRED PRED_
 /SAVE PRED
 /CRITERIA SSCONVERGENCE 1E-8 PCON 1E-8.

* Bass-Modell 1: S(t) linearisiert (quadratische Funktion).
COMPUTE YL1Q=YL1 ** 2.
EXECUTE.
REGRESSION
 /DEPENDENT S
 /METHOD=ENTER YL1 YL1Q
 /RESIDUALS DURBIN.

* Bass-Modell 2: S(t) nichtlinear.
MODEL PROGRAM M=100 p=0.004 q=0.464.
COMPUTE PRED_=(p+q*YL1/M)*(M-YL1).
NLR S
 /PRED PRED_
 /SAVE PRED.

* Bass-Modell 3: Y(t) kumuliert.
MODEL PROGRAM M=100 p=0.004 q=0.464.
COMPUTE PRED_=M*(1-exp(-(p+q)*t))/(1+exp(-(p+q)*t)*q/p).
NLR Y
 /PRED PRED_.
```

Abbildung 1.33: SPSS-Kommandos zum Fallbeispiel zur Nichtlinearen Regression

---
[37] Vgl. hierzu die Ausführungen im einleitenden Kapitel des Buches.

1.3 Fallbeispiel

Der Prozedurteil der Syntaxdatei hat folgenden Ablauf:

- Schätzung des Logistischen Modells mittels Nichtlinearer Regression
- Schätzung des Gompertz-Modells mittels Nichtlinearer Regression
- Schätzung des Bass-Modells mittels Linearer Regression nach Umformung in eine quadratische Funktion
- Schätzung des Bass-Modells mittels Nichtlinearer Regression
- Schätzung des kumulierten Bass-Modells mittels Nichtlinearer Regression.

1.3.5 Multivariate Wachstumsmodelle

Die oben verwendeten Modelle enthielten jeweils nur eine unabhängige Variable. Die Nichtlineare Regression erstreckt sich dagegen auch auf die Schätzung von nichtlinearen Modellen mit mehreren unabhängigen Variablen (Regressoren). Die behandelten Methoden können dazu ganz analog verwendet werden. Die höhere Komplexität von multivariaten Modellen erschwert natürlich das Auffinden einer optimalen Lösung und der erforderliche Rechenaufwand wächst zumindest quadratisch mit der Zahl der Variablen.

Beispielhaft seien hier zwei multivariate Wachstumsmodelle dargestellt, wobei wir uns an die Notation der Originalquellen anlehnen.

Lewandowski (1980, S. 163 ff.) verwendete eine erweiterte Logistische Funktion zur Prognose der Entwicklung des Pkw-Marktes in der BRD: *Erweiterte Logistische Funktion*

$$Y_t = \frac{M}{1 + e^{a - b \cdot t + c \cdot A_t + d \cdot B_t + e \cdot C_t + u_t}} \tag{1.34}$$

Y_t = Zahl der Neuzulassungen in Periode t
A_t = Index der Löhne und Gehälter in Periode t
B_t = Kennziffer für Preiserhöhungen in Periode t
C_t = Kennziffer für neue Modelle in Periode t
t = Periode
u_t = Störterm

Modellparameter: M, a, b, c, d, e.

Der Parameter M wurde im konkreten Fall exogen geschätzt, womit sich das Modell linearisieren lässt.

Ein erweitertes Bass-Modell, das auch Marketing-Variablen einbezieht, wurde von Bass/Jain/Krishnan (2000) vorgestellt: *Erweitertes Bass-Modell*

$$S_t = M \frac{(p+q)^2}{p} \left(1 + \beta_1 \frac{P'_t}{P_t} + \beta_2 \frac{W'_t}{W_t}\right) \frac{e^{-(p+q)(t + \beta_1 \ln(P_t) + \beta_2 \ln(W_t))}}{1 + \frac{q}{p} e^{-(p+q)(t + \beta_1 \ln(P_t) + \beta_2 \ln(W_t))}} \tag{1.35}$$

1 Nichtlineare Regression

Variablen:
- S_t = Käufer in Periode t
- P_t = Preis in Periode t
- W_t = Werbeausgaben in Periode t
- t = Periode

Modellparameter: M, p, q, β_1, β_2.

Das Modell wurde zur Beschreibung und Prognose der Diffusion von Wäschetrocknern, Farbfernsehern und Klimaanlagen angewendet.[38]

1.3.6 Anwendungsempfehlungen

Nachfolgend seien einige Empfehlungen für die Durchführung der Nichtlinearen Regression zusammengestellt.

Modellauswahl
- Die Zahl der nichtlinearen Modelle, die sich an gegebene Daten anpassen lassen, ist nahezu unbegrenzt. Um geeignete Modelle auszuwählen, sollte man sich über deren Form und implizite Annahmen Klarheit verschaffen. Grundsätzlich ist mit möglichst einfachen Modellen zu beginnen.

Startwerte
- Es sollte viel Sorgfalt darauf verwendet werden, gute Startwerte zu finden, die der endgültigen Lösung nahe kommen. Dies erfordert sowohl methodische Kenntnisse als auch Sachkenntnis des zu modellierenden Problems. Startwerte lassen sich z. B. durch Vereinfachung des Modells unter plausiblen Annahmen oder aus ähnlichen Anwendungen gewinnen.

Nebenbedingungen
- Durch das Setzen von zweckmäßigen Nebenbedingungen lässt sich der Lösungsbereich eingrenzen und der Rechenaufwand verringern.

Globales Optimum
- Um sicher zu gehen, dass ein globales Optimum gefunden wurde, sollte die Analyse u. U. mit veränderten Startwerten wiederholt werden.

Numerische Probleme
- Beim Arbeiten mit nichtlinearen Modellen können leicht numerische Probleme auftreten. So kann z. B. im Computer ein Overflow entstehen, wenn mit großen Potenzen gerechnet wird. Es können dabei Zahlen entstehen, die so groß sind, dass sie im Computer nicht mehr dargestellt werden können. Analog kann auch durch negative Potenzen oder Division durch große Zahlen ein Underflow entstehen, d. h. die Zahlen liegen unterhalb der Rechengenauigkeit des Computers. Um dem zu begegnen, sind eventuell die Variablen (Daten) linear zu transformieren bzw. anders zu skalieren (z. B. Geldbeträge statt in Euro in Tsd. oder Mio. Euro angeben). Das Setzen von zweckmäßigen Nebenbedingungen oder die Verwendung eines anderen Algorithmus kann ebenfalls hilfreich sein.

Konvergenz
- Wenn das Verfahren nicht konvergiert, sollten ebenfalls unterschiedliche Startwerte probiert werden. Man kann z. B. die gefundenen Werte als neue Startwerte eingeben und damit die Analyse wiederholen. Alternativ kann man auch die Maximalzahl der Iterationen erhöhen. Auch das Setzen von zweckmäßigen Nebenbedingungen, die Wahl eines anderen Algorithmus, die Erhöhung der Schrittweite oder die Vergrößerung des Konvergenzkriteriums können hilfreich sein. Wenn alles nicht hilft, ist das Modell zu modifizieren oder ein anderes Modell zu verwenden.

---
[38] Vgl. Bass/Krishnan/Jain (1994); Bass/Jain/Krishnan (2000).

Literaturhinweise

A. Basisliteratur zur Nichtlinearen Regression

Bates, D.M./Watts, D.G. (1988), Nonlinear Regression Analysis and Its Applications, New York.

Davidson, R./MacKinnon, J. G. (2004), Econometric Theory and Methods, Oxford/ New York.

Greene, W.H. (2003), Econometric Analysis, 5th ed., Upper Saddle River, New Jersey u. a.

Kmenta, J. (1997), Elements of Econometrics, 2nd ed., New York.

Seber, G.A.F./Wild, C.J. (2003), Nonlinear Regression, new edition, New York.

B. Zitierte Literatur

Bass, F. (1969), A New Product Growth Model for Consumer Durables. in: *Management Sciene*, 15 (January), S. 215–227.

Bass, F./Gordon, K./Ferguson, T./Githens, M. (2001), DIRECTV: Forecasting diffusion of a new technology prior to product launch, in: *Interfaces*, 31, S. 82–93.

Bass, F./Jain, D./Krishnan, T. (2000), Modeling the marketing-mix influence in new product diffusion, in: Mahajan, V./ Mullerm E./ Wind, Y (2000)(Eds.): New Product Diffusion Models, Norwell (Massachusetts), S. 99–122.

Bass, F./Krishnan, T./Jain, D. (1994), Why the Bass model fits without decision variables, in: *Marketing Science*, 13 (Summer), S. 203–223.

Bates, D./Watts, D. (1988), Nonlinear regression analysis and its applications, New York.

Davidson, R./MacKinnon, J. (2004), Econometric Theory and Methods, Oxford/ New York.

Fantapié-Altobelli, C. (1990), Die Diffusion neuer Kommunikationstechniken in der Bundesrepublik Deutschland, Heidelberg.

Flannery, B./Press, W./Teukolsky, S./Vetterling, W. (1986), Numerical recipes – The art of scientific computing, New York et al.

Fletcher, R. (1987), Practical Methods of Optimization, New York et al.

Fylstra, D./Lasdon, L./Watson, J./Waren, A. (1998), Design and use of the Microsoft Excel Solver, in: *Interfaces*, 28, S. 29–55.

Gierl, H. (2000), Diffusionsmodelle, in: Herrmann, A./Homburg, Ch. (Hrsg.): Marktforschung, Band 28, Wiesbaden, S. 809–832.

Greene, W. H. (2003), Econometric Analysis, 5th ed. Upper Saddle River, New Jersey u.a.

Hammann, P./Erichson, B. (2000), Marktforschung, 4. Aufl. Stuttgart.

Lambin, J. (1969), Measuring the profitability of advertising: an empirical study, in: *Economics*, July 1986, S. 86–103.

Lewandowski, R. (1980), Prognose- und Informationssysteme und ihre Anwendungen, Band 2, Berlin-New York.

Lilien, G./Kotler, P./Moorthy, K. (1992), Marketing models, Englewood Cliffs, New Jersey.

Lilien, G./Rangaswamy, A. (2002), Marketing engineering, 2nd ed., Upper Saddle River, New Jersey.

Little, J. (1970), Models and managers: The concept of a decision calculus, in: *Management Science*, Vol. 16, Nr. 8, S. 466–485.

Mertens, P./Falk, J. (2005), Mittel- und langfristige Absatzprognose auf der Basis von Sättigungsmodellen, in: Mertens, P./Rässler, S. (Hrsg.): Prognoserechnung, Band 6, Heidelberg.

Moré, J. (1977), The Levenberg-Marquardt Algorithm: Implementation and Theoryin Numerical Analysis, in: G.A. (Hrsg.): Lecture Notes in Mathematics, Band 630, Berlin, S. 105–116.

Norusis, M. J. (2008), SPSS 16.0 - Advanced Statistical Procedures Companion, New Jersey.

Schmalen, H./Xander, H. (2000), Produkteinführung und Diffusion, in: Albers, S./ Herrmann, A. (Hrsg.): Handbuch Produktmanagement, Gabler Verlag, S. 411–440.

Seber, G./Wild, C. (2003), Nonlinear Regression, New York.

SPSS Inc. (2007a), SPSS 16.0 Algorithms, Chicago.

SPSS Inc. (2007b), SPSS 16.0 Command Syntax Reference, Chicago.

SPSS Inc. (2012a), IBM SPSS Regression 21, Chicago.

SPSS Inc. (2012b), IBM SPSS Statistics 21 Command Syntax Reference, Chicago.

2 Strukturgleichungsanalyse

2.1	Problemstellung		**67**
	2.1.1	Grundgedanke der Strukturgleichungsanalyse	67
	2.1.2	Grundlegende Zusammenhänge der Kausalanalyse	71
		2.1.2.1 Begriff der Kausalität: Kovarianz und Korrelation	71
		2.1.2.2 Operationalisierung latenter Variablen und Erstellung eines Kausalmodells	73
	2.1.3	Ablaufschritte der Kausalanalyse	79
2.2	Vorgehensweise		**81**
	2.2.1	Hypothesenbildung	81
	2.2.2	Pfaddiagramm und Modellspezifikation	82
		2.2.2.1 Erstellung des Pfaddiagramms und Abbildung in einem Gleichungssystem	82
		2.2.2.2 Parameter und Annahmen in der Strukturgleichungsanalyse	83
	2.2.3	Identifizierbarkeit der Modellstruktur	86
	2.2.4	Schätzung der Parameter	87
		2.2.4.1 Berechnung der Parameterschätzer mit Hilfe des modelltheoretischen Mehrgleichungssystems	87
		2.2.4.2 Iterative Schätzung der Modellparameter	90
	2.2.5	Beurteilung der Schätzergebnisse	91
		2.2.5.1 Plausibilitätsbetrachtungen der Schätzungen	91
		2.2.5.2 Statistische Testkriterien zur Prüfung der Zuverlässigkeit der Schätzungen	92
		2.2.5.3 Die Beurteilung der Gesamtstruktur	93
2.3	Fallbeispiel		**96**
	2.3.1	Problemstellung	96
		2.3.1.1 Erstellung von Pfaddiagrammen mit Hilfe von AMOS und Einlesen der Rohdaten	98
		2.3.1.2 Festlegung der Parameter für das Fallbeispiel und Identifizierbarkeit des Modells	100
	2.3.2	Ergebnisse	102
		2.3.2.1 Auswahl des Schätzverfahrens	102
		2.3.2.2 Ergebnisse der Parameterschätzungen	104
		2.3.2.3 Indirekte und totale Beeinflussungseffekte	107
		2.3.2.4 Beurteilung der Gesamtstruktur	109
2.4	Anwendungsempfehlungen		**110**
	2.4.1	Annahmen und Voraussetzungen der Strukturgleichungsanalyse	110

2 Strukturgleichungsanalyse

    2.4.2   Empfehlung zur Durchführung von Kausalanalysen 111

    2.4.3   Verfahrensvarianten zur Durchführung von Kausalanalysen 114

2.5   Mathematischer Anhang **115**

Literaturhinweise **118**

2.1 Problemstellung

2.1.1 Grundgedanke der Strukturgleichungsanalyse

Bei vielen Fragestellungen im praktischen und wissenschaftlichen Bereich geht es darum, *kausale Abhängigkeiten* zwischen bestimmten Merkmalen (Variablen) zu untersuchen. Werden mit Hilfe eines Datensatzes Kausalitäten überprüft, so wird allgemein von einer *Kausalanalyse* gesprochen. Im Rahmen der Kausalanalyse ist es von *besonderer* Wichtigkeit, dass der Anwender *vor* Anwendung des statistischen Verfahrens intensive sachlogische Überlegungen über die Beziehungen zwischen den Variablen anstellt. Auf Basis eines *theoretisch fundierten* Hypothesensystems wird dann mit Hilfe der Strukturgleichungsanalyse überprüft, ob die theoretisch aufgestellten Beziehungen mit dem empirisch gewonnenen Datenmaterial übereinstimmen. Die Strukturgleichungsanalyse besitzt damit *konfirmatorischen Charakter* und ist den hypothesenprüfenden statistischen Verfahren zuzurechnen. Strukturgleichungsanalysen sind in der Lage, *Wechselwirkungen* zwischen Variablen zu betrachten und können dabei sowohl direkt beobachtbare (manifeste) als auch nicht direkt beobachtbare (latente) Variable in die Analyse einbeziehen. Sind alle Variablen manifest, so kommt die Pfadanalyse zum Einsatz, während Analysen mit latenten Variablen in der Literatur meist als *Kausalanalysen* bezeichnet werden.[1] Im Folgenden konzentrieren sich die Betrachtungen auf Strukturgleichungsanalysen mit latenten Variablen und damit auf die sog. Kausalanalyse, wobei wir synonym auch die Bezeichnung *Strukturgleichungsmodelle* verwenden. Die Besonderheit von Strukturgleichungsanalysen bzw. Strukturgleichungsmodellen im Rahmen der Kausalanalyse ist somit darin zu sehen, dass mit ihrer Hilfe *Wechselbeziehungen* zwischen *latenten* Variablen überprüft werden können. Betrachten wir zur Verdeutlichung ein einfaches Beispiel:

Prüfung eines Hypothesensystems

Hypothese: „Die Einstellung gegenüber einem Produkt bestimmt das Kaufverhalten eines Kunden."

Bezeichnen wir die Einstellung mit ξ (lies: Ksi) und das Kaufverhalten mit η (lies: Eta), so lässt sich die in dieser Hypothese formulierte kausale Abhängigkeit wie folgt verdeutlichen:

$$\xi \longrightarrow \eta$$

Das Beispiel unterstellt eine Abhängigkeit zwischen zwei *nicht beobachtbaren* Größen. Um dies zu verdeutlichen, werden diese sog. latenten Variablen durch griechische Kleinbuchstaben bezeichnet und durch Kreise eingefasst. Wird unterstellt, dass beide Variablen linear zusammenhängen, so lässt sich die Hypothese im Beispiel auch mathematisch formulieren:

$$\eta = a + b \cdot \xi$$

Latente Variablen werden auch als hypothetische Konstrukte bezeichnet, die durch abstrakte Inhalte gekennzeichnet sind, bei denen sich nicht unmittelbar entscheiden lässt, ob der gemeinte Sachverhalt in der Realität vorliegt oder nicht. Sie spielen in fast allen Wissenschaftsdisziplinen und bei vielen praktischen Anwendungen eine

---
[1] Vgl. Weiber/Mühlhaus (2014), S. 36

2 Strukturgleichungsanalyse

große Rolle. So stellen z. B. Begriffe wie psychosomatische Störungen, Sozialisation, Einstellung, Verhaltensintention, Sozialstatus, Selbstverwirklichung, Motivation, Aggression, Frustration oder Image hypothetische Konstrukte dar. Häufig ist bei praktischen Fragestellungen das Zusammenwirken zwischen solchen latenten Variablen von Interesse. Da sich für die hypothetischen Konstrukte „Einstellung" und „Kaufverhalten" nicht direkt empirische Messwerte erheben lassen, ist es notwendig, eine Operationalisierung der hypothetischen Konstrukte vorzunehmen, d. h. die hypothetischen Konstrukte sind zu definieren, und es ist nach (Mess-) Indikatoren zu suchen. Indikatoren sind dabei unmittelbar messbare Sachverhalte, welche das Vorliegen der gemeinten, aber nicht direkt erfassbaren Phänomene anzeigen. Um die Beziehungen zwischen den hypothetischen Konstrukten aus obigem Beispiel quantitativ erfassen zu können, muss jede latente Variable durch ein oder mehrere Indikatoren definiert werden. Die Indikatoren stellen die empirische Repräsentation der nicht beobachtbaren, latenten Variablen dar.

Konstruktion eines Strukturmodells

Strukturgleichungsmodelle basieren auf obigen Überlegungen: In einem *Strukturmodell* werden die aufgrund theoretischer bzw. sachlogischer Überlegungen aufgestellten Beziehungen zwischen *hypothetischen Konstrukten* abgebildet. Dabei werden die abhängigen latenten Variablen als endogene Größen und die unabhängigen latenten Variablen als exogene Größen bezeichnet und formal durch griechische Kleinbuchstaben dargestellt. (Auf eine genauere Unterscheidung zwischen endogenen und exogenen Variablen wird später noch eingegangen; vgl. Abschnitt 2.1.2.2). Unser Beispiel stellt somit ein einfaches Strukturmodell mit einer endogenen (η) und einer exogenen (ξ) Variable dar. In einem zweiten Schritt werden *ein Messmodell für die latenten endogenen Variablen und ein Messmodell für die latenten exogenen Variablen* formuliert. Diese Messmodelle enthalten empirische Indikatoren für die latenten Größen und sollen die nicht beobachtbaren latenten Variablen möglichst gut abbilden. Wir wollen für unser Beispiel vereinfacht unterstellen, dass

Spezifikation von Messmodellen

- die latente endogene Variable „Kaufverhalten" durch den direkt beobachtbaren Indikator „Zahl der Käufe" (y_1) erfasst werden kann;

- die latente exogene Variable „Einstellung" durch zwei verschiedene Einstellungs-Messmodelle erfasst werden kann, die metrische Einstellungswerte liefern.

Das Strukturmodell in unserem Beispiel lässt sich jetzt durch „Anhängen" der obigen Messmodelle zu einem vollständigen Strukturgleichungsmodell ausbauen, das sich wie folgt darstellen lässt:

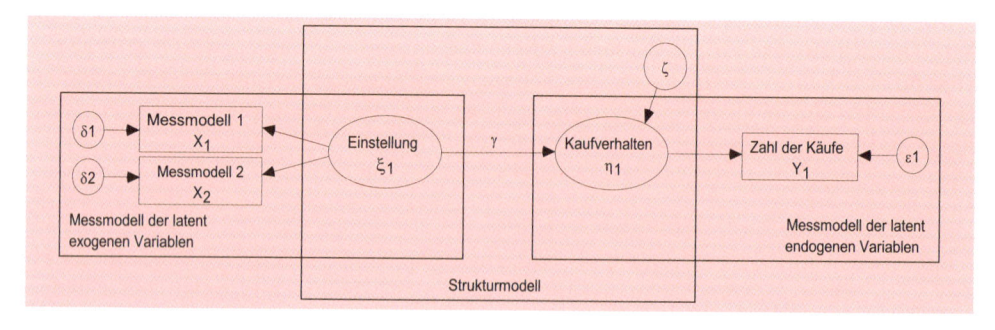

Abbildung 2.1: Beispiel für ein einfaches Strukturgleichungsmodell

2.1 Problemstellung

Parameterschätzung

Zur Schätzung der Parameter des Modells sind verschiedene Wege denkbar: Im einfachsten Fall kann ein Strukturgleichungsmodell in zwei Schritten sukzessive geschätzt werden. Dabei werden im ersten Schritt mit Hilfe von zwei *Faktorenanalysen* die Faktorladungen des exogenen sowie des endogenen Messmodells geschätzt und jeweils die Faktorwerte berechnet. Die Faktorwerte bilden Messwerte für die Faktoren und liefern damit „geschätzte Beobachtungswerte" für alle latenten Variablen bei allen befragten Personen. Mit Hilfe der Faktorwerte kann dann im zweiten Schritt eine *Regressionsanalyse* (vgl. Kapitel 1 des Buches „Multivariate Analysemethoden") mit den endogenen latenten Variablen als abhängige Größen und den exogenen latenten Variablen als unabhängige Größen gerechnet werden. Die Regressionsschätzung liefert über die Regressionskoeffizienten die Schätzung der Beziehungen im Strukturmodell (Gamma-Koeffizient). Dieser Vorgehensweise folgt z. B. das Partial Least Squares (PLS)-Verfahren, das damit einen *varianzanalytischen Ansatz* darstellt.

Varianzanalytischer Ansatz von PLS

Demgegenüber nimmt die von IBM SPSS angebotene Software AMOS (Analysis of Moment Structures) eine *simultane* Schätzung *aller Modellparameter* vor. Bei der Parameterschätzung folgt AMOS einem rein faktoranalytischen Ansatz: Auf der Basis der Indikatorvariablen x_1, x_2 und y_1 ist es möglich, Kovarianzen oder Korrelationen *zwischen den Indikatorvariablen* zu berechnen.[2] Diese Kovarianzen oder Korrelationen dienen AMOS zur Bestimmung der Beziehungen

- zwischen latenten Variablen und ihren Indikatorvariablen, wodurch sich z. B. auch die Validität der Indikatoren zur Messung eines hypothetischen Konstruktes bestimmen lässt;

- zwischen den latenten endogenen und exogenen Variablen.

Kovarianzanalytischer Ansatz von AMOS und LISREL

Strukturgleichungsanalysen überprüfen ein Hypothesensystem in seiner Gesamtheit

Da die Beziehungen zwischen den hypothetischen Konstrukten in einem vollständigen Strukturgleichungsmodell aus den Kovarianzen oder Korrelationen zwischen den Indikatorvariablen errechnet werden, findet sich in diesem Zusammenhang auch der Begriff *Kovarianzstrukturanalyse*. Den Ausgangspunkt der Kovarianzstrukturanalyse bildet somit nicht die erhobene Rohdatenmatrix, sondern die aus einem empirischen Datensatz errechnete Kovarianzmatrix oder die Korrelationsmatrix. Es lässt sich somit sagen, dass Strukturgleichungsmodelle, die dem *kovarianzanalytischen Ansatz* folgen, eine Analyse auf der Ebene von aggregierten Daten (Kovarianz- oder Korrelationsdaten) darstellen und ein gegebenes *Hypothesensystem* in seiner Gesamtheit überprüfen. Wir behandeln in diesem Kapitel *nur den kovarianzanalytischen Ansatz*, bei dem die Messmodelle Faktorenmodelle darstellen.[3] Möchte man die Messmodelle einer isolierten Prüfung unterziehen, so kann hierzu die *konfirmatorische Faktorenanalyse* (vgl. Kapitel 3 in diesem Buch) verwendet werden, die einen integrativen Bestandteil kovarianzbasierter Strukturgleichungsmodelle darstellen.

Typische Fragestellungen aus unterschiedlichen Wissenschaftsgebieten, die mit Hilfe eines Strukturgleichungsmodells untersucht werden können sowie die dazugehörigen Einteilungen der Variablen zeigt Abbildung 2.2.

---

[2] Die Kovarianz beschreibt die Stärke des Zusammenhangs zwischen zwei Variablen entsprechend dem Ausmaß ihrer gleichartig verlaufenden (kovariierenden) Beobachtungswerte. Von Korrelationen wird gesprochen, wenn die Beobachtungswerte anschließend einer Standardisierung unterzogen werden; in diesem Falle sind Kovarianzen und Korrelationen identisch.
[3] Zum varianzanalytischen Ansatz von PLS vgl. stellvertretend: Bliemel et al. (2005); Huber et al. (2007); Hair et al. (2013). Einen Vergleich beider Ansätze liefern Weiber/Mühlhaus (2014), S. 73 ff.

2 Strukturgleichungsanalyse

FRAGESTELLUNG	LATENTE VARIABLE(N)		INDIKATOREN
Welche Auswirkungen besitzen Familie und Schule auf die Schulleistungen eines Kindes?[4]	Familie Schule	} Exogene Variablen	Beruf des Vaters Schulbildung des Vaters Schulbildung der Mutter Ausmaß der Nachhilfe Ausbildungsniveau des Lehrers
	Schulleistung →	Endogene Variable	Wissenstest Interessenstest
Beeinflussen Einstellungen und Bezugsgruppen die Verhaltensintentionen gegenüber Zeitschriften?[5]	Einstellung Bezugsgruppe	} Exogene Variablen	Einstellungsmodelle: - Ideal-Konzept-Modell - Messmodell der Einstellung zum Handeln - Erwartungs-x-Wert-Modell
	Verhaltensintention →	Endogene Variablen	Kollegeneinfluß Freundeseinfluß Wahrscheinlichkeit eine Zeitschrift zu lesen Wahrscheinlichkeit eine Zeitschrift zu kaufen
Hindernisfaktoren im Electronic Business zur Erzielung von Wettbewerbserfolgen[6]	Marktunsicherheit Auswahlprobleme Ressourcenrestriktionen ...	} Insg. 9 exogene Variablen	Verwendung von insgesamt 37 Indikatoren wie z.B. unzureichende Nachfragerzahl, Budgetbegrenzung, Einhaltung von Zeitvorgaben, Nutzensteigerung durch IT, Kostensenkung durch IT
	Effektivitätshemmnis Effizienzhemmnis ... Wettbewerbserfolg	} Insg. 5 endogene Variablen	
Welchen Einfluss haben verschiedene Wahrnehmungsgrößen auf die Akzeptanz der anbieterseitigen Integration in die Alltagsprozesse von Konsumenten?[7]	Wahrgenommenes Risiko Nutzerinnovativität Ergebnissteigerung Aufwandsreduktion	} Insg. 4 exogene Variablen	u.a. Unterstützungsleistungen nicht angepasst, Veräußerung von privaten Daten, Angebot zahlungspflichtiger Leistungen, Wahrscheinlichkeit der Inanspruchnahme, Reduktion des Gesamtaufwandes, erwartete Qualität mit Unterstützung
	Offenlegungsbereitschaft Inanspruchnahme Vorteilhaftigkeit	} Insg. 3 endogene Variablen	
Welchen Einfluss hat die Preiszufriedenheit auf die Kundenbindung[8]	Verständlichkeit Preiswürdigkeit Zusatzkosten ...	} Insg. 7 exogene Variablen	Preisdarstellung, Berechnung des Reisepreises, Preis-/Leistungs-verhältnis, Kostentransparenz usw.
	Referenzbereitschaft Cross Buying-Wahrscheinlichkeit Wiederkaufabsicht	} Endogene Variablen	(uneingeschränkte) Weiterempfehlung, Hotel-, Flug- und Urlaubsbuchung, Auswahl usw.

Abbildung 2.2: Typische Fragestellungen von Strukturgleichungsmodellen

Bevor wir eine genauere Betrachtung des kovarianzanalytischen Ansatzes der Kausalanalyse vornehmen, wollen wir zunächst grundlegende Begriffe der Kausalanalyse klären sowie die Elemente eines vollständigen Strukturgleichungsmodells genauer betrachten. Die allgemeine Vorgehensweise wird anschließend an einem Rechenbeispiel erläutert. Es sei an dieser Stelle bereits darauf hingewiesen, dass zum Verständnis grundlegende Kenntnisse der Regressionsanalyse (vgl. Kapitel zur Linearen Regression im Buch *Multivariate Analysemethoden*) und der konfirmatorischen Faktorenanalyse (vgl. Kapitel 3 in diesem Buch) von Vorteil sind. Dem mit diesen Methoden nicht vertrauten Leser sei deshalb empfohlen, sich die Grundzüge dieser Methoden anzueignen, bevor er sich mit dem vorliegenden Kapitel intensiver auseinandersetzt.

2.1.2 Grundlegende Zusammenhänge der Kausalanalyse
2.1.2.1 Begriff der Kausalität: Kovarianz und Korrelation

Gegenstand dieses Kapitels sind Kausalmodelle, bei denen die Parameterschätzungen mit Hilfe des *kovarianzanalytischen Ansatzes*, wie er z. B. in den Programmpaketen LISREL und AMOS implementiert ist, vorgenommen werden. Es ist deshalb erforderlich, dass wir uns zunächst auf ein bestimmtes Verständnis des Kausalbegriffs einigen. Mit Blalock gehen wir im Folgenden davon aus, dass eine Variabel X nur dann eine direkte (kausale) Ursache der Variablen Y (geschrieben als: $X \to Y$) darstellt, wenn eine Veränderung von X eine Veränderung von Y hervorruft.[9] Dass auf eine Änderung von X eine Änderung von Y folgt bzw. dass zwischen X und Y eine Korrelation oder sonstige Assoziation besteht, ist dagegen keine hinreichende Bedingung für das Vorliegen von Kausalität, sondern nur eine notwendige Bedingung. Es muss weiterhin ausgeschlossen werden können, dass andere Ursachen (dritte Größen) die Änderung von Y bewirkt haben können. Dieser Nachweis ist allerdings oft sehr schwierig und nicht immer zweifelsfrei möglich, da die „dritten Größen" sehr häufig nicht alle bekannt und oft auch nicht beobachtbar sind.

Zur Quantifizierung einer kausalen Beziehung zwischen zwei Variablen kann zunächst auf die Kovarianz zwischen zwei Variablen zurückgegriffen werden, die sich wie folgt bestimmt:

Kausalmodelle mit kovarianzanalytischem Ansatz

Empirische Kovarianz

Empirische Kovarianz

$$s(x_1, x_2) = \frac{1}{K-1} \sum_k (x_{k1} - \overline{x_1}) \cdot (x_{k2} - \overline{x_2}) \qquad (2.1)$$

Legende:
x_{k1} = Ausprägungen der Variable 1 bei Objekt k
(Objekte sind z. B. die befragten Personen)
$\overline{x_1}$ = Mittelwert der Ausprägungen von Variable 1
über alle Objekte ($k = 1, \ldots, K$)
x_{k2} = Ausprägung der Variable 2 bei Objekt k
$\overline{x_2}$ = Mittelwert der Ausprägungen von Variable 2 über alle Objekte

---
[4] Vgl. Noonan/Wold (1977), S. 33 ff.
[5] Vgl. Hildebrandt (1984), S. 45 ff.
[6] Vgl. Weiber/Adler (2002), S. 10 ff.
[7] Vgl. Weiber/Hörstrup/Mühlhaus (2011), S. 120 ff.
[8] Vgl. Pohl (2004), S. 195 ff.
[9] Vgl. Blalock, H. (Hrsg.) (1985), S. 24 f.

2 Strukturgleichungsanalyse

Wird auf Basis empirischer Werte für die Kovarianz ein Wert nahe null ermittelt, so kann davon ausgegangen werden, dass keine lineare Beziehung zwischen beiden Variablen besteht, d. h. sie werden nicht häufiger zusammen angetroffen als dies dem (statistischen) Zufall entspricht. Ergeben sich hingegen für die Kovarianz Werte größer oder kleiner als null, so bedeutet das, dass sich die Werte beider Variablen in die gleiche Richtung (positiv) oder in entgegen gesetzter Richtung (negativ) entwickeln, und zwar häufiger, als dies bei zufälligem Auftreten zu erwarten wäre.

Für die Kovarianz zwischen zwei Variablen lässt sich jedoch kein bestimmtes Definitionsintervall angeben, d. h. es lässt sich vorab nicht festlegen, in welcher Spannbreite der Wert der Kovarianz liegen muss. Somit gibt der absolute Wert einer Kovarianz noch keine Auskunft darüber, wie *stark* die Beziehung zwischen zwei Variablen ist. Es ist deshalb sinnvoll, die Kovarianz auf ein Intervall zu normieren, mit dessen Hilfe eine eindeutige Aussage über die Stärke des Zusammenhangs zwischen zwei Variablen getroffen werden kann. Eine solche Normierung ist zu erreichen, indem die Kovarianz durch die Standardabweichung (= Streuung der Beobachtungswerte um den jeweiligen Mittelwert) der jeweiligen Variable dividiert wird. Diese Normierung beschreibt der *Korrelationskoeffizient* zwischen zwei Variablen.

Korrelationskoeffizient

Korrelationskoeffizient

$$r_{x_1,x_2} = \frac{s(x_1, x_2)}{s_{x_1} \cdot s_{x_2}} \tag{2.2}$$

Legende:

$s(x_1, x_2)$ = Kovarianz zwischen den Variablen x_1 und x_2

s_{x_1} = $\sqrt{\frac{1}{K-1}\sum_k (x_{k1} - \overline{x_1})}$ = Standardabweichung der Variable x_1

s_{x_2} = $\sqrt{\frac{1}{K-1}\sum_k (x_{k2} - \overline{x_2})}$ = Standardabweichung der Variable x_2

Der Korrelationskoeffizient kann Werte zwischen -1 und $+1$ annehmen. Je mehr sich sein Wert *absolut* der Größe eins nähert, desto größer ist die lineare Abhängigkeit zwischen den Variablen anzusehen. Ein Korrelationskoeffizient von null spiegelt lineare Unabhängigkeit der Variablen wider.

Im Fall von standardisierten Variablen hat der Nenner von (2.2) den Wert eins (da hier $s_{x1} = s_{x2} = 1$ gilt) und der Zähler reduziert sich unter Beachtung von (2.1) auf $(1/K - 1) \sum(x_{k1} \cdot x_{k2})$, da die Mittelwerte der Variablen in diesem Fall gleich null sind. Da für standardisierte Variable üblicherweise die Bezeichnung z gewählt wird, folgt für den Korrelationskoeffizienten im Fall standardisierter Variablen Gleichung (2.3).

Korrelationskoeffizient bei standardisierten Variablen

$$r_{z1,z2} = \frac{1}{K-1} \sum z_{k1} \cdot z_{k2} \qquad \text{bzw.} \qquad r_{z1,z2} = \text{cov}(z_1, z_2) \tag{2.3}$$

Bei standardisierten Indikatorvariablen entspricht somit die Korrelationsmatrix (R) der Varianz-Kovarianz-Matrix (S).

Der Korrelationskoeffizient lässt jedoch *keine* Aussage darüber zu, welche Variable als *verursachend* für eine andere Variable anzusehen ist. Es sind vielmehr drei grundsätzliche *Interpretationsmöglichkeiten einer Korrelation* denkbar, die alle im Rahmen von Strukturgleichungsmodellen Anwendung finden, je nachdem, welche Beziehungen zwischen den Variablen *vorab* postuliert wurden:

1. Die Variable x_1 ist verursachend für den Wert der Variable x_2:
   $x_1 \rightarrow x_2$
   Wir sprechen in diesem Fall von einer *kausal interpretierten Korrelation*, da eine eindeutige Wirkungsrichtung von x_1 auf x_2 unterstellt wird.

   Formale Darstellung einer kausal nicht interpretierten Korrelation

2. Die Variable x_2 ist verursachend für den Wert der Variable x_1:
   $x_2 \rightarrow x_1$
   Auch hier sprechen wir, ebenso wie in Fall A, von einer *kausal interpretierten Korrelation*.

3. Der Zusammenhang zwischen den Variablen x_1 und x_2 resultiert allein aus einer exogenen (hypothetischen) Größe ξ, die hinter den Variablen steht:

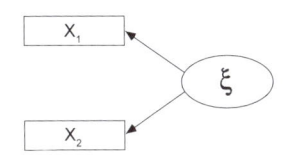

In diesem Fall sprechen wir von einer *kausal nicht interpretierten Korrelation* zwischen x_1 und x_2, da die Korrelation zwischen beiden Variablen *allein* aus dem Einfluss der (hypothetischen) Größe ξ resultiert. Wird *unterstellt*, dass die Korrelation zwischen zwei Variablen allein auf eine hypothetische Größe zurückgeführt werden kann, die hinter diesen Variablen zu vermuten ist, so folgt man damit dem Denkansatz der *Faktorenanalyse*.[10] Die Faktorenanalyse ermöglicht dann eine Aussage darüber, wie stark die Variablen x_1 und x_2 von der hypothetischen Größe beeinflusst werden.[11]

2.1.2.2 Operationalisierung latenter Variablen und Erstellung eines Kausalmodells

Eine Überprüfung kausaler Abhängigkeiten zwischen hypothetischen Konstrukten ist nur möglich, wenn die hypothetischen Konstrukte durch empirisch beobachtbare Indikatoren operationalisiert werden können. Daher ist es notwendig, dass alle in einem Hypothesensystem enthaltenen hypothetischen Konstrukte durch eine oder mehrere *Indikatorvariablen* beschrieben werden. Alle Indikatorvariablen der exogenen latenten Variablen werden dabei mit X bezeichnet, und alle Indikatorvariablen, die sich auf endogene latente Variablen beziehen, werden mit Y bezeichnet. Zur Unterscheidung der Indikatorvariablen von den latenten Variablen werden die endogenen latenten Variablen mit dem griechischen Kleinbuchstaben eta (η) und die exogenen latenten Variablen mit dem griechischen Kleinbuchstaben Ksi (ξ) bezeichnet.

Operationalisierung latenter Größen

Diese Notation hat sich auch in der Literatur weitgehend durchgesetzt. Abbildung 2.3 gibt dem Leser einen Überblick über die *Variablen in einem vollständigen Strukturgleichungsmodell* sowie über deren Bedeutungen und Abkürzungen:

---

[10] Vgl. zur explorativen Faktorenanalyse Kapitel 7 des Buches *Multivariate Analysemethoden* und zur konfirmatorischen Faktorenanalyse Kapitel 3 in diesem Buch.

[11] In der Faktorenanalyse werden statistisch ermittelte Variablen als Faktoren bezeichnet. Ein Unterschied zur Bezeichnung „latente Variable" existiert nicht.

2 Strukturgleichungsanalyse

Abkürzung	Sprechweise	Bedeutung
η	Eta	latente endogene Variable, die im Modell erklärt wird
ξ	Ksi	latente exogene Variable, die im Modell *nicht* erklärt wird
Y	–	Indikator-(Mess-) Variable für eine latente endogene Variable
X	–	Indikator-(Mess-) Variable für eine latente exogene Variable
ϵ	Epsilon	Störgröße für eine Indikatorvariable y
δ	Delta	Störgröße für eine Indikatorvariable x
ζ	Zeta	Störgröße für eine latente endogene Variable

Abbildung 2.3: Variablen in einem vollständigen Strukturgleichungsmodell

Zur Verdeutlichung der Zusammenhänge greifen wir auf folgendes Beispiel zurück: Ein Margarinehersteller vermutete, dass die wahrgenommene Verwendungsbreite seiner Margarine (ξ_1) sowohl deren wahrgenommene Attraktivität (η_1) als auch die Kaufabsicht (η_2) bestimmt. Weiterhin unterstellt er, dass die Kaufabsicht aber auch durch die Attraktivität der Margarine beeinflusst wird. Alle drei Größen interpretiert er als hypothetische Konstrukte, so dass sich die vermutete Kausalstruktur wie folgt in einem sog. *Strukturmodell* verdeutlichen lässt:

Strukturmodell zur Abbildung einer Kausalstruktur

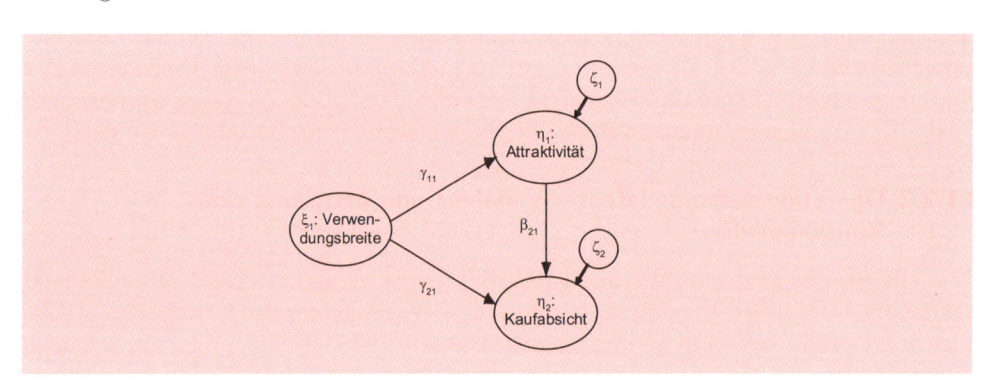

Abbildung 2.4: Strukturmodell der latenten Variablen

Die Darstellung in Abb. 2.4 wird auch als Pfaddiagramm bezeichnet. Wie aus den Vermutungen des Margarineherstellers und den Darstellungen im Pfaddiagramm ersichtlich, bildet die Verwendungsbreite die unabhängige (latente) Variable und Attraktivität sowie Kaufabsicht sind zwei abhängige (latente endogene) Variablen. Bei der Betrachtung von Abhängigkeiten zwischen latenten Größen werden i. d. R. die unabhängigen latenten Größen als exogene Variablen und die abhängigen latenten Größen als endogene Variablen bezeichnet. Zusätzlich wurden in das Pfaddiagramm die Störgrößen (Messfehlervariablen) der endogen Variablen aufgenommen und mit griechischen Kleinbuchstaben Zeta ($\zeta_1; \zeta_2$) bezeichnet. Auch hier weist die Bezeichnung mit griechischen Kleinbuchstaben darauf hin, dass es sich um Störgrößen in einem System latenter Variablen handelt. Formal lässt sich das Pfaddiagramm durch folgende zwei Strukturgleichungen darstellen:

Formale Darstellung eines Pfaddiagramms

$$(1) \quad \eta_1 = \qquad\qquad \gamma_{11} \cdot \xi_1 + \zeta_1$$
$$(2) \quad \eta_2 = \beta_{21} \cdot \eta_1 + \gamma_{21} \cdot \xi_1 + \zeta_2 \qquad (2.4)$$

2.1 Problemstellung

Das Strukturmodell der latenten Variablen kann statt in zwei Gleichungen auch wie folgt in Matrixschreibweise gefasst werden:

$$\begin{bmatrix} \eta_1 \\ \eta_2 \end{bmatrix} = \begin{bmatrix} 0 & 0 \\ \beta_{21} & 0 \end{bmatrix} \cdot \begin{bmatrix} \eta_1 \\ \eta_2 \end{bmatrix} + \begin{bmatrix} \gamma_{11} \\ \gamma_{21} \end{bmatrix} \cdot \xi_1 + \begin{bmatrix} \zeta_1 \\ \zeta_2 \end{bmatrix}$$

oder allgemein:

$$\eta = B\eta + \Gamma\xi + \Psi \qquad (2.5)$$

Bei der Bestimmung der Koeffizientenmatrizen B und Γ sowie der Matrix Ψ, die die Kovarianzen zwischen den Störgrößen ζ enthält, stoßen wir allerdings auf Probleme, da sich für die latenten Variablen ja keine direkten Beobachtbarkeitswerte ermitteln lassen. Es ist deshalb erforderlich, für jede latente Variable ein *Messmodell* zu bestimmen, mit dessen Hilfe sich dann Beobachtungen für die latenten Variablen ableiten lassen.

Allgemein sind *Messmodelle* (mathematisch formalisierte) Anweisungen, wie latenten Variablen beobachtbare Sachverhalte zugeordnet werden können und wie diese zu messen sind. Die Ergebnisse dieser Messungen werden in einer Variable erfasst, die als *Indikator* bezeichnet wird. Ein Indikator stellt eine manifeste Variable (direkt beobachtbare Variable) dar, die die Messwerte eines realen Sachverhaltes beinhaltet. Wir wollen für unser Beispiel unterstellen, dass alle latenten Variablen durch je zwei Indikatorvariablen gemessen werden können. Für die *latente exogene Variable* ergibt sich damit folgendes Pfaddiagramm:

Definition von Messmodellen

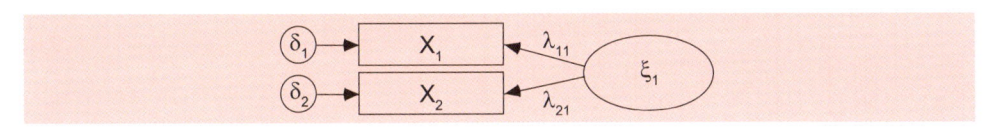

Abbildung 2.5: Messmodell der latenten exogenen Variable

Wir bezeichnen ein solches Modell als *Messmodell der (latenten) exogenen Variable*, da wir davon ausgehen, dass die zwei direkt beobachtbaren Indikatorvariablen x_1 und x_2 Erscheinungsformen der latenten Größe Ksi (ξ) in der Wirklichkeit darstellen. Das Messmodell lässt sich ebenfalls durch Regressionsgleichungen wie folgt darstellen:

$$\begin{aligned} x_1 &= \lambda_{11} \cdot \xi_1 + \delta_1 \\ x_2 &= \lambda_{21} \cdot \xi_1 + \delta_2 \end{aligned} \qquad (2.6)$$

Darstellung eines reflektiven Messmodells durch Regressionsgleichungen

Auch das Messmodell kann in Matrixschreibweise wie folgt gefasst werden:

$$\begin{bmatrix} x_1 \\ x_2 \end{bmatrix} = \begin{bmatrix} \lambda_{11} \\ \lambda_{21} \end{bmatrix} \cdot \xi_1 + \begin{bmatrix} \delta_1 \\ \delta_2 \end{bmatrix}$$

oder allgemein:

$$X = \Lambda_x \cdot \xi + \delta \qquad (2.7)$$

Dabei stellt Λ_x die Matrix der (partiellen) Regressionskoeffizienten dar, δ sind die Störgrößen und ξ der Vektor der exogenen Variable. Im Messmodell wird unterstellt,

2 Strukturgleichungsanalyse

dass sich die Korrelationen zwischen den direkt beobachtbaren Variablen allein auf den Einfluss der latenten Variable zurückführen lassen. Die latente Variable bestimmt damit als verursachende Variable den Beobachtungswert der Indikatorvariablen. Aus diesem Grund zeigt die Pfeilspitze in obigem Pfaddiagramm auf die jeweilige Indikatorvariable.

Messmodelle der latenten endogenen Variablen

In gleicher Weise sollen auch die latenten endogenen Variablen (in unserem Beispiel η_1 und η_2) durch jeweils zwei Indikatorvariablen operationalisiert werden. Analog erhalten wir damit folgendes *Messmodell der (latenten) endogenen Variablen*:

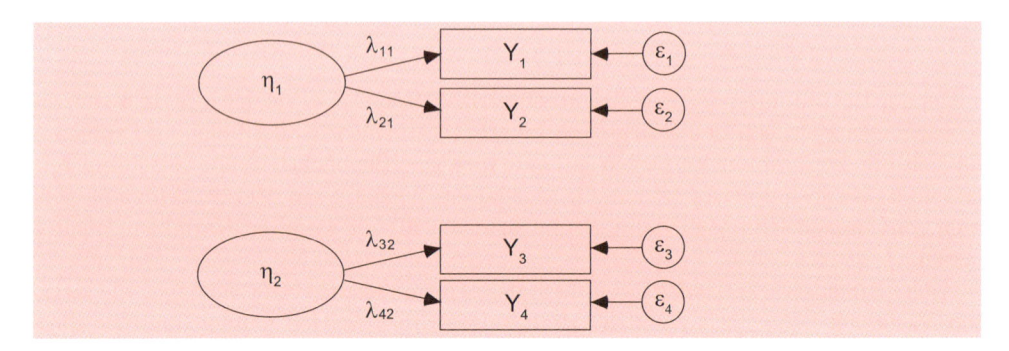

Abbildung 2.6: Messmodell der latenten endogenen Variablen

Eine mathematische Formulierung des Messmodells erhalten wir analog zu oben durch folgende Matrizengleichung:

$$\begin{bmatrix} y_1 \\ y_2 \\ y_3 \\ y_4 \end{bmatrix} = \begin{bmatrix} \lambda_{11} & 0 \\ \lambda_{21} & 0 \\ 0 & \lambda_{32} \\ 0 & \lambda_{42} \end{bmatrix} \cdot \begin{bmatrix} \eta_1 \\ \eta_2 \end{bmatrix} + \begin{bmatrix} \epsilon_1 \\ \epsilon_2 \\ \epsilon_3 \\ \epsilon_4 \end{bmatrix} \qquad (2.8)$$

oder allgemein:

$$Y = \Lambda_y \cdot \eta + \epsilon \qquad (2.9)$$

Auch hier gehen die Pfeilspitzen von den latenten Variablen aus und zeigen auf die jeweiligen Indikatorvariablen. Damit wird auch hier unterstellt, dass die Margarine-Attraktivität (η_1) und die Kaufabsicht (η_2) kausale Ursachen für die Erscheinungsformen der Indikatorvariablen (y_1 bis y_4) in der Realität sind.

Reflektive Messmodelle

Die beiden Messmodelle weisen eine für Strukturgleichungsmodelle typische Form auf, die auch als „*reflektiv*" bezeichnet wird. Reflektiven Messmodellen liegt die *fundamentale Annahme* zu Grunde, dass die Beobachtungen der Indikatoren von der betrachteten latenten Größe *verursacht* werden und damit Folgen bzw. Konsequenzen der Wirksamkeit einer latenten Variable in der Wirklichkeit darstellen.[12] Damit wird ein faktoranalytisches Modell unterstellt, und die Berechnung der Modellgrößen (Λ_x und δ bzw. Λ_y und ϵ) kann mit Hilfe der *konfirmatorischen Faktorenanalyse*

---

[12] Alternativ zu reflektiven Messmodellen können auch sog. formative Messmodelle spezifiziert werden (vgl. Kapitel 3 in diesem Buch), die dann aber nur unter *besonderen Bedingungen* mit dem in diesem Kapitel behandelten Ansatz der Kovarianzstrukturanalyse analysiert werden können. Deshalb wird bei formativen Messmodellen meist auf die PLS-Methode als Schätzverfahren zurückgegriffen. Vgl. zum PLS-Ansatz: Bliemel et al. (2005); Huber et al. (2007); Hair et al. (2013).

erfolgen.[13] Der zentrale Unterschied der konfirmatorischen Faktorenanalyse im Vergleich zur explorativen Faktorenanalyse besteht darin, dass die „Faktoren" (=latente Variablen) bereits aufgrund der sachlogischen Überlegungen bestimmt sowie interpretiert sind und die Zuordnung der Indikatoren zu den latenten Variablen (=Struktur der Faktorladungsmatrix) ebenfalls vorab eindeutig festgelegt wurde. Nach dem *Fundamentaltheorem der Faktorenanalyse* lässt sich die Korrelationsmatrix R_x, die die Korrelationen zwischen den X-Variablen enthält, wie folgt reproduzieren:[14]

Fundamentaltheorem der Faktorenanalyse

$$R_x^* = \Lambda_x \cdot \Phi \cdot \Lambda_x^{'} + \Theta_\delta$$

Dabei ist $\Lambda_x^{'}$ die Transponierte der Λ_x-Matrix, und die Matrix Φ enthält die Korrelationen zwischen den Faktoren, d. h. in diesem Fall die Korrelationen zwischen den exogenen latenten Variablen. Wird unterstellt, dass die exogenen Variablen untereinander *nicht* korrelieren, so vereinfacht sich das Fundamentaltheorem der Faktorenanalyse zu:

$$R_x^* = \Lambda_x \cdot \Lambda_x^{'} + \Theta_\delta \tag{2.10}$$

Die Matrix Λ_x enthält die *Faktorenladungen* der Indikatorvariablen auf die latenten exogenen Variablen und Θ_δ stellt die Kovarianzmatrix der Störgrößen δ dar. Die Faktorladungen sind nichts anderes als die Regressionen der Indikatoren auf die latenten exogenen Variablen. Wird weiterhin davon ausgegangen, dass die latenten exogenen Variablen voneinander unabhängig sind, so entsprechen die Faktorladungen gleichzeitig den Korrelationen zwischen Indikatorvariablen und hypothetischen Konstrukten.

In gleicher Weise stellt auch das Messmodell der endogenen Variablen ein Faktorenmodell dar, und die Korrelationen zwischen den empirischen Indikatorvariablen lassen sich ebenfalls auf faktoranalytischem Wege reproduzieren. Auch hier gilt das Fundamentaltheorem der Faktorenanalyse und es folgt:

$$R_y^* = \Lambda_y \cdot \Lambda_y^{'} + \Theta_\epsilon \tag{2.11}$$

In dieser Matrizengleichung enthält Λ_y bezogen auf unser Beispiel die Faktorladungen der Messvariablen Y_1 bis Y_4 auf die latenten Variablen η_1 und η_2, und Θ_ϵ ist der Vektor der Störgrößen. Allerdings verkomplizieren sich im Messmodell der endogenen Größen die Rechenoperationen dadurch, dass zwischen den endogenen Variablen direkte kausale Abhängigkeiten zugelassen werden. So besitzt in unserem Beispiel die endogene Größe η_1 einen direkten Effekt auf die endogene Größe η_2.

Die Gleichungen (2.5), (2.7) und (2.9) bilden zusammen ein vollständiges Strukturmodell, das aus insgesamt acht *Parametermatrizen* besteht, die in Abbildung 2.7 nochmals zusammengefasst sind. Dabei entsprechen die Matrizen Λ_y, Λ_x, B und Γ den Matrizen in obigen Gleichungen, und sie enthalten die in den Hypothesen postulierten kausalen Beziehungen. Durch die Φ-Matrix werden Kovarianzen bzw. Korrelationen (wenn die latenten Größen standardisiert wurden) zwischen den latenten exogenen

---
[13] Vgl. zur Konfirmatorischen Faktorenanalyse Kapitel 3 in diesem Buch und zur explorativen Faktorenanalyse Kapitel Kapitel 7 im Buch *Multivariate Analysemethoden*.
[14] Vgl. zur gewählten Notation Abbildung 2.7. R* wird mit Hilfe der modelltheoretischen Varianz-Kovarianzmatrix ($\hat{\Sigma}$) errechnet.

2 Strukturgleichungsanalyse

Variablen bezeichnet und durch die Matrix Ψ die der Störgrößen in den Strukturgleichungen. Die Varianz der ζ-Variablen gibt den Anteil der nichterklärten Varianz in den latenten endogenen Konstrukten an. Die Matrizen Θ_δ und Θ_ϵ sind die Kovarianzmatrizen der Messfehler. In unserem Beispiel ist jedoch zu beachten, dass wir im Ausgangspunkt von einer Korrelationsmatrix ausgegangen sind, wodurch Informationen über Varianzen und Kovarianzen der Variablen fehlen. Obige Ausführungen machen deutlich, dass Strukturgleichungsmodelle explizit zwischen Fehlern in den postulierten Kausalbeziehungen durch die Größen ζ und Fehlern in den durchgeführten Messungen (über die Größen δ und ϵ) unterscheiden. Sind durch die acht Parametermatrizen die in den Ausgangshypothesen formulierten kausalen Beziehungen mathematisch spezifiziert, so kann die Schätzung der einzelnen Parameter erfolgen.

Fehlervariablen

Abkürzung	Sprechweise	Bedeutung
Λ_y	Lambda-y	$(p \times m)$-Koeffizientenmatrix der Pfade zwischen y und η-Variablen
Λ_x	Lambda-x	$(q \times n)$-Koeffizientenmatrix der Pfade zwischen x und ξ-Variablen
B	Beta	$(m \times m)$-Koeffizientenmatrix der postulierten kausalen Beziehungen zwischen η-Variablen
Γ	Gamma	$(m \times n)$-Koeffizientenmatrix der postulierten Beziehungen zwischen den ξ und η-Variablen
Φ	Phi	$(n \times n)$-Matrix der Kovarianzen zwischen den ξ-Variablen
Ψ	Psi	$(m \times m)$-Matrix der Kovarianzen zwischen den ζ-Variablen
Θ_ϵ	Theta-Epsilon	$(p \times p)$-Matrix der Kovarianzen zwischen den ϵ-Variablen
Θ_δ	Theta-Delta	$(q \times q)$-Matrix der Kovarianzen zwischen den δ-Variablen

Abbildung 2.7: Die acht Parametermatrizen eines vollständigen Strukturgleichungsmodells

Vollständiges Strukturgleichungsmodell

Das *vollständige Strukturgleichungsmodell* für unser Beispiel kann nun auch graphisch verdeutlicht werden, in dem wir das Messmodell der exogenen Variable (Abbildung 2.5) an die linke Seite des Strukturmodells (Abbildung 2.4) und das Messmodell der endogenen Variablen (Abbildung 2.6) an die rechte Seite des Strukturmodells „anhängen". Das Ergebnis zeigt Abbildung 2.8:

In diesem Pfaddiagramm sind nur die X- und Y-Variablen direkt empirisch beobachtbare Größen, zwischen denen empirische Korrelationen berechnet werden können. Wir haben gezeigt, dass sich aus den Korrelationen zwischen den X-Variablen die Beziehungen im Messmodell der exogenen Variable bestimmen lassen, und die Korrelationen zwischen den Y-Variablen die Beziehungen im Messmodell der endogenen Variablen bestimmen. Die Korrelationen zwischen den X- und Y-Variablen schlagen quasi eine Brücke zwischen beiden Messmodellen, und mit ihrer Hilfe ist es möglich, die Beziehungen im Strukturmodell zu bestimmen.

2.1 Problemstellung

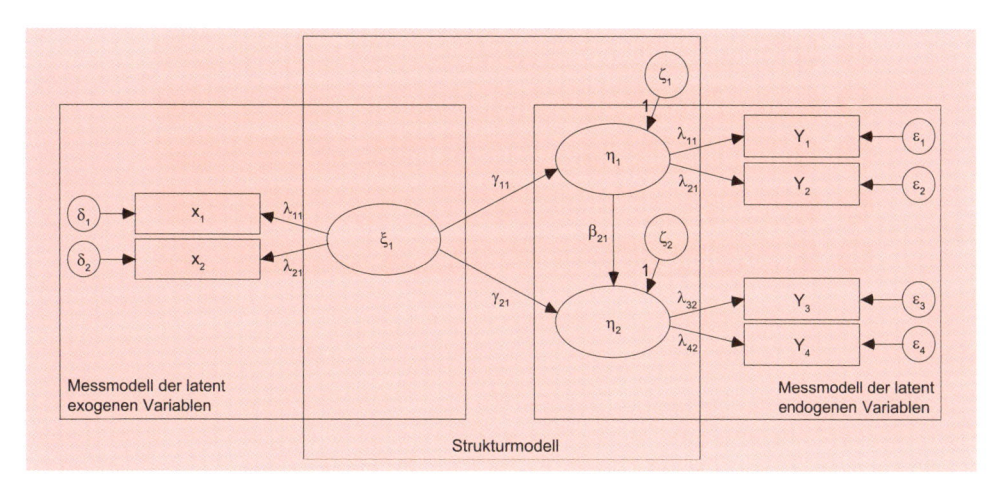

Abbildung 2.8: Pfaddiagramm des vollständigen Strukturgleichungsmodells im Beispiel

2.1.3 Ablaufschritte der Kausalanalyse

Bestandteile von Strukturgleichungsmodellen

Die bisherigen Ausführungen haben deutlich gemacht, dass ein vollständiges Strukturgleichungsmodell aus drei Teilmodellen bestehen:

1. Das *Strukturmodell* bildet die theoretisch vermuteten Zusammenhänge zwischen den *latenten* Variablen ab. Dabei werden die endogenen Variablen durch die im Modell unterstellten kausalen Beziehungen erklärt, wobei die exogenen Variablen als erklärende Größen dienen, die selbst aber durch das Kausalmodell *nicht* erklärt werden.

2. Das *Messmodell der latenten exogenen Variablen* enthält empirische Indikatoren, die zur Operationalisierung der exogenen Variablen dienen und spiegelt die vermuteten Zusammenhänge zwischen diesen Indikatoren und den exogenen Größen wider.

3. Das *Messmodell der latenten endogenen Variablen* enthält empirische Indikatoren, die zur Operationalisierung der endogenen Variablen dienen und spiegelt die vermuteten Zusammenhänge zwischen diesen Indikatoren und den endogenen Größen wider.

Die Parameter des Strukturgleichungsmodells werden im Rahmen des kovarianzanalytischen Ansatzes auf Basis der empirisch gewonnenen Korrelationen bzw. Kovarianzen geschätzt. Zur Überprüfung eines aufgrund *theoretischer Überlegungen* aufgestellten Hypothesensystems mit Hilfe eines Strukturgleichungsmodells lassen sich nun folgende *Ablaufschritte* festhalten, die dem nachfolgenden Abschnitt als Gliederungskriterium dienen:

2 Strukturgleichungsanalyse

1	Hypothesenbildung
2	Pfaddiagramm und Modellspezifikation
3	Identifikation der Modellstruktur
4	Parameterschätzungen
5	Beurteilung der Schätzergebnisse

Abbildung 2.9: Ablaufschritte der Kausalanalyse

Ablaufschritte zur Erstellung von Strukturgleichungsmodellen

1. Schritt: Hypothesenbildung. Das Ziel der Kausalanalyse besteht vorrangig in der *Überprüfung* eines aufgrund theoretischer Überlegungen aufgestellten Hypothesensystems mit Hilfe empirischer Daten. Es ist deshalb in einem ersten Schritt erforderlich, intensive fachliche Überlegungen darüber anzustellen, welche Variablen in einem Strukturgleichungsmodell Berücksichtigung finden sollen und wie die Beziehungen zwischen diesen Variablen aus theoretischer bzw. sachlogischer Sicht aussehen sollen (Festlegung der Vorzeichen).

2. Schritt: Erstellung eines Pfaddiagramms und Spezifikation der Modellstruktur. Da Hypothesensysteme sehr häufig komplexe Ursache-Wirkungs-Zusammenhänge enthalten, ist es empfehlenswert, diese Beziehungszusammenhänge in einem Pfaddiagramm graphisch zu verdeutlichen. Das hier zur Schätzung der Modellparameter verwendete Programmpaket AMOS unterstützt die Abbildung der Modellstruktur in Form der Zeichnung eines Pfaddiagramms. In diesem Programm ist es daher nicht notwendig, die im Pfaddiagramm graphisch dargestellten Beziehungszusammenhänge vorab in ein mathematisches Gleichungssystem zu überführen.

3. Schritt: Identifikation der Modellstruktur. Sind die Hypothesen in Matrizengleichungen formuliert, so muss geprüft werden, ob das sich ergebende Gleichungssystem lösbar ist. Im Rahmen dieses Schrittes wird von AMOS geprüft, ob die Informationen, die aus den empirischen Daten bereitgestellt werden, ausreichen, um die unbekannten Parameter schätzen zu können.

4. Schritt: Parameterschätzungen. Gilt ein Strukturgleichungsmodell als identifiziert, so kann eine Schätzung der einzelnen Modell-Parameter erfolgen. Das Programmpaket AMOS stellt dem Anwender dafür mehrere Methoden zur Verfügung, die von unterschiedlichen Annahmen ausgehen.

5. Schritt: Beurteilung der Schätzergebnisse. Sind die Modell-Parameter geschätzt, so lässt sich abschließend prüfen, wie gut sich die Modellstruktur an den empirischen Datensatz anpasst. AMOS stellt zu diesem Zweck Prüfkriterien zur Verfügung, die sich zum einen auf die Prüfung der Modellstruktur als Ganzes beziehen und zum anderen eine Prüfung von Teilstrukturen ermöglichen.

2.2 Vorgehensweise

2.2.1 Hypothesenbildung

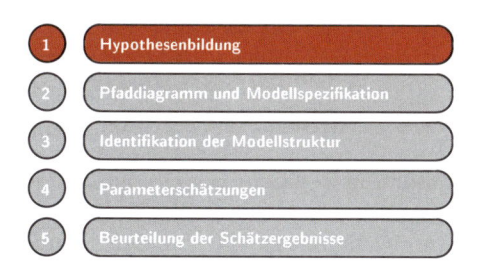

1. Hypothesenbildung
2. Pfaddiagramm und Modellspezifikation
3. Identifikation der Modellstruktur
4. Parameterschätzungen
5. Beurteilung der Schätzergebnisse

Voraussetzung für die Anwendung der Strukturgleichungsanalyse sind explizite Hypothesen über die Beziehungen in einem empirischen Datensatz, die aufgrund *intensiver sachlogischer Überlegungen* aufgestellt werden müssen.

Die *Besonderheit* von Strukturgleichungsmodellen ist darin zu sehen, dass theoretisch unterstellte Beziehungen zwischen latenten Variablen überprüft werden können. Wir wollen im folgenden zeigen, wie die Beziehung zwischen einer latenten exogenen und einer latenten endogenen Variable überprüft werden kann. Wir greifen zu diesem Zweck auf das Beispiel im ersten Abschnitt zurück. Wir hatten dort beispielhaft folgende Hypothesen aufgestellt (Abbildung 2.1):

> Beziehung zwischen latenten exogenen und latenten endogenen Variablen

1. Die Einstellung gegenüber einem Produkt bestimmt das Kaufverhalten der Kunden.

2. Das Kaufverhalten ist durch die Zahl der Käufe eindeutig erfassbar.

3. Die Einstellung wird durch zwei verschiedene Messmodelle operationalisiert.

Wir wollen diese Hypothesen noch um folgende erweitern:

4. Durch eine positive Einstellung gegenüber dem Produkt, wird auch das Kaufverhalten positiv beeinflusst.

5. Die Erfassung des Kaufverhaltens durch die Zahl der Käufe ist ohne Messfehler möglich.[15]

6. Je größer die Einstellungswerte der beiden Messmodelle sind, desto positiver ist auch die Einstellung gegenüber dem Produkt.

Durch die letzten drei Hypothesen werden aufgrund theoretischer Überlegungen die *Vorzeichen* der Koeffizienten in unserem Kausalmodell postuliert. Solche Hypothesen sind notwendig, da mit Hilfe der Strukturgleichungsanalyse die Größe der Koeffizienten aus dem empirischen Datenmaterial geschätzt wird. Diese Schätzung stellt letztendlich aber *keine Hypothesenprüfung* dar, sondern nur eine Anpassung an empirische Daten. Stimmen aber die Vorzeichen der geschätzten Koeffizienten mit den theoretisch überlegten Vorzeichen überein, so kann zumindest in diesem Zusammenhang von einer Hypothesenprüfung gesprochen werden. Eine „echte Hypothesenprüfung" würde dann erreicht, wenn man nicht nur die Vorzeichen der Koeffizienten, sondern auch deren Größe aufgrund theoretischer Überlegungen (entweder absolut oder in einem Intervall) festlegt und diese Festsetzung mit den Schätzungen vergleicht.

---

[15] Damit wird die Störgröße gleich null und das Vorzeichen positiv bestimmt (siehe auch Abschnitt 2.4.2).

2 Strukturgleichungsanalyse

Theorie als Ausgangspunkt

An dieser Stelle wird nochmals deutlich, dass *jedes Strukturgleichungsmodell mit der Theorie* beginnen muss! Das Ziel ist die Hypothesenprüfung, das um so besser erreicht wird, je mehr *Informationen aufgrund theoretischer Vorüberlegungen* in das Modell eingehen. Diese Informationen beziehen sich sowohl auf *Richtung und Stärke der Beziehungen*, als auch auf die *Zahl möglicher latenter Variablen und Indikatoren*.

2.2.2 Pfaddiagramm und Modellspezifikation

2.2.2.1 Erstellung des Pfaddiagramms und Abbildung in einem Gleichungssystem

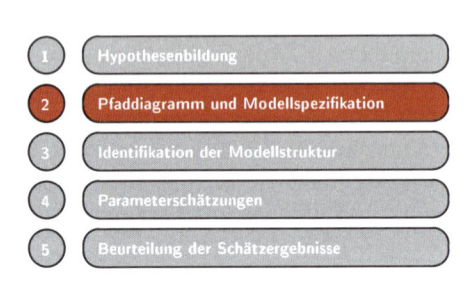

Strukturgleichungsmodelle werden durch die Formulierung verbaler Hypothesen sowie deren Umsetzung in graphische und mathematische Strukturen spezifiziert.

Für die Erstellung eines Pfaddiagramms haben sich in der Forschungspraxis bestimmte Konventionen herausgebildet. Die Abbildung 2.11 basiert auf diesen Konventionen und fasst Empfehlungen zur Erstellung eines Pfaddiagramms zusammen. Wird unterstellt, dass das Hypothesensystem aus Abschnitt 2.1.1 den Zusammenhang zwischen Einstellung und Kaufverhalten theoretisch fundiert erklären könnte, so lassen sich die Hypothesen durch das in Abbildung 2.10 dargestellte Pfaddiagramm abbilden.

Strukturgleichungsmodell mit einer latenten exogenen und einer latenten endogenen Variable

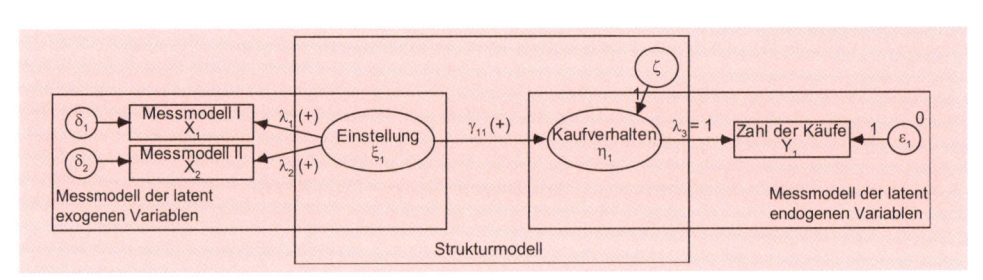

Abbildung 2.10: Pfaddiagramm mit Parameterspezifikationen

Das Pfaddiagramm spiegelt den einfachsten Fall eines Strukturgleichungsmodells mit einer latenten exogenen und einer latenten endogenen Variable wider. Die in Klammern stehenden Vorzeichen geben die theoretisch begründeten Vorzeichen der Koeffizienten an, und der Koeffizient λ_3 wurde auf eins gesetzt, da wir unterstellen, dass das Kaufverhalten *eindeutig* durch die Zahl der Käufe operationalisiert werden kann. Folglich kann die Varianz der Störgröße ϵ_1 in diesem Fall a priori als null angenommen werden.

Konstruktionsregeln zur Erstellung eines Pfaddiagramms

2.2 Vorgehensweise

Allgemeine Konstruktionsregeln
(1) Direkt beobachtbare (Mess-) Variablen (x und y) werden in Kästchen (□) dargestellt, latente Variablen und Messfehlervariablen werden durch Kreise (○) gekennzeichnet.
(2) Eine *kausale Beziehung* zwischen zwei Variablen wird immer durch einen geraden Pfeil (=Pfad) dargestellt. ($\rightarrow$).
(3) Die Endpunkte eines Pfeils bilden also immer zwei kausal verbundene Variablen. Ein Pfeil hat seinen Ursprung immer bei der verursachenden (unabhängigen) Variable und seinen Endpunkt immer bei der abhängigen Variable.
(4) Ein Pfeil hat immer nur *eine* Variable als Ursprung und *eine* Variable als Endpunkt.
(5) Je-desto-Hypothesen beschreiben kausale Beziehungen zwischen latenten Variablen, wobei die zu Anfang genannte Größe *immer* die verursachende (ξ, η) und die zuletzt genannte Größe *immer* die kausal abhängige (η) Größe darstellt.
(6) Der Einfluss von Störgrößen wird ebenfalls durch Pfeile dargestellt, wobei der Ursprung eines Pfeils immer von der Störgröße ausgeht.
(7) Nicht kausal interpretierte *Beziehungen* werden immer durch gekrümmte Doppelpfeile dargestellt und sind *nur* zwischen latenten exogenen Variablen (ξ-Variable) oder zwischen den Messfehlervariablen (δ, ϵ, ζ) zulässig ($\leftrightarrow$).

Abbildung 2.11: Empfehlungen zur Erstellung eines Pfaddiagramms

Die im Pfaddiagramm dargestellten Strukturen können auch in ein lineares Gleichungssystem überführt werden, das für unser Beispiel den Gleichungen bzw. den Matrizendarstellungen (2.4) bis (2.9) entspricht. Gehen wir davon aus, dass die Indikatorvariablen an K Objekten gemessen und *alle* im Modell enthaltenen Variablen *standardisiert* wurden, so lässt sich das Pfaddiagramm in unserem Beispiel durch folgende Gleichungen zusammenfassend spezifizieren:

(A) $\quad \eta_{k_1} = \Gamma \cdot \xi_{k_1} + \zeta_{k_1} \qquad$ „Strukturmodell"

(B) $\quad y_{k_1} = \lambda_3 \cdot \eta_{k_1} + \epsilon_{k_1} \qquad$ „Messmodell der latenten endogenen Variable"

(C) $\quad \left.\begin{array}{l} x_{k_1} = \lambda_1 \cdot \xi_{k_1} + \delta_{k_1} \\ x_{k_2} = \lambda_2 \cdot \xi_{k_1} + \delta_{k_2} \end{array}\right\} \quad$ „Messmodell der latenten exogenen Variable"

Der Index k deutet dabei an, dass die Gleichungen für jedes Objekt k gelten, wobei auch die latenten Variablen eine objektspezifische Ausprägung besitzen, die allerdings nicht beobachtbar ist.

Im Programmpaket AMOS ist die Aufstellung des Gleichungssystems nicht erforderlich, da das Programm dieses aus dem Pfaddiagramm automatisch generiert.

2.2.2.2 Parameter und Annahmen in der Strukturgleichungsanalyse

Die Strukturgleichungsanalyse geht üblicherweise bei der Lösung der Matrizengleichungen von bestimmten Annahmen aus, die in nachfolgender Box zusammengestellt und kurz erläutert sind.

Annahmen der Strukturgleichungsanalyse

2 Strukturgleichungsanalyse

Annahmen der Strukturgleichungsanalyse

(a) ζ ist unkorreliert mit ξ

(b) ϵ ist unkorreliert mit η

(c) δ ist unkorreliert mit ξ

(d) δ, ϵ und ζ korrelieren nicht miteinander

Die Annahmen, dass die *Störgrößen* nicht mit den hypothetischen Konstrukten und auch nicht untereinander korrelieren dürfen, lassen sich wie folgt erklären: Würde z. B. eine Störgröße δ mit einer unabhängigen Variable korrelieren, so ist zu vermuten, dass in δ mindestens eine Variable enthalten ist, die sowohl eine Auswirkung auf ξ besitzt als auch auf die zu erklärende Variable x. Damit wäre das unterstellte Messmodell (C) falsch, da es (mindestens) eine unabhängige Variable zu wenig enthält. Weiterhin ist denkbar, dass bei einer Korrelation zwischen δ und ξ in δ eine „Drittvariable" als die Korrelation verursachende Größe enthalten ist. In diesem Fall könnte die vorhandene Korrelation zwischen Störgröße und unabhängiger Variable nur durch Eliminierung der Drittvariable beseitigt werden, d. h. neben der korrelierten unabhängigen Variable muss noch eine (theoretische) Drittvariable in das Modell aufgenommen werden. Die Überlegung ist auch der Grund für die Annahme (d). Bei der Schätzung der Parameter ist es u. a. möglich, etwaige Korrelationen zwischen den Störgrößen zu bestimmen. Diese Korrelationen werden für die δ-Variablen in der Matrix Θ_δ, für die ϵ-Variablen in der Matrix Θ_ϵ und für die ζ-Variablen in der Matrix Ψ erfasst. Treten zwischen den Messfehlern hohe Korrelationen auf (z. B. zwischen den δ-Variablen), so ist damit Annahme (d) verletzt. Eine Begründung hierfür liegt z. B. darin, dass bei der Messung ein systematischer Fehler aufgetreten ist, der *alle* δ-Variablen beeinflusst oder dass gleichartige Drittvariableneffekte relevant sind. Ein solcher Umstand lässt sich dadurch beheben, dass man eine weitere hypothetische Größe einführt (also in diesem Fall eine ξ-Variable), die als verursachende Variable auf *alle* x-Variablen wirkt, bei denen die entsprechenden δ-Variablen korrelieren. Eine solche Größe wird dann als *Methodenfaktor* bezeichnet. Nach Einführung des Methodenfaktors, der in diesem Fall in kausaler Abhängigkeit mit allen x-Variablen steht, müssten die Korrelationen zwischen den δ-Variablen verschwunden sein. Die Strukturgleichungsanalyse geht üblicherweise davon aus, dass Drittvariableneffekte *nicht* relevant sind, da bei deren Vorliegen die Parameter im Modell falsch geschätzt würden.

Neben den sachlogischen Überlegungen zum Hypothesensystem können weitere Überlegungen zu den Beziehungen zwischen den Variablen in Form von Aussagen über die Art der zu schätzenden Parameter einfließen. Diese Vermutungen schlagen sich in Aussagen zu den Werten der zu schätzenden Parameter nieder, wobei einzelne Elemente in den Matrizen

- *Nullwerte* aufweisen, wenn zwischen zwei Variablen aufgrund theoretischer Überlegungen *kein* Beziehungszusammenhang vermutet wird;

- durch *gleich große Werte* geschätzt werden sollen. Das ist immer dann der Fall, wenn aufgrund sachlogischer Überlegungen *vorab* festgelegt werden kann, dass die Stärke der Beziehungen bei mehreren Variablen als gleichgroß anzusehen ist.

Diesem Sachverhalt wird im Rahmen der Strukturgleichungsanalyse durch drei verschiedene Arten von Parametern Rechnung getragen, wobei der Forscher aus Anwendersicht *vorab* bestimmen muss, welche Parameter in seinem Hypothesensystem auftreten. Im Einzelnen werden folgende Parameter unterschieden:

Arten von Parametern

1. *Feste Parameter* – Parameter, denen a priori ein bestimmter konstanter Wert zugewiesen wird, heißen feste Parameter. Dieser Fall tritt vor allem dann auf, wenn aufgrund der theoretischen Überlegungen davon ausgegangen wird, dass keine kausalen Beziehungen zwischen bestimmten Variablen bestehen. In diesem Fall werden die entsprechenden Parameter auf null gesetzt und nicht im Modell geschätzt.
Feste Parameter können aber auch durch Werte größer null belegt werden, wenn aufgrund von a priori Überlegungen eine kausale Beziehung zwischen zwei Variablen numerisch genau abgeschätzt werden kann. Auch in diesem Fall wird der entsprechende Parameter nicht mehr im Modell geschätzt, sondern geht mit dem zugewiesenen Wert in die Lösung ein.

2. *Restringierte Parameter* – Parameter, die im Modell geschätzt werden sollen, deren Wert aber genau dem Wert eines oder mehrerer anderer Parameter entsprechen soll, heißen restringierte Parameter. Es kann z. B. aufgrund theoretischer Überlegungen sein, dass der Einfluss von zwei unabhängigen Variablen auf eine abhängige Variable als gleich groß angesehen wird oder dass die Werte von Messfehlervarianzen gleich groß eingeschätzt werden. Werden zwei Parameter als restringiert festgelegt, so ist zur Schätzung der Modellstruktur nur ein Parameter notwendig, da mit der Schätzung dieses Parameters auch automatisch der andere Parameter bestimmt ist. Die Zahl der zu schätzenden Parameter wird dadurch also verringert.

3. *Freie Parameter* – Parameter, deren Werte als unbekannt gelten und erst aus den empirischen Daten geschätzt werden sollen, heißen freie Parameter. Sie spiegeln die postulierten kausalen Beziehungen und zu schätzenden Messfehlergrößen sowie die Kovarianzen zwischen den Variablen wider. Bevor eine Schätzung der einzelnen Parameter möglich ist, muss geklärt werden, ob die empirischen Daten eine ausreichende Informationsmenge zur Schätzung der Parameter bereitstellen können.

2.2.3 Identifizierbarkeit der Modellstruktur

Identifizierbarkeit eines Mehrgleichungssystems

Das Problem der Identifizierbarkeit beschreibt die Frage, ob ein Gleichungssystem *eindeutig* lösbar ist, d. h. es muss geprüft werden, ob die Informationen, die aus den empirischen Daten bereitgestellt werden können, ausreichen, die aufgestellten Gleichungen zu „identifizieren".[16] Strukturgleichungsanalysen stellen immer *Mehrgleichungssysteme* dar, die nur dann lösbar sind, wenn die Zahl der Gleichungen *mindestens* der Zahl der zu schätzenden Parameter entspricht. Die Zahl der Gleichungen entspricht immer der Anzahl der unterschiedlichen Elemente in der modelltheoretischen Korrelationsmatrix ($\hat{\Sigma}$). Werden n *Indikatorvariablen* erhoben, so lassen sich $\frac{n(n+1)}{2}$ Korrelationskoeffizienten berechnen, und diese Zahl entspricht gleichzeitig der Zahl der unterschiedlichen Elemente in der modelltheoretischen Korrelationsmatrix. In unserem Rechenbeispiel werden z. B. drei Indikatorvariablen erhoben und es ergeben sich somit $\frac{3(3+1)}{2} = 6$ Gleichungen, denen aber im ersten Schritt 7 zu schätzende Größen ($\lambda_1, \lambda_2, \lambda_3, \delta_1, \delta_2, \epsilon_1$ und ζ_1) gegenüberstehen. Wird jetzt die Differenz $s - t$ gebildet, wobei s die Anzahl der Gleichungen und t der Anzahl der unbekannten Parameter entspricht, so ergibt sich daraus die *Zahl der Freiheitsgrade* (= degress of freedom; kurz: d. f.) eines Gleichungssystems.[17]

Notwendige Bedingung für Identifizierbarkeit

In unserem Rechenbeispiel ergeben sich $6 - 7 = -1$ d. f., und ein solches Modell ist nicht identifiziert, d. h. nicht lösbar, da die aus dem empirischen Datenmaterial zur Verfügung stehenden Informationen zur Berechnung der Parameter *nicht* ausreichen. Entspricht hingegen die Zahl der Gleichungen der Zahl der unbekannten Parameter, so ergeben sich null d. f. und das Gleichungssystem ist eindeutig lösbar. Allerdings werden in einem solchen Fall alle „empirischen Informationen" zur Berechnung der Parameter benötigt, und es stehen keine Informationen mehr zur Verfügung, um z. B. die Modellstruktur zu testen. Somit kann ein solcher Fall nicht als sinnvoll angesehen werden, da die Modellparameter lediglich aus den empirischen Daten berechnet werden. Es ist deshalb empfehlenswert, bei der empirischen Erhebung sicherzustellen, dass mindestens so viele Indikatorvariablen erhoben werden, wie erforderlich sind, um eine *positive* Zahl von Freiheitsgraden zu erreichen. Als *Faustregel* gilt, dass die *Zahl der Freiheitsgrade der Zahl der zu schätzenden Parameter entsprechen sollte.* Für die Lösbarkeit eines Strukturgleichungsmodells ist es somit unbedingt erforderlich (*notwendige Bedingung*), dass die Zahl der Freiheitsgrade größer oder gleich null ist.

Notwendige Bedingung zur Lösbarkeit von Strukturgleichungsmodellen

---

[16] Das Problem der Identifizierbarkeit von Strukturgleichungsmodellen ist letztendlich noch nicht gelöst, da sie eine Kombination aus Regressionsanalyse und Faktorenanalyse darstellen und die sich daraus ergebende komplexe Modellstruktur in ihrer Gesamtheit nicht eindeutig auf Identifizierbarkeit überprüft werden kann. Es existiert jedoch eine Reihe von Hilfskriterien, von denen im folgenden zwei dargestellt werden, mit denen die Identifizierbarkeit eines Strukturgleichungsmodells überprüft werden kann. Zu weiteren Hilfskriterien vgl. Hildebrandt (1983), S. 76 ff.

[17] Vgl. zum Konzept der Freiheitsgrade auch die Ausführungen in Kapitel 3 des Buches *Multivariate Analysemethoden* im Rahmen der Varianzanalyse.

Bezeichnen wir die Zahl der y-Variablen mit p und die der x-Variablen mit q, so ergibt sich die Anzahl der zur Verfügung stehenden empirischen Korrelationen gemäß $\frac{1}{2}(p+q)\cdot(p+q+1)$. Damit lässt sich eine notwendige Bedingung für Identifizierbarkeit wie folgt formulieren, wobei t die Zahl der zu schätzenden Parameter angibt:

$$t \leq \frac{1}{2}(p+q)\cdot(p+q+1) \qquad (2.12)$$

Diese Bedingung reicht i. d. R. jedoch nicht aus, um die Identifizierbarkeit einer Modellstruktur mit Sicherheit überprüfen zu können. Es ist deshalb notwendig, weitere Kriterien zur Überprüfung der Identifizierbarkeit heranzuziehen.

Notwendige Bedingung für Identifizierbarkeit

Eine nützliche Hilfestellung zur Erkennung *nicht* identifizierter Strukturgleichungsmodelle bietet das Programmpaket AMOS selbst. Die Identifizierbarkeit einer Modellstruktur setzt voraus, dass die zu schätzenden Gleichungen *linear unabhängig* sind. Von linearer Unabhängigkeit kann dann ausgegangen werden, wenn das Programm die zur Schätzung notwendigen Matrizeninversionen vornehmen kann. Ist dies nicht der Fall, so liefert das Programm entsprechende Meldungen darüber, welche Matrizen nicht positiv definit, d. h. nicht invertierbar sind. Außerdem druckt das Programm Warnmeldungen bezüglich nicht identifizierter Parameter aus. Damit in Strukturgleichungsmodellen überhaupt eine Schätzung der Parameter möglich ist, muss vor allem die verwendete empirische Korrelationsmatrix positiv definit (invertierbar) sein. Eine notwendige Bedingung dafür ist, dass die *Zahl der untersuchten Objekte größer ist als die Zahl der erhobenen Indikatorvariablen*. Kann ein Modell als identifiziert angesehen werden, so ist eine eindeutige Schätzung der gesuchten Parameter möglich.

Erkennung nicht identifizierter Strukturgleichungsmodelle

2.2.4 Schätzung der Parameter

Bei Modellen, die gerade identifiziert sind, d. h. null Freiheitsgrade vorliegen, können die Modellparameter eindeutig aus den empirischen Informationen berechet werden. In diesem Fall stehen jedoch keine Informationen mehr für die Prüfung der Modellgüte zur Verfügung, sodass für praktische Anwendungen überidentifizierte Modelle (d. f. > 0) erforderlich sind. In diesem Fall ergeben sich für die Schätzung der Modellparameter jedoch *keine* eindeutigen Lösungen mehr, und die Modellparameter sind iterativ zu schätzen. Im Folgenden bestimmen wir für unser Beispiel, durch Setzen geeigneter Annahmen, zunächst rechnerisch eine Lösung für die Modellparameter und zeigen anschließend die Vorgehensweise bei einer iterativen Schätzung auf.

2.2.4.1 Berechnung der Parameterschätzer mit Hilfe des modelltheoretischen Mehrgleichungssystems

Mit Hilfe der Strukturgleichungsanalyse werden die in Abschnitt 2.2.1 aufgestellten Hypothesen an den aus dem empirischen Datenmaterial errechneten Korrelationen überprüft. Die Hypothesenprüfung erfolgt dabei wie folgt: Mit Hilfe der Parameter aus dem Rechenbeispiel wird eine modelltheoretische Korrelationsmatrix $\hat{\Sigma}$ so errechnet, dass sie sich möglichst gut an die empirische Korrelationsmatrix R angepasst. Das

Hypothesenprüfung

2 Strukturgleichungsanalyse

Zielkriterium für die Bestimmung der Modellparameter lautet somit: $(R - \hat{\Sigma}) \to$ Min! Um die Berechnung der Modellparameter in einem genau identifizierten Modell zu verdeutlichen, gehen wir im Folgenden davon aus, dass sich für unser Beispiel folgende Korrelationsmatrix R aus den empirischen Daten ergeben hat:

$$R = \begin{bmatrix} r_{y_1,y_1} & & \\ r_{y_1,x_1} & r_{x_1,x_1} & \\ r_{y_1,x_2} & r_{x_1,x_2} & r_{x_2,x_2} \end{bmatrix} = \begin{bmatrix} 1 & & \\ 0,72 & 1 & \\ 0,48 & 0,54 & 1 \end{bmatrix}$$

Wir wissen, dass sich auch mit Hilfe der Modellparameter die Korrelationen zwischen den Indikatorvariablen berechnen lassen, so dass die empirischen Korrelationswerte mit den Elementen der modelltheoretischen Korrelationsmatrix[18] gleichgesetzt werden können. Damit erhalten wir folgendes Gleichungssystem:

$$\begin{aligned}
(1)\quad & r_{x_1,x_2} & = \lambda_1 \cdot \lambda_2 & = 0,54 \\
(2)\quad & r_{y_1,x_1} & = \lambda_1 \cdot \lambda_3 \cdot \gamma & = 0,72 \\
(3)\quad & r_{y_1,x_2} & = \lambda_2 \cdot \lambda_3 \cdot \gamma & = 0,48 \\
(4)\quad & Var[x_1] = \lambda_1^2 + \delta_1^2 & & = 1 \\
(5)\quad & Var[x_2] = \lambda_2^2 + \delta_2^2 & & = 1 \\
(6)\quad & Var[y_1] = \lambda_3^2 + \epsilon_1^2 & & = 1
\end{aligned}$$

Diesen sechs Gleichungen stehen die sieben zu schätzenden Modellgrößen $\lambda_1, \lambda_2, \lambda_3, \gamma, \delta_1, \delta_2$ und ϵ_1 gegenüber, wodurch das Gleichungssystem in dieser Weise noch nicht lösbar ist. Wir hatten jedoch in Hypothese 5 unterstellt, dass die latente Variable „Kaufverhalten" *ohne* Messfehler erfasst werden kann, d. h. ϵ_1 ist gleich null und somit ist $\lambda_3 = 1$. Damit entfällt Gleichung (6) und den verbleibenden fünf Gleichungen stehen jetzt genau fünf Unbekannte gegenüber. Damit ist das Gleichungssystem wie folgt eindeutig lösbar:

Wir dividieren zunächst (2) durch (3) und erhalten:

$$\frac{\lambda_1 \cdot \gamma}{\lambda_2 \cdot \gamma} = \frac{0,72}{0,48}$$

$$\frac{\lambda_1}{\lambda_2} = \frac{0,72}{0,48}$$

$$\lambda_1 = 1,5 \cdot \lambda_2$$

Diese Beziehung setzen wir in (1) ein und es folgt:

$$1,5 \cdot \lambda_2 \cdot \lambda_2 = 0,54$$

$$\lambda_2^2 = 0,36$$

$$\lambda_2 = 0,6$$

---

[18] Vgl. die Berechnung der modelltheoretischen Korrelationsmatrix im Anhang.

Jetzt ergeben sich die übrigen Parameterwerte unmittelbar wie folgt:

$\lambda_1 \quad = \dfrac{0,54}{0,6} = 0,9 \quad$ aus (1)

$\gamma \quad = \dfrac{0,72}{0,9 \cdot 1} = 0,8 \;$ aus (1,2)

$Var[\delta_1] = 0,19 \quad\quad\quad$ aus (4)

$Var[\delta_2] = 0,64 \quad\quad\quad$ aus (5)

$Var[\epsilon_1] = 0 \quad\quad\quad\quad\;\;$ gemäß Hypothese 5

Wir können damit für unser Beispiel alle Modellgrößen mit Hilfe der empirischen Korrelationswerte eindeutig bestimmen. Es zeigt sich, dass die postulierten Vorzeichen der Modellgrößen mit allen Vorzeichen der errechneten Modellgrößen übereinstimmen. Unsere Hypothesen können deshalb im Kontext des Modells nicht abgelehnt werden, woraus sich aus sachlogischer Sicht auf die Verlässlichkeit der postulierten kausalen Beziehungen schließen lässt. Tragen wir die errechneten Parameterwerte in unser Pfaddiagramm ein, so ergibt sich folgendes Bild:

Pfaddiagramm mit errechneten Parameterwerten für das Beispiel

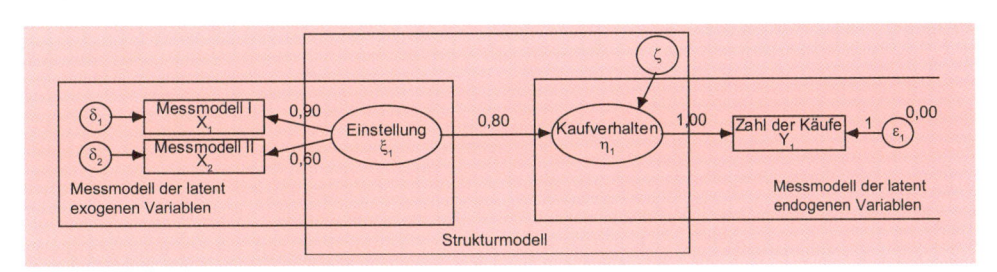

Abbildung 2.12: Ergebnisse der Parameterschätzer

Da die endogene Variable „Kaufverhalten" eindeutig durch den Indikator „Zahl der Käufer" operationalisiert werden kann (das wurde in unserer Hypothese 5 *unterstellt*), beträgt der standardisierte Pfadkoeffizient in diesem Fall eins und die Messfehlergröße null. Für die standardisierten Pfadkoeffizienten zwischen der exogenen Variablen „Einstellung" und den beiden Indikatorvariablen ergeben sich Koeffizienten von $0,9$ und $0,6$. Wir hatten gezeigt, dass diese Koeffizienten den Korrelationen zwischen exogener Variable und Indikatorvariablen entsprechen. Folglich beträgt die Korrelation zwischen „Einstellung" und „Messmodell I" $0,9$ und die Korrelation zwischen „Einstellung" und „Messmodell II" $0,6$. Der standardisierte Pfadkoeffizient zwischen der „Einstellung" und dem „Kaufverhalten" in Höhe von $0,8$ entspricht dem Anteil der Varianz der Variable „Kaufverhalten" (η_1), der durch die exogene Variable „Einstellung" (ξ_1) erklärt werden kann, korrigiert um den Einfluss anderer Variablen, die auf die Einstellung und das Kaufverhalten wirken bzw. die mit diesen Variablen korrelieren. Da in unserem Beispiel keine weiteren Variablen betrachtet wurden, die auf die Einstellung und das Kaufverhalten einwirken, kann auch dieser Pfadkoeffizient als Korrelationskoeffizient zwischen den latenten Variablen interpretiert werden. Es sei allerdings betont, dass eine solche Interpretation nur möglich ist, wenn nur zwei latente Variablen in einem direkten kausalen Verhältnis stehen. Ansonsten spiegeln die standardisierten Pfadkoeffizienten im Strukturmodell immer den Anteil der Standardabweichung einer endogenen Variable wider, der durch die exogene Variable erklärt

2 Strukturgleichungsanalyse

Varianzzerlegung

wird, korrigiert um den Einfluss anderer Variablen, die auf die beiden latenten Größen wirken.

Wir hatten weiterhin gesehen, dass die Selbstkorrelationen der Indikatorvariablen ebenfalls durch Kombinationen der Modellparameter dargestellt werden können. Da wir standardisierte Variablen betrachtet haben, entspricht die Selbstkorrelation in Höhe von eins gleichzeitig auch der Varianz der entsprechenden Indikatorvariablen, die im Fall *standardisierter* Größen ebenfalls eins beträgt. Die Varianz lässt sich in diesem Fall in zwei Komponenten zerlegen:

$$1 = \text{Erklärter Varianzanteil} + \text{Nicht erklärter Varianzanteil}$$

Erklärter und nicht erklärter Varianzanteil

Der *erklärte Varianzanteil* einer Indikatorvariablen entspricht dem Quadrat des entsprechenden Pfadkoeffizienten zwischen Indikatorvariablen und latenten Variablen. Somit ergibt sich im Fall der Indikatorvariablen „Messmodell I" ein durch die latente Variable „Einstellung" erklärter Varianzanteil in Höhe von $0,9^2 = 0,81$. Entsprechend beträgt der erklärte Varianzanteil der Indikatorvariablen „Messmodell II" $0,6^2 = 0,36$.

Werden die erklärten Varianzanteile von der Gesamtvarianz der jeweiligen Indikatorvariablen in Höhe von eins subtrahiert, so ergeben sich die *nicht erklärten Varianzanteile* der Indikatorvariablen. Damit zeigt sich für die Indikatorvariable „Messmodell I", dass $1 - 0,81 = 19\,\%$ der Varianz dieser Indikatorgröße durch die im Modell unterstellten Kausalbeziehungen *nicht* erklärt werden kann. Ebenso erhalten wir für die Indikatorvariable „Messmodell II", dass $1 - 0,36 = 64\,\%$ der Varianz von x_2 unerklärt bleiben und auf Messfehler oder Drittvariableneffekte zurückzuführen sind. Da auch die latenten Variablen als standardisierte Größen betrachtet wurden, beträgt auch ihre Varianz eins. Folglich entspricht das Quadrat des standardisierten Pfadkoeffizienten zwischen „Einstellung" und „Kaufverhalten" dem Varianzanteil des Kaufverhaltens, der durch die latente Variable „Einstellung" erklärt werden kann. In unserem Beispiel ergibt sich somit ein Wert von $0,8^2 = 0,64$. Somit wird durch die latente Größe „Einstellung" $64\,\%$ der Varianz der latenten Variable „Kaufverhalten" erklärt. Bilden wir die Differenz $1 - 0,64 = 0,36$, so ergibt sich in diesem Beispiel, dass $36\,\%$ (ζ_1) der Varianz des Kaufverhaltens durch die unterstellten Kausalbeziehungen nicht erklärt werden können.

2.2.4.2 Iterative Schätzung der Modellparameter

Iterative Schätzung

Auch bei der iterativen Schätzung der Modellparameter lautet die Zielsetzung, die Differenz zwischen der modelltheoretischen Varianz-Kovarianz-Matrix ($\hat{\Sigma}$) und der empirischen Korrelationsmatrix (R) bzw. Varianz-Kovarianz-Matrix der Stichprobe (S) zu minimieren.[19] Zur Abbildung dieser Differenz können unterschiedliche *Diskrepanzfunktionen (discrepancy functions)* verwendet werden, die im Rahmen des Schätzalgorithmus jeweils minimiert werden.[20] Das Programmpaket AMOS, auf das im Folgenden zurückgegriffen wird, stellt mehrere Schätzverfahren zur Verfügung, die sich im Hinblick auf Verteilungsannahmen, die Reaktion der Schätzung auf unterschiedliche Skalierung der Indikatoren und die Bereitstellung von Inferenzstatistiken

---

[19] Die Varianz-Kovarianz-Matrix ist eine quadratische und symmetrische Matrix, in der die Varianzen der manifesten Variablen in der Diagonalen und deren Kovarianzen unter- bzw. oberhalb der Diagonalen stehen.
[20] Vgl. Browne (1982), S. 72 ff.; Browne (1984), S. 62 ff.

unterscheiden.[21] Im Folgenden konzentrieren wir die Betrachtung auf die *Maximum-Likelihood-Methode (ML)*, die folgende Diskrepanzfunktion (F) verwendet:

$$F_{ML} = \log|\Sigma| + \text{tr}\left(S\Sigma^{-1}\right) - \log|S| - (m+t) \qquad (2.13)$$

Maximum Likelihood-Diskrepanzfunktion

mit:

- m Anzahl der manifesten Variablen
- t Anzahl der zu schätzenden Modellgrößen
- Σ modelltheoretische Kovarianzmatrix
- S empirische Kovarianzmatrix
- tr   Summe der Diagonalelemente (Trace) einer quadratischen Matrix
- log   Logarithmus

Wir verwenden hier die ML-Methode, da sie das wichtigste Schätzverfahren im Rahmen der Kovarianzstrukturanalyse darstellt.[22] Diese herausragende Bedeutung verdankt die Methode dem Umstand, dass sie i. d. R. die effizienteste Methode zur Schätzung der Modellparameter darstellt. Außerdem sind ML-Schätzer skaleninvariant, d. h. Skalentransformationen verändern die Größe der Parameterschätzungen nicht. Allerdings wird dieser Vorteil der ML-Methode dadurch „erkauft", dass sie eine hinreichend große Stichprobe und eine Multinormalverteilung der Indikatorvariablen voraussetzt. Schließlich ist noch zu erwähnen, dass der Ausdruck $[F_{ML}(K-1)]$ einer Chi-Quadrat-Verteilung folgt, so dass ML-Schätzer auch einem statistischen Test unterzogen werden können.[23]

2.2.5 Beurteilung der Schätzergebnisse

2.2.5.1 Plausibilitätsbetrachtungen der Schätzungen

Im letzten Schritt der Strukturgleichungsmodellierung stellt sich die Frage, wie gut durch die Parameterschätzungen eine Anpassung an die empirischen Daten gelungen ist. Bevor auf einzelne Gütekriterien im Detail eingegangen wird, soll vorab noch eine Plausibilitätsbetrachtung der Schätzungen vorgenommen werden, die Aufschluss darüber gibt, ob die im Modell geschätzten Parameter auch keine logisch oder theoretisch unplausiblen Werte aufweisen und damit *Fehlspezifikationen* im Modell vorliegen. Treten theoretisch unplausible Werte auf, so ist das aufgestellte Modell entweder falsch oder die Daten können die benötigten Informationen nicht bereitstellen. Solche Werte liefern einen Hinweis dafür, dass Fehlspezifikationen im Modell vorgenommen wurden oder dass das Modell in Teilen nicht identifizierbar ist. Parameterschätzungen sind z. B. dann als unplausibel anzusehen, wenn die Matrix Phi als Korrelationsmatrix der exogenen Konstrukte spezifiziert wurde (durch Fixierung der Varianzen der latent exogenen Variablen auf eins stehen nur Einsen in der Hauptdiagonalen), die Lambda-x-Matrix aber absolute Werte größer als

Unplausible Schätzwerte

Erkennen von Fehlspezifikationen im Modell

---

[21]Vgl. Arbuckle (2013), S. 613.
[22]Eine Darstellung weiterer Schätzprozeduren insbesondere auch im Hinblick auf die Anwendung von AMOS findet sich bei Weiber/Mühlhaus (2014), S. 63 ff.
[23]Vgl. zum Chi-Quadrat-Test die Ausführungen in Abschnitt 2.2.5.3.

2 Strukturgleichungsanalyse

eins aufweist. Ein weiterer Indikator sind *negative Varianzen* sowie Kovarianz- oder Korrelationsmatrizen, die nicht positiv definit, d. h. nicht invertierbar sind. Im letzten Fall wird eine entsprechende Warnmeldung vom betreffenden Anwendungsprogramm ausgegeben.

Weiterhin können die Ergebnisse der Parameterschätzer im Rahmen des Programmpakets AMOS mit Hilfe statistischer Kriterien überprüft werden. Das Programmpaket stellt zu diesem Zweck bestimmte Gütekriterien bereit, die

- die Zuverlässigkeit der Parameterschätzungen überprüfen;

- zur Beurteilung dafür dienen, wie gut die in den Hypothesen aufgestellten Beziehungen *insgesamt* durch die empirischen Daten wiedergegeben werden.

2.2.5.2 Statistische Testkriterien zur Prüfung der Zuverlässigkeit der Schätzungen

Gütekriterien zur Beurteilung der Parameterschätzungen

Die Zuverlässigkeit der Parameterschätzungen kann mit Hilfe statistischer Kriterien überprüft werden. Dabei wird primär auf folgende Gütekriterien zurückgegriffen:

1. Standardfehler der Schätzung

Die Schätzungen der einzelnen Parameter stellen sog. Punktschätzungen dar, d. h. für jeden Parameter wird nur ein konkreter Wert berechnet. Da das betrachtete Datenmaterial aber im Regelfall eine Stichprobe aus der Grundgesamtheit darstellt, können diese Schätzungen je nach Stichprobe variieren. Für alle geschätzten Parameter werden deshalb die Standardfehler (S. E.) berechnet, die angeben, mit welcher Streuung bei den jeweiligen Parameterschätzungen zu rechnen ist. Sind die Standardfehler sehr groß, so ist dies ein Indiz dafür, dass die Parameter (Koeffizienten) im Modell nicht sehr zuverlässig sind.

2. Quadrierte multiple Korrelationskoeffizienten

Wie zuverlässig die Messung der *latenten Variablen* in einem Modell ist, lässt sich durch die sog. *Reliabilität* ausdrücken. Die Reliabilität einer Variable spiegelt den Grad wider, mit dem eine Messung frei von zufälligen Messfehlern ist, d. h. mit dem unabhängige, aber vergleichbare Messungen ein und derselben Variable übereinstimmen.[24] Allgemein ergibt sich die Reliabilität aus der Beziehung:

$$\text{Reliabilität} = 1 - \frac{\text{Fehlervarianz}}{\text{Gesamtvarianz}}$$

Diese Koeffizienten können zwischen null und eins liegen, und je näher sich ihr Wert an eins annähert, desto zuverlässiger sind die Messungen im Modell. Ergeben sich hier z. B. Werte größer als eins, so ist das ebenfalls ein Hinweis darauf, dass eine Fehlspezifikation im Modell vorliegt. Die Reliabilitätskoeffizienten geben Auskunft, wie gut die Messungen der Indikatorvariablen und der latenten endogenen Variablen gelungen sind.

Diese Reliabilität wird in AMOS durch quadrierte multiple Korrelationskoeffizienten für jede beobachtete Variable und auch für die latenten endogenen Variablen berechnet. In Bezug auf die beobachteten Variablen geben die multiplen Korrelationskoeffizienten an, wie gut die jeweiligen Messvariablen einzeln zur Messung der latenten Größen dienen. Die quadrierten multiplen Korrelationskoeffizienten für die

---
[24]Vgl. Hildebrandt (1984), S. 45 ff.

endogenen Konstrukte (latente endogene Variablen) sind ein Maß für die Stärke der Kausalbeziehungen in den Strukturgleichungen.

Für die einzelnen Indikatoren der Messmodelle berechnet sich die Reliabilität nach der Formel:

$$\mathrm{rel}\,(x_i) = \frac{\lambda_{ij}^2 \phi_{jj}}{\lambda_{ij}^2 \phi_{jj} + \theta_{ii}}$$

Reliabilität der Indikatoren der Messmodelle

wobei λ_{ij} der geschätzte Regressionskoeffizient, ϕ_{jj} die Varianz der latenten Variable und θ_{ii} die geschätzte Varianz des zugehörigen Messfehlers ist.

Die obige Formel lässt sich insofern vereinfachen, indem die latenten Variablen standardisiert werden und somit Varianzen von $\phi_{jj} = 1$ aufweisen. Darüber hinaus gilt $\lambda_{ij}^2 + \theta_{ii} = 1$, woraus sich *die Indikatorreliabilität als Quadrat der jeweiligen Faktorladung* ($\mathrm{rel}(x_i) = \lambda_{ij}^2$) ergibt. Als Grenzwert für die Indikatorreliabilität werden üblicherweise $0,4$ oder $0,5$ angegeben.[25] Das bedeutet inhaltlich, dass mindestens 40 bzw. 50 % der Varianz einer Messvariable durch den dahinterstehenden Faktor erklärt werden soll.

3. Korrelation zwischen den Parameterschätzungen

Ist eine Korrelation zwischen zwei Parametern sehr hoch, so sollte einer der Parameter aus der Modellstruktur entfernt werden, da in einem solchen Fall zu vermuten ist, dass die entsprechenden Parameter identische Sachverhalte messen und somit einer als redundant angesehen werden kann. Als sehr hoch werden bei praktischen Anwendungen meist nur solche Korrelationen angesehen, die Werte von absolut größer als $0,9$ aufweisen.

2.2.5.3 Die Beurteilung der Gesamtstruktur

Die folgenden Kriterien liefern ein Maß für die Anpassungsgüte der theoretischen Modellstruktur an die empirischen Daten. Im einzelnen wollen wir drei verschiedene *Gütekriterien* zur Beurteilung eines Messmodells *in seiner Gesamtheit* betrachten, die im Rahmen praktischer Anwendungen besondere Relevanz erlangten:[26]

Kriterien der Anpassungsgüte

- Chi-Quadrat-Wert
- Root-Mean-Square-Error of Approximation (RMSEA)
- Standardized Root Mean Square Residual (SRMR)

Diese statistischen Kriterien geben die Gesamtanpassungsgüte eines Modells an, und es wird in diesem Zusammenhang auch von dem *Fit eines Modells* gesprochen.

---

[25] Vgl. Homburg/Baumgartner (1995), S. 170.
[26] An dieser Stelle sei darauf hingewiesen, dass darüber hinaus eine Vielzahl weiterer Kriterien zur Beurteilung der Gesamtstruktur existiert. Zur ausführlichen Betrachtung der Gütekriterien siehe Weiber/Mühlhaus (2014), Kapitel 9.

2 Strukturgleichungsanalyse

Chi-Quardat-Wert

1. *Der Chi-Quadrat-Wert:* Die *Validität* eines Modells kann mit Hilfe eines Likelihood-Ratio-Tests überprüft werden. Dieser Test stellt im Prinzip einen Chi-Quadrat-Anpassungstest dar, und es wird die Nullhypothese H_0 gegen die Alternativhypothese H_1 geprüft:

H_0: Die modelltheoretische Varianz-Kovarianz-Matrix ($\hat{\Sigma}$) entspricht den wahren Werten der Grundgesamtheit.

H_1: Die modelltheoretische Varianz-Kovarianz-Matrix ($\hat{\Sigma}$) entspricht einer beliebig positiv definiten Matrix A.

Die sich ergebende Prüfgröße ist Chi-Quadrat-verteilt mit $\frac{1}{2}(p+q)(p+q+1) - t$ Freiheitsgaden (df).

Bei *praktischen Anwendungen* ist es weit verbreitet, ein Modell dann anzunehmen, wenn der Chi-Quadrat-Wert im Verhältnis zu den Freiheitsgraden ($\frac{\chi^2}{df}$) möglichst klein wird. Von einem guten Modellfit kann dann ausgegangen werden, wenn dieses Verhältnis $\leq 2,5$ ist.[27] Weiterhin wird die Wahrscheinlichkeit (p) dafür berechnet, dass die *Ablehnung* der Nullhypothese eine Fehlentscheidung darstellen würde, d. h. $1 - p$ entspricht der Irrtumswahrscheinlichkeit (Fehler 1. Art) der klassischen Testtheorie. In der Praxis werden Modelle häufig dann verworfen, wenn p kleiner als $0,1$ ist.[28]

Probleme des Chi-Quadrat-Wertes

Die Berechnung des Chi-Quadrat-Wertes ist jedoch an eine Reihe von *Voraussetzungen* geknüpft, und er ist nur dann eine geeignete Teststatistik, wenn

- alle beobachteten Variablen Normalverteilung besitzen,

- die durchgeführte Schätzung auf einer Stichproben-Kovarianz-Matrix basiert,

- ein „ausreichend großer" Stichprobenumfang vorliegt.

Diese Voraussetzungen sind bei praktischen Anwendungen jedoch nur selten erfüllt. Außerdem reagiert der Chi-Quadrat-Wert äußerst sensitiv auf eine Veränderung des Stichprobenumfangs und Abweichungen von der Normalverteilungsannahme. So steigen z. B. die Chancen, dass ein Modell angenommen wird, mit kleiner werdendem Stichprobenumfang und umgekehrt. Die Frage des „ausreichenden" Stichprobenumfangs spielt deshalb eine zentrale Rolle bei der Anwendung der Chi-Quadrat-Teststatistik (vgl. hierzu Abschnitt 2.4.2).[29]

Weiterhin ist die Chi-Quadrat-Teststatistik nicht in der Lage, eine Abschätzung des Fehlers 2. Art vorzunehmen, d. h. es lässt sich keine Wahrscheinlichkeit dafür angeben, dass eine falsche Modellstruktur als wahr angenommen wird. Der Chi-Quadrat-Wert ist also mit Vorsicht zu interpretieren. Das gilt insbesondere vor dem Hintergrund, dass er ein Maß für die Anpassungsgüte des *gesamten Modells* darstellt; also auch dann hohe Werte annimmt, wenn komplexe Modelle nur in Teilen von der empirischen Kovarianzmatrix abweichen.

Vor diesem Hintergrund sind weitere Kriterien zur Beurteilung der Gesamtgüte eines Modells entwickelt worden, die unabhängig vom Stichprobenumfang und relativ robust gegenüber Verletzungen der Multinormalverteilungsannahme sind.

---

[27] Vgl. Homburg/Baumgartner (1995), S. 172.
[28] Vgl. Bagozzi (1980), S. 105.
[29] Bezüglich der Sensitivität des Chi-Quadrat-Wertes im Hinblick auf den Stichprobenumfang sind eine Reihe von Simulationsstudien durchgeführt worden. Vgl. Boomsma (1982), S. 149 ff.; Bearden/Sharma/Teel (1982), S. 425 ff.

2. Root Mean Square Error of Approximation (RMSEA): Mit dem RMSEA von *Browne* und *Cudeck* wird geprüft, ob das Modell die Realität hinreichend gut approximiert. Er ist die Wurzel aus dem um die Modellkomplexität bereinigten, geschätzten Minimum der Diskrepanzfunktion $\hat{C}$ in der Grundgesamtheit, was sich formal wie folgt darstellt:

$$\text{RMSEA} = \sqrt{\frac{\hat{C} - \text{df}}{(n-g) \cdot \text{df}}}$$

wobei n der Stichprobenumfang und g die Anzahl der Gruppen ist, die im Normalfall $g = 1$ beträgt. Nach Browne und Cudeck lassen sich die Werte für den RMSEA wie folgt interpretieren:[30]

- RMSEA $\leq$ 0.05: guter („close") Modellfit
- RMSEA $\leq$ 0.08: akzeptablen („reasonable") Modellfit
- RMSEA $\geq$ 0.10: inakzeptabler Modellfit

Das Programm AMOS gibt zudem mit *PCLOSE* die Irrtumswahrscheinlichkeit für die Nullhypothese an, dass der RMSEA $\leq$ 0.05 ist. Ist dieser Wert kleiner als eine vorgegebene Irrtumswahrscheinlichkeit (z. B. $\alpha = 0.05$) kann auf einen guten Modellfit geschlossen werden.

In unserem Beispiel weisen alle Kriterien zur Beurteilung der Gesamtstruktur auf einen sehr guten Fit des Modells hin. Die Kriterien zur Überprüfung des globalen Fits eines Modells können *keine* Auskunft über die Anpassungsgüte von *Teilstrukturen im Modell* (z. B. die Güte der Abbildung eines Messmodells) geben. So kann es z. B. sein, dass die Anpassungsgüte des Gesamtmodells gut ist, während die Anpassung von Teilstrukturen durchaus zu wünschen übrig lässt. Ein Gütemaß, das diesem Effekt Rechnung trägt, ist der nachfolgend dargestellte SRMR.

3. Standardized Root Mean Square Residual (SRMR): Bei dem SRMR wird der Differenzwert (S - $\hat{\Sigma}$), welcher die quadratischen Abweichungen zwischen den Varianzen bzw. Kovarianzen der empirischen und modelltheoretischen Matrizen widerspiegelt, berechnet. Dieser Differenzwert wird zudem ins Verhältnis zu der Modellkomplexität gesetzt, welche durch die insgesamt erhobenen Indikatoren ausgedrückt wird. Da die Skalierung der Indikatoren die Höhe von Varianzen und Kovarianzen beeinflusst, wird dieser Effekt durch eine Standardisierung umgangen. Somit berechnet sich der SRMR wie folgt:

$$\text{SRMR} = \sqrt{\frac{2 \sum \sum (\frac{s_{ij} - \sigma_{ij}}{s_{ii} s_{jj}})^2}{m(m+1)}} \qquad (2.14)$$

---

[30] Vgl. Browne/Cudeck (1993), S. 136 ff.

2 Strukturgleichungsanalyse

mit:
- s_{ij} = empirische Varianz-Kovarianz der Variablen x_{ij}
- σ_{ij} = modelltheoretisch errechnete Varianz-Kovarianz der Variablen x_{ij}
- m = Anzahl der Indikatoren

Schwellenwert für guten Modell-Fit: $SRMR \leq 0,10$

Bei einem Wert von null würden die modelltheoretischen Kovarianzen mit den empirischen Daten vollkommen übereinstimmen, es läge ein perfekter Modellfit vor. Daher gilt, je stärker sich der SRMR an null annähert, desto besser ist der Fit des Modells anzusehen. Laut Homburg/Klarmann/Pflesser ist ein SRMR-Wert von $\leq 0,05$ als gut anzusehen[31], nach Hu/Bentler sind Werte $\leq 0,08$ akzeptabel[32], wobei in der Literatur häufig bei einem weniger strengen Cutoff-Wert $\leq 0,1$ von einem akzeptablen Ergebnis gesprochen wird.[33]

2.3 Fallbeispiel

2.3.1 Problemstellung

Hypothesensystem im Fallbeispiel

Wir gehen im Folgenden von einem *fiktiven Fallbeispiel* aus, für das wir zunächst ein Hypothesensystem (vollständiges Kausalmodell) aufgrund von sachlogischen Überlegungen aufstellen und die empirische Prüfung des Modells mit Hilfe des Programmpakets IBM SPSS AMOS 21 durchführen.[34] Für unser fiktives Fallbeispiel sei unterstellt, dass beim Kauf von Margarine („Kaufabsicht") die Verbraucher insbesondere auf den „Gesundheitsgrad" die „Verwendungsbreite", das „Preisniveau" und die „Attraktivität" der Margarine achten. Die „Attraktivität" soll dabei durch den „Gesundheitsgrad" und die „Verwendungsbreite" der Margarine bestimmt werden. Die „Kaufabsicht" für Margarine hängt damit von dem „Gesundheitsgrad", der „Verwendungsbreite", dem „Preisniveau" und der „Attraktivität" der Margarine ab. Wir gehen von folgenden Hypothesen über die Beziehung zwischen diesen fünf latenten Variablen aus:

H_1: Je höher ein Verbraucher den Gesundheitsgrad einer Margarine ansieht, desto höher wird ihre Attraktivität eingeschätzt.

H_2: Je höher ein Verbraucher den Gesundheitsgrad einer Margarine einschätzt, desto höher ist seine Kaufabsicht.

H_3: Mit zunehmender Verwendungsbreite einer Margarine wird auch der Margarinekauf in den Augen der Konsumenten immer attraktiver.

H_4: Je größer die Verwendungsbreite einer Margarine eingeschätzt wird, desto eher wird der Verbraucher sie kaufen.

H_5: Je attraktiver der Verbraucher eine Margarine beurteilt, desto höher ist seine Kaufabsicht für diese Marke.

---

[31] Homburg/Klarmann/Pflesser (2008), S. 288.
[32] Hu/Bentler (1999), S. 27.
[33] Da der SRMR-Wert von AMOS zunächst nicht automatisch berechnet wird, muss unter dem Menüpunkt „Plugins" das Fenster „Standardized RMR" geöffnet werden. So wird bei allen nachfolgenden Modellschätzungen der SRMR in diesem Fenster ausgewiesen.
[34] Vgl. Arbuckle (2013).

H_6: Je höher das wahrgenommene Preisniveau der Margarine beurteilt wird, desto geringer ist die Kaufabsicht.

Des Weiteren wird nicht ausgeschlossen, dass zwischen den latenten Größen Gesundheitsgrad, Verwendungsbreite und Preisniveau Korrelationen bestehen. Außerdem sollen auch mögliche Messfehler geschätzt werden.

Die hier genannten Größen, die für den Kauf einer Margarine verantwortlich sein sollen, stellen *hypothetische Konstrukte* dar, die sich einer direkten Messbarkeit entziehen. Es müssen deshalb aufgrund theoretischer Überlegungen direkt messbare Größen gefunden werden, die eine Operationalisierung der hypothetischen Konstrukte ermöglichen. Bei der Wahl der Messgrößen ist darauf zu achten, dass die hypothetischen Konstrukte als „hinter diesen Messgrößen stehend" angesehen werden können, d. h. die Messvariablen sind so zu wählen, dass sich aus theoretischer Sicht die Korrelationen zwischen den Indikatoren durch die jeweilige hypothetische (latente) Größe erklären lassen. Wir wollen hier unterstellen, dass dieser Sachverhalt für die Messvariablen in Abbildung 2.13 Gültigkeit besitzt. Die für die Messvariablen empirisch erhobenen metrischen Werte sind dabei eine Einschätzung der befragten Personen (= Objekte) bezüglich dieser Indikatoren bei Margarine. Die Beziehungen zwischen den Messvariablen und den hypothetischen Konstrukten stellen ebenfalls *Hypothesen* dar, die aufgrund *sachlogischer Überlegungen* zum Kaufverhalten bei Margarine aufgestellt wurden. Dabei wird unterstellt, dass zwischen Indikatorvariablen und hypothetischen Konstrukten jeweils positive Beziehungen bestehen. Eine zusammenfassende graphische Darstellung des Hypothesensystems und der zugehörigen Messitems liefert Abbildung 2.17.

Operationalisierung der latenten Variablen im Fallbeispiel

Latente Variable	Messvariable (Indikatoren)
Exogene Variable (ξ):	
ξ_1: Gesundheitsgrad	x_1: Vitamingehalt
	x_2: Kaloriengehalt
	x_3: Anteil ungesättigter Fettsäuren
ξ_2: Verwendungsbreite	x_4: Streichfähigkeit
	x_5: Brat- und Backeigenschaften
ξ_3: wahrgenommenes Preisniveau	x_6: Preis
Endogene Variable (η):	
η_1: Attraktivität	y_1: Geschmack
	y_2: Natürlichkeit
η_2: Kaufabsicht	y_3: Kaufabsicht 1: Kaufneigung
	y_4: Kaufabsicht 2: Kaufwahrscheinlichkeit

Abbildung 2.13: Operationalisierung der latenten Variablen durch Indikatoren

Die in den Hypothesen eins bis sechs vermuteten Zusammenhänge beim Kauf von Margarine werden nun unter Verwendung der Indikatorvariablen in Abbildung 2.13 anhand eines empirischen Datensatzes überprüft. Dabei werden alle Messitems (Indikatoren) über einfache Ratingskalen (von „gering" bis „hoch") erhoben.[35]

---

[35] Da die durchgeführte Befragung nicht auf Basis einer Theorie über das Kaufverhalten bei Margarine vorgenommen wurde, wurde eigens für dieses Kapitel ein fiktiver Datensatz generiert, der auf einfachen Annahmen über das Kaufverhalten bei Margarine beruht.

2 Strukturgleichungsanalyse

2.3.1.1 Erstellung von Pfaddiagrammen mit Hilfe von AMOS und Einlesen der Rohdaten

Verwendung von AMOS GRAPHICS zur Erstellung des Pfaddiagramms

Die Spezifikation der Modellstruktur erfolgt in AMOS (Analysis of Moment Structures) mit Hilfe des Pfaddiagramms. Dem Anwender wird durch AMOS GRAPHICS eine Grafikoberfläche mit bestimmten Zeichenwerkzeugen zur Verfügung gestellt, mit deren Hilfe sich das Pfaddiagramm relativ einfach erstellen lässt. Die Grafikoberfläche, die nach Aufruf des Programms erscheint, ist in Abbildung 2.14 wiedergegeben.

Abbildung 2.14: Grafikoberfläche und Toolbox in AMOS

Zeichenwerkzeuge in AMOS GRAPHICS

Auf die leere Fläche werden nun die einzelnen Elemente des Pfaddiagramms entsprechend der vorab aufgestellten Hypothesen mit Hilfe der jeweils geeigneten Werkzeuge gezeichnet. Zur Erstellung des Pfaddiagramms und zur Parameterschätzung stehen dem Anwender u. a. die in Abbildung 2.15 dargestellten Zeichenwerkzeuge und Schaltflächen zur Verfügung.

Bei der Erstellung des Pfaddiagramms sollte mit dem Einzeichnen der latenten Variablen begonnen werden. Anschließend können durch Verwendung des Zeichenwerkzeuges ▦ beliebig viele Indikatoren hinzugefügt werden, indem so oft auf den Kreis der betreffenden latenten Variable geklickt wird, wie Messindikatoren benötigt werden. Die richtige Position dieser Indikatoren kann durch Rotation um die latente Variable mit Hilfe des Werkzeuges ◯ erreicht werden. Die Störgrößen der latent endogenen Variablen lassen sich durch das Werkzeug ▦ ebenfalls durch einmaliges Anklicken der Kreisflächen einfügen. Im Anschluss daran können dann die Kausalpfeile und die Kovarianzen eingezeichnet werden. Zum Abschluss ist jede der eingezeichneten Variablen mit einer Bezeichnung zu versehen. Dies erfolgt durch Doppelklick auf die jeweilige Variable, woraufhin sich ein entsprechendes Dialogfenster öffnet. Dabei ist zu beachten, dass die Bezeichnungen der manifesten Variablen genau den Variablenbezeichnungen in der SPSS-Rohdatenmatrix entsprechen.

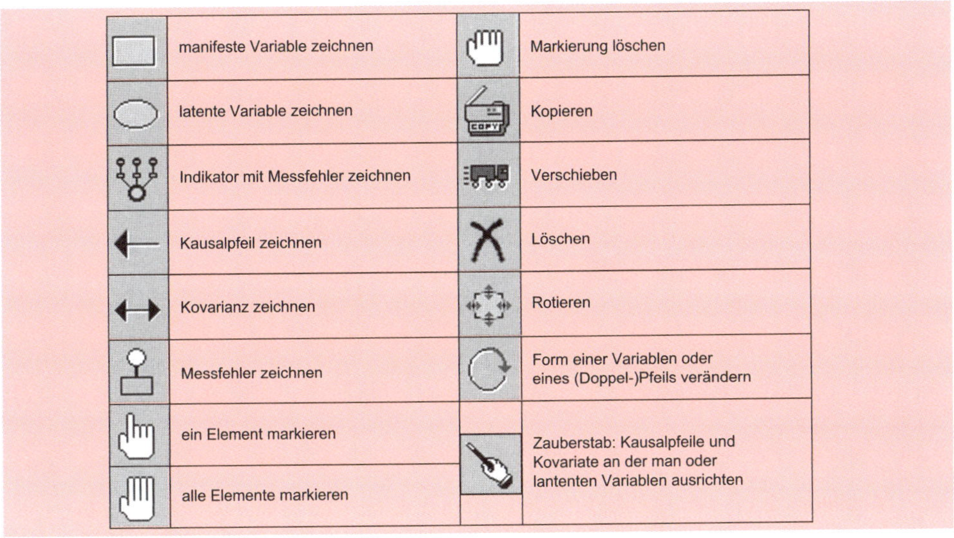

2.3 Fallbeispiel

☐	manifeste Variable zeichnen	🖐	Markierung löschen
⬭	latente Variable zeichnen	📋	Kopieren
⛾	Indikator mit Messfehler zeichnen	🚚	Verschieben
←	Kausalpfeil zeichnen	✗	Löschen
↔	Kovarianz zeichnen	⇱	Rotieren
⊥	Messfehler zeichnen	↻	Form einer Variablen oder eines (Doppel-)Pfeils verändern
☝	ein Element markieren	🪄	Zauberstab: Kausalpfeile und Kovariate an der man oder lantenten Variablen ausrichten
🖐	alle Elemente markieren		

Abbildung 2.15: Ausgewählte Zeichenwerkzeuge zur Erstellung des Pfaddiagramms

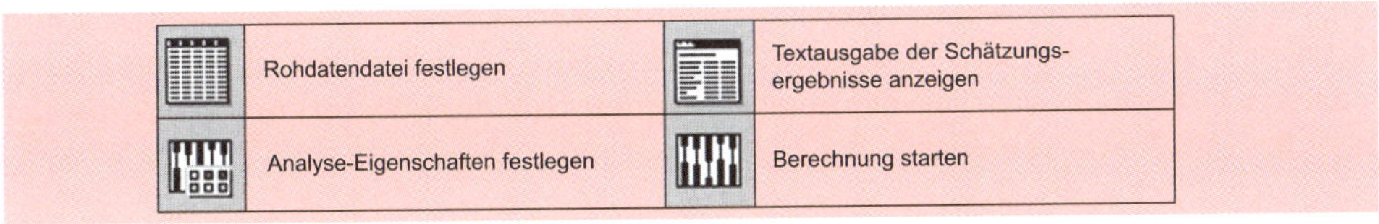

▦	Rohdatendatei festlegen	📄	Textausgabe der Schätzungsergebnisse anzeigen
▦	Analyse-Eigenschaften festlegen	▦	Berechnung starten

Abbildung 2.16: Schaltflächen zur Definition, zum Start und zur Ausgabe der Parameterschätzungen

Im Ergebnis ergibt sich für unser Fallbeispiel das in Abbildung 2.17 dargestellte Pfaddiagramm. Es enthält alle Informationen, die bisher in den Hypothesen zum Kaufverhalten bei Margarine aufgestellt wurden. Wir wollen im Folgenden jedoch noch weitere Informationen bei der Schätzung unseres Strukturgleichungsmodells berücksichtigen, die aus sachlogischen Überlegungen resultieren. Da wir diese Überlegungen jedoch erst an späterer Stelle anstellen, muss das Pfaddiagramm in Abbildung 2.17 zunächst einmal als vorläufig bezeichnet werden.

2 Strukturgleichungsanalyse

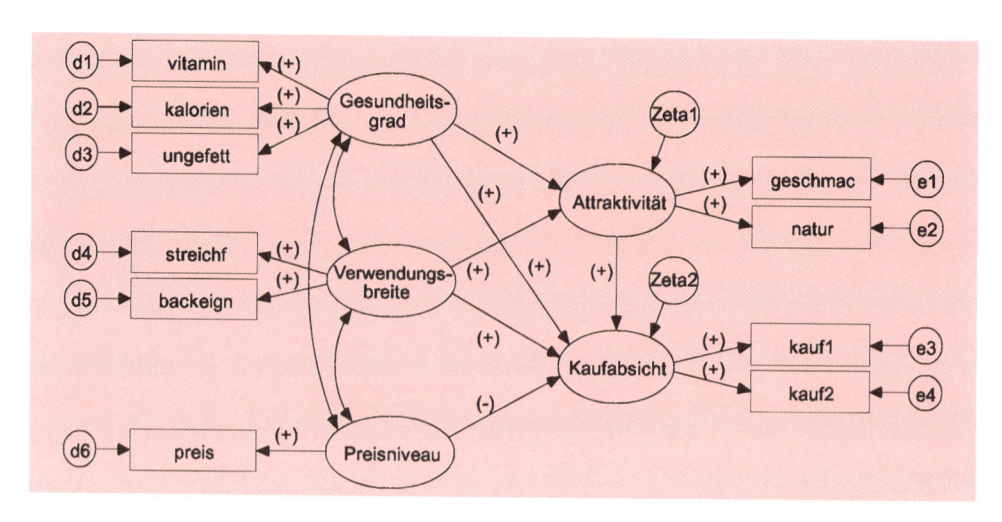

Abbildung 2.17: (Vorläufiges) Pfaddiagramm für das Kaufverhalten bei Margarine

Auswahl der Rohdaten

Die Zuweisung der SPSS-Rohdaten zu einem Pfaddiagramm erfolgt durch die Menüauswahl File ⇒ Data Files... oder durch Anklicken des Symbols ▦ (Rohdatendatei festlegen) (vgl. Abbildung 2.16 bzw. 2.18). In dem sich daraufhin öffnenden Dialogfenster ist dann die Auswahl der entsprechenden Rohdatendatei durch Klick auf den Button „File Name" möglich.

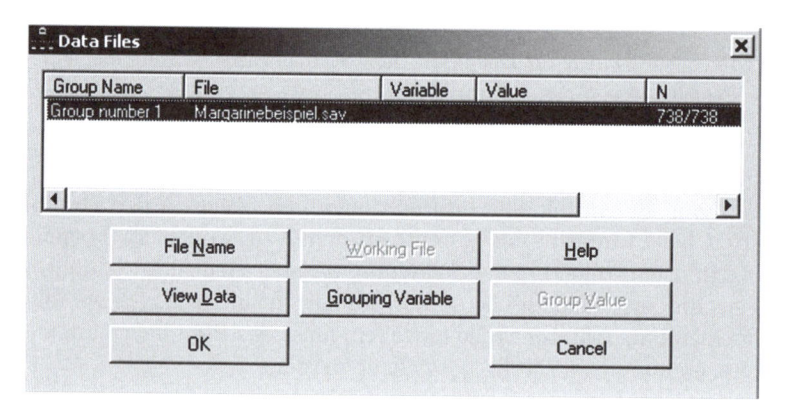

Abbildung 2.18: Dialogbox zur Auswahl der Rohdatendatei

2.3.1.2 Festlegung der Parameter für das Fallbeispiel und Identifizierbarkeit des Modells

Zur Verdeutlichung der Handhabung der unterschiedlichen Typen von Parametern in einem Strukturgleichungsmodell wollen wir für unser Beispiel von folgenden Parametertypen ausgehen:

Parametertypen im Fallbeispiel

1. *Feste Parameter:* Die latente exogene Variable „Preisniveau" wird durch die Indikatorvariable „Preis" erhoben. Wir gehen davon aus, dass die Indikatorvariable die latenten Variablen in eindeutiger Weise repräsentieren, so dass wir den Pfad λ_{63} zwischen „Preisniveau" und Preis auf eins festsetzen. Außerdem sollen diese Messvariablen ohne Messfehler erhoben worden sein, so dass wir die Varianz des Messfehlers

2.3 Fallbeispiel

δ_6 auf null fixieren können. Weiterhin muss zur Schätzung der Parameter mindestens ein Pfad jeder latenten Größe zu einer ihrer Messvariablen auf eins fixiert werden. Dies ist deshalb notwendig, um jeder latenten Größe eine Skala zuzuweisen.

2. Restringierte Parameter: Wir wollen unterstellen, dass *theoretische Überlegungen* gezeigt haben, dass der Einfluss der latenten Variable „Gesundheitsgrad" auf die Messvariablen „Kaloriengehalt" und „Anteil ungesättigter Fettsäuren" als *gleich stark anzusehen* ist. Damit können die Pfade λ_{21} und λ_{31} der Lambda-X-Matrix als restringiert angesehen werden.

3. Freie Parameter: Alle übrigen zu schätzenden Parameter werden in der in Abbildung 2.17 spezifizierten Form beibehalten und stellen *freie Parameter* dar.

Sollen im Pfaddiagramm einzelne Parameter festgesetzt oder restringiert werden, erfolgt dies ebenfalls über einen Doppelklick auf die entsprechenden Pfeile (Regressionsgewichte) bzw. manifesten oder latenten Variablen (Varianzen). Zur Fixierung von Parametern auf einen bestimmten Wert, können in der sich öffnenden Dialogbox die gewünschten Regressionsgewichte oder Varianzen eingetragen werden. Ein Gleichsetzen von bestimmten Parametern erfolgt dadurch, dass statt einer Zahl (z. B. eins) bei den gleichzusetzenden Parametern jeweils der gleiche Buchstabe (z. B. a, b, c etc.) eingetragen wird (vgl. Abbildung 2.19). Die obigen Überlegungen zur Bestimmung der

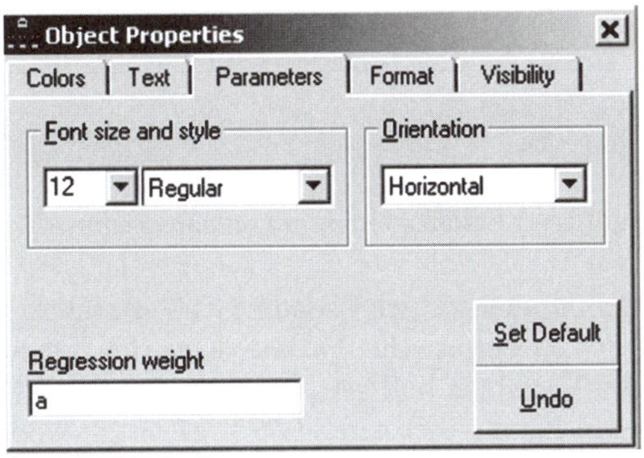

Abbildung 2.19: Dialogfelder zur Festlegung von Regressionsgewichten und Varianzen

Parameter in einem Hypothesensystem müssen bei praktischen Anwendungen *immer* aufgrund theoretischer Überlegungen *vorab* im Rahmen der Hypothesenformulierung aufgestellt werden. Wir haben hier lediglich aus didaktischen Gründen eine Trennung zwischen der Festlegung der Beziehungen in einem Hypothesensystem und der *vorab* bereits festlegbaren Stärke einzelner Beziehungen vorgenommen. Die Bestimmung der einzelnen Parameterarten hat auch einen Einfluss auf das Pfaddiagramm. Deshalb wurde das Pfaddiagramm in Abbildung 2.17 als „vorläufig" bezeichnet. Entsprechend dieser Festelegungen sind für unser Fallbeispiel nun insgesamt 27 Modellgrößen zu schätzen, und zwar:

Parameterzahl im Fallbeispiel

- im Strukturgleichungsmodell:
  $\beta_{21}; \gamma_{11}; \gamma_{12}; \gamma_{21}; \gamma_{22}; \gamma_{23}; \zeta_{11}; \zeta_{22} = 8$ Modellgrößen

- im Messmodell der latenten endogen Variablen:
  $\lambda_{21}; \lambda_{42}; \epsilon_{11}; \epsilon_{22}; \epsilon_{33}; \epsilon_{44} = 6$ Modellgrößen

- im Messmodell der latenten exogenen Variablen:
  $\lambda_{21}(=\lambda_{31}); \lambda_{52}; \delta_{11}; \delta_{22}; \delta_{33}; \delta_{44}; \delta_{55} = 7$ Modellgrößen

2 Strukturgleichungsanalyse

- Weiterhin sollen die Korrelationen zwischen den latenten exogenen Variablen sowie deren Varianzen ($\Phi_{11}; \Phi_{21}; \Phi_{22}; \Phi_{31}; \Phi_{32}; \Phi_{33}$) in der Phi-Matrix geschätzt werden = 6 Modellgrößen

Durch die hier getroffenen Vereinbarungen bezüglich der Parameterarten ändert sich auch unser Pfaddiagramm, und wir erhalten das in Abbildung 2.20 dargestellte „endgültige Pfaddiagramm", das bei praktischen Anwendungen direkt im 2. Schritt der Analyse aufgestellt wird.

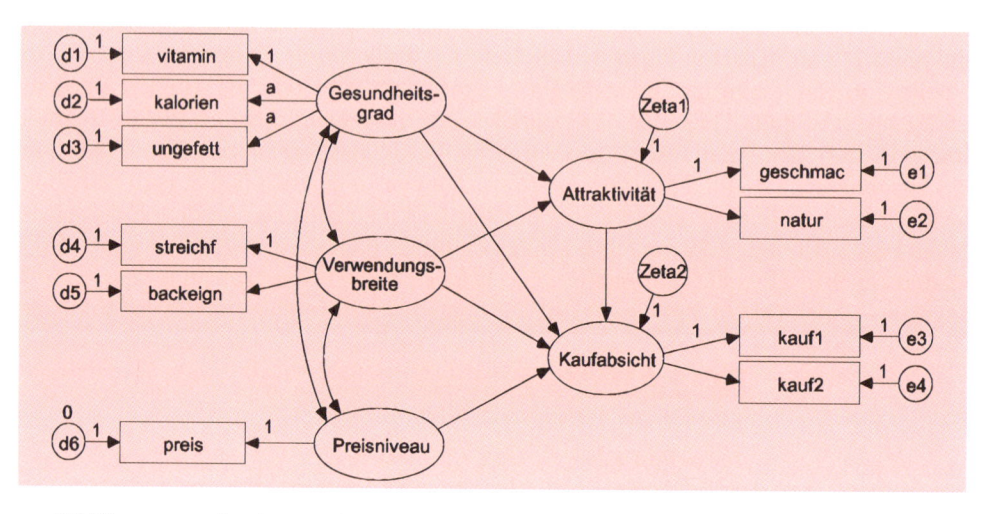

Abbildung 2.20: (Endgültiges) Pfaddiagramm mit entsprechenden Parameterrestriktionen

Den insgesamt 27 im Modell zu schätzende Größen stehen in unserem Beispiel $\frac{1}{2}(4+6) \cdot (4+6+1) = 55$ empirische Varianz-Kovarianz- bzw. Korrelationswerte zur Verfügung, da vier y-Variablen und sechs x-Variablen empirisch erhoben wurden. Somit beträgt die Anzahl der Freiheitsgrade $55 - 27 = 28$, wodurch die notwendige Bedingung der Identifizierbarkeit erfüllt ist. Außerdem waren im Rechenlauf alle Matrizen positiv definit, und es wurden keine Warnmeldungen über nicht identifizierte Parameter ausgegeben.

2.3.2 Ergebnisse

2.3.2.1 Auswahl des Schätzverfahrens

Auswahl des Schätzverfahrens

Die Schätzung der unbekannten Parameter erfolgt mit dem Ziel, die modelltheoretische Kovarianzmatrix $\hat{\Sigma}$ möglichst gut an die empirische Kovarianzmatrix S anzupassen. Die geschieht durch Minimierung der Diskrepanzfunktion C. Die Auswahl des entsprechenden Schätzalgorithmus erfolgt über den Menüpunkt View/Set $\Rightarrow$ Analysis Properties oder über einen Klick auf das Werkzeug ▦. In dem Dialogfenster „Estimation" (vgl. Abbildung 2.21) lässt sich das gewünschte Schätzverfahren auswählen. In unserem Fall verwenden wir die *Maximum Likelihood-Methode*, da diese das in der Praxis am häufigsten angewendete Verfahren zur Schätzung einer theoretischen Modellstruktur ist. Die ML-Methode maximiert die Wahrscheinlichkeit dafür, dass die modelltheoretische Varianz-Kovarianz- bzw. Korrelationsmatrix die betreffende empirische Varianz-Kovarianz- bzw. Korrelationsmatrix erzeugt hat.

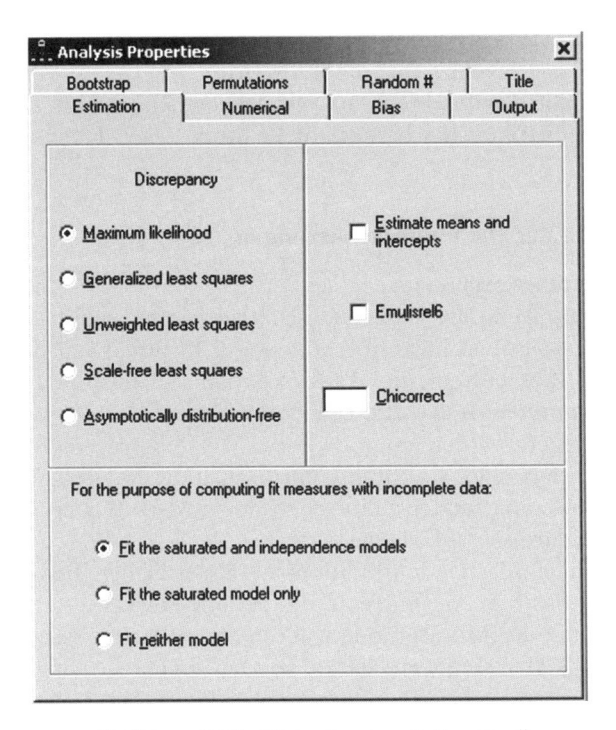

Abbildung 2.21: Dialogfenster „Estimation"

Abbildung 2.22: Dialogfenster „Output"

2 Strukturgleichungsanalyse

Neben der Wahl des Schätzalgorithmus ist insbesondere noch die Spezifizierung der gewünschten Informationen, die als Ergebnis der Analyse ausgegeben werden sollen, von Bedeutung. Diese lassen sich im Dialogfenster „Output" (vgl. Abbildung 2.22) spezifizieren. Sind alle gewünschten Analyseoptionen ausgewählt, kann die Schätzung der Parameter des Strukturgleichungsmodells durch einen Klick auf ▥ (Berechnen) gestartet werden.

2.3.2.2 Ergebnisse der Parameterschätzungen

Ergebnisse der Parameterschätzung

Nach erfolgter Parameterschätzung lassen sich die gewünschten Ergebnisse auf verschiedene Weise anzeigen. Die Parameterschätzer können durch einen Klick auf die zweite rechteckige Box oben links in Abbildung 2.14 direkt auf dem Pfaddiagramm angezeigt werden. Hier besteht die Wahl zwischen den unstandardisierten und den standardisierten Parameterschätzern. Die *standardisierte Lösung* hat den Vorteil, dass sie leichter interpretiert werden kann, da deren Werte betragsmäßig auf das Intervall von null bis eins fixiert sind. Dadurch können auch die Lambda-X- und Lambda-Y-Matrizen als Faktorladungsmatrizen interpretiert werden. Wir besprechen deshalb im Folgenden die standardisierte Lösung.

Alle weiteren angeforderten Informationen können in der Textausgabe abgerufen werden. Hierzu ist das Symbol ▣ (Textausgabe) anzuklicken.

Unter Verwendung der ML-Methode wurden die einzelnen Parameter des Modells wie in Abbildung 2.23 gezeigt, geschätzt. Hierbei finden sich unter der Überschrift „Estimates" die unstandardisierten Parameterschätzer. Die Spalte S.E. enthält die Standardfehler der Schätzung. Diese Werte stellen Schätzgrößen für die Parameter unseres Modells dar. Mit ihrer Hilfe lassen sich die im endgültigen Pfaddiagramm eingezeichneten Parameter (vgl. Abbildung 2.20) quantifizieren. Die Ausgabe dieser Parameterschätzer in der standardisierten Lösung direkt auf dem Pfaddiagramm ist in Abbildung 2.24 wiedergegeben.

Standardisierte Lösung

Bei der *standardisierten Lösung* sind die Varianzen aller latenten und manifesten Variablen auf eins fixiert. Daher geben die standardisierten Regressionskoeffizienten (Standardized Regression Weights) Auskunft darüber, wie stark die Indikatorvariablen mit den hypothetischen exogenen Konstrukten korrelieren. Setzt man diese Faktorladungen ins Quadrat, so erhalten wir den erklärten Varianzanteil einer manifesten Variable (Indikatorreliabilität), die unter der Überschrift „Squared Multiple Correlations" in Abbildung 2.23 abgedruckt sind. Diese Angaben werden von AMOS im Pfaddiagramm der standardisierten Lösung jeweils rechts über den manifesten Variablen angezeigt. So erklärt z. B. das Konstrukt „Gesundheitsgrad" $0,88^2 = 0,77$ der Varianz der Variable „Vitamingehalt". Folglich bleibt ein Varianzanteil von $1-0,77 = 0,23$ unerklärt. D. h. lediglich 23 % der Einheitsvarianz der Variable „Vitamingehalt" sind auf Messfehler und evtl. nicht berücksichtige Variableneffekte zurückzuführen. Entsprechend sind auch die übrigen Werte zu interpretieren. Bei der Betrachtung der Variable „Preis", die einen Varianzerklärungsanteil von 100 % aufweist, wird nochmals deutlich, dass wir a priori *unterstellt* hatten, dass keine Messfehler auftreten.

2.3 Fallbeispiel

```
Maximum Likelihood Estimates
----------------------------
Regression Weights:                          Estimate    S.E.      C.R.      Label
-------------------                          --------   -------   -------   -------
Attraktivität  <----  Gesundheitsgrad         0,385     0,077     5,004
Attraktivität  <---   Verwendungsbreit        0,597     0,070     8,570
Kaufabsicht    <-----------  Preisniveau     -0,226     0,035    -6,445
Kaufabsicht    <--------  Attraktivität       0,166     0,025     6,728
Kaufabsicht    <---  Verwendungsbreite        0,404     0,041     9,882
Kaufabsicht    <-----  Gesundheitsgrad        0,255     0,043     5,953
preis          <-----------------  Preisniveau  1,000
kauf1          <-----------------  Kaufabsicht  1,000
geschmac       <-----------  Attraktivität     1,000
kauf2          <-----------------  Kaufabsicht  1,161     0,046    25,219
backeign       <------  Verwendungsbreite      1,179     0,051    23,019
streichf       <------  Verwendungsbreite      1,000
vitamin        <---------  Gesundheitsgrad     1,000
kalorien       <--------  Gesundheitsgrad      0,838     0,027    31,502    a
ungefett       <--------  Gesundheitsgrad      0,838     0,027    31,502    a
natur          <--------------  Attraktivität  0,704     0,027    26,242
Standardized Regression Weights:             Estimate
--------------------------------             --------
Attraktivität  <--  Gesundheitsgrad           0,269
Attraktivität  <-  Verwendungsbreit           0,475
Kaufabsicht    <-----------  Preisniveau     -0,190
Kaufabsicht    <--------  Attraktivität       0,237
Kaufabsicht    <---  Verwendungsbreite        0,459
Kaufabsicht    <-----  Gesundheitsgrad        0,254
preis          <-----------------  Preisniveau  1,000
kauf1          <-----------------  Kaufabsicht  0,758
geschmac       <-----------  Attraktivität     0,911
kauf2          <-----------------  Kaufabsicht  0,873
backeign       <------  Verwendungsbreite      0,925
streichf       <------  Verwendungsbreite      0,747
vitamin        <---------  Gesundheitsgrad     0,875
kalorien       <--------  Gesundheitsgrad      0,759
ungefett       <--------  Gesundheitsgrad      0,842
natur          <--------------  Attraktivität  0,859
Covariances:                                 Estimate    S.E.      C.R.      Label
------------                                 --------   -------   -------   -------
Preisniveau    <---->  Gesundheitsgrad       -0,758     0,055    -13,796
Gesundheitsgrad <>  Verwendungsbreite         1,104     0,089     12,454
Preisniveau    <-->  Verwendungsbreite       -0,721     0,064    -11,340
Correlations:                                Estimate
-------------                                --------
Preisniveau    <---->  Gesundheitsgrad       -0,655
Gesundheitsgrad <>  Verwendungsbreite         0,708
Preisniveau    <-->  Verwendungsbreite       -0,547
Variances:                                   Estimate    S.E.      C.R.      Label
----------                                   --------   -------   -------   -------
                         Preisniveau          0,978     0,051     19,196
                     Gesundheitsgrad          1,368     0,095     14,432
                   Verwendungsbreite          1,776     0,157     11,346
                               Zeta1          1,459     0,118     12,389
                               Zeta2          0,070     0,031      2,276
                                  d6          0,000
                                  d5          0,416     0,072      5,797
                                  d4          1,403     0,088     15,918
                                  e3          1,019     0,061     16,787
                                  e4          0,581     0,050     11,629
                                  d1          0,419     0,036     11,730
                                  e1          0,571     0,084      6,780
                                  d2          0,707     0,043     16,401
                                  d3          0,394     0,028     13,853
                                  e2          0,494     0,047     10,548
Squared Multiple Correlations:               Estimate
------------------------------               --------
                       Attraktivität          0,479
                         Kaufabsicht          0,949
                               natur          0,738
                            ungefett          0,709
                            kalorien          0,576
                            geschmac          0,831
                             vitamin          0,766
                               kauf2          0,762
                               kauf1          0,575
                               preis          1,000
                            streichf          0,559
                            backeign          0,856
```

Abbildung 2.23: Ergebnisse der Parameterschätzung mit Hilfe der ML-Methode

2 Strukturgleichungsanalyse

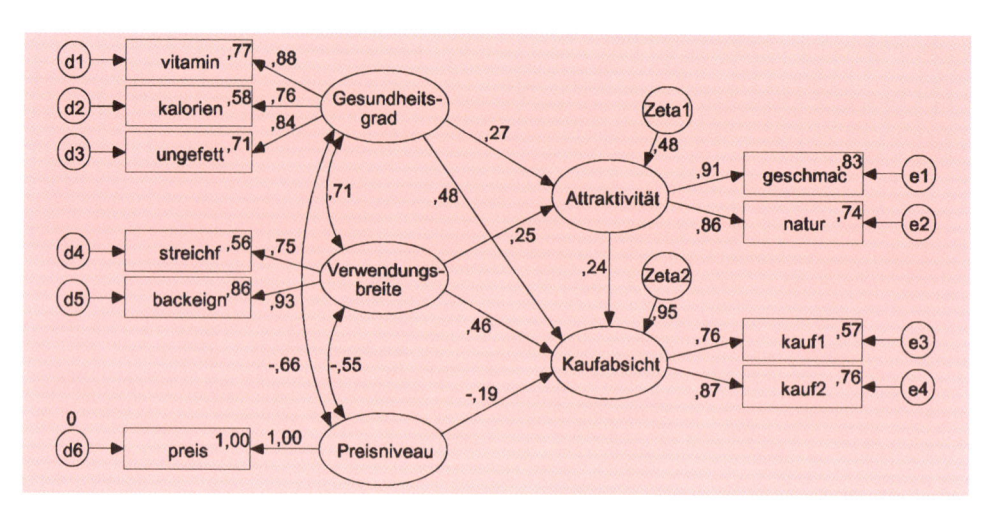

Abbildung 2.24: Pfaddiagramm mit Schätzergebnissen der standardisierten Lösung

In der standardisierten Lösung werden außerdem die Beziehungen zwischen den latent exogenen Variablen (Phi-Matrix) als Korrelationen dargestellt. Hierbei ist u. a. zu erkennen, dass die höchste Korrelation mit 0,71 zwischen „Gesundheitsgrad" und „Verwendungsbreite" besteht. Durch die Standardisierung ändern sich im Vergleich zur unstandardisierten Lösung ebenfalls die Koeffizienten in den Matrizen des Strukturmodells (Beta, Gamma und Psi).

Koeffizienten des Strukturmodells

Betrachten wir nun die *Koeffizienten des Strukturmodells*: Aus der Tabelle der Quadrierten Multiplen Korrelationskoeffizienten wird deutlich, dass die latenten Variablen zusammen 47,9 % der Varianz des Konstruktes „Attraktivität" und 94,9 % der Varianz der „Kaufabsicht" erklären können. Diese Angaben finden sich auch im Pfaddiagramm links über den latent exogenen Variablen. Die direkten Effekte, die von den exogenen Konstrukten auf die endogenen Konstrukte wirken, lassen sich im ersten Teil der Tabelle „Standardized Regression Weights" oder direkt an den entsprechenden Kausalpfeilen im Pfaddiagramm ablesen. Die Vorzeichen der Koeffizienten in der Gamma- und Beta-Matrix entsprechen genau den unterstellten Richtungszusammenhängen in den Hypothesen H_1 bis H_6 (vgl. Abschnitt 2.3.1). Am stärksten wird die „Attraktivität" und die „Kaufabsicht" von der „Verwendungsbreite" beeinflusst. Als zweitwichtige Einflussfaktoren auf die Kaufabsicht stellen sich der „Gesundheitsgrad" (0,25) gefolgt von der „Attraktivität" (0,24) und dem „Preisniveau" (−0,19) heraus.

2.3.2.3 Indirekte und totale Beeinflussungseffekte

Neben den bisher beschriebenen *direkten Beeinflussungseffekten* zwischen den Variablen lassen sich aber auch *indirekte Effekte* zwischen den Variablen erfassen, die dadurch entstehen, dass eine Variable über eine oder mehrere Zwischenvariablen auf eine andere wirkt. Direkte und indirekte Effekte ergeben zusammen den *totalen Beeinflussungseffekt*. Zur Bestimmung dieser Effekte wird die *unstandardisierte Lösung* der Modellschätzung (vgl. Abbildung 2.23) herangezogen. Wir wollen hier zur Verdeutlichung die im *Strukturmodell* wirkenden Effekte näher betrachten. Abbildung 2.25 verdeutlicht nochmals die Ergebnisse der Parameterschätzungen gem. der unstandardisierten Lösung und fasst die im Strukturmodell vorhandenen *direkten Beeinflussungseffekte* zusammen. Die totalen Beeinflussungseffekte zwischen den Variablen lassen sich nun wie folgt berechnen:

Direkte und indirekte Effekte

Totaler Effekt

$$\text{Totaler Effekt} = \text{direkt kausaler Effekt} + \text{indirekt kausaler Effekt}$$

Indirekte kausale Effekte ergeben sich immer dann, wenn sich im Pfaddiagramm die Beziehung zwischen zwei Variablen über ein oder mehrere *zwischengeschaltete Variablen* finden lässt. Die indirekten Effekte lassen sich einfach durch Multiplikation der entsprechenden Koeffizienten ermitteln.

So besteht z. B. ein *indirekter kausaler Effekt* zwischen „Gesundheitsgrad" (ξ_1) und „Kaufabsicht"(η_2), da der Gesundheitsgrad über die endogene Variable „Attraktivität" auf die „Kaufabsicht" einwirkt (vgl. die verstärkt gezeichneten Pfeile in Abbildung 2.25).

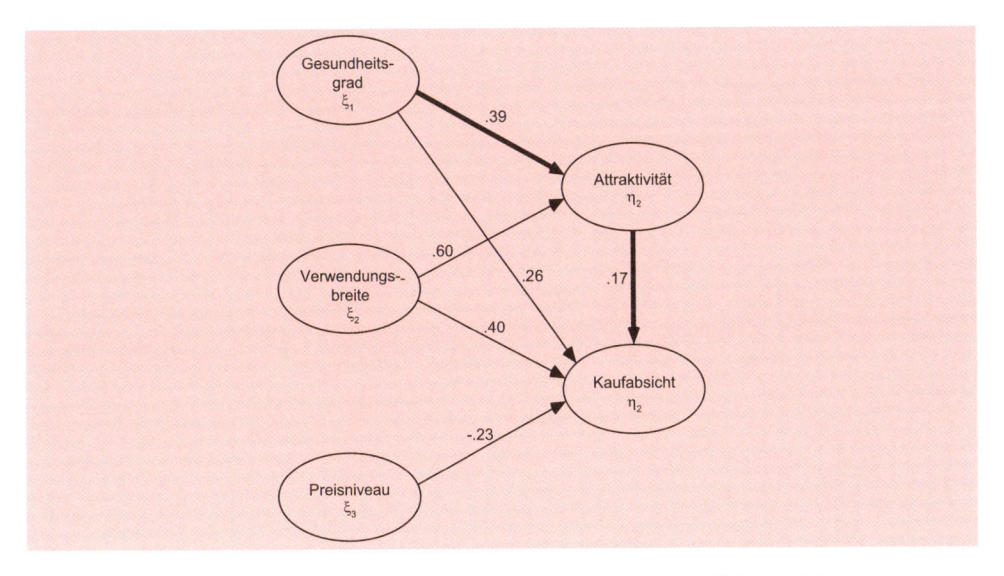

Abbildung 2.25: Direkte kausale Effekte in der unstandardisierten Lösung

Dieser indirekte Effekt errechnet sich wie folgt:

Berechnung des indirekten Effektes

$$\text{Indirekter Effekt}(\xi_1, \eta_2) = 0,385 \cdot 0,166 = 0,06391$$

Neben diesem indirekten Effekt besteht auch noch ein direkter Effekt der latent exogenen Variable „Gesundheitsgrad" auf die latente endogene Variable „Kaufabsicht".

2 Strukturgleichungsanalyse

Berechnung des totalen Effektes

Der direkte kausale Effekt beträgt $0,255$. Der totale kausale Effekt zwischen „Gesundheitsgrad" und „Kaufabsicht" errechnet sich damit wie folgt:

$$\text{Total}(\xi_1, \eta_2) = 0,06391 + 0,255 = 0,319$$

Insgesamt wird also die „Kaufabsicht" einer Margarine durch den „Gesundheitsgrad" positiv beeinflusst.

Außer den bisher aufgezeigten Effekten besteht im Strukturmodell ein weiterer indirekter Effekt der Variable „Verwendungsbreite" über die Größe „Attraktivität" auf die „Kaufabsicht". Durch das Programm AMOS werden automatisch auf Basis der *unstandardisierten Lösung* die in Abbildung 2.26 dargestellten indirekten und totalen Beeinflussungseffekte ausgegeben, wobei hier auf die Wiedergabe der jeweiligen standardisierten Effekte verzichtet wurde.

```
Total Effects
            Verwendu Gesundhe Preisniv Attrakti Kaufabsi
            -------- -------- -------- -------- --------
Attraktiv      0,597    0,385    0,000    0,000    0,000
Kaufabsic      0,503    0,319   -0,226    0,166    0,000
natur          0,421    0,271    0,000    0,704    0,000
ungefett       0,000    0,838    0,000    0,000    0,000
kalorien       0,000    0,838    0,000    0,000    0,000
geschmac       0,597    0,385    0,000    1,000    0,000
vitamin        0,000    1,000    0,000    0,000    0,000
kauf2          0,585    0,371   -0,262    0,193    1,161
kauf1          0,503    0,319   -0,226    0,166    1,000
preis          0,000    0,000    1,000    0,000    0,000
streichf       1,000    0,000    0,000    0,000    0,000
backeign       1,179    0,000    0,000    0,000    0,000

Direct Effects
            Verwendu Gesundhe Preisniv Attrakti Kaufabsi
            -------- -------- -------- -------- --------
Attraktiv      0,597    0,385    0,000    0,000    0,000
Kaufabsic      0,404    0,255   -0,226    0,166    0,000
natur          0,000    0,000    0,000    0,704    0,000
ungefett       0,000    0,838    0,000    0,000    0,000
kalorien       0,000    0,838    0,000    0,000    0,000
geschmac       0,000    0,000    0,000    1,000    0,000
vitamin        0,000    1,000    0,000    0,000    0,000
kauf2          0,000    0,000    0,000    0,000    1,161
kauf1          0,000    0,000    0,000    0,000    1,000
preis          0,000    0,000    1,000    0,000    0,000
streichf       1,000    0,000    0,000    0,000    0,000
backeign       1,179    0,000    0,000    0,000    0,000

Indirect Effects
            Verwendu Gesundhe Preisniv Attrakti Kaufabsi
            -------- -------- -------- -------- --------
Attraktiv      0,000    0,000    0,000    0,000    0,000
Kaufabsic      0,099    0,064    0,000    0,000    0,000
natur          0,421    0,271    0,000    0,000    0,000
ungefett       0,000    0,000    0,000    0,000    0,000
kalorien       0,000    0,000    0,000    0,000    0,000
geschmac       0,597    0,385    0,000    0,000    0,000
vitamin        0,000    0,000    0,000    0,000    0,000
kauf2          0,585    0,371   -0,262    0,193    0,000
kauf1          0,503    0,319   -0,226    0,166    0,000
preis          0,000    0,000    0,000    0,000    0,000
streichf       0,000    0,000    0,000    0,000    0,000
backeign       0,000    0,000    0,000    0,000    0,000
```

Abbildung 2.26: Totale und indirekte kausale Effekte im Margarinebeispiel

2.3.2.4 Beurteilung der Gesamtstruktur

Mit Hilfe der Gütemaße lässt sich eine Beurteilung des Fits des Gesamtmodells vornehmen. Wie in Abschnitt 2.2.5.3 dargelegt, konzentrieren wir uns zur Beurteilung der Modellgüte nur auf einige ausgesuchte Größen. Die Ergebnisse sind in Abbildung 2.27 zusammengestellt, wobei die Gütekriterien jeweils für die hier festgestellte Modellstruktur (default model), das saturierte Modell (alle möglichen Parameter sind freigesetzt) und das Independence Modell (alle Variablen sind unkorreliert) ausgegeben werden. Der Vergleich der Gütekriterien zwischen diesen Modellen gibt zusätzliche Hinweise auf die Güte des Modells, da das Independence Modell i. d. R. die schlechtesten Fitmaße erbringt, weil keinerlei Abhängigkeiten zugelassen werden, während das saturierte Modell als Referenz für einen perfekten Fit verwendet wird. In unserem

Fit des Gesamtmodells

Model Fit Summary

CMIN

Model	NPAR	CMIN	DF	P	CMIN/DF
Default model	27	83,355	28	0	2,977
Saturated model	55	0	0		
Independence model	10	4845,572	45	0	107,679

RMR, GFI

Model	RMR	GFI	AGFI	PGFI
Default model	0,079	0,978	0,956	0,498
Saturated model	0	1		
Independence model	1,093	0,27	0,108	0,221

RMSEA

Model	RMSEA	LO 90	HI 90	PCLOSE
Default model	0,052	0,039	0,065	0,387
Independence model	0,38	0,371	0,39	0

SRMR = 0,028

Abbildung 2.27: Gütemaße zur Beurteilung des Gesamtmodells

Modell wurden $(55 - 27 =)28$ Freiheitsgrade errechnet, und der Chi-Quadrat-Wert entspricht $83,355$. Die Nullhypothese, dass die empirische der modelltheoretischen Kovarianzmatrix entspricht, kann mit 100% Sicherheit ($p = 0,000$) abgelehnt werden. Zu beachten ist in diesem Fall allerdings, dass der Chi-Quadrat-Test mit steigendem Stichprobenumfang (hier: $n = 738$) immer stärker zur Ablehnung der Nullhypothese tendiert. Aussagekräftiger ist deshalb das Verhältnis zwischen dem Chi-Quadrat-Wert und den Freiheitsgraden. In unserem Fall beträgt es CMIN/DF $= 2,997$, was über dem Grenzwert von 2,5 liegt, so dass auf Basis dieses Indikators auf eine nicht ganz optimale Modellanpassung zu schließen ist.

Der RMSEA mit einem Wert von 0,052 ist als recht gut zu bezeichnen. Eine Überprüfung der Nullhypothese, dass dieser Wert größer als 0,05 ist, kann mit einer Wahrscheinlichkeit von $1-0,387 = 61,3\%$ (PCLOSE) abgelehnt werden. Der SRMR-Wert von $0,0281$ weist ebenfalls auf einen guten Modellfit hin.[36]

2.4 Anwendungsempfehlungen

2.4.1 Annahmen und Voraussetzungen der Strukturgleichungsanalyse

Annahmen und Voraussetzung

Strukturgleichungsmodelle stellen eine Analyse auf Aggregationsniveau dar. Die Analyse basiert auf einer Reihe von Annahmen und Voraussetzungen, die sich wie folgt zusammenfassen lassen:

Statistische Kriterien

1. Die Maximum Likelihood-Methode und das GLS-Verfahren setzen voraus, dass die beobachteten Variablen einer Multi-Normalverteilung folgen. Diese Annahme ist dann nicht erforderlich, wenn als Schätzverfahren das ULS-, das SLS- oder das ADF-Verfahren herangezogen wird. Beim ULS-Verfahren ist aber zu beachten, dass Standardfehler, C.R.-Werte, standardisierte Residuen und der Chi-Quadrat-Test nur dann zur Interpretation herangezogen werden dürfen, wenn die Normalverteilungsannahme erfüllt ist.

2. Die Messmodelle entsprechen dem Grundmodell der Faktorenanalyse und den in Abschnitt 2.2.2.2 getroffenen Annahmen.

3. Dem Strukturmodell liegt die Annahme zugrunde, dass die Störgrößen nicht mit den exogenen latenten Variablen korrelieren und die Erwartungswerte der Störgrößen null sind.

4. Es besteht keine Korrelation zwischen Messfehlern und den Störgrößen der Strukturgleichungen oder anderen Konstrukten.

5. Es wird Linearität und Additivität der Konstrukte und Messhypothesen unterstellt.

6. Damit die Parameterwerte geschätzt werden können, muss die modelltheoretische Kovarianzmatrix positiv definit, d. h. invertierbar sein und das Modell muss identifizierbar sein.

Inhaltliche Anforderungen

Neben diesen statistischen Kriterien stellen Strukturgleichungsmodelle aber auch bestimmte inhaltliche Anforderungen an das zu analysierende Datenmaterial. Diese können ihrem *konfirmatorischen Charakter* nur dann gerecht werden, wenn

- eine gesicherte *Theorie* über die Zusammenhänge zwischen den Variablen vorliegt,

- möglichst *viele Informationen* (z. B. in Form von Variablen) in die Analyse eingehen, wobei diese Informationen aus theoretischen oder vorausgegangenen explorativen Analysen gewonnen werden können.

---

[36] Zur Herleitung und Interpretation weiterer, u.a. in Abbildung 2.27 ausgewiesener Kriterien, siehe Weiber/Mühlhaus (2014), Kapitel 9.

2.4.2 Empfehlung zur Durchführung von Kausalanalysen

Neben dem Programmpaket AMOS existieren weitere Software-Programme zur Schätzung von Kausalmodellen, die auf der Analyse von Kovarianzstrukturen beruhen. Zu nennen sind hier insbesondere der LISREL-Ansatz (Linear Structural Relationships) sowie das von Bentler entwickelte EQS-Verfahren (EQuations based Structural program).[37]

Weitere Software-Programme zur Schätzung von Kausalmodellen

Gemeinsames Element dieser Programme ist, dass Strukturgleichungsmodelle von der *Grundidee* her ein *konfirmatorisches* Datenanalyseinstrument darstellen, d. h. eine aufgrund von a priori angestellten *theoretischen Überlegungen gewonnene Theorie* soll anhand eines empirischen Datensatzes überprüft werden. Bei ihrer Anwendung zur Hypothesenprüfung sollten insbesondere folgende Punkte besonders beachtet werden:[38]

1. *Operationalisierung der hypothetischen Konstrukte:*
   Auch die Operationalisierung der latenten Variablen setzt eine theoretische oder zumindest sachlogische eingehend fundierte Konzeptualisierung der Konstrukte voraus. Die sich daraus ergebenden Messmodelle der latenten Variablen sollten zunächst isoliert oder im Zusammenhang mehrerer Konstrukte einer empirischen Prüfung unterzogen werden. Erst im Anschluss an die Prüfung der Messmodelle sollten diese in das vollständige Strukturgleichungsmodell integriert werden. Zur Operationalisierung der latenten Variablen setzen die meisten Programmpakete zur Analyse von Kausalmodellen voraus, dass die Messindikatoren *reflektiv* sind. Das Hauptmerkmal reflektiver Indikatoren besteht darin, dass eine Veränderung der latenten Größe eine Veränderung aller Indikatorvariablen bedingt, da die latente Variable als Ursache hinter ihren Messvariablen steht (vgl. Abbildung 2.28). Dabei werden die Indikatoren als (fehlerbehaftete) Messung des jeweiligen Konstruktes aufgefasst. Die Varianz jedes Indikators bestimmt sich als lineare Funktion der Varianz der dahinter stehenden latenten Größe und des zugehörigen Messfehlers. Zur Prüfung reflektiver Messmodelle ist vor allem die in Kapitel 3 dargestellte Konfirmatorische Faktorenanalyse geeignet.

   Im Gegensatz dazu wird von *formativen Indikatoren* gesprochen, wenn die direkt beobachtbaren Variablen die *Ursache* für die latente Größe darstellen. Die latente Variable wird demnach als lineare Funktion ihrer Messindikatoren aufgefasst. Im Pfaddiagramm der Abbildung 2.28 wird dies dadurch angedeutet, dass die Pfeilspitzen in Richtung der latenten Variable zeigen. Zur Prüfung formativer Messmodelle wird i. d. R. auf den varianzanalytischen Ansatz der Strukturgleichungsmodellierung zurückgegriffen, der z. B. in der Software Smart PLS (www.smartpls.de) realisiert ist. In AMOS ist die Prüfung formativer Messmodelle deutlich schwieriger, da formative Konstrukte nur im Zusammenhang mit reflektiven Konstrukten spezifiziert werden können oder aber sog. MIMIC-Modelle (Multiple Indicators, Multiple Causes) konstruiert werden müssen.[39]

2. *Zahl der Messvariablen und Skalenniveau:*
   Je mehr Informationen in ein Strukturgleichungsmodell eingehen, desto besser kann ein gegebenes Hypothesensystem überprüft werden. Das gilt auch für

---
[37] Einen Vergleich von LISREL und EQS liefern z. B. Homburg/Sütterlein (1990), S. 181 ff.
[38] Die nachfolgend nur knapp dargestellten Aspekte werden bei Weiber/Mühlhaus (2014), Kapitel 5 ff., im Detail besprochen.
[39] Vgl. zu formativen Messmodellen auch die Ausführungen in Kapitel 3 „Konfirmatorische Faktorenanalyse" und zu MIMIC-Modellen Weiber/Mühlhaus (2014), Kapitel 12.3.

2 Strukturgleichungsanalyse

Reflektives Messmodell

Ansatz: $x_O = x_T + x_S + x_R$

Messgleichungen:
(1) $x_1 = \lambda_1 \cdot \xi + \delta_1$
(2) $x_2 = \lambda_2 \cdot \xi + \delta_2$
(3) $x_3 = \lambda_3 \cdot \xi + \delta_3$

Formatives Messmodell

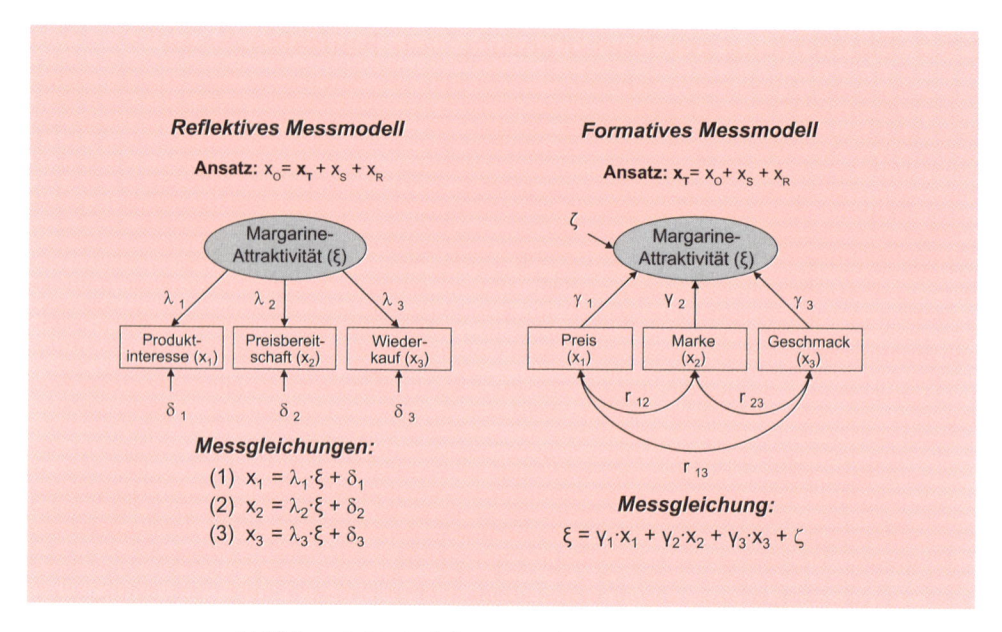

Ansatz: $x_T = x_O + x_S + x_R$

Messgleichung:
$\xi = \gamma_1 \cdot x_1 + \gamma_2 \cdot x_2 + \gamma_3 \cdot x_3 + \zeta$

Abbildung 2.28: Reflektive und formative Indikatoren

die Zahl der zu analysierenden Messvariablen, die theoretisch unbegrenzt ist. Bezüglich des Skalenniveaus der Messvariablen ist AMOS nur in der Lage, „metrische Daten" zu verarbeiten. Darüber hinaus kann mit Hilfe der Option „Test for Normality" auf der Karte Output der Analyse-Optionen die Normalverteilungsannahme der Ausgangsdaten überprüft werden.

Identifizierbarkeit

3. *Identifizierbarkeit eines Modells:*
Notwendige Voraussetzung für die Identifizierbarkeit eines Modells ist die Existenz einer positiven Anzahl von Freiheitsgraden. Hinweise auf nicht identifizierte Modelle geben *Parametermatrizen*, die vom Programm als nicht positiv definit bezeichnet wurden und entsprechende Warnmeldungen über nicht identifizierte Parameter. In solchen Fällen kann der Anwender versuchen, durch Festsetzung oder Gleichsetzung von Parametern in den jeweiligen Parametermatrizen eine Identifizierbarkeit zu erreichen.

4. *Prüfung auf Normalverteilung:*
Zur Prüfung auf Normalverteilung der Ausgangsvariablen bietet AMOS unter „Analysis properties" → „Output" die Option „Test for normality and outliers". Hierbei ist neben den variablenspezifischen Wölbungs- und Schiefemaßen auch Mardia's Maß der „Multivariaten Wölbung" für die gesamte Datenstruktur ausgewiesen. Von einer moderaten Verletzung der Normalverteilungsannahme ist auszugehen, wenn die variablenspezifischen Wölbungs- bzw. Schiefemaße betragsmäßig kleiner als 2 bzw. 7 sind und der C.R.-Wert zu Mardia's Wölbungsmaß nicht größer als 2,57 ist.[40]

---

[40] Vgl. hierzu ausführlich Weiber/Mühlhaus (2014), Kapitel 8.1.3.

5. *Wahl des Schätzverfahrens:*   Auswahl des Schätzverfahrens
Bei der Durchführung einer Analyse besitzt der Anwender, im Vergleich zu explorativen Datenanalyseverfahren, einen nur geringen Manipulationsspielraum. Eingriffsmöglichkeiten bestehen nur bei der Wahl des Schätzverfahrens und der Gütekriterien zur Beurteilung einer geschätzten Modellstruktur. Bei der Auswahl der iterativen Schätzverfahren sollten folgende Anwendungsempfehlungen beachtet werden:

- Ist die Annahme der Multinormalverteilung der Ausgangsdaten erfüllt, so empfiehlt sich die Anwendung der Maximum-Likelihood-Methode (ML) oder des GLS-Verfahrens (generalized least-squares).
- Ist die Annahme der Multinormalverteilung der Ausgangsdaten *nicht* erfüllt, so empfiehlt sich die Anwendung der Schätzverfahren ULS (unweighted least-squares), SLS (scale free least-squares) und bei genügend großer Stichprobe insbesondere das ADF-Verfahren (asymptotically distribution-free), das unter weit allgemeineren Bedingungen konsistente Schätzungen liefert.

6. *Stichprobenumfang*:   Stichprobenumfang
Der Stichprobenumfang spielt eine entscheidende Rolle zur Sicherstellung ausreichender Informationen für die Parameterschätzung und bei der Anwendung der Chi-Quadrat-Teststatistik. Für praktische Anwendungen wird häufig empfohlen, dass der Stichprobenumfang (K) dem Fünffachen der Anzahl der zu schätzenden Parameter (t) entspricht bzw. dass $K - t > 50$ gilt.

7. *Modellbeurteilung:*   Anpassungsgüte
Bei der Beurteilung der Anpassungsgüte (Fit) eines Modells sollte der Anwender darauf achten, dass er neben den Kriterien zur Beurteilung der Anpassungsgüte eines Gesamtmodells auch Detailkriterien zur Überprüfung des Fits heranzieht. Ein *„sehr gutes"* Modell liegt dann vor, wenn *alle* Gütekriterien zufriedenstellende Ergebnisse liefern.

8. *Berücksichtigung von Stichprobeneinflüssen:*
In den meisten Anwendungen liegen keine (vollständigen) Daten über die Grundgesamtheit, sondern lediglich Stichprobendaten vor. Aus diesem Grund erscheint es sinnvoll, zusätzliche Aspekte wie die Datenheterogenität und Robustheit der Modellschätzung neben den klassischen Maßen zur Beurteilung der Modellgüte zu berücksichtigen. So schlagen Backhaus/Blechschmidt/Eisenbeiß ein Vorgehensmodell zur Handhabung von Stichprobeneinflüssen mit drei Haupt-Prüfstufen vor:[41]

(I) Prüfung der Verteilungsannahmen inkl. Verteilungskorrektur und Auswahl eines geeigneten Schätzverfahrens;
(II) Prüfung der Ergebnisstabilität anhand verschiedener Teilstichproben und Verfahren der Kreuzvalidierung;
(III) Überprüfung der Datenheterogenität.

Die erzielten Ergebnisse sollten hiernach insbesondere dann stark hinterfragt werden, wenn sie sich als wenig robust (d. h. stark stichprobenabhängig) und stark heterogen zeigen (d. h. selbst bei einer global guten Anpassung ist das Modell für einzelne Personengruppen schlecht angepasst).

---
[41] Vgl. Backhaus/Blechschmidt/Eisenbeiß (2006), S. 716 ff.

9. *Modellmodifikation:*
Allzu häufig werden die Schätzergebnisse und empirischen Güteprüfungen von Strukturgleichungsmodellen zum Anlass genommen, ein Modell zu verändern. Durch Entfernen von Kausalpfaden, die keine Signifikanz aufweisen oder die Aufnahme bisher nicht beachteter Pfade kann die Güte eines Modells für die verwendeten Daten erhöht werden. Das bedeutet aber, dass die ursprüngliche Theorie aufgrund der empirischen Ergebnisse modifiziert wird und damit der „Pfad" der konfirmatorischen Datenanalyse verlassen wird. Die Analyse der Strukturgleichungsmodelle erhält dann *exploratorischen Charakter*. Der Manipulationsspielraum nimmt in diesem Moment *rapide* zu, da sich nahezu jedes Modell auf die Spezifika eines gegebenen Datensatzes ausrichten lässt. AMOS liefert hierzu unter dem sog. „Modification Index" Hinweise, wie durch Parameterfreisetzungen die Modellgüte verbessert werden kann. In letzter Konsequenz ist eine solche Vorgehensweise aber nur dann zulässig, wenn das gefundene „neue" Modell an einem zweiten Datensatz überprüft wird.

2.4.3 Verfahrensvarianten zur Durchführung von Kausalanalysen

Strukturgleichungsanalysen haben in den letzten Jahren eine enorme Verbreitung gefunden, was nicht zuletzt auch auf die Verfügbarkeit leistungsfähiger und zunehmend benutzerfreundlicher Software zurückzuführen ist. Damit einhergehend ist zunehmend die Anwendung weiterer Verfahrensvarianten der hier behandelten „Standardvorgehensweise" der Kovarianzstrukturanalyse zu beobachten, wobei insbesondere die nachfolgend dargestellten Verfahrensvarianten Bedeutung gewonnnen haben:[42]

1. *Mehrgruppen-Kausalanalyse.* Bei praktischen Fragestellungen kann es häufig von Interesse sein, neben den in einem Modell formulierten Wirkbeziehungen auch zu prüfen, inwieweit sich in verschiedenen Gruppen (z. B. Ländern, Kundensegmenten) unterschiedliche Effekte zeigen. Hierfür wird die sog. Mehrgruppen-Kausalanalyse (MGKA) verwendet, die meist dem kovarianzanalytischen Ansatz folgt und daher reflektive Messmodelle erfordert. Dabei sind verschiedene Prüfebenen zu absolvieren, da sichergestellt sein muss, dass die Konstrukte in allen Gruppen dasselbe messen. Erst wenn die Äquivalenz der Messmodelle sichergestellt ist, sind Gruppenvergleiche in Bezug auf die Pfadbeziehungen im Strukturmodell und die Ausprägungen der latenten Konstrukte zulässig.

2. *MIMIC-Modelle.* Da formative Messmodelle grundsätzlich unterspezifiziert sind, d. h. eine zu geringe Zahl an Freiheitsgraden aufweisen, müssen zu deren Messung immer auch reflektive Pfade im Modell integriert werden. Hierzu bestehen grundsätzlich zwei Ansätze:

    (1) Dem formativ spezifizierten Konstrukt (z. B. Zufriedenheit) werden mindestens zwei latente Konstrukte zugewiesen, die von dem Konstrukt beeinflusst werden (z. B. Kundenbindung und Weiterempfehlung).

    (2) Die Verwendung eines sog. Multiple Indicators, Multiple Causes (MIMIC-) Modells. Diese Modelle enthalten neben den formativen Indikatoren eines Konstrukts (Multiple Causes) zusätzlich noch ein vollständiges reflektives Messmodell (Multiple Indicators).

---

[42] Eine anwendungsorientierte und für den Einsteiger geeignete Darstellung der nachfolgenden Verfahrensvarianten inkl. Fallbeispielen liefern Weiber/Mühlhaus (2014), Kapitel 12, 14 und 15.

3. *Partial Least Squares.* Im Gegensatz zu dem hier betrachteten Ansatz der Kovarianzstrukturanalyse, der versucht, eine möglichst gute Approximation der Kovarianzmatrix vorzunehmen, ist die primäre Zielsetzung des PLS-Ansatzes (Partial Least Squares) die Fallwerte der Rohdatenmatrix mit Hilfe einer Kleinst-Quadrate-Schätzung, die auf der Hauptkomponentenanalyse basiert, möglichst genau zu prognostizieren.[43] Sofern eine Prüfung von theoretisch fundierten Kausalhypothesen im Vordergrund steht, sollte aber der in diesem Kapitel dargestellte kovarianzanalytische Ansatz gewählt werden. Demgegenüber ist dem PLS-Ansatz der Vorzug zu geben, wenn die erhobenen Daten möglichst gut prognostiziert werden sollen oder die Modellbildung auf wenig gesicherten „theoretischen Erkenntnissen" beruht.[44] Eine weit verbreite und frei verfügbare Software zur Schätzung von PLS-Modellen stellt SmartPLS (www.smartpls.de) dar.[45]

2.5 Mathematischer Anhang

Für die Minimierung der Differenz aus modelltheoretischer und empirischer Korrelationsmatrix ist zunächst die Bestimmung der modelltheoretischen Korrelationsmatrix notwendig. Diese lässt sich mit Hilfe der folgenden Berechnungen bestimmen:

Für die Korrelation zwischen den standardisierten Indikatoren x_1 und x_2 folgt:

$$r_{x_1,x_2} = \frac{1}{K-1} \sum_k x_{k1} \cdot x_{k2}$$

Setzen wir für x_{k1} und x_{k2} die Gleichungen aus unserem Gleichungssystem ein, so ergibt sich:

$$\begin{aligned}
r_{x_1,x_2} &= \frac{1}{K-1} \sum_k (\lambda_1 \xi_{k1} + \delta_{k1})(\lambda_2 \xi_{k1} + \delta_{k2}) \\
&= \frac{1}{K-1} \sum_k (\lambda_1 \lambda_2 \xi_{k1}^2 + \lambda_1 \xi_{k1} \delta_{k2} + \lambda_2 \xi_{k1} \delta_{k1} + \delta_{k1} \delta_{k2}) \\
&= \lambda_1 \lambda_2 \underbrace{\frac{\sum \xi_{k1}^2}{K-1}}_{1} + \lambda_1 \underbrace{\frac{\sum \xi_{k1} \delta_{k2}}{K-1}}_{0} + \lambda_2 \underbrace{\frac{\sum \xi_{k1} \delta_{k1}}{K-1}}_{0} + \underbrace{\frac{\sum \delta_{k1} \delta_{k2}}{K-1}}_{0}
\end{aligned}$$

Da alle Variablen standardisiert sind, stellen die Ausdrücke über den geschweiften Klammern Korrelationen dar. Der erste Ausdruck ist die Korrelation der exogenen latenten Variable Ksi mit sich selbst; diese Korrelation ist immer eins. Die beiden nächsten Ausdrücke geben die Korrelationen zwischen der exogenen latenten Variable Ksi und den Störgrößen an. Ist ein Hypothesensystem aus theoretischer Sicht aber als vollständig zu bezeichnen, so müssen diese Korrelationen null sein. Wir setzen also die Annahme, dass determinierende Variable und Störgröße nicht korrelieren. Diese Annahme ist bei linearen Modellen, wie sie hier betrachtet werden, *äquivalent* mit der Annahme, dass auch die Störgrößen miteinander *nicht* korrelieren.[46] Folglich ist auch die im letzten Ausdruck stehende Korrelation zwischen den Störgrößen δ_1 und

---

[43] Zum PLS-Ansatz siehe z. B. Bliemel et al. (2005); Hair et al. (2013); Weiber/Mühlhaus (2014), Kapitel 3.3.3 und 15.
[44] Vgl. Scholderer/Balderjahn (2006), S. 57 ff.; Weiber/Mühlhaus (2014), Kapitel 3.3.4.
[45] Vgl. Ringle/Wende/Will (2005).
[46] Vgl. Opp/Schmidt (1976), S. 139.

2 Strukturgleichungsanalyse

δ_2 gleich null. Für die Korrelation zwischen den Indikatoren x_1 und x_2 ergibt sich damit:

$$r_{x_1,x_2} = \lambda_1 \cdot \lambda_2$$

Ermittlung der modelltheoretischen Korrelationsmatrix

Die empirische Korrelation zwischen x_1 und x_2 lässt sich also durch Multiplikation der Parameter λ_1 und λ_2 reproduzieren. Analog zu dieser Vorgehensweise lassen sich auch die Korrelationen zwischen y_1 und x_2 sowie zwischen y_1 und x_1 durch eine Kombination der Modellparameter ausdrücken:

$$
\begin{aligned}
r_{y_1,x_2} &= \frac{1}{K-1} \sum_k y_{k1} \cdot x_{k2} \\
&= \frac{1}{K-1} \sum_k \left(\lambda_3 \eta_{k1} + \epsilon_{k1} \right) \left(\lambda_2 \xi_{k1} + \delta_{k2} \right) \\
&= \frac{1}{K-1} \sum_k \left(\lambda_2 \lambda_3 \eta_{k1} \xi_{k1} + \lambda_3 \eta_{k1} \delta_{k2} + \lambda_2 \xi_{k1} \epsilon_{k1} + \epsilon_{k1} \delta_{k2} \right) \\
&= \lambda_2 \lambda_3 \underbrace{\frac{\sum \eta_{k1} \xi_{k1}}{K-1}}_{r_{\eta_1 \xi_1}} + \lambda_3 \underbrace{\frac{\sum \eta_{k1} \delta_{k2}}{K-1}}_{0} + \lambda_2 \underbrace{\frac{\sum \xi_{k1} \epsilon_{k1}}{K-1}}_{0} + \underbrace{\frac{\sum \epsilon_{k1} \delta_{k2}}{K-1}}_{0} \\
r_{y_1,x_2} &= \lambda_2 \lambda_3 r_{\eta_1 \xi_1}
\end{aligned}
$$

$$
\begin{aligned}
r_{y_1,x_2} &= \frac{1}{K-1} \sum_k y_{k1} \cdot x_{k1} \\
&= \frac{1}{K-1} \sum_k \left(\lambda_3 \eta_{k1} + \epsilon_{k1} \right) \left(\lambda_1 \xi_{k1} + \delta_{k1} \right) \\
&= \frac{1}{K-1} \sum_k \left(\lambda_1 \lambda_3 \eta_{k1} \xi_{k1} + \lambda_3 \eta_{k1} \delta_{k1} + \lambda_1 \xi_{k1} \epsilon_{k1} + \epsilon_{k1} \delta_{k1} \right) \\
&= \lambda_1 \lambda_3 \underbrace{\frac{\sum \eta_{k1} \xi_{k1}}{K-1}}_{r_{\eta_1 \xi_1}} + \lambda_3 \underbrace{\frac{\sum \eta_{k1} \delta_{k1}}{K-1}}_{0} + \lambda_1 \underbrace{\frac{\sum \xi_{k1} \epsilon_{k1}}{K-1}}_{0} + \underbrace{\frac{\sum \epsilon_{k1} \delta_{k1}}{K-1}}_{0} \\
r_{y_1,x_2} &= \lambda_1 \lambda_3 r_{\eta_1 \xi_1}
\end{aligned}
$$

Die beiden zuletzt berechneten Korrelationen zwischen den Indikatoren y_1, x_1 und x_2 enthalten auf der rechten Seite noch jeweils die Korrelation zwischen den latenten Größen Eta und Ksi. Wir müssen uns deshalb überlegen, wie sich diese Korrelation berechnen lässt, da hierfür *keine* empirischen Beobachtungswerte zur Verfügung stehen. Die Strukturgleichung der latenten Variablen hat in unserem Beispiel folgendes Aussehen:

$$\eta_{k1} = \gamma \cdot \xi_{k1} + \zeta_{k1}$$

2.5 Mathematischer Anhang

Da die latenten Variablen ebenfalls als *standardisiert* angenommen wurden, erhält man die Korrelation zwischen η_1 und ξ_1, indem man zunächst obige Strukturgleichung mit der determinierenden Variablen ξ_1 multipliziert und anschließend die Summe über alle Objekte k bildet und dieses Ergebnis durch $K-1$ dividiert. Es folgt:

$$\frac{\sum_k \eta_{k1} \cdot \xi_{k1}}{K-1} = \gamma \cdot \underbrace{\frac{\sum_k \xi_{k1} \cdot \xi_{k1}}{K-1}}_{1} + \underbrace{\frac{\sum_k \zeta_{k1} \cdot \xi_{k1}}{K-1}}_{0}$$

Dafür lässt sich auch schreiben:

$$r_{\eta_1,\xi_1} = \gamma$$

Auch hier haben wir unterstellt, dass determinierende Variable (ξ_1) und Störgröße (ζ_1) nicht korrelieren. Diese Beziehung können wir nun bei der Berechnung der Korrelationen zwischen den Indikatoren benutzen. Damit ergibt sich für die einzelnen Korrelationskoeffizienten das folgende Ergebnis:

$$\begin{aligned} r_{x_1,x_2} &= \lambda_1 \cdot \lambda_2 \\ r_{y_1,x_1} &= \lambda_1 \cdot \lambda_3 \cdot \gamma \\ r_{y_1,x_2} &= \lambda_2 \cdot \lambda_3 \cdot \gamma \end{aligned}$$

Es zeigt sich, dass sich alle empirischen Korrelationskoeffizienten durch eine Kombination der Modellparameter bestimmen lassen. Mit Hilfe dieser Beziehungen lässt sich nun die folgende *modelltheoretische Korrelationsmatrix* $\hat{\Sigma}$ bestimmen:

Modelltheoretische Korrelationsmatrix

$$\hat{\Sigma} = \begin{bmatrix} \hat{r}_{y_1,y_1} & & \\ \hat{r}_{y_1,x_1} & \hat{r}_{x_1,x_1} & \\ \hat{r}_{y_1,x_2} & \hat{r}_{x_1,x_2} & \hat{r}_{x_2,x_2} \end{bmatrix} = \begin{bmatrix} \lambda_3^2 + \epsilon_1 & & \\ \lambda_1 \cdot \lambda_3 \cdot \gamma & \lambda_1^2 + \delta_1 & \\ \lambda_2 \cdot \lambda_3 \cdot \gamma & \lambda_1 \cdot \lambda_2 & \lambda_2^2 + \delta_2 \end{bmatrix}$$

Das „Dach" über den Korrelationen soll deutlich machen, dass es sich bei diesen Korrelationskoeffizienten *nicht* um die empirischen Korrelationen, sondern um die modelltheoretisch errechenbaren Korrelationen handelt. Dass für die Selbstkorrelationen der Indikatoren (Hauptdiagonale von $\hat{\Sigma}$) die obigen Beziehungen gelten, sollte der Leser selbst überprüfen. Die Korrelation r_{y_1,y_1} ergibt sich z. B. durch $\frac{1}{K-1} \sum_k y_{k1} \cdot y_{k1}$ wobei für y_{k1} die Beziehung aus dem Gleichungssystem unseres Beispiels zu verwenden ist.

Literaturhinweise

A. Basisliteratur zur Strukturgleichungsanalyse (Kausalanalyse)

Bollen, K. A. (1989), Structural Equations with Latent Variables, New York u. a..

Byrne, B. M. (2010), Structural equation modeling with AMOS: Basic concepts, applications and programming, 2. Auflage, New York.

Hair, J./ Black, W./ Babin, B./ Anderson, R. (2010), Multivariate Data Analysis, 7. Auflage, Englewood Cliffs (N. J.), Kapitel 11 und 12.

Hildebrandt, L./ Homburg, C. (1998), Die Kausalanalyse: Instrument der empirischen betriebswirtschaftlichen Forschung, Stuttgart.

Homburg, C./ Pflesser, C./ Klarmann, M. (2008), Strukturgleichungsmodelle mit latenten Variablen: Kausalanalyse, in: Herrmann, A./ Homburg, C./ Klarmann, M. (Hrsg.): Handbuch Marktforschung, 3. Auflage, Wiesbaden, S. 547-577.

Kaplan, D. (2009), Structural equation modeling - Foundations and extensions, 2. Auflage, Los Angeles.

Reinecke, J. (2005), Strukturgleichungsmodelle in den Sozialwissenschaften, München u. a..

Weiber, R./ Mühlhaus, D. (2014), Strukturgleichungsmodellierung – Eine anwendungsorientierte Einführung in die Kausalanalyse mit Hilfe von AMOS, SmartPLS und SPSS, 2. Auflage, Berlin / Heidelberg.

B. Zitierte Literatur

Arbuckle, J. L. (2013), IBM SPSS Amos 22 User's Guide, Chicago.

Backhaus, K./Blechschmidt, B./Eisenbeiß, M. (2006), Der Stichprobeneinfluss bei Kausalanalysen, in: *Die Betriebswirtschaft*, Vol. 66, Nr. 6, S. 711–726.

Bagozzi, R. (1980), The Nature and Causes of Self Esteem, Performance and Satisfaction in the Sales Force: A Structural Equation Approach, in: *Journal of Business*, Vol. 53, S. 315–331.

Bearden, W./Sharma, S./Teel, J. (1982), Sample Size Effects on Chi Square and Other Statistics Used in Evaluating Causal Models, in: *Journal of Marketing Research*, Vol. 19, S. 425–430.

Blalock, H. (Hrsg.) (1985), Causal models in the social sciences, Band 2, Chicago.

Bliemel, F./Eggert, A./Fassot, G./Henseler, J. (2005), Handbuch PLS-Pfadmodellierung: Methode, Anwendung, Praxisbeispiele, Stuttgart.

Boomsma, A. (1982), The Robustness of LISREL against Small Sample Sizes in Factor Analysis Models, in: Jöreskog, K./Wold, H. (Hrsg.), Systems under indirect observations, Amsterdam/ New York/ Oxford, S. 149–173.

Browne, M. W./Cudeck, R. (1993), Alternative Ways of Assessing Equation Model Fit, in: Bollen, K. A./Long, J. S. (Hrsg.): Testing Structural Equation Models, Newbury Park, S. 136–162.

Browne, M. (1982), Covariance structures, in: Hawkins, D. (Hrsg.), Topics in applied multivariate analysis, S. 72-141, Cambridge.

Browne, M. (1984), Asymptotically distribution-free methods for the analysis of covariance structures, in: *British Journal of Mathematical and Statistical Psychology*, Vol. 37, S. 62–83.

Hair, J. F./Hult, T. M./Ringle, C. M./Sarstedt, M. (2013), A Primer on Partial Least Squares Structural Equation Modeling (PLS-SEM), Thousand Oaks.

Hildebrandt, L. (1983), Konfirmatorische Analysen von Modellen des Konsumentenverhaltens, Berlin.

Hildebrandt, L. (1984), Kausalanalytische Validierung in der Marketingforschung, in: *Marketing ZFP*, Vol. 1, S. 41–51.

Homburg, C./Baumgartner, H. (1995), Beurteilung von Kausalmodellen, in: *Marketing ZFP*, Vol. 17, S. 162–176.

Homburg, C./Klarmann, M./Pflesser, C. (2008), Konfirmatorische Faktorenanalyse, in: Herrmann, A./Homburg, C./Klarmann, M. (Hrsg.): Handbuch Marktforschung, 3. Auflage, Wiesbaden, S. 271–303.

Homburg, C./Sütterlein, S. (1990), Kausalmodell in der Marketingforschung - EQS als Alternative zu LISREL 7? in: *Marketing ZFP*, Vol. 12, Nr. 3, S. 181 ff.

Hu, L.-T./Bentler, P. (1999), Cutoff Criteria for Fit Indexes in Covariance Structure Analysis: Conventional Criteria Versus New Alternatives, in: *Structural Equation Modelling*, Vol. 6, S. 1–55.

Huber, F./Herrmann, A./Meyer, F./Vogel, J./Vollhardt, K. (2007), Kausalmodellierung mit Partial Least Squares, Wiesbaden.

Noonan, R./Wold, H. (1977), Nipals path modelling with latent variables: Analysing school survey data using Nonlinear Iterative Partial Least Squares, in: *Scandinavian Journal of Educational Research*, Vol. 21, S. 33 ff.

Opp, K.-D./Schmidt, P. (1976), Einführung in die Mehrvariablenanalyse, Hamburg.

Pohl, A. (2004), Preiszufriedenheit bei Innovationen - Eine nachfrageorientierte Analyse am Beispiel der Tourismus- und Airlinebranche, Wiesbaden.

Ringle, G. M./Wende, S./Will, A. (2005), SmartPLS, Release 2.0 (beta), Hamburg.

Literaturhinweise

Scholderer, J./Balderjahn, I. (2006), Was unterscheidet harte und weiche Strukturgleichungsmodelle nun wirklich? in: *Marketing ZFP*, Vol. 28, Nr. 1, S. 57–70.

Weiber, R./Adler, J. (2002), Hemmnisfaktoren im Electronic Business: Ansatzpunkte einer theoretischen Systematisierung und empirische Evidenz, in: *Marketing ZFP-Spezialausgabe „E-Marketing"*, Vol. 24, S. 5–17.

Weiber, R./Hörstrup, R./Mühlhaus, D. (2011), Akzeptanz anbieterseitiger Integration in die Alltagsprozesse der Konsumenten: Erste empirische Ergebnisse, in: *Zeitung für Betriebswirtschaft, Sonderheft Kundenintegration 2.0*, Vol. 81, Nr. 5, S. 111–145.

Weiber, R./Mühlhaus, D. (2014), Strukturgleichungsmodellierung – Eine anwendungsorientierte Einführung in die Kausalanalyse mit Hilfe von AMOS, SmartPLS und SPSS, 2. Auflage, Berlin / Heidelberg.

3 Konfirmatorische Faktorenanalyse

3.1	Problemstellung		**122**
3.2	Vorgehensweise		**129**
	3.2.1	Hypothesenbildung	129
	3.2.2	Pfaddiagramm und Modellspezifikation	132
	3.2.3	Identifikation der Modellstruktur	135
	3.2.4	Parameterschätzungen	137
	3.2.5	Beurteilung der Schätzergebnisse	142
		3.2.5.1 Plausibilitätsprüfung der Parameterschätzungen	143
		3.2.5.2 Prüfung auf Konstruktebene	146
		3.2.5.3 Globale Gütekriterien der Modellprüfung	148
3.3	Fallbeispiel		**152**
	3.3.1	Problemstellung	152
	3.3.2	Vorgehensweise	152
		3.3.2.1 Erstellung des Pfaddiagramms mit Hilfe von AMOS-Graphics	152
		3.3.2.2 Pfaddiagramm und Gleichungssystem für das Fallbeispiel	154
		3.3.2.3 Festlegung der Parameter für das Fallbeispiel	156
		3.3.2.4 Auswahl des Schätzverfahrens	158
	3.3.3	Ergebnisse der Parameterschätzungen	159
	3.3.4	Beurteilung der Schätzergebnisse	165
		3.3.4.1 Prüfung auf Indikatorenebene	165
		3.3.4.2 Prüfung auf Konstruktebene	165
		3.3.4.3 Globale Gütekriterien	167
3.4	Anwendungsempfehlungen		**168**
Literaturhinweise			**172**

3 Konfirmatorische Faktorenanalyse

3.1 Problemstellung

Bei vielen Problemstellungen sowohl in der Wissenschaft als auch in der Praxis sind Phänomene von Interesse, die sich einer direkten Beobachtbarkeit auf der empirischen Ebene entziehen, weshalb sie auch als *hypothetische Konstrukte*, theoretische Begriffe oder latente Variablen bezeichnet werden. Beispiele für solche hypothetischen Konstrukte sind etwa Autorität, Angst, Emotion, Einstellung, Intelligenz, Involvement, Kaufabsicht, Kreativität, Loyalität, Macht, Motivation, Qualität, Reputation, Stress, Vertrauen oder Zufriedenheit. Im Gegensatz zu beobachtbaren und direkt messbaren Größen, die auch als manifeste Variablen bezeichnet werden (z. B. Gewicht in kg; Umsatz in Euro; Blutdruck in mmHG), bedürfen *latente Variablen* eines Messmodells, mit dessen Hilfe sich empirische Messwerte für die latenten Variablen ermitteln lassen.

Operationalisierung hypothetischer Konstrukte (latenter Variablen) als Kernanliegen

Die Konfirmatorische Faktorenanalyse (KFA) stellt eines der zentralen Prüfinstrumente von Messmodellen für hypothetische Konstrukte dar. Die Formulierung der Messmodelle erfolgt dabei auf der Basis theoretischer oder zumindest sachlogisch eingehend fundierter Überlegungen, wobei eine Beziehung zwischen dem theoretischen Konstrukt und den das Konstrukt auf der empirischen Ebene widerspiegelnden Indikatoren vorab zu bestimmen ist. In Abbildung 3.1 sind einige Anwendungsbeispiele der KFA zusammengestellt. Sie vermitteln einen Eindruck von den betrachteten hypothetischen Konstrukten (Faktoren), den je Faktor verwendeten Indikatorvariablen und dem jeweiligen Untersuchungsfeld. Zur weiteren Verdeutlichung der mit Hilfe der KFA zu behandelnden Problemstellungen wenden wir uns im Folgenden zunächst der Konstruktion von Messmodellen für hypothetische Konstrukte zu und werden dabei zeigen, dass die KFA nur bei sog. *reflektiven Messmodellen* als Prüfinstrument herangezogen werden kann. Anschließend werden kurz die Grundidee und das sog. *Fundamentaltheorem der Faktorenanalyse* behandelt und in einem letzten Schritt die zentralen Unterschiede zwischen explorativer Faktorenanalyse (EFA) und KFA herausgearbeitet.

Konfirmatorische Faktorenanalyse als Prüfinstrument für reflektive Messmodelle

(1) Reflektive Messmodelle als Basis der KFA

Das zentrale Anliegen der KFA ist in der Prüfung von Messmodellen für hypothetische Konstrukte zu sehen, so dass hier zunächst der Frage Beachtung geschenkt werden soll, wie sich Messwerte für ein hypothetisches Konstrukt ermitteln lassen. Der einfachste Fall zur Messung hypothetischer Konstrukte liegt in der direkten Einschätzung eines Konstruktes mit Hilfe einer Intensitäts- oder Bewertungsskala. So könnten z. B. die Konstrukte Qualität, Stress und Zufriedenheit mit Hilfe von Ratingskalen wie folgt direkt abgefragt werden:

Messung hypothetischer Konstrukte

> Wie beurteilen Sie die Qualität von Produkt X: 1 = sehr gut bis 6 = ungenügend
>
> Wie groß ist Ihr Stressempfinden in Situation Y: 1 = sehr gering bis 6 = sehr hoch
>
> Wie zufrieden sind Sie mit Anbieter Z: 1 = sehr zufrieden bis 6 = sehr unzufrieden

---
[1] DiLiello/Houghton (2008), S. 41 ff.
[2] Fugate/Kinicki (2008), S. 512 ff.
[3] Egner-Duppich (2008), S. 159.
[4] Weiber/Adler (2003), S. 87 und 97.

3.1 Problemstellung

Problemstellung	Konstrukte (Faktoren)	(reflektive) Indikatorvariablen
Analyse von unentdeckten Kreativitätspotenzialen in Unternehmen[1] (Indikatoreneinschätzung mittels Zustimmungsskala)	Kreativitätspotenzial	- Ich fühle mich gut, neue Ideen zu entwickeln - Ich glaube an meine Fähigkeiten Probleme kreativ zu lösen - Ich habe die Fähigkeit, Ideen von anderen weiterzuentwickeln - usw.
	Praktizierte Kreativität	- Ich habe die Möglichkeit, meine kreativen Fähigkeiten bei der Arbeit zu nutzen - Ich bin gefordert, neue Ideen und Weiterentwicklungen zu leisten - Ich habe die Freiheit, selber zu entscheiden, wie meine Arbeitsaufgaben absolviert werden - usw.
	Wahrgenommene Unterstützung	- Kreative Arbeit wird in dem Unternehmen anerkannt - Ideen werden innerhalb des Unternehmens fair bewertet - Das Unternehmen verfügt über gute Ansätze zur Förderung von kreativen Ideen - usw.
Dimensionen der Arbeiterreaktion auf organisationale Veränderungen[2] (Indikatoreneinschätzung mittels Zustimmungsskala)	Offenheit gegenüber Veränderungen	- Ich denke, dass Veränderungen am Arbeitsplatz generell positive Folgen haben - Ich betrachte mich selbst als offen gegenüber Veränderungen am Arbeitsplatz - Ich kann mit Arbeits- und Umfeldveränderungen gut umgehen - usw.
	Arbeits- und Karriereausblick	- Ich trage Veränderungen in meinem Unternehmen mit - Ich trage Entwicklungen bezogen auf meinen Job mit - usw.
	Karrieremotivation usw.	- Ich habe bereits an Weiterbildungsmaßnahmen teilgenommen, die mir bei der Verwirklichung meiner beruflichen Ziele nützen - Ich habe einen konkreten Plan, wie ich meine Ziele erreichen kann - usw.
Vertrauen beim Online-Kauf[3] (Indikatoreneinschätzung mittels Beurteilungsskala)	Reputation des Online-Anbieters	- Ruf des Anbieters - Vertrauenswürdigkeit des Anbieters - Zuverlässigkeit des Anbieters
	Erster Eindruck des Online-Anbieters	- Website auf den ersten Blick - Gesamteindruck der Website - Professionalität der Website - Grafisches Design der Website
Wechselverhalten im Mobilfunkbereich[4] (Indikatoreneinschätzung mittels Zustimmungsskalen)	Nettonutzendifferenz	- Gesprächstarife bei anderen Anbietern günstiger - mehr Geld bei anderem Anbieter - anderer Anbieter entspricht besser den Vorstellungen - andere Anbieter sind günstiger
	Direkte Wechselkosten	- empfundener Wechselaufwand - Anbieterwechsel ist nachteilig - Wechselkosten sind zu hoch - Anbieterwechsel ist sehr teuer
	Amortisation spezifischer Investitionen	- Handy sehr alt - Zeit, neues Handy anzuschaffen
	Unsicherheitsdifferenz	- Neuer Anbieter ist ungewiss - Anbieterwechsel ist risikohaft - Anbieterwechsel birgt Unsicherheit - Neuer Anbieter schlecht einzuschätzen

Abbildung 3.1: Anwendungsbeispiele der konfirmatorischen Faktorenanalyse

3 Konfirmatorische Faktorenanalyse

Die Problematik, die sich bei solchen „Globalabfragen" ergibt, ist jedoch darin zu sehen, dass bei einer direkten Abfrage die Befragten mit einem Konstrukt ein jeweils sehr unterschiedliches Verständnis verbinden können und damit Messungen über mehrere Personen nicht mehr vergleichbar sind. Weiterhin widerspricht eine solche globale Abfrage dem Charakter von hypothetischen Konstrukten, da sie sich häufig aus mehreren Dimensionen zusammensetzen. Zur Messung von hypothetischen Konstrukten, bei denen keine direkten Verhaltens- oder Konstruktbeobachtungen möglich sind, ist deshalb ihre Erschließung über Messmodelle erforderlich. Messmodelle enthalten dabei Anweisungen, wie einem hypothetischen Konstrukt ein beobachtbarer Sachverhalt zugewiesen (= Operationalisierung) und durch Zahlen erfasst werden kann (= Messung).

Die Zusammenhänge seien am Beispiel der „Attraktivität von Margarine" verdeutlicht: „Margarine-Attraktivität" stellt eine theoretische Variable (hypothetisches Konstrukt) dar, die sich auf der empirischen Ebene nicht *direkt* beobachten lässt. Im Rahmen der Theorie ist deshalb zunächst zu klären, was unter Produktattraktivität zu verstehen ist, um auf dieser Basis dann eine Operationalisierung des Konstruktes vornehmen zu können. Nach Blalock lassen sich zwei grundsätzlich verschiedene Arten von Messmodellen zur Operationalisierung hypothetischer Konstrukte unterscheiden, für die in Abbildung 3.2 exemplarisch für das Beispiel „Margarine-Attraktivität" denkbare Formen dargestellt sind:[5]

Reflektives Messmodell

Ansatz: $x_O = x_T + x_S + x_R$

Margarine-Attraktivität (ξ)

λ_1 λ_2 λ_3

Produktinteresse (x_1) | Preisbereitschaft (x_2) | Wiederkauf (x_3)

δ_1 δ_2 δ_3

Messgleichungen:
(1) $x_1 = \lambda_1 \cdot \xi + \delta_1$
(2) $x_2 = \lambda_2 \cdot \xi + \delta_2$
(3) $x_3 = \lambda_3 \cdot \xi + \delta_3$

Formatives Messmodell

Ansatz: $x_T = x_O + x_S + x_R$

ζ Margarine-Attraktivität (ξ)

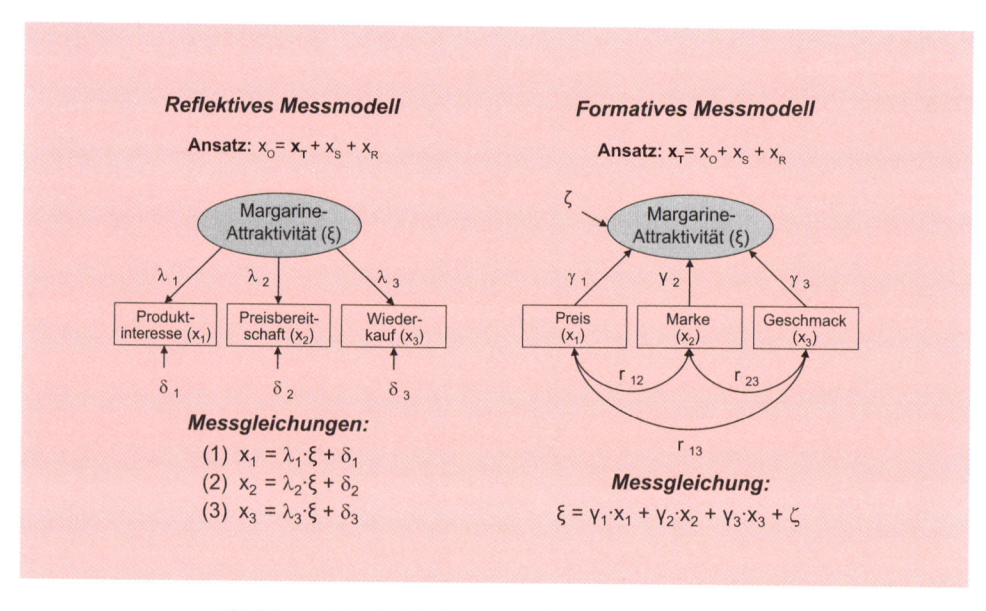

γ_1 γ_2 γ_3

Preis (x_1) | Marke (x_2) | Geschmack (x_3)

r_{12} r_{23} r_{13}

Messgleichung:
$\xi = \gamma_1 \cdot x_1 + \gamma_2 \cdot x_2 + \gamma_3 \cdot x_3 + \zeta$

Abbildung 3.2: Reflektive versus formative Messmodelle

Umkehrung der Kausalbeziehungen bei reflektiven und formativen Messmodellen

Formative Messmodelle unterstellen, dass die Indikatorvariablen (x_i) Bestimmungsgrößen oder „Dimensionen" der betrachteten latenten Variablen Ksi (ξ) bilden, die diese formieren. Entsprechend stellt das hypothetische Konstrukt die abhängige Variable dar, während die formativen Indikatoren die unabhängigen Variablen bilden. Demgegenüber gehen *reflektive Messmodelle* davon aus, dass Veränderungen in den Messwerten der Indikatorvariablen (x_i) durch die latente Variable (ξ) *kausal verursacht* werden. Veränderungen des hypothetischen Konstruktes führen hier gleicher-

---
[5] Vgl. Blalock (1964), S. 163.

maßen auch zu Veränderungen bei den Indikatorvariablen. Entscheidend ist nun, dass sich sowohl die Konstruktion als auch die Prüfung von formativen und reflektiven Messmodellen grundlegend unterscheiden und die KFA nur zur Prüfung *reflektiver Messmodelle* geeignet ist bzw. reflektive Messmodelle unterstellt.[6] Bei vielen praktischen, aber auch wissenschaftlichen Anwendungen wird diesem Zusammenhang jedoch nicht hinreichend Rechnung getragen![7]

Die KFA setzt reflektive Messmodelle voraus

Bei *reflektiven Messmodellen* führen Veränderungen des hypothetischen Konstruktes gleichermaßen auch zu Veränderungen bei den Indikatorvariablen. Damit können die Indikatorvariablen als „austauschbare Messungen" der latenten Variablen interpretiert werden, weshalb sie auch als *reflektive Indikatoren* der latenten Variablen bezeichnet werden. Formal lässt sich diese Beziehung allgemein wie folgt fassen:

$$x_i = \lambda_i \xi + \delta_i \quad (i = 1, ..., n); \quad \text{mit } \delta_i = \text{Störgröße} \tag{3.1}$$

Dabei stellt Lambda i (λ_i) eine Gewichtungsgröße dar, die die Stärke des Zusammenhangs zwischen dem Faktor Ksi (ξ) und der i-ten Indikatorvariable (x_i) widerspiegelt und im Rahmen der KFA als *Faktorladung* oder *standardized regression weight* bezeichnet wird. Die Faktorladung ist gleichzeitig ein Maß für die „Korrespondenz" zwischen Indikatorvariable und Faktor und kann im Rahmen der KFA als Korrelation zwischen einem Indikator und dem betrachteten Konstrukt interpretiert werden. Bezogen auf unser Margarine-Beispiel wäre bei der Formulierung eines reflektiven Messmodells danach zu fragen, in welchen Größen sich die Margarine-Attraktivität in der Realität niederschlägt. Kann begründet unterstellt werden, dass eine hohe Margarine-Attraktivität u. a. die Beurteilung der Größen „Produktinteresse (x_1)", „Preisbereitschaft (x_2)" und „Wiederkauf (x_3)" beeinflusst, so stellen diese drei empirischen Indikatorvariablen jeweils unterschiedliche Reflexionen von „Margarine-Attraktivität" in der Realität dar. Dabei wird weiterhin meist angenommen, dass die Beurteilungen dieser Größen auf der empirischen Ebene direkt über Ratingskalen gemessen werden können. Sind beide Annahmen erfüllt, so müsste eine hohe Ähnlichkeit im Antwortverhalten eines Befragten bezüglich der Indikatoren bestehen. Empirisch kann diese Ähnlichkeit durch die Berechnung der Korrelationen zwischen den Indikatorvariablen bestimmt werden. Das reflektive Messmodell unterstellt dann, dass das Konstrukt „Margarine-Attraktivität" die *Ursache* für diese empirischen Korrelationen darstellt. In diesem Fall gelten für unser Beispiel folgende Kausalitäten.

Beispiel für ein Reflektives Messmodell

$$\begin{aligned} x_1 &= \lambda_1 \xi + \delta_1 \\ x_2 &= \lambda_2 \xi + \delta_2 \\ x_3 &= \lambda_3 \xi + \delta_3 \end{aligned}$$

Reflektive Messmodelle folgen einem *faktoranalytischen Ansatz* und unterstellen, dass hohe Korrelationen zwischen den Indikatorvariablen bestehen, deren verursachende Größe die betrachtete latente Variable darstellt. In diesem Fall sind die Indikatorvariablen so zu definieren, dass sie jeweils für sich betrachtet ein Konstrukt *in seiner Gesamtheit* möglichst gut widerspiegeln. In Abbildung 3.2 wurde unterstellt, dass die Indikatorvariablen „Produktinteresse", „Preisbereitschaft" und „Wiederkauf" gute

Faktoranalytischer Ansatz reflektiver Messmodelle

---

[6] Bei formativen Messmodellen wird zur Schätzung der Modellparameter meist auf den regressionsanalytischen Ansatz der Partial-Least-Squares (PLS)-Pfadanalyse zurückgegriffen werden. Vgl. stellvertretend: Bliemel et al. (2005); Huber et al. (2007); Hair et al. (2013).

[7] In einer Metaanalyse von Beiträgen in der Fachzeitschrift Marketing ZFP kommen Fassott/Eggert (2005), S. 44, zu dem Ergebnis, dass in allen Untersuchungen die betrachteten Konstrukte zwar als reflektiv behandelt wurden, aber in 80,7 % der Fälle aus messtheoretischer Sicht eine formative Operationalisierung korrekt gewesen wäre.

3 Konfirmatorische Faktorenanalyse

Reflektoren des Konstruktes „Margarine-Attraktivität" bilden bzw. Veränderungen der Ausprägungen der „Margarine-Attraktivität" auch zu Veränderungen bei diesen Indikatorvariablen führen.

(2) Das Fundamentaltheorem der Faktorenanalyse

Fundamentaltheorem der Faktorenanalyse

Ebenso wie die klassische bzw. explorative Faktorenanalyse basiert auch die konfirmatorische Faktorenanalyse auf dem *Fundamentaltheorem der Faktorenanalyse* (vgl. auch das Kapitel zur Faktorenanalyse im Buch *Multivariate Analysemethoden*). Dabei wird zunächst unterstellt, dass sich jeder Messwert einer Indikatorvariablen i bei Person (Objekt) k (x_{ki}) als eine Linearkombination einer oder mehrerer (hypothetischer) Faktoren beschreiben lässt. Werden die Indikatorvariablen zuvor standardisiert (d. h. so linear transformiert, dass ihr Mittelwert null und die Varianz eins beträgt), so lässt sich der Messwert (z_{ki}) einer standardisierten Indikatorvariablen i bei einer Person k bei Existenz von F Faktoren wie folgt berechnen:

$$z_{ki} = a_{i1}p_{k1} + a_{i2}p_{k2} + \ldots + a_{iF}p_{kF} \tag{3.2}$$

Grundgleichung der Faktorenanalyse

Um die Notation zu verkürzen, wird Gleichung (3.2) häufig auch in folgender Matrixschreibweise ausgedrückt, die die Grundgleichung der Faktorenanalyse darstellt:

$$\mathbf{Z} = \mathbf{A} \cdot \mathbf{P} \tag{3.3}$$

Dabei ist Z die $I x K$-Matrix der standardisierten Ausgangsdaten, mit den I Indikatorvariablen in den Zeilen und den befragten K Personen in den Spalten. Die Faktorladungsmatrix A ist eine $I x F$-Matrix mit den I Indikatorvariablen in den Zeilen und den F Faktoren in den Spalten. Die Matrix P ist die $F x K$-Matrix der sog. *Faktorwerte*, die die (noch unbekannten) Messwerte der F Faktoren für alle K Personen beinhaltet. Da sich die Faktorwertematrix (P) als Lineartransformation aus der standardisierten Ausgangsdatenmatrix (Z) ergibt, sind auch die Faktorwerte *standardisiert* mit einem Mittelwert von null und einer Varianz von eins.

Die Gewichtungsgrößen a_{iq} werden als Faktorladungen oder *standardisierte Regressionsgewichte* bezeichnet, die den Zusammenhang zwischen einem Faktor q und einer Indikatorvariablen i zum Ausdruck bringen. Aus statistischer Sicht spiegeln die Faktorladungen die *Korrelation* zwischen einem Faktor und einer Indikatorvariablen wider.

Berechnung des Korrelationskoeffizienten

Die Korrelation zwischen zwei Indikatorvariablen x_1 und x_2 lässt sich allgemein gemäß Gleichung (3.4) berechnen:

$$r_{x_1,x_2} = \frac{\sum_{k=1}^{K}(x_{k1}-\overline{x}_1)*(x_{k2}-\overline{x}_2)}{\sqrt{\sum_{k=1}^{K}(x_{k1}-\overline{x}_1)^2 * \sum_{k=1}^{K}(x_{k2}-\overline{x}_2)^2}} = \frac{cov(x_1,x_2)}{\sigma_{x_1} * \sigma_{x_2}} \tag{3.4}$$

Dabei stellt der Zähler die Kovarianz zwischen den beiden Indikatorvariablen x_1 und x_2 ($cov(x_1, x_2)$) dar, die durch das Produkt der Standardabweichungen der beiden Indikatorvariablen (σ_{x1} und σ_{x2}) dividiert wird. Durch die Division wird erreicht, dass die absoluten Werte des Korrelationskoeffizienten (d. h. ohne Beachtung des Vorzeichens) auf das Intervall [0; 1] normiert sind. Im Fall von standardisierten Variablen hat der Nenner von (3.4) den Wert eins (da hier $\sigma_{x1} = \sigma_{x2} = 1$ gilt) und der Zähler reduziert sich auf $\sum(x_{k1}x_{k2})$, da die Mittelwerte der Variablen in diesem

Fall gleich null sind. Da für standardisierte Variablen üblicherweise die Bezeichnung z gewählt wird, folgt für den Korrelationskoeffizienten im Fall standardisierter Variablen Gleichung (3.5).

$$r_{x_1,x_2} = \frac{1}{K-1} \sum z_{k1} z_{k2} \quad \text{bzw.} \quad r_{x_1,x_2} = cov(z_1, z_2) \tag{3.5}$$

Bei standardisierten Indikatorvariablen entspricht somit die Korrelationsmatrix (R) der Varianz-Kovarianz-Matrix (**S**) der Indikatorvariablen. Analog zu (3.5) lässt sich die Korrelationsmatrix (**R**) der Indikatorvariablen durch Multiplikation der standardisierten Ausgangsdatenmatrix (**Z**) mit ihrer Transponierten (**Z**′) berechnen, und es gilt:

$$\mathbf{R} = \frac{1}{K-1} \mathbf{Z}\mathbf{Z}' \tag{3.6}$$

Wird für **Z** die Beziehung aus (3.3) verwendet, so lässt sich die empirische Korrelationsmatrix der Indikatorvariablen auch mit Hilfe der Faktorladungsmatrix wie folgt bestimmen bzw. reproduzieren:

Empirische Korrelationsmatrix bei standardisierten Variablen

$$\mathbf{R}^* = \frac{1}{K-1}(\mathbf{AP})(\mathbf{AP})' = \frac{1}{K-1}\mathbf{APP}'\mathbf{A}' = \mathbf{A}[\frac{1}{K-1}\mathbf{PP}']\mathbf{A}' \tag{3.7}$$

Da auch die Faktorwertematrix (**P**) standardisiert ist, spiegelt $\{\frac{1}{K-1}\mathbf{PP}'\}$ die Korrelationsmatrix der Faktorwerte **Φ** (lies: Phi) wider. Wird unterstellt, dass zwischen den Faktoren *keine* Korrelationen bestehen, so entspricht die Korrelationsmatrix der Faktorwerte der Einheitsmatrix **E**. Da in der Matrizenrechnung die Multiplikation einer Matrix mit der Einheitsmatrix einer Multiplikation mit „eins" entspricht, vereinfacht sich in diesem Fall (3.7) zu:

$$\mathbf{R}^* = \mathbf{A}\mathbf{\Phi}\mathbf{A}' \quad \text{bzw.} \quad \mathbf{R}^* = \mathbf{A}\mathbf{A}'; \text{ wenn } \mathbf{\Phi} = \mathbf{E} \tag{3.8}$$

Die Beziehung (3.8) wird auch als das *Fundamentaltheorem der Faktorenanalyse* bezeichnet und beschreibt den Zusammenhang zwischen der empirischen Korrelationsmatrix (**R**) und der Faktorladungsmatrix (**A**).

Ziel der konfirmatorischen Faktorenanalyse ist es, anhand einer vorgegebenen Beziehungsstruktur zwischen Indikatorvariablen und Faktoren, die Faktorladungsmatrix (A) so zu schätzen, dass sich mit ihrer Hilfe entsprechend Gleichung (3.8) die empirische Korrelationsmatrix der Indikatorvariablen möglichst gut reproduzieren lässt. Mit Hilfe der Parameterschätzungen können dann die zwischen Indikatorvariablen und Faktoren (hypothetischen Konstrukten) postulierten Beziehungen überprüft werden.

(3) Unterschiede zwischen konfirmatorischer und explorativer Faktorenanalyse

Die KFA unterscheidet sich grundlegend von der explorativen Faktorenanalyse (EFA), da bei der KFA insbesondere die Anzahl der Faktoren (Konstrukte) und die Zuordnung der empirischen Indikatoren zu den Faktoren durch den Anwender a priori festzulegen sind. Diese aus theoretischer oder sachlogischer Sicht getroffenen Entscheidungen werden mit Hilfe der KFA geprüft, womit die KFA zu den *strukturenprüfenden Verfahren* der multivariaten Datenanalyse zählt. Demgegenüber werden

Unterschiede zwischen konfirmatorischer und explorativer Faktorenanalyse

3 Konfirmatorische Faktorenanalyse

die Zuordnung der Indikatoren zu Faktoren als auch die Festlegung der zu verwendenden Faktorenzahl im Rahmen der EFA aufgrund der Analyseergebnisse der EFA getroffen, weshalb die EFA den *strukturen-entdeckenden Verfahren* der multivariaten Datenanalyse zuzurechnen ist. Die zentralen Unterschiede zwischen EFA und KFA sind zusammenfassend in Abbildung 3.3 verdeutlicht.

Allerdings sind die verwendeten Schätzalgorithmen und vor allem der zentrale Ausgangspunkt von KFA und EFA (das sog. Fundamentaltheorem der Faktorenanalyse) identisch. Vor diesem Hintergrund sei dem Leser empfohlen, auch das Kapitel zur (explorativen) Faktorenanalyse zu lesen (vgl. Kapitel 7 im Buch *Multivariate Analysemethoden*), da die Darstellungen im vorliegenden Kapitel auf die zentralen Besonderheiten und damit Unterschiede der KFA gegenüber der EFA konzentriert werden. Weiterhin ist die KFA ein wichtiger Bestandteil von *Strukturgleichungsmodellen mit latenten Variablen*, die Beziehungen zwischen latenten Variablen analysieren und dabei ebenfalls Messmodelle für die latenten Variablen (hypothetischen Konstrukte) voraussetzen (vgl. Kapitel 2 in diesem Buch). Konfirmatorische Faktorenanalysen werden deshalb oftmals bereits *vor* der eigentlichen Spezifizierung eines Strukturgleichungsmodells gerechnet, um die Güte der in einem Strukturgleichungsmodell verwendeten Messmodelle zu prüfen. Darüber hinaus kann die KFA aber auch als integratives Element von Strukturgleichungsmodellen mit latenten Variablen angesehen werden, da sie die Messwerte für die latenten Variablen generiert, mit deren Hilfe dann die Beziehungen zwischen den latenten Variablen überprüft werden können.

Die KFA als Grundlage und integratives Element von Strukturgleichungsmodellen mit latenten Variablen

	explorative Faktorenanalyse	konfirmatorische Faktorenanalyse
Modell	keine Modellformulierung	theoretische Modellformulierung erfolgt a priori
Zielsetzung	Entdeckung von Faktoren als ursächliche Größen für hoch korrelierende Variablen	Prüfung der Beziehungen zwischen Indikatorvariablen und hypothetischen Größen
Zuordnung der Indikatorvariablen zu Faktoren	erfolgt durch das Verfahren aufgrund statistischer Kriterien	vom Anwender a priori vorgegeben
Schätzung der Faktorladungsmatrix	es wird eine vollständige Faktorladungsmatrix geschätzt	i. d. R. wird eine Einfachstruktur der Faktorladungsmatrix unterstellt
Anzahl der Faktoren	wird aufgrund statistischer Kriterien im Rahmen der Analyse bestimmt	wird vom Anwender a priori vorgegeben
Rotation der Faktorladungsmatrix	wird zur leichteren Interpretation der Faktorenstruktur vorgenommen	entfällt, da die Faktorenstruktur a priori vorgegeben ist
Interpretation der Faktoren	erfolgt a posteriori mit Hilfe der Faktorladungsmatrix	durch Konstrukte vom Anwender a priori vorgegeben

Abbildung 3.3: Explorative versus konfirmatorische Faktorenanalyse

3.2 Vorgehensweise

Die zentralen Unterschiede zwischen KFA und EFA schlagen sich auch in den Ablaufschritten der KFA nieder (vgl. Abbildung 3.4). Demgegenüber sind die Ablaufschritte der KFA *nahezu identisch* zu denen von Strukturgleichungsmodellen (SGM) mit latenten Variablen (vgl. Kapitel 2 in diesem Buch), da die KFA ein integraler Bestandteil von SGM bildet und dort für die Prüfung der Messmodelle der in einem SGM betrachteten hypothetischen Konstrukte (latente Variablen) verantwortlich ist. Entsprechend sind auch die Überlegungen zur Identifizierbarkeit eines Modells, zu den verwendeten Schätzverfahren sowie zu den im Rahmen der Modellevaluation relevanten Gütekriterien bei beiden Verfahren identisch. In Kapitel 2 „Strukturgleichungsanalyse" werden deshalb die zu diesen Ablaufschritten gehörenden Überlegungen auf die wesentlichsten Aspekte konzentriert, während wir diese im Folgenden einer sehr ausführlichen Betrachtung unterziehen.

Ablaufschritte der konfirmatorischen Faktorenanalyse (KFA)

1. Hypothesenbildung
2. Pfaddiagramm und Modellspezifikation
3. Identifikation der Modellstruktur
4. Parameterschätzungen
5. Beurteilung der Schätzergebnisse

Abbildung 3.4: Ablaufschritte der konfirmatorischen Faktorenanalyse

3.2.1 Hypothesenbildung

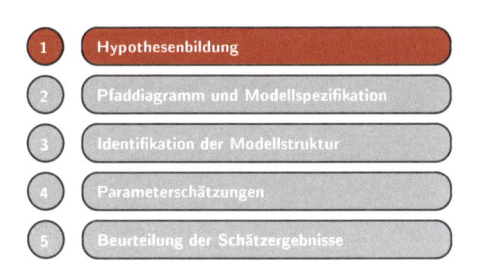

Am Anfang einer KFA steht die Formulierung der Messmodelle für die betrachteten hypothetischen Konstrukte. Diese hat auf der Theorieebene bzw. aufgrund von eingehend sachlogisch fundierten Überlegungen zu erfolgen. Die möglichst genaue Präzisierung der Konstrukte auf der theoretischen Ebene ist von entscheidender Bedeutung, da auf dieser Basis die Ableitung geeigneter Konstrukt-Indikatoren für die empirische Erhebung erfolgt. Häufig werden hypothetische Konstrukte jedoch auf der Theorieebene nur äußerst vage und ungenau beschrieben, so dass sich daraus nur sehr schwer Messanweisungen für empirische Erhebungen ableiten lassen. Im Rahmen der Hypothesenbildung sollte deshalb exakt beschrieben werden, welche unterschiedlichen Aspekte ein theoretischer Begriff beinhaltet (sog. Konstrukt-Dimensionen) und was damit genau gemeint ist. Je eindeutiger und klarer die Formulierung der Messmodelle vorgenommen wird, desto eher können im nächsten Schritt auch geeignete Indikatoren definiert werden, durch die auf der Beobachtungsebene ein Konstrukt gemessen werden kann.

Präzisierung vager hypothetischer Konstrukte der Theorieebene im Rahmen der Hypothesenbildung

Allgemein sind *Messmodelle* (mathematisch formalisierte) Anweisungen, wie Objekten mit Eigenschaften (Merkmalen), die einen theoretischen Begriff kennzeichnen, beobachtbaren Sachverhalten zugeordnet werden können und wie diese zu messen

3 Konfirmatorische Faktorenanalyse

sind. Da im Rahmen der KFA nur solche theoretischen Begriffe betrachtet werden, die nicht direkt beobachtbar sind (latente Variablen), erfolgt die Verknüpfung einer theoretischen Variable mit beobachtbaren Sachverhalten über *Korrespondenzregeln*, deren Festlegung das Kernanliegen der sog. *Operationalisierung* ist. Weiterhin sind *Messanweisungen* für die direkt zu beobachtenden Sachverhalte zu formulieren, die zum Ausdruck bringen, nach welchen Regeln den Beobachtungen Zahlen entsprechend ihrer unterschiedlichen Ausprägungen zuzuordnen sind. Die Ergebnisse dieser Messungen werden dann in einer Variable erfasst, die auch als Indikator bezeichnet wird. Ein Indikator stellt deshalb eine manifeste Variable (direkt beobachtbare Variable) dar, die die Messwerte eines realen Sachverhaltes beinhaltet.

Entwicklung von Indikatoren zur Konstruktmessung

Bei der *Entwicklung von Indikatoren* zur Konstruktmessung ist im Rahmen der KFA streng darauf zu achten, dass diese *reflektiv* formuliert werden. Reflektiven Messmodellen liegt die *fundamentale Annahme* zu Grunde, dass die Beobachtungen der Indikatoren von dem betrachteten Konstrukt *verursacht* werden und damit Folgen bzw. Konsequenzen der Wirksamkeit des Konstruktes in der Wirklichkeit darstellen. Sie besitzen damit einen gemeinsamen Kern, und folglich müssen die Indikatoren eine hohe Korrelation aufweisen. Ist dies nicht der Fall, so muss davon ausgegangen werden, dass die verschiedenen Indikatoren spezifische Aspekte widerspiegeln, wodurch die Messungen eher etwas über die Aspekte der manifesten Variablen aussagen als über die Messung der betrachteten latenten Variablen. Weiterhin verfügen reflektive Indikatoren alle über den gleichen Grad an Validität und sind somit - bei unterstellter gleichguter Reliabilität der Messung - *beliebig austauschbare Messungen* eines Konstruktes. Die beliebige Austauschbarkeit reflektiver Indikatoren ist auch dadurch begründet, dass jeder Indikator nur eine *beispielhafte* Manifestierung des theoretischen Begriffs auf der Beobachtungsebene darstellt. Als Konsequenz ergibt sich aus diesen Überlegungen, dass ein theoretischer Sachverhalt auf der empirischen Ebene immer über mehrere Indikatoren (Messitems) erfasst werden sollte (sog. *Konzept multipler Items*).

Das Konzept multipler Items

Die Verwendung von mehreren Indikatoren hat weiterhin den Vorteil, dass für den theoretischen Begriff mehrere Operationalisierungen verwendet werden, über die die Genauigkeit der Messung erhöht werden kann. In Anlehnung an Jarvis/MacKenzie/Podsakoff können die nachfolgenden Fragen helfen, die Indikatorformulierung auf Reflektivität zu prüfen. Je mehr Fragen mit „ja" beantwortet werden können, desto besser ist die reflektive Formulierung eines Indikators gelungen:[8]

Prüffragen zur Identifikation reflektiver Items

- **Kernfrage:**
  Bewirkt die Veränderung in der Ausprägung des Konstruktes eine Veränderung in der Ausprägung der Indikatorvariablen?

- **Weitere Prüffragen:**
  - Sind die Indikatoren alternative Erscheinungsformen des Konstruktes in der Wirklichkeit?
  - Ist das Konstrukt bei Veränderungen der Indikatoren unbeeinflusst?
  - Bleibt der konzeptionelle Rahmen des Konstruktes gleich, wenn Indikatoren ausgeschlossen werden?
  - Liegen hohe Korrelationen zwischen den Indikatoren vor?
  - Haben die Indikatoren dieselben Antezedenzen und Konsequenzen?
  - Geht die Richtung der Kausalität vom Konstrukt zum Indikator?

---
[8]Vgl. Jarvis/MacKenzie/Podsakoff (2003), S. 203.

3.2 Vorgehensweise

Der Formulierung der Indikatoren sollte in der Praxis besondere Beachtung geschenkt werden, da fehlerhafte Formulierungen ein Messmodell „komplett ruinieren" können.

Zentrale Probleme der Operationalisierung

Als zentrales Problem der Operationalisierung erweist sich häufig die Begründung der Zuordnung der Indikatoren zu einem hypothetischen Konstrukt. Genau diese Begründung wird mit Hilfe der KFA überprüft, indem unterstellt wird, dass die zwischen verschiedenen Indikatoren beobachteten Zusammenhänge durch das hypothetische Konstrukt verursacht werden und die Indikatoren somit beobachtbare *Folgen* der Wirksamkeit der latenten Variablen darstellen. Nach der Entwicklung der Indikatorvariablen sind zur abschließenden Erstellung eines Messmodells noch die Beziehungen zwischen latenten und manifesten Variablen zu spezifizieren. Der Anwender legt hierbei fest, welche Indikatoren als Folge eines Konstruktes anzusehen sind und ob eine positive oder negative Beziehung zwischen Indikator und Konstrukt besteht.

Im Folgenden gehen wir davon aus, dass ein Margarinehersteller vermutet, dass die Wahrnehmungen der Konsumenten bzgl. des „Gesundheitsgrads (ξ_1)" und der „Verwendungsbreite (ξ_2)" einer Margarine für deren Verkaufserfolg eine besondere Bedeutung besitzen. Er möchte deshalb wissen, wie diese beiden hypothetischen Konstrukte von den Nachfragern wahrgenommen werden. Weiterhin unterstellen wir, dass der Margarinehersteller aufgrund seiner Erfahrungen sehr gut in der Lage ist, beide Konstrukte detailliert zu beschreiben und begründet davon ausgeht, dass die Konstrukte über reflektive Indikatoren zu messen sind. Nach eingehender Prüfung werden folgende *reflektive* Indikatoren für die beiden Konstrukte festgelegt:[9]

Rechenbeispiel zur KFA

Latente Variable	Messvariable (Indikatoren)
ξ_1: Gesundheitsgrad	x_1: Vitamingehalt
	x_2: Anteil ungesättigter Fettsäuren
ξ_2: Verwendungsbreite	x_3: Brat- und Backeignung
	x_4: Streichfähigkeit

Abbildung 3.5: Indikatoren der hypothetischen Konstrukte im Rechenbeispiel

Die Messung beider Konstrukte wird in einem Modell zusammengefasst, das mit Hilfe der KFA auf Gültigkeit getestet werden soll und auch die Differenzierbarkeit beider Konstrukte prüfen soll. Alle Indikatorvariablen werden im Rahmen einer Befragung bei 20 Kunden auf einer Ratingskala von 1 (= sehr gering) bis 7 (= sehr hoch) erhoben. Die gewonnenen Messwerte für die vier Indikatorwerte sowie deren Mittelwerte und Varianzen sind in Abbildung 3.6 dargestellt.

---

[9] Aus didaktischen Gründen werden im Folgenden jeweils nur zwei Indikatoren pro Konstrukt betrachtet.

3 Konfirmatorische Faktorenanalyse

	Gesundheitsgrad		Verwendungsbreite	
Person	Vitamingehalt	Fettsäuren	Brat- & Backeignung	Streichfähigkeit
1	5	3	7	5
2	4	4	7	5
3	7	5	6	7
4	6	4	6	4
5	6	2	2	3
6	6	2	6	6
7	3	3	1	3
8	3	5	5	4
9	6	5	6	6
10	5	3	2	2
11	1	1	5	4
12	5	2	1	5
13	6	7	2	1
14	3	1	1	2
15	5	4	4	2
16	6	2	2	2
17	3	1	2	2
18	6	7	5	6
19	3	5	3	5
20	6	6	2	1
Mittelwert	4,75	3,60	3,75	3,65
Varianz	2,513	3,621	4,618	3,292

	Gesundheitsgrad	Verwendungsbreite
Mittelwert	8,35	7,4
Varianz	8,766	12,674

Abbildung 3.6: Erhebungsdaten im Rechenbeispiel

3.2.2 Pfaddiagramm und Modellspezifikation

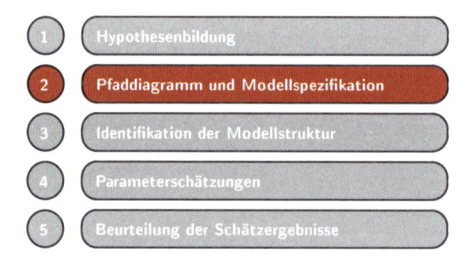

1. Hypothesenbildung
2. **Pfaddiagramm und Modellspezifikation**
3. Identifikation der Modellstruktur
4. Parameterschätzungen
5. Beurteilung der Schätzergebnisse

Im Rahmen der Modellspezifikation sind die bei der Hypothesenbildung vorgenommenen theoretischen und/oder sachlogischen Überlegungen in eine formale Form zu bringen. Zu diesem Zweck empfiehlt es sich, zunächst ein *Pfaddiagramm* zu erstellen und anschließend die Spezifikation des Modells in Form von Gleichungssystemen abzubilden. Beide Vorgehensweisen werden im Folgenden mit Hilfe unseres Beispiels erläutert.

Pfaddiagramme zur Visualisierung von Zusammenhängen

(1) Erstellung des Pfaddiagramms
Durch das Pfaddiagramm werden die im Messmodell unterstellten Beziehungen visualisiert, wodurch das Verständnis gegenüber der reinen Darstellung durch Gleichungen

wesentlich erleichtert wird. Dabei werden die im Messmodell betrachteten Konstrukte durch Kreise und die manifesten Indikatorvariablen durch Kästen dargestellt. Die Beziehungen zwischen latenten und manifesten Variablen werden durch einfache gerichtete Pfeile verdeutlicht, wobei immer ein Pfeil von der verursachenden latenten Größe ausgeht und auf die durch sie resultierende beobachtbare Konsequenz in Form des Indikators weist. Weiterhin muss für jede Indikatorvariable eine Fehlervariable spezifiziert werden, die ebenfalls i. d. R. durch einen Kreis dargestellt ist. Die Notwendigkeit der Betrachtung von Fehlervariablen ergibt sich daraus, dass bei der Vorhersage einer Indikatorvariablen durch eine latente Variable immer auch ein Varianzanteil vorhanden ist, der durch die latente Variable nicht erklärt werden kann. Dieser Varianzanteil wird als Fehlervarianz und die entsprechende Variable als Fehlervariable oder Störgröße bezeichnet. Solche „Fehler" werden z. B. verursacht durch Messungenauigkeiten, Fehler bei der Messung oder Aspekte, die der Indikatorvariablen, nicht aber der latenten Variable zu eigen sind. Schließlich wird im Rahmen der KFA bei Betrachtung von mehreren Konstrukten auch geprüft, ob zwischen diesen eine Korrelation besteht, was im Pfaddiagramm durch einen Doppelpfeil gekennzeichnet wird.

Fehlervariable und Fehlervarianz

Neben den graphischen Symbolen werden in einem Pfaddiagramm die betrachteten Variablen und Zusammenhänge auch mit Hilfe formaler Symbole gekennzeichnet. Dabei ist die in Abbildung 3.7 dargestellte Notation im Rahmen der KFA weitgehend akzeptiert.

(a) Von der KFA betrachtete Variable

Name	Symbol	Typ	Beschreibung
X	x	manifeste Variable	direkt beobachtbar (Indikator)
Ksi	ξ	latente Variable	nicht direkt beobachtbar (Faktor)
Lambda	λ	Faktorladung	Korrelation zwischen einer manifesten und einer latenten Variablen
Delta	δ	Fehlervariable	nicht direkt beobachtbar
Phi	ϕ	Korrelation	Korrelation zwischen den latenten Variablen

(b) Von der KFA verwendete Matrizen

Name	Symbol	Beschreibung
Lambda-x	Λ_x	Korrelation zwischen manifesten und latenten Variablen (Matrix der Faktorladungen)
Theta-Delta	θ_δ	Varianz-Kovarianz-Matrix der Fehlervariablen
Phi	Φ	Varianz-Kovarianz-Matrix der latenten Variablen
Sigma	$\sum$	Modelltheoretische Varianz-Kovarianz-Matrix
S	S	Empirische Varianz-Kovarianz-Matrix
R	R	Empirische Korrelationsmatrix

Abbildung 3.7: Notation der in der KFA verwendeten Variablen und Matrizen

3 Konfirmatorische Faktorenanalyse

Pfaddiagramm eines Messmodells für latente Variablen

Bezogen auf das Beispiel des Margarineherstellers ergibt sich das in Abbildung 3.8 dargestellte Pfaddiagramm:

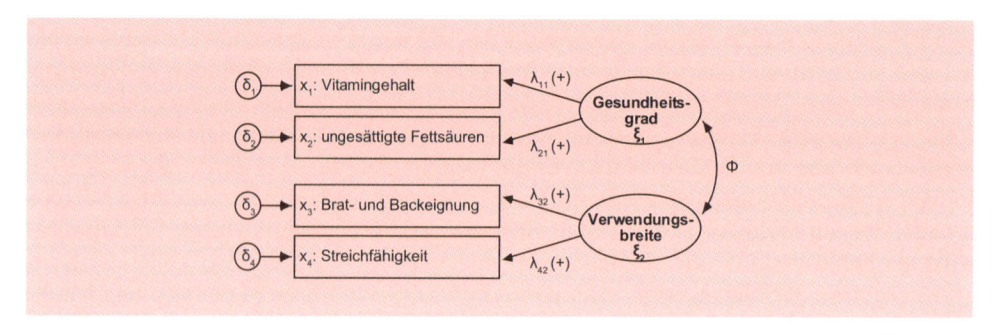

Abbildung 3.8: Pfaddiagramm der konfirmatorischen Faktorenanalyse für das Margarinebeispiel

Bei der Darstellung im Pfaddiagramm wird unterstellt, dass Wahrnehmungsveränderungen bei einem hypothetischen Konstrukt auch eine Ausstrahlung auf die jeweils definierten Indikatorvariablen besitzen, weshalb sich empirisch zwischen den Indikatorvariablen Korrelationen ergeben. Außerdem wird eine eindeutige Zuordnung von Indikatorvariablen zu den Faktoren vorgenommen, deren Stärke im Rahmen der konfirmatorischen Faktorenanalyse über die Faktorladungen geschätzt wird.

(2) Modellspezifikation in Form eines Gleichungssystems
Mit Hilfe des Pfaddiagramms lässt sich relativ leicht auch die *formale Modellspezifikation* vornehmen, die für das obige Margarinebeispiel in folgendem Gleichungssystem mündet:

Formale Modellspezifikation als Gleichungssystem

(1) $x_1 = \lambda_{11}\xi_1 + \delta_1$

(2) $x_2 = \lambda_{21}\xi_1 + \delta_2$

(3) $x_3 = \lambda_{32}\xi_2 + \delta_3$

(4) $x_4 = \lambda_{42}\xi_2 + \delta_4$

(3.9)

Formale Modellspezifikation in Matrixschreibweise

oder in Matrixschreibweise:

$$\begin{pmatrix} x_1 \\ x_2 \\ x_3 \\ x_4 \end{pmatrix} = \begin{pmatrix} \lambda_{11} & 0 \\ \lambda_{21} & 0 \\ 0 & \lambda_{32} \\ 0 & \lambda_{42} \end{pmatrix} \cdot \begin{pmatrix} \xi_1 \\ \xi_2 \end{pmatrix} + \begin{pmatrix} \delta_1 \\ \delta_2 \\ \delta_3 \\ \delta_4 \end{pmatrix} \quad (3.10)$$

bzw. $\mathbf{X} = \mathbf{\Lambda_x}\xi + \delta$ \qquad (3.11)

Typen von Modellparametern

Das Gleichungssystem macht deutlich, dass diejenigen Faktorladungen a priori auf null gesetzt wurden, bei denen der Hersteller *keinen* Zusammenhang zwischen einer Indikatorvariable und einer latenten Variable postulierte. Solche, bereits a priori festgelegte Parameterwerte, werden auch als „feste Parameter" bezeichnet und gehen mit dem vorgegebenen Wert in die Lösung des Modells ein. Eine weniger starke Parametervorgabe stellen sog. „restringierte Parameter" dar, die dann vorliegen, wenn der Anwender aus sachlogischen Gründen davon ausgeht, dass bestimmte Parameter mit dem gleichen Schätzwert in die Lösung eingehen sollen. So könnte in unserem Beispiel der Margarinehersteller etwa annehmen, dass der aus dem wahrgenommenen Gesundheitsgrad resultierende wahrgenommene Vitamingehalt und die wahrgenommenen Fettsäuren immer als gleich hoch eingestuft werden, so dass $\lambda_{11} = \lambda_{21}$ gilt und sich somit die Anzahl der zu schätzenden Parameter um eins verringern würde. Eine solche Restringierung wird in unserem Beispiel jedoch nicht betrachtet. Parameter, deren Varianzen unbekannt sind und die erst aus den empirischen Daten geschätzt werden sollen, werden als „freie Parameter" bezeichnet. Unser Modell hat somit insgesamt neun zu schätzende Parameter: vier Faktorladungen ($\lambda_{11}, \lambda_{21}, \lambda_{32}, \lambda_{42}$), vier Fehlervariablen ($\delta_1, \delta_2, \delta_3, \delta_4$) und die Kovarianz bzw. Korrelation zwischen den beiden latenten Variablen (ϕ).

3.2.3 Identifikation der Modellstruktur

Die „Identifikation der Modellstruktur" erfordert

(1) die Prüfung, ob genügend Informationen aus den empirischen Daten zur Verfügung stehen, um die Modellparameter eindeutig bestimmen zu können[10];

(2) die Festlegung einer *Metrik* für die latenten Variablen und die Fehlervariablen.

Im Folgenden werden beide Kriterien genauer erläutert und auf unser Beispiel angewendet.

(1) Prüfung der Informationsmenge zur Schätzung der Modellparameter

Werden im Rahmen eines Messmodells p manifeste Variablen erhoben, so lassen sich aus den p empirischen Indikatoren insgesamt $\frac{1}{2} \cdot p \cdot (p+1)$ empirische Varianzen und Kovarianzen errechnen. Diese empirischen Informationen dienen der KFA zur Bestimmung der in einem Modell enthaltenen Parameter. Bezeichnen wir die Anzahl der zu schätzenden Modellparameter mit t, so ist ein Modell dann *identifizierbar*, wenn gilt:

Notwendige Bedingung für die Modellidentifikation: $t \leq \frac{1}{2} \cdot p \cdot (p+1)$ (3.12)

Modellidentifikation auf Basis empirischer Informationen

Notwendige Bedingung für die Modellidentifikation

Ein Gesamtmodell gilt als identifizierbar, wenn sich für alle Parameter konkrete Schätzwerte berechnen lassen, d. h. wenn alle unbekannten Modellparameter identifiziert sind. Wird im Rahmen einer KFA nur ein Konstrukt betrachtet, so ist die Identifizierbarkeit genau gegeben, wenn drei Indikatoren verwendet werden.[11] Da in diesem Fall die Zahl der Freiheitsgrade null beträgt (sechs zu schätzenden Parametern stehen genau sechs empirische Varianzen und Kovarianzen gegenüber), stehen der KFA jedoch keine Informationen mehr zur Bestimmung der Gütekriterien zur Verfügung. Bei Ein-Konstrukt-Modellen sollten deshalb mindestens vier Indikatoren verwendet werden. Das Problem entsteht nicht, wenn im Rahmen des Modells zwei Konstrukte betrachtet werden, die über jeweils zwei Indikatoren erhoben werden. In

---
[10] Vgl. hierzu ausführlich Brown (2006), S. 62 ff.
[11] Die folgenden Überlegungen unterstellen, dass eine Einfachstruktur definiert wurde, d.h. jeder Indikator lädt auf genau ein Konstrukt und dass die Konstrukte frei miteinander korrelieren. Vgl. hierzu auch Bollen (1989), S. 238 ff.

3 Konfirmatorische Faktorenanalyse

diesem Fall stehen $(4/2(4+1)) = 10$ empirische Varianzen und Kovarianzen zur Verfügung, um insgesamt neun Parameter zu schätzen. Allgemein kann damit die Empfehlung gegeben werden, bei Mehr-Konstrukt-Modellen die Konstrukte zumindest mit jeweils zwei Indikatoren zu messen und in Ein-Konstrukt-Modellen mindestens vier Indikatoren zu verwenden.

Im Beispiel des Margarineherstellers sind insgesamt $t = 9$ Parameter zu schätzen und zwar vier Faktorladungen, vier Fehlervariablen (vgl. Gleichungssystem (3.9)) und die Kovarianz zwischen den beiden Konstrukten. Weiterhin werden vier manifeste Variablen empirisch erhoben (x_1, x_2, x_3, x_4), womit sich $4/2(4+1) = 10$ empirische Varianzen und Kovarianzen aus den Daten berechnen lassen. Es stehen damit genügend Informationen zur Schätzung der neun Modellparameter zur Verfügung. Bei praktischen Anwendungen sollte jedoch die Anzahl der aus den erhobenen Daten berechenbaren empirischen Varianzen- und Kovarianzen deutlich über der Anzahl der zu schätzenden Parameter liegen, da nur bei überidentifizierten Modellen auch noch genügend Informationen (sog. Freiheitsgrade) für den Modelltest zur Verfügung stehen. Die Anzahl der Freiheitsgrade (degrees of freedom: d. f.) eines Modells ergibt sich dabei aus der Differenz der Anzahl der empirischen Varianzen sowie Kovarianzen und der Anzahl der zu schätzenden Parameter (t). In unserem Beispiel sind mit $10 - 9 = 1$ Freiheitsgrad noch Informationen für den Modelltest vorhanden.

Bestimmung der Freiheitsgrade: d. f. = p/2 (p+1) - t

(2) Festlegung einer Metrik für die nicht beobachtbaren Variablen

Festlegung einer Metrik für latente Variablen

Da die latenten Variablen und die Fehlervariablen nicht beobachtbare Größen darstellen, ist zunächst auch die Skala unklar, auf der sich die Ausprägungen dieser Variablen bewegen. Im Rahmen der Modellidentifikation ist es deshalb erforderlich, diesen Variablen eine Skala zuzuweisen, damit die Ausprägungen interpretierbar werden. Da mit Hilfe der Indikatorvariablen die Messwerte für die nicht beobachteten Variablen geschätzt werden sollen, ist es naheliegend, die Indikatorvariablen auch als Referenz für die latenten Variablen und Fehlervariablen heranzuziehen. Hierbei bestehen grundsätzlich zwei Möglichkeiten:

Indikatorvariable als Referenzvariable für die Metrik einer latenten Variable

Die erste Möglichkeit liegt in der festen Zuweisung einer Indikatorvariable zu einer latenten Variable als *Referenzvariable*. Zu diesem Zweck wird die Faktorladung einer Indikatorvariable auf eins gesetzt. Das bedeutet, dass die latente Variable bis auf den Messfehler mit der gewählten Indikatorvariable identisch ist. Als Referenzvariable sollte deshalb möglichst der „beste" Indikator, der die latente Variable also am stärksten reflektiert, gewählt werden, wobei diese Entscheidung aufgrund von sachlogischen Überlegungen oder mit Hilfe der Reliabilität getroffen werden kann (vgl. Abschnitt 3.2.5). In gleicher Weise können auch die Pfade der Fehlervariablen auf die manifesten Variablen auf eins fixiert werden. Eine zweite Möglichkeit besteht in der Fixierung der Varianz einer latenten Variable auf eins. Diese Vorgehensweise bietet den Vorteil, dass für *alle* Indikatorvariablen die freien Faktorladungen geschätzt werden. Außerdem entspricht in diesem Fall die Kovarianz zwischen zwei latenten Variablen ihrer Korrelation.

Die beiden aufgeführten Möglichkeiten zur Bestimmung einer Metrik für die nicht beobachtbaren Variablen können jedoch zu unterschiedlichen Ergebnissen in den Parameterschätzungen führen, da durch die Fixierung von Variablen weniger Parameter bei gleicher Informationsmenge aus den empirischen Daten zu schätzen sind und somit die Zahl an Freiheitsgraden höher ist. Führen hingegen beide Arten der Metrik-Bestimmung zu gleichen oder zumindest sehr ähnlichen Parameterschätzungen, so kann davon ausgegangen werden, dass die Parameterschätzungen auch zuverlässige

Messungen der nicht beobachtbaren Variablen liefern.

Für unser Beispiel greifen wir auf die zweite Möglichkeit zur Festlegung der Metrik der beiden latenten Variablen zurück, was in nachfolgender Abbildung jeweils durch die über dem Konstrukt eingetragene Ziffer „1" verdeutlicht wurde. Für die Fehlervariable stellt jeweils die Indikatorvariable die Referenzvariable dar, was ebenfalls durch eine „1" auf den jeweiligen Pfaden gekennzeichnet ist. Im Programmpaket AMOS wird die Ziffer „1" im Pfaddiagramm automatisch zugewiesen und dient hier lediglich der Kennzeichnung.

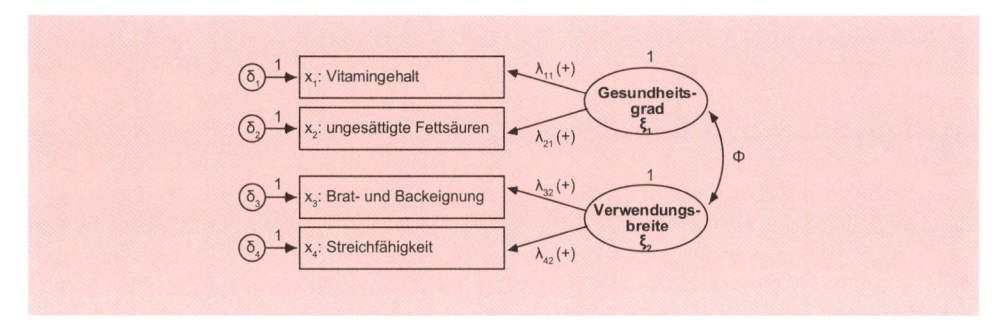

Abbildung 3.9: Pfaddiagramm der konfirmatorischen Faktorenanalyse für das Rechenbeispiel mit festen Parametern

3.2.4 Parameterschätzungen

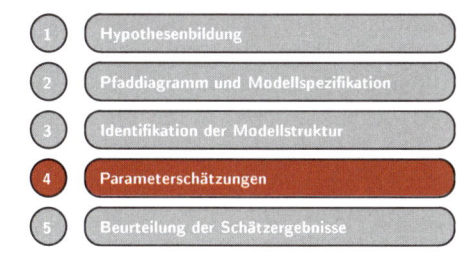

Im Ausgangspunkt errechnet die KFA die Varianz-Kovarianz-Matrix (S) der Indikatorvariablen mit Hilfe der erhobenen Messdaten. Diese spiegelt die empirischen Informationen wider, mit deren Hilfe die Modellparameter geschätzt werden. Die Matrix (S) ist mit der empirischen Korrelationsmatrix (R) der Indikatorvariablen identisch, wenn die Indikatorvariablen zuvor standardisiert wurden, d. h. eine Transformation der Erhebungswerte in der Weise erfolgt, dass sich je Indikatorvariable ein Mittelwert von null und eine Varianz von eins ergeben. Für unser Beispiel sind die bei den 20 Kunden erhobenen Daten in Abbildung 3.6 abgebildet, und es ergibt sich die in Abbildung 3.10 dargestellte empirische Varianz-Kovarianz-Matrix (S) sowie die empirische Korrelationsmatrix (R), die sich aus der Matrix (S) errechnen lässt.

3 Konfirmatorische Faktorenanalyse

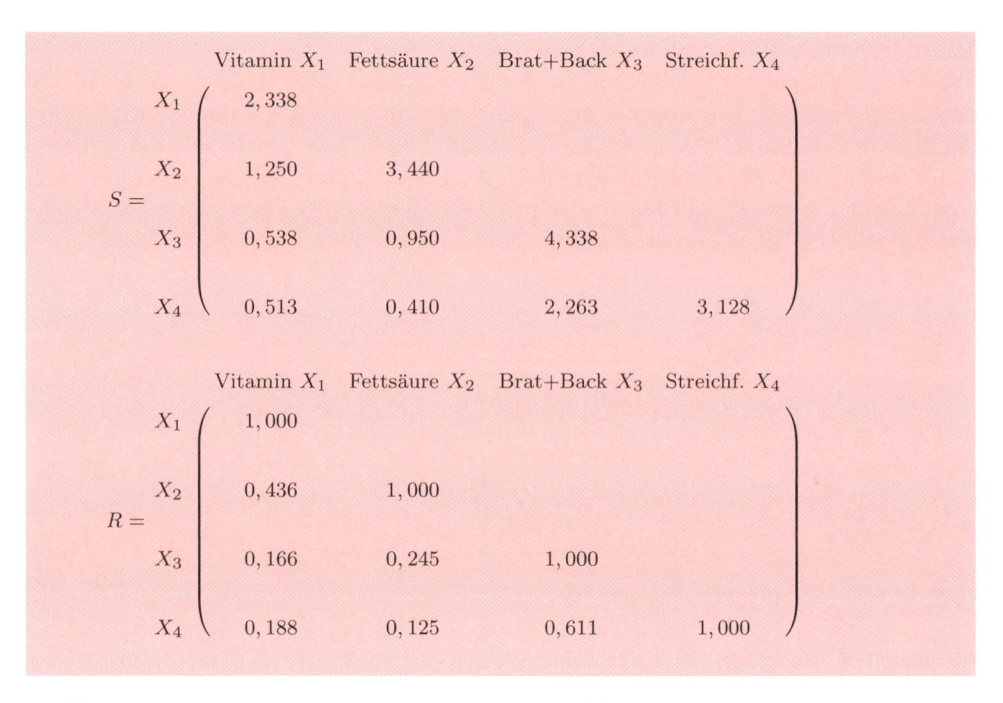

$$S = \begin{pmatrix} & \text{Vitamin } X_1 & \text{Fettsäure } X_2 & \text{Brat+Back } X_3 & \text{Streichf. } X_4 \\ X_1 & 2{,}338 & & & \\ X_2 & 1{,}250 & 3{,}440 & & \\ X_3 & 0{,}538 & 0{,}950 & 4{,}338 & \\ X_4 & 0{,}513 & 0{,}410 & 2{,}263 & 3{,}128 \end{pmatrix}$$

$$R = \begin{pmatrix} & \text{Vitamin } X_1 & \text{Fettsäure } X_2 & \text{Brat+Back } X_3 & \text{Streichf. } X_4 \\ X_1 & 1{,}000 & & & \\ X_2 & 0{,}436 & 1{,}000 & & \\ X_3 & 0{,}166 & 0{,}245 & 1{,}000 & \\ X_4 & 0{,}188 & 0{,}125 & 0{,}611 & 1{,}000 \end{pmatrix}$$

Abbildung 3.10: Empirische Varianz-Kovarianz-Matrix (S) und empirische Korrelationsmatrix (R) im Beispiel

Reproduktion der empirischen Varianz-Kovarianz-Matrix

Die KFA versucht nun, die empirische Varianz-Kovarianz-Matrix (S) durch geeignete Schätzung der Parameter des Messmodells möglichst genau zu reproduzieren. Die sich aus den Parameterschätzungen errechnete Varianz-Kovarianz-Matrix wird als „*modelltheoretisch*" bezeichnet und mit dem Symbol $\hat{\Sigma}$ abgekürzt. Je besser es gelingt, aus der modelltheoretischen Varianz-Kovarianz-Matrix $\hat{\Sigma}$ die empirische Varianz-Kovarianz-Matrix S zu reproduzieren, desto verlässlicher sind die Parameterschätzungen anzusehen und desto besser ist auch die Güte eines Messmodells einzustufen. Der Zusammenhang zwischen S und $\hat{\Sigma}$ sei beispielhaft für die empirische Korrelation zwischen x_1 und x_2 gezeigt: Werden die Messwerte von x_1 und x_2 standardisiert, so ergibt sich die Korrelation zwischen den empirischen Messwerten x_1 und x_2 gem. (3.5) als:[12]

(a) $r_{x_1,x_2} = \frac{1}{K-1} \sum z_{1k} z_{2k}$;
mit: z_{1k} und z_{2k} = standardisierte Beobachtungswerte von x_1 bzw. x_2 bei Person k

Gemäß Gleichungssystem (3.9) unseres Messmodells lassen sich x_1 und x_2 mit Hilfe der Modellparameter aber auch wie folgt bestimmen:

(b) $x_{1k} = \lambda_{11} \xi_{1k} + \delta_{1k}$
(c) $x_{2k} = \lambda_{21} \xi_{1k} + \delta_{2k}$

---

[12] Nach Standardisierung der Erhebungsdaten ist die empirische Varianz-Kovarianz-Matrix gleich der empirischen Korrelationsmatrix. Die folgenden Berechnungen können auch mit *unstandardisierten Daten* vorgenommen werden. Allerdings würden dadurch die Berechnungen etwas komplexer, weshalb hier eine Standardisierung der empirischen Ausgangsdaten (d.h. Mittelwert = 0; Varianz = 1) unterstellt wird.

Werden die empirisch erhobenen Werte der Indikatorvariablen standardisiert, so liefert die KFA auch standardisierte Messwerte für die latenten Variablen, weshalb sich (b) und (c) in Gleichung (a) einsetzen lassen und es folgt:

Reproduktion einer empirischen Korrelation mit Hilfe der Modellparameter

$$(a') \quad r_{x_1,x_2} = 1/K \sum (\lambda_{11}\xi_{1k} + \delta_{1k})(\lambda_{21}\xi_{1k} + \delta_{2k})$$
$$= 1/K \sum [(\lambda_{11}\xi_{1k}\lambda_{21}\xi_{1k}) + (\lambda_{11}\xi_{1k}\delta_{2k}) + (\delta_{1k}\lambda_{21}\xi_{1k}) + (\delta_{1k}\delta_{2k})]$$
$$= \lambda_{11}\lambda_{21} \underbrace{[1/K \sum(\xi_{1k}\xi_{1k})]}_{\phi_{\xi_1,\xi_1}=1} + \lambda_{11} \underbrace{[1/K \sum(\xi_{1k}\delta_{2k})]}_{r_{\xi_1,\delta_2}=0}$$
$$+ \lambda_{21} \underbrace{[1/K \sum(\delta_{1k}\xi_{1k})]}_{r_{\xi_1,\delta_1}=0} + \underbrace{[1/K \sum(\delta_{1k}\delta_{2k})]}_{r_{\delta_1,\delta_2}=0}$$
$$= \lambda_{11}\lambda_{21}$$

Die Lösung $\mathbf{r_{x_1,x_2}} = \boldsymbol{\lambda_{11}\lambda_{21}}$ ergibt sich aufgrund der *Modellannahmen*, dass sowohl die Fehlervariablen (δ_1, δ_2) untereinander als auch die latenten Variablen (ξ) mit den Fehlervariablen (δ_1,δ_2) *nicht* korrelieren. Weiterhin wurde bei der Umformung beachtet, dass die Selbstkorrelation der latenten Variablen (ϕ_{ξ_1,ξ_1}) eins beträgt. In gleicher Weise können nun auch die übrigen Korrelationen berechnet werden, in dem jeweils die Gleichungen für die Indikatoren aus Gleichungssystem (3.10) verwendet werden. Im Folgenden sind jeweils nur noch der erste Schritt und das Ergebnis nach Beachtung der Unkorreliertheit der Fehlervariablen und der Unkorreliertheit von Fehlervariablen und latenten Variablen angegeben. Der Leser möge versuchen, die Einzelschritte - wie sie in (a') aufgeführt sind - jeweils selbst nachzuvollziehen.

$$\begin{aligned}
r_{x_1,x_3} &= 1/K \sum(\lambda_{11}\xi_{1k} + \delta_{1k})(\lambda_{32}\xi_{2k} + \delta_{3k}) &=& \lambda_{11}\lambda_{32}\phi_{\xi_1,\xi_2} \\
r_{x_1,x_4} &= 1/K \sum(\lambda_{11}\xi_{1k} + \delta_{1k})(\lambda_{42}\xi_{2k} + \delta_{4k}) &=& \lambda_{11}\lambda_{42}\phi_{\xi_1,\xi_2} \\
r_{x_2,x_3} &= 1/K \sum(\lambda_{21}\xi_{1k} + \delta_{2k})(\lambda_{32}\xi_{2k} + \delta_{3k}) &=& \lambda_{21}\lambda_{32}\phi_{\xi_1,\xi_2} \\
r_{x_2,x_4} &= 1/K \sum(\lambda_{21}\xi_{1k} + \delta_{2k})(\lambda_{42}\xi_{2k} + \delta_{4k}) &=& \lambda_{21}\lambda_{42}\phi_{\xi_1,\xi_2} \\
r_{x_3,x_4} &= 1/K \sum(\lambda_{32}\xi_{2k} + \delta_{3k})(\lambda_{42}\xi_{2k} + \delta_{4k}) &=& \lambda_{32}\lambda_{42} \\
r_{x_1,x_1} &= 1/K \sum(\lambda_{11}\xi_{1k} + \delta_{1k})^2 &=& \lambda_{11}^2 + \delta_{1k}^2 \\
r_{x_2,x_2} &= 1/K \sum(\lambda_{21}\xi_{1k} + \delta_{2k})^2 &=& \lambda_{21}^2 + \delta_{2k}^2 \\
r_{x_3,x_3} &= 1/K \sum(\lambda_{32}\xi_{2k} + \delta_{3k})^2 &=& \lambda_{32}^2 + \delta_{3k}^2 \\
r_{x_4,x_4} &= 1/K \sum(\lambda_{42}\xi_{2k} + \delta_{4k})^2 &=& \lambda_{42}^2 + \delta_{4k}^2
\end{aligned}$$

Die modelltheoretische Korrelationsmatrix stellt sich im Ergebnis dann wie folgt dar:

Modelltheoretische Korrelationsmatrix

$$\hat{\Sigma} = \begin{array}{c} \\ X_1 \\ X_2 \\ X_3 \\ X_4 \end{array} \begin{array}{c} \begin{array}{cccc} X_1 & X_2 & X_3 & X_4 \end{array} \\ \left(\begin{array}{cccc} \lambda_{11}^2 + \delta_1^2 & & & \\ \lambda_{11}\lambda_{21} & \lambda_{21}^2 + \delta_2^2 & & \\ \lambda_{11}\lambda_{32}\phi_{\xi_1,\xi_2} & \lambda_{21}\lambda_{31}\phi_{\xi_1,\xi_2} & \lambda_{32}^2 + \delta_3^2 & \\ \lambda_{11}\lambda_{42}\phi_{\xi_1,\xi_2} & \lambda_{21}\lambda_{42}\phi_{\xi_1,\xi_2} & \lambda_{32}\lambda_{42} & \lambda_{42}^2 + \delta_4^2 \end{array} \right) \end{array}$$

Abbildung 3.11: Modelltheoretische Korrelationsmatrix im Beispiel

3 Konfirmatorische Faktorenanalyse

Die Matrix $\hat{\Sigma}$ macht deutlich, dass alle empirischen Korrelationen mit Hilfe der Modellparameter berechnet werden können. Ist ein Modell genau identifiziert (d.f. = 0), so kann unter Verwendung der empirischen Korrelationsmatrix (R) für jeden Modellparameter in ($\hat{\Sigma}$) eine eindeutige Lösung berechnet werden. Die Berechnungen seien hier beispielhaft für die Korrelationen r_{x_1,x_3} und r_{x_1,x_4} aufgezeigt:

Aus der empirischen Korrelationsmatrix (vgl. Abbildung 3.10) ist bekannt, dass:

$$r_{x_1,x_3} = 0,166; \quad r_{x_1,x_4} = 0,188 \text{ und } r_{x_3,x_4} = 0,611.$$

Weiterhin wissen wir aus der modelltheoretischen Matrix (vgl. Abbildung 3.11) $\hat{\Sigma}$, dass gilt:
$r_{x_1,x_3} = \lambda_{11}\lambda_{32}\phi_{\xi_1,\xi_2}$; $r_{x_1,x_4} = \lambda_{11}\lambda_{42}\phi_{\xi_1,\xi_2}$ und $r_{x_3,x_4} = \lambda_{32}\lambda_{42}$
(vgl. Abbildung 3.11).

Durch Division von r_{x_1,x_3} durch r_{x_1,x_4} folgt:

$$\frac{r_{x_1,x_3}}{r_{x_1,x_4}} = \frac{\lambda_{11}\lambda_{32}\phi_{\xi_1,\xi_2}}{\lambda_{11}\lambda_{42}\phi_{\xi_1,\xi_2}} = \frac{\lambda_{32}}{\lambda_{42}} \quad (a)$$

Da das Verhältnis von (a) den empirischen Korrelationen entsprechen muss, folgt:

$$\frac{\lambda_{32}}{\lambda_{42}} = \frac{0,166}{0,188} \text{ und somit folgt: } \lambda_{32} = 0,883\lambda_{42} \quad (b)$$

Setzen wir (b) in die modelltheoretische Berechnung von r_{x_3,x_4} ein, so ergibt sich bei Beachtung, dass empirisch $r_{x_3,x_4} = 0,611$ ist:

$$r_{x_3,x_4} = 0,883\lambda_{42}^2 = 0,611 \text{ und somit folgt: } \boldsymbol{\lambda_{42} = 0,832} \quad (c)$$

Wird (c) eingesetzt in (b) so folgt: $\boldsymbol{\lambda_{32} = 0,735}$

Bei überidentifizierten Modellen ergibt sich das Problem von nicht eindeutigen Lösungen

Die für λ_{32} und λ_{42} gefundenen Parameterschätzungen sind allerdings nicht eindeutig, da das Messmodell in unserem Beispiel überidentifiziert ist. Das bedeutet, dass es mehr empirische Informationen als Modellparameter (Anzahl an Freiheitsgraden > 0) gibt, wodurch sich keine eindeutigen Lösungen für die Parameterschätzungen finden lassen bzw. mehrere Lösungen denkbar sind. Werden zur Berechnung von λ_{32} und λ_{42} anstelle der empirischen Korrelationen r_{x_1,x_3} und r_{x_1,x_4} die Korrelationen r_{x_2,x_3} und r_{x_2,x_4} verwendet, so resultieren bei analoger Vorgehensweise die folgenden Werte: $\lambda_{32} = 1,094$ und $\lambda_{42} = 0,558$.[13]

---

[13] Nach der Iteration ergeben sich die in Abbildung 3.14 abgebildeten standardisierten Parameterschätzer, wobei die von uns errechneten (Näherungs-)Lösungen aber schon recht gut an die iterativen Parameterschätzungen ($\lambda_{32} = 0,980$; $\lambda_{42} = 0,623$) heranreichen.

Bei überidentifizierten Modellen werden deshalb die Modellparameter *iterativ* geschätzt, wobei hierfür die Vorgabe sog. Startwerte erforderlich ist. Diese Startwerte sollten dabei sinnvoll, z. B. anhand der aufgezeigten Berechnungen, gewählt werden, damit der Schätzalgorithmus möglichst schnell konvergiert, d. h. stabile Schätzungen hervorbringt. Auch bei der iterativen Schätzung der Modellparameter lautet die Zielsetzung, die Differenz zwischen der modelltheoretischen Varianz-Kovarianz-Matrix ($\hat{\Sigma}$) und der empirischen Korrelationsmatrix (R) bzw. Varianz-Kovarianz-Matrix der Stichprobe (S) zu minimieren.[14] Zur Abbildung dieser Differenz können unterschiedliche *Diskrepanzfunktionen (discrepancy functions)* verwendet werden, die im Rahmen des Schätzalgorithmus jeweils minimiert werden. Das Programmpaket AMOS, auf das im Folgenden zurückgegriffen wird, stellt mehrere Schätzverfahren zur Verfügung, die sich im Hinblick auf Verteilungsannahmen, die Reaktion der Schätzung auf unterschiedliche Skalierung der Indikatoren und die Bereitstellung von Inferenzstatistiken unterscheiden.[15] Im Folgenden konzentrieren wir die Betrachtung auf die *Maximum-Likelihood-Methode (ML)*, die folgende Diskrepanzfunktion (F) verwendet:

Lösung der Problematik überidentifizierter Modelle mit Hilfe iterativer Schätzalgorithmen

Diskrepanzfunktion der Maximum-Likelihood-Methode

$$F_{ML} = \log\left|\sum\right| + tr\left(S\sum\nolimits^{-1}\right) - \log|S| - (m+t) \qquad (3.13)$$

mit:

m = Anzahl der manifesten Variablen
t = Anzahl der zu schätzenden Modellgrößen
$\sum$ = modelltheoretische Kovarianzmatrix
S = empirische Kovarianzmatrix
tr = Summe der Diagonalelemente (Trace) einer quadratischen Matrix
$\log$ = Logarithmus

Wir verwenden hier die ML-Methode, da sie das wichtigste Schätzverfahren im Rahmen der Kovarianzstrukturanalyse darstellt, weshalb an dieser Stelle auf die Darstellung weiterer Schätzprozeduren verzichtet wird.[16] Diese herausragende Bedeutung verdankt die Methode dem Umstand, dass sie i. d. R. die effizienteste Methode zur Schätzung der Modellparameter darstellt. Außerdem sind ML-Schätzer skaleninvariant, d. h. Skalentransformationen verändern die Größe der Parameterschätzungen nicht. Allerdings wird dieser Vorteil der ML-Methode dadurch „erkauft", dass sie eine hinreichend große Stichprobe und eine Multinormalverteilung der Indikatorvariablen voraussetzt. Schließlich ist noch zu erwähnen, dass der Ausdruck $[F_{ML}(N-1)]$ einer Chi-Quadrat-Verteilung folgt, so dass ML-Schätzer auch einem statistischen Test unterzogen werden können.[17]

---

[14] Die Varianz-Kovarianz-Matrix ist eine quadratische und symmetrische Matrix, in der die Varianzen der manifesten Variablen in der Diagonalen und deren Kovarianzen unter- bzw. oberhalb der Diagonalen stehen.
[15] Vgl. Arbuckle (2013), S. 613 ff.
[16] Der interessierte Leser sei an dieser Stelle auf die Ausführungen von Weiber/Mühlhaus (2014), Kapitel 3.3.2.3, verwiesen, die diverse Schätzalgorithmen diskutieren.
[17] Vgl. zum Chi-Quadrat-Test die Ausführungen in Abschnitt 3.2.5.3.

3.2.5 Beurteilung der Schätzergebnisse

Die KFA stellt ein Instrument zum Test von reflektiven Messmodellen dar. Entsprechend ist der Beurteilung der Schätzergebnisse eine besondere Bedeutung beizumessen. Das generelle Ziel der Modellbeurteilung liegt dabei in der Prüfung des verwendeten Messmodells auf Reliabilität und Validität. Allgemein bezeichnet die *Reliabilität* das Ausmaß, mit dem wiederholte Messungen eines Sachverhaltes mit einem Messinstrument auch die gleichen Ergebnisse liefern. Bezogen auf den vorliegenden Fall der Verwendung multipler Items bedeutet dies, dass die einzelnen Indikatoren (interpretiert als unabhängige Messungen eines Sachverhaltes) möglichst ähnliche Ergebnisse im Sinne hoher Korrelationen liefern sollten. Reliabilität kennzeichnet damit die *Zuverlässigkeit* bzw. Genauigkeit eines Messinstrumentes. Demgegenüber bezeichnet die *Validität* das Ausmaß, mit dem ein Messinstrument auch das misst, was es messen sollte. Validität kennzeichnet damit die *Gültigkeit* bzw. konzeptionelle Richtigkeit eines Messinstrumentes. Zur Prüfung eines reflektiven Messmodells ist grundsätzlich eine mehrstufige Vorgehensweise zu empfehlen:

1. *Prüfung auf Indikatorenebene:*
   Zunächst sollte eine Güteprüfung auf der Ebene der Indikatoren erfolgen, wobei hierzu vor allem die klassischen, aus der Testtheorie bekannten, Prüfmaße herangezogen werden sollten (z. B. Split-Half-Methode, Cronbachs Alpha, Item-to-Total-Correlation).[18] Diese Prüfung wird zweckmäßigerweise im Rahmen eines Pretests mit möglichst vielen Indikatoren vorgenommen, damit für die Hauptuntersuchung eine Bereinigung der Indikatoren durchgeführt werden kann und möglichst nur verlässliche Indikatoren in die Hauptstudie eingehen. Liegen dann die Daten der Hauptstudie vor, so ist abermals eine Prüfung auf Indikatorenebene und ggf. der Ausschluss von nicht geeigneten Indikatoren erforderlich, sodass für die endgültige Analyse nur verlässliche Indikatoren herangezogen werden.

2. *Prüfung auf Konstruktebene:*
   Bei der Prüfung auf Konstruktebene ist zu evaluieren, ob die Konstrukte durch die formulierten Indikatoren auch reliabel und valide gemessen werden. Auch hier kann auf Prüfkriterien der klassischen Testtheorie (z. B. Faktorreliabilität; durchschnittlich extrahierte Varianz, Fornell-Larcker-Kriterium) zurückgegriffen werden.[19] Darüber hinaus können die Ergebnisse der KFA vor allem zur Prüfung von Konvergenz- und Diskriminanzvalidität herangezogen werden.

---

[18] Vgl. z. B. Hildebrandt (1984), S. 41 ff.; Himme (2009), S. 376 ff.
[19] Vgl. z. B. Himme (2009), S. 384 ff.; Homburg/Giering (1996), S. 10 f; Huber et al. (2007), S. 34 ff.

3. *Prüfung auf Modellebene:*
Zentrales Anliegen der Prüfung auf Modellebene ist die Beantwortung der Frage, wie gut die mit Hilfe der Parameterschätzungen errechenbare modelltheoretische Varianz-Kovarianz-Matrix ($\hat{\Sigma}$) die empirische Varianz-Kovarianz-Matrix (S) reproduzieren kann. Je besser die Matrix $\hat{\Sigma}$ an die Matrix S angepasst ist, desto größer wird der sog. Fit eines Messmodells angesehen. Die Modellprüfung kann dabei „isoliert" für das formulierte Modell (sog. default model) oder im Hinblick auf Vergleichsmodelle erfolgen.

Im Folgenden konzentrieren wir uns im Rahmen der obigen Schritte jeweils auf diejenigen Prüfmöglichkeiten, die mit Hilfe der Ergebnisse einer KFA durchgeführt werden können und von AMOS auch bereitgestellt werden, bzw. aufbauend auf diesen Ergebnissen aus AMOS durch wenige Schritte berechnet werden können. Prüfkriterien, die der allgemeinen Test- und Messtheorie entstammen, werden hingegen nicht behandelt. Die im Folgenden betrachteten Gütekriterien sind in Abbildung 3.12 im Überblick dargestellt.[20]

Kriterien zur Beurteilung der Schätzergebnisse

1. **Prüfung auf Indikatorenebene (Abschnitt 3.2.5.1):**
   - Plausibilitätsbetrachtung (Vorzeichen der Faktorladungen positiv)
   - Signifikanz der Faktorladungen (C. R. > 1,96)
   - Quadrierte Faktorladungen (Werte > 0,5)

2. **Prüfung auf Konstruktebene (Abschnitt 3.2.5.2):**
   - Faktorreliabilität (Werte > 0,5)
   - Durchschnittlich je Faktor extrahierte Varianz (DEV-Werte > 0,5)
   - Diskriminanzvalidität anhand des Fornell/Larcker Kriteriums (DEV > Quadrierte Korrelationen der Konstrukte)

3. **Prüfung auf Modellebene (Abschnitt 3.2.5.3):**
   - χ^2 und $\chi^2/d.f.$ (akzeptable Modellgüte bei Werten < 2-3)
   - RMSEA (akzeptable Modellgüte bei Werten < 0,05),
   - SRMR (akzeptable Modellgüte bei Werten < 0,1).

Abbildung 3.12: Prüfkriterien zur Evaluation von Messmodellen

3.2.5.1 Plausibilitätsprüfung der Parameterschätzungen

Die KFA selbst liefert unter Verwendung von AMOS nur wenige statistische Kriterien zur Reliabilitäts- und Validitätsprüfung der Indikatoren. Allerdings können die gängigsten Kriterien der klassischen Testtheorie in SPSS mit Hilfe der Prozedur „Reliability" (Menüauswahl: Analysieren → Skalierung → Reliabilitätsanalyse) bestimmt werden. Da die Konstruktion eines Messmodells auf der Basis fundierter theoretischer und/oder sachlogischer Überlegungen erfolgen muss, ist allerdings auch der *Plausibilitätsprüfung* der Parameterschätzungen eine herausragende Bedeutung zur sachlogischen Beurteilung der „Brauchbarkeit" eines Messmodells beizumessen.

Plausibilitätsprüfung zur sachlogischen Beurteilung eines Messmodells

---
[20] Vgl. hierzu und zu weiteren Prüfkriterien Weiber/Mühlhaus (2014), Kapitel 9.

3 Konfirmatorische Faktorenanalyse

In AMOS wird unter der Bezeichnung „*Regression Weights*" zunächst die sog. *unstandardisierte Lösung* der Modellparameter ausgegeben, die für unser Margarinebeispiel folgende Ergebnisse liefert:

Regression Weights: (Group number 1 – Default model)

			Estimate	S. E.	C. R.	P
Vitamin	⇐	K1: Gesundheitsgrad	,852	,708	1,203	,229
Fettsäure	⇐	K1: Gesundheitsgrad	1,468	1,139	1,289	,197
Brateig	⇐	K2: Verwendungsbreite	2,052	1,383	1,483	,138
Streichf	⇐	K2: Verwendungsbreite	1,102	,806	1,367	,172

Abbildung 3.13: Unstandardisierte Parameterschätzungen für das Margarinebeispiel

Unter „Estimate" sind die *partiellen nicht-standardisierten Regressionskoeffizienten* zwischen Indikatorvariablen und Faktoren (Konstrukten) aufgeführt, die den Kovarianzen zwischen den Indikatorvariablen und den Faktoren entsprechen. So beträgt z. B. zwischen dem Indikator „Streichfähigkeit" und dem Konstrukt „Verwendungsbreite" das partielle nicht-standardisierte Regressionsgewicht 1,102. Allerdings sind diese Parameterschätzungen sog. Punktschätzungen, d. h. für jeden Parameter wird nur ein konkreter Wert berechnet. Da unsere Erhebung aber nur *eine* von vielen Stichproben aus der Grundgesamtheit darstellt, können diese Schätzungen variieren, wenn andere Stichproben aus der Grundgesamtheit gezogen worden wären. Für alle geschätzten Parameter werden deshalb die *Standardfehler der Schätzung* (*S. E.* = Standard Error) berechnet, die angeben, mit welcher Streuung bei den jeweiligen Parameterschätzungen zu rechnen ist. Sind die Standardfehler sehr groß, so kann dies ein Indiz dafür sein, dass die Parameterschätzungen nicht sehr zuverlässig sind. Das gilt in unserem Beispiel etwa für die nicht-standardisierten Regressionsgewichte zwischen Fettsäure und Gesundheitsgrad ($S.E. = 1,139$) und zwischen Brateignung und Verwendungsbreite ($S.E. = 1,383$). Weiterhin werden für alle *im Modell geschätzten Parameter* die sog. Critical Ratio (*C. R.*) wie folgt errechnet:

Berechnung der Critical Ratio für Modellparameter

Critical Ratio: $C.R._{\cdot j} = \pi_j / S.E._{\cdot j}$ (3.14)

mit:

π_j = unstandardisierter Wert des Parameterwerts j
$S.E._{\cdot j}$ = Standardfehler der Schätzung für Parameter j

Die Critical Ratios lassen sich für unser Beispiel leicht nachrechnen, indem die Parameterschätzungen durch die Standardfehler geteilt werden. So ergibt sich z. B. der *C. R.* für den unstandardisierten Regressionskoeffizienten zwischen „Vitamingehalt" und „Gesundheitsgrad" als (0,852/0,708) = 1,203. Mit Hilfe der *C. R.* als Prüfgröße kann unter der Annahme einer Multinormalverteilung der Ausgangsvariablen durch einen *t-Test* die Nullhypothese geprüft werden, dass die ermittelten Werte der Paramter sich nicht signifikant von null unterscheiden. Liegt der Wert von *C. R.* absolut über 1,96, so kann diese Nullhypothese mit einer Irrtumswahrscheinlichkeit von 5 % verworfen werden.[21] Werte über 1,96 sind dann ein Indiz dafür, dass die entsprechenden Parameter einen gewichtigen Beitrag zur Bildung der Modellstruktur liefern.

---

[21] Der kritische Wert von 1,96 ist dabei der Tabelle der t-Werte für den zweiseitigen Test mit $\alpha = 5\%$ und $d.f. = \infty$ zu entnehmen.

In unserem Beispiel ist das leider für keinen der Parameter der Fall. Allerdings ist auch zu berücksichtigen, dass unsere Berechnungen auf einer sehr kleinen Stichprobe basieren ($N = 20$) und auch unsere Indikatoren nicht multinormalverteilt sind. Weiterhin wird mit P die Wahrscheinlichkeit eines zweiseitigen Tests angegeben, dass der Modellparameter in der Population null ist. Ist der P-Wert $< 0,001$, so gibt AMOS drei Sterne aus (***), die anzeigen, dass der Modellparameter mit einer Irrtumswahrscheinlichkeit von 0,001 signifikant von null verschieden ist. Dabei ist zu beachten, dass die P-Werte nur bei großen Stichproben und bei normalverteilten Parameterschätzern korrekt berechnet werden können. Für unser Beispiel zeigt sich auch hier, dass danach alle Parameterschätzungen nicht signifikant von null verschieden sind.

Da Kovarianzen immer vor dem Hintergrund der verwendeten Erhebungsskala betrachtet werden müssen, sollte zur Interpretation auf die standardisierte Lösung zurückgegriffen werden, die für unser Beispiel in Abbildung 3.14 wiedergegeben ist.

> Beispielhaftes Pfadmodell auf der Basis standardisierter Regressionsgewichte

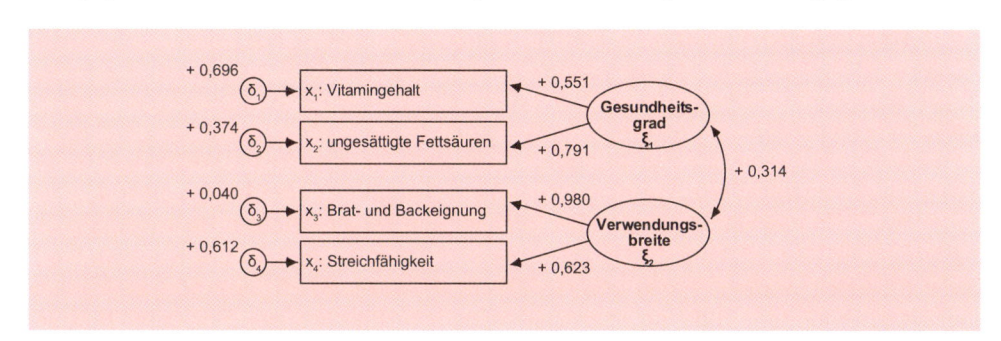

Abbildung 3.14: Standardisierte Parameterschätzungen für das Margarinebeispiel

Die standardisierte Lösung bestätigt zunächst die theoretisch formulierten Zusammenhänge. Alle Vorzeichen der Faktorladungen (Standardized Regression Weights) sind positiv, und es zeigen sich mit Werten $> 0,5$ auch akzeptable Ladungen. Allerdings wird auch deutlich, dass die Messfehler der Indikatoren, mit Ausnahme des Indikators „Brat- und Backeignung" relativ hoch sind, was gegen die Reliabilität der Messung spricht.

Die *Reliabilität* einer Variablen rel (x_i) spiegelt den Grad wider, mit dem die Messung einer Variablen i frei von zufälligen Messfehlern ist. In AMOS werden die quadrierten multiplen Korrelationskoeffizienten ausgegeben, die sich aus dem *Quadrat der jeweiligen Faktorladungen* ($rel(x_i) = \lambda_{ij}^2$) errechnen und im Fall der Indikatorvariablen deren Reliabilität widerspiegeln. Ergeben sich hier z. B. Werte größer als eins, so ist das ein Hinweis darauf, dass eine Fehlspezifikation im Modell vorliegt.[22] Als Grenzwert für die Indikatorreliabilität werden üblicherweise 0,4 oder 0,5 angegeben.[23] Das bedeutet, dass mindestens 40 bzw. 50 % der Varianz einer Messvariablen durch den dahinter stehenden Faktor erklärt werden sollten. In unserem Fall ist das nur für die Indikatoren „Fettsäuren" ($0,791^2 = 0,626$) und „Brat- und Backeignung" ($0,980^2 = 0,960$) erfüllt, während die Indikatoren „Vitamingehalt" ($0,551^2 = 0,304$)

> Grenzwert für die Indikatorreliabilität

---

[22] Treten derartig inplausible Ergebnisse auf, bei denen bspw. Korrelationen außerhalb des Definitionsbereichs von [-1;1] liegen, so spricht dies dafür, dass der Schätzalgorithmus keine sinnvolle Lösung gefunden hat. In solchen Fällen sollte von einer Interpretation der Ergebnisse Abstand genommen und eine Modifikation des Modells vorgenommen oder einzelne Ausreißer eliminiert werden.

[23] Vgl. stellvertretend Homburg/Giering (1996), S. 13.

3 Konfirmatorische Faktorenanalyse

und „Streichfähigkeit" $(0,623^2 = 0,389)$ demnach nicht reliabel gemessen wären (vgl. auch Abbildung 3.15).

3.2.5.2 Prüfung auf Konstruktebene

Prüfung auf Konstruktebene

Auch auf der Konstruktebene lassen sich mit Hilfe der Ergebnisse der KFA die sog. Faktorreliabilität und die durchschnittlich extrahierte Varianz (DEV) bestimmen:

Faktorreliabilität: [24] $$Rel(\xi_j) = \frac{(\sum \lambda_{ij})^2 \phi_{jj}}{(\sum \lambda_{ij})^2 + \sum \theta_{ii}} \quad (3.15)$$

Durchschnittlich Extrahierte Varianz:[25] $$DEV(\xi_j) = \frac{\sum \lambda_{ij}^2 \phi_{jj}}{\sum \lambda_{ij}^2 \phi_{jj} + \sum \theta_{ii}} \quad (3.16)$$

mit:
- λ_{ij} = geschätzte Faktorladung (Standardized Regression Weight)
- ϕ_{jj} = geschätzte Varianz der latenten Variable ξ_j (bei Fixierung = 1)
- θ_{ii} = geschätzte Varianz der zugehörigen Fehlervariablen ($= 1 - \lambda_{ij}^2$)

Diese Kriterien werden jedoch von AMOS nicht automatisch ausgewiesen, können aber relativ leicht mit Hilfe der Faktorladungen berechnet werden. Für unser Beispiel sind die Berechnungen gemäß den Gleichungen (3.18) und (3.19) in Abbildung 3.15 aufgeführt. Zu beachten ist dabei, dass die Varianzen der beiden latenten Variablen (ϕ_{jj}) im Rahmen der Modellspezifikation von uns auf eins fixiert wurden, d. h. es gilt: $\phi_{jj} = 1$. Die Fehlervarianz eines Indikators i berechnet sich im Fall von standardisierten Schätzergebnissen als: $\theta_{ii} = 1 - \lambda_{ij}^2$. Zusätzlich wurden in der Abbildung noch die Indikatorreliabilitäten aufgeführt, die den Ladungsquadraten entsprechen und in AMOS auch unter der Bezeichnung *„Squared Multiple Correlation"* direkt ausgegeben werden.

Squared Multiple Correlation

Im Gegensatz zu den Indikatorreliabilitäten deuten die Faktorreliabilitäten sowie die *DEV* auf eine hinreichend reliable Messung der beiden Konstrukte hin. Die Gründe für die unterschiedlichen Reliabilitäten von Indikatoren und Faktoren können in unserem vereinfachten Beispiel vor allem in der nur geringen Fallzahl, der Messung über nur zwei Indikatoren sowie der nicht hinreichend theoretisch fundierten Operationalisierung der Konstrukte gesehen werden.

---

[24]Faktorreliabilitäten ≥ 0,6 sprechen nach Bagozzi/Yi für eine reliable Konstruktmessung, vgl. Bagozzi/Yi (1988), S. 82.

[25]Vgl. Fornell/Larcker (1981), S. 46, die bei der durchschnittlich extrahierten Varianz (*DEV*) Werte oberhalb von 0,5 fordern, um von einer reliablen Messung ausgehen zu können.

3.2 Vorgehensweise

	Indikator	Ergebnisse der KFA			Reliabilitätsberechnungen		
		Faktor-ladungen	Ladungsquadr. (erkl. Var.)	Fehler-varianz	Indikator-reliabilität	Faktor-reliabilität	DEV
Gesundheit	Fettsäuren	0,791	0,6257	0,374	0,6257	0,6271	0,4646
(Varianz: 1,0)	Vitamingeh.	0,557	0,3036	0,696	0,3036		
	Summe	1,342	0,9293	1,071			
	Quadrate	1,801					
Verwendung	Streichfähigk.	0,623	0,3881	0,612	0,3881	0,7977	0,6743
(Varianz: 1,0)	Brat&Back	0,980	0,9604	0,040	0,9604		
	Summe	1,603	1,3485	0,651			
	Quadrate	2,5696					
Faktor-korrelation:		0,314					

Abbildung 3.15: Reliabilitätsberechnungen für das Rechenbeispiel

Darüber hinaus erlauben die Ergebnisse der KFA auch die Prüfung der *Diskriminanzvalidität* mit Hilfe des *Fornell/Larcker-Kriteriums*, das in der Forschung weite Verbreitung gefunden hat. Bei diesem Kriterium wird die durchschnittlich durch einen Faktor erfasste Varianz (DEV in Gleichung (3.16)) verglichen mit jeder quadrierten Korrelation (ϕ_{ij}^2), die der betrachtete Faktor i mit einem anderen Faktor j aufweist. Da die quadrierte Korrelation zwischen zwei Faktoren als gemeinsame Varianz dieser Faktoren interpretiert werden kann, liegt nach Fornell/Larcker Diskriminanzvalidität dann vor, wenn diese gemeinsame Varianz kleiner ist als die DEV eines Faktors.[26]

Fornell/Larcker-Kriterium zur Prüfung der Diskriminanzvalidität

Fornell/Larcker-Kriterium: $DEV(\xi_j) => \phi_{ij}^2$; für alle $i \neq j$ \hfill (3.17)

mit:
$DEV(\xi_j)$ = DEV des Faktors ξ_j gemäß Gleichung (3.16)
ϕ_{ij}^2 = quadrierte Korrelation zwischen ξ_i und ξ_j

Da in unserem Beispiel die Korrelation zwischen den beiden Faktoren 0,341 beträgt, ist die quadrierte Korrelation $0,341^2 = 0,099$ und somit kleiner als die DEV der beiden Konstrukte (0,465 bzw. 0,674; vgl. Abbildung 3.15). Das Fornell/Larcker-Kriterium ist damit in unserem Beispiel erfüllt, und es kann von einer ausreichend trennscharfen Messung der beiden latenten Variablen ausgegangen werden.

---

[26] Vgl. Fornell/Larcker (1981), S. 46.

3.2.5.3 Globale Gütekriterien der Modellprüfung

Inferenzstatistische und deskriptive Gütekriterien zur Prüfung des Modellfits

Zur allgemeinen Prüfung des Modellfits stellt AMOS eine Reihe von Prüfkriterien zur Verfügung, die sich nach inferenzstatistischen und deskriptiven Gütekriterien differenzieren lassen:

(a) Inferenzstatistische Gütekriterien der Modellbeurteilung

Das wichtigste inferenzstatistische Gütekriterium bildet der sog. *Chi-Quadrat-Test* (auch „Likelihood-Ratio-Test" genannt). Dieser Test entspricht einem Chi-Quadrat-Anpassungstest, und es wird folgende Nullhypothese H_0 gegen die Alternativhypothese H_1 geprüft:

H_0: Die modelltheoretische Varianz-Kovarianz-Matrix ($\hat{\Sigma}$) entspricht den wahren Werten der Grundgesamtheit.

H_1: Die modelltheoretische Varianz-Kovarianz-Matrix ($\hat{\Sigma}$) entspricht einer beliebig positiv definiten Matrix A.

Chi-Quadrat-Test als inferenzstatistisches Gütekriterium

Die zugehörige Prüfgröße Chi-Quadrat (χ^2) wird aus der ML-Diskrepanzfunktion gemäß Formel (3.18) berechnet und ist Chi-Quadrat-verteilt mit p (p+1) - t Freiheitsgraden (d.f.).

$$\text{Chi-Quadrat-Teststatistik: } \chi^2 = (N-1)F_j \qquad (3.18)$$

mit:

F_j = verwendete Diskrepanzfunktion j
N = Stichprobenumfang

Je geringer die Differenz $(S - \hat{\Sigma})$ ist, desto geringer ist auch der χ^2-Wert. AMOS weist zu dem errechneten χ^2-Wert die Wahrscheinlichkeit p (probability level) aus, dass die Ablehnung der Nullhypothese eine Fehlentscheidung darstellt.

In unserem Beispiel mit K=20 Befragungen und einem Freiheitsgrad (d.f.=1) wurde eine ML-Schätzung vorgenommen und die ML-Diskrepanzfunktion erreichte nach acht Iterationen ihr Minimum bei 0,01952632. Entsprechend errechnet sich der von AMOS unter der Kennung „Notes for model (default model)" ausgewiesene χ^2-Wert als 0,01952632*19 = 0,371. Als probability level wurde $p = 0,542$ ausgewiesen, d.h. die Nullhypothese sollte *nicht verworfen* werden, da eine Ablehnung mit einer Wahrscheinlichkeit von 0,542 ein Fehler wäre. Unser Modell kann damit als akzeptable Anpassung an die empirischen Daten angesehen werden bzw. es liegt weitgehende Äquivalenz von empirischer und modelltheoretischer Varianz-Kovarianz-Matrix vor.

Probleme bei der Interpretation des Chi-Quadrat-Wertes

Der Chi-Quadrat-Wert ist allerdings mit Vorsicht zu interpretieren. Das gilt insbesondere vor dem Hintergrund, dass er ein Maß für die Anpassungsgüte des *gesamten Modells* darstellt; also auch dann hohe Werte annimmt, wenn komplexe Modelle nur in Teilen von der empirischen Varianz-Kovarianz-Matrix abweichen. Weiterhin entspricht $(1 - p)$ der Irrtumswahrscheinlichkeit (Fehler 1. Art) der klassischen Testtheorie. In der Praxis werden Modelle häufig dann verworfen, wenn p kleiner als 0,1 ist.[27] Die Chi-Quadrat-Teststatistik ist somit nicht in der Lage, eine Abschätzung des Fehlers 2. Art vorzunehmen, d.h. es lässt sich keine Wahrscheinlichkeit dafür angeben, dass eine falsche Modellstruktur als wahr angenommen wird. Schließlich ist die Berechnung

---
[27] Vgl. Bagozzi (1980), S. 105.

des Chi-Quadrat-Wertes an eine Reihe von *Voraussetzungen* geknüpft und er ist nur dann eine geeignete Teststatistik, wenn[28]

- alle beobachteten Variablen multinormalverteilt sind (bei Verwendung des ML-Schätzalgorithmus)
- die durchgeführte Schätzung auf Basis der Varianz-Kovarianz-Matrix erfolgt (*nicht* Korrelationsmatrix)
- ein „ausreichend großer" Stichprobenumfang vorliegt;
- die Hypothese $S = \hat{\Sigma}$ (Modellparameter) exakt stimmt.

Diese Voraussetzungen sind bei praktischen Anwendungen jedoch häufig nicht erfüllt, weshalb zum einen „Anpassungen" in der Chi-Quadrat-Teststatistik vorgenommen wurden und zum anderen weitere Gütekriterien entwickelt wurden, die die Güteprüfung eines Modells unterstützen können. Bei praktischen Anwendungen ist es weit verbreitet, den Chi-Quadrat-Wert als „deskriptives" Gütemaß zu verwenden und ins Verhältnis zu den Freiheitsgraden zu setzen. Dabei wird von einem guten Modellfit dann ausgegangen, wenn dieses Verhältnis $\chi^2/\text{df} \leq 2,5$ ist.

Um die Probleme des χ^2-Tests zu umgehen, kann weiterhin auf die sog. Root-Mean-Square-Error of Approximation (RMSEA) zurückgegriffen werden. RMSEA ist ebenfalls ein *inferenzstatistisches* Maß und prüft, ob ein Modell die Realität gut approximieren kann und ist damit weniger „streng" formuliert als der χ^2-Test, der die Richtigkeit eines Modells prüft. RMSEA errechnet sich als Wurzel aus dem um die Modellkomplexität bereinigten, geschätzten Minimum der Diskrepanzfunktion in der Grundgesamtheit entsprechend Formel (3.19). Die Modellkomplexität wird dabei durch die Freiheitsgrade des Modells erfasst.

RMSEA als inferenzstatistisches Maß zur Umgehung der Probleme des χ^2-Tests

$$\textbf{RMSEA:} \ \{MAX \left[\frac{(\chi^2 - d.f.)}{(d.f.(K-g))} \right] ; 0\}^{0,5} \tag{3.19}$$

mit:
K = Stichprobenumfang
g = Anzahl betrachteter Gruppen (im Normalfall gilt: $g = 1$)
χ^2 = Chi-Quadrat-Wert des formulierten Modells
$d.f.$ = Anzahl der Freiheitsgrade

---

[28] Vgl. Reinecke (2005), S. 116 f.

3 Konfirmatorische Faktorenanalyse

Nach Browne und Cudeck lassen sich die Werte für den RMSEA wie folgt interpretieren:[29]

- $RMSEA \leq 0.05$: guter („close") Modellfit
- $RMSEA \leq 0.08$: akzeptabler („reasonable") Modellfit
- $RMSEA \geq 0.10$: inakzeptabler Modellfit

AMOS gibt zudem die Irrtumswahrscheinlichkeit für die Nullhypothese an, dass der RMSEA ≤ 0.05 ist (sog. PCLOSE-Wert). Ist diese Wahrscheinlichkeit kleiner als eine vorgegebene Irrtumswahrscheinlichkeit (z. B. $\alpha = 0.05$) kann auf einen guten Modellfit geschlossen werden. Für unser Beispiel folgt für den Zähler von RMSEA (0,371 - 1) = - 0,629, womit der Quotient negativ wird und somit keine Wurzel gezogen werden kann. Für RMSEA ergibt sich somit der Wert null. Für PCLOSE weist AMOS für unser Beispiel einen Wert von 0,552 aus, was auf einen inakzeptablen Modellfit hinweist.

(b) Deskriptive Gütekriterien der Modellbeurteilung

In der Anwendungspraxis wird die Annahme des χ^2-Tests, dass die modelltheoretische Varianz-Kovarianz-Matrix $\hat{\Sigma}$ eine strenge Funktion allein der Modellparameter ist, meist als unrealistisch betrachtet. Stattdessen wird die Frage gestellt, ob bei einer bestehenden Differenz zwischen S und $\hat{\Sigma}$, diese vernachlässigt werden kann. Gütekriterien, die auf diese Frage eine Antwort geben und nur einen *näherungsweisen bzw. approximativen* Modellfit untersuchen, werden als *Goodness-of-Fit-Indizes* bezeichnet und zählen zu den deskriptiven Gütemaßen. Gegenüber dem χ^2-Test sind diese Kriterien vor allem unabhängig vom Stichprobenumfang und relativ robust gegenüber Verletzungen der Multinormalverteilungsannahme.

Goodness-of-Fit-Indizes zur Untersuchung eines approximativen Modellfit

Eine einfache Möglichkeit den Modellfit zu überprüfen liefert die Differenzbildung zwischen der empirischen Varianz-Kovarianz einer Variablen und der modelltheoretisch errechneten Varianz-Kovarianz dieser Variablen. Es wird also die Differenz $S - \hat{\Sigma}$ betrachtet. Dieser Differenzwert wird zudem ins Verhältnis zu der Modellkomplexität gesetzt. Da die Skalierung der Indikatoren die Höhe von Varianzen und Kovarianzen beeinflusst, wird dieser Effekt durch eine Standardisierung vermieden. Das entsprechende Maß wird als *Standardized Root Mean Square Residual* (SRMR) bezeichnet, welches sich wie folgt berechnet:[30]

SRMR zur Überprüfung des Modellfits

$$\mathbf{SRMR} = \sqrt{\frac{2 \sum \sum (\frac{s_{ij} - \sigma_{ij}}{s_{ii}s_{jj}})^2}{m(m+1)}} \qquad (3.20)$$

mit:

s_{ij} = empirische Varianz-Kovarianz der Variablen x_{ij}
σ_{ij} = modelltheoretisch errechnete Varianz-Kovarianz der Variablen x_{ij}
m = Anzahl der Indikatoren

Schwellenwert für guten Modell-Fit: $SRMR \leq 0,10$

---

[29] Vgl. Browne/Cudeck (1993), S. 136 ff.
[30] Vgl. Jöreskog/Sörbom (1986), S. 39 ff.

Bei einem perfekten Modellfit läge eine vollkommene Übereinstimmung der modelltheoretischen Kovarianzen mit dem empirischen Datenmaterial vor; der SRMR würde folglich einen Wert von null annehmen. Daher gilt, je stärker sich der SRMR an null annähert, desto besser ist der Fit des Modells anzusehen. Laut Homburg/Klarmann/Pflesser ist ein SRMR-Wert von $\leq 0,05$ als gut anzusehen,[31] nach Hu/Bentler sind Werte $\leq 0,08$ akzeptabel,[32] wobei in der Literatur häufig bei einem weniger strengen Cutoff-Wert $\leq 0,1$ von einem akzeptablen Ergebnis gesprochen wird.[33]

Neben der „isolierten" Prüfung des Modellfits kann eine Modellbeurteilung auch dadurch erreicht werden, dass das formulierte Modell mit anderen Modellen verglichen wird. An dieser Stelle sei der geneigte Leser auf die Darstellungen von Weiber/Mühlhaus verwiesen, die unterschiedliche Kriterien zum Modellvergleich diskutieren.[34] So findet sich dort neben einer tiefer gehenden Erläuterung der Evaluation des Gesamtmodells im Speziellen auch eine weiterführende Darstellung der vergleichenden Evaluation durch alternative Modelle.

---

[31] Vgl. Homburg/Klarmann/Pflesser (2008), S. 288.
[32] Vgl. Hu/Bentler (1999), S. 27.
[33] Da der SRMR-Wert von AMOS zunächst nicht automatisch berechnet wird, muss unter dem Menüpunkt „Plugins" das Fenster „Standardized RMR" geöffnet werden. So wird bei allen nachfolgenden Modellschätzungen der SRMR in diesem Fenster ausgewiesen.
[34] Weiber/Mühlhaus (2014), S. 217 ff.

3.3 Fallbeispiel

3.3.1 Problemstellung

Im nachfolgenden Fallbeispiel erweitern wir die Betrachtungen aus unserem bisherigen Beispiel und unterstellen, dass unser Margarinehersteller neben dem wahrgenommenen „Gesundheitsgrad (ξ_1)" und der „Verwendungsbreite (ξ_2)" auch noch die „Wirtschaftlichkeit (ξ_3)" für den Verkaufserfolg seiner Margarine als besonders wichtig erachtet. Alle drei Konstrukte betrachtet er als eindimensional und kommt nach eingehenden sachlogischen Überlegungen zu dem Ergebnis, dass die in Abbildung 3.16 aufgeführten Indikatoren die Konstrukte sehr gut reflektieren müssten:[35]

Latente Variable	Messvariable (Indikatoren)
ξ_1: Gesundheitsgrad	x_1: Vitamingehalt x_2: Anteil ungesättigter Fettsäuren x_3: Kaloriengehalt
ξ_2: Verwendungsbreite	x_4: Brat- und Backeignung x_5: Streichfähigkeit x_6: Anteil tierischer Fette
ξ_3: Wirtschaftlichkeit	x_7: Preisniveau x_8: Packungsgröße x_9: Haltbarkeit

Abbildung 3.16: Indikatoren der hypothetischen Konstrukte

3.3.2 Vorgehensweise

3.3.2.1 Erstellung des Pfaddiagramms mit Hilfe von AMOS-Graphics

Verwendung von AMOS GRAPHICS zur Erstellung eines Pfaddiagramms

Konfirmatorische Faktorenanalysen werden im Rahmen von IBM SPSS mit Hilfe des eigenständigen Programms AMOS durchgeführt. Das Fallbeispiel wurde mit IBM SPSS AMOS 21 berechnet.[36] Dem Anwender wird durch das Untermodul „AMOS Graphics" eine Grafikoberfläche mit diversen Zeichenwerkzeugen zur Verfügung gestellt, mit deren Hilfe sich das Pfaddiagramm einer konfirmatorischen Faktorenanalyse leicht erstellen lässt. Die Grafikoberfläche, die nach Aufruf des Programms erscheint, ist in Abbildung 3.17 wiedergegeben. Auf die leere Fläche werden nun die einzelnen

Zeichenwerkzeuge von AMOS GRAPHICS zur Erstellung eines Pfaddiagramms

Elemente des Pfaddiagramms d. h. die latenten Konstrukte und die entsprechenden Messindikatoren mit Hilfe der jeweils geeigneten Werkzeuge gezeichnet. Zur Erstellung des Pfaddiagramms und zur Parameterschätzung stehen dem Anwender u. a. die in den Abbildungen 3.18 und 3.19 dargestellten Zeichenwerkzeuge und Schaltflächen zur Verfügung. Bei der Erstellung des Pfaddiagramms sollte mit dem Einzeichnen der latenten Variablen begonnen werden. Anschließend können durch Verwendung des Zeichenwerkzeuges ▦ beliebig viele Indikatoren mit entsprechenden Messfehlern hinzugefügt werden, indem so oft auf den Kreis der betreffenden latenten Variable

---

[35] Die Verfasser sind sich bewusst, dass die Reflektivität der Indikatoren durchaus angezweifelt werden kann. Aus Gründen der Didaktik und um eine Vergleichbarkeit mit den Fallbeispielen der anderen in diesem Buch behandelten Verfahren zu gewährleisten, wird im Folgenden jedoch unterstellt, dass es sich um reflektive Indikatoren handelt. Inwieweit diese Unterstellung angemessen ist, möge der Leser anhand der in Abschnitt 3.2.1 aufgeführten Prüffragen selbständig vornehmen.

[36] Vgl. Arbuckle (2013).

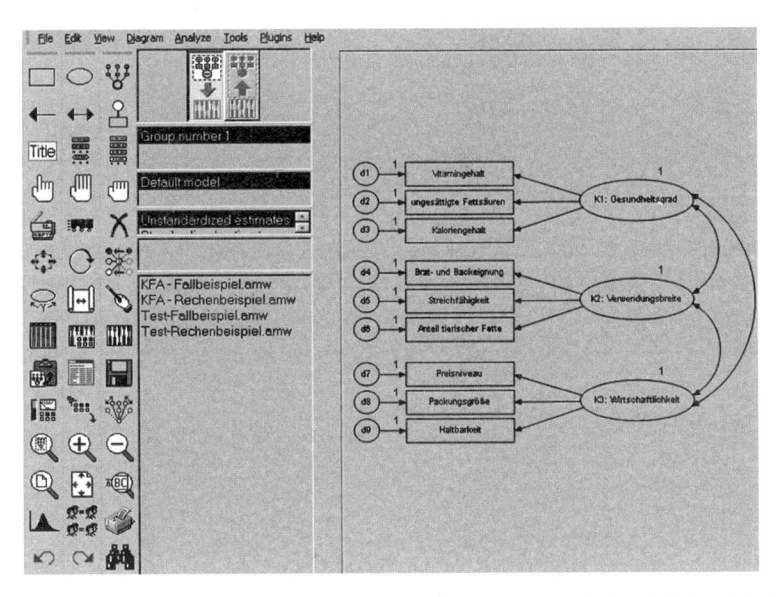

Abbildung 3.17: Grafikoberfläche und Toolbox von AMOS (Modul Graphics)

geklickt wird, wie Messindikatoren benötigt werden. Die richtige Position dieser Indikatoren kann durch Rotation um die latente Variable mit Hilfe des Werkzeuges ⊚ erreicht werden. Im Anschluss daran können dann die Kovarianzen zwischen den latenten Konstrukten unter Verwendung des Werkzeuges ↔ eingezeichnet werden. Zum Abschluss ist jede der eingezeichneten Variablen mit einer Bezeichnung zu versehen. Dies erfolgt durch Doppelklick auf die jeweilige Variable, woraufhin sich ein entsprechendes Dialogfenster öffnet.

Die Zuweisung der SPSS-Rohdaten zu einem Pfaddiagramm erfolgt durch die Menüauswahl File → Data Files... oder durch Anklicken des Symbols ▦ (Rohdatendatei festlegen). In dem sich daraufhin öffnenden Dialogfenster (vgl. Abbildung 3.20) erfolgt die Auswahl der entsprechenden Rohdatendatei durch Klick auf den Button „File Name". Neben SPSS werden auch weitere Dateiformate wie z.B. dBase, Excel, Foxpro, Lotus, MS Access oder Text unterstützt. Im vorliegenden Fallbeispiel umfasst der Datensatz 110 Fälle.

3 Konfirmatorische Faktorenanalyse

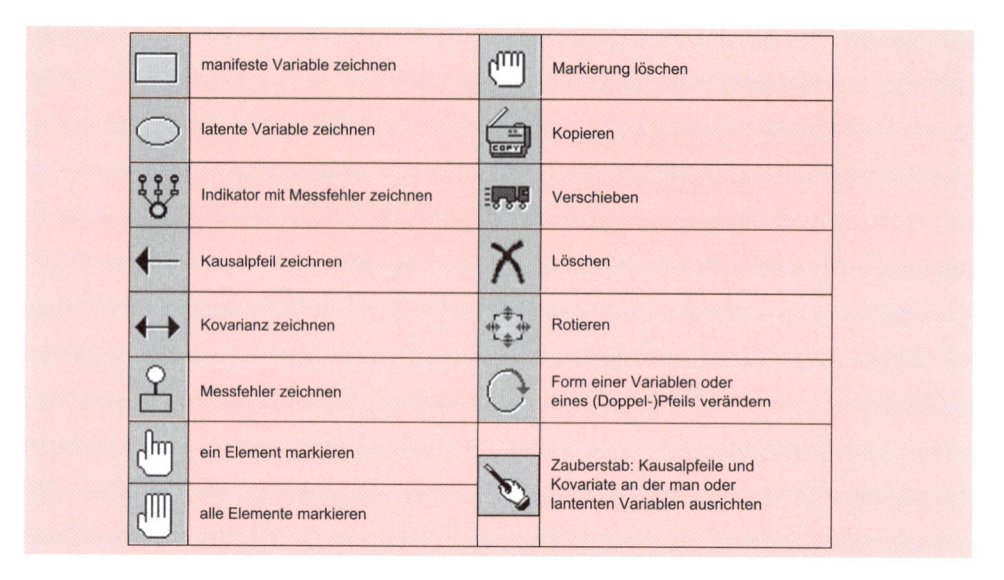

Abbildung 3.18: Ausgewählte Zeichenwerkzeuge zur Erstellung des Pfaddiagramms

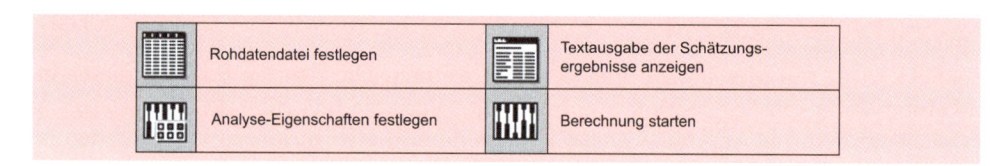

Abbildung 3.19: Schaltflächen zur Definition, zum Start und zur Ausgabe der Parameterschätzungen

3.3.2.2 Pfaddiagramm und Gleichungssystem für das Fallbeispiel

Umsetzung der Hypothesen im Fallbeispiel in ein Pfaddiagramm

Die Hypothesen zum Kaufverhalten bei Margarine lassen sich wie folgt in ein Pfaddiagramm überführen:

- Die Variablen x_1 bis x_9 stellen Messvariable für die drei latenten exogenen Variable dar und sind als Kästchen links im Pfaddiagramm darzustellen.

- Die drei latenten Variable sind rechts im Pfaddiagramm als Kreise darzustellen.

- Die Wirkungsrichtungen zwischen den betrachteten latenten Variablen und ihren manifesten (Mess-)Variablen werden dabei immer als positiv (+) unterstellt, d.h. dass höhere Werte der latenten Variable zu höheren Werten bei den jeweiligen Indikatoren führen.

- Da wir davon ausgehen müssen, dass bei der empirischen Erhebung *Messfehler* auftreten, werden für jede Variable Störgrößen d_1 bis d_9 berücksichtigt und in das Pfaddiagramm als kleine Kreise eingezeichnet.

Wir erhalten damit in einem ersten Schritt das in Abbildung 3.21 dargestellte Pfaddiagramm.[37] Es enthält alle Informationen, die bisher in den Hypothesen zum Kaufverhalten bei Margarine aufgestellt wurden.

Pfaddiagramm für das Fallbeispiel

---
[37] Das Pfaddiagramm in Abbildung 3.21 beinhaltet auch weitere Informationen z.B. bzgl. der Parameterrestriktionen, die jedoch erst an späterer Stelle besprochen werden.

3.3 Fallbeispiel

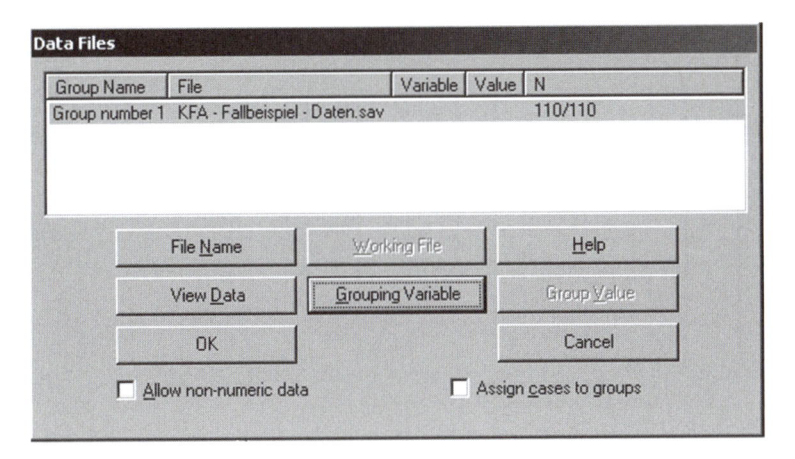

Abbildung 3.20: Dialogbox zur Auswahl der Rohdatendatei

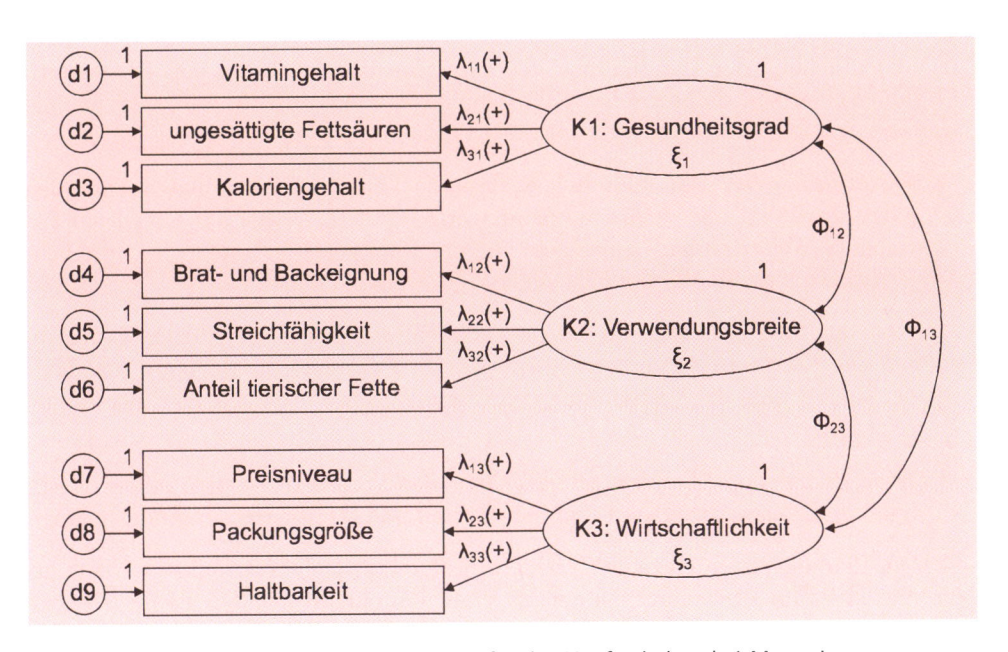

Abbildung 3.21: Pfaddiagramm für das Kaufverhalten bei Margarine

3 Konfirmatorische Faktorenanalyse

Gleichungssystem für das Fallbeispiel

Die Erstellung des Gleichungssystems für unser Margarinebeispiel erfolgt auf Basis des dargestellten Pfaddiagramms. Mit Hilfe der Regeln in Abbildung 3.16 lassen sich die folgenden Gleichungen, dargestellt in Matrixschreibweise, ableiten:

$$\begin{pmatrix} x_1 \\ x_2 \\ x_3 \\ x_4 \\ x_5 \\ x_6 \\ x_7 \\ x_8 \\ x_9 \end{pmatrix} = \begin{pmatrix} \lambda_{11} & 0 & 0 \\ \lambda_{21} & 0 & 0 \\ \lambda_{31} & 0 & 0 \\ 0 & \lambda_{42} & 0 \\ 0 & \lambda_{52} & 0 \\ 0 & \lambda_{62} & 0 \\ 0 & 0 & \lambda_{73} \\ 0 & 0 & \lambda_{83} \\ 0 & 0 & \lambda_{93} \end{pmatrix} \cdot \begin{pmatrix} \xi_1 \\ \xi_2 \\ \xi_3 \end{pmatrix} + \begin{pmatrix} \delta_1 \\ \delta_2 \\ \delta_3 \\ \delta_4 \\ \delta_5 \\ \delta_6 \\ \delta_7 \\ \delta_8 \\ \delta_9 \end{pmatrix} \quad (3.21)$$

bzw. $\mathbf{X} = \mathbf{\Lambda_x}\xi + \delta$

Anzumerken ist an dieser Stelle, dass die Aufstellung eines Gleichungssystems für die Berechnung eines Strukturgleichungsmodells mit AMOS nicht erforderlich ist. Die Darstellung dient hier nur zur Verdeutlichung der Überlegungen aus dem ersten Teil (Abschnitt 3.2.2). Wir wollen im Folgenden jedoch noch weitere Informationen bei der Schätzung unseres konfirmatorischen Faktorenmodells berücksichtigen, die aus sachlogischen Überlegungen resultieren.

3.3.2.3 Festlegung der Parameter für das Fallbeispiel

Parametertypen im Fallbeispiel

Zur Verdeutlichung der Handhabung der unterschiedlichen Typen von Parametern im Rahmen einer konfirmatorischen Faktorenanalyse wollen wir für unser Beispiel die Parameter wie folgt festlegen (vgl. auch das Pfaddiagramm in Abbildung 3.21):

1. *Feste Parameter:* Wir unterstellen, dass die Varianzen der latenten Variablen gleich groß sind und definieren damit var(ξ_1)=var(ξ_2)=var(ξ_3)=1 als feste Parameter. Weiterhin wird zur Schätzung der Parameter festgelegt, dass die Fehlervarianzen d_1 bis d_9 ebenfalls einen Wert von eins annehmen.

2. *Restringierte Parameter:* Im vorliegenden Fall wollen wir unterstellen, dass *theoretische Überlegungen* gezeigt haben, dass die Parameter unabhängig voneinander sind, sodass die Verwendung von restringierten Parameter hier nicht angezeigt ist.

3. *Freie Parameter:* Alle übrigen zu schätzenden Parameter werden in der in Abbildung 3.21 spezifizierten Form beibehalten und stellen *freie Parameter* dar.

Sollen im Pfaddiagramm einzelne Parameter festgesetzt oder restringiert werden, erfolgt dies ebenfalls über einen Doppelklick auf die entsprechenden Pfeile (Regressionsgewichte, entsprechen im Rahmen der konfirmatorischen Faktorenanalyse den Faktorladungen) bzw. manifesten oder latenten Variablen (Varianzen). Zur Fixierung von Parametern auf einen bestimmten Wert, können in der sich öffnenden Dialogbox (vgl. Abbildung 3.22) die gewünschten Regressionsgewichte oder Varianzen eingetragen werden. Ein Gleichsetzen von bestimmten Parametern erfolgt dadurch, dass statt

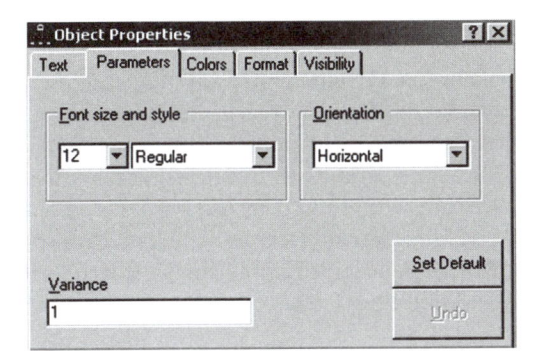

Abbildung 3.22: Dialogfelder zur Festlegung von Regressionsgewichten und Varianzen

einer Zahl (z. B. eins) bei den gleichzusetzenden Parametern jeweils der gleiche Buchstabe (z. B. a, b, c etc.) eingetragen wird.

Die obigen Überlegungen zur Bestimmung der Parameter in einem Hypothesensystem müssen bei praktischen Anwendungen *immer* aufgrund theoretischer Überlegungen *vorab* im Rahmen der Hypothesenformulierung aufgestellt werden. Wir haben hier lediglich aus didaktischen Gründen eine Trennung zwischen der Festlegung der Beziehungen in einem Hypothesensystem und der *vorab* bereits festlegbaren Stärke einzelner Beziehungen vorgenommen. Die Bestimmung der einzelnen Parameterarten hat auch einen Einfluss auf das Pfaddiagramm. Das Pfaddiagramm in Abbildung 3.21 kann damit als „endgültig" spezifiziert bezeichnet werden, da die Parameterrestriktionen bereits berücksichtigt sind.

Die Zahl der in unserem Modell zu schätzenden Parameter beträgt 21 und setzt sich wie folgt zusammen:

- Faktorladungen und Messfehler bzw. Störgrößen der Indikatorvariablen:
  $\lambda_{11}; \lambda_{21}; \lambda_{31}; \lambda_{42}; \lambda_{52}; \lambda_{62}; \lambda_{73}; \lambda_{83}; \lambda_{93}$ = 9 Modellgrößen

- Messfehler (Störgrößen) der Indikatorvariablen:
  $\delta_1; \delta_2; \delta_3; \delta_4; \delta_5; \delta_6; \delta_7; \delta_8; \delta_9$ = 9 Modellgrößen

- Weiterhin sollen die Korrelationen zwischen den latenten Variablen sowie deren Varianzen ($\phi_{12}; \phi_{13}; \phi_{23}$) geschätzt werden = 3 Modellgrößen

Damit beträgt die Anzahl an Freiheitsgraden 45-21=24, womit die Identifizierbarkeit des Modells gegeben ist (vgl. Formel (3.12) in Abschnitt 3.2.3).

3.3.2.4 Auswahl des Schätzverfahrens

Parameterschätzung durch Minimierung der Diskriminanzfunktion

Die Schätzung der unbekannten Parameter erfolgt nun mit dem Ziel, dass die modelltheoretische Kovarianzmatrix $\hat{\Sigma} = \hat{\Sigma}(\hat{\pi})$ sich der empirischen Kovarianzmatrix S möglichst stark annähert. Dies geschieht durch Minimierung der Diskrepanzfunktion F. Wie in Abschnitt 3.2.4 bereits erläutert, existieren zur Ermittlung der Parameter unterschiedliche iterative Schätzverfahren. Die Auswahl des entsprechenden Schätzalgorithmus erfolgt über den Menüpunkt View → Analysis Properties oder über einen Klick auf das Werkzeug ▦. Auf der Karte Estimation lässt sich das gewünschte Schätzverfahren auswählen (vgl. Abbildung 3.23).

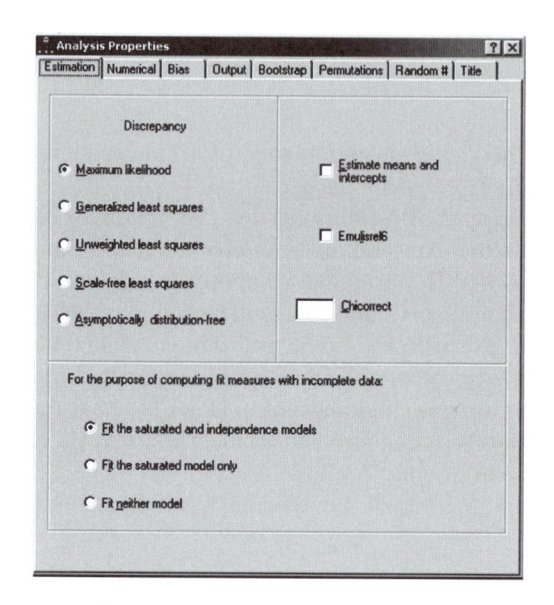

Abbildung 3.23: Dialogfenster „Estimation"

In unserem Fall verwenden wir die Maximum Likelihood-Methode (ML), da diese das in der Praxis am häufigsten angewendete Verfahren zur Schätzung einer theoretischen Faktorenstruktur ist. Die ML-Methode maximiert die Wahrscheinlichkeit dafür, dass die modelltheoretische Kovarianz- bzw. Korrelationsmatrix die betreffende empirische Kovarianz- bzw. Korrelationsmatrix erzeugt hat. Neben der Wahl des Schätzalgorithmus ist insbesondere noch die Spezifizierung der gewünschten Informationen, die als Ergebnis der Analyse ausgegeben werden sollen, von Bedeutung. Diese lassen sich in dem Dialogfenster Output (vgl. Abbildung 3.24) spezifizieren.

Spezifikationen zur Ergebnisausgabe

Sind alle gewünschten Analyseoptionen ausgewählt, kann die Schätzung der Parameter der KFA durch einen Klick auf ▦ (Berechnen) gestartet werden.

3.3 Fallbeispiel

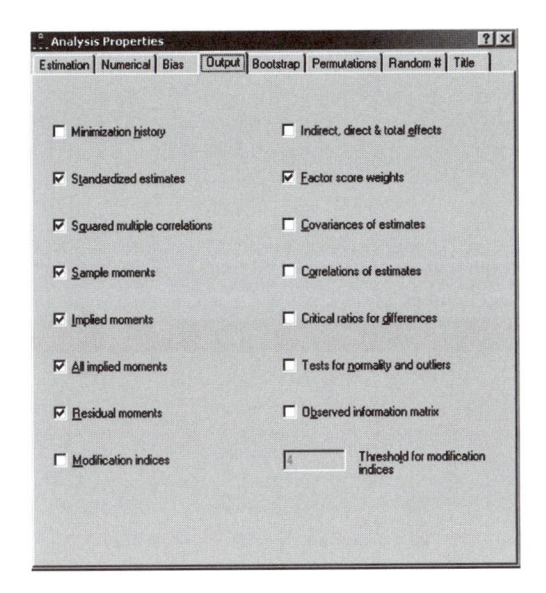

Abbildung 3.24: Dialogfenster „Output"

3.3.3 Ergebnisse der Parameterschätzungen

Nach erfolgter Parameterschätzung lassen sich die gewünschten Ergebnisse auf verschiedene Weise anzeigen. Die Parameterschätzer können durch einen Klick auf die zweite rechteckige Box oben links ▦ in Abbildung 3.17 direkt auf dem Pfaddiagramm angezeigt werden. Hier besteht die Wahl zwischen den unstandardisierten und den standardisierten Parameterschätzern. Die *standardisierte Lösung* hat den Vorteil, dass sie leichter interpretiert werden kann, da deren Werte betragsmäßig auf das Intervall von null bis eins fixiert sind. Dadurch können auch die Lambda-Matrizen als Faktorladungsmatrizen interpretiert werden. Alle weiteren angeforderten Informationen können in der Textausgabe abgerufen werden. Hierzu ist das Symbol ▦ (Textausgabe) anzuklicken.

Im Folgenden sollen die Ergebnisse der Modellschätzung für das Kaufverhalten bei Margarine mit Hilfe der ML-Methode ausführlich besprochen werden. Zunächst sind in der Outputdatei unter „Notes for Model" die Informationen zu den Parametern und Freiheitsgraden des Modells ausgewiesen. Darüber hinaus werden dem Anwender unter der Überschrift Sample Covariances und Sample Correlations die aus den Stichprobendaten errechneten empirischen Kovarianz- und Korrelationsmatrizen angezeigt (vgl. Abbildung 3.25).

Ergebnisse der Parameterschätzung

Unstandardisierte versus standardisierte Parameterschätzer

Modellschätzung mit Hilfe der ML-Methode

3 Konfirmatorische Faktorenanalyse

Sample Moments (Group number 1)
Sample Covariances (Group number 1)

	Haltbar	Packgr	Preis	Tierfette	Streichf	Brateig	Kalorien	Fettsäure	Vitamin
Haltbar	3,435								
Packgr	1,739	3,169							
Preis	2,416	2,324	4,052						
Tierfette	0,077	0,293	0,081	2,981					
Streichf	0,200	0,311	0,476	1,701	3,648				
Brateig	0,107	0,263	0,263	2,356	2,605	3,952			
Kalorien	-0,065	-0,563	-0,735	-0,221	-0,344	-0,500	3,446		
Fettsäure	-0,104	0,013	0,009	0,376	-0,310	-0,554	1,659	3,134	
Vitamin	-0,115	-0,199	-0,299	-0,385	-0,146	-0,449	2,119	2,054	3,371

Condition number = 10,526

Eigenvalues

9,473 7,386 6,438 1,957 1,675 1,272 1,066 1,019 ,900

Determinant of sample covariance matrix = 1837,591

Sample Correlations (Group number 1)

	Haltbar	Packgr	Preis	Tierfette	Streichf	Brateig	Kalorien	Fettsäure	Vitamin
Haltbar	1,000								
Packgr	0,527	1,000							
Preis	0,648	0,649	1,000						
Tierfette	0,024	0,095	0,023	1,000					
Streichf	0,056	0,091	0,124	0,516	1,000				
Brateig	0,029	0,074	0,066	0,687	0,686	1,000			
Kalorien	-0,019	-0,170	-0,197	-0,069	-0,097	-0,136	1,000		
Fettsäure	-0,032	0,004	0,002	-0,123	-0,092	-0,158	0,505	1,000	
Vitamin	-0,034	-0,061	-0,081	-0,122	-0,042	-0,123	0,622	0,632	1,000

Condition number = 10,834

Eigenvalues

2,705 2,079 1,895 ,584 ,509 ,389 ,314 ,275 ,250

Abbildung 3.25: Modellspezifikation und empirische Kovarianz- und Korrelationsmatrizen

Der Abbildung können die Korrelationen (sample correlations) zwischen den einzelnen Indikatoren entnommen werden, die z. B. für die in Abschnitt 3.2.4 dargestellte Berechnung der Pfadkoeffizienten notwendig sind. Es zeigt sich so, dass die Variablen „Haltbarkeit" und „Packungsgröße" mit 0,527 stark positiv korrelieren. Die ursprünglichen Varianzen der einzelnen Variablen können aus der Tabelle „sample covariances" abgelesen werden und befinden sich hier auf der Hauptdiagonalen. Die Variable „Preis" weist hier mit 4,052 die höchste Varianz auf, wohingegen die Variable „Tierfette" mit 2,981 eine deutlich geringere Varianz aufweist. Zusätzlich dazu gibt AMOS die Eigenwerte der Kovarianz- und Korrelationsmatrizen aus, anhand derer bereits auf die Dimensionalität der Datensätze rückgeschlossen werden kann. Diese Werte sind identisch mit den Ergebnissen, die anhand der Anwendung einer explorativen Faktorenanalyse (Verfahrensvariante: Hauptkomponentenanalyse) erzielt werden. Betrachtet man exemplarisch die Eigenwerte der Korrelationsmatrix, so zeigt sich, dass die ersten drei mit Werten von 2,705; 2,079 und 1,895 deutlich größer als die nachfolgenden sechs und allesamt größer als eins sind. Da bei der Korrelationsmatrix die Varianz der Variablen auf 1 standardisiert ist, bedeutet dies, dass die drei ersten Eigenwerte jeweils mehr Varianz repräsentieren als jede einzelne Variable für sich. Dies spricht dafür, dass ein Großteil der Varianz (74,2 % = 6,679/9 = (2,705+2,079+1,895) / (Summe der Varianzen der neun standardisierten Ausgangsvariablen)) anhand von drei Faktoren erklärt werden kann. Dies bestätigt insgesamt die vorliegende Faktorenstruktur, bei der unterstellt (bzw. vermutet) würde, dass die drei latenten Variablen „Gesundheitsgrad", „Verwendungsbreite" und „Wirtschaftlichkeit" für die Varianzen der entsprechenden Indikatoren ursächlich sind.

Die anhand der Parameterschätzung reproduzierten modelltheoretischen Kovarianz- und Korrelationsmatrizen werden ebenfalls von AMOS ausgewiesen. Sie können im Textoutput im Register „Estimates" und hier unter „Implied Covariances" bzw. „Implied Correlations" eingesehen werden. Unter Verwendung der ML-Methode wurden die einzelnen Parameter des Modells wie dargestellt geschätzt. Hierbei finden sich unter der Überschrift „Estimate" die unstandardisierten Parameterschätzer (vgl. Abbildung 3.26). Die Spalte S. E. enthält die Standardfehler der Schätzung. Dabei zeigt sich, wie erwartet, dass für alle Indikatorvariablen positive Parameterschätzer vorliegen. Betrachtet man nun die standardisierten Koeffizienten in der Tabelle „Standardized Regression Weigths", so zeigt sich, dass alle Koeffizienten Werte größer 0,7 aufweisen, wobei insbesondere die Variablen „Vitamingehalt", „Brat- und Backeignung" und „Preis" mit 0,873, 0,956 und 0,895 sehr hohe Werte aufweisen und damit am stärksten die latenten Variablen reflektieren.

Geschätzte Modellparameter nach der ML-Methode

3 Konfirmatorische Faktorenanalyse

Maximum Likelihood Estimates
Regression Weights: (Group number 1 - Default model)

			Estimate	S. E.	C. R.	P	Label
Vitamin	←	K1: Gesundheitsgrad	1,603	0,166	9,682	***	par_1
Fettsäure	←	K1: Gesundheitsgrad	1,275	0,163	7,837	***	par_2
Kalorien	←	K1: Gesundheitsgrad	1,322	0,172	7,700	***	par_3
Brateig	←	K2: Verwendungsbreite	1,900	0,168	11,326	***	par_4
Streichf	←	K2: Verwendungsbreite	1,370	0,171	8,012	***	par_5
Tierfette	←	K2: Verwendungsbreite	1,240	0,155	8,014	***	par_6
Preis	←	K3: Wirtschaftlichkeit	1,802	0,178	10,131	***	par_7
Packgr	←	K3: Wirtschaftlichkeit	1,292	0,162	7,963	***	par_8
Haltbar	←	K3: Wirtschaftlichkeit	1,342	0,169	7,960	***	par_9

Standardized Regression Weights: (Group number 1 - Default model)

			Estimate
Vitamin	←	K1: Gesundheitsgrad	0,873
Fettsäure	←	K1: Gesundheitsgrad	0,720
Kalorien	←	K1: Gesundheitsgrad	0,712
Brateig	←	K2: Verwendungsbreite	0,956
Streichf	←	K2: Verwendungsbreite	0,718
Tierfette	←	K2: Verwendungsbreite	0,718
Preis	←	K3: Wirtschaftlichkeit	0,895
Packgr	←	K3: Wirtschaftlichkeit	0,726
Haltbar	←	K3: Wirtschaftlichkeit	0,724

Covariances: (Group number 1 - Default model)

			Estimate	S. E.	C. R.	P	Label
K1: Gesundheitsgrad	↔	K2: Verwendungsbreite	-0,170	0,106	-1,601	0,109	par_10
K2: Verwendungsbreite	↔	K3: Wirtschaftlichkeit	0,083	0,107	0,779	0,436	par_11
K1: Gesundheitsgrad	↔	K3: Wirtschaftlichkeit	-0,109	0,112	-0,973	0,331	par_12

Correlations: (Group number 1 - Default model)

			Estimate
K1: Gesundheitsgrad	↔	K2: Verwendungsbreite	-0,170
K1: Gesundheitsgrad	↔	K2: Verwendungsbreite	0,083
K1: Gesundheitsgrad	↔	K2: Verwendungsbreite	-0,109

Abbildung 3.26: Ergebnisse der Parameterschätzung mit Hilfe der ML-Methode

3.3 Fallbeispiel

Variances: (Group number 1 - Default model)

	Estimate	S. E.	C. R.	P	Label
K1:Gesundheitsgrad	1				
K2:Verwendungsbreite	1				
K3:Wirtschaftlichkeit	1				
d1	0,800	0,311	2,571	0,011	
d2	1,509	0,275	5,496	***	
d3	1,699	0,306	5,543	***	
d4	0,340	0,353	0,964	0,333	par_16
d5	1,770	0,301	5,879	***	
d6	1,443	0,246	5,857	***	
d7	0,806	0,365	2,207	0,027	
d8	1,500	0,272	5,512	***	
d9	1,636	0,293	5,574	***	

Squared Multiple Correlations: (Group number 1 - Default model)

	Estimate
Haltbar	0,524
Packgr	0,527
Preis	0,801
Tierfette	0,516
Streichf	0,515
Brateig	0,914
Kalorien	0,507
Fettsäure	0,519
Vitamin	0,763

Abbildung 3.27: Ergebnisse der Parameterschätzung mit Hilfe der ML-Methode (Fortsetzung)

Die dargestellten Werte stellen Schätzgrößen für die Parameter unseres Modells dar. Mit ihrer Hilfe lassen sich die im vollständig spezifizierten Pfaddiagramm eingezeichneten Parameter quantifizieren. Die Ausgabe dieser Parameterschätzer in der standardisierten Lösung direkt auf dem Pfaddiagramm ist in Abbildung 3.28 wiedergegeben.

_{Standardisierte Lösung für das Fallbeispiel}

3 Konfirmatorische Faktorenanalyse

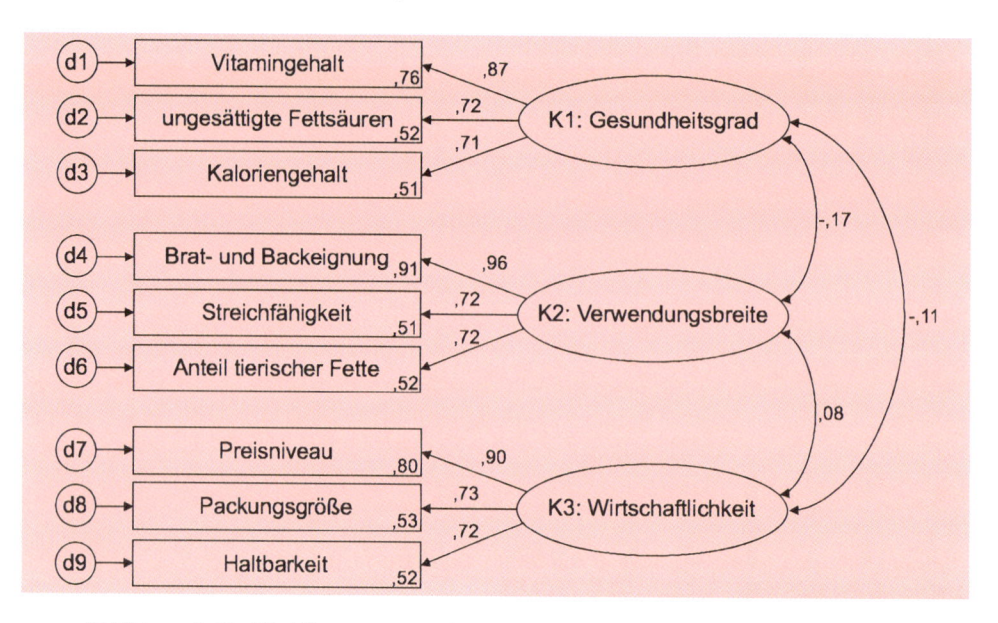

Abbildung 3.28: Pfaddiagramm mit Schätzergebnissen der standardisierten Lösung

Unstandardisierte Lösung

In der hier nicht dargestellten *unstandardisierten Lösung* stellen die Parametermatrizen des Messmodells *keine* Faktorladungsmatrizen dar. Dort sind lediglich die Regressionskoeffizienten zwischen den Messvariablen und den latenten Variablen enthalten. Darüber hinaus sind die Varianzen der einzelnen manifesten und latenten Variablen in der unstandardisierten Lösung nicht auf eins fixiert. Weiterhin werden die Beziehungen zwischen den latenten Variablen als Kovarianzen und nicht als Korrelationen angezeigt. Da im vorliegenden Fall jedoch die Varianz der latenten Variablen auf eins festgesetzt wurde, stimmen die Kovarianzen zwischen den latenten Variablen mit den Korrelationen überein. Die Angaben der unstandardisierten Lösung lassen sich aus Abbildung 3.26 (Regression Weights) ablesen.

Standardisierte Lösung

Demgegenüber sind in der *standardisierten Lösung* die Varianzen aller latenten und manifesten Variablen auf eins fixiert. Daher geben die standardisierten Regressionskoeffizienten (Abbildung 3.26; Standardized Regression Weights) Auskunft darüber, wie stark die Indikatorvariablen mit den hypothetischen exogenen Konstrukten korrelieren. Setzt man diese Faktorladungen ins Quadrat, so erhalten wir den erklärten Varianzanteil einer manifesten Variablen (Indikatorreliabilität), die unter der Überschrift „Squared Multiple Correlations" in Abbildung 3.27 abgedruckt sind. Diese Angaben werden von AMOS im Pfaddiagramm der standardisierten Lösung jeweils rechts über den manifesten Variablen angezeigt. So erklärt z. B. das Konstrukt „Gesundheitsgrad" $0,87^2 = 0,76$ der Varianz der Variablen „Vitamingehalt". Folglich bleibt ein Varianzanteil von $1 - 0,76 = 0,24$ unerklärt. d. h. lediglich 24 % der Einheitsvarianz der Variablen „Vitamingehalt" sind auf Messfehler und evtl. nicht berücksichtigte Variableneffekte zurückzuführen. Entsprechend sind auch die übrigen Werte zu interpretieren.

In der standardisierten Lösung werden außerdem die Beziehungen zwischen den latenten Variablen (Phi-Matrix) als Korrelationen dargestellt. Hierbei ist u. a. zu erkennen, dass die höchste Korrelation mit -0,17 zwischen „Gesundheitsgrad" und „Verwendungsbreite" besteht. Insgesamt jedoch sind die Korrelationen mit Werten von

3.3 Fallbeispiel

0,08 bis -0,17 betragsmäßig sehr gering, was dafür spricht, dass die latenten Variablen weitestgehend unkorreliert und damit als unabhängig voneinander anzusehen sind.

3.3.4 Beurteilung der Schätzergebnisse
3.3.4.1 Prüfung auf Indikatorenebene

Betrachtet man die Parameterschätzung insgesamt, so sind keine unplausiblen Parameter wie z. B. Korrelationen außerhalb des Definitionsbereichs von [-1;1] zu identifizieren. Weiterhin sind alle Pfadkoeffizienten positiv, weshalb das Gesamtmodell die erste Plausibilitätsprüfung besteht. Im Fall von unplausiblen Parameterschätzungen sollte eine Modifikation des Modells vorgenommen werden. Dies könnte z. B. über die Aufnahme weiterer oder den Ausschluss von Variablen erfolgen oder über die zusätzliche Festlegung oder Aufhebung von Parameterrestriktionen. Nachfolgend gilt es nun zunächst die Güteprüfung auf Indikatorenebene vorzunehmen. Dabei werden hier, wie in Abschnitt 3.2.5.1 auch nur diejenigen Prüfungen vollzogen, die anhand der Ergebnisoutputs von AMOS direkt möglich sind. Hierunter werden (1) die Examination der Signifikanzen der Pfadkoeffizienten und (2) das Quadrat der entsprechenden Faktorladungen betrachtet.

Güteprüfung auf Indikatorenebene

(1) Signifikanzprüfung der Pfadkoeffizienten:
Unter der Überschrift „Estimates" finden sich die unstandardisierten Parameterschätzer (vgl. Abbildung 3.26).

Die Spalte S. E. enthält die Standardfehler der Schätzung. Dabei zeigt sich, wie erwartet, dass für alle Indikatorvariablen positive Parameterschätzer vorliegen. Der Spalte C. R. ist zusätzlich dazu zu entnehmen, dass mit Werten von C. R. größer als 1,96 alle Parameter signifikant von null verschieden sind. In der Spalte P sind überdies Kategorien der sog. p-values angegeben. Dabei bedeuten drei Sterne (***), dass die Parameter zu einem Signifikanzniveau (Irrtumswahrscheinlichkeit) von 0,001 von null verschieden und damit hochsignifikant sind. Dies kann als erstes Indiz für eine verlässliche Messung dienen.

(2) Examination der quadrierten Faktorladungen:
In Abbildung 3.27 sind die von AMOS berechneten quadrierten Faktorladungen (Squared Multiple Correlations) ausgewiesen. Mit Werten von jeweils über 0,5 spricht dies für eine akzeptable Eignung der verwendeten Indikatorvariablen, da jeweils mehr als 50 % der Varianz der Ausgangsdaten über die Faktoren erklärt werden kann. So ist dem Modell auf Indikatorenebene insgesamt eine akzeptable Eignung zu bescheinigen. Sofern anhand der beiden Prüfungen auf Indikatorenebene Variablen identifiziert worden wären, deren Pfadkoeffizient entweder nicht signifikant von null verschieden oder aber einen nur geringen Wert aufweist, so sollte darüber nachgedacht werden diese aus der Analyse auszuschließen. Dabei müssen jedoch neben diesen statistischen Betrachtungen zwingend auch sachlogische Erwägungen seitens des Anwenders angestellt und eine Eliminierung von Indikatoren immer auch inhaltlich begründet erfolgen.

3.3.4.2 Prüfung auf Konstruktebene

Zur Evaluation der Modellgüte auf Ebene der drei Konstrukte „Gesundheitsgrad", „Verwendungsbreite" und „Wirtschaftlichkeit" werden die Faktorreliabilität, die durchschnittlich je Faktor extrahierte Varianz (DEV), sowie die Diskriminanzvalidität be-

Evaluation der Ergebnisse auf Konstruktebene

3 Konfirmatorische Faktorenanalyse

trachtet. Die Ergebnisse sind dabei basierend auf den AMOS-Outputs (vgl. Abbildung 3.26 und Abbildung 3.27) analog zur Vorgehensweise in Abschnitt 3.2.5.2 ermittelt worden. Dabei bestätigen sich die Erkenntnisse aus der Prüfung der Indikatorenebene auch hier. So zeigt sich, bezogen auf die Messung der drei Faktoren, dass mit Faktorreliabilitäten zwischen 0,814 beim Faktor „Gesundheitsgrad" und 0,844 beim Faktor „Verwendungsbreite" eine hohe Reliabilität besteht, die ebenso wie die durchschnittlich je Faktor extrahierte Varianz deutlich oberhalb der üblicherweise verwendeten Schwellenwerte von 0,5 liegen.[38] Insgesamt kann diese Prüfung auf eine hohe Eignung des Modells schließen lassen.

Reliabilitätsberechnungen für das Fallbeispiel

	Indikator	Ergebnisse der KFA			Reliabilitätsberechnungen		
		Faktor-ladung	Ladungs-quadrate	Fehler-varianz	Indikator-reliabilität	Faktor-reliabilität	DEV
Gesundheit (Varianz: 1,0)	Vitamingeh.	0,873	0,762	0,238	0,762	0,814	0,596
	Fettsäuren	0,720	0,518	0,482	0,518		
	Kalorien	0,712	0,507	0,493	0,507		
	Summe	2,305	1,787	1,213			
	Quadrate	5,313					
Verwendung (Varianz: 1,0)	Brat&Back	0,956	0,914	0,086	0,914	0,844	0,648
	Streichfähigk.	0,718	0,516	0,484	0,516		
	Tier. Fette.	0,718	0,516	0,484	0,516		
	Summe	2,392	1,945	1,055			
	Quadrate	5,722					
PreisLeistung (Varianz: 1,0)	Preis	0,895	0,801	0,199	0,801	0,827	0,617
	Packungsgr.	0,726	0,527	0,473	0,527		
	Haltbarkeit.	0,724	0,524	0,476	0,524		
	Summe	2,345	1,852	1,148			
	Quadrate	5,499					

Faktorkorrelationen:	Gesundheit	Ver-wendung
Verwendung	−0,170	
Preis-Leistung	−0,109	0,083

Quadrierte Faktorkorrelationen:	Gesundheit	Ver-wendung
Verwendung	0,029	
Preis-Leistung	0,012	0,007

Abbildung 3.29: Reliabilitätsberechnungen für das Fallbeispiel

Im Rahmen der Validitätsanalyse werden wir uns, wie in den meisten Anwendungen üblich, auf die Prüfung der Diskriminanzvalidität beschränken. Zur Abschätzung der „Trennschärfe" der Messung der drei Konstrukte wird auf das Fornell/Larcker Kriterium zurückgegriffen, bei dem die DEV mit den quadrierten Korrelationen zwischen den Konstrukten verglichen werden.

Da die durchschnittlich je Faktor extrahierten Varianzen (DEV) mit Werten von 0,596 (Gesundheitsgrad), 0,648 (Verwendungsbreite) und 0,617 (Wirtschaftlichkeit) allesamt deutlich höher sind, als die quadrierten Korrelationen zwischen den latenten Variablen mit Werten von 0,007 bis 0,029, ist insgesamt für alle Konstrukte Diskriminanzvalidität gegeben. Die in Abbildung 3.29 angegebenen quadrierten Korrelationen

---
[38] Vgl. Homburg/Giering(1996), S. 13.

zwischen den latenten Variablen werden von AMOS nicht ausgewiesen, dies muss der Anwender aus dem Ergebnisoutput „Estimates" und hier unter „Correlations" (vgl. Abbildung 3.26) selber vornehmen.

3.3.4.3 Globale Gütekriterien

Nach der Prüfung auf Konstruktebene gilt es nun das Gesamtmodell zu beurteilen. Hierzu betrachten wir zunächst die sog. globalen Gütekriterien, die von AMOS im Textoutput unter „Model Fit" ausgewiesen werden. Eine Trennung, wie wir sie hier vornehmen in „globale Gütekriterien" und „Güteprüfung im Modellvergleich" wird von AMOS nicht vorgenommen. Hier werden alle Kriterien zur Evaluation des Gesamtmodells gemeinsam unter „Model Fit Summary" ausgegeben.

Beurteilung des Gesamtmodells

Model Fit Summary

CMIN

Model	NPAR	CMIN	DF	P	CMIN/DF
Default model	21	16,473	24	0,87	0,686
Saturated model	45	0	0		
Independence model	9	395,186	36	0	10,977

RMR, GFI

Model	RMR	GFI	AGFI	PGFI
Default model	0,131	0,968	0,941	0,516
Saturated model	0	1		
Independence model	0,988	0,555	0,444	0,444

RMSEA

Model	RMSEA	LO 90	HI 90	PCLOSE
Default model	0	0	0,041	0,97
Independence model	0,303	0,276	0,33	0

SRMR = 0,037

Abbildung 3.30: Gütemaße zur Beurteilung des Gesamtmodells

Zunächst betrachten wir den χ^2-Wert, der von AMOS unter CMIN sowohl für das von uns geschätzte Modell (default model) als auch für das Basis- oder Nullmodell (independence model), bei dem alle Kovarianzen auf null gesetzt sind, angegeben wird. Das vorliegende Modell weist hier einen χ^2-Wert von 16,473 auf. Dieser Wert ist für sich betrachtet wenig aussagekräftig, da er stark von der Zahl an Freiheitsgraden (hier: 24) abhängt. Aus diesem Grund sollte er zur Modellbeurteilung immer durch die Zahl an Freiheitsgraden „normiert" werden. Der hieraus resultierende Wert von 0,686 kann nun direkt zur Beurteilung der Modellgüte verwendet werden, wobei kleinere Werte für eine höhere Anpassungsgüte des betrachteten Modells sprechen. In der Literatur gelten Werte kleiner als zwei (für Fallzahlen von ≤ 400) und kleiner als drei (für Fallzahlen von ≤ 800) als akzeptabel.[39] Zusätzlich hierzu wird von AMOS auch der p-Wert des χ^2-Tests ausgewiesen, der im vorliegenden Fall bei 0,87 liegt. Das bedeutet,

---

[39] Vgl. Heck (1998), S. 207.

dass die Ablehnung der Nullhypothese, dass das Nullmodell zutreffend ist, zu 87 % eine Fehlentscheidung darstellt. Insgesamt spricht diese erste Evaluation des Modells für eine sehr hohe Güte. Der SRMR-Wert von 0,0373 weist ebenfalls auf einen guten Modell-Fit hin.

Auch der RMSEA, mit einem Wert kleiner als 0,05, spricht für einen guten Modellfit. Hier sind zusätzlich noch die Werte LO90 und HI90 angegeben, da die Grenzen des 90 %-Konfidenzintervall des RMSEA zu interpretieren sind. Sie geben damit an, in welchem Bereich der RMSEA mit 90 % Wahrscheinlichkeit in der den Daten zugrunde liegenden Grundgesamtheit liegt. Da auch der Wert von HI90 mit 0,041 unterhalb des Grenzwertes von 0,05 liegt, können wir hier von einem sehr guten Modell ausgehen. Weiterhin gibt AMOS mit PCLOSE die Irrtumswahrscheinlichkeit des Tests an, dass der RMSEA nicht größer als 0,05 ist. Der Wert von PCLOSE=0,97 gibt damit die Wahrscheinlichkeit an, mit der eine Ablehnung der Nullhypothese H0: RMSEA $\leq$ 0,05 eine Fehlentscheidung darstellt. Der sehr hohe Wert von 97 % unterstreicht damit abermals die hohe Modelleignung.

3.4 Anwendungsempfehlungen

Die nachfolgenden Anwendungsempfehlungen sind in die Bereiche Modellbildung, Parameterschätzung und Beurteilung der Modellgüte unterteilt. Die Entscheidungen in diesen drei Bereichen sind zum einen in der Literatur stark diskutiert und überdies beeinflussen diese vom Anwender zu treffenden Entscheidungen die Güte einer KFA maßgeblich. Abschließend sind zwei weitere, für praktische Anwendungen relevante Verfahrensvarianten dargestellt:

Modellbildung:

- Die KFA ist ein *konfirmatorisches* Datenanalyseinstrument, d. h. eine aufgrund von a priori angestellten *theoretischen Betrachtungen gewonnene Theorie* oder sachlogisch eingehend fundierte Überlegungen sollen anhand eines empirischen Datensatzes überprüft werden. Bei der Modellformulierung ist deshalb eine besondere Sorgfalt geboten, da bei schlecht formulierten Theorien oder einer nur wenig begründete Sachlogik auch die Prüfung mittels KFA zu keinen befriedigenden Ergebnissen führen kann.

- Bei der Konstruktion der Messmodelle sollte im ersten Schritt eine größere Anzahl an Indikatoren identifiziert werden, die anschließend einer Tauglichkeitsprüfung zu unterziehen sind. In einem reflektiven Messmodell sollten die Indikatoren immer hoch korreliert sein, da bei geringen Korrelationen die Indikatoren nicht aus dem Indikatoruniversum entstammen können und somit schlechte Operationalisierungen des Konstruktes darstellen. Nicht hoch korrelierende Indikatoren sind zu eliminieren, da sie offensichtlich anderen, ggf. im Modell auch nicht enthaltenen Konstrukten, zuzuordnen sind. Für praktische Anwendungen werden meist drei bis vier Indikatoren je Konstrukt empfohlen. Weiterhin sollten die Indikatoren möglichst in der „Alltagssprache" formuliert werden, wobei auf verständliche und eindeutige Formulierungen zu achten ist.

- Die Anwendung der KFA setzt immer *reflektive Indikatoren* voraus. Damit besitzen aber viele der hier vorgetragenen Überlegungen für formative Messmodelle keine Gültigkeit. So ist z. B. dem von Churchill (1979) vorgetragenen Vorschlag, eine Itembereinigung mit Hilfe der Item-to-Total-Korrelation vorzunehmen, nur bei reflektiven Indikatoren zu folgen. In SPSS können die Item-to-Total- Korrelationen oder auch die Werte von Cronbachs Alpha über die Prozedur „Reliability" (Menüauswahl: Analysieren → Skalierung → Reliabilitätsanalyse) ermittelt werden. AMOS stellt hier leider keine Prozeduren bereit.

Parameterschätzung:

- Vor der Auswahl der entsprechenden Schätzprozeduren bei der KFA sollte vorab eine Prüfung der Ausgangsvariablen auf Multinormalverteilung erfolgen. Insbesondere bei der in praktischen Anwendungen oft genutzten Maximum Likelihood-Methode führen starke Verletzungen der Normalverteilungsannahme zu Verzerrungen der Teststatistiken, insbesondere des χ^2-Wertes. Verschiedene Simulationsstudien sprechen in diesem Kontext jedoch dafür, dass „moderate" Abweichungen von der Multinormalverteilung keinen nennenswerten Einfluss auf die Parameterschätzung ausüben.

- Zur Prüfung auf Normalverteilung der Ausgangsvariablen bietet AMOS unter „Analysis properties" → „Output" die Option „Test for normality and outliers". Hierbei ist neben den variablenspezifischen Wölbungs- und Schiefemaßen auch Mardias Maß der „Multivariaten Wölbung" für die gesamte Datenstruktur ausgewiesen. Von einer moderaten Verletzung der Normalverteilungsannahme ist auszugehen, wenn die variablenspezifischen Wölbungs- bzw. Schiefemaße betragsmäßig kleiner als zwei bzw. sieben sind und der C.R.-Wert zu Mardias Wölbungsmaß nicht größer als 2,57 ist.[40]

- Sofern eine starke Verletzung der Normalverteilungsannahme vorliegt, so bieten sich dem Anwender grundsätzlich zwei Optionen:

  (1) Zunächst können Fälle aus der Analyse ausgeschlossen werden, die sich deutlich von den anderen Fällen unterscheiden und damit insgesamt auch stark zur Verletzung der Normalverteilungsannahme beitragen. Diese Ausreißer werden in AMOS nach Aktivierung des „Test for normality and outliers" im Textoutput unter „Observations furthest from the centroid" angezeigt.

  (2) Alternativ zu der stark restriktiven Maßnahme des Ausschlusses von Fällen, kann der Anwender auch auf Schätzprozeduren wie z. B. Unweighted Least Squares (ULS) oder Weighted Least Squares (WLS) zurückgreifen, die bei der Schätzung der Parameter ohne die Annahme normalverteilter Ausgangsdaten auskommen.

Modellbeurteilung:

- Die in der Literatur häufig zu findende „mechanistische" Handhabung der Prüfung von Messmodellen anhand der Orientierung an statistischen Kriterien der Reliabilitäts- und Validitätsprüfung darf nicht zu Lasten der Inhaltsvalidität gehen! Auch invalide Messungen können hoch korrelieren.

---

[40] Vgl. Weiber/Mühlhaus (2014), S. 180 ff.

3 Konfirmatorische Faktorenanalyse

Charakteristika „guter" Modelle

- Ein „gutes" Modell sollte sich dadurch auszeichnen, dass es
  (1) die empirische Varianz-Kovarianz-Matrix möglichst fehlerfrei vorhersagt (gemessen an den dargestellten Gütekriterien des Chi-Quadrat-Tests, des RMSEA oder des SRMR);
  (2) mit möglichst wenigen zu schätzenden Parametern auskommt (Gütekriterien, die Modellsparsamkeit berücksichtigen, sind z. B. PCFI, PNFI);
  (3) deutlich besser ist als alternative Modelle (zum Vergleich unterschiedlicher und konkurrierender Modelle werden sog. Informationskriterien wie AIC, BIC oder ECVI herangezogen).

- Befindet sich der Anwender in der Situation der Modellanpassung oder des Modellvergleichs, so sollte nach der Spezifikation des endgültigen Modells dieses nochmals im streng konfirmatorischen Sinne geprüft werden.

Verfahrensvarianten der konfirmatorischen Faktorenanalyse:

Die Verfahrensvarianten der KFA betreffen primär Erweiterungen der Betrachtungsebene, wobei insbesondere folgende Verfahrensvarianten von Bedeutung sind:[41]

- Second-Order Faktorenanalyse:
  Bisher wurden lediglich Konstrukte betrachtet, die anhand von beobachtbaren Indikatoren gemessen werden, weshalb in diesem Zusammenhang auch von „Konstrukten erster Ordnung" gesprochen wird. Es kann jedoch vorkommen, dass sich hypothetische Konstrukte nicht direkt über Messmodelle mit manifesten Variablen messen lassen, sondern wiederum durch latente „Unterkonstrukte" beeinflusst werden (formativer Ansatz) bzw. diese verursachen (reflektiver Ansatz). Sofern das Konstrukt höherer Ordnung als Ursache der nachgelagerten Konstrukte erster Ordnung anzusehen ist, kann die unterstellte Faktorenstruktur (bei Konstrukten zweiter Ordnung) mit Hilfe der Second-Order-Faktorenanalyse im Rahmen der KFA geprüft werden. Andernfalls muss die Analyse mithilfe eines Strukturgleichungsmodells erfolgen.

- Mehrgruppen-Faktorenanalyse:
  Bei praktischen Fragestellungen ist häufig von Interesse, inwieweit sich für ein Faktorenmodell in verschiedenen Gruppen (z. B. Ländern, Kundensegmenten) unterschiedliche Effekte zeigen. Hierfür wird die sog. Mehrgruppen-Faktorenanalyse verwendet, die dem kovarianzanalytischen Ansatz folgt und daher ebenfalls reflektive Messmodelle erfordert. Dabei sind verschiedene Prüfebenen zu absolvieren, um herauszufinden, ob und zu welchem Ausmaß die Konstrukte in allen Gruppen dasselbe messen. Erst wenn eine Äquivalenz der Messmodelle sichergestellt ist, sind Gruppenvergleiche z. B. in Bezug auf die Ausprägungen der latenten Konstrukte oder die Pfadbeziehungen eines Strukturgleichungsmodells (sog. Mehrgruppenkausalanalyse) zulässig.[42]

---

[41] Eine anwendungsorientierte und für den Einsteiger geeignete Darstellung der nachfolgenden Verfahrensvarianten inkl. Fallbeispiele liefern Weiber/Mühlhaus (2014), Kapitel 12-14.
[42] Gute Darstellungen zur Vorgehensweise bei der Prüfung auf Messäquivalenz und der Durchführung einer Mehrgruppenanalyse mit latenten Konstrukten finden sich bei Steenkamp/Baumgartner (1998), S. 81 und Weiber/Mühlhaus (2014), Kapitel 14. Zur Möglichkeit von Mehrgruppenanalysen mit PLS vgl. Sarstedt/Henseler/Ringle (2011), S. 195 ff.

- MIMIC-Modelle:
Die KFA unterstellt immer *reflektive* Messmodelle der hypothetischen Konstrukte. Die Entscheidung hierfür hat der Anwender bei der Konzeptualisierung der Konstrukte aus sachlogischer Sicht zu treffen. Sollten diesbezügliche Überlegungen dazu führen, dass die Konstrukt-Operationalisierung zweckmäßigerweise über ein formatives Messmodell zu erfolgen hat, so ist die KFA nur wenig geeignet. In diesen Fällen sollte auf den PLS-Ansatz (Partial Least Squares) der Kausalanalyse zurückgegriffen und z. B. Smart PLS (www.smartpls.de) als Software verwendet werden.[43] Eine Möglichkeit zur Prüfung formativer Messmodelle mit AMOS und damit mit Hilfe des kovarianzanalytischen Ansatzes bietet aber die Verwendung eines sog. Multiple Indicators Multiple Causes (MIMIC-) Modells. Diese Modelle enthalten neben den formativen Indikatoren eines Konstrukts (Multiple Causes) zusätzlich noch ein vollständiges reflektives Messmodell (Multiple Indicators).

---

[43] Zum PLS-Ansatz siehe z. B. Bliemel et al. (2005); Hair et al. (2013); Weiber/Mühlhaus (2014), Kapitel 3.3.3 und Kapitel 15.

Literaturhinweise

A. Basisliteratur zur Konfirmatorischen Faktorenanalyse

Brown, T. A. (2006), Confirmatory Factor Analysis for Applied Research, New York u. a.

Child, D. (2006), The essentials of factor analysis, 3. Auflage, London u. a.

Hair, J. F./Black, W./Babin, B./Anderson, R. (2010), Multivariate Data Analysis, 7. Auflage, Englewood Cliffs (N. J.), Kapitel 12.

Homburg, C./Klarmann, M./Pflesser, C. (2008), Konfirmatorische Faktorenanalyse, in: Herrmann, A./Homburg, C./Klarmann, M. (Hrsg.): Handbuch Marktforschung, 3. Auflage, Wiesbaden, S. 271-303.

Weiber, R./Mühlhaus, D. (2014), Strukturgleichungsmodellierung – Eine anwendungsorientierte Einführung in die Kausalanalyse mit Hilfe von AMOS, SmartPLS und SPSS, 2. Auflage, Berlin / Heidelberg.

B. Zitierte Literatur

Arbuckle, J. L. (2013), IBM SPSS Amos 22 User's Guide, Chicago.

Bagozzi, R. (1980), Causal Models in Marketing, New York.

Bagozzi, R./Yi, Y. (1988), On the evaluation of Structural Equation Models, in: *Journal of the Academy of Marketing Science*, Vol. 16, Nr. 1, S. 74–94.

Blalock, H. (1964), Causal Inferences in Nonexperimental Research, Chapel Hill.

Bliemel, F./Eggert, A./Fassot, G./Henseler, J. (2005), Handbuch PLS-Pfadmodellierung: Methode, Anwendung, Praxisbeispiele, Stuttgart.

Bollen, K. (1989), Structural equations with latent variables, New York.

Brown, T. A. (2006), Confirmatory Factor Analysis for Applied Research, New York u. a..

Browne, M. W./Cudeck, R. (1993), Alternative Ways of Assessing Equation Model Fit, in: Bollen, K. A./Long, J. S. (Hrsg.): Testing Structural Equation Models, Newbury Park, S. 136–162.

Churchill, G. (1979), A Paradigm for Developing better Measures of Marketing Constructs, in: *Journal of Marketing Research*, Vol. 16, February, S. 64–73.

DiLiello, T./Houghton, J. (2008), Creative Potential and Practised Creativity: Identifying Untapped Creativity in Organizations, in: *Creativity and Innovation Management*, Vol. 17, Nr. 1, S. 37–46.

Egner-Duppich, C. (2008), Vertrauen beim Online-Kauf, Hamburg.

Fassott, G./Eggert, A. (2005), Zur Verwendung formativer und reflektiver Indikatoren in Strukturgleichungsmodellen: Bestandsaufnahme und Anwendungsempfehlungen, in: Bliemel, F./Eggert, A./Fassott, G./Henseler, J. (Hrsg.): Handbuch PLS-Pfadmodellierung, Stuttgart, S. 31–47.

Fornell, C./Larcker, D. (1981), Evaluating Structural Equation Models with Unobservable Variables and Measurement Error, in: *Journal of Marketing Research*, Vol. 18, S. 39–50.

Fugate, M./Kinicki, A. J. (2008), A dispositional approach to employability: Development of a measure and test of implications for employee reactions to organizational change, in: *Journal of Occupational and Organizational Psychology*, Vol. 81, Nr. 3, S. 503–527.

Hair, J. F./Hult, T. M./Ringle, C. M./Sarstedt, M. (2013), A Primer on Partial Least Squares Structural Equation Modeling (PLS-SEM), Thousand Oaks.

Heck, R. (1998), Factor analysis: Exploratory and Confirmatory Approaches, in: Marcoulides, G. A. (Hrsg.): Modern methods for business research, Mahwah, S. 177–216.

Hildebrandt, L. (1984), Kausalanalytische Validierung in der Marketingforschung, in: *Marketing ZFP*, Vol. 1, S. 41–51.

Himme, A. (2009), Gütekriterien der Messung: Reliabilität, Validität und Generalisierbarkeit, in: Albers, S./Klapper, D./Konradt, U./Walter, A./Wolf J. (Hrsg.): Methodik der empirischen Forschung, 3. Auflage, Wiesbaden, S. 375–390.

Homburg, C./Giering, A. (1996), Konzeptualisierung und Operationalisierung komplexer Konstrukte: ein Leitfaden für die Marketingforschung, in: *Marketing: Zeitschrift für Forschung und Praxis*, Vol. 18, Nr. 1, S. 5–24.

Homburg, C./Klarmann, M./Pflesser, C. (2008), Konfirmatorische Faktorenanalyse, in: Herrmann, A./Homburg, C./Klarmann, M. (Hrsg.): Handbuch Marktforschung, 3. Auflage, Wiesbaden, S. 271–303.

Hu, L.-T./Bentler, P. (1999), Cutoff Criteria for Fit Indexes in Covariance Structure Analysis: Conventional Criteria Versus New Alternatives, in: *Structural Equation Modelling*, Vol. 6, S. 1–55.

Huber, F./Herrmann, A./Meyer, F./Vogel, J./Vollhardt, K. (2007), Kausalmodellierung mit Partial Least Squares, Wiesbaden.

Jarvis, C./MacKenzie, S./Podsakoff, P. (2003), A Critical Review of Construct Indicators and Measurement Model Misspecification in Marketing and Consumer Research, in: *Journal of Consumer Research*, Vol. 30, Nr. 2, S. 199–218.

Jöreskog, K./Sörbom, D. (1986), LISREL VI: Analysis of linear structural relationships by maximum likelihood, instrumental variables, and least squares methods, Chicago.

Reinecke, J. (2005), Strukturgleichungsmodelle in den Sozialwissenschaften, München u.a.

Literaturhinweise

Sarstedt, M./Henseler, J./Ringle, C. M. (2011), Multigroup Analysis in Partial Least Squares (PLS) Path Modeling, in: *Advances in International Marketing*, Vol. 22, 195–218.

Steenkamp, J.-B./Baumgartner, H. (1998), Assessing measurement invariance in cross-national consumer research, in: *Journal of Consumer Research*, Vol. 25, S.78–90.

Steiger, J. (1990), Structural Model Evaluation and Modification: An Interval Estimation Approach, in: *Multivariate Behavioral Research*, Vol. 25, Nr. 2, S. 173–180.

Weiber, R./Adler, J. (2003), Der Wechsel von Geschäftsbeziehungen beim Kauf von Nutzungsgütern: Das Beispiel Telekommunikation, in: Rese, M./Söllner, A./Utzig, B. P. (Hrsg.): Relationship Marketing: Standortbestimmung und Perspektiven, Festschrift zum 60. Geburtstag von Wulff Plinke, Heidelberg, S. 71–104.

Weiber, R./Mühlhaus, D. (2014), Strukturgleichungsmodellierung – Eine anwendungsorientierte Einführung in die Kausalanalyse mit Hilfe von AMOS, SmartPLS und SPSS, 2. Auflage, Berlin / Heidelberg.

4 Auswahlbasierte Conjoint-Analyse

4.1	**Problemstellung**	**176**
4.2	**Vorgehensweise**	**180**
	4.2.1 Gestaltung der Stimuli	181
	4.2.2 Gestaltung der Auswahlsituationen	183
	4.2.3 Spezifikation eines Nutzenmodells	187
	4.2.4 Spezifikation eines Auswahlmodells	191
	4.2.5 Schätzung der Nutzenwerte	196
	4.2.5.1 Das Schätzproblem der CBCA	196
	4.2.5.2 Rechnerische Durchführung mit MS Excel	198
	4.2.6 Interpretation und Anwendung	212
	4.2.7 Disaggregation der Nutzenwerte	215
4.3	**Fallbeispiel**	**220**
	4.3.1 Problemstellung	220
	4.3.2 Auswertung mit MS Excel	225
	4.3.3 Auswertung mit SPSS	227
	4.3.4 Auswertung mit Sawtooth	232
	4.3.4.1 Die Sawtooth Software	233
	4.3.4.2 Erstellung des Erhebungsdesigns mit SSI Web	234
	4.3.4.3 Datenauswertung mit SMRT	245
	4.3.5 Zusammenfassung und Vergleich	246
4.4	**Modifikationen und Erweiterungen der CBCA**	**248**
	4.4.1 Das Logit-Preismodell	249
	4.4.2 Einbeziehung von soziodemographischen Variablen	257
	4.4.3 Verallgemeinertes Logit-Choice-Modell	262
4.5	**Anwendungsempfehlungen**	**262**
4.6	**Anhang: Konstruktion von Erhebungsdesigns**	**264**
	4.6.1 Vollständige faktorielle Designs	265
	4.6.2 Bildung von Choice Designs	266
	4.6.3 Gütekriterien	268
	4.6.4 Reduzierte faktorielle Designs	274
	4.6.5 Erzeugung eines orthogonalen Designs mit Orthoplan	276
	4.6.6 Erzeugung des Choice Designs mit Excel	280
	4.6.7 Verbalisierung des Choice Designs mit Plancards	281
	4.6.8 Erzeugung von orthogonalen Choice Designs mit Orthoplan	285
Literaturhinweise		**290**

4 Auswahlbasierte Conjoint-Analyse

4.1 Problemstellung

Conjoint-Analysen sind multivariate Methoden zur Analyse der Präferenzen bzw. *Nutzenstrukturen von Personen*. Insbesondere handelt es sich dabei um *dekompositionelle Verfahren*, die dadurch gekennzeichnet sind, dass sie aus empirisch erhobenen Gesamturteilen (Präferenzen) von Produkten auf die Bedeutung einzelner Eigenschaften und Eigenschaftsausprägungen dieser Produkte für die Präferenzbildung schließen. Die Objekte werden also zunächst ganzheitlich beurteilt (CONsidered JOINTly) und sodann werden diese Gesamtbeurteilungen mittels analytischer Methoden in ihre Komponenten, sog. *Teilnutzen*, zerlegt. Der Untersucher, z. B. der Hersteller eines Produktes, kann auf diese Weise in Erfahrung bringen, welche Eigenschaften seines Produktes für die potenziellen Verwender von besonderer Wichtigkeit sind.

<small>Dekompositionelle Verfahren</small>

Die bei einer Conjoint-Analyse betrachteten Produkte stehen in substitutiver Beziehung, d. h. sie bilden *Alternativen*, zwischen denen sich Personen zu entscheiden haben (z. B. Produkte einer Kategorie wie Zahncremes, Autos, TV-Geräte oder sonstige konkurrierende Angebote wie Fernsehsendungen oder Serviceleistungen). Oft handelt es sich dabei nur um Konzepte für potenzielle neue Produkte, die durch eine Kombination von Merkmalsausprägungen (Eigenschaftsprofile) repräsentiert werden. Aus psychologischer Sicht spricht man ganz allgemein auch von Stimuli.

Die Präferenzen von Personen bezüglich der betrachteten Stimuli können auf zwei Arten ermittelt werden, und zwar:

<small>Präferenzermittlung</small>

- **direkt** durch Abfrage von Präferenzurteilen. Dieses Vorgehen war in der Vergangenheit vorherrschend und wird als *Preference Based Conjoint-Analyse* bzw. *Traditionelle Conjoint-Analyse (TCA)* bezeichnet;

- **indirekt** durch Beobachtung oder Simulation von **Auswahlentscheidungen** zwischen Alternativen, in denen die Präferenzen der Entscheidungspersonen zum Ausdruck kommen. In diesem Fall sprechen wir von *auswahlbasierter Conjoint-Analyse* bzw. *Choice Based Conjoint-Analyse (CBCA)*.

<small>Ziel der Conjoint-Analyse</small>

Das Ziel der Conjoint-Analyse, sowohl der TCA wie auch der CBCA, bildet die Beantwortung folgender **Fragestellungen:**

- Welchen Nutzenbeitrag (Teilnutzen) leisten die Merkmalsausprägungen (Eigenschaftsausprägungen) eines Produktes zu dessen Gesamtnutzen? (z. B. welchen Teilnutzen bieten bei einem Pkw die alternativen Motorleistungen von 100, 140 und 180 PS?)

- Welche Wichtigkeit haben die verschiedenen Eigenschaften eines Produktes für die Nutzenbeurteilung (Präferenzbildung)? (z. B. wie wichtig ist die Motorleistung im Vergleich zum Fahrkomfort oder zur Fahrsicherheit?)

Eine Auswahl von praktischen Fragestellungen, die mit der CBCA beantwortet werden können, findet sich in Abbildung 4.1.

4.1 Problemstellung

Fragestellung	Eigenschaften	Eigenschaftsausprägungen
Welche Präferenzen haben Tennisspieler bei Tennisbällen?[1]	Verpackung Marke Preis	Plastikröhre, Plastiktasche, Dose, lose Head Team, Penn Prestige, Dunlop Power, No Name 8,00€, 19,20€, 30,40€, 41,60€
Welche Sendungen werden bei Pay-TV-Anbietern präferiert?[2]	Spielfilme Fußball Formel 1 Kinderprogramm	aktuelle Filme/Klassiker Topspiele, Fußball komplett F1 komplett, keine Formel 1 kein Kinderprogramm/Kinderprogramm
Welchen Einfluss haben Marke und Preis auf die Kaufentscheidung bei Verbrauchsgütern?[3]	Marke Preis	z. B. Geschirrspülmittel: Pril, Palmolive, Coin, Sunil, Fix, Ja, Una Preise zwischen 2,19 und 3,69 DM
Welche Zahnpasta bevorzugen Nachfrager?[4]	Marke Konsistenz Schutz vor Zahnstein Preis	Colgate, Aqua Fresh Paste, Gel ja, nein $1,74, $1,99; $2,39, $2,79
Wodurch wird die Wahl einer Wohnung bestimmt?[5]	Badezimmer Balkon Innenschallschutz Straßentyp Grünfläche Mietpreis	klein, groß begrenzt nutzbar, unbegrenzt nutzbar einfach, erhöht Hauptstraße, Nebenstraße einfach, umfangreich $10€/m^2$, $7€/m^2$

Abbildung 4.1: Ausgewählte, in der Literatur mit CBCA behandelte Fragestellungen

Der grundlegende Unterschied zwischen der in Kapitel 9 des Buches *Multivariate Analysemethoden* behandelten TCA und der im Folgenden zu behandelnden CBCA liegt im Erhebungsdesign und den daraus resultierenden Daten. Bei der TCA werden die Präferenzen bezüglich der betrachteten Stimuli (Produkte, Alternativen) abgefragt und zwar entweder durch *Rankings* („Bitte bringen Sie die Produkte in eine Präferenzrangfolge!") oder *Ratings* (z. B. „Wie viele Punkte geben Sie Produkt x?"). Bei der CBCA dagegen werden *Auswahlentscheidungen* abgefragt (z. B. „Welches dieser Produkte würden Sie kaufen?") oder es werden Kaufentscheidungen beobachtet. Dabei kann es sich um simulierte oder auch reale Kauf- oder Auswahlentscheidungen handeln. Es wird sodann gefolgert, dass das gewählte Produkt die höchste Präferenz besitzt.

Unterschiede zwischen TCA und CBCA

Die Datenerhebung ist bei der CBCA sehr viel realitätsnäher als bei einer TCA. Hierin liegt der Grund für die zunehmende Anwendung der CBCA. Die unterschiedlichen Erhebungsformen aber liefern Daten auf unterschiedlichem Skalenniveau:

Skalenniveaus

- TCA: *ordinal* (Rankings) oder *metrisch* (Ratings)
- CBCA: *nominal* (Auswahlentscheidungen).

Der Vorteil der größeren Realitätsnähe der CBCA ist verbunden mit einem Verlust an Informationsmenge. Bei der TCA werden ordinale oder metrische Präferenzdaten für alle betrachteten Alternativen durch Befragung erhoben. Bei der CBCA dagegen

---
[1] Schlag (2008).
[2] Herrmann/Homburg/Klarmann (2008).
[3] Erichson/Börtzler (1992); Erichson (2005), S. 24 ff.
[4] Moore/Gray-Lee/Louviere (1998), S. 195 ff.
[5] Teichert (2001), S. 798 ff.

4 Auswahlbasierte Conjoint-Analyse

erhält man bei Beobachtung einer Auswahlentscheidung nur eine 0,1-Information (1 für die gewählte Alternative und 0 für die übrigen Alternativen), d. h. man erfährt nur, welches die meistpräferierte Alternative ist. Die CBCA muss also mit bedeutend weniger Information auskommen. Dadurch bedingt müssen bei der CBCA auch andere Schätzverfahren angewendet werden als bei der TCA.

Ebenen der Schätzung

Wie oben erwähnt, besteht ein Ziel der Conjoint-Analyse darin, auf Basis der ganzheitlichen Präferenzbeurteilungen der Produkte auf die Teilnutzenwerte der Merkmalsausprägungen dieser Produkte zu schließen. Bei der TCA werden gewöhnlich individuelle Schätzungen der Teilnutzenwerte für jede befragte Person vorgenommen. Bei der CBCA dagegen ist dies infolge der geringeren Informationsbasis meist nicht möglich; vielmehr müssen die Schätzungen aggregiert über eine Mehrzahl von Personen oder die gesamte Stichprobe erfolgen.[6]

Anwendungsbereiche von TCA und CBCA

Abgesehen davon, dass bei der TCA die Nutzenschätzungen gewöhnlich auf individueller Ebene und bei der CBCA auf aggregierter Ebene erfolgen, liefern beide Verfahrensvarianten weitgehend gleichartige Ergebnisse. Daher sind auch die Anwendungsbereiche weitgehend deckungsgleich. So lässt sich z. B. mit beiden Verfahren testen, welche Merkmale eines neuen Produktes (Produktdesign) eine besondere Bedeutung für die Konsumenten (Probanden) besitzen und damit die Produktgestaltung verbessern. Daneben können die Ergebnisse der TCA und der CBCA auch für Marktsimulationen und Nachfrageprognosen (Marktanteilsprognosen), z. B. bei Änderung des Preises oder der Produktgestaltung, genutzt werden. Ein Vorteil der CBCA besteht darin, dass sie zusätzlich noch Auswahlwahrscheinlichkeiten liefert, die für Prognosen genutzt werden können.

In einer Synopse zeigt Abbildung 4.2 die zentralen Unterschiede zwischen TCA und CBCA. Der wichtigste Unterschied ist dabei darin zu sehen, dass bei der TCA die Präferenzen direkt *abgefragt* werden, während sie bei der CBCA aus Kaufentscheidungen bzw. Auswahlentscheidungen *abgeleitet* werden. Hieraus ergeben sich alle weiteren Unterschiede.

---

[6] Weiter unten werden wir auf Erhebungsdesigns für die CBCA eingehen, mittels derer sich individuelle Analysen durchführen lassen.

	TCA	CBCA
Erhebung	Es werden Präferenzurteile abgefragt in Form von: – Rankings – Ratings	Es werden Auswahlentscheidungen abgefragt oder beobachtet. Bei der Abfrage kann eine „None-Option" eingefügt werden.
Daten	ordinal, metrisch	nominal
Modelle	Nutzenmodelle	Nutzenmodelle Choice-Modelle
Schätzmethoden	Regression (Kleinstquadrate): – ordinal – metrisch	Maximum Likelihood, Iterative Optimierung
Ergebnisse	Teilnutzenwerte (individuell und aggregiert) Wichtigkeiten	Teilnutzenwerte (meist nur aggregiert) Wichtigkeiten Auswahlwahrscheinlichkeiten (Choice Probabilities)
Prognose von Auswahlentscheidungen	Erfordert bei der TCA die Anwendung eines separaten Modells zur Abbildung von Auswahlverhalten (Choice Modell)	Wahrscheinlichkeiten für Auswahlentscheidungen können direkt abgeleitet werden, da die CBCA ein Choice Modell enthält

Abbildung 4.2: Wesentliche Unterschiede zwischen TCA und CBCA

Anwendungsbeispiel

Um eine intuitive Vorstellung von der Vorgehensweise der CBCA zu bekommen, betrachten wir ein kleines Beispiel: Ein Margarinehersteller plant die Einführung einer neuen Margarine. Dabei ist er sich noch unschlüssig über Art der Verpackung und den Preis. Für diese beiden Eigenschaften werden die folgenden alternativen Ausprägungen untersucht:

- Verpackung: Papier oder Becher
- Preis: 1,00 Euro oder 1,30 Euro.

Zur Stützung der Entscheidung hinsichtlich Verpackung und Preis möchte der Margarinehersteller geeignete Informationen erlangen. Insbesondere stellt sich für ihn die Frage, ob die Margarine im Becher aus Sicht der Konsumenten mit einem hinreichend höheren Nutzen verbunden ist als die Margarine in der Papierverpackung, da die Produktion der Becherverpackung sowie auch Lagerung und Transport mit höheren Kosten verbunden wären. Zur Klärung dieser Frage beauftragt er seine Marktforschungsabteilung mit der Durchführung einer CBCA. Zunächst soll diese mit einer kleinen Stichprobe von $I = 6$ Testpersonen durchgeführt werden.

4 Auswahlbasierte Conjoint-Analyse

4.2 Vorgehensweise

Aufbau der CBCA Eine CBCA umfasst, wie jede Form der Conjoint-Analyse, ein Erhebungsdesign und ein Analyseverfahren.

Erhebungsdesign

Bei der Festlegung des Erhebungsdesigns muss der Untersucher u. a. folgende Entscheidungen treffen:

- Umfang und Art der Stichprobe zur Gewinnung von Testpersonen
  Dies ist ein generelles Problem der Marktforschung, auf das wir hier nicht näher eingehen wollen.[7]

- Gestaltung der Stimuli (Alternativen)
  Durch welche Kombinationen von Eigenschaftsausprägungen werden die Stimuli definiert und wie werden sie den Testpersonen präsentiert (verbal, visuell, physisch)?

- Gestaltung von Auswahlsituationen (Choice Sets)
  Zwischen wie vielen Stimuli sollen die Testpersonen auswählen und wie viele Auswahlentscheidungen sollen sie treffen?

Analyseverfahren

Das Analyseverfahren einer CBCA, die sich ja mit der Präferenzbildung bei Personen und ihrem Entscheidungsverhalten befasst, erfordert

- die Spezifikation von *verhaltenstheoretischen Modellen*, und zwar bezüglich der
    - Bildung von Nutzenbeurteilungen (Präferenzen)
    - Auswahlentscheidung zwischen Alternativen (Stimuli) auf Basis von Nutzenbeurteilungen.

- statistische und mathematische Methoden zur Schätzung der Modelle, insbesondere der enthaltenen Nutzenwerte.

Hierauf basierend formulieren wir für die Durchführung einer CBCA fünf Schritte sowie einen weiteren Schritt, der die Interpretation und Anwendung der Ergebnisse betrifft. Damit ist die eigentliche CBCA abgeschlossen. Im siebten Schritt erfolgt ggf. eine Disaggregation der Nutzenwerte auf Gruppen- bzw. Individualniveau. In Abbildung 4.3 sind diese Schritte zusammengefasst.

Die Schritte 1 und 2 betreffen das Erhebungsdesign und die Schritte 3 bis 5 das Analyseverfahren. Im Folgenden sollen diese Schritte näher beschrieben und anhand des obigen Anwendungsbeispiels demonstriert werden. Wir benutzen dabei folgende Notation:

s	Stimulus, Produkt, Konzept, Profil, Angebot	(s $= 1,..., S$)
j	Eigenschaft (attribute)	(j $= 1,..., J$)
m	Eigenschaftsausprägung (attribute level)	(m $= 1,..., M_j$)
i	Person, Testperson, Befragter, Proband	(i $= 1,..., I$)

---
[7] Siehe hierzu z. B. Böhler (2004); Hammann/Erichson (2000).

4.2 Vorgehensweise

1. Gestaltung der Stimuli
2. Gestaltung der Auswahlsituationen
3. Spezifikation eines Nutzenmodells
4. Spezifikation eines Auswahlmodells
5. Schätzung der Nutzenwerte
6. Interpretation und Anwendung
7. Disaggregation der Nutzenwerte

Abbildung 4.3: Vorgehensweise bei der CBCA

Die vorstehenden Elemente werden auch für eine TCA benötigt. Für die CBCA benötigen wir noch weitere Elemente:

r	Auswahlsituation (choice set)	(r = 1,..., R<T)
k	Alternative im Choice Set (option)	(k = 1,..., K<S)

Die Stimuli in einem Choice Set bezeichnen wir als Alternativen. Während S die Anzahl der Stimuli in der Untersuchung (oder auch die Anzahl der möglichen Stimuli) bezeichnet, wird hier mit K die Anzahl der Stimuli in einem Choice Set bezeichnet und es gilt $1 < K < S$. Mit R bezeichnen wir die Anzahl der Choice Sets, die einer Person vorgelegt werden. Die Gesamtheit der Choice Sets in einer Untersuchung bezeichnen wir mit T und es gilt damit $T = I \cdot R$.

4.2.1 Gestaltung der Stimuli

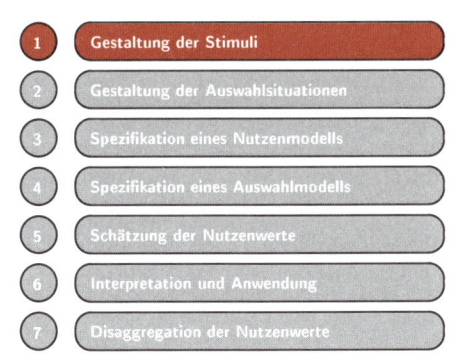

In unserem kleinen Beispiel haben wir nur zwei Eigenschaften mit jeweils zwei Ausprägungen. Durch Kombination der Eigenschaftsausprägungen ergeben sich $2 \cdot 2 = 4$ verschiedene Stimuli, die in Abbildung 4.4 dargestellt sind. Als weitere Alternative fügen wir in jedes Choice Set noch eine „None-Option" ein für den Fall, dass einer Testperson keine der Alternativen als akzeptabel erscheint. Dadurch wird die Auswahlsituation realitätsnäher. Hierin liegt ein großer Vorteil der CBCA gegenüber der TCA. Bei Verzicht auf eine None-Option spricht man von „forced choice", d. h. der Proband wird u. U. gezwungen, etwas zu wählen, was er eigentlich nicht will.[8]

None-Option

---

[8] Street/Burgess (2007), S. 5 f.

4 Auswahlbasierte Conjoint-Analyse

Margarine 1	Margarine 2	Margarine 3	Margarine 4	None-Option
Papierverpackung	Papierverpackung	Becherverpackung	Becherverpackung	-
1,00 Euro	1,30 Euro	1,00 Euro	1,30 Euro	-

Abbildung 4.4: Definition der Stimuli

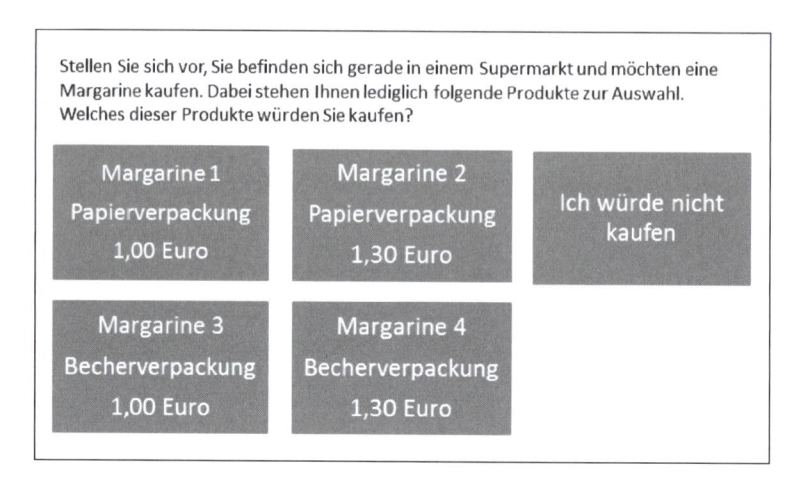

Abbildung 4.5: Beispiel einer schriftlichen Abfrage

Präsentation der Stimuli

Die Stimuli können in unterschiedlicher Form präsentiert werden: verbal, visuell oder physisch sowie als Kombinationen dieser Modalitäten. Am einfachsten sind Kärtchen mit verbalen Beschreibungen, wie sie Abbildung 4.5 zeigt. Realitätsnäher sind visuelle Darstellungen (Zeichnungen, Fotos) oder physische Stimuli (Modelle der Produkte oder die Produkte selbst, soweit diese oder Prototypen verfügbar sind). Mittels Virtual-Reality-Verfahren lassen sich auch dreidimensionale Abbildungen auf einem Computer-Bildschirm erzeugen. Die Möglichkeiten zur Gestaltung der Stimuli ist auch durch die Art der Befragung bedingt. Während bei der persönlichen Befragung (Interview) alle Möglichkeiten offen stehen, kommen bei einer schriftlichen Befragung nur verbale Beschreibungen oder zweidimensionale Abbildungen in Frage. Bei einer Computer-Befragung entfallen physische Stimuli.

Anzahl der Stimuli

Die Zahl der möglichen Stimuli ergibt sich durch Kombination der Eigenschaftsausprägungen. Da wir in unserem Beispiel nur zwei Eigenschaften mit jeweils zwei Ausprägungen haben, erhalten wir ohne die None-Option nur vier Stimuli. Allgemein beträgt die Anzahl der möglichen Stimuli für J Eigenschaften mit M_j Ausprägungen:

$$S = M_1 \cdot M_2 \cdot ... \cdot M_J \tag{4.1}$$

Beschränkung der Stimuli

bzw. $S = M^J$, wenn alle Eigenschaften die gleiche Anzahl von Ausprägungen besitzen (man spricht dann von einem *symmetrischen Design*). Bei vier Eigenschaften mit jeweils drei Ausprägungen ergeben sich schon 81 Stimuli. Die Zahl der Stimuli nimmt exponentiell mit der Zahl der Eigenschaften und ihrer Ausprägungen zu. Damit wächst zum einen der Befragungsaufwand und zum anderen werden die Auswahlentscheidungen für die Testpersonen komplizierter. Deshalb muss sich der Untersucher genau überlegen, welche Eigenschaften und Ausprägungen für sein Entscheidungsproblem von Relevanz sind.[9]

4.2.2 Gestaltung der Auswahlsituationen

1. Gestaltung der Stimuli
2. **Gestaltung der Auswahlsituationen**
3. Spezifikation eines Nutzenmodells
4. Spezifikation eines Auswahlmodells
5. Schätzung der Nutzenwerte
6. Interpretation und Anwendung
7. Disaggregation der Nutzenwerte

Eine Auswahlsituation ist eine Menge von Stimuli (Alternativen), zwischen denen eine Testperson eine Auswahl trifft, also sich entscheiden soll. Sie besteht aus dem Choice Set und der Fragestellung. Abbildung 4.5 zeigt die Auswahlsituation für den Fall, dass alle Stimuli unseres Beispiels simultan vorgelegt werden. Das entspricht, wenn man die None-Option weg denkt, der Vorgehensweise bei der TCA, nicht aber bei der CBCA. Würde man jetzt weiter fragen „Welches Produkt würden Sie kaufen, wenn das zuvor gewählte Produkt nicht verfügbar wäre?" und diese Frage wiederholen, bis nur noch zwei Alternativen übrig wären, dann hätten wir damit eine vollständige Präferenzrangfolge der Stimuli erlangt, wie sie bei einer TCA gefordert wird.

Bei der CBCA dagegen wird dem Probanden nur eine kleine Untermenge der zu untersuchenden Stimuli vorgelegt (oft nur zwei), und wenn er eine Auswahl getroffen hat, dann wird ihm eine andere Untermenge vorgelegt. Hierdurch wird die Aufgabe für den Probanden, insbesondere bei großer Anzahl von Stimuli, sehr erleichtert und sie kommt einer realen Einkaufssituation auch viel näher. Der Untersucher muss dabei festlegen, wie groß diese Teilmengen (Choice Sets) sein sollen.

Mit der Größe der Choice Sets ergibt sich auch die Anzahl der möglichen Choice Sets. Ergeben sich sehr viele Choice Sets, so muss außerdem entschieden werden, wie viele und welche der Choice Sets einer Testperson vorgelegt werden sollen.

Für unser **Anwendungsbeispiel** legen wir fest, dass jedes Choice Set nur zwei Produkte und außerdem die None-Option umfassen soll. Weiterhin soll jede Testperson mit zwei Choice Sets konfrontiert werden, d. h. zwei Auswahlentscheidungen treffen. Damit könnte für eine Testperson das in Abbildung 4.6 dargestellte Testdesign (Choice Design) gebildet werden.

Auswahlsituation r	Choice Sets		
	Alternative 1	Alternative 2	Alternative 3
1	Papierverpackung 1,00 Euro	Becherverpackung 1,30 Euro	None-Option
2	Papierverpackung 1,30 Euro	Becherverpackung 1,00 Euro	None-Option

Abbildung 4.6: Choice Design für eine Testperson

---

[9] Vgl. hierzu im Buch *Multivariate Analysemethoden* das Kapitel 9 „Conjoint-Analyse", S. 456 ff. sowie Weiber/Mühlhaus (2009), S. 45 ff. Durch Bildung sog. reduzierter Designs lässt sich u. U. die Menge der Stimuli verringern.

4 Auswahlbasierte Conjoint-Analyse

Es lassen sich aber auch andere Choice Sets bilden, als die in Abbildung 4.6 verwendeten. Insgesamt lassen sich bei S Stimuli $S \cdot \frac{(S-1)}{2}$ *paarweise Choice Sets* bilden. In unserem kleinen Beispiel haben wir es unter Vernachlässigung der None-Option mit S = 4 Stimuli zu tun. Es ergibt sich somit für die **Anzahl der möglichen paarweisen Choice Sets:**

$$S \cdot \frac{(S-1)}{2} = \frac{4 \cdot 3}{2} = 6$$

Overlaps

Die None-Option hat hierauf keinen Einfluss, da sie bei Einbeziehung in jedem Choice Set vorkommt. In Abbildung 4.7 sind die sechs möglichen paarweisen Choice Sets zusammengestellt. Allerdings sind nicht alle dieser Choice Sets zweckmäßig für eine CBCA. Bei vier dieser Choice Sets bestehen *Überlappungen* (overlaps), d. h., dass eine Eigenschaftsausprägung mehrmals in einem Choice Set vorkommt. So kommt z. B. in Choice Set A die Eigenschaftsausprägung „Papierverpackung" zweimal vor und in Choice Set B die Eigenschaftsausprägung „1,00 Euro". Lediglich bei den Choice Sets C und D bestehen keine Überlappungen. Sie wurden daher für das obige Testdesign in Abbildung 4.6 verwendet.

A	Papierverpackung 1,00 Euro	Papierverpackung 1,30 Euro
B	Papierverpackung 1,00 Euro	Becherverpackung 1,00 Euro
C	Papierverpackung 1,00 Euro	Becherverpackung 1,30 Euro
D	Papierverpackung 1,30 Euro	Becherverpackung 1,00 Euro
E	Papierverpackung 1,30 Euro	Becherverpackung 1,30 Euro
F	Becherverpackung 1,00 Euro	Becherverpackung 1,30 Euro

Abbildung 4.7: Mögliche paarweise Choice Sets (ohne None-Option)

Anzahl möglicher Choice Sets

Es lassen sich natürlich auch Choice Sets mit mehr als zwei Alternativen bilden. Die **Anzahl der möglichen Choice Sets** vom Umfang K beträgt:

$$\binom{S}{K} = \frac{S!}{K!(S-K)!} \qquad (4.2)$$

Damit ergeben sich für S = 4 Stimuli folgende Anzahlen möglicher Choice Sets vom Umfang K:

$K = 2: \quad 6$

$K = 3: \quad 4$

$K = 4: \quad 1$

Die Anzahl aller möglichen Choice Sets (Kombinationen vom Umfang $K > 1$) beträgt[10]

$$2^S - S - 1 \qquad (4.3)$$

und damit für $S = 4: 16 - 4 - 1 = 11$.

Bei einer größeren Anzahl von Stimuli ist die Bildung sehr vieler Choice Sets möglich. Aus 12 Stimuli lassen sich bereits 4083 unterschiedliche Choice Sets bilden, davon gemäß Formel (4.2) allein 220 Choice Sets mit K=3, 495 mit K=4 und gar 792 mit K=5. Natürlich kann man keine Testperson derart viele Auswahlentscheidungen treffen lassen. Deshalb ist aus der Menge der möglichen Choice Sets eine Auswahl zu treffen, z. B. durch Beschränkung auf Choice Sets, die sich nicht oder möglichst wenig überlappen. Hierdurch lässt sich die Menge der möglichen Choice Sets ganz erheblich reduzieren.[11]

Auswahl und Aufteilung von Choice Sets

Es stellt sich damit generell die Frage nach der zweckmäßigen Choice-Set-Größe K und nach der Anzahl R der Choice Sets je Testperson. Die Größe K ist abhängig von der Komplexität der Stimuli, d.h. durch wie viele Eigenschaften die Stimuli charakterisiert werden, und von der kognitiven Belastbarkeit der Testpersonen. Bei nur zwei Eigenschaften wird man Choice Sets mit bis zu 6 oder 7 Stimuli bilden können, während sich diese Zahl bei mehr Eigenschaften auf 4 oder gar 3 reduziert. Die Anzahl R der Choice Sets sollte maximal bei 12 bis 15 liegen, da ansonsten Ermüdungserscheinungen auftreten, die die Datenqualität mindern. Als maximale Obergrenzen können wir daher auf Grund eigener Erfahrungen $K \leq 7$ und $R \leq 15$ angeben, falls die Stimuli geringe Komplexität aufweisen. Es sei aber darauf hingewiesen, dass in der Literatur häufig sehr viel höhere Werte genannt werden.[12]

Choice-Set-Größe

Fassen wir zusammen: Bei der Gestaltung der Auswahlsituationen sind folgende Festlegungen zu treffen (in Klammern sind die Entscheidungen unseres Margarineherstellers angegeben):

1. Anzahl der Alternativen je Choice Set? (K = 2)

2. Anzahl der Choice Sets je Testperson? (R = 2)

3. Einbeziehung der None-Option? (ja)
   Damit gilt dann $K := K + 1 = 3$

4. Zuordnung von Choice Sets zu Testpersonen (nur Choice Sets ohne Overlap)

Da für unser **Anwendungsbeispiel** nur zwei Choice Sets ohne Overlap existieren, ist unter Punkt 4 hier keine Auswahl zu treffen. Lediglich die Reihenfolge der Darbietung kann variiert werden.

---

[10] Würde man die S Choice Sets mit Umfang 1 und das Null-Set hinzu zählen, so ergäbe sich 2^S.
[11] Minimales Overlap erhöht zwar die Genauigkeit der Schätzwerte, verhindert aber die Schätzung von Interaktionseffekten und kann auch unerwünschte psychologische Effekte haben. Siehe dazu Orme (2012), S. 355; Street/Burgess (2007), S. 91.
[12] Vgl. hierzu Louviere/Hensher/Swait (2000), S. 134; Street/Burgess (2007), S. 11 f.

4 Auswahlbasierte Conjoint-Analyse

Insgesamt sind bei den I = 6 Testpersonen $T = I \cdot R = 6 \cdot 2 = 12$ Auswahlentscheidungen abzufragen. Abbildung 4.8 zeigt die 12 Auswahlsituationen und in der rechten Spalte die Auswahlentscheidungen der sechs Testpersonen. Dies sind die empirischen Daten unserer Erhebung.[13]

Person	Auswahlsituation	Alternative k			Wahl
		1	2	3	
1	1	Papier/1,0	Becher/1,3	None	2
	2	Papier/1,3	Becher/1,0	None	2
2	3	Papier/1,3	Becher/1,0	None	2
	4	Papier/1,0	Becher/1,3	None	1
3	5	Papier/1,0	Becher/1,3	None	2
	6	Papier/1,3	Becher/1,0	None	2
4	7	Papier/1,3	Becher/1,0	None	2
	8	Papier/1,0	Becher/1,3	None	2
5	9	Papier/1,0	Becher/1,3	None	3
	10	Papier/1,3	Becher/1,0	None	2
6	11	Papier/1,3	Becher/1,0	None	2
	12	Papier/1,0	Becher/1,3	None	2

Abbildung 4.8: Erhebungsdesign (Auswahlsituationen) und Auswahlentscheidungen der Befragten

In den Auswahlentscheidungen manifestieren sich die Nutzenbeurteilungen (Präferenzen) der Testpersonen hinsichtlich der Entscheidungsalternativen (Stimuli). Zielsetzung der Conjoint-Analyse ist es jetzt, herauszufinden, welchen quantitativen Beitrag die einzelnen Eigenschaften und Eigenschaftsausprägungen zur Bildung der Nutzenbeurteilungen der Testpersonen leisten. Für unser Beispiel bedeutet das z. B. die Beantwortung folgender Fragen:

- Was ist den Konsumenten mehr wert, eine Margarine in Papierverpackung oder in Becherverpackung?
- Wie stark ist jeweils der Einfluss von Verpackung und Preis auf das Kaufverhalten?
- Lässt sich mit der Becherverpackung ein höherer Verkaufspreis realisieren, der die höheren Produktionskosten gegenüber der Papierverpackung kompensiert?

Die erste Frage lässt sich für unser kleines Beispiel durch bloße Betrachtung der Daten beantworten. Wie aus Abbildung 4.8 ersichtlich ist, wurde zehnmal die Becherverpackung und nur einmal die Papierverpackung (Person 2) und einmal die None-Option (Person 5) gewählt. Offensichtlich ist die Nutzenbeurteilung der Becherverpackung höher als die der Papierverpackung. Für die anderen Fragen ist eine tiefergehende Analyse erforderlich. Ihre Beantwortung erfordert, wie oben dargestellt, die Spezifikation von verhaltenstheoretischen Modellen sowie die Schätzung dieser Modelle. Diese Punkte werden nachfolgend behandelt.

---

[13] Die empirische Datenbasis umfasst somit lediglich 12 Werte auf nominalem Skalenniveau. Das ist eine sehr schmale Datenbasis. Bei Durchführung einer TCA hätten wir statt dessen von jeder der sechs Personen Nutzenbewertungen der vier Stimuli auf ordinalem oder metrischem Skalenniveau erhalten, also insgesamt I x S = 6 x 4 = 24 Werte.

4.2.3 Spezifikation eines Nutzenmodells

① Gestaltung der Stimuli
② Gestaltung der Auswahlsituationen
③ **Spezifikation eines Nutzenmodells**
④ Spezifikation eines Auswahlmodells
⑤ Schätzung der Nutzenwerte
⑥ Interpretation und Anwendung
⑦ Disaggregation der Nutzenwerte

Um die Auswahlentscheidungen, die wir erhoben haben, erklären zu können, benötigen wir zunächst eine Vorstellung bzw. ein Modell dafür, wie in den „Köpfen der Personen" Nutzenbeurteilungen (Präferenzen) zustande kommen, auf Basis derer sie dann ihre Entscheidungen fällen. Für den Zusammenhang zwischen der Ausprägung einer Eigenschaft bei einem bestimmten Stimulus und dem Nutzen, den sie damit bewirkt, existieren drei elementare Teilnutzenmodelle: das *Vektor-*, das *Idealpunkt-* und das *Teilwert-Modell* (Partworth-Modell). In Abbildung 4.9 sind diese Modelle gegenüber gestellt und grafisch veranschaulicht.

Teilnutzenmodelle

Dabei bedeutet:

u : Nutzen
x_j : Ausprägung der Eigenschaft j
x_j^* : Idealwert von Eigenschaft j
x_{jm} : Dummy-Variable
  $x_{jm} = 1$, falls Eigenschaft j die Ausprägung m hat, und 0 sonst.

Beim **Vektor-Modell** wird unterstellt, dass der Nutzen mit zunehmender Ausprägung einer betrachteten nutzenstiftenden Eigenschaft j linear zunimmt (wie in Abbildung 4.9 dargestellt) oder auch abnimmt. Dieses Modell ist z. B. geeignet für sog. Benefits (Qualitätsmerkmale), wie z. B. Wirtschaftlichkeit, Sicherheit, Gesundheit, Bekömmlichkeit etc. Hier gilt gewöhnlich: *„je mehr, desto besser."*

Vektor-Modell

Das **Idealpunkt-Modell** geht davon aus, dass der Nutzen mit zunehmender Ausprägung der Eigenschaft j nicht monoton ansteigt, sondern ein Maximum besitzt, nach dessen Überschreiten er wieder abfällt. Dieses Modell eignet sich für viele physische Merkmale, wie bei einem Kaffee die Süße oder die Temperatur, oder bei einer Margarine die Konsistenz: Die Margarine sollte nicht so hart sein, dass sie sich nicht mehr streichen lässt, aber sie sollte auch nicht so weich oder gar flüssig sein, dass sie vom Brot läuft. Hier gilt also: *„Es gibt eine optimale Ausprägung."* Zuviel oder zuwenig ist jeweils von Nachteil.

Idealpunkt-Modell

Das **Teilwert-Modell** (Partworth-Modell) ist im Gegensatz zu den vorstehenden Modellen, die stetige Verläufe haben, ein diskretes Modell, das bei qualitativen Merkmalen wie z. B. Farbe, Form, Material oder Marke anzuwenden ist. Aber jedes quantitative Merkmal lässt sich, wenngleich mit einem Informationsverlust, diskretisieren. So kann z. B. der Preis eines Produktes auf einer diskreten Skala mit den Stufen „niedrig", „mittel" und „hoch" angegeben werden. Mit Hilfe des Teilwert-Modells lassen sich daher auch das Vektor-Modell, das Idealpunkt-Modell oder beliebige andere Nutzenverläufe approximieren. Hier gilt: *„Alles ist möglich."* Das Modell ist also außerordentlich flexibel, aber bei der Verwendung für quantitative Merkmale wenig effizient. Nachteilig ist hier die geringere Genauigkeit bzw. die zunehmende Zahl der zu schätzenden Parameter, wenn die Genauigkeit erhöht werden soll.

Teilwert-Modell (Partworth-Modell)

a) **Vektor-Modell:** $u = b \cdot x_j$

"the more the better"

Nutzen / Eigenschaft x_j

b) **Idealpunkt-Modell:** $u = a - b \cdot (x_j^* - x_j)^2$

"some amount is best"

Nutzen / Eigenschaft x_j

c) **Teilwert-Modell:** $u = \sum_{j=1}^{J} \sum_{m=1}^{M_j} b_{jm} \cdot x_{jm}$

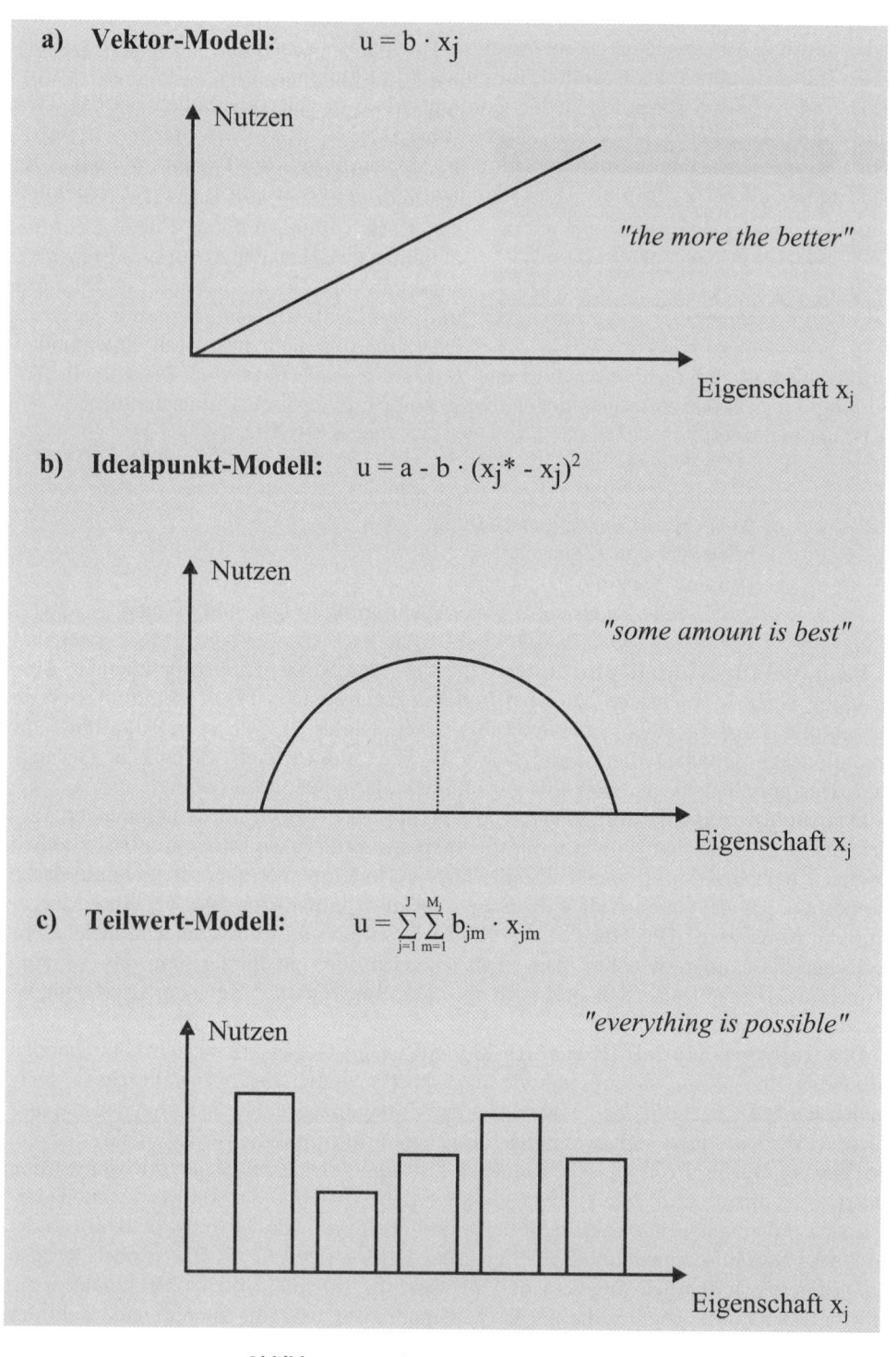

"everything is possible"

Nutzen / Eigenschaft x_j

Abbildung 4.9: Elementare Nutzenmodelle

4.2 Vorgehensweise

Durch Verknüpfung von Teilnutzenmodellen für die verschiedenen Eigenschaften eines Stimulus erhält man ein **Gesamtnutzen-Modell**. Die Verknüpfung kann additiv oder multiplikativ erfolgen. Dabei lassen sich auch unterschiedliche Teilnutzenmodelle, z. B. Teilwert- und Vektor-Modell, miteinander verknüpfen.

Verknüpfung von Teilnutzenmodellen

Das klassische Nutzenmodell der Conjoint-Analyse, das gewöhnlich bei der TCA und auch bei der CBCA zur Anwendung kommt, ist das *additive Teilwert-Nutzenmodell*. Es beinhaltet eine additive Verknüpfung von Teilwert-Modellen für die Eigenschaften der Stimuli. Der Gesamtnutzen u eines Stimulus s ergibt sich damit durch:

$$u_s = \sum_{j=1}^{J} \sum_{m=1}^{M_j} b_{jm} \cdot x_{jms} \qquad (s=1,...,S) \qquad (4.4)$$

mit

u_s : Nutzen von Stimulus s
b_{jm} : Teilnutzen (Teilwert) von Ausprägung m der Eigenschaft j
x_{jms}: Dummy-Variable
$\quad x_{jms} = 1$, falls Stimulus s bezüglich Eigenschaft j die Ausprägung m hat, und 0 sonst.

Additive Nutzenmodelle werden auch als *kompensatorische Nutzenmodelle* bezeichnet, da ein geringer Nutzenbeitrag einer Eigenschaft durch den höheren Nutzenbeitrag einer anderen Eigenschaft ausgeglichen (kompensiert) werden kann. Das ist z. B. bei multiplikativen Nutzenmodellen nicht der Fall. Nimmt hier ein Teilnutzen den Wert 0 an, so ist auch der Gesamtnutzen 0.

kompensatorische Nutzenmodelle

In einer Auswahlsituation der CBCA wird immer nur eine Teilmenge aus der Gesamtheit der Stimuli gezeigt. Diese bilden die Alternativen der betreffenden Auswahlsituation. Eine Alternative k kann dabei in unterschiedlichen Auswahlsituationen unterschiedliche Stimuli betreffen. Deshalb muss das Nutzenmodell gemäß (4.4) für die CBCA noch etwas modifiziert werden, wenn die Alternativen in den Auswahlsituationen betrachtet werden:

$$u_{kr} = \sum_{j=1}^{J} \sum_{m=1}^{M_j} b_{jm} \cdot x_{jmkr} \qquad (k=1,...,K; r=1,...,T) \qquad (4.5)$$

mit

u_{kr} : Nutzen der Alternative k in Auswahlsituation r
b_{jm} : Teilnutzen (Teilwert) von Ausprägung m der Eigenschaft j
x_{jmkr}: 1, falls Alternative k in Situation r bezüglich Eigenschaft j die Ausprägung m hat, und 0 sonst.

In dieser Form muss der Computer die Gesamtnutzenwerte berechnen. Den Index r werden wir manchmal im Text weglassen, wenn nur eine Auswahlsituation betrachtet wird.

4 Auswahlbasierte Conjoint-Analyse

In unserem **Anwendungsbeispiel** haben wir J = 2 Eigenschaften mit jeweils M = 2 Ausprägungen. Bei Einbeziehung der None-Option ergibt sich formal noch eine dritte Eigenschaft mit nur einer Ausprägung. Es gelte:

Eigenschaftsausprägungen			Teilnutzen
j=1: Verpackung	m=1: Papier		b_{11}
	m=2: Becher		b_{12}
j=2: Preis	m=1: 1,00		b_{21}
	m=2: 1,30		b_{22}
j=3: None-Option			b_{31}

Abbildung 4.10: Eigenschaften und Teilnutzenbezeichnungen im Anwendungsbeispiel

Löst man die Summenzeichen in Formel (4.4) auf, so erhält man die Gesamtnutzenwerte der Stimuli durch:

$$u_s = b_{11} \cdot x_{11s} + b_{12} \cdot x_{12s} + b_{21} \cdot x_{21s} + b_{22} \cdot x_{22s} + b_{31} \cdot x_{31s} \qquad (4.6)$$

Die Berechnung lässt sich vereinfachen, wenn wir die Teilnutzen von nicht vorhandenen Eigenschaftsausprägungen, für die $x_{jms} = 0$ ist, weglassen. Die Gesamtnutzen der 5 Stimuli lassen sich dann wie folgt berechnen:

$$\begin{aligned}
\text{Margarine 1 (Papier}/1{,}0 \text{ Euro)}: &\quad u_1 = b_{11} + b_{21} \\
\text{Margarine 2 (Papier}/1{,}3 \text{ Euro)}: &\quad u_2 = b_{11} + b_{22} \\
\text{Margarine 3 (Becher}/1{,}0 \text{ Euro)}: &\quad u_3 = b_{12} + b_{21} \\
\text{Margarine 4 (Becher}/1{,}3 \text{ Euro)}: &\quad u_4 = b_{12} + b_{22} \\
\text{None-Option}: &\quad u_5 = b_{31}
\end{aligned} \qquad (4.7)$$

Der Gesamtnutzen, den wir hier betrachten, ist der Nettonutzen, den ein Kauf erbringt. Er ergibt sich aus der Differenz des Produktnutzens, den man erhält, und dem Verlust des Geldes, welches dafür zu zahlen ist. Die Teilnutzenwerte für die Preise, also b_{21} und b_{22}, sind daher i. d. R. negativ.

Ergänzend sei bemerkt, dass die CBCA nicht an ein bestimmtes Nutzenmodell gebunden ist. Dem Untersucher sind hier keine Grenzen auferlegt. Das hier verwendete additive Teilwert-Nutzenmodell ist sehr flexibel und daher das gebräuchlichste Nutzenmodell. Ein Grund hierfür mag sein, dass es sich auch anwenden lässt, wenn der Untersucher keinerlei Vorstellung über den wahren Nutzenverlauf hat.

Das Vektor-Modell ist dagegen sehr viel effizienter, allerdings nur bei metrischen Eigenschaften anwendbar. Während das Vektor-Modell einen linearen Nutzenverlauf unterstellt, können auch beliebige andere nichtlineare Modelle Verwendung finden (vgl. dazu Kapitel 1 „Nichtlineare Regressionsanalyse" in diesem Buch). Das Idealpunkt-Modell ist nur ein Beispiel. Nutzenverläufe sind meist durch abnehmenden Grenznutzen gekennzeichnet (1. Gossensches Gesetz). Bei einem Auto ist eine Höchstgeschwindigkeit von 300 km/h sicherlich besser als eine von 150 km/h, aber der Nutzen wäre nicht doppelt so groß, zumindest für die meisten Menschen. Dazwischen sind aber natürlich auch viele andere Geschwindigkeiten (Eigenschaftsausprägungen) möglich. Der Nutzenverlauf ließe sich z. B. durch eine logarithmische Funktion oder eine Potenzfunktion modellieren.

4.2.4 Spezifikation eines Auswahlmodells

1. Gestaltung der Stimuli
2. Gestaltung der Auswahlsituationen
3. Spezifikation eines Nutzenmodells
4. **Spezifikation eines Auswahlmodells**
5. Schätzung der Nutzenwerte
6. Interpretation und Anwendung
7. Disaggregation der Nutzenwerte

Im Unterschied zur TCA wird bei der CBCA neben einem Nutzenmodell noch ein weiteres verhaltenstheoretisches Modell benötigt, und zwar ein sog. *Auswahlmodell* oder *Choice-Model*. Während bei der TCA Nutzenbeurteilungen bzw. Präferenzen abgefragt werden, basiert die CBCA ja auf der Abfrage bzw. Beobachtung von Auswahlentscheidungen. Es wird daher ein Modell benötigt, welches beschreibt bzw. erklärt, wie sich eine Person auf Basis ihrer Nutzenvorstellungen bei der Auswahl zwischen Alternativen entscheidet.

prob(k): Wahrscheinlichkeit für die Auswahl einer Alternative k (k = 1, 2, ... K) unter K Alternativen

u_k: Nutzen von Alternative k (k = 1, 2, ... K)

a) Max-Utility-Modell (First-Choice-Modell)

$$\text{prob}(k) = \begin{cases} 1 \text{ wenn } u_k = \max(u_1,...,u_k) \\ 0 \text{ sonst} \end{cases}$$

b) Random-Choice-Modell

$$\text{prob}(k) = \frac{1}{K}$$

c) Attraction-Modell (BTL-Modell von Bradley/Terry/Luce)

$$\text{prob}(k) = \frac{u_k}{u_1 + ... + u_K} = \frac{u_k}{\sum_{k=1}^{K} u_k}$$

d) Logit-Choice-Modell

$$\text{prob}(k) = \frac{e^{\beta \cdot u_k}}{\sum_{k=1}^{K} e^{\beta \cdot u_k}} = \frac{1}{1 + \sum_{k' \neq k} e^{-\beta \cdot [u_k - u_{k'}]}} \quad \text{mit } \beta \geq 0 \text{ (Rationalitätsparameter)}$$

Abbildung 4.11: Elementare Auswahlmodelle (probability of choice models)

Abbildung 4.11 zeigt elementare Choice-Modelle, d. h. Modelle für individuelles Entscheidungsverhalten bei der Auswahl zwischen diskreten Alternativen. Es handelt sich hierbei um extrem simplifizierte Abbildungen des komplexen menschlichen Entscheidungsverhaltens, das niemals exakt prognostizierbar ist. Die Modelle liefern daher in einer bestimmten Entscheidungssituation auch keine eindeutige Entscheidung, sondern lediglich Wahrscheinlichkeiten für die Wahl der Alternativen.

Eine Ausnahme bzw. einen Extremfall bildet das Max-Utility-Model. Gemäß diesem Modell erhält diejenige Alternative, die den höchsten Nutzen hat, die Wahrscheinlichkeit 1 und alle übrigen Alternativen erhalten die Wahrscheinlichkeit 0, d. h. es wird

Max-Utility-Model

4 Auswahlbasierte Conjoint-Analyse

Random-Choice-Model

immer diejenige Alternative gewählt, die den höchsten Nutzen hat. Damit ist es ein deterministisches Modell und repräsentiert streng rationales Verhalten. Das Gegenteil ist beim Random-Choice-Model der Fall. Die Wahrscheinlichkeiten sind hier für alle Alternativen gleich und somit unabhängig von ihrem Nutzen. Beim Attraction-Modell dagegen verhalten sich die Auswahlwahrscheinlichkeiten proportional zu den Nutzenwerten der Alternativen.

Das wohl wichtigste Choice-Modell zur Abbildung von individuellem Entscheidungsverhalten bei der Auswahl zwischen Alternativen, das gewöhnlich auch in der CBCA Anwendung findet, ist das Logit-Choice-Model.[14] Bei mehr als zwei Alternativen wird es als **Multinomiales Logit-Choice-Modell** (MNL-Modell) bezeichnet. Danach ergibt sich für eine Person i die Wahrscheinlichkeit (probability) für die Wahl von Alternative k unter den Alternativen im Choice Set CS wie folgt:

Logit-Choice-Model

$$prob_i(k|k' \in CS) = \frac{e^{\beta_i \cdot u_{ik}}}{\sum_{k \in CS} e^{\beta_i \cdot u_{ik}}} = \frac{1}{1 + \sum_{k' \neq k \in CS} e^{-\beta_i \cdot [u_{ik} - u_{ik'}]}} \quad (4.8)$$

Wie sich ersehen lässt, wird die Auswahlwahrscheinlichkeit im Logit-Choice-Modell allein durch die Differenzen der Nutzenwerte bestimmt, nicht aber durch deren absolute Höhe („only differences in utility matter"[15]).

Durch den Parameter β_i (Beta), der die Differenzen zwischen den Nutzenwerten gewichtet, lässt sich das Modell flexibel an das unterschiedliche Auswahlverhalten von Personen anpassen. Er lässt sich als „*Rationalitätsparameter*" interpretieren:

- für $\beta \to \infty$ strebt das Logit-Modell gegen das Max-Utility-Modell (streng rationales Verhalten). Ein großes Beta ergibt sich, wenn sich eine Person sehr konsistent verhält.

- für $\beta = 0$ ergibt sich dagegen das Random-Choice-Modell. Ein kleines Beta ergibt sich, wenn sich eine Person bei ihren Auswahlentscheidungen sehr inkonsistent verhält.

In der CBCA, in der die Nutzenwerte nicht extern vorgegeben sind, sondern mit Hilfe des Logit-Choice-Modells geschätzt werden müssen, ist allerdings β i. d. R. nicht identifizierbar, da die Skaleneinheit der zu schätzenden Teilnutzenwerte und damit auch die des Gesamtnutzens nicht festgelegt ist. Geschätzt wird dann $u_k := \beta \cdot u_k$. Wir werden daher zunächst auf diesen Parameter verzichten und bei der Erweiterung das Modells darauf zurück kommen.

Da das MNL-Modell sich wegen seiner Multidimensionalität nicht grafisch darstellen lässt, betrachten wir zunächst die **Logistische Funktion** in Abbildung 4.12.

$$y(x) = \frac{1}{1 + e^{-x}}$$

---

[14] R. Duncan Luce hat in seinem Buch über Individual Choice Behavior (1959) die verhaltenstheoretischen Grundlagen dieses Modells mathematisch dargelegt und seine Anwendung in verschiedenen Bereichen (Psychophysik, Psychologie) erörtert. Fortgesetzt wurde dies durch Daniel McFadden (1974), der die statistischen Eigenschaften des Logit-Choice-Modells und Möglichkeiten seiner Schätzung darlegte und so der empirischen Anwendung des Modells den Weg bereitete. Im Jahr 2000 erhielt McFadden den Nobelpreis für Wirtschaftswissenschaften für die Entwicklung von Theorien und Methoden zur Analyse von diskretem Choice-Verhalten.

[15] Ben-Akiva/Lerman (1985), S. 62

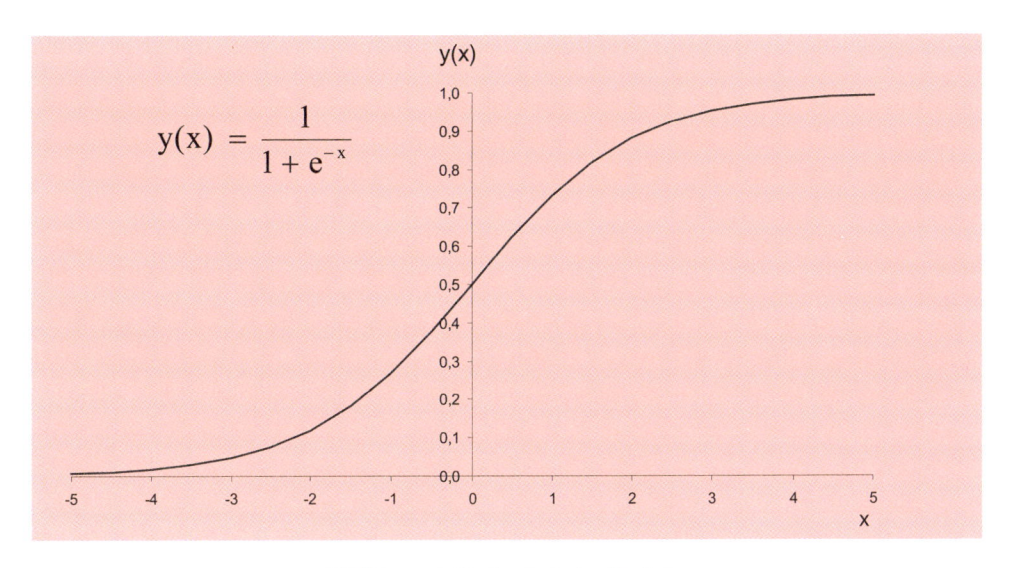

Abbildung 4.12: Logistische Funktion

Der Wertebereich der abhängigen Variablen y liegt für beliebige Werte von x zwischen 0 und 1. Damit eignet sich die Funktion zur Abbildung von Wahrscheinlichkeiten, die ja auch im Bereich zwischen 0 und 1 liegen müssen.

Den gleichen Verlauf erhalten wir für das **Binäre Logit-Choice-Modell** in Abbildung 4.13, welches die Wahrscheinlichkeit für die Wahl einer Alternative 1 gegenüber einer Alternative 2 in Abhängigkeit von den Nutzenwerten dieser beiden Alternativen angibt.

$$prob(1|2) = \frac{e^{u_1}}{e^{u_1} + e^{u_2}} = \frac{1}{1 + e^{-[u_1 - u_2]}} \tag{4.9}$$

Nehmen wir an, dass u_2 gegeben ist und variieren u_1, dann zeigt der Verlauf in Abbildung 4.13 die resultierenden Wahrscheinlichkeiten für die Wahl von Alternative 1 an. Gilt z. B. $u_2 = 5$ und $u_1 = 6$, so erhält man für Alternative 1 die Wahrscheinlichkeit

$$prob(1|2) = \frac{e^6}{e^6 + e^5} = \frac{1}{1 + e^{-[6-5]}} = 0,73$$

und damit für Alternative 2

$$prob(2|1) = 1 - prob(1|2) = 0,27$$

Die Summe der Wahrscheinlichkeiten aller Alternativen beträgt immer 1.

Für $u_1 = u_2$ besteht Indifferenz für die betreffende Person. Es ergibt sich dann für beide Alternativen die Auswahlwahrscheinlichkeit 0,5.

Als *Logit* einer Wahrscheinlichkeit bezeichnet man den Ausdruck $\ln[prob/(1-prob)]$. Das Verhältnis $prob/(1-prob)$ bezeichnet man als die *Odds* einer Alternative (Chancen-Verhältnis). *Logit* steht somit als Kurzform für ***log**arithmic odds*. Während der Wertebereich einer Wahrscheinlichkeit zwischen 0 und 1 liegt, haben die Odds den Wertebereich $[0, +\infty]$ und die Logits den Wertebereich von $[-\infty, +\infty]$. Mittels Logit-Transformation der abhängigen Wahrscheinlichkeit lässt sich das Binäre Logit-Choice-Modell linearisieren:

Logit
Odds

$$\text{logit}[prob(1|2)] = \ln[\frac{prob(1|2)}{1 - prob(1|2)}] = u_1 - u_2 \tag{4.10}$$

4 Auswahlbasierte Conjoint-Analyse

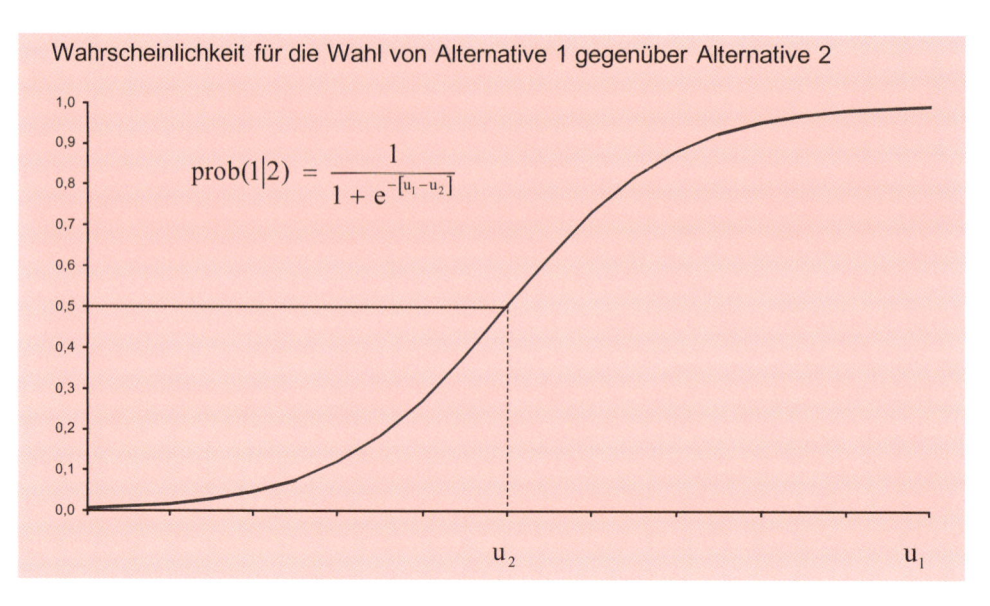

Abbildung 4.13: Binäres Logit-Choice-Modell

MNL-Model

Bei Vorliegen von **drei Alternativen** ist das Multinomiale Logit-Choice-Modell (MNL-Modell) anzuwenden und es ergibt sich für die Wahrscheinlichkeit einer Alternative 1:

$$prob(1|2,3) = \frac{e^{u_1}}{e^{u_1} + e^{u_2} + e^{u_3}} = \frac{1}{1 + e^{-[u_1-u_2]} + e^{-[u_1-u_3]}} \quad (4.11)$$

Für das Logit-Choice-Modell gelten die folgenden **Charakteristika**:

- Die Wahrscheinlichkeit für die Wahl einer Alternative ist abhängig von ihrem Nutzen und den Nutzen aller anderen Alternativen.

- Die Wahrscheinlichkeiten sind nur abhängig von den Differenzen der Nutzenwerte, nicht von ihrer absoluten Höhe.

- Wenn zwei Alternativen einander sehr ähnlich sind, dann wirken schon kleine Änderungen der Nutzenwerte stark auf die Wahrscheinlichkeiten. Bei großen Nutzenunterschieden dagegen wirken sich kleine Änderungen nur geringfügig aus.

- Das Verhältnis der Wahrscheinlichkeiten von zwei Alternativen ist unabhängig davon, ob eine dritte Alternative im Choice Set enthalten ist oder nicht (Constant Ratio Rule).[16]

Durch Betrachtung von Formel (4.9) sowie Abbildung 4.13 lassen sich zumindest die drei ersten Aussagen leicht nachvollziehen.

---

[16] Die Constant Ratio Rule folgt aus dem Choice Axiom 1 von Luce, der „Independence from Irrelevant Alternatives". Siehe hierzu Luce (1959), S. 9, sowie McFadden (1974), S. 109. In der Constant Ratio Rule liegt sicherlich die gravierendste Einschränkung des Logit-Choice-Modells. Sie kann aufgehoben werden mittels Probit-Modellen (Daganzo (1979)), die allerdings schwer zu schätzen sind, oder hierarchischen Logit-Modellen (nested logit models). Siehe dazu: McFadden (1984); Train (2003), S. 81 ff.

In unserem **Anwendungsbeispiel** können wir bei Vernachlässigung der None-Option das binäre Logit-Modell anwenden. In der ersten Auswahlsituation (vgl. Abbildung 4.8) wurden folgende Alternativen präsentiert:

$k = 1$ (Papier/1,0 Euro, Stimulus 1)

$k = 2$ (Becher/1,3 Euro, Stimulus 4)

Die Wahrscheinlichkeit für die Wahl des Bechers in dieser Situation ergibt sich damit durch

$$prob(2|1) = \frac{1}{1+e^{-[u_2-u_1]}} \qquad (4.12)$$

Anstelle der Gesamtnutzenwerte u_k lassen sich auch die Nutzenfunktionen bzw. die Teilnutzen in das Logit-Modell einsetzen, die für die Stimuli unseres Beispiels in Formel (4.7) angegeben sind. Damit erhält man als Wahrscheinlichkeit für die Wahl des Bechers:

$$prob(2|1) = \frac{1}{1+e^{-[u_4-u_1]}} = \frac{1}{1+e^{-[(b_{12}+b_{22})-(b_{11}+b_{21})]}} \qquad (4.13)$$

Um diese und die übrigen Wahrscheinlichkeiten berechnen zu können, müssen jetzt nur noch die Teilnutzen geschätzt werden. Dies ist Gegenstand des folgenden Abschnitts.

Abschließend sei hier noch bemerkt, dass der Untersucher bei der Spezifikation eines Choice-Modells, wie schon bei der Spezifikation eines Nutzenmodells, frei ist. Bei Verwendung einer fertigen Software für die CBCA ist er allerdings auf die darin angebotenen Modelle beschränkt.

4.2.5 Schätzung der Nutzenwerte

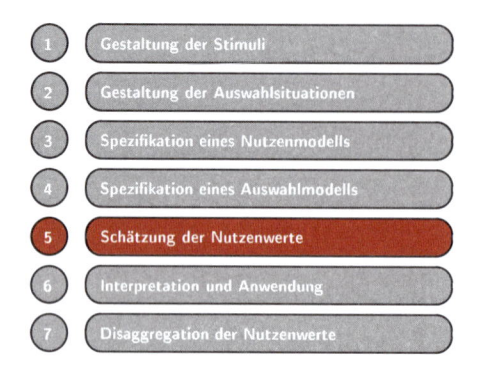

- 1 Gestaltung der Stimuli
- 2 Gestaltung der Auswahlsituationen
- 3 Spezifikation eines Nutzenmodells
- 4 Spezifikation eines Auswahlmodells
- **5 Schätzung der Nutzenwerte**
- 6 Interpretation und Anwendung
- 7 Disaggregation der Nutzenwerte

4.2.5.1 Das Schätzproblem der CBCA

Das Logit-Choice-Modell der CBCA lässt sich vereinfacht beschreiben als eine Funktion

$$prob(k) = f_c(u_1, \cdots, u_K) \qquad (k = 1, \cdots, K) \qquad (4.14)$$

$$\text{mit } u_k = f_u\{b_{jm}\}_{j=1,\cdots,J; m=1,\cdots,M_j} \qquad \text{(Nutzenmodell)}$$

Zu schätzen sind die Teilnutzen b_{jm}. Dabei besteht folgendes Problem: Die abhängige Variable, die Wahrscheinlichkeit prob(k), ist nicht beobachtbar und es liegen somit keine Daten für sie vor.[17] Stattdessen haben wir lediglich die Auswahlentscheidungen der Testpersonen vorliegen. Diese lassen sich durch eine nominale Variable oder eine Mehrzahl von binären Variablen darstellen. Statt metrischer oder ordinaler Daten liegen also nur Daten auf nominalem Skalenniveau vor.

Schätzmethode   Die Schätzung der Teilnutzen ist daher nicht mittels Regressionsanalyse oder Kleinste-Quadrate-Methode, wie sie bei der der TCA verwendet wird, möglich. Vielmehr muss hier eine andere Schätzmethode, die **Maximum-Likelihood-Methode**,

Das ML-Prinzip   herangezogen werden.[18] Das Prinzip dieser Methode, das *ML-Prinzip*, besagt folgendes: *Die Schätzwerte für die unbekannten Parameter sind so zu bestimmen, dass die realisierten Daten maximale Plausibilität (Likelihood) erlangen.* Für die Schätzung des Logit-Choice-Modells bedeutet dies: Die unbekannten Teilnutzenwerte sind so zu schätzen, dass sich die beobachteten Wahlentscheidungen einer Testperson möglichst plausibel erklären lassen. Das ist der Fall, wenn die Wahrscheinlichkeit für die jeweils gewählte Alternative k in einer bestimmten Auswahlsituation r möglichst groß wird. Dies soll für alle R Auswahlsituationen gelten.

---

[17] In der Regel lassen sich die Auswahlwahrscheinlichkeiten auch nicht durch relative Häufigkeiten aus wiederholten Beobachtungen ermitteln. Überdies würde dabei Information verloren gehen.

[18] Das ML-Prinzip geht zurück auf Daniel Bernoulli (1700 - 1782). Die Analyse der statistischen Eigenschaften der ML-Methode durch den berühmten Statistiker Ronald A. Fisher (1890 - 1962) trugen maßgeblich zu ihrer praktischen Anwendung und Verbreitung bei. Zum Einsatz der ML-Methode für die Logit-Analyse siehe McFadden (1974) und McFadden (1976). Zur rechnerischen Durchführung siehe Press et al. (1986), S. 694 ff.

Damit lässt sich die folgende *Likelihood-Funktion* formulieren, die zu maximieren ist:

$$L = \prod_{r=1}^{R} \prod_{k=1}^{K} prob_r(k)^{d_{kr}} \to \text{Max!} \quad (4.15)$$

mit $d_{kr} = 1$, falls in Situation r Alternative k gewählt wurde,
     0 sonst.

Für die praktische Berechnung ist es von Vorteil, die Wahrscheinlichkeiten zu logarithmieren, womit man die sog. *Log-Likelihood-Funktion* erhält:

$$LL = \sum_{r=1}^{R} \sum_{k=1}^{K} \ln\left[prob_r(k)\right] \cdot d_{kr} \to \text{Max!} \quad (4.16)$$

Da der Logarithmus eine streng monoton steigende Funktion ist, führt die Maximierung beider Funktionen zum gleichen Ergebnis. Anstelle der Produkte in L erhält man in LL jetzt Summen, was die Berechnung vereinfacht. I. d. R. hat man bei der CBCA nicht genügend Daten, um die Schätzung für eine einzelne Person durchzuführen. Deshalb werden die Daten mehrerer oder aller Testpersonen zusammengelegt, so dass man $T = I \cdot R$ Auswahlentscheidungen erhält.

Das **Schätzproblem der CBCA** lässt sich damit unter Verwendung der oben beschriebenen Modelle wie folgt darstellen:

Log-Likelihood-Funktion

$$LL = \sum_{r=1}^{T} \sum_{k=1}^{K} \ln\left[prob_r(k)\right] \cdot d_{kr} \to \text{Max!} \quad (4.17)$$

mit

$$prob_r(k) = \frac{e^{u_{kr}}}{\sum_{k' \in CS_r} e^{u_{k'r}}} \quad \text{(Choice-Modell)}$$

$$u_{kr} = \sum_{j=1}^{J} \sum_{m=1}^{M_j} b_{jm} \cdot x_{jmkr} \quad \text{(Nutzenmodell)}$$

Die Teilnutzen b_{jm} sind so zu bestimmen, dass LL maximal wird. LL kann nur negative Werte annehmen, da der Logarithmus einer Wahrscheinlichkeit negativ ist. Die Maximierung von LL bedeutet also, dass man dem Wert 0 möglichst nahe kommt. $LL = 0$ würde sich ergeben, wenn die Wahrscheinlichkeiten der gewählten Alternativen alle 1 und somit die für die nicht gewählten Alternativen 0 werden.

Abbildung 4.14 veranschaulicht den Verlauf von LL bei Variation eines einzelnen Teilnutzens b_{jm} und Konstanz der übrigen Teilnutzen. Für $b_{jm} = 4$ ergibt sich in Abbildung 4.14 für LL der Wert $-8,1$. Das Maximum ist $LL = -3,8$. Es wird bei $b_{jm} = 5,6$ erreicht. Zur Auffindung eines globalen Optimums ist es allerdings erforderlich, dass alle Teilnutzen simultan angepasst werden.

4 Auswahlbasierte Conjoint-Analyse

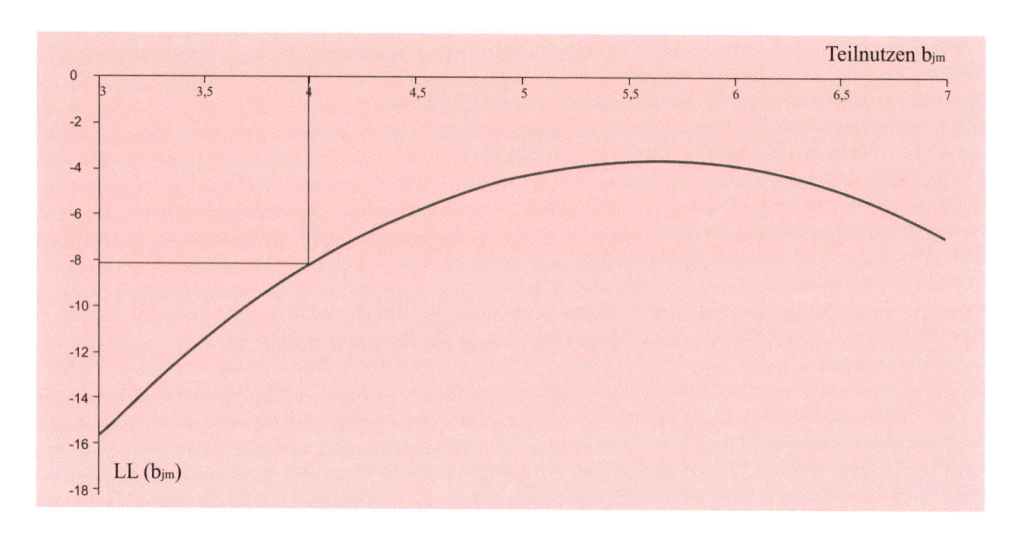

Abbildung 4.14: Verlauf der LL-Funktion bei Variation eines Teilnutzens

Maximierung der LL-Funktion

Die Lösung dieses Optimierungsproblems, d. h. die Maximierung der Log-Likelihood-Funktion, erfordert die Anwendung *iterativer Algorithmen*. In Frage kommen hierfür *Quasi-Newton-Verfahren* oder *Gradientenverfahren*.[19] Diese sind sehr rechenaufwendig, was aber angesichts der Rechenleistung heutiger Computer kaum ins Gewicht fällt. Für die praktische Durchführung existieren zahlreiche Computer-Routinen.[20] Problematischer ist dagegen, dass iterative Algorithmen generell keine Gewähr dafür bieten können, dass sie konvergieren oder ein globales Optimum finden. Allerdings hat McFadden gezeigt, dass die Log-Likelihood-Funktion für lineare Nutzenfunktionen strikt konkav ist, was die Optimierung sehr erleichtert.[21] Ein weiteres Problem liegt darin, dass bei der Anwendung iterativer Algorithmen der Untersucher Startwerte für die zu schätzenden Parameter vorgeben muss. Von der Wahl dieser Startwerte hängt ab, ob und wie schnell der Algorithmus das Optimum findet.

4.2.5.2 Rechnerische Durchführung mit MS Excel

Lösung des Schätzproblems

Nachfolgend soll die Lösung des Schätzproblems der CBCA gemäß Formel (4.17) für unser Anwendungsbeispiel zwecks Nachvollziehbarkeit der einzelnen Schritte mit Hilfe des Tabellenkalkulationsprogramms MS Excel durchgeführt werden. Dazu ist es erforderlich, das Erhebungsdesign, welches Abbildung 4.8 in verbalisierter Form zeigt, in numerischer Kodierung darzustellen.

---

[19] Für die Logit-Analyse kommen primär Quasi-Newton-Verfahren zur Anwendung, die recht schnell konvergieren. Diese Verfahren basieren auf der Methode von Newton zum Auffinden der Nullstelle einer Funktion. Sie benutzen zur Auffindung des Optimums die ersten und zweiten partiellen Ableitungen der LL-Funktion nach den Parametern (hier den Teilnutzen). Die Ableitungen werden, je nach Verfahren, unterschiedlich approximiert. Spezielle Verfahren sind die Gauss-Newton-Methode und deren Weiterentwicklung, die Newton-Raphson-Methode. Siehe hierzu z. B. Train (2003), S. 189 ff.; Fletcher (1987), S. 44 ff.; Press et al. (1986), S. 356 ff. und Kapitel 15.
[20] Siehe hierzu z. B. Press et al. (1986), Kapitel 10 und 15.
[21] Siehe hierzu McFadden (1974), S. 115 sowie McFadden (1976), S. 374 f.

Bei Choice-Analysen unterscheidet man zwei Formen für die Anordnung der Daten in einer Tabelle oder Datenmatrix:[22]

- **Wide-Form**: Jede Zeile enthält eine Auswahlsituation,
- **Long-Form**: Jede Zeile enthält nur eine Alternative einer Auswahlsituation. Bei K Alternativen sind dann für eine Auswahlsituation jeweils K Zeilen erforderlich, wodurch sich die Anzahl der Zeilen insgesamt vervielfacht.

Abbildung 4.15 zeigt die Daten in der Wide-Form. Sie entspricht Abbildung 4.8 mit dem Unterschied, dass die Auswahlsituationen numerisch kodiert sind. Der linke Teil wird auch als Design-Matrix bezeichnet, während die rechte Spalte die empirischen Daten enthält. Die Design-Matrix kann in dieser Form bei größerer Anzahl von Stimuli recht breit werden.

Person	Auswahl-situation	Stimuli s					Daten
		1	2	3	4	5	Wahl
i	r	Papier/1,0	Papier/1,3	Becher/1,0	Becher/1,3	None	d(s,r)
1	1	1	0	0	1	1	4
	2	0	1	1	0	1	3
2	3	0	1	1	0	1	3
	4	1	0	0	1	1	1
3	5	1	0	0	1	1	4
	6	0	1	1	0	1	3
4	7	0	1	1	0	1	3
	8	1	0	0	1	1	4
5	9	1	0	0	1	1	5
	10	0	1	1	0	1	3
6	11	0	1	1	0	1	3
	12	1	0	0	1	1	4

Abbildung 4.15: Erhebungsdesign und Auswahlentscheidungen in der Wide-Form

Abbildung 4.16 zeigt die Daten in der Long-Form. Die mit „Eigenschaften" überschriebenen Spalten enthalten die Werte der Dummy-Variablen x_{jmkr} gemäß Formel (4.5) bzw. (4.17) und kennzeichnen damit eindeutig jede Alternative einer Auswahlsituation.

Da jede Alternative einer Auswahlsituation eine eigene Zeile einnimmt, erhalten wir jetzt $T \cdot K = 36$ Zeilen (Auswahlsituationen x Alternativen). In der Long-Form kann der Datensatz sehr lang werden und man kommt (wie z. B. bei dem nachfolgenden Fallbeispiel) schnell auf mehrere Tausend Zeilen. Der Vorteil dieser Form liegt darin, dass jetzt auch die Auswahlentscheidungen binär kodiert sind, wodurch die Berechnung stark vereinfacht wird. Wir wählen daher diese Form der Datenorganisation.

---

[22]Vgl. z. B. Hensher/Rose/Greene (2005), S. 218 ff.

4 Auswahlbasierte Conjoint-Analyse

Person	Situation	Alternative	Eigenschaften					Wahl
			b11	b12	b21	b22	b3	
i	r	k	Papier	Becher	1,0 Euro	1,3 Euro	None	d(k,r)
1	1	1	1	0	1	0	0	0
1	1	2	0	1	0	1	0	1
1	1	3	0	0	0	0	1	0
1	2	1	1	0	0	1	0	0
1	2	2	0	1	1	0	0	1
1	2	3	0	0	0	0	1	0
2	3	1	1	0	0	1	0	0
2	3	2	0	1	1	0	0	1
2	3	3	0	0	0	0	1	0
2	4	1	1	0	1	0	0	1
2	4	2	0	1	0	1	0	0
2	4	3	0	0	0	0	1	0
3	5	1	1	0	1	0	0	0
3	5	2	0	1	0	1	0	1
3	5	3	0	0	0	0	1	0
3	6	1	1	0	0	1	0	0
3	6	2	0	1	1	0	0	1
3	6	3	0	0	0	0	1	0
4	7	1	1	0	0	1	0	0
4	7	2	0	1	1	0	0	1
4	7	3	0	0	0	0	1	0
4	8	1	1	0	1	0	0	0
4	8	2	0	1	0	1	0	1
4	8	3	0	0	0	0	1	0
5	9	1	1	0	1	0	0	0
5	9	2	0	1	0	1	0	0
5	9	3	0	0	0	0	1	1
5	10	1	1	0	0	1	0	0
5	10	2	0	1	1	0	0	1
5	10	3	0	0	0	0	1	0
6	11	1	1	0	0	1	0	0
6	11	2	0	1	1	0	0	1
6	11	3	0	0	0	0	1	0
6	12	1	1	0	1	0	0	0
6	12	2	0	1	0	1	0	1
6	12	3	0	0	0	0	1	0

Abbildung 4.16: Erhebungsdesign und Auswahlentscheidungen in der Long-Form

Bei der rechnerischen Durchführung der CBCA können folgende Schritte unterschieden werden:

(a) Ermittlung von Startwerten

(b) Verankerung der Teilnutzenwerte

(c) Berechnung der Gesamtnutzenwerte

(d) Berechnung der Auswahlwahrscheinlichkeiten

(e) Maximum-Likelihood-Schätzung

(f) Berechnung weiterer Ergebnisse

(g) Güteprüfung

a) Ermittlung von Startwerten

Wie oben erläutert, erfordert die Schätzung der Teilnutzenwerte die Anwendung iterativer Algorithmen, und diese wiederum erfordert die Vorgabe von Startwerten. Im Notfall sind diese auf Null zu setzen, was aber u. U. dazu führen kann, dass der Algorithmus kein Optimum findet.

Mittels folgender Heuristik lassen sich geeignete Startwerte für die zu schätzenden Teilnutzenwerte gewinnen:

> *Der Teilnutzen einer Eigenschaftsausprägung ist vermutlich umso höher, je mehr Stimuli mit dieser Ausprägung gewählt wurden.*

Heuristik

Wir zählen daher für jede Eigenschaftsausprägung, wie oft sie bei den gewählten Stimuli vorkommt. In Excel lassen sich diese Häufigkeiten sehr einfach ermitteln, indem man die Dummies der Design-Matrix in Abbildung 4.16 mit den Dummies d(r,k) für die Wahlentscheidungen multipliziert und sodann die Spaltensummen bildet. Das Ergebnis zeigt die letzte Zeile von Abbildung 4.17.

Nach Division durch die Anzahl der Auswahlsituationen (T = 12) lassen sich die so gewonnenen relativen Häufigkeiten als Startwerte verwenden. Da aber die Skala der zu schätzenden Teilnutzenwerte generell verankert werden muss, wollen wir dies auch für die Startwerte tun.

lfn	Papier	Becher	1,0 Euro	1,3 Euro	None
1	0	0	0	0	0
2	0	1	0	1	0
3	0	0	0	0	0
.	.	.	.	.	.
.	.	.	.	.	.
.	.	.	.	.	.
35	0	1	0	1	0
36	0	0	0	0	0
h	1	10	7	4	1
h/T	0,08	0,83	0,58	0,33	0,08

Abbildung 4.17: Häufigkeitsauszählung mit MS Excel

(b) Verankerung der Teilnutzenwerte

Zwecks Erzielung einer eindeutigen Lösung für die Schätzung der Teilnutzenwerte muss eine Nebenbedingung (Reparametrisierungsbedingung) gesetzt werden. Hierfür bestehen zwei Möglichkeiten:

- Wahl einer „*Null-Kategorie*" für jede Eigenschaft.

- *Zentrierung* der Teilnutzen für jede Eigenschaft, so dass deren Summe Null ergibt.

In jedem Fall sind von den M Teilnutzen einer Eigenschaft immer nur M-1 Teilnutzen zu schätzen (mit Ausnahme der None-Option).

4 Auswahlbasierte Conjoint-Analyse

Null-Kategorie

Einer der M Teilnutzen einer Eigenschaft wird als Basiskategorie (base level) gewählt und sein Wert auf Null gesetzt. Nur die übrigen Teilnutzen werden geschätzt. Diese geben dann den Unterschied zur Basiskategorie (Nullkategorie) an. Gewöhnlich wird jeweils die letzte Ausprägung als Basiskategorie gewählt.

Entsprechend verfahren wir auch mit den Startwerten und erhalten:

Papier: $b_{11} = 0,08 - 0,83 = -0,75$
Becher: $b_{12} = 0$
1,0 Euro: $b_{21} = 0,58 - 0,33 = 0,25$
1,3 Euro: $b_{22} = 0$

Den Wert b_3 für die None-Option setzen wir hier auf Null. Dies sind die Startwerte, die sich oben in Abbildung 4.18 befinden. Sie besagen z. B.: Der Becher hat einen höheren Nutzenwert als die Papierverpackung und der Unterschied beträgt 0,75. Mit diesen Startwerten erreichen wir eine Prognosegüte (Trefferquote) von 91,7 % (siehe Spalte R in Abbildung 4.19. Hierauf wird weiter unten eingegangen.

Zentrierung

Eine alternative Methode zur Verankerung der Teilnutzenwerte besteht darin, dass man sie für jede Eigenschaft *zentriert*, so dass sie sich zu Null summieren. Man erhält die zentrierten Teilnutzen durch:

$$b'_{jm} = b_{jm} - m_j$$

wobei m_j den Mittelwert für Eigenschaft j bezeichnet. Der Mittelwert der zentrierten Teilnutzen ist dann Null. Die zentrierten Teilnutzen drücken damit die Abweichungen von Null aus und wir erhalten hier die Werte

$b'_{11} = -0,375$ für die Papierverpackung
$b'_{12} = 0,375$ für die Becherverpackung

Die Differenz zwischen Papier- und Becherverpackung beträgt wiederum -0,75 („only differences in utility matter").

4.2 Vorgehensweise

	B	C	D	E	F	G	H	I	J	K	L
	L23			fx	=E$19*E23+F$19*F23+G$19*G23+H$19*H23+I19*I23						
17	Design			1	2	3	4	5		Daten	Analyse
18			Startwerte:	-0,750	0,000	0,250	0,000	0,000			
19			Schätzwerte:	-0,750	0,000	0,250	0,000	0,000			
20	Person	Situation	Alternative			Eigenschaften				Wahl	
21				b11	b12	b21	b22	b3			Nutzen
22	i	r	k	Papier	Becher	1,0 Euro	1,3 Euro	None		d(k,r)	u(k,r)
23	1	1	1	1	0	1	0	0		0	-0,50
24	1	1	2	0	1	0	1	0		1	0,00
25	1	1	3	0	0	0	0	1		0	0,00
26	1	2	1	1	0	0	1	0		0	-0,75
27	1	2	2	0	1	1	0	0		1	0,25
28	1	2	3	0	0	0	0	1		0	0,00
29	2	3	1	1	0	0	1	0		0	-0,75
30	2	3	2	0	1	1	0	0		1	0,25
31	2	3	3	0	0	0	0	1		0	0,00
32	2	4	1	1	0	1	0	0		1	-0,50
33	2	4	2	0	1	0	1	0		0	0,00
34	2	4	3	0	0	0	0	1		0	0,00
35	3	5	1	1	0	1	0	0		0	-0,50
36	3	5	2	0	1	0	1	0		1	0,00
37	3	5	3	0	0	0	0	1		0	0,00
38	3	6	1	1	0	0	1	0		0	-0,75
39	3	6	2	0	1	1	0	0		1	0,25
40	3	6	3	0	0	0	0	1		0	0,00
41	4	7	1	1	0	0	1	0		0	-0,75
42	4	7	2	0	1	1	0	0		1	0,25
43	4	7	3	0	0	0	0	1		0	0,00
44	4	8	1	1	0	1	0	0		0	-0,50
45	4	8	2	0	1	0	1	0		1	0,00
46	4	8	3	0	0	0	0	1		0	0,00
47	5	9	1	1	0	1	0	0		0	-0,50
48	5	9	2	0	1	0	1	0		0	0,00
49	5	9	3	0	0	0	0	1		1	0,00
50	5	10	1	1	0	0	1	0		0	-0,75
51	5	10	2	0	1	1	0	0		1	0,25
52	5	10	3	0	0	0	0	1		0	0,00
53	6	11	1	1	0	0	1	0		0	-0,75
54	6	11	2	0	1	1	0	0		1	0,25
55	6	11	3	0	0	0	0	1		0	0,00
56	6	12	1	1	0	1	0	0		0	-0,50
57	6	12	2	0	1	0	1	0		1	0,00
58	6	12	3	0	0	0	0	1		0	0,00

Abbildung 4.18: Rechnerische Durchführung der CBCA mit MS Excel, Teil 1

(c) Berechnung der Gesamtnutzenwerte

Mit den obigen Startwerten lassen sich Gesamtnutzenwerte für die Alternativen bzw. die Stimuli berechnen. Die rechnerische Durchführung zeigt Abbildung 4.18.

In der Bearbeitungsleiste des Excel-Tableaus ist die Formel zur Berechnung des Nutzenwertes der ersten Alternative in Auswahlsituation 1 (Zelle L23) zu sehen. In der Notation von Formel (4.6) entspricht dies

$$u_{11} = b_{11} \cdot x_{1111} + b_{12} \cdot x_{1211} + b_{21} \cdot x_{2111} + b_{22} \cdot x_{2211} + b_{31} \cdot x_{3111}$$

Mit $b_{11} = -0{,}75$ und $b_{21} = 0{,}25$ sowie unter Weglassung der Teilnutzen von nicht vorhandenen Eigenschaftsausprägungen, für die $x_{jmkr} = 0$ ist, ergibt sich der Nutzenwert

$$u_{11} = b_{11} + b_{12} = -0,75 + 0,25 = -0,50.$$

In der gezeigten Form muss die Formel in Zelle L23 nur einmal eingegeben werden und kann sodann in die folgenden 35 Zeilen darunter kopiert werden, um alle weiteren Gesamtnutzenwerte zu erhalten.

4 Auswahlbasierte Conjoint-Analyse

d) Berechnung der Auswahlwahrscheinlichkeiten

In Spalte O von Abbildung 4.19 finden sich die Auswahlwahrscheinlichkeiten, die sich für die Startwerte ergeben. Die Berechnung erfolgt gemäß Formel (4.11) für das Logit-Choice-Modell.

	O23		f_x	=M23/N25			
	K	L	M	N	O	P	Q	R
	Daten	Analyse			LL =	-10,83166	hit rate =	0,917
17					LLR =	4,70338		
18					p-value =	0,19485		
19								
20	Wahl							
21		Nutzen	e^{u_k}	$\sum e^{u_k}$	$prob_r(k)$	ln(prob)·d	Prog	Treffer
22	d(k,r)	u(k,r)						
23	0	-0,50	0,607		0,233	0	0	0
24	1	0,00	1,000		0,384	-0,95802009	1	1
25	0	0,00	1,000	2,607	0,384	0	0	0
26	0	-0,75	0,472		0,171	0	0	0
27	1	0,25	1,284		0,466	-0,76392257	1	1
28	0	0,00	1,000	2,756	0,363	0	0	0
29	0	-0,75	0,472		0,171	0	0	0
30	1	0,25	1,284		0,466	-0,76392257	1	1
31	0	0,00	1,000	2,756	0,363	0	0	0
32	1	-0,50	0,607		0,233	-1,45802009	0	0
33	0	0,00	1,000		0,384	0	1	0
34	0	0,00	1,000	2,607	0,384	0	1	0
35	0	-0,50	0,607		0,233	0	0	0
36	1	0,00	1,000		0,384	-0,95802009	1	1
37	0	0,00	1,000	2,607	0,384	0	1	0
38	0	-0,75	0,472		0,171	0	0	0
39	1	0,25	1,284		0,466	-0,76392257	1	1
40	0	0,00	1,000	2,756	0,363	0	0	0
41	0	-0,75	0,472		0,171	0	0	0
42	1	0,25	1,284		0,466	-0,76392257	1	1
43	0	0,00	1,000	2,756	0,363	0	0	0
44	0	-0,50	0,607		0,233	0	0	0
45	1	0,00	1,000		0,384	-0,95802009	1	1
46	0	0,00	1,000	2,607	0,384	0	1	0
47	0	-0,50	0,607		0,233	0	0	0
48	0	0,00	1,000		0,384	0	1	0
49	1	0,00	1,000	2,607	0,384	-0,95802009	1	1
50	0	-0,75	0,472		0,171	0	0	0
51	1	0,25	1,284		0,466	-0,76392257	1	1
52	0	0,00	1,000	2,756	0,363	0	0	0
53	0	-0,75	0,472		0,171	0	0	0
54	1	0,25	1,284		0,466	-0,76392257	1	1
55	0	0,00	1,000	2,756	0,363	0	0	0
56	0	-0,50	0,607		0,233	0	0	0
57	1	0,00	1,000		0,384	-0,95802009	1	1
58	0	0,00	1,000	2,607	0,384	0	1	0
59					sum =	-10,8317		11

Abbildung 4.19: Rechnerische Durchführung der CBCA mit MS Excel, Teil 2

Für die Alternativen der ersten Auswahlsituation finden wir in Spalte L die Nutzenwerte u_{k1}:

$$u_{11} = -0,5; u_{21} = 0,0; u_{31} = 0,0.$$

Für die erste Alternative ergibt sich damit die Wahrscheinlichkeit:

$$prob_1(1|2,3) = \frac{e^{u_{11}}}{e^{u_{11}} + e^{u_{21}} + e^{u_{31}}} = \frac{e^{-0,5}}{e^{-0,5} + e^0 + e^0} = \frac{0,607}{2,607} = 0,233$$

Der Wert findet sich in Zelle O23 und die Bearbeitungsleiste des Excel-Tableaus zeigt die Berechnung.

Analog erhalten wir $prob_1(2|1,3) = 0,384$ für Alternative 2 und $prob_1(3|1,2) = 0,384$ für die None-Option. Da die Personen als homogen angesehen werden, ergeben sich auch für alle Personen gleiche Wahrscheinlichkeiten bei gleichem Choice Set.

e) Maximum-Likelihood-Schätzung

Zum Auffinden optimaler Schätzwerte für die Teilnutzen mit Hilfe der Maximum-Likelihood-Methode ist gemäß (4.17) die *Log-Likelihood-Funktion* zu maximieren:

$$LL = \sum_{r=1}^{T} \sum_{k=1}^{K} \ln\left[prob_r(k)\right] \cdot d_{kr} \to \text{Max!}$$

Die Spalte P in Abbildung 4.19 enthält die Werte $ln[prob_r(k)] \cdot d_{kr}$ und Zelle P59 enthält als Summe dieser Werte den Wert LL. Er erscheint noch einmal in Zelle P17. Zur Gewinnung der Maximum-Likelihood-Schätzwerte sind die Startwerte b_{11}, b_{21} und b_3 in den Zellen E19, G19 und I19 (Abbildung 4.18) so zu verbessern, dass die Summe in Zelle P59 bzw. P17 maximal wird.

Für die rechnerische Durchführung der Optimierung kann der Solver von Excel verwendet werden.[23] Die Anwendung des Solvers erfordert folgende Angaben, die über das Dialogfeld des Solvers (Abbildung 4.20) abgefragt werden:

- *Zielzelle*: Dies ist die Zelle P17, die den Wert von LL enthält.

- *Variablenzellen*: Die Zellen E19, G19 und I19 für die zu schätzenden Teilnutzen. Vor Aufruf des Solvers befinden sich in diesen Zellen die Startwerte.

Für die beiden Variablen „Verpackung" und „Preis" wird jeweils nur ein Teilnutzen geschätzt, da sie jeweils nur zwei Ausprägungen haben. Die zweite Ausprägung wird als Basiskategorie gewählt und ihr Wert auf Null gesetzt.

---

[23] Der Excel Solver ist ein mächtiges Instrument zur Lösung von Optimierungsproblemen aller Art. Zur Lösung von nichtlinearen Optimierungsproblemen bietet er ein Newton-Raphson-Verfahren und ein Gradientenverfahren an, wobei ersteres standardmäßig verwendet wird. Ab Office 2010 wird standardmäßig der sog. Generalized Reduced Gradient-Algorithmus (GRG) verwendet.
Der Solver lässt sich über den Menüpunkt „Extras/Solver" aufrufen. Ab Office 2010 erfolgt der Aufruf über den Menüpunkt „Daten/Solver". Der Solver ist ein Excel-Add-in. Falls er nicht vorhanden ist, muss installiert werden.

4 Auswahlbasierte Conjoint-Analyse

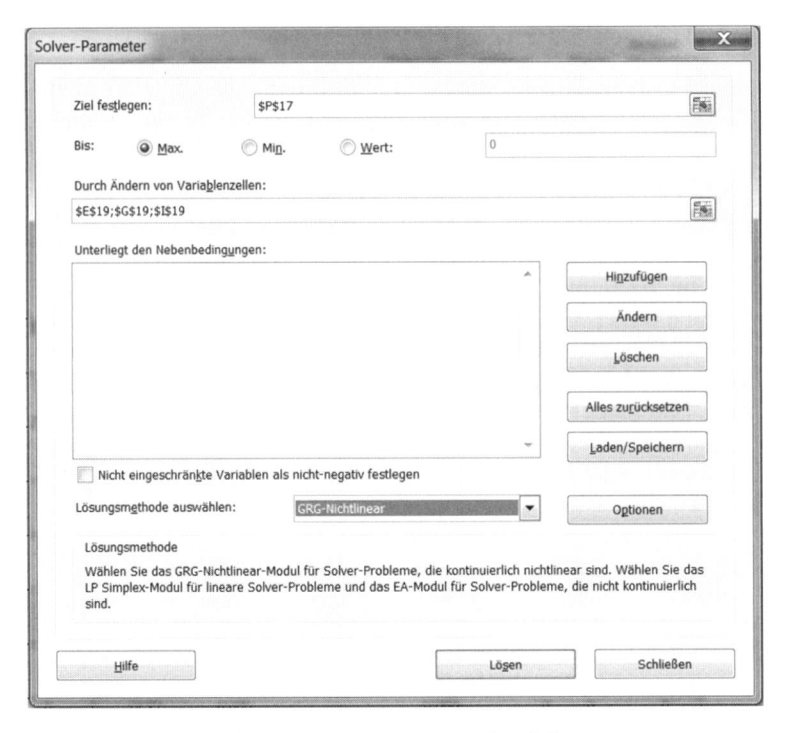

Abbildung 4.20: Dialog-Box des Solvers

Durch Einsatz des Solvers erhalten wir die folgenden ML-Schätzwerte für die Teilnutzen:

$$b_{11} = -14,419$$
$$b_{21} = 13,033$$
$$b_3 = -1,386$$

Sie können Abbildung 4.21 entnommen werden und sind in Abbildung 4.22 grafisch dargestellt. Für diese Werte nimmt die Log-Likelihood-Funktion ihren maximalen Wert LL = -5,205 an. Abbildung 4.21 zeigt das Excel-Tableau nach Durchführung der Maximierung. In Zelle P59, aber auch in Zelle P17 oben rechts ist der maximale Wert der Log-Likelihood-Funktion neben anderen Gütemaßen, auf die wir noch eingehen, zu sehen.

P59 =SUMME(P23:P58)

	B	C	D	E	F	G	H	I	K	L	M	N	O	P	Q	R
17	**Design**			**1**	**2**	**3**	**4**	**5**	**Daten**	**Analyse**			**LL =**	**-5,20538**	**hit rate =**	**0,833**
18			Startwerte:	-0,750	0,000	0,250	0,000	0,000					**LLR =**	**15,95593**		
19			**Schätzwerte:**	**-14,419**	0,000	**13,033**	0,000	**-1,386**					**p-value =**	**0,00116**		
20	Person	Situation	Alternative	Eigenschaften					Wahl							
21				**b11**	**b12**	**b21**	**b22**	**b3**		**Nutzen**	e^{u_k}	$\sum e^{u_k}$	$\text{prob}_r(k)$	**ln(prob)*d**	**Prog**	**Treffer**
22	**i**	r	k	**Papier**	**Becher**	**1,0 Euro**	**1,3 Euro**	**None**	**d(k,r)**	u(k,r)						
23	1	1	1	**1**	**0**	**1**	**0**	**0**	0	-1,39	0,250		0,167	0	0	0
24	1	1	2	**0**	**1**	**0**	**1**	**0**	1	0,00	1,000		0,667	-0,40568706	1	1
25	1	1	3	**0**	**0**	**0**	**0**	**1**	0	-1,39	0,250	1,500	0,167	0	0	0
26	1	2	1	**1**	**0**	**0**	**1**	**0**	0	-14,42	0,000		0,000	0	0	0
27	1	2	2	**0**	**1**	**1**	**0**	**0**	1	13,03	457454,304		1,000	-5,4693E-07	1	1
28	1	2	3	**0**	**0**	**0**	**0**	**1**	0	-1,39	0,250	457454,554	0,000	0	0	0
29	2	3	1	**1**	**0**	**0**	**1**	**0**	0	-14,42	0,000		0,000	0	0	0
30	2	3	2	**0**	**1**	**1**	**0**	**0**	1	13,03	457454,304		1,000	-5,4693E-07	1	1
31	2	3	3	**0**	**0**	**0**	**0**	**1**	0	-1,39	0,250	457454,554	0,000	0	0	0
32	2	4	1	**1**	**0**	**1**	**0**	**0**	1	-1,39	0,250		0,167	-1,79142655	0	0
33	2	4	2	**0**	**1**	**0**	**1**	**0**	0	0,00	1,000		0,667	0	1	0
34	2	4	3	**0**	**0**	**0**	**0**	**1**	0	-1,39	0,250	1,500	0,167	0	0	0
35	3	5	1	**1**	**0**	**1**	**0**	**0**	0	-1,39	0,250		0,167	0	0	0
36	3	5	2	**0**	**1**	**0**	**1**	**0**	1	0,00	1,000		0,667	-0,40568706	1	1
37	3	5	3	**0**	**0**	**0**	**0**	**1**	0	-1,39	0,250	1,500	0,167	0	0	0
38	3	6	1	**1**	**0**	**0**	**1**	**0**	0	-14,42	0,000		0,000	0	0	0
39	3	6	2	**0**	**1**	**1**	**0**	**0**	1	13,03	457454,304		1,000	-5,4693E-07	1	1
40	3	6	3	**0**	**0**	**0**	**0**	**1**	0	-1,39	0,250	457454,554	0,000	0	0	0
41	4	7	1	**1**	**0**	**0**	**1**	**0**	0	-14,42	0,000		0,000	0	0	0
42	4	7	2	**0**	**1**	**1**	**0**	**0**	1	13,03	457454,304		1,000	-5,4693E-07	1	1
43	4	7	3	**0**	**0**	**0**	**0**	**1**	0	-1,39	0,250	457454,554	0,000	0	0	0
44	4	8	1	**1**	**0**	**1**	**0**	**0**	0	-1,39	0,250		0,167	0	0	0
45	4	8	2	**0**	**1**	**0**	**1**	**0**	1	0,00	1,000		0,667	-0,40568706	1	1
46	4	8	3	**0**	**0**	**0**	**0**	**1**	0	-1,39	0,250	1,500	0,167	0	0	0
47	5	9	1	**1**	**0**	**1**	**0**	**0**	0	-1,39	0,250		0,167	0	0	0
48	5	9	2	**0**	**1**	**0**	**1**	**0**	0	0,00	1,000		0,667	0	1	0
49	5	9	3	**0**	**0**	**0**	**0**	**1**	1	-1,39	0,250	1,500	0,167	-1,7912049	0	0
50	5	10	1	**1**	**0**	**0**	**1**	**0**	0	-14,42	0,000		0,000	0	0	0
51	5	10	2	**0**	**1**	**1**	**0**	**0**	1	13,03	457454,304		1,000	-5,4693E-07	1	1
52	5	10	3	**0**	**0**	**0**	**0**	**1**	0	-1,39	0,250	457454,554	0,000	0	0	0
53	6	11	1	**1**	**0**	**0**	**1**	**0**	0	-14,42	0,000		0,000	0	0	0
54	6	11	2	**0**	**1**	**1**	**0**	**0**	1	13,03	457454,304		1,000	-5,4693E-07	1	1
55	6	11	3	**0**	**0**	**0**	**0**	**1**	0	-1,39	0,250	457454,554	0,000	0	0	0
56	6	12	1	**1**	**0**	**1**	**0**	**0**	0	-1,39	0,250		0,167	0	0	0
57	6	12	2	**0**	**1**	**0**	**1**	**0**	1	0,00	1,000		0,667	-0,40568706	1	1
58	6	12	3	**0**	**0**	**0**	**0**	**1**	0	-1,39	0,250	1,500	0,167	0	0	0
59													sum =	**-5,2054**		**10**

Abbildung 4.21: Excel-Tableau nach Optimierung

4 Auswahlbasierte Conjoint-Analyse

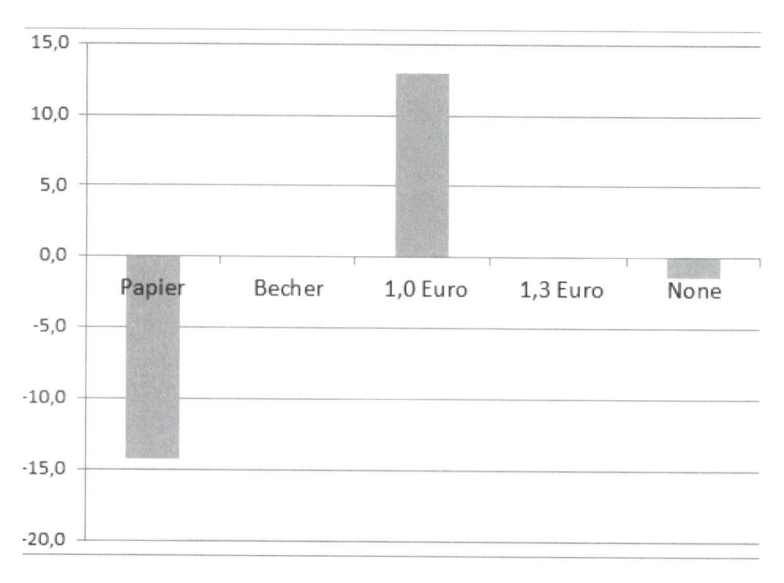

Abbildung 4.22: Geschätzte Teilnutzenwerte

f) Berechnung weiterer Ergebnisse

In Abbildung 4.23 sind die Schätzergebnisse sowie weitere daraus abgeleitete Ergebnisse zusammengestellt.

Eigenschaft	Ausprägung	Teilnutzen		zentriert	Range	Relative Wichtigkeiten
Verpackung	Papier	b_{11} =	-14,419	-7,210	14,419	0,525
	Becher	b_{12} =	0,0	7,210		
Preis	1,00 €	b_{21} =	13,033	6,517	12,033	0,475
	1,30 €	b_{22} =	0,0	6,517		
None		b_3 =	-1,386	-0,693		

Abbildung 4.23: Ergebnisse für das Handbeispiel zur CBCA

Mit den geschätzten Teilnutzenwerten lassen sich gemäß (4.7) die **Gesamtnutzen** der 5 Stimuli berechnen:

Margarine 1 (Papier / 1,0 Euro): $u_1 = b_{11} + b_{21} = -14,419 + 13,033 = -1,39$
Margarine 2 (Papier / 1,3 Euro): $u_2 = b_{11} + b_{22} = -14,419 + 0,0 = -14,42$
Margarine 3 (Becher / 1,0 Euro): $u_3 = b_{12} + b_{21} = 0,0 + 13,033 = 13,03$
Margarine 4 (Becher / 1,3 Euro): $u_4 = b_{12} + b_{22} = 0,0 + 0,0 = 0,00$
None-Option: $u_5 = b_3 = -1,39$

Die **zentrierten Teilnutzenwerte** erhält man durch:

$$b'_{jm} = b_{jm} - m_j \tag{4.18}$$

wobei m_j den Mittelwert für Eigenschaft j bezeichnet. Es ergibt sich hier z. B.:

$$m_1 = -7,210 \text{ und damit } b'_{11} = -14,419 + 7,210 = -7,210$$

4.2 Vorgehensweise

Den zentrierten Nutzenwert für die None-Option erhält man, indem man von dem nicht-zentrierten Wert die Mittelwerte der Eigenschaften abzieht:

$$b'_{none} = b_{none} - \sum_{j=1}^{J} m_j \qquad (4.19)$$

Es ergibt sich hier:

$$b'_3 = b_3 - m_1 - m_2 = -1,386 + 7,210 - 6,517 = -0,693$$

In der Conjoint-Analyse werden oft nur die zentrierten Teilnutzenwerte angegeben. Sie lassen sich auch direkt mittels ML-Schätzung gewinnen. Dazu ist lediglich für jede Basiskategorie anstelle einer Null die Formel für die negative Summe der übrigen Teilnutzen in das Excel-Tableau einzusetzen. Für unser Beispiel mit jeweils nur zwei Ausprägungen je Eigenschaft sind in das Excel-Tableau (Abbildung 4.18 oder Abbildung 4.21) in die Zellen F19 und H19 die Formeln „-E19" und „-G19" einzutragen. Die Eingaben für den Solver ändern sich nicht. Er liefert dann die zentrierten Werte direkt als Lösung. Infolge der geringen Anzahl von Daten kann man hier aus numerischen Gründen leicht unterschiedliche Werte erhalten.

Die **Spannweite** (Range) der Teilnutzenwerte einer Eigenschaft bildet ein Maß für die Wichtigkeit dieser Eigenschaft. Sie ist unabhängig von Nullpunktverschiebungen und somit gleich für zentrierte oder nicht-zentrierte Teilnutzenwerte.

Durch Normierung der Summe der Wichtigkeiten auf Eins erhält man sog. **relative Wichtigkeiten**, die in Abbildung 4.24 dargestellt sind. Damit lassen sich die Ergebnisse unterschiedlicher Analysen vergleichen.

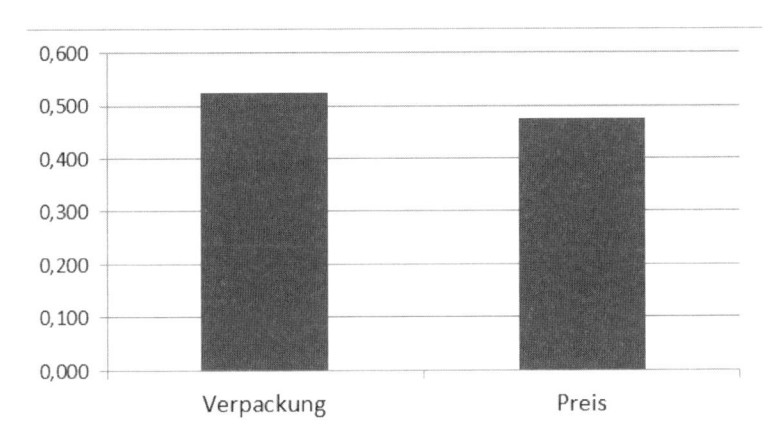

Abbildung 4.24: Relative Wichtigkeiten

4 Auswahlbasierte Conjoint-Analyse

g) Güteprüfung

Es können für die CBCA dieselben Gütemaße verwendet werden, wie sie auch bei der Logistischen Regression zur Anwendung kommen.[24] Die Basis bildet der Maximalwert der Log-Likelihood-Funktion für die gefundenen Parameterwerte b_{jm}, den wir mit LL_b bezeichnen wollen. Der absolute Wert von LL_b ist allerdings bedeutungslos, da er von der Anzahl der Beobachtungen (hier der Anzahl der Auswahlsituationen) abhängt. Er muss deshalb zu einem Vergleichswert in Beziehung gesetzt werden.

Globale Güteprüfung

Das gebräuchlichste Gütemaß zur Prüfung von Logit-Modellen bildet die *Likelihood-Ratio-Statistik*, mittels der sich der Likelihood-Ratio-Test durchführen lässt. Hierzu wird der Maximalwert LL_b zu dem Wert LL_0 der Log-Likelihood-Funktion in Beziehung gesetzt, der sich für das sog. Null-Modell ergibt. Das ist derjenige Wert, den die Log-Likelihood-Funktion annimmt, wenn man alle Koeffizienten (Teilnutzen) auf Null setzt. Dies entspricht dem Random-Choice-Modell. Alle Wahrscheinlichkeiten erhalten damit den gleichen Wert prob(K) = 1 / K = 1 / 3 und für die Log-Likelihood-Funktion ergibt sich hier LL_0 = -13,183. Mit LL_b = -5,205 erhält man für die **Likelihood-Ratio-Statistik**:

$$LLR = -2 \cdot ln\left(\frac{L_0}{L_b}\right) = 2 \cdot (LL_0 - LL_b) = -2 \cdot (-13,183 + 5,205) = 15,956 \quad (4.20)$$

(Zelle P18 in Abbildung 4.21). Die Likelihood-Ratio-Statistik ist chi-quadrat-verteilt mit drei Freiheitsgraden (Zahl der zu schätzenden Parameter). Sie ermöglicht damit die Durchführung eines statistischen Tests, des Likelihood-Ratio-Tests. Man erhält hier einen p-Wert von 0,00116 bzw. 0,12%. Das geschätzte Modell ist also statistisch hoch signifikant. Der Likelihood-Ratio-Test ist vergleichbar mit dem F-Test bei der linearen Regressionsanalyse.[25]

Ein weiteres gebräuchliches Gütemaß ist *McFaddens R-quadrat* (auch Linkelihood-Ratio-Index). Man erhält hierfür mit obigen Werten:

$$R_M^2 = 1 - \left(\frac{LL_b}{LL_0}\right) = 0,605 \qquad (0 \leq R_M^2 \leq 1) \quad (4.21)$$

McFaddens R-quadrat kann, wie das R-quadrat (Bestimmtheitsmaß) der linearen Regressionsanalyse, nur Werte zwischen 0 und 1 annehmen kann und ist somit normiert (im Unterschied zur Likelihood-Ratio-Statistik). Es lässt sich aber nicht als Anteil der erklärten Streuung interpretieren und gilt daher als ein sog. *Pseudo-R-quadrat*. Seine Werte liegen gewöhnlich sehr viel niedriger, als die des Bestimmtheitsmaßes der Regressionsanalyse.

---

[24] Siehe hierzu Kapitel 5 „Logistische Regression" im Buch *Multivariate Analyseverfahren*, 13. Aufl., S. 267 ff. oder z. B. Agresti (2002), S. 11 f.; Ben-Akiva/Lerman (1985), S. 90 f.

[25] Bereits Werte zwischen 0,2 und 0,4 gelten bei empirischen Anwendungen als guter Fit. Im Unterschied zum Bestimmtheitsmaß ergibt sich McFaddens R-quadrat nicht aus dem Verhältnis von zwei Streuungen (oder Varianzen), sondern aus dem Verhältnis von zwei Wahrscheinlichkeiten (Likelihoods) bzw. deren Logarithmen. Vgl. dazu McFadden (1974), S. 121; Train (2009), S. 68.

Trefferquote

Ein weiteres globales Gütemaß, das sich sehr einfach berechnen lässt, ist die Trefferquote (hit rate). Sie gibt an, in wie viel Prozent der Auswahlsituationen das geschätzte Modell die tatsächlich gewählte Alternative richtig „prognostiziert". Als Treffer wird gezählt, wenn in einer Auswahlsituation die Wahrscheinlichkeit für die gewählte Alternative maximal ist (Max-Utility-Modell).

Wir können so die Auswahlentscheidungen unserer 6 Testpersonen ex-post prognostizieren und ihren tatsächlichen Entscheidungen gegenüberstellen. Dies zeigt Spalte R in Abbildung 4.21. In 10 der 12 Situationen ergeben sich Übereinstimmungen (Treffer) und somit eine *Trefferquote* von $10/12 = 0{,}833$ bzw. $83{,}3\%$ (Zelle R17). Kurioserweise hatten wir hier mit den Startwerten bereits einen Treffer mehr und damit eine höhere Trefferquote von $91{,}7\%$ erzielt (vgl. Abbildung 4.19).

Prüfung der Koeffizienten

Mittels des Likelihood-Ratio-Tests lassen sich auch die geschätzten Koeffizienten auf Signifikanz prüfen.[26] Die Likelihood-Ratio-Statistik LLR_j für einen Koeffizienten b_{jm} erhält man, indem man ihn in der Nutzenfunktion auf Null setzt und sodann die Likelihood-Funktion für dieses *Reduzierte Modell* über die restlichen Koeffizienten maximiert. Man erhält so den Maximalwert LL_{0j}. Damit errechnet sich LLR_j durch:

$$LLR_j = -2 \cdot (LL_{0j} - LL_b)$$

wobei LL_b wiederum den Wert für das vollständige Modell bezeichnet, der sich nicht ändert. Es ist dabei hier unerheblich, welche der beiden Ausprägungen von Verpackung und Preis, also ob b_{j1} oder b_{j2}, geschätzt wird. Unter der Hypothese H_0: $b_{jm} = 0$ ist LLR_j chi-quadrat-verteilt mit einem Freiheitsgrad. Wir erhalten hier die in Abbildung 4.25 zusammengefassten Werte.

Ausprägung	Schätzwert			LL_{0j}	LLR_j	p-Wert
Papier	b_{11}	=	-14,419	-10,652	10,894	0,0965%
1,00 €	b_{21}	=	13,033	-12,189	3,175	7,4760%
None	b_3	=	-1,386	-11,515	1,927	16,5039%

Abbildung 4.25: Prüfung der Koeffizienten mittels Likelihood-Ratio-Test

Nur die Verpackung erweist sich hier bei einer Irrtumswahrscheinlichkeit von 5% als signifikant. Zur Prüfung jedes der Koeffizienten muss eine separate ML-Schätzung durchgeführt und somit jeweils erneut der Solver eingesetzt werden. Aus Platzgründen verzichten wir auf die Darstellung im Excel-Tableau.

---

[26] Ein anderer gebräuchlicher Test zur Prüfung der Koeffizienten ist der Wald-Test, der allerdings nur für große Stichproben geeignet ist. Er wird im folgenden Abschnitt behandelt.

4 Auswahlbasierte Conjoint-Analyse

4.2.6 Interpretation und Anwendung

1. Gestaltung der Stimuli
2. Gestaltung der Auswahlsituationen
3. Spezifikation eines Nutzenmodells
4. Spezifikation eines Auswahlmodells
5. Schätzung der Nutzenwerte
6. **Interpretation und Anwendung**
7. Disaggregation der Nutzenwerte

Bei Verwendung des Teilwert-Modells für die Conjoint-Analyse ist die absolute Höhe der geschätzten Teilnutzenwerte wie auch die der Gesamtnutzenwerte ohne Bedeutung. Von Interesse sind lediglich die Unterschiede zwischen den Teilnutzen einer Eigenschaft oder den Gesamtnutzen der Stimuli. Diese allein bestimmen im Logit-Choice-Modell die Größe der resultierenden Wahrscheinlichkeiten.

Bei praktischen Anwendungen werden die auf Basis einer aggregierten Analyse gewonnenen Wahrscheinlichkeiten oft als Marktanteile interpretiert und so für Marktprognosen verwendet. Dabei sind allerdings meist noch gewisse Anpassungen vorzunehmen. Dies sei nachfolgend an unserem Beispiel verdeutlicht.

Wir nehmen an, unser Margarinehersteller habe die Margarine 1 (Papier/1,0 Euro) und die Margarine 4 (Becher/1,3 Euro) in die engere Auswahl gezogen und er ist jetzt im Konflikt, für welche Alternative er sich entscheiden soll. Die erste Alternative ist billiger in der Herstellung, die zweite Alternative bringt einen höheren Erlös pro Stück.

Die Nutzenberechnung in Abbildung 4.26 zeigt, dass aus Sicht der Konsumenten der Becher einen höheren Nutzenwert (Teilwert) hat als die Papierverpackung und der Preis von 1,00 Euro hat einen höheren Nutzenwert als der von 1,30 Euro, d. h. man wird lieber nur 1,00 Euro zahlen als 1,30 Euro. Die Differenzen sind jeweils gleich bei den nicht-zentrierten und den zentrierten Werten.

Alternative 1			Alternative 2		
Ausprägung	Teilwert	zentriert	Ausprägung	Teilwert	zentriert
Papier	-14,419	-7,210	Becher	0,000	7,210
1,00 €	13,033	6,517	1,30 €	0,000	-6,517
Nutzen	-1,386	-0,693	Nutzen	0,000	0,693

Abbildung 4.26: Nutzenberechnung für zwei alternative Margarineprodukte

Die Alternative 2 bietet für den Konsumenten einen höheren Nutzen als die Alternative 1. Die Differenz beträgt jeweils 1,386 mit den nicht-zentrierten und den zentrierten Werten.

Unser Margarinehersteller kann also mit einer höheren Nachfrage rechnen, wenn er die Margarine zum höheren Preis in der Becherverpackung anbietet, als wenn er sie zum niedrigeren Preis in der Papierverpackung anbietet. Durch den höheren Preis könnte er die höheren Kosten der Becherverpackung abdecken.

Marktprognose

Stellen wir uns jetzt vor, der Margarinehersteller plane, eventuell beide Margarinesorten auf einem bislang nicht erschlossenen Markt anzubieten. Und stellen wir uns weiterhin vor, unsere Untersuchung basiere auf einer für diesen Markt repräsentativen

Stichprobe. Mit Hilfe des Logit-Choice-Modells kann er jetzt nähere Informationen über die Nachfrage der beiden Margarinesorten erlangen. Gemäß (4.9) ergeben sich die folgenden Wahrscheinlichkeiten für deren Wahl:

$$prob(1|2) = \frac{e^{u_1}}{e^{u_1} + e^{u_2}} = \frac{e^{-1,386}}{e^{-1,386} + e^0} = \frac{0,25}{1,25} = 0,20$$

$$prob(2|1) = \frac{e^{u_2}}{e^{u_1} + e^{u_2}} = \frac{e^0}{e^{-1,386} + e^0} = \frac{1,00}{1,25} = 0,80$$

Unter vereinfachenden Annahmen lassen sich die Wahrscheinlichkeiten als Marktanteile interpretieren. Bei einem gleichzeitigen Angebot der beiden Alternativen würde die überwiegende Mehrzahl der Konsumenten, nämlich 80 %, die teurere Alternative 2, die Margarine im Becher zu 1,30 Euro wählen. Demgegenüber würden nur 20 % die billigere Margarine in der Papierverpackung zu 1,00 Euro wählen. Dasselbe Ergebnis würden wir wiederum mit den zentrierten Werten erhalten.

Einbeziehung der None-Option

Anders als in unserer Erhebung haben wir bei obiger Marktprognose keine None-Option berücksichtigt. Fügen wir diese in das Logit-Choice-Modell ein, so erhalten wir die folgenden Wahrscheinlichkeiten:

$$prob(1|2,3) = \frac{e^{u_1}}{e^{u_1} + e^{u_2} + e^{u_3}} = \frac{e^{-1,386}}{e^{-1,386} + e^0 + e^{-1,386}} = \frac{0,25}{1,50} = 0,167$$

$$prob(2|1,3) = \frac{e^{u_2}}{e^{u_1} + e^{u_2} + e^{u_3}} = \frac{e^0}{e^{-1,386} + e^0 + e^{-1,386}} = \frac{1,00}{1,50} = 0,667$$

$$prob(3|1,2) = \frac{e^{u_3}}{e^{u_1} + e^{u_2} + e^{u_3}} = \frac{e^{-1,386}}{e^{-1,386} + e^0 + e^{-1,386}} = \frac{0,25}{1,50} = 0,167$$

Diese Zahlen finden sich auch im Tableau in Abbildung 4.21 in der Spalte O.

Durch die Berücksichtigung der None-Option verringern sich die Wahrscheinlichkeiten für die Wahl der beiden Margarinesorten. Das Verhältnis der Wahrscheinlichkeiten ändert sich dagegen gemäß der Constant Ratio Rule des Logit-Choice-Modells nicht: Es gilt $0,2/0,8 = 0,167/0,667$.

Anders als in diesem kleinen Beispiel wird man bei realitätsnahen Marktsimulationen, um das Marktangebot umfassend abbilden zu können, oft sehr viel mehr Produktalternativen einbeziehen müssen, als es bei den Choice Sets während der Abfrage der Fall war. Dadurch bedingt wird dann auch die Wahrscheinlichkeit für die None-Option stark vermindert werden und man muss sich fragen, ob dies korrekt ist. Es gibt Argumente dafür und dagegen:

- Man könnte argumentieren, dass bei einem vielfältigeren Angebot auch der Anteil der Nichtkäufer zurück geht.

4 Auswahlbasierte Conjoint-Analyse

- Sind aber die Nichtkäufer eingefleischte Butter-Esser, so wird man noch so viele Margarinesorten auf den Markt bringen können, ohne dass der Anteil der Nichtkäufer sinkt.

Der Untersucher muss daher aufgrund seiner Marktkenntnis geeignete Anpassungen vornehmen. Die Firma *Sawtooth Software, Inc.* (SSI), die weltweit führender Anbieter von Software für Conjoint-Analysen ist, hat hierfür in ihren Marktsimulator einen Gewichtungsfaktor für die None-Option („*None*" *weight*) installiert, mittels dessen der Untersucher subjektive Anpassungen vornehmen kann.[27] Indem er hierfür einen Wert > 1 einsetzt, kann er der Schrumpfung des None-Anteils durch vermehrte Anzahl der Alternativen entgegen wirken.

Der Default-Wert für diesen Gewichtungsfaktor ist allerdings Null. Der Grund hierfür liegt darin, dass man Zweifel daran hat, mittels der None-Option den Anteil der Nichtkäufer korrekt schätzen zu können. Die Einbeziehung der None-Option in die Datenerhebung wird zwar nachdrücklich empfohlen, um diese so realitätsnäher zu gestalten. Hierin liegt ja einer der Vorteile der CBCA gegenüber der TCA. Es wird aber von Sawtooth empfohlen, die None-Option bei Marktsimulationen zu vernachlässigen.[28] Dieser Auffassung können wir uns allerdings nicht anschließen. Mittels der None-Option lässt sich z. B. simulieren, wie der Markt schrumpft, wenn sich alle Preise erhöhen.

Einbeziehung des Rationalitätsparameters

Ein anderes Problem bei der Durchführung von Marktsimulationen betrifft die Frage, ob die in der CBCA zum Ausdruck kommenden Präferenzunterschiede sich auf die realen Marktanteile so deutlich niederschlagen, wie es die obigen Wahrscheinlichkeiten ausdrücken. Das Logit-Choice-Modell ist ein Verhaltensmodell, welches die Umsetzung von Präferenzen in Auswahlentscheidungen abbilden soll. Das Verhalten von Menschen aber unterscheidet sich, und so auch das Verhalten von Märkten. Gemäß Formel (4.8) enthält das Logit-Choice-Modell noch einen Parameter β, den wir als *Rationalitätsparameter* bezeichnet hatten. Hiermit lässt sich das Logit-Choice-Modell flexibel an unterschiedliches individuelles Verhalten oder auf aggregierter Ebene an unterschiedliche Märkte anpassen.

Ein Verzicht auf β ist gleichbedeutend mit $\beta = 1$. Bei Marktsimulationen werden tendenziell die Marktanteile der stärkeren Produkte überschätzt und die der schwächeren Produkte unterschätzt. Durch Wahl eines Wertes $\beta < 1$ lässt sich dem entgegen wirken. Mit

$$prob(k|k') = \frac{e^{\beta \cdot u_1}}{e^{\beta \cdot u_1} + e^{\beta \cdot u_2} + e^{\beta \cdot u_3}}$$

und $\beta = 0,5$ erhalten wir in unserem Beispiel die folgenden Wahrscheinlichkeiten:

$$prob(1|2,3) = 0,250, \quad prob(2|1,3) = 0,500, \quad prob(3|1,2) = 0,250.$$

In Abbildung 4.27 sind die Wahrscheinlichkeiten für die unterschiedlichen Beta-Werte grafisch dargestellt. Je kleiner β, desto flacher wird die Verteilung. Für $\beta = 0$ ergeben sich gleiche Wahrscheinlichkeiten für alle Alternativen, unabhängig von ihren

---

[27] Siehe dazu Sawtooth Software (2001), S. 16-29; Orme (2012), S. 353 f., S. 812.
[28] Siehe dazu Sawtooth Software (2001), S. 16-29, E-5; Orme (2012), S. 804.

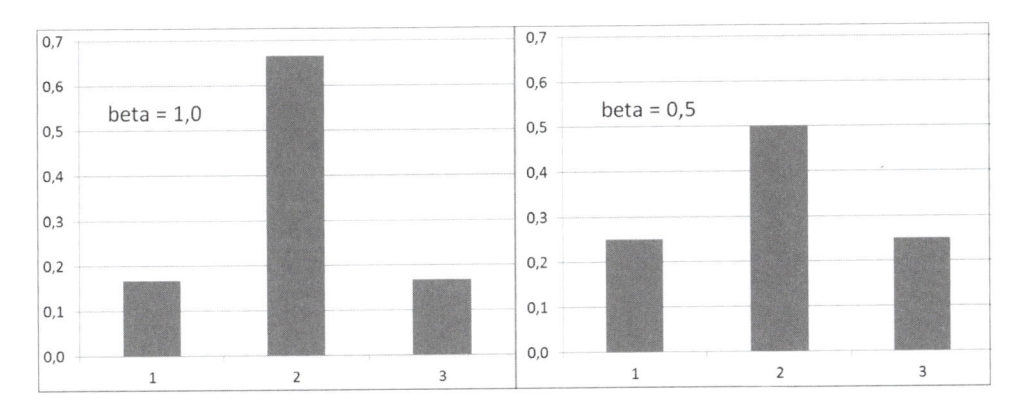

Abbildung 4.27: Wahrscheinlichkeiten für unterschiedliche Beta-Werte

Nutzenwerten (Random-Choice-Verhalten). Umgekehrt würde mit wachsendem β hier die Wahrscheinlichkeit für die meistpräferierte Alternative 2 gegen Eins gehen und die der anderen Alternativen gegen Null.

Der Marktsimulator von Sawtooth enthält einen „*Scaling Parameter*", welcher unserem Beta entspricht.[29] Insbesondere für Low-Involvement-Märkte wird ein Wert < 1 empfohlen. Ein geeigneter Wert für β kann, soweit möglich, durch Vergleich von Wahrscheinlichkeiten des Logit-Modells mit realen Marktanteilen gefunden werden. Im Abschnitt 4.4 werden wir zeigen, wie man unter bestimmten Umständen den Wert von β mittels CBCA schätzen kann.

4.2.7 Disaggregation der Nutzenwerte

Vorstehend haben wir die Analyse aggregiert über eine Gruppe von sechs Personen durchgeführt. Dies ist die übliche Vorgehensweise bei der CBCA. Bei der TCA dagegen wird i. d. R. eine individuellen Analyse (Nutzenschätzungen) für jede einzelne Person einer Stichprobe durchgeführt und die Ergebnisse werden anschließend nach Bedarf zusammenfügt (aggregiert).

Bei der CBCA ist dagegen eine individuelle Analyse meist nicht möglich, da zum einen bei Verwendung des Teilwert-Nutzenmodells für reale Problemstellungen sehr viele Parameter zu schätzen sind, und zum anderen das Erhebungsverfahren der CBCA zu wenig Information liefert, weil ja anstelle von Rankings oder Ratings aller Stimuli nur 0,1-Informationen bezüglich der Auswahlentscheidungen erhoben werden.[30]

Die Verwendung einer aggregierten Nutzenfunktion lässt sich allerdings nur rechtfertigen, wenn man annehmen kann, dass die Nutzenvorstellungen der Nachfrager weitgehend homogen sind. Kann man davon jedoch nicht ausgehen und zeigen sich z. B. bei Kaufbeobachtungen große Heterogenitäten im Nachfrageverhalten, dann ist

---
[29] Siehe dazu Sawtooth Software (2001), S. 16-28 ff.
[30] Anders verhält es sich bei der Verwendung von Vektormodellen, worauf wir unten noch näher eingehen werden.

4 Auswahlbasierte Conjoint-Analyse

Beispiel

es geboten, Verfahren anzuwenden, die eine entsprechende Berücksichtigung der Heterogenität ermöglichen. Welche grundlegende Bedeutung Heterogenität für den Aussagewert einer CBCA hat, möge das folgende Beispiel zeigen:

In einem Markt existieren im Hinblick auf Präferenzen und Gruppengröße zwei sehr unterschiedliche Gruppen von Margarinekäufern. Beide Gruppen achten beim Margarinekauf vor allem auf die Eigenschaft „Marke". Käufer von Gruppe 1 (n=50) kaufen vor allem Produkte der Marke „Rama", die Marke „Lätta" mögen sie dagegen nicht. Im Gegensatz dazu bevorzugen die Personen der Gruppe 2 (n=25) sehr stark die Marke „Lätta". Ihnen stiftet dagegen die Marke „Rama" einen sehr geringen Nutzen. Beide Gruppen bevorzugen bei Margarine einen Geschmack „nach Butter" und einen möglichst niedrigen Preis. Bezüglich der Eigenschaft „Marke" bestehen zwischen beiden Gruppen somit erhebliche Unterschiede in den Präferenzen, während bei den Eigenschaften „Geschmack" und „Preis" ähnliche Anforderungen existieren bzw. die Rangfolge der Vorziehenswürdigkeit der Ausprägungen identisch ist (so wird immer das preisgünstigste Produkt bevorzugt). Auf die Kaufentscheidung hat, wie bereits angedeutet, in diesem Beispiel insbesondere die Marke einen entscheidenden Einfluss (siehe linke Grafik in Abbildung 4.28).

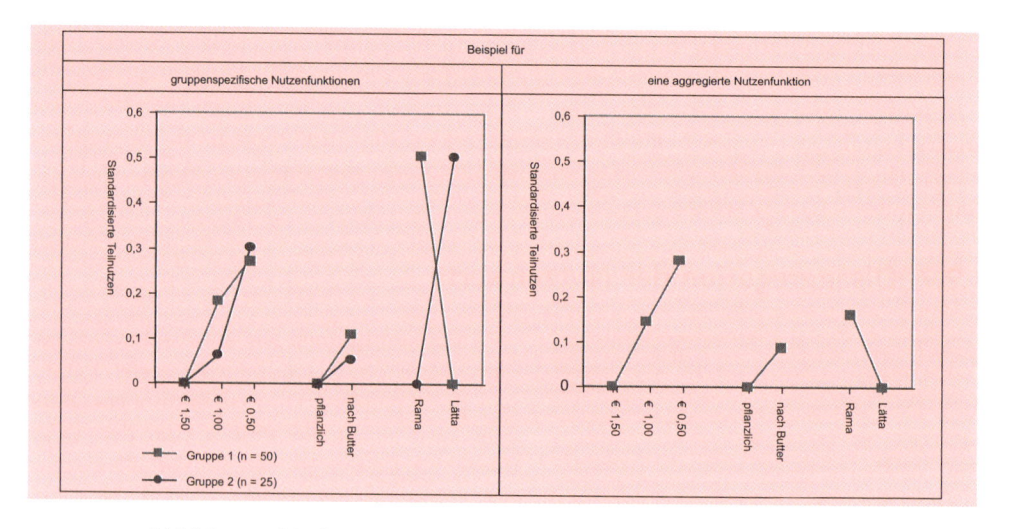

Abbildung 4.28: Gruppenspezifische und aggregierte Nutzenfunktionen

Aggregierte Nutzenfunktion

Betrachtet man dagegen die Nutzenfunktion auf aggregierter Ebene (siehe rechte Grafik in Abbildung 4.28), so wird deutlich, dass allein durch die Aggregation gegensätzlicher Präferenzen die Bedeutung des Merkmals „Marke" gesunken ist. In diesem Beispiel wird bei der aggregierten Nutzenfunktion die Ausprägung „Rama" bevorzugt, was aber allein den unterschiedlichen Gruppengrößen zuzuschreiben ist. Würde man die Wichtigkeiten der Eigenschaften berechnen, käme man hier zu dem Ergebnis, dass der Preis das wichtigste Merkmal ist, was aber nicht dem realen Entscheidungsverhalten der Befragungsteilnehmer entsprechen würde (diese achten in diesem Beispiel, wie bereits beschrieben, vor allem auf die Eigenschaft „Marke").

4.2 Vorgehensweise

Anhand des Beispiels wird deutlich, dass heterogene Präferenzen durch eine einzige Nutzenfunktion nicht adäquat abgebildet werden können. Entsprechend ist damit zu rechnen, dass prognostizierte Marktanteile das reale Entscheidungsverhalten nicht widerspiegeln können. Deshalb sollte bei vorliegender Heterogenität die Schätzung von Nutzenfunktionen *segmentiert* erfolgen, d. h. es sollten je Segment unterschiedliche Nutzenfunktionen geschätzt werden.

Segmentierung der Befragungsteilnehmer

Die Segmente können bei Anwendung der CBCA *a priori*, d. h. vor der eigentlichen Nutzenschätzung oder *simultan* mit der Nutzenschätzung gebildet werden (sog. Latent Class-Ansatz). Mit Hilfe des sog. Hierarchical Bayes Ansatzes lassen sich unter bestimmten Annahmen sogar individuelle Nutzenschätzungen erzielen. In allen diesen Fällen aber sind keine individuellen Analysen möglich.

Wir müssen daher unterscheiden zwischen segmentierten bzw. individuellen Nutzenschätzungen

- auf Basis *individueller Analysen*, wie sie die TCA erlaubt und
- auf Basis *aggregierter Analysen*, wie sie bei der CBCA gewöhnlich erforderlich sind.

Im zweiten Fall sprechen wir von *Disaggregation der Nutzenschätzungen*. In Abbildung 4.29 sind die möglichen Formen der Disaggregation gegenüber gestellt. Bei der Segmentierung wird die Bildung möglichst homogener Segmente angestrebt, d. h. die Personen eines Segmentes sollten möglichst ähnliche Präferenzen aufweisen und die Personen unterschiedlicher Segmente sollten möglichst unterschiedliche Präferenzen haben.

Formen der Disaggregation		
A priori-Segmentierung ↓ Segmentierte Nutzenwerte	Latent-Class Ansatz ↓ Segmentierte Nutzenwerte	Hierarchical Bayes Ansatz ↓ Individuelle Nutzenwerte
die Segmentierung erfolgt *vor* der Nutzenschätzung	die Segmentierung erfolgt *simultan* mit der Nutzenschätzung	die Schätzung von aggregierten und individuellen Teilnutzen erfolgt *iterativ alternierend*

Abbildung 4.29: Formen der Disaggregation von Nutzenschätzungen bei der CBCA

(1) *A priori Segmentierung*

Die methodisch einfachste Möglichkeit zur Segmentierung besteht darin, *a priori* verschiedene Segmente zu bilden.[31] Hierfür können verschiedene Methoden angewendet werden. Zum einen ist es möglich, die individuell erfassten Auswahldaten zu nutzen, um eine *erste grobe* Segmentierung durchzuführen. So könnte die *Häufigkeit von Merkmalsausprägungen* der Alternativen ausgezählt werden, die ein Befragungsteilnehmer selektiert hat. Diese Daten könnten als Ausgangspunkt für eine Gruppenbildung mit Hilfe der Clusteranalyse (siehe Kapitel 8 im Buch *Multivariate Analysemethoden*) genutzt und die Teilnutzen im Anschluss daran je Segment geschätzt werden. Eine solche Vorgehensweise ist einfach durchführbar, allerdings ist nicht damit zu rechnen, dass bezüglich der

Segmentierungsvorgehen

---
[31] Vgl. Vriens/Oppewal/Wedel (1998), S. 238.

Präferenzstrukturen wirklich homogene Gruppen bestimmt werden können. So wird bei der reinen Zählung von Häufigkeiten bestimmter Ausprägungen nicht das Ausmaß der Nutzenstiftung verschiedener Ausprägungen unterschiedlicher Eigenschaften berücksichtigt. Vielmehr wird bei einer reinen Häufigkeitszählung implizit von einer Gleichgewichtung ausgegangen, d. h. man würde vermuten, dass alle Merkmale einen ähnlichen Einfluss auf die Wahlentscheidung haben, was in den meisten Fällen unrealistisch sein dürfte.

Hat der Anwender a priori keine Anhaltspunkte oder reichen ihm die Informationen nicht für eine Gruppierung, so kann er auf Verfahren der simultanen bzw. der a posteriori-Segmentierung zurückgreifen. Welche der beiden Segmentierungsansätze zum Tragen kommt, ist auch von der Zielvorstellung abhängig.

(2) *Der Latent Class (LC)-Ansatz*
Der LC-Ansatz ermöglicht eine simultane Schätzung von Nutzenwerten für unterschiedliche Gruppen. Er geht davon aus, dass in der Stichprobe eine bestimmte Anzahl nicht direkt beobachtbarer Gruppen (=latenter Klassen) existiert, wobei eine Gruppenzuordnung der einzelnen Personen (Objekte) auf Basis unterschiedlicher Präferenzen (Teilnutzen der untersuchten Merkmalsausprägungen) erfolgt. Eine Besonderheit dieses Ansatzes ist es, dass es sich dabei um ein **Mischverteilungsmodell (Finite Mixture Model)** handelt. Der Grundgedanke solcher Verfahren ist, dass die Befragungsteilnehmer zwar einem konkreten Segment zugeordnet werden können (was auch letztlich das Ziel des Ansatzes ist), dies allerdings aufgrund unvollständiger Information lediglich mit einer **gewissen Wahrscheinlichkeit** möglich ist. Ein Proband wird somit nicht nur *einem* Cluster, sondern – mit unterschiedlichen Wahrscheinlichkeiten – allen Clustern zugewiesen. Dies erschwert zwar zunächst die Interpretation der Ergebnisse, da die Personen u. U. nicht eindeutig einem Cluster zugeordnet werden können.[32] Andererseits besteht so aber die Möglichkeit, die Antworten eines Probanden nicht nur zur Ermittlung einer, sondern sämtlicher Nutzenfunktionen heranzuziehen und somit zusätzlich die schwache Informationssituation für eine gruppenspezifische Betrachtung zu verbessern.[33]

(3) *Der Hierarchical Bayes (HB)-Ansatz zur Ermittlung individueller Teilnutzenwerte*
Sind *Individualwerte* von Interesse, z. B. weil der Anbieter - wie etwa im industriellen Anlagengeschäft üblich - die Präferenzstrukturen einzelner Kunden ermitteln will, kann der *Hierarchical Bayes-Ansatz* Ergebnisse liefern, die man als „Individual"-Schätzwerte interpretieren kann.
Wie auch die Latent Class-Analyse greift der HB-Ansatz auf das Konzept bedingter Wahrscheinlichkeiten zurück. Während die LC-Verfahren jedoch von der Voraussetzung ausgehen, dass sich die Probanden in eine definierte Menge verschiedener, in sich homogener Segmente (Latent Classes) zerlegen lassen, geht der HB-Ansatz von der Prämisse aus, dass eine kontinuierliche Verteilung der Präferenzen vorliegt (meist wird von einer Normalverteilung ausgegangen), so dass Gruppen nicht sinnvoll voneinander zu trennen sind. Die Disaggregation sollte dann auf *Individualebene* stattfinden.

---

[32] Eine Person wird oft am Ende der Analyse der Gruppe zugeordnet, zu der die Zugehörigkeitswahrscheinlichkeit am größten ist. Dies ist dann problematisch, wenn sich die Zuordnungswahrscheinlichkeiten kaum unterscheiden.

[33] Vgl. zu einer detaillierten Darstellung z. B. Gensler (2003), Teichert (2001).

Beim HB-Ansatz werden Individualauswertungen dadurch möglich, dass zwei Modellebenen miteinander kombiniert werden (deshalb heißt er „hierarchisch").[34]

1. Der *Anwender* spezifiziert eine angenommene Verteilung individueller Nutzenfunktionen (i. d. R. eine multivariate Normalverteilung). Diese ist übergeordnet.
2. Das Modell des (beobachtbaren) *Wahlverhaltens der Probanden*, das i. d. R. als multinomialer Logit-Ansatz modelliert wird.

Aus den beobachteten Wahldaten eines jeden Probanden werden in einem iterativen Prozess Schätzparameter für die individuellen Nutzenfunktionen ermittelt, die dann herangezogen werden, um die Verteilung der Parameter auf aggregierter Ebene zu ermitteln. Im nächsten Schritt werden die aggregierten Werte herangezogen, um die Individualwerte zu verbessern. Diese Iterationsschleife wird so lange durchlaufen, bis keine wesentlichen Verbesserungen der geschätzten Verteilungsfunktion mehr gegeben sind.

Durch dieses „Ausleihen" von Informationen können auch dann noch vernünftige Schätzungen für individuelle Teilnutzenwerte erzielt werden, wenn die Menge der verfügbaren Daten eigentlich nicht ausreichend für Einzelpersonen-Analysen ist. Dennoch ist hier darauf hinzuweisen, dass nur bei einer „guten" Informationslage einer CBCA (z. B. hinreichend viele Choice Sets; geringe Verwendung der Nicht-Auswahl-Option durch die Befragten) die Berechnung individueller Teilnutzenwerte mit Hilfe des HB-Ansatzes sinnvoll ist. Wird vom Anwender der Ermittlung individueller Teilnutzenwerte hingegen eine sehr hohe Bedeutung (im Vergleich zur Nachbildung von Auswahlentscheidungen) beigemessen, so ist letztendlich die Durchführung der TCA sinnvoller.

---

[34] Vgl. dazu Rossi/Allenby/McCulloch (2006), S. 129 ff.; Gelman et al. (2004), S. 115 ff.; Lindley/Smith (1972).

4 Auswahlbasierte Conjoint-Analyse

4.3 Fallbeispiel

4.3.1 Problemstellung

Im Folgenden soll die Durchführung der CBCA im Rahmen einer empirischen Studie beschrieben werden. Hierzu wurde das obige Margarine-Beispiel auf vier Eigenschaften erweitert und es wurden 100 Personen befragt. Abbildung 4.30 zeigt die Eigenschaften und deren Ausprägungen.

Eigenschaften	Ausprägungen	Kodierung
Preis	1. 0,50 €	1
	2. 1,00 €	2
	3. 1,50 €	3
Verwendung	1. als Brotaufstrich geeignet	1
	2. zum Kochen, Backen, Braten geeignet	2
	3. universell verwendbar	3
Geschmack	1. nach Butter schmeckend	1
	2. pflanzlich schmeckend	2
Kaloriengehalt	1. kalorienarm (400 kcal/100g)	1
	2. normaler Kaloriengehalt (700 kcal/100g)	2

Abbildung 4.30: Eigenschaften und Ausprägungen der Margarinesorten im Fallbeispiel

Gemäß Formel (4.1) lassen sich mit diesen Eigenschaften und Ausprägungen insgesamt 36 Stimuli (Produktkonzepte) bilden (vollständiges Design). Diese Menge an Alternativen ist natürlich viel zu groß, um sie einer Person vorzulegen, weshalb ein reduziertes Design anzuwenden ist.

Es wurden folgende Entscheidungen getroffen:

1. Anzahl der Alternativen je Choice Set: K=3

2. Anzahl der Choice Sets je Testperson: R=12

3. Einbeziehung der None-Option: ja (damit gilt dann $K := K + 1 = 4$)

4. Zuordnung von Choice Sets zu Testpersonen: Nur Choice Sets ohne Overlap

Abbildung 4.31 zeigt beispielhaft eine Auswahlsituation (Choice Set).

Stellen Sie sich vor, Sie befinden sich gerade in einem Supermarkt und möchten eine Margarine kaufen. Dabei stehen Ihnen lediglich die folgenden Margarinesorten zur Verfügung.
Welches dieser Produkte würden Sie wählen?

universell verwendbar	als Brotaufstrich geeignet	zum Kochen, Backen und Braten geeignet	
nach Butter schmeckend	nach Butter schmeckend	pflanzlich schmeckend	kein Kauf
normaler Kaloriengehalt (700 kcal/100g)	kalorienarm (400 kcal/100 g)	normaler Kaloriengehalt (700 kcal/100g)	
1,00 €	0,50 €	1,50 €	
○	○	○	○

Abbildung 4.31: Beispiel für die Gestaltung einer Auswahlsituation im Fragebogen

Bezüglich der Eigenschaften Preis und Verwendung erscheint jede der drei Ausprägungen genau einmal im Choice Set und es besteht somit kein Overlap. Bei den Eigenschaften Geschmack und Kaloriengehalt dagegen ist ein Overlap unvermeidlich, da sie jeweils nur zwei Ausprägungen besitzen. So taucht die Ausprägung „nach Butter schmeckend" zwei mal auf und ebenso die Ausprägung „normaler Kaloriengehalt".

Für die Planung von Erhebungsdesigns ist es üblich und zweckmäßig, die Eigenschaftsausprägungen in kodierter Form, einem sog. *Design-Code*, darzustellen. Mit der in Abbildung 4.30 angegebenen Kodierung ergibt sich für das obige Choice Set (ohne die None-Option) in numerischer Kodierung:

$$2312 \quad 1111 \quad 3222$$

Jeweils $J = 4$ Ziffern kennzeichnen die Eigenschaften einer Alternative. Die jeweils erste Ziffer betrifft hier den Preis, die zweite die Verwendung usw.

Abbildung 4.32 zeigt das gesamte Choice Design, also die 12 Choice Sets, für die erste Testperson unserer Fallstudie im Design Code. Die None-Option braucht hier nicht berücksichtigt zu werden, da sie in jedem Choice Set vorkommen soll.

Insbesondere handelt es sich hier um ein balanciertes Design, da die Ausprägungen einer jeden Eigenschaft jeweils gleich oft vorkommen. Die drei Ausprägungen der Eigenschaften Preis und Verwendung kommen jeweils 12 mal vor. Die zwei Ausprägungen der Eigenschaften Geschmack und Kaloriengehalt kommen jeweils 18 mal vor.[35]

Zur Durchführung der Befragung muss die Darstellung der Stimuli vom Design-Code in verbale Beschreibungen umgewandelt werden. Dies kann man z. B. in Word oder Excel spaltenweise mit Hilfe der Funktion „Suchen und Ersetzen" durchführen. Eine komfortablere Lösung bietet das Programm SPSS mit der Prozedur PLANCARDS. Hier hat man die Wahl, sich eine Liste (card list) für den Experimentator oder Karten mit den verbalisierten Choice Sets für die Befragung der Testpersonen

---

[35] Die Balanciertheit ist neben Orthogonalität ein wichtiges Kriterium für die Güte von Choice Designs, d. h. für deren Eignung zur Erzielung guter Schätzwerte. Siehe dazu Street/Burgess (2007), S. 89; Kuhfeld (1997).

4 Auswahlbasierte Conjoint-Analyse

Choice Set	Alternative 1				Alternative 2				Alternative 3			
1	2	3	1	2	1	1	1	1	3	2	2	2
2	2	1	2	1	1	2	1	2	3	3	2	1
3	2	1	2	2	1	3	2	2	3	2	1	1
4	1	2	1	1	3	1	2	2	2	3	1	1
5	3	1	1	2	1	3	2	1	2	2	2	1
6	2	2	1	2	1	1	2	1	3	3	1	2
7	1	2	2	2	3	1	1	1	2	3	2	2
8	2	2	1	1	3	3	1	1	1	1	2	2
9	2	1	1	2	3	2	2	1	1	3	1	2
10	3	1	1	2	2	3	2	1	1	2	2	1
11	2	3	1	2	2	1	2	1	3	3	2	1
12	1	2	1	2	2	1	2	1	3	3	2	1

Abbildung 4.32: Choice Design für eine Person (Design-Code)

(ähnlich Abbildung 4.31) ausgeben zu lassen. Abbildung 4.33 zeigt das gesamte Choice Design aus Abbildung 4.32 als Liste.[36]

Im Prinzip ist es möglich, ein einziges Design für die Abfrage aller Testpersonen zu verwenden. Vorteilhafter aber ist es, unterschiedliche Designs zu erzeugen und diese den Testpersonen per Zufall (randomisiert) zuzuordnen. Im Extremfall wird für jede Testperson ein eigenes Design erzeugt, was natürlich sehr aufwendig ist und entsprechende Computer-Unterstützung erfordert. Für die Durchführung unserer Fallstudie wurde dieser Weg gewählt. Dabei wurde die Software der Fa. Sawtooth (siehe unten) verwendet.

Für die rechnerische Durchführung der Nutzenschätzung mittels des Logit-Choice-Modells und unter Anwendung der Maximum-Likelihood-Methode muss das Choice Design von der Design-Kodierung in Dummy-Kodierung (0-1-Kodierung) transformiert werden. Ein Ausschnitt des Datensatzes in Dummy-Kodierung ist im Excel-Tableau für das Fallbeispiel in Abbildung 4.34 zu sehen. Insgesamt müssen für die 100 Personen 1200 Choice Sets generiert werden. Da jedes Choice Set inklusive der None-Option vier Alternativen umfasst, ergeben sich für den Datensatz in der Long-Form insgesamt 1200 x 4 = 4800 Zeilen. Abbildung 4.34 zeigt davon die ersten 30 Zeilen.

Häufig werden noch weitere Choice Sets generiert und abgefragt, sog. Hold-Out-Sets, die nicht in die Analyse eingehen, sondern zur Validitätsprüfung verwendet werden können.

---

[36] Auf die Konstruktion von Choice Designs wird im Anhang zu diesem Kapitel eingegangen. Einschlägige Literaturquellen zu dieser Thematik bieten Louviere/Hensher/Swait (2000) und Street/Burgess (2007).

Card	Stimulus 1				Stimulus 2				Stimulus 3			
	Preis	Verwendung	Geschmack	Kalorien	Preis	Verwendung	Geschmack	Kalorien	Preis	Verwendung	Geschmack	Kalorien
1	1,00	universell	Butter	normal	0,50	Brotaufstrich	Butter	kalorienarm	1,50	zum Kochen	pflanzlich	normal
2	1,00	Brotaufstrich	pflanzlich	kalorienarm	0,50	zum Kochen	Butter	normal	1,50	universell	pflanzlich	kalorienarm
3	1,00	Brotaufstrich	pflanzlich	normal	0,50	universell	pflanzlich	normal	1,50	zum Kochen	Butter	kalorienarm
4	0,50	zum Kochen	Butter	kalorienarm	1,50	Brotaufstrich	pflanzlich	kalorienarm	1,00	universell	Butter	kalorienarm
5	1,50	Brotaufstrich	Butter	normal	0,50	universell	pflanzlich	kalorienarm	1,00	zum Kochen	pflanzlich	kalorienarm
6	1,00	zum Kochen	Butter	normal	0,50	Brotaufstrich	pflanzlich	kalorienarm	1,50	universell	Butter	normal
7	0,50	zum Kochen	pflanzlich	kalorienarm	1,50	Brotaufstrich	Butter	kalorienarm	1,00	universell	pflanzlich	normal
8	1,00	zum Kochen	Butter	normal	1,50	universell	Butter	kalorienarm	0,50	Brotaufstrich	pflanzlich	normal
9	1,00	Brotaufstrich	Butter	normal	1,50	zum Kochen	pflanzlich	kalorienarm	0,50	universell	Butter	normal
10	1,50	Brotaufstrich	Butter	normal	1,00	universell	pflanzlich	kalorienarm	0,50	zum Kochen	pflanzlich	kalorienarm
11	1,00	universell	Butter	normal	0,50	Brotaufstrich	Butter	kalorienarm	1,50	zum Kochen	pflanzlich	normal
12	0,50	zum Kochen	Butter	normal	1,00	Brotaufstrich	pflanzlich	kalorienarm	1,50	universell	pflanzlich	kalorienarm

Abbildung 4.33: Choice Design für eine Person (card list)

4 Auswahlbasierte Conjoint-Analyse

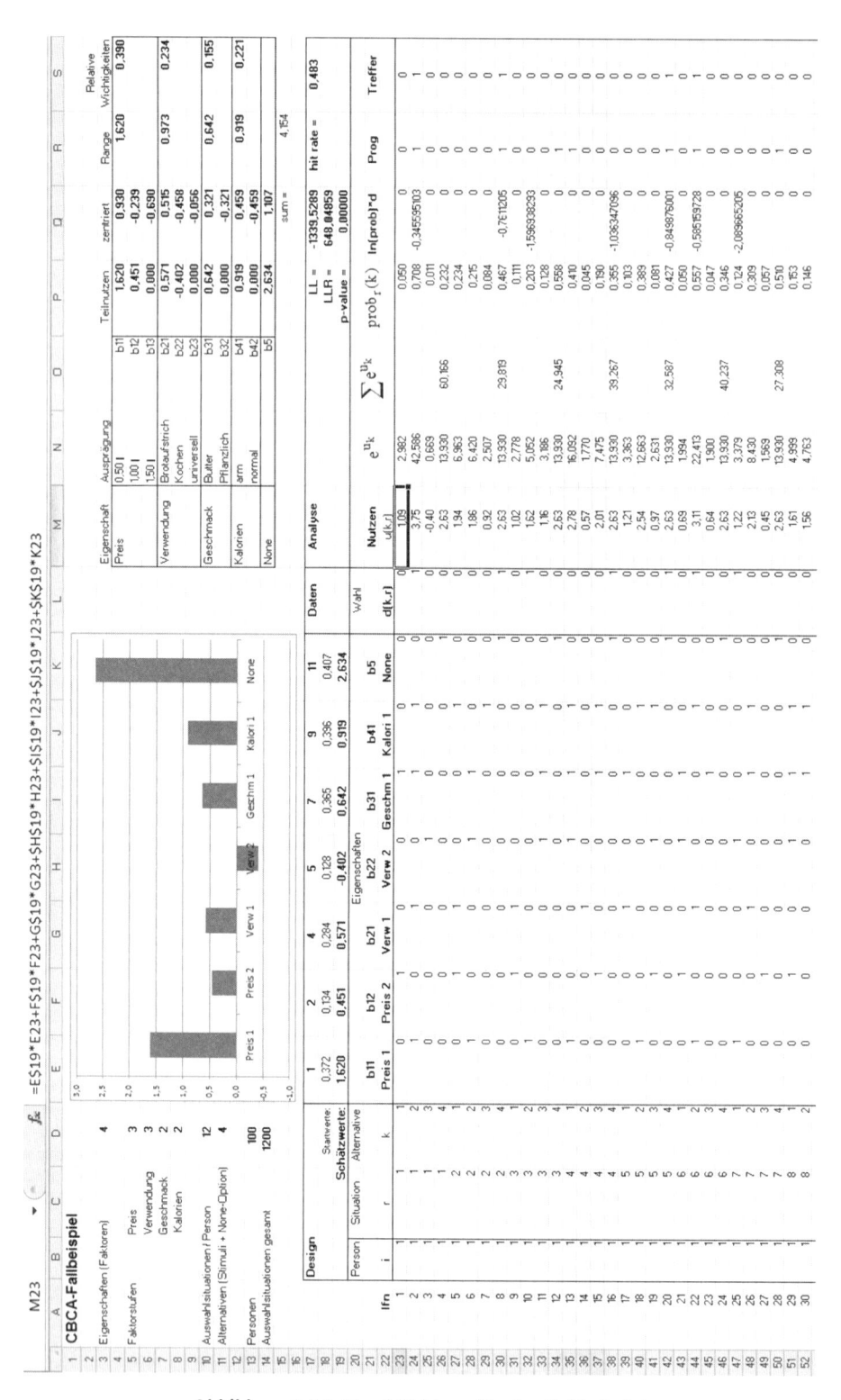

Abbildung 4.34: Excel-Tableau für das Fallbeispiel

4.3.2 Auswertung mit MS Excel

Abbildung 4.34 zeigt einen Ausschnitt des Excel-Tableaus zur rechnerische Durchführung der CBCA für das Fallbeispiel. Es handelt sich um das gleiche Tableau, das wir schon oben für das Handbeispiel verwendet haben. Es wurde nur entsprechend dem vergrößerten Design und der größeren Stichprobe um einige Spalten und Zeilen erweitert.

Für die Schätzung der Teilnutzen wählen wir die jeweils letzte Ausprägung einer Eigenschaft als Basiskategorie, deren Teilnutzenwert wir auf Null setzen. Da sie für die Schätzung nicht benötigt werden, haben wir hier die betreffenden Spalten weggelassen, um das Excel-Tableau etwas zu verkleinern. Es ändern sich dadurch lediglich die Startwerte, da die Häufigkeiten der Basiskategorien nicht berechnet werden können, was aber hier keinen Einfluss auf das Schätzergebnis hat. Auch wenn alle Startwerte auf Null gesetzt werden, kommt man hier zu demselben Ergebnis.

Der Aufwand für die Erstellung des Tableaus hält sich in Grenzen, da die meisten Formeln nur einmal eingegeben werden müssen und dann in die darunter liegenden Zeilen kopiert werden können. Bei den Spalten O bis S für die Berechnung der Wahrscheinlichkeiten und Prognosen sind immer Blöcke von jeweils vier Zeilen (entsprechend einer Auswahlsituation) zu kopieren und einzufügen. Es kann aber auch jeweils eine beliebig große Vielzahl solcher Blöcke auf einmal mit Copy & Paste verdoppelt werden.[37]

In Abbildung 4.35 sind die Ergebnisse der Schätzung zusammengefasst. Die geschätzten Teilnutzenwerte sind in Abbildung 4.36 dargestellt. Wie zu erwarten, ergibt sich für den niedrigsten Preis der größte Nutzen. Hinsichtlich Verwendung besitzt die Ausprägung *Brotaufstrich* den höchsten und *Kochen* den niedrigsten Nutzen. Der Geschmack nach Butter wird gegenüber pflanzlichem Geschmack bevorzugt und eine kalorienarme Margarine wird gegenüber normalem Kaloriengehalt bevorzugt.

Eigenschaft	Ausprägung	Teilnutzen	zentriert	Range	Relative Wichtigkeiten
Preis	0,50 €	$b_{11} = 1{,}620$	0,930	1,620	0,390
	1,00 €	$b_{12} = 0{,}451$	-0,239		
	1,50 €	$b_{13} = 0{,}0$	-0,690		
Verwendung	Brotaufstrich	$b_{21} = 0{,}571$	0,515	0,973	0,234
	Kochen	$b_{22} = -0{,}402$	-0,458		
	universell	$b_{23} = 0{,}0$	-0,056		
Geschmack	Butter	$b_{31} = 0{,}642$	0,321	0,642	0,155
	pflanzlich	$b_{32} = 0{,}0$	-0,321		
Kalorien	arm	$b_{41} = 0{,}919$	0,459	0,919	0,221
	normal	$b_{42} = 0{,}0$	-0,459		
None		$b_5 = 2{,}634$	1,107		

Abbildung 4.35: Schätzergebnisse mit Excel für das Fallbeispiel zur CBCA

---

[37] Auch der Rechenaufwand ist für das Fallbeispiel kaum spürbar. Der Solver benötigt für das Auffinden der Lösung auf einem Laptop mit 64-Bit-Prozessor weniger als 8 Sekunden.

4 Auswahlbasierte Conjoint-Analyse

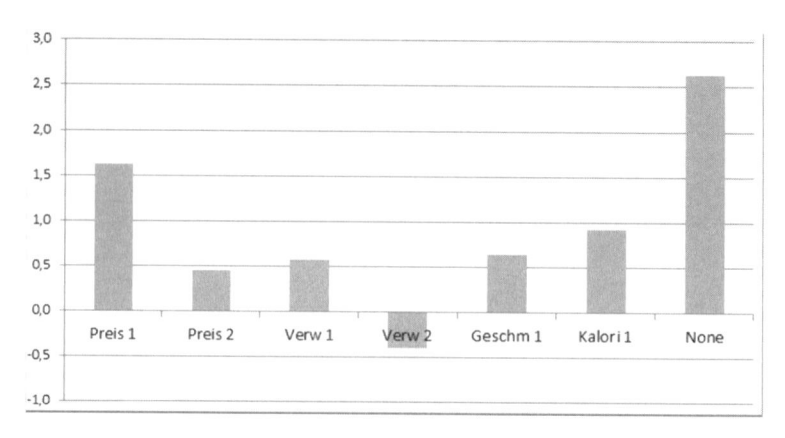

Abbildung 4.36: Geschätzte Teilnutzenwerte

Als wichtigste Eigenschaft ergibt sich hier der Preis, da die Spanne (Range) der Teilnutzen hier am größten ist. Dies liegt sicherlich daran, dass die Preisunterschiede sehr stark sind. Preis 3 ist dreimal so hoch wie Preis 1. Die Verwendbarkeit bildet die zweitwichtigste Eigenschaft, dicht gefolgt vom Kaloriengehalt, und der Geschmack erhält hier die niedrigste Wichtigkeit. In Abbildung 4.37 sind die relativen Wichtigkeiten grafisch dargestellt.

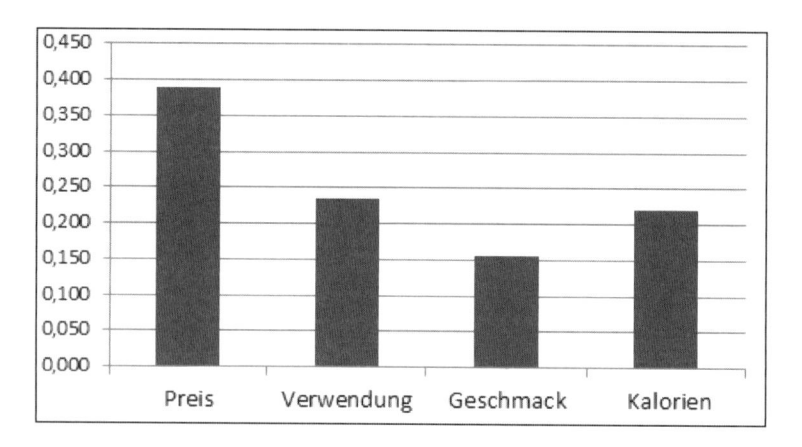

Abbildung 4.37: Relative Wichtigkeiten

4.3 Fallbeispiel

Güteprüfung

Die Log-Likelihood-Funktion nimmt für das Fallbeispiel die folgenden Werte an:

$$LL_0 = -1663,553 \qquad \text{für das Null-Modell}$$
$$LL_b = -1339,529 \qquad \text{für das geschätzte Modell}$$

Damit ergibt sich für die **Likelihood-Ratio-Statistik**:

$$LLR = -2 \cdot (LL_0 - LL_b) = -(-1663,553 + 1339,529) = 648,049$$

Dieser Wert findet sich in Abbildung 4.34 in Zelle Q18. Die Likelihood-Ratio-Statistik ist chi-quadrat-verteilt mit J = 7 Freiheitsgraden (Zahl der zu schätzenden Parameter). Der Likelihood-Ratio-Test liefert damit einen p-Wert von 0,000 %. Das geschätzte Modell ist also statistisch hoch signifikant.

Für **McFaddens R-quadrat** erhält man mit obigen Werten $R_M^2 = 0,195$. Dieser Wert erscheint recht niedrig. Aber wie schon bemerkt, liegen die Werte von McFaddens R-quadrat gewöhnlich sehr viel niedriger, als die des vergleichbaren Bestimmtheitsmaßes der Regressionsanalyse.

Für die **Trefferquote** erhalten wir hier 48,3 % (Zelle S17).

Die Prüfung der geschätzten Koeffizienten mittels Likelihood-Ratio-Test zeigt Abbildung 4.38. Die p-Werte fast aller Koeffizienten sind praktisch Null und damit hoch signifikant.

	Ausprägung	Schätzwert	LL_{0j}	LLR_j	p-Wert
Preis:	0,50 €	$b_{11} = 1,620$	-1466,333	253,609	0,0000 %
	1,00 €	$b_{12} = 0,451$	-1345,669	12,280	0,0458 %
Verwendung:	Brotaufstrich	$b_{21} = 0,571$	-1357,079	35,100	0,0000 %
	Kochen	$b_{22} = -0,402$	-1345,753	12,412	0,0427 %
Geschmack:	Butter	$b_{31} = 0,642$	-1365,748	52,438	0,0000 %
Kalorien:	arm	$b_{41} = 0,919$	-1393,085	107,112	0,0000 %
None		$b_5 = 2,634$	-1528,402	377,745	0,0000 %

Abbildung 4.38: Prüfung der Koeffizienten mittels Likelihood-Ratio-Test (Fallbeispiel)

4.3.3 Auswertung mit SPSS

Während für die statistische Auswertung von traditionellen Conjoint-Analysen (TCA) im Programmpaket *IBM SPSS Statistics* die Prozedur CONJOINT zur Verfügung steht, existiert bislang keine vergleichbare Prozedur für die Auswertung von auswahlbasierten Conjoint-Analysen (CBCA). In SPSS wird zwar die Prozedur NOMREG für die multinomiale logistische Regression angeboten, der wie der CBCA das Multinomiale Logit-Modell (MNL-Modell) zugrunde liegt. Sie eignet sich aber nicht für die CBCA oder andere Formen der Logit-Choice-Analyse, wenn mehr als zwei Alternativen vorliegen.[38]

Es besteht aber in SPSS eine Möglichkeit zur Durchführung einer CBCA mit Hilfe der Prozedur COXREG für die *Cox-Regression*, die eigentlich der Durchführung

---
[38] Der Grund liegt darin, dass NOMREG keine generischen Koeffizienten schätzt. Hierauf gehen wir unten noch näher ein.

von *Überlebensanalysen* dient.[39] In ihr wird ein mit dem Logit-Choice-Modell strukturgleiches Modell verwendet. Bei Durchführung einer geschichteten Cox-Regression wird die gleiche Likelihood-Funktion maximiert, wie sie bei der CBCA anfällt.

Abbildung 4.39 zeigt die ersten Zeilen der Datenmatrix für das Fallbeispiel im SPSS-Dateneditor. Im Unterschied zum Excel-Tableau in Abbildung 4.34, wo aus Platzgründen auf die Basiskategorien verzichtet wurde, haben wir hier alle Ausprägungen der Variablen aufgenommen. Im Dialog mit SPSS hat der Anwender dann zu entscheiden, welche Ausprägung einer Eigenschaft er als Basiskategorie wählt. Zur Durchführung der Cox-Regression ist der Menüpunkt „Analysieren / Überleben / Cox-Regression" aufzurufen, worauf die in Abbildung 4.40 gezeigte Dialog-Box erscheint.

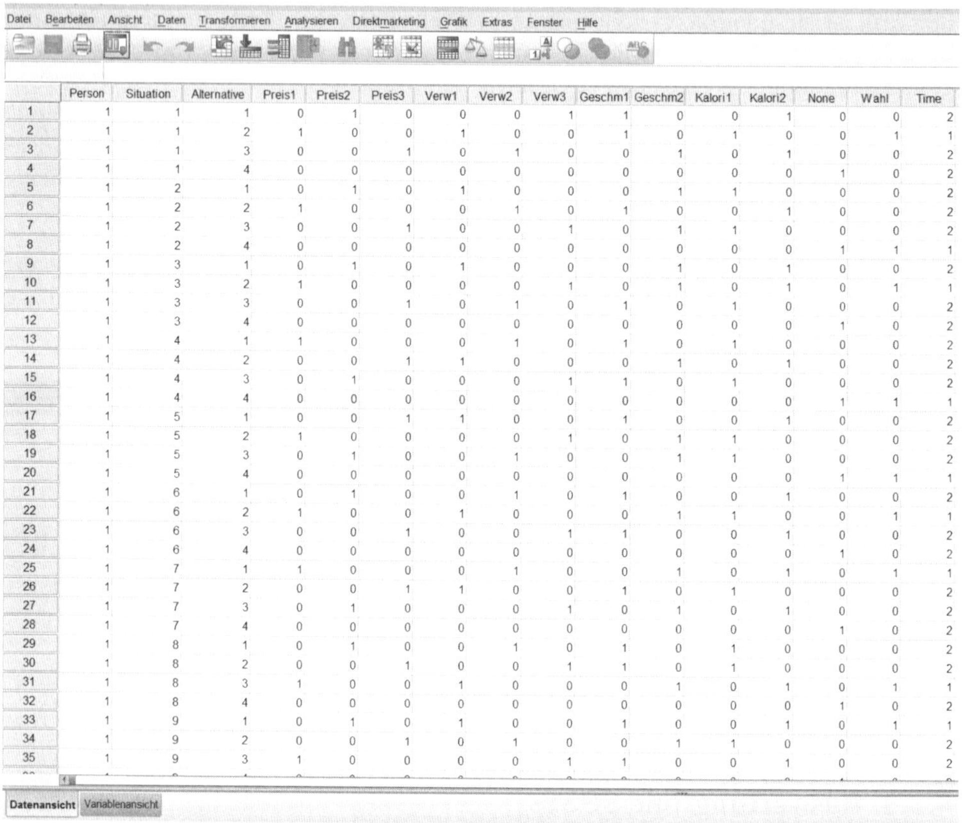

	Person	Situation	Alternative	Preis1	Preis2	Preis3	Verw1	Verw2	Verw3	Geschm1	Geschm2	Kalori1	Kalori2	None	Wahl	Time
1	1	1	1	0	1	0	0	0	1	1	0	0	1	0	0	2
2	1	1	2	1	0	0	1	0	0	1	0	1	0	0	1	1
3	1	1	3	0	0	1	0	1	0	0	1	0	1	0	0	2
4	1	1	4	0	0	0	0	0	0	0	0	0	0	1	0	2
5	1	2	1	0	1	0	1	0	0	0	1	1	0	0	0	2
6	1	2	2	1	0	0	0	1	0	1	0	0	1	0	0	2
7	1	2	3	0	0	1	0	0	1	0	1	1	0	0	0	2
8	1	2	4	0	0	0	0	0	0	0	0	0	0	1	1	1
9	1	3	1	0	1	0	1	0	0	0	1	0	1	0	0	2
10	1	3	2	1	0	0	0	0	1	0	1	0	1	0	1	1
11	1	3	3	0	0	1	0	1	0	1	0	1	0	0	0	2
12	1	3	4	0	0	0	0	0	0	0	0	0	0	1	0	2
13	1	4	1	1	0	0	0	1	0	1	0	1	0	0	0	2
14	1	4	2	0	0	1	1	0	0	0	1	0	1	0	0	2
15	1	4	3	0	1	0	0	0	1	1	0	1	0	0	0	2
16	1	4	4	0	0	0	0	0	0	0	0	0	0	1	1	1
17	1	5	1	0	0	1	1	0	0	1	0	0	1	0	0	2
18	1	5	2	1	0	0	0	0	1	0	1	1	0	0	0	2
19	1	5	3	0	1	0	0	1	0	0	1	1	0	0	0	2
20	1	5	4	0	0	0	0	0	0	0	0	0	0	1	1	1
21	1	6	1	0	1	0	0	1	0	1	0	0	1	0	0	2
22	1	6	2	1	0	0	1	0	0	0	1	1	0	0	1	1
23	1	6	3	0	0	1	0	0	1	1	0	0	1	0	0	2
24	1	6	4	0	0	0	0	0	0	0	0	0	0	1	0	2
25	1	7	1	1	0	0	0	1	0	0	1	0	1	0	1	1
26	1	7	2	0	0	1	1	0	0	1	0	1	0	0	0	2
27	1	7	3	0	1	0	0	0	1	0	1	0	1	0	0	2
28	1	7	4	0	0	0	0	0	0	0	0	0	0	1	0	2
29	1	8	1	0	1	0	0	1	0	1	0	1	0	0	0	2
30	1	8	2	0	0	1	0	0	1	1	0	1	0	0	0	2
31	1	8	3	1	0	0	1	0	0	0	1	0	1	0	1	1
32	1	8	4	0	0	0	0	0	0	0	0	0	0	1	0	2
33	1	9	1	0	1	0	1	0	0	1	0	0	1	0	1	1
34	1	9	2	0	0	1	0	1	0	0	1	1	0	0	0	2
35	1	9	3	1	0	0	0	0	1	1	0	0	1	0	0	2

Abbildung 4.39: Daten des Fallbeispiels im SPSS-Dateneditor

Die Cox-Regression lässt sich als Regressionsanalyse für Daten mit *zensierten Beobachtungen* charakterisieren.[40] Die abhängige Variable ist die Wartezeit bis zum Eintritt eines interessierenden Ereignisses, z.B. der Zeit bis zum Tod eines Patienten nach einer Operation (Überlebenszeit), der Dauer einer Ehe oder der Dauer einer Kundenbeziehung. Den Beobachtungszeitraum wird man gewöhnlich nicht so lange ausdehnen können, bis bei allen Elementen einer Stichprobe das interessierende Ereignis eingetreten ist. Diese Elemente bezeichnet man als *zensierte Fälle*, d.h. man

[39] Vgl. Norusis (2008), S. 63 f., S. 168 ff.

[40] Zur Cox-Regression siehe z.B. Cox/Oakes (1984); Klein/Moeschberger (2003); Hosmer/Lemeshow/May (2008).

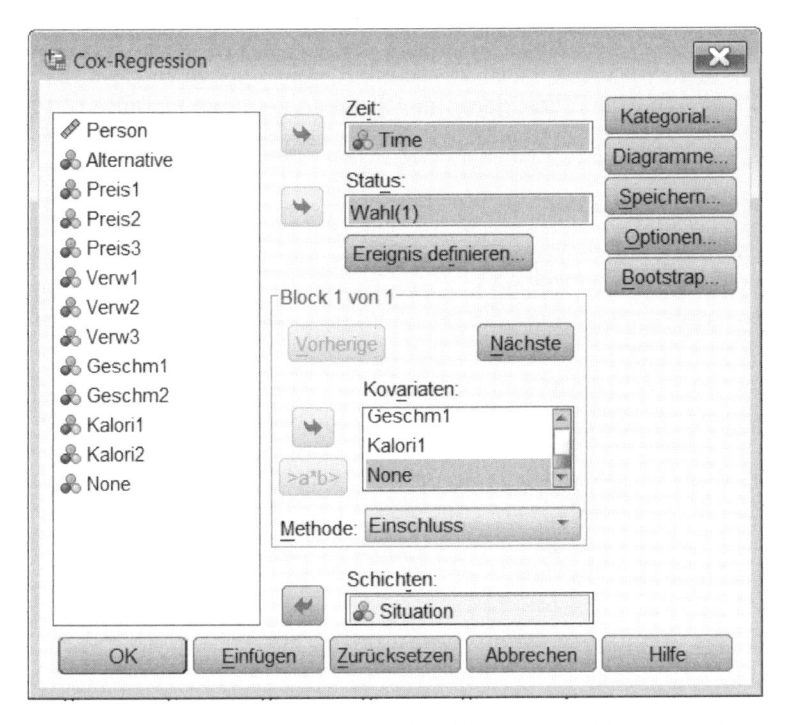

Abbildung 4.40: Dialog-Box für die Durchführung der Cox-Regression

weiß bei ihnen nur, dass das interessierende Ereignis bis zum Ende der Beobachtungszeit nicht eingetreten ist, nicht aber, wann es eintreten wird. Die Fälle, bei denen dagegen das interessierende Ereignis eingetreten ist, sind die *unzensierten Fälle*.

Im Rahmen der CBCA entsprechen die gewählten Alternativen den unzensierten Fällen und die nichtgewählten Alternative den zensierten Fällen. Mit Hilfe einer STATUS-Variable, die den Wert 1 annimmt für unzensierte Fälle und 0 sonst, wird bei der Cox-Regression angezeigt, um was für einen Fall es sich jeweils handelt. Hierfür verwenden wir die Variable *Wahl*, die die Auswahlentscheidungen angibt. Sie entspricht der oben verwendeten Dummy-Variablen d(k,r).

Abbildung 4.40 zeigt die notwendigen Eingaben in die Dialog-Box der Cox-Regression. Die Menge der Alternativen einer Auswahlsituation (choice situation) entspricht bei der Cox-Regression einer Schicht (STRATA). Durch die Schichtungsvariable wird dabei gekennzeichnet, welche Alternativen zu einer bestimmten Auswahlsituation gehören. Hierfür verwenden wir die Variable *Situation*.

Die unabhängigen Variablen (Regressoren, Prädiktoren), deren Einfluss auf die Überlebenszeit geschätzt werden soll, werden bei der Cox-Regression als *Kovariaten* bezeichnet. Wir wählen wiederum als Kovariaten die Ausprägungen der Eigenschaften *Preis, Verwendung, Geschmack* und *Kaloriengehalt*, wobei wir auch hier die jeweils letzte Ausprägung als Basiskategorie wählen. Sie bleibt daher bei der Auswahl der Kovariaten in der Dialog-Box unberücksichtigt. Als weitere Kovariate ist außerdem die Variable *None* für die None-Option in die Analyse einzubeziehen.

Für die Durchführung einer Cox-Regression wird noch die Angabe einer Variable, die für jedes Ereignis den Zeitpunkt angibt, benötigt. Da bei der CBCA keine zeitliche Dimension existiert, konstruieren wir eine künstliche Variable *Time*, die für gewählte

4 Auswahlbasierte Conjoint-Analyse

Alternativen (unzensierte Fälle) den Wert 1 und für nichtgewählte Alternativen (zensierte Fälle) einen Wert > 1 (z. B. 2) annimmt. Wir berechnen sie in SPSS mittels *Time* = -(*Wahl* - 2). Man erhält damit die Werte in der letzten Spalte von Abbildung 4.39. Nach Eingabe aller Angaben in die Dialog-Box ist auf OK zu klicken.

Ergebnis der Cox-Regression

Abbildung 4.41 zeigt den Output von SPSS für die Cox-Regression. In der unteren Tabelle („Variables in the Equation") sind die geschätzten Regressionskoeffizienten B_j der 7 Kovariaten angegeben. Sie repräsentieren die gesuchten Teilnutzen. Es gilt dabei:

$$\begin{aligned} B_1 &= b_{11} = 1,620 \\ B_2 &= b_{12} = 0,451 \\ B_3 &= b_{21} = 0,571 \\ B_4 &= b_{22} = -0,402 \\ B_5 &= b_{31} = 0,642 \\ B_6 &= b_{41} = 0,919 \\ B_7 &= b_5 = 2,634 \end{aligned}$$

Die Schätzwerte stimmen exakt überein mit den Werten, die wir zuvor mit Excel erzielt hatten.

Omnibustests der Modellkoeffizienten[a]

-2 Log-Likelihood	Gesamt (Score)			Änderung vom vorherigen Schritt			Änderung vom vorherigen Block		
	Chi-Quadrat	Freiheitsgrade	Sig.	Chi-Quadrat	Freiheitsgrade	Sig.	Chi-Quadrat	Freiheitsgrade	Sig.
2679,058	541,761	7	,000	648,049	7	,000	648,049	7	,000

a. Anfangsblock 1. Methode = Eingabe

Variablen in der Gleichung

	B	SE	Wald	Freiheitsgrade	Sig.	Exp(B)
Preis1	1,620	,115	196,966	1	,000	5,052
Preis2	,451	,130	12,017	1	,001	1,569
Verw1	,571	,098	33,989	1	,000	1,770
Verw2	-,402	,115	12,230	1	,000	,669
Geschm1	,642	,090	50,503	1	,000	1,900
Kalori1	,919	,092	99,423	1	,000	2,507
None	2,634	,160	271,611	1	,000	13,930

Abbildung 4.41: SPSS-Output der Prozedur COXREG

Prüfung der Koeffizienten

Neben den geschätzten Regressionskoeffizienten B_j sind in Abbildung 4.41 auch deren Standardfehler SE_j angegeben. Mittels $(B_j/SE_j)^2$ erhält man die Werte der (quadrierten) Wald-Statistik, die chi-quadrat-verteilt ist mit einem Freiheitsgrad. Damit lassen sich die in Abbildung 4.41 angegeben p-Werte (Sig) der geschätzten Koeffizienten gewinnen. Alle geschätzten Koeffizienten zeigen hohe Signifikanz, wie auch beim zuvor durchgeführten Likelihood-Ratio-Test.[41] Die Werte Exp(B) in der rechten Spalte geben an, um welchen Faktor sich die Odds bei Erhöhung der betreffenden Kovariate um eine Einheit verändern.

Globale Güteprüfung des Modells

Die Cox-Regression von SPSS verwendet für die globale Güteprüfung den Likelihood-Ratio-Test, den wir bereits oben beschrieben haben. Das Ergebnis ist in der oberen Tabelle in Abbildung 4.41 („Omnibus Tests of Model Coefficients") und hier in der Mitte („Change From Previous Step") wiedergegeben. Der Wert der Likelihood-Ratio-Statistik (hier mit Chi-square bezeichnet) entspricht wiederum exakt dem Wert, den wir bereits mit Excel erzielt hatten.

Die Tabelle in Abbildung 4.41 zeigt noch zwei weitere Tests. Der rechte Teil zeigt den Likelihood-Ratio-Test für geblockte Daten, der hier nicht benötigt wird. Im linken Teil wird der sog. Score-Test angezeigt, der rechnerisch einfacher ist als der Likelihood-Ratio-Test, aber geringere Reliabilität besitzt.[42]

Syntax

In Abbildung 4.42 ist die Syntaxdatei mit den SPSS-Kommandos zur Durchführung der CBCA für das obige Beispiel mittels Cox-Regression wiedergegeben. Im ersten Teil werden die Daten, die Abbildung 4.39 zeigt, eingelesen. Der zweite Teil zeigt die Kommandos zur Durchführung der CBCA mit Hilfe der Cox-Regression. Sie entsprechen den Menü-Eingaben in Abbildung 4.40.

---

[41] Bei kleinen Stichproben führt der Wald-Tests oft zu stark überhöhten p-Werten und damit zu einer fälschlichen Beibehaltung der Nullhypothese. Der Likelihood-Ratio-Test besitzt dagegen bessere statistische Eigenschaften und ist daher vorzuziehen. Seine Durchführung ist allerdings etwas aufwendiger, da die Likelihood-Funktion mehrfach optimiert werden muss. Vgl. hierzu Agresti (2002), S. 172; Norusis (2008), S. 51

[42] Vgl. Norusis (2008), S. 139

4 Auswahlbasierte Conjoint-Analyse

```
*FMVA: Fallstudie zur CBCA, last category is base level

Get
 FILE='D:\!CBC-FMVA\Fallbeispiel\CBC-Fallbsp.sav'.
DATASET NAME DatenSet1 WINDOW=FRONT.

COMPUTE Time=-(Wahl-2).
EXECUTE.

COXREG Time
 /STATUS=Wahl(1)
 /STRATA=Situation
 /METHOD=ENTER Preis1 Preis2 Verw1 Verw2 Geschm1 Kalori1 Nobuy
 /CRITERIA=PIN(.05) POUT(.10) ITERATE(20).
```

Abbildung 4.42: SPSS-Kommandos zur Durchführung der CBCA für das Fallbeispiel mittels Cox-Regression

4.3.4 Auswertung mit Sawtooth

Die Firma *Sawtooth Software, Inc.* (SSI) bietet für die Durchführung von auswahlbasierten Conjoint-Analysen das Programm CBC an. Abbildung 4.43 zeigt einen Ausschnitt des Outputs der Auswertung unseres Fallbeispiels mit diesem Programm.

Im oberen Teil von Abbildung 4.43 ist die Iterationshistorie bei der Maximierung der Log-Likelihood-Funktion zur Schätzung der Nutzenwerte wiedergegeben. Nach 5 Iterationen wird Konvergenz erzielt. Es wird jeweils der Wert der Likelihood-Ratio-Statistik (Chi Square) angegeben. Der maximale Wert stimmt exakt mit den Werten überein, die wir zuvor mit Excel und SPSS erzielt hatten (vgl. Zelle Q18 in Abbildung 4.34).

Darunter sind die Werte LL_0 für das Null-Modell und LL_b für das geschätzte Modell angegeben, aus denen sich der Wert von Chi Square ergibt. Es folgen neben Chi Square noch weitere Gütemaße, wie „Percent Certainty", das „Consistent Akaike Info Criterion" und das „Relative Chi Square". Diese Werte dienen lediglich dazu, die erzielten Ergebnisse mit einer eventuell folgenden Latent-Class Analyse vergleichen zu können.

Im unteren Teil sind in der Spalte „Effect" die geschätzten Teilnutzenwerte in zentrierter Form wiedergegeben. Sie stimmen mit den Excel-Werten in Abbildung 4.35 überein. Zusätzlich zu den geschätzten Teilnutzen sind deren Std.-Fehler und t-Werte angegeben. Sie korrespondieren mit den von SPSS ausgewiesenen Werten für Std.-Fehler und quadrierte Wald-Statistik für die nichtzentrierten Teilnutzen (vgl. Abbildung 4.41).

```
Files built for 100 respondents
   There are data for 1200 choice tasks.

Iter  1  Chi Square =   603.56867  rlh =   0.32148
Iter  2  Chi Square =   646.91549  rlh =   0.32734
Iter  3  Chi Square =   648.04746  rlh =   0.32750
Iter  4  Chi Square =   648.04859  rlh =   0.32750
Iter  5  Chi Square =   648.04859  rlh =   0.32750
Converged.

Log-likelihood for this model =   -1339.52894
Log-likelihood for null model =   -1663.55323
                                  ..................
            Difference =       324.02429


Percent Certainty                 =   19.47784
Consistent Akaike Info Criterion  =   2735.68842
Chi Square                        =   648.04859
Relative Chi Square               =   92.57837


       Effect    Std Err   t Ratio    Attribute   Level
  1    0.92959   0.05721   16.24891      1          1      0,50
  2   -0.23944   0.06684   -3.58228      1          2      1,00
  3   -0.69015   0.07497   -9.20537      1          3      1,50

  4    0.51471   0.05711    9.01202      2          1      als Brotaufstrich geeignet
  5   -0.45846   0.06689   -6.85416      2          2      zum Kochen, Backen und Braten geeignet
  6   -0.05625   0.06141   -0.91602      2          3      universell verwendbar

  7    0.32095   0.04516    7.10656      3          1      nach Butter schmeckend
  8   -0.32095   0.04516   -7.10656      3          2      pflanzlich schmecken

  9    0.45947   0.04608    9.97110      4          1      kalorienarm (400kcal/100g)
 10   -0.45947   0.04608   -9.97110      4          2      normaler Kaloriengehalt (700kcal/100g)

 11    1.10724   0.06873   16.10892    NONE
```

Abbildung 4.43: Schätzergebnisse mit Sawtooth CBC für das Fallbeispiel zur CBCA

4.3.4.1 Die Sawtooth Software

Die Firma Sawtooth ist heute der weltweit führende Anbieter von Computerprogrammen zur Durchführung von allen Arten von Conjoint-Analysen.[43] Zu den von Sawtooth angebotenen Programmen gehören CVA für traditionelle Conjoint-Analysen, CBC für auswahlbasierte Conjoint-Analysen und ACA für adaptive Conjoint-Analysen. Überdies bietet Sawtooth auch Software zur Erstellung von Fragebögen für computergestützte Befragungen (CAPI) sowie Internet-Befragungen (Web-based questionnaires). Hierfür dient das Programm CiW.

Diese und weitere Programme sind als Komponenten in zwei Software-Systemen (Plattformen) integriert:

- SSI Web: Diese Plattform wurde zur Erstellung von Fragebögen für Internet-Befragungen entwickelt. Neben Standard-Befragungen lassen sich hier auch Ab-

SSI Web

---

[43] Siehe dazu www.sawtoothsoftware.com. Neuere Programme sind CBC/HB zur Erlangung von „quasi-individuellen" Nutzenwerten mit Hilfe des Hierarchical-Bayes-Ansatzes oder ACBC für Adaptive Conjoint Analysis.

4 Auswahlbasierte Conjoint-Analyse

fragen für spezielle Studien, wie insbesondere CBC oder CVA, integrieren. Zur Durchführung von Internet-Befragungen muss der elektronische Fragebogen (project) auf einen Server hoch geladen werden.

SMRT
- SMRT: Dies ist eine ältere Plattform, die zur Durchführung von Marktsimulationen entwickelt wurde. SMRT steht für „Sawtooth Software Market Research Tools" und enthält die analytischen Programme zur Durchführung von Conjoint-Analysen wie CBC, CVA oder ACA als Komponenten, die dort unter einer gemeinsamen Benutzeroberfläche aufrufbar sind. Befragungen mit SMRT können mit Computer-Unterstützung (CAPI) oder ohne diese mittels Paper-and-Pencil durchgeführt werden.

Als SSI Web entwickelt wurde, entschied man sich dafür, die analytischen Programme auf der SMRT-Plattform zu belassen. Zur Durchführung der Analysen von Internetbefragungen müssen dann die Daten aus SSI Web in das SMRT-System importiert werden.[44]

4.3.4.2 Erstellung des Erhebungsdesigns mit SSI Web

SSI Web wurde hier zur Durchführung der Befragung für die Fallstudie genutzt. Typischerweise werden bei der Erstellung eines Erhebungsdesigns mit SSI Web neun Ablaufschritte durchlaufen:

Ablaufschritte bei SSI Web

1. Schritt: Wahl der Conjoint-Methode

In einem ersten Schritt muss zunächst ein neues „Projekt" definiert werden. Dabei ist, wenn es um eine Conjoint-Analyse geht, der Typ (z. B. CBC, CVA, ACA) zu wählen (Abbildung 4.44).

2. Schritt: Definition von Eigenschaften und Ausprägungen

Das CBC-Programm lässt maximal 10 Eigenschaften mit jeweils maximal 15 Ausprägungen zu.[45] Zur Festlegung der zu untersuchenden Eigenschaften und Ausprägungen ist der Menüpunkt „Attributes" anzuklicken (Abbildung 4.45).

---

[44] SSI Web bildet heute das Flaggschiff von Sawtooth. Hier wurden inzwischen auch die analytischen Programme für Conjoint-Analysen eingebunden, so dass ein Export der Daten nicht mehr erforderlich ist. SMRT besitzt aber weiterhin große Verbreitung, wird aber wohl langfristig eingestellt werden. Eine detaillierte Dokumentation von SSI Web bietet Orme (2012). Sie ist auf der Website von Sawtooth einsehbar und umfasst 852 Seiten.

[45] In einem „Advanced Design Module" können bis zu 250 Eigenschaften verarbeitet werden. Mit diesem Zusatzprogramm lassen sich auch produktspezifische Eigenschaften einbeziehen. Geht es z.B. um die Wahl zwischen verschiedenen Transportmitteln, wie Zug oder Pkw, so sind z. B. „Bordrestaurant" oder „Ticketverkauf per Internet" relevante Eigenschaften, die nur den Zug betreffen, nicht aber den Pkw.

4.3 Fallbeispiel

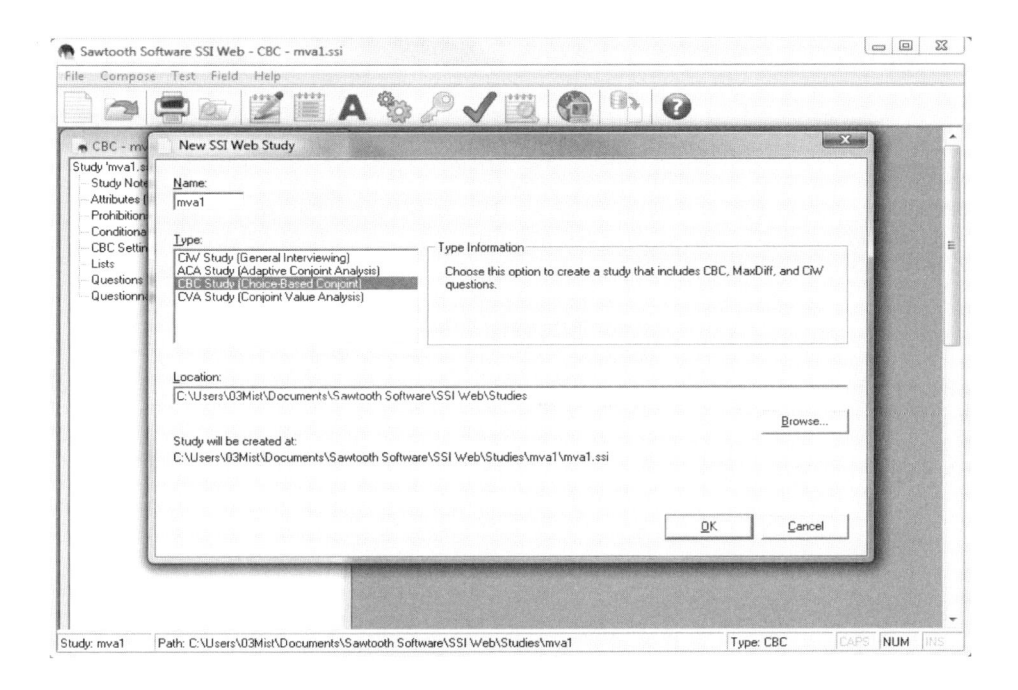

Abbildung 4.44: Auswahl der Conjoint-Methode

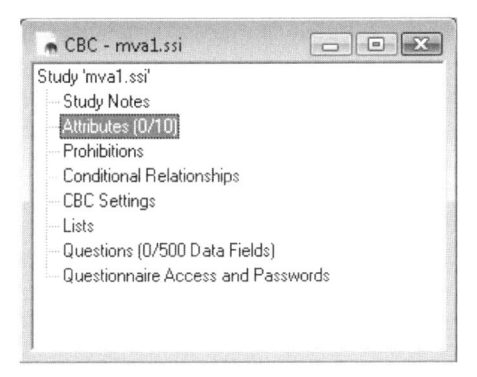

Abbildung 4.45: Auswahlmenü mit dem Menüpunkt „Attributes"

4 Auswahlbasierte Conjoint-Analyse

Es erscheint nun ein neues Fenster (Abbildung 4.46), in dem die Werte für die Eigenschaften und Ausprägungen eingetragen werden können. Im linken Teil des Fensters können dabei zunächst durch „Add" Eigenschaften eingegeben und diesen dann im rechten Teil des Fensters entsprechende Ausprägungen zugewiesen werden.

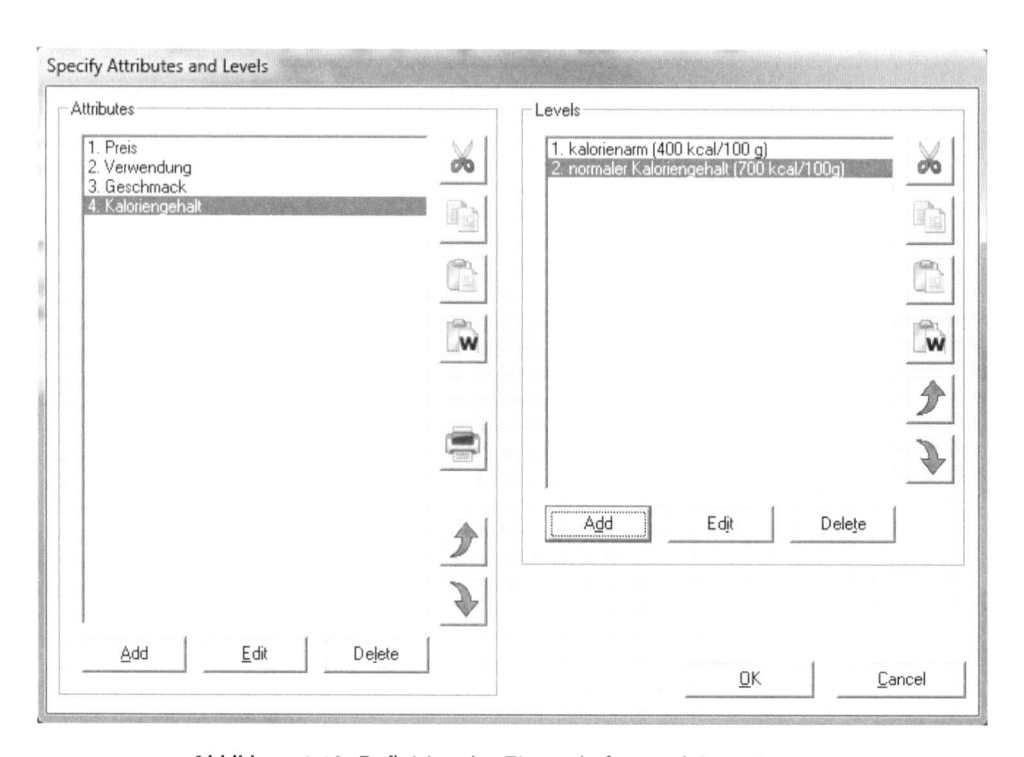

Abbildung 4.46: Definition der Eigenschaften und Ausprägungen

3. Schritt: Festlegung von Parametern für das Erhebungsdesign

Über den Menüpunkt „CBC Settings" können sämtliche Einstellungen zum Erhebungsdesign vorgenommen werden. Dabei ist zunächst im Menüreiter „General" festzulegen, *wie viele Choice Sets* („Number of Random Choice Tasks") den Probanden vorgelegt werden sollen. Die Voreinstellung ist 12. Weiterhin ist die Anzahl der Alternativen je Choice Set (ohne die None-Option) anzugeben („Number of Concepts per Choice Task"). Die Voreinstellung ist 3. Wir übernehmen hier diese Werte.

Im Rahmen unseres Beispiels sollen Auswahlentscheidungen („Discrete Choices") der Befragungsteilnehmer erfasst werden. Alternativ ist es möglich, Bewertungen auf einer Konstant-Summenskala zu erheben (Constant Sum). Diese Option wird im Folgenden jedoch nicht weiter verfolgt.

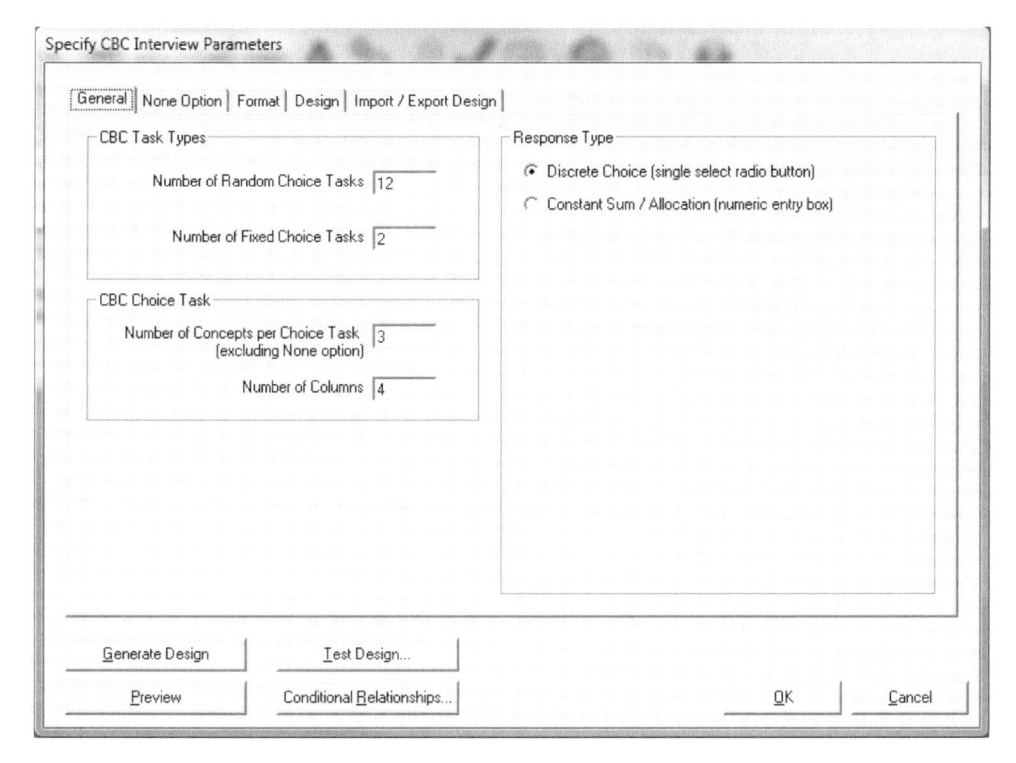

Abbildung 4.47: Festlegung der Anzahl und Größe der Choice Sets

4. Schritt: Einbeziehung von Hold-out Sets

Zwecks Überprüfung der Validität können Hold-out Sets als weitere Choice Sets in die Befragung einbezogen werden.[46] Sie fließen nicht in die Nutzenschätzung ein, sondern dienen vielmehr zur Einschätzung der Prognosegüte. Dabei wird untersucht, wie gut die Schätzergebnisse der auswahlbasierten Conjoint-Analyse die Auswahlentscheidungen bezüglich der Hold-out Sets vorhersagen können. Der Anwender muss die Zahl der Hold-out Sets selbst festlegen. Diese Hold-out Sets werden in der Software als „Fixed Choice Tasks" bezeichnet, da sie sich nicht zwischen den Befragungsteilnehmern unterscheiden.[47]

5. Schritt: Einbeziehung einer None-Option

Im nächsten Schritt kann festgelegt werden, ob die Choice Sets auch eine None-Option enthalten sollen. Zu diesem Zweck stehen drei Auswahlmöglichkeiten unter dem Menüpunkt „None Option" zur Verfügung.

---

[46] Hold-out Sets eignen sich auch dafür, inkonsistente Befragungsteilnehmer zu identifizieren. Originäres Ziel aber ist die Überprüfung der Prognosevalidität. Alternativ werden auch Referenzmethoden genutzt. Dabei geht es um die Überprüfung, ob bei unterschiedlichen Präsentationsformen und Bewertungsaufgaben stabile Ergebnisse erzielt werden. Im Rahmen der Sawtooth CBC können standardmäßig solche Referenzmethoden nicht genutzt werden.

[47] Die konkrete Gestaltung der Alternativen in den Hold-Out Sets wird vom Anwender nach Erstellung eines Erhebungsdesigns definiert.

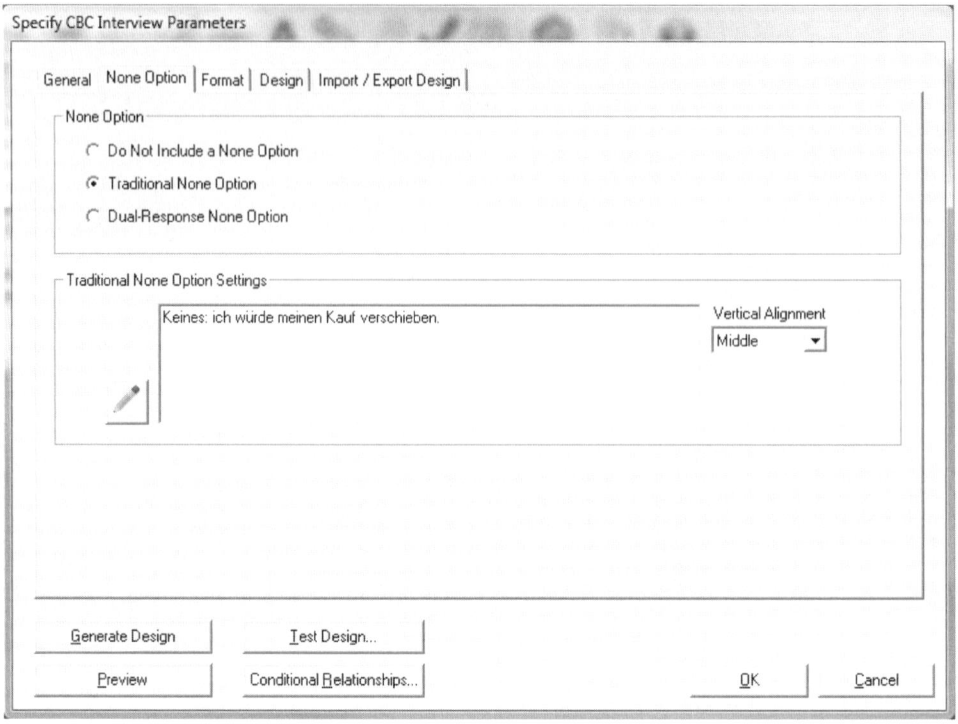

4 Auswahlbasierte Conjoint-Analyse

Abbildung 4.48: Entscheidung über die Einbeziehung einer None-Option

Zum einen kann auf die None-Option ganz verzichtet werden („Do Not Include a None Option"). Voreingestellt ist jedoch die Nutzung einer None-Option („Traditional None Option"), da angenommen werden kann, dass dies eine realistischere Auswahlsituation darstellt. Allerdings werden die Nutzenschätzungen instabiler, je häufiger die None-Option gewählt wird, denn letztlich können diese Choice Sets nicht zur Nutzenschätzung herangezogen werden. Deshalb steht dem Anwender eine dritte Möglichkeit („Dual-Response None Option") zur Verfügung. Dabei wird der Befragungsteilnehmer zunächst gebeten, eine der Alternativen auszuwählen. In einer zweiten Frage wird danach erhoben, ob er die selektierte Alternative auch tatsächlich kaufen würde. In Abbildung 4.49 werden die beiden Varianten der Nutzung einer „Nicht-Wahl"-Option dargestellt.

6. Schritt: Wahl der Art des Erhebungsdesigns

Nachdem nunmehr die wichtigsten Festlegungen bezüglich der Gestaltung der Choice Sets getroffen wurden, ist es möglich, unter dem Menüpunkt „Design" Einstellungen bezüglich der Art des *Erhebungsdesigns* vorzunehmen. Zuvor muss der Anwender sich zwischen einem *„Fixed Design"* oder einem *„Randomized Design"* entscheiden. Hinsichtlich dieser Frage haben sich zwei Schulen entwickelt, die entweder die eine oder andere Art von Choice Designs bevorzugen.[48]

---

[48] Vgl. Orme (2012), S. 354.

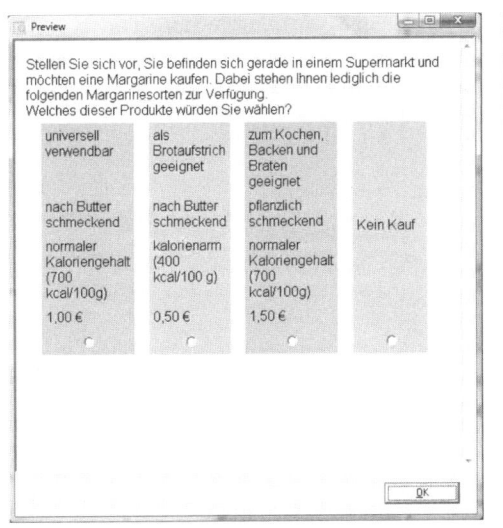

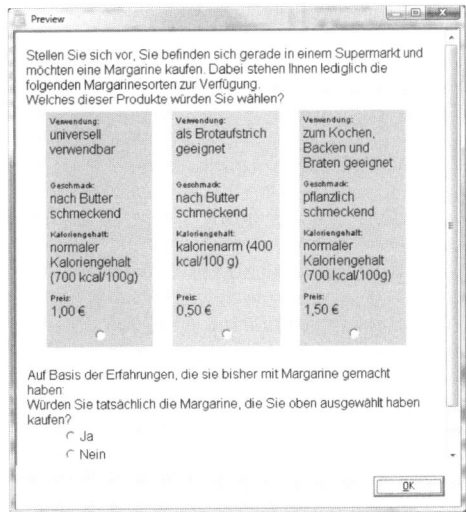

"Traditional None Option"　　　　"Dual-Response None Option"

Abbildung 4.49: Varianten einer Nicht-Wahl-Option

Mit „Fixed Design" ist hier gemeint, dass vom Anwender extern ein Erhebungsdesign erzeugt wird, welches dann in SSI Web importiert und für alle Befragungsteilnehmer oder für eine Gruppe von Befragungsteilnehmern angewendet wird. „Fixed" meint also, dass das Design in SSI Web nicht mehr verändert wird. Dabei kann dieses Design sehr wohl mittels Randomisierung erzeugt worden sein. Meist werden hierzu vom Anwender orthogonale Designs verwendet, bei welchen die Eigenschaftsausprägungen unabhängig voneinander (unkorreliert) variieren, und die damit optimale Voraussetzungen für die Schätzung der Teilnutzenwerte bieten.[49] Ein derartiges besonders effizientes Design kann auch, falls es sehr groß ist, in Blöcke unterteilt werden, die dann zufällig auf Untergruppen der Probanden aufgeteilt werden. Fixed Designs können auch verwendet werden, wenn die Befragung ohne Computer-Unterstützung (Paper-and-Pencil) durchgeführt werden soll.

Mit „Randomized Design" ist dagegen hier gemeint, dass für jeden Befragungsteilnehmer von SSI Web ein eigenes Design kreiert wird, wobei die Zuweisung der Designs auf die Befragungsteilnehmer per Zufall (randomisiert) erfolgt. Die so erzeugten Designs können nicht mehr vollständig orthogonal und deshalb nicht so effizient sein, wie ein fixed Design. Dieser Nachteil wird durch andere Vorteile kompensiert. Sie sind bei großen Stichproben sehr robust und es lassen sich damit auch Interaktionseffekte schätzen. Durch die randomisierte Gestaltung können außerdem Reihenfolgeeffekte vermieden werden. Derartige randomisierte Designs lassen sich nur in computergestützten Befragungen anwenden.

---

[49]Siehe dazu die Ausführungen im Anhang zu diesem Kapitel.

4 Auswahlbasierte Conjoint-Analyse

Bei Verwendung der Sawtooth-Software ist natürlich die Anwendung von Randomized Designs von Vorteil, da der Anwender sie sich von SSI Web erstellen lassen kann. Dabei hat er zwischen vier verschiedenen *Random-Design-Strategien* zu wählen (Abbildung 4.50):[50]

- Complete Enumeration
- Shortcut Method
- Random Method
- Balanced Overlap Method

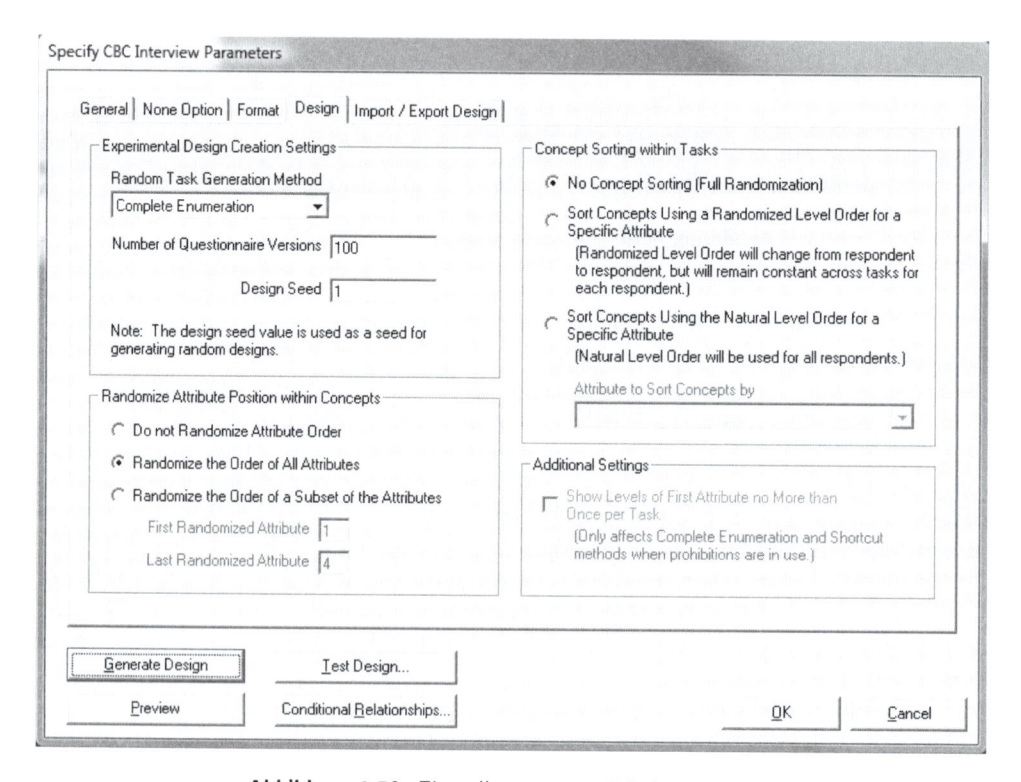

Abbildung 4.50: Einstellungen zum Erhebungsdesign

Complete Enumeration

Mit „Complete Enumeration" ist gemeint, dass die Alternativen der Choice Sets aus der Menge aller möglichen Stimuli ausgewählt werden (falls nicht bestimmte Kombinationen vom Anwender zuvor ausgeschlossen wurden), um so eine möglichst große Variationsbreite zu erzielen. Die Auswahl erfolgt dabei so, dass ein Design erzielt wird, welches einem orthogonalen Design möglichst nahe kommt. Weiterhin erfolgt die Auswahl so, dass ein minimaler Overlap entsteht und somit die Alternativen innerhalb eines Choice Sets sich möglichst stark voneinander unterscheiden. Wenn die Anzahl

---
[50] Siehe dazu Orme (2012), S. 355 ff.

der Alternativen nicht kleiner ist, als die Anzahl der Eigenschaftsausprägungen, lässt sich ein Overlap gänzlich vermeiden.

Diese Design-Strategie kann äußerst rechenaufwendig sein. Bei 10 Eigenschaften mit jeweils 15 Ausprägungen, wie sie das CBC-Programm zulässt, würden sich gemäß Formel (4.1) mehr als 500 Milliarden mögliche Stimuli ergeben.[51] Die Erzeugung der Choice Sets während der Befragung würde damit bei großer Anzahl von Eigenschaften und/oder Ausprägungen zu viel Zeit benötigen.

Shortcut Method

Bei dieser Methode erfolgt die Bildung der Choice Sets sehr viel weniger rechenaufwendig. Es wird bei der Bildung eines Stimulus jeweils diejenige Ausprägung verwendet, die bei den zuvor gebildeten Stimuli für die betreffende Person die geringste Häufigkeit aufweist. Dabei wird jede Eigenschaft separat betrachtet, während bei der Complete-Enumeration-Methode alle Eigenschaften gemeinsam betrachtet werden müssen. Besteht die geringste Häufigkeit für mehrere Ausprägungen, so wird diejenige Ausprägung gewählt, die im betreffenden Choice Set am wenigsten häufig vorkommt. Auf diese Weise wird das Overlap minimiert.

Random Method

Bei dieser Methode werden die Stimuli durch Stichproben mit Zurücklegen gebildet, wobei darauf geachtet wird, dass keine identischen Stimuli in einem Choice Set vorkommen. Allerdings kann bei dieser Methode ein erheblicher Overlap entstehen. Ihre Anwendung ist daher nur dann zweckmäßig, wenn es um die Aufdeckung von Interaktionseffekten geht.

Balanced Overlap Method

Diese Methode bildet einen Kompromiss zwischen der Complete-Enumeration-Methode und der Random-Methode. Das Ausmaß an Overlap wird dabei gegenüber der Random-Methode in etwa halbiert. Die Methode ist ungefähr gleich schnell wie die Shortcut Methode.

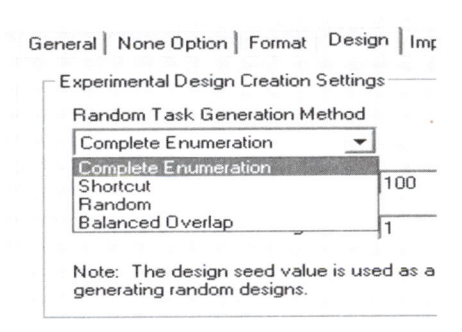

Abbildung 4.51: Auswahl einer Random-Design-Strategie

Abbildung 4.51 zeigt das Pull-down-Menü zur Auswahl einer Random-Design-Strategie. Für das Fallbeispiel wählen wir hier die Complete-Enumeration-Methode,

---

[51] $S = M^j = 15^{10} = 576650390625$.

4 Auswahlbasierte Conjoint-Analyse

da zum einen die Anzahl der untersuchten Eigenschaften und Ausprägungen nicht zu groß ist und zum anderen keine gravierenden Interaktionseffekte erwartet werden.

Der Anwender muss außerdem die Anzahl der zu erzeugenden Choice Designs (Number of Questionnaire Versions) festlegen (Abbildung 4.50). SSI Web erlaubt die Generierung von bis zu 999 verschiedenen Designs. Da in unserem Beispiel 100 Personen befragt werden sollen, wählen wir hier auch „100". Damit wird sichergestellt, dass kein Erhebungsdesign zweimal verwendet wird. Würden bei dieser Einstellung mehr als 100 Personen befragt werden, so würde die 101. Person wieder das 1. Choice Design zugordnet bekommen, und so fort. Bei Sawtooth geht man davon aus, dass eine Anzahl von 300 verschiedenen Erhebungsdesigns auch bei größeren Stichproben generell ausreichend ist.

7. Schritt: Randomisierung der Reihenfolge der Eigenschaften

Durch Randomisierung der Reihenfolge der Eigenschaften lassen sich psychologische Reihenfolgeeffekte auf die Beurteilung der Eigenschaften vermeiden. Steht beispielsweise der „Preis" der verschiedenen Margarinesorten jeweils an erster Stelle, ist nicht auszuschließen, dass die Befragungsteilnehmer stärker auf dieses Merkmal achten und allein aufgrund der Position in den Beschreibungen dieser Eigenschaft ein höheres Bedeutungsgewicht zukommt. Deshalb kann mit Hilfe von SSI Web die Reihenfolge der Eigenschaften zwischen den Befragungsteilnehmern variiert werden. Die entsprechende Option „Randomize the Order of All Attributes" wird deshalb in diesem Beispiel selektiert (Abbildung 4.50). Die Randomisierung erfolgt einmal für jede Person und gilt dann für alle Choice Sets dieser Person.

8. Schritt: Komplettierung des Fragebogens

Nachdem das Erhebungsdesign für die CBCA spezifiziert wurde, können innerhalb von SSI Web noch weitere Gestaltungen des Fragebogens vorgenommen werden. Abbildung 4.52 zeigt den Ablauf der Befragung. Jede Zeile steht dabei für eine Seite in einem Online-Fragebogen. In diesem Beispiel wird vor der Conjoint-Analyse eine „Aufwärmaufgabe" durchgeführt. Den Befragungsteilnehmern werden die verschiedenen Eigenschaften und Ausprägungen sowie die Bewertungsaufgabe erläutert. Die Choice Sets werden in der Abbildung mit „CBC Random Task" bezeichnet. Bei den „CBC Fixed Tasks" handelt es sich um die Hold-Out Sets.

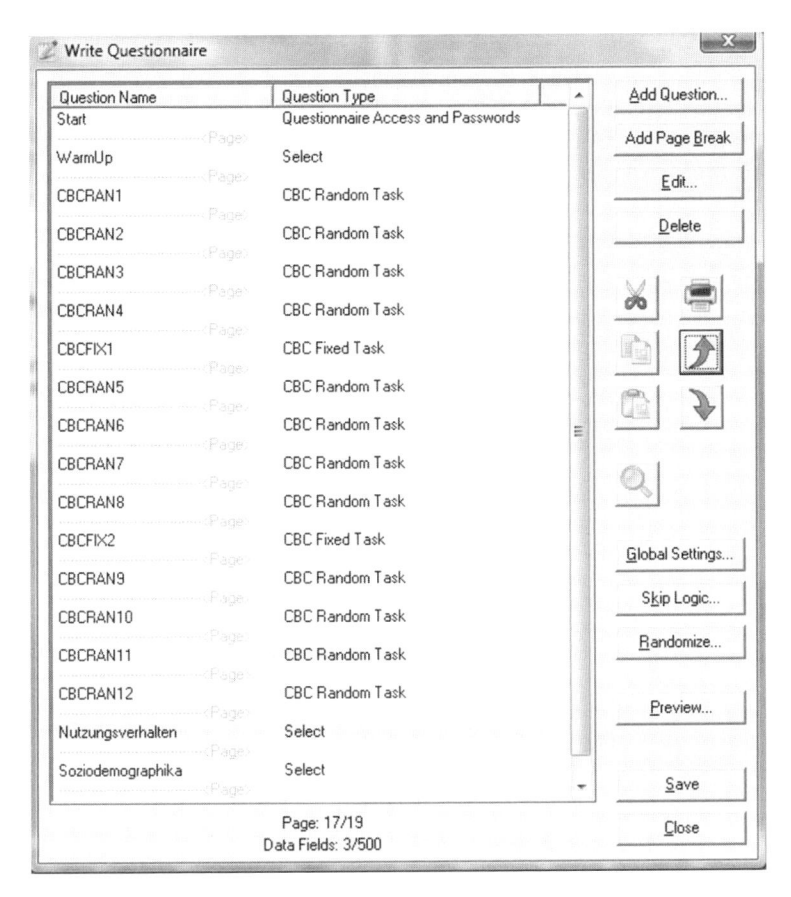

Abbildung 4.52: Festlegung der Reihenfolge der Abfragen

Die konkrete Gestaltung der Alternativen innerhalb der Hold-out Tasks wird vom Anwender festgelegt. So könnten real am Markt existierende Alternativen beschrieben werden. Die Alternativen werden jedoch häufig auch nach dem Zufallsprinzip gebildet (so wie auch in diesem Margarine-Beispiel). Um die konkrete Ausgestaltung der Hold-out Alternativen festzulegen, ist die jeweilige Seite im Fragebogen (d.h. der Punkt „CBC Fixed Task") durch Doppelklick zu selektieren. Unter dem Reiter „Format" können nun nach Anklicken des Buttons „Fixed Task Designs" die Ausprägungen der Hold-out Sets definiert werden (Abbildung 4.53). Ein Beispiel für ein solches Hold-out Set wird in Abb. 4.54 dargestellt.

4 Auswahlbasierte Conjoint-Analyse

9. Schritt: Test des Fragebogens

In einem letzten Schritt kann der erstellte Fragebogen lokal getestet und danach z. B. auf einen Server geladen werden, über den eine Internetbefragung durchgeführt werden kann.

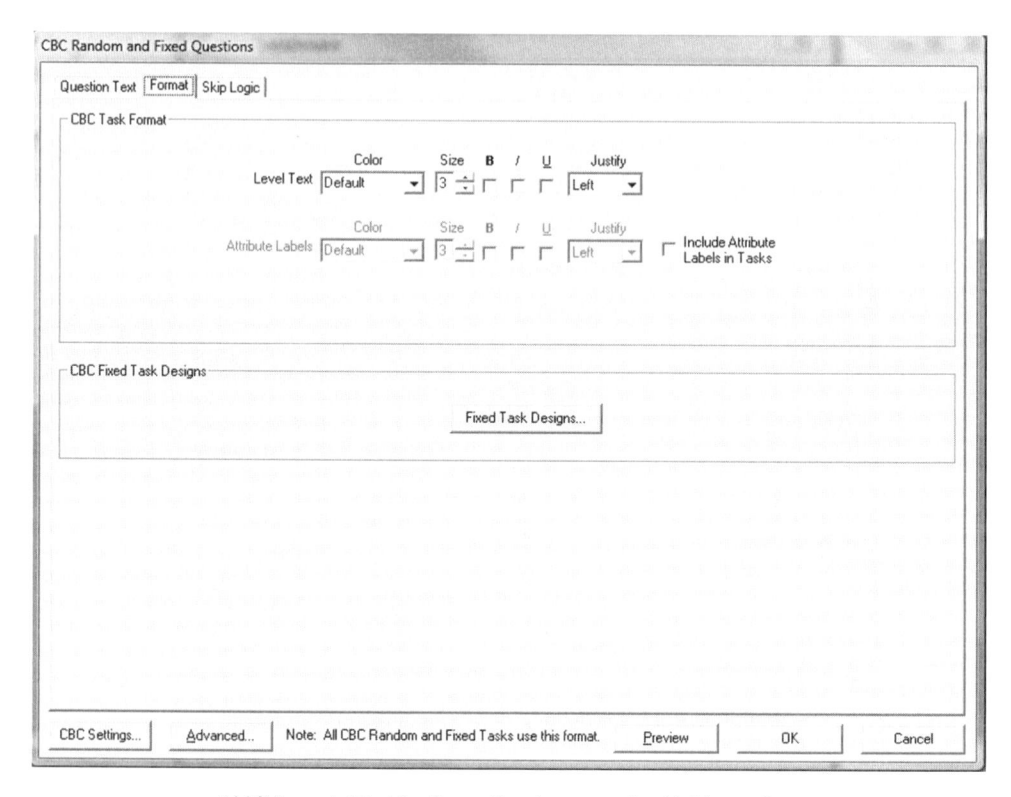

Abbildung 4.53: Menü zur Bestimmung der Hold-out Sets

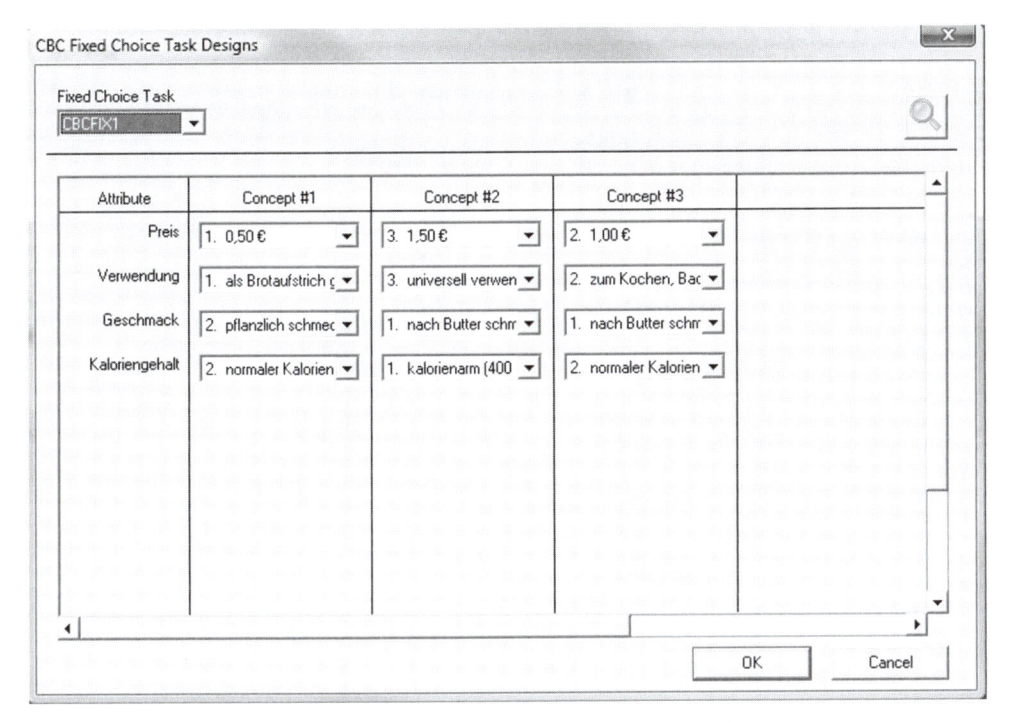

Abbildung 4.54: Definition der Alternativen eines Hold-out Sets

4.3.4.3 Datenauswertung mit SMRT

Unter dem Menüpunkt „Analysis" → „Compute Utilities" können zunächst verschiedene Einstellungen vor Durchführung der Nutzenschätzung mittels des Logit-Modells vorgenommen werden. So ist es möglich, Einschränkungen bezüglich der in die Analyse aufzunehmenden Probanden oder Choice Sets vorzunehmen.

In diesem Beispiel sollen die Voreinstellungen nicht verändert werden, d. h. es werden alle Befragungsteilnehmer in der Nutzenschätzung berücksichtigt („Respondents to Include"), und zwar gleichgewichtig („Respondents Weights"), und alle zwölf Choice Sets je Proband sollen in die Analyse eingehen („Choice Tasks to Include"). Darüber hinaus sollen nur die Haupteffekte berücksichtigt werden („Effects Coding"). Die Ausgabe der Daten soll bis zu fünf Stellen hinter dem Komma erfolgen („Output Precision"). Um die Nutzenschätzung zu starten, ist der Befehl „Compute" in der Kopfzeile auszuwählen. Es erscheint der in Abbildung 4.43 dargestellt Ergebnis-Output.

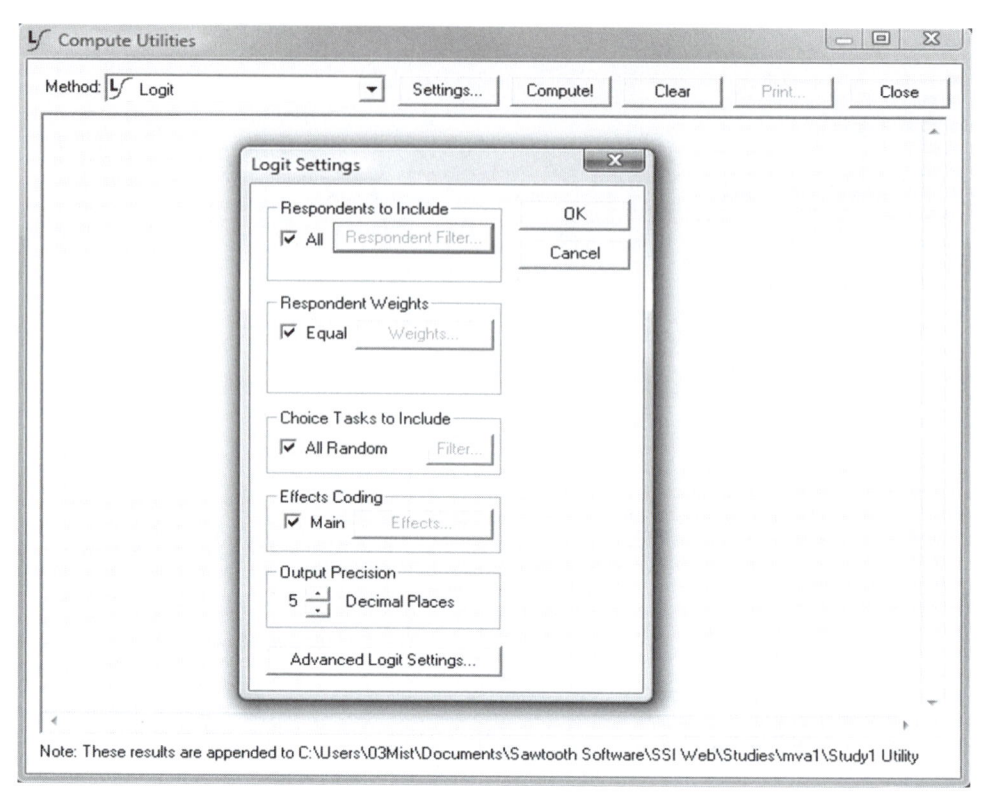

Abbildung 4.55: Einstellungen zum Logit-Modell

4.3.5 Zusammenfassung und Vergleich

Abbildung 4.56 gibt noch einmal die Schätzergebnisse aus Abbildung 4.35 wieder. Alle drei Programme, Excel, SPSS und Sawtooth, liefern hier identische Ergebnisse. Allerdings lassen sich mit SPSS nur die nichtzentrierten Teilnutzen schätzen, während Sawtooth die zentrierten Teilnutzen schätzt. Mit Excel lässt sich leicht zwischen beiden Formen der Schätzung wechseln, wie oben erläutert wurde. Allerdings lassen sich die zentrierten Teilnutzen nur im vollständigen Tableau schätzen, während wir hier für das Fallbeispiel aus Platzgründen ein verkürztes Tableau verwendet hatten. Die zentrierten Teilnutzen lassen sich aber auch leicht nach Durchführung der ML-Schätzung durch Umrechnung mittels Formel (4.18) und (4.19) gewinnen.

Auf die Werte für die Range oder die relativen Wichtigkeiten hat die Umrechnung keinen Einfluss. Von SPSS werden diese Werte allerdings nicht ausgegeben.

Alle drei Programme liefern auch denselben Wert für die globale Güte des Modells:
Likelihood-Ratio-Statistik (Chi-Quadrat): $LLR = 648,049$ ($p = 0,000\,\%$)
Mit den Werten aus Abbildung 4.56 lassen sich die Gesamtnutzenwerte für beliebige Stimuli (Produktkonzepte) berechnen. Für eine größere Anzahl von Eigenschaften und Alternativen ist es zweckmäßig, die Berechnungen mittels Tabellen, wie sie Abbildung 4.57 und Abbildung 4.58 zeigen, durchzuführen. In Abbildung 4.57 sind beispielhaft zwei Produktkonzepte gegenübergestellt.

4.3 Fallbeispiel

Eigenschaft	Ausprägung	Teilnutzen	Teilnutzen zentriert	Range	Relative Wichtigkeiten
Preis	0,50 €	1,620	0,930	1,620	0,390
	1,00 €	0,451	-0,239		
	1,50 €	0,0	-0,690		
Verwendung	Brotaufstrich	0,571	0,515	0,973	0,234
	Kochen	-0,402	-0,458		
	universell	0,0	-0,056		
Geschmack	Butter	0,642	0,321	0,642	0,155
	pflanzlich	0,0	-0,321		
Kalorien	arm	0,919	0,459	0,919	0,221
	normal	0,0	-0,459		
None		2,634	1,107		

Abbildung 4.56: Schätzergebnisse für das Fallbeispiel zur CBCA

Eigenschaft	Produktkonzept 1		Produktkonzept 2	
Preis	0,50 €	1,620	0,50 €	1,620
Verwendung	Brotaufstrich	0,571	Kochen	-0,402
Geschmack	Butter	0,642	Butter	0,642
Kalorien	arm	0,919	normal	0,0
Gesamtnutzen		**3,75**		**1,86**

Abbildung 4.57: Berechnung der Gesamtnutzen

Die Differenz zwischen den beiden Gesamtnutzen beträgt 1,89. Würde man diese beiden Produktkonzepte einschließlich der None-Option anbieten, so zeigt Abbildung 4.58 die Berechnung der Wahrscheinlichkeiten gemäß dem Logit-Choice-Modell. Es wäre zu erwarten, dass 67,7 % der Personen das Produktkonzept 1 und nur 10,2 % das Produktkonzept 2 wählen würden.

Produktkonzept k	Nutzen u	exp(u)	prob(k)
1	3,752	42,586	**0,677**
2	1,859	6,420	**0,102**
None	2,634	13,930	**0,221**
	Summe:	62,936	1,000

Abbildung 4.58: Berechnung der Wahrscheinlichkeiten

Abbildung 4.59 und Abbildung 4.60 zeigen die Berechnungen mit den zentrierten Teilnutzenwerten. Die Differenz zwischen den beiden Gesamtnutzen beträgt wiederum 1,89. Das Logit-Choice-Modell liefert wiederum die gleichen Wahrscheinlichkeiten wie mit den nichtzentrierten Werten.

4 Auswahlbasierte Conjoint-Analyse

Eigenschaft	Produktkonzept 1		Produktkonzept 2	
Preis	0,50 €	10,930	0,50 €	0,930
Verwendung	Brotaufstrich	0,515	Kochen	-0,458
Geschmack	Butter	0,321	Butter	0,321
Kalorien	arm	0,459	normal	-0,459
Gesamtnutzen		**2,225**		**0,334**

Abbildung 4.59: Berechnung der Gesamtnutzen mit zentrierten Teilnutzenwerten

Produktkonzept k	Nutzen u	exp(u)	prob(k)
1	2,225	9,251	**0,677**
2	0,333	1,395	**0,102**
None	1,107	3,026	**0,221**
	Summe:	62,936	1,000

Abbildung 4.60: Berechnung der Wahrscheinlichkeiten mit zentrierten Teilnutzenwerten

4.4 Modifikationen und Erweiterungen der CBCA

Zurückkommend auf unser Einführungsbeispiel soll nachfolgend gezeigt werden, wie sich durch Modifikationen des Nutzenmodells der Aussagewert der CBCA verbessern lässt. Wir modifizieren das Nutzenmodell (4.5) wie folgt:

$$u_{kr} = \sum_{j=1}^{3} b_{jk} \cdot x_j + b \cdot P_{kr} \qquad (k=1,...,3; r=1,...,12) \quad (4.22)$$

mit

u_{kr} : Nutzen der Alternative k in Auswahlsituation r
x_j : 1 für j = k und 0 sonst
b : Nutzenwirkung des Preises
P_{kr} : Preis von Alternative k in Auswahlsituation r

Das Modell umfasst drei binäre Variablen sowie eine metrische Variable, den Preis. Die binären Variablen identifizieren hier die Alternativen:

j = 1: Verpackung in Papier
j = 2: Verpackung im Becher
j = 3: None-Option

Ihre Koeffizienten b_{jk} messen wie bisher die Teilnutzen von Papierverpackung, Becherverpackung und None-Option. Der Koeffizient des Preises misst jetzt, anders als bisher, die Nutzenwirkung einer Preisänderungen um eine Einheit (Euro) auf den Gesamtnutzen.

Die Koeffizienten b_{jk} sind hier konstant für jede Alternative k und vergleichbar mit dem konstanten Glied in einer Regressionsfunktion. Wir schreiben daher $b_{jk} = a_k$. Und da x_j immer eins ist, wenn j = k gilt, können wir darauf verzichten und anstelle von (4.22) vereinfacht schreiben:

$$u_{kr} = a_k + b \cdot P_{kr} \qquad (4.23)$$

Dieses Modell lässt sich natürlich durch Einbeziehung weiterer Variablen beliebig erweitern. In dieser einfachen Form aber ist es von großer praktischer Bedeutung.

Zum einen, weil die Wahl „Produkt gegen Geld" jedem Konsumenten vertraut ist, und zum anderen, weil das Modell interessante Informationen zu liefern vermag. Ein wichtiges Anwendungsproblem im Bereich der Marktforschung bildet die Markenwahl. Der Index k bezeichnet dabei die konkurrierenden Marken einer Produktkategorie (z. B. Margarine, Yoghurt, Kaffee, Zahncreme etc.). Die konstanten Glieder messen dann jeweils den Nutzenwert der konkurrierenden Marken.

Die Verwendung des Vektor-Modells für den Preis bietet u. a. den Vorteil, dass nur ein Parameter für beliebig viele unterschiedliche Preise zu schätzen ist. Beim Teilwert-Modell dagegen wären bei M Preisstufen M-1 Parameter zu schätzen. Im Vektor-Modell wird allerdings unterstellt, dass sich die Beziehung zwischen Preis und Nutzen durch eine lineare Funktion approximieren lässt. Zumindest in begrenzten Bereichen ist dies immer möglich. Es lässt sich aber auch eine nichtlineare Funktion in das Nutzenmodell einbeziehen.

Bei dem Koeffizienten b handelt es sich um einen *generischen Koeffizienten*, da er gleich ist für die alternativen Produkte k. Ein etwas komplexeres, aber schwerer zu schätzendes Modell würde sich ergeben, wenn wir berücksichtigen wollten, dass bei verschiedenen Produkten der Preis jeweils unterschiedlich wirkt. Die Wirkung des Preises müsste dann mittels *alternativenspezifischer Koeffizienten* gemessen werden und man erhält anstelle von (4.23) das folgende Modell:

$$u_{kr} = a_k + b_k \cdot P_{kr} \qquad (4.24)$$

Welches Modell adäquat ist, hängt natürlich von der Art der Alternativen ab. Wenn es sich bei den Alternativen um recht homogene Produkte einer Produktkategorie handelt, die sich im Wesentlichen durch die Marke unterscheiden, dann dürfte Modell (4.23) hinreichend sein. Bei der heute zunehmenden Homogenisierung der Produktwelt trifft dies in vielen Fällen zu und es würde somit ein generischer Koeffizient für den Preis zweckmäßig sein. In der Choice-Analyse und somit auch in der CBCA werden überwiegend generische Koeffizienten verwendet. So war z. B. die Preiswirkung in obigen Modellen stets unabhängig von den alternativen Produkten.[52] Durch die Verwendung von generischen Koeffizienten wird die Schätzung erheblich erleichtert.

4.4.1 Das Logit-Preismodell

Nach Einsetzen von (4.23) unter Weglassung des Index r in das Logit-Choice-Modell erhält man das folgende Modell, das wir als **Logit-Preismodell** bezeichnen:

$$prob(k|k' \in CS) = \frac{e^{u_k}}{\sum_{k' \in CS} e^{u_{k'}}} = \frac{e^{a_k + b \cdot P_k}}{\sum_{k' \in CS} e^{a_{k'} + b \cdot P_{k'}}} \qquad (4.25)$$

---

[52] Im Unterschied dazu arbeitet die Logistische Regression mit alternativenspezifischen Koeffizienten. Allerdings variieren bei der logistischen Regression die Variablen nicht über die Alternativen, wie es bei Choice-Analysen überwiegend der Fall ist. Siehe hierzu Kapitel 5 „Logistische Regression" im Buch *Multivariate Analysemethoden*.

4 Auswahlbasierte Conjoint-Analyse

Es ergeben sich mit diesem recht einfachen Modell interessante Interpretations- und Anwendungsmöglichkeiten, die für einen Marketingmanager von essentieller Relevanz sind:

- Es lassen sich Preis-Marktanteilsfunktionen für konkurrierende Produkte (Marken) ableiten und so die Preiswirkungen für diese Produkte und deren Konkurrenzbeziehungen analysieren.

- Es lassen sich Nutzenwerte für die Marke ableiten, die monetär skaliert sind und die sich somit in Euro oder Dollar angeben lassen.

- Das Erhebungsdesign lässt sich effizienter gestalten, so dass auch individuelle Nutzenschätzungen möglich werden.

Wir demonstrieren das Modell an unserem Margarine-Beispiel mit nur zwei Produkten, der Margarine in Papier- und in Becherverpackung, und somit $K = 3$ Alternativen. Durch Befragung einer Testperson haben wir die in Abbildung 4.61 gezeigten Daten erhalten.

Auswahl-situation r	Alternativen k			Wahl
	1 Papier	2 Becher	3 None	$d(k,r)$
1	1,10	1,00	0	2
2	1,00	1,10	0	2
3	1,00	1,20	0	2
4	1,00	1,40	0	1
5	1,10	1,40	0	2
6	1,10	1,50	0	2
7	1,10	1,60	0	1
8	1,20	1,50	0	2
9	1,20	1,60	0	1
10	1,30	1,60	0	3
11	1,30	1,50	0	2
12	1,40	1,60	0	3

Abbildung 4.61: Daten für das Logit-Preismodell: Eine Person, 12 Preissituationen

Bei Verwendung des Teilwert-Modells mit nur zwei Preisen konnten wir jeder Testperson nur zwei Choice Sets vorlegen, da man nicht mehrfach die Auswahl zwischen gleichen Produkten mit gleichen Preisen abfragen kann. Erhöhen wir die Anzahl unterschiedlicher Preise, so erhöht sich im Teilwert-Modell auch die Anzahl der zu schätzenden Modellparameter. Bei Verwendung des Vektor-Modells dagegen lassen sich durch Variation der Preise beliebig viele Auswahlsituationen abfragen und so die Menge der Daten erhöhen, ohne dass sich die Zahl der zu schätzenden Parameter erhöht. Damit wird das Erhebungsdesign bedeutend effizienter und wir erhalten genügend Daten, um eine individuelle Schätzung durchführen zu können.

4.4 Modifikationen und Erweiterungen der CBCA

Zu schätzen ist jetzt das folgende Modell:

$$prob(k) = \frac{e^{u_k}}{e^{u_1} + e^{u_2} + e^{u_3}} = \frac{e^{a_k + b \cdot P_k}}{\sum_{k'=1}^{3} e^{a_{k'} + b \cdot P_{k'}}} \qquad (4.26)$$

Zwecks Identifizierbarkeit ist eine der K Alternativen als *Referenzalternative* zu wählen und das konstante Glied für diese Alternative gleich Null zu setzen (Reparametrisierungsbedingung). Dies kann auch die None-Option sein. Die zu schätzenden Parameter a_k messen dann den Teilnutzen der Alternative k (z. B. den Nutzen der Marke k) relativ zum Nichtkauf, dessen Nutzen Null ist.

Praktische Berechnung mit Excel

Dem Excel-Tableau in Abbildung 4.62 entnehmen wir die folgenden Schätzwerte:

a_1	=	86,4	Papierverpackung
a_2	=	113,9	Becherverpackung
a_3	=	0,0	None-Option (Referenzalternative)
b	=	-72,0	Preiskoeffizient

womit sich für die drei Alternativen folgende Nutzenfunktionen ergeben:

u_1	=	86,4	$-72,0 \cdot P_1$	Kauf der Margarine in Papierverpackung
u_2	=	113,9	$-72,0 \cdot P_2$	Kauf der Margarine in Becherverpackung
u_3	=	0,0	$-72,0 \cdot 0$	Kein Kauf

Durch Einsetzen der Nutzenfunktionen in das Logit-Choice-Modell (4.26) lassen sich jetzt für beliebige Preise die Wahrscheinlichkeiten für die Wahl der Produkte berechnen. Im Excel-Tableau müssen dazu nur die Preise in Spalte G geändert werden, um die gewünschten Wahrscheinlichkeiten in Spalte L zu erhalten.

Mittels des Likelihood-Ratio-Tests lassen sich die geschätzten Koeffizienten auf Signifikanz prüfen. Wir erhalten hier die in Abbildung 4.63 gezeigten Werte. Die p-Werte liegen alle weit unter 0,1% und sind daher, wie auch das Gesamtmodell, hoch signifikant.

4 Auswahlbasierte Conjoint-Analyse

Abbildung 4.62: Schätzung des Logit-Preismodells mit Excel

Schätzwert			LL_j	LLR_j	p-Wert
Papierverpackung:	a_1	= 86,4	-11,592	16,989	0,020%
Becherverpackung:	a_2	= 113,9	-12,189	18,184	0,011%
Preis:	b	= -72,0	-11,515	16,836	0,022%

Abbildung 4.63: Prüfung der Koeffizienten mittels Likelihood-Ratio-Test (LL_b = -3,097)

4.4 Modifikationen und Erweiterungen der CBCA

Ableitung von Preisresponsefunktionen

Weitergehend lassen sich Preisresponsefunktionen gewinnen, mittels derer sich grafisch zeigen lässt, wie die betreffende Person auf Preisänderungen reagieren wird. Um z. B. eine Preisresponsefunktion für die Margarine im Becher zu erhalten, fixieren wir den Preis der Margarine in der Papierverpackung auf den Mittelwert von 1,15 € und den Preis der None-Option auf 0,00 €. Variieren wir jetzt den Preis für die Margarine im Becher, so erhalten wir die in Abbildung 4.64 dargestellte Funktion.

Die betrachtete Person reagiert sehr empfindlich auf die Preisänderungen, was schon aus der (absoluten) Größe des Preiskoeffizienten ersichtlich ist. Dies schlägt sich nieder im Verlauf der Preisresponsefunktion. Bei einem Preis von unter 1,45 € für den Becher wird dieser praktisch mit Sicherheit gewählt, während bei einem Preis von über 1,60 € die Wahrscheinlichkeit für die Wahl des Bechers gegen 0 geht.

Auswahlwahrscheinlichkeit des Bechers als Funktion seines Preises P_2
Preis der Papierverpackung konstant bei 1,15 Euro

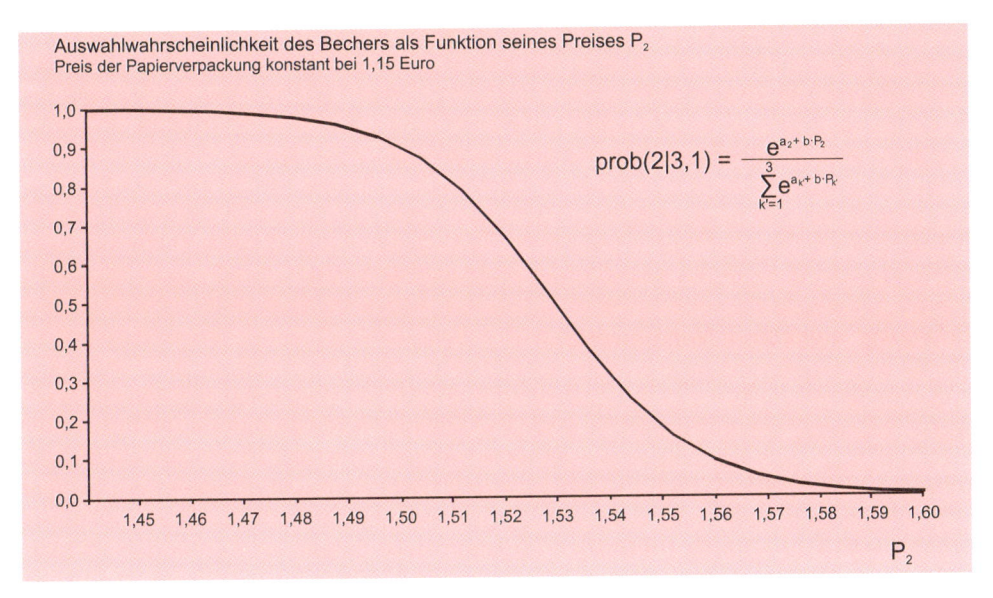

$$\text{prob}(2|3,1) = \frac{e^{a_2 + b \cdot P_2}}{\sum_{k'=1}^{3} e^{a_{k'} + b \cdot P_{k'}}}$$

Abbildung 4.64: Individuelle Preisresponsefunktion für Margarine im Becher

Mittels des Logit-Preismodells lässt sich auch feststellen, welche Wirkung eine Preisänderung auf konkurrierende Produkte ausübt. Mit der Erhöhung des Preises für die Becherverpackung steigt gleichzeitig auch die Wahrscheinlichkeit für die Wahl der Papierverpackung, ohne dass sich deren Preis, den wir auf 1,15 € fixiert hatten, verändert. Dies verdeutlicht Abbildung 4.65.

Bei Preisen unter 1,45 € für den Becher ist die Wahrscheinlichkeit für die Wahl der Papierverpackung praktisch 0, da sich im Logit-Modell die Wahrscheinlichkeiten der Alternativen zu 1 summieren. Wird der Preis für die Becherverpackung auf mehr als 1,53 € (genau 1,532 €) erhöht, so wird die Wahrscheinlichkeit für die Wahl der Papierverpackung größer als die für die Becherverpackung. Daraus lässt sich folgern, dass die Nutzendifferenz zwischen Becherverpackung und Papierverpackung für die betreffende Person etwa 1,53 - 1,15 = 0,38 € beträgt. Umgekehrt lässt sich dies auch für Preisänderungen der Papierverpackung durchspielen.

Werden die Preise sowohl für die Becher- wie auch für die Papierverpackung gesteigert, dann steigt damit die Wahrscheinlichkeit der None-Option, also dass die betreffende Person keines der beiden Produkte kauft. In Abbildung 4.64 ist nur ein sehr

4 Auswahlbasierte Conjoint-Analyse

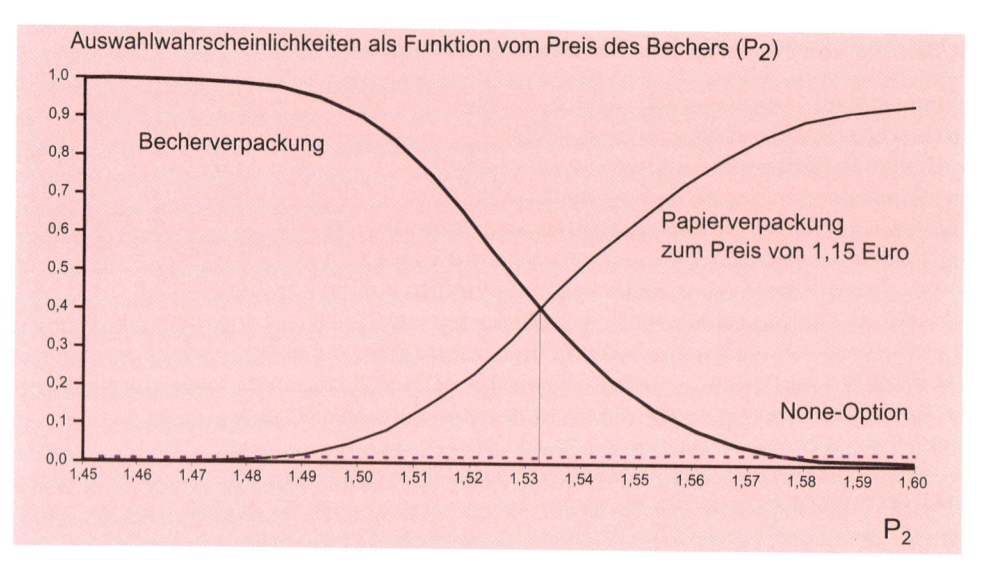

Abbildung 4.65: Kompetitive Preisresponsefunktionen

schwacher Anstieg der Wahrscheinlichkeit für die None-Option (gestrichelte Linie) zu erkennen, da der Preis der Papierverpackung niedrig bleibt.

Erlangung monetärer Nutzenwerte

Aus den obigen Diagrammen ließen sich bereits Rückschlüsse auf die monetäre Dimension des Nutzens der Produkte ziehen. Ermöglicht wurde dies dadurch, dass die resultierenden Wahrscheinlichkeiten des Logit-Modells über der Preisachse abgetragen wurden. Im Teilwert-Modell, in dem keine metrische Variable enthalten ist, besteht diese Möglichkeit nicht.

Rechnerisch erhält man **monetäre Nutzenwerte** durch:

$$\widetilde{a}_k = \frac{a_k}{-b} \qquad (4.27)$$

da der Preiskoeffizient die Dimension [Nutzen/Euro] hat. Es ergibt sich:

$\widetilde{a}_1 = 1,20€$ für die Margarine in der Papierverpackung
$\widetilde{a}_2 = 1,58€$ für die Margarine in der Becherverpackung
$\widetilde{a}_3 = 0,00€$ für die None-Option

Die Nutzendifferenz zwischen Becher- und Papierverpackung beträgt somit 0,38 € (oder 0,382, wenn man genauer rechnet). Dies hatten wir auch aus Abbildung 4.65 ersehen.

Wir erhalten hier nicht nur *relative Nutzenwerte* auf einer monetären Skala, sondern auch *absolute Nutzenwerte*, da der Nullpunkt der Skala über die None-Option verankert ist. Wir können also sagen, dass die Margarine in der Papierverpackung für die betreffende Person 1,20 € wert ist, und die Margarine in der Becherverpackung ist ihr 1,58 € wert. Diese Aussage ist nur möglich, wenn die None-Option von der Testperson gewählt wurde, weil sie damit eine Obergrenze für die Nutzenwerte der anderen Alternativen offenbart, und wenn wir weiterhin unterstellen können, dass der Wert der None-Option auch wirklich Null ist. Damit ist automatisch der Nullpunkt der Skala verankert.

4.4 Modifikationen und Erweiterungen der CBCA

Der monetäre (Netto-) Nutzen eines Kaufangebotes ergibt sich als Differenz zwischen dem Nutzen des betreffenden Produktes und dem Preis, der dafür zu zahlen ist:

$$\widetilde{u}_k = \widetilde{a}_k - P_k \tag{4.28}$$

Wir definieren außerdem β = -b. Der Preiskoeffizient b ist i. d. R. negativ.[53] Der Parameter β ist damit positiv. Er entspricht dem Rationalitätsparameter in (4.8). Mit (4.27) und (4.28) erhält man das *Logit-Preismodell* in folgender Form:

$$prob(k|k \in CS) = \frac{e^{\beta \cdot \widetilde{u}_k}}{\sum_{k' \in CS} e^{\beta \cdot \widetilde{u}_{ik'}}} = \frac{e^{\beta \cdot (\widetilde{a}_k - P_k)}}{\sum_{k' \in CS} e^{\beta \cdot (\widetilde{a}_{k'} - P_{k'})}} \tag{4.29}$$

$$= \frac{1}{1 + \sum_{k' \neq k \in CS_i} e^{-\beta \cdot [(\widetilde{a}_k - \widetilde{a}_{k'}) - (P_k - P_{k'})]}}$$

$$= f[\text{Nutzenvorteil - Preisnachteil}]$$

Das Modell ermöglicht folgende Interpretation:

- Die Nutzenwerte der Produkte und der Kaufalternativen sind in Geldeinheiten messbar.
- Die Wahrscheinlichkeit für die Wahl einer Alternative hängt ab von den Nutzendifferenzen und den Preisdifferenzen der konkurrierenden Produkte im Choice Set.
- Der Rationalitätsparameter β ist im Rahmen des Logit-Preismodells identifizierbar und lässt sich somit empirisch schätzen. Er erweist sich als Preiskoeffizient mit umgekehrtem Vorzeichen.

Je empfindlicher eine Person auf Preisänderungen reagiert, desto größer wird β und desto steiler wird der Verlauf der Logit-Funktion. Damit vergrößert sich auch die Wahrscheinlichkeit für die Wahl der meistpräferierten Alternative, während die Auswahlwahrscheinlichkeiten der anderen Alternativen sinken. Das Modell nähert sich damit dem Max-Utility-Modell für streng rationales Verhalten.

Rechenbeispiel

Für die Wahl der Becherverpackung ergibt sich mit den obigen Schätzwerten für unser Beispiel:

$$prob(2|1,3) = \frac{1}{1 + e^{-72 \cdot [(1,58-1,20)-(P_2-P_1)]} + e^{-72 \cdot [1,58-P_2]}}.$$

Wir nehmen jetzt folgende Preise an: P1 = 1,15 €, P2 = 1,53 €, P3 = 0.

Man erhält dann für die Wahl des Bechers die folgende Wahrscheinlichkeit:

$$prob(2|1,3) = \frac{1}{1 + e^{-72 \cdot [(1,58-1,20)-38]} + e^{-72 \cdot [1,58-1,53]}}$$

$$= \frac{1}{1 + e^0 + e^{-3,6}} = 0,493.$$

---

[53] Dies ist quasi ein ökonomisches Gesetz („Law of Demand"). Es existieren allerdings Ausnahmen, z. B. wenn der Preis als Qualitätsindikator dient oder wenn bei Luxusgütern das Prestige mit dem Preis zunimmt (Veblen-Effekt).

Für die anderen Alternativen ergeben sich die Wahrscheinlichkeiten prob(1) = 0,493 und prob(3) = 0,013.

Für die Becher- und die Papierverpackung erhalten wir hier gleiche Wahrscheinlichkeiten, d.h. es besteht Indifferenz zwischen diesen beiden Alternativen. Dass dies so ist, lässt sich auf zweierlei Art ersehen:

(a) Die Nettonutzen der beiden Kaufalternativen sind gleich:

$$\widetilde{u}_1 = \widetilde{a}_1 - P_1 = 1,20 - 1,15 = 0,05\text{€}$$
$$\widetilde{u}_2 = \widetilde{a}_2 - P_2 = 1,58 - 1,53 = 0,05\text{€}$$

(b) Der Nutzenvorteil des Bechers gegenüber der Papierverpackung ist gleich dessen Preisnachteil:

$$\widetilde{a}_2 - \widetilde{a}_1 = 1,58 - 1,20 = 0,38\text{€}$$
$$P_2 - P_1 = 1,53 - 1,15 = 0,38\text{€}$$

Vor- und Nachteil kompensieren sich also.

Marktsimulation

Das obige Modell lässt sich als Grundlage für die Durchführung von Marktsimulationen verwenden. Dazu ist das Erhebungsdesign auf die Gesamtheit der Produkte oder Marken eines Marktes auszuweiten und es ist eine repräsentative Stichprobe von Käufern in diesem Markt zu befragen. Durch Aggregation der individuellen Preisresponsefunktionen lassen sich dann Preisresponsefunktionen für den gesamten Markt gewinnen. Ein Anbieter kann so ermitteln, wie der Preis seines Produktes die Nachfrage verändert, und er kann weiterhin feststellen, wie sein Preis auf die Nachfrage der konkurrierenden Produkte wirkt oder wie deren Preise seine Nachfrage beeinflussen.

Neben der Analyse von Preiswirkungen und Konkurrenzbeziehungen besteht ein weiterer wichtiger Anwendungsbereich darin, den *Wert von Marken*, der in den konstanten Gliedern a_k zum Ausdruck kommt, in objektiver Weise zu schätzen. Überdies vermag das Modell Informationen über die *Preisbereitschaft* von Konsumenten zu vermitteln, denn ein potentieller Käufer wird nicht bereit sein, mehr für ein Produkt zu zahlen, als dieses ihm wert ist.

Bei der heutigen Produkt- und Markenvielfalt, die in den meisten Märkten herrscht, wäre die Menge aller Marken eines Marktes allerdings zu groß, um sie einer Testperson zur Auswahl vorzulegen. Deshalb ist es notwendig, zunächst ein individuelles Choice Set für jede Testperson abzugrenzen, welches eine Untermenge der Gesamtmenge des Marktes bildet. Dazu wird die Testperson nach den für sie relevanten Marken oder Produkten befragt. Man spricht hier von Relevant Set (Consideration Set, Evoked Set). Seine Größe ist weitgehend unabhängig von der Anzahl aller in einem Markt konkurrierenden Produkte und umfasst etwa 3 bis 7 Elemente. Das *individuelle Logit-Preismodell* lautet dann:[54]

$$prob_i(k|k' \in CS_i) = \frac{e^{u_{ki}}}{\sum_{k' \in CS_i} e^{u_{ik'}}} = \frac{e^{a_{ik} + b_i \cdot P_k}}{\sum_{k' \in CS_i} e^{a_{ik'} + b_i \cdot P_{k'}}} \tag{4.30}$$

---

[54] Das dargestellte Logit-Preismodell bildet den Kern von kommerziell angebotenen Simulationsmodellen, wie dem *TESI-Preismodell* oder dessen Nachfolger, dem *PriceChallenger* von der GfK Nürnberg. Siehe dazu Erichson/Börtzler (1992); Wildner (2003); Erichson (2005).

4.4 Modifikationen und Erweiterungen der CBCA

Neben der „richtigen" Abgrenzung der Choice Sets bildet die zweckmäßige Variation der Preise ein weiteres wichtiges Element bei der Gestaltung der Auswahlsituationen. Mittels adaptiver Verfahren, bei welcher die Preise so variiert werden, dass der Informationszuwachs maximal wird, lässt sich die Effizienz erhöhen.

Durch Einbeziehung weiterer Variablen lässt sich das Modell erweitern und verfeinern. Häufig entstehen Diskontinuitäten (Brüche) im Verlauf der Preisresponsefunktionen durch psychologische Preisschwellen, z. B. beim Überschreiten von Glattpreisen. Diese können mittels Dummy-Variablen, die beim Überschreiten einer Preisschwelle den Wert 1 annehmen (und sonst 0 sind) berücksichtigt und geschätzt werden.

Gleichfalls können Modellvarianten einer Marke oder sonstige weitere Merkmale berücksichtigt werden. Man muss hierbei allerdings sehr vorsichtig sein, da mit der Einbeziehung weiterer Produktmerkmale die Wirkung von Preisvariationen kaschiert wird. Wenn man Preiswirkungen messen will, dann sollte man sich auf den Preis konzentrieren. Die Wahl „Produkt gegen Geld" entspricht der in der Realität üblichen Einkaufsentscheidung und ist dem Konsumenten daher vertraut.

4.4.2 Einbeziehung von soziodemographischen Variablen

Die Annahme der Homogenität von Märkten bildet eine grobe Vereinfachung. In der Regel besitzen die Nachfrager unterschiedliche Nutzenvorstellungen bzw. Präferenzen und unterscheiden sich in ihrem Nachfrageverhalten. Wenn möglich sollten daher individuelle Analysen durchgeführt werden (wie vorstehend am Beispiel des Logit-Preismodells gezeigt). Allerdings scheitert dies oft an erhebungstechnischen Schwierigkeiten, so dass nicht genügend Daten für individuelle Analysen zur Verfügung stehen. Um dennoch zu segmentierten oder individuellen Nutzenschätzungen zu gelangen, wurden recht komplexe Methoden entwickelt wie z.B. der Latent Class- und der Hierarchical Bayes-Ansatz (siehe oben).

Eine relativ einfache Methode zur Berücksichtigung von Heterogenität in aggregierten Analysen bildet die Einbeziehung von soziodemographischen Variablen (wie z.B. Alter, Einkommen, Geschlecht) in die Nutzenfunktion der CBCA. Damit gewinnt man auch Informationen darüber, wie diese Variablen auf die Nutzenbildung und das Entscheidungsverhalten wirken. Allerdings setzt dieser Ansatz voraus, dass relevante soziodemographische Variable existieren und gefunden werden können, die systematisch mit dem Entscheidungsverhalten variieren.

Die Erweiterung der Nutzenfunktion um eine soziodemographische Variable erfolgt in der CBCA etwas anders als die Erweiterung um ein weiteres Merkmal der Alternativen. Zur Demonstration nehmen wir jetzt an, dass wir die in obigem Preismodell verwendete Nutzenfunktion

$$u_k = a_k + b \cdot P_k$$

aggregiert über eine Mehrzahl von Personen schätzen wollen, wobei wir zwecks Berücksichtigung von Heterogenität jeweils das Alter A_i einer Personen i einbeziehen wollen.

Wenn wir dazu das Nutzenmodell wie folgt formulieren

$$u_{ik} = a_k + b \cdot P_k + c \cdot A_i \tag{4.31}$$

4 Auswahlbasierte Conjoint-Analyse

und in das Logit-Choice-Modell einsetzen

$$prob_i(k) = \frac{e^{u_{ki}}}{\sum_{k'=1}^{K} e^{u_{ik'}}} = \frac{e^{a_k + b \cdot P_k + c \cdot A_i}}{\sum_{k'=1}^{K} e^{a_{k'} + b \cdot P_{k'} + c \cdot A_i}} \tag{4.32}$$

so erhalten wir nach Umformung

$$prob_i(k) = \frac{1}{\sum_{k'=1}^{K} e^{u_{ik'} - u_{ik}}} = \frac{1}{\sum_{k'=1}^{K} e^{a_{k'} - a_k + b \cdot (P_{k'} - P_k) + c \cdot (A_i - A_i)}} \tag{4.33}$$

Wie man sieht, fällt dabei die soziodemographische Variable heraus. Ihre Einbeziehung in obiger Form hat im Logit-Choice-Modell keine Wirkung, denn nur die Unterschiede zwischen Alternativen sind ja von Bedeutung. Soziodemographische Variablen aber variieren nicht über Alternativen, sondern nur über die Individuen. Um dennoch Variablen, die nicht über die Alternativen variieren, berücksichtigen zu können, ist eine andere Formulierung der Nutzenfunktion notwendig.

Nach Art der Heterogenität, die wir abbilden möchten, bestehen dabei unterschiedliche Möglichkeiten. Zu unterscheiden ist zwischen

- *Präferenz-Heterogenität*: Die Nachfrager haben unterschiedliche Präferenzen (Nutzenbeurteilungen) bezüglich der Produkte.
- *Response-Heterogenität*: Die Nachfrager reagieren unterschiedlich auf Marketingmaßnahmen (z. B. Preis, Werbung).

Berücksichtigung von Präferenz-Heterogenität

In den konstanten Gliedern a_k der aggregierten Nutzenfunktion kommen die mittleren Präferenzen bezüglich der unterschiedlichen Verpackungsarten zum Ausdruck. Individuelle Präferenzwerte a_{ik} lassen sich, falls die Variation von der Variablen A (z. B. dem Alter) abhängt, wie folgt approximieren:

$$a_{ik} \approx a_k + c_k \cdot A_i \tag{4.34}$$

Die Gesamtnutzenfunktion lautet dann:

$$u_{ik} = a_k + b \cdot P_k + c_k \cdot A_i \tag{4.35}$$

und wir erhalten jetzt das Logit-Choice-Modell

$$prob_i(k) = \frac{1}{\sum_{k'=1}^{K} e^{u_{ik'} - u_{ik}}} = \frac{1}{\sum_{k'=1}^{K} e^{a_{k'} - a_k + b \cdot (P_{k'} - P_k) + (c_{k'} - c_k) \cdot A_i}} \tag{4.36}$$

Die soziodemographische Variable Alter fällt nicht mehr aus dem Logit-Choice-Modell heraus, wenn sich die Präferenzen zwischen den Alternativen unterscheiden.

Für die Variable Alter, die nicht über die Alternativen variiert, müssen also *alternativenspezifische* Koeffizienten c_k (k = 1, ..., K) geschätzt werden. Zwecks Identifizierbarkeit ist dabei einer der K Koeffizienten gleich Null zu setzen.[55] Der Koeffizient c_k gibt an, wie die Präferenz für Alternative k sich mit dem Alter verändert.

---

[55] Dies entspricht exakt der Vorgehensweise bei der Logistischen Regression, bei der auch alternativenspezifische Koeffizienten geschätzt werden, während die unabhängigen Variablen nicht über die Alternativen variieren.

4.4 Modifikationen und Erweiterungen der CBCA

Im Gegensatz dazu muss für den Preis, der über die Alternativen variiert, nur ein *generischer* Koeffizient b geschätzt werden. Es wird also unterstellt, dass die Wirkung einer Preisänderung für alle Alternativen gleich ist. Eine Aufhebung dieser Prämisse würde das Modell stark verkomplizieren.

Praktische Berechnung mit SPSS

Um die alternativenspezifischen Koeffizienten c_k zu schätzen, müssen wir die Nutzenfunktion (4.35) so umformulieren, dass alle zu schätzenden Koeffizienten darin enthalten sind. Dazu wird die soziodemographische Variable A mit alternativenspezifischen Dummy-Variablen q_k multipliziert. Wir erhalten damit die folgende Nutzenfunktion:

$$u_{ik} = \sum_{k'=1}^{K} a_{k'} \cdot q_{k'} + b \cdot P_k + \sum_{k'=1}^{K} c_{k'} \cdot A_i \cdot q_{k'} \tag{4.37}$$

mit $q_{k'} = 1$ falls k' = k und 0 sonst.

Es werden also K neue Variablen $AQ_k = A \cdot q_k$ erzeugt. Man sieht damit, dass die Berücksichtigung der Präferenz-Heterogenität als Menge von Interaktionseffekten zwischen der soziodemographischen Variable A und den K Alternativen modelliert wird. Dies lässt sich in SPSS sehr einfach umsetzen.

Abbildung 4.66 zeigt die Beispieldaten für unser erweitertes Preismodell im Dateneditor von SPSS. Wir unterstellen jetzt (wie schon zu Anfang), dass die Daten von sechs Testpersonen stammen, von denen jede zwei Auswahlentscheidungen zu treffen hatte. Für jede Person ist neben dem Preis des Angebots jetzt auch das Alter der Person angegeben.

Die Interaktionsterme $A_i \cdot q_k$ lassen sich in SPSS leicht erzeugen, da die Dummy-Variablen q_k in Form der Variablen *Papier*, *Becher* und *Preis* bereits vorliegen. Mittels des Menüpunktes „Transformieren/ Variable berechnen" können damit die Variablen *AQ1* bis *AQ3* berechnet werden, die in Abbildung 4.66 angezeigt sind. Wenn wir die letzte Alternative K=3, die None-Option, als Referenzalternative wählen, dann wird die Variable *AQ3* nicht benötigt.

Abbildung 4.67 zeigt das Schätzergebnis der Cox-Regression von SPSS. Die Koeffizienten B_4 und B_5 entsprechen c_1 und c_2 in Gleichung (4.35) bzw. (4.37). Wir erhalten damit folgende Nutzenfunktionen:

- Kauf der Margarine in der Papierverpackung:

$$u_{i1} = 60,107 - 70,529 \cdot P_1 + 0,579 \cdot A_i$$

- Kauf der Margarine in der Becherverpackung:

$$u_{i2} = 110,943 - 70,529 \cdot P_2 - 0,039 \cdot A_i$$

Der Koeffizient $B_4 = c_1 = 0{,}579$ besagt, dass die Präferenz für die Papierverpackung mit dem Alter zunimmt. Der Koeffizient $B_5 = c_2 = -0{,}039$ besagt dagegen, dass die Präferenz für die Becherverpackung mit dem Alter abnimmt. Dieser Effekt ist hier allerdings sehr gering.

Gemäß dem Wald-Test sind die geschätzten Koeffizienten nicht signifikant. Das ist bei der Schätzung von 5 Parametern auf Basis von nur 12 Beobachtungen auch kaum

4 Auswahlbasierte Conjoint-Analyse

	Person	Situation	Alternative	Papier	Becher	None	Preis	Alter	Wahl	Time	AQ1	AQ2	AQ3
1	1	1	1	1	0	0	1,10	33	0	2	33	0	0
2	1	1	2	0	1	0	1,00	33	1	1	0	33	0
3	1	1	3	0	0	1	,00	33	0	2	0	0	33
4	1	2	1	1	0	0	1,00	33	0	2	33	0	0
5	1	2	2	0	1	0	1,10	33	1	1	0	33	0
6	1	2	3	0	0	1	,00	33	0	2	0	0	33
7	2	3	1	1	0	0	1,00	45	0	2	45	0	0
8	2	3	2	0	1	0	1,20	45	1	1	0	45	0
9	2	3	3	0	0	1	,00	45	0	2	0	0	45
10	2	4	1	1	0	0	1,00	45	1	1	45	0	0
11	2	4	2	0	1	0	1,40	45	0	2	0	45	0
12	2	4	3	0	0	1	,00	45	0	2	0	0	45
13	3	5	1	1	0	0	1,10	28	0	2	28	0	0
14	3	5	2	0	1	0	1,40	28	1	1	0	28	0
15	3	5	3	0	0	1	,00	28	0	2	0	0	28
16	3	6	1	1	0	0	1,10	28	0	2	28	0	0
17	3	6	2	0	1	0	1,50	28	1	1	0	28	0
18	3	6	3	0	0	1	,00	28	0	2	0	0	28
19	4	7	1	1	0	0	1,10	42	1	1	42	0	0
20	4	7	2	0	1	0	1,60	42	0	2	0	42	0
21	4	7	3	0	0	1	,00	42	0	2	0	0	42
22	4	8	1	1	0	0	1,20	42	0	2	42	0	0
23	4	8	2	0	1	0	1,50	42	1	1	0	42	0
24	4	8	3	0	0	1	,00	42	0	2	0	0	42
25	5	9	1	1	0	0	1,20	48	1	1	48	0	0
26	5	9	2	0	1	0	1,60	48	0	2	0	48	0
27	5	9	3	0	0	1	,00	48	0	2	0	0	48
28	5	10	1	1	0	0	1,30	48	0	2	48	0	0
29	5	10	2	0	1	0	1,60	48	0	2	0	48	0
30	5	10	3	0	0	1	,00	48	1	1	0	0	48
31	6	11	1	1	0	0	1,30	32	0	2	32	0	0
32	6	11	2	0	1	0	1,50	32	1	1	0	32	0
33	6	11	3	0	0	1	,00	32	0	2	0	0	32
34	6	12	1	1	0	0	1,40	32	0	2	32	0	0
35	6	12	2	0	1	0	1,60	32	0	2	0	32	0

Abbildung 4.66: Datensatz für das erweiterte Preismodell mit Einbeziehung des Alters

4.4 Modifikationen und Erweiterungen der CBCA

Omnibustests der Modellkoeffizienten[a]

-2 Log-Likelihood	Gesamt (Score)			Änderung vom vorherigen Schritt			Änderung vom vorherigen Block		
	Chi-Quadrat	Freiheitsgrade	Sig.	Chi-Quadrat	Freiheitsgrade	Sig.	Chi-Quadrat	Freiheitsgrade	Sig.
,453	13,161	5	,022	25,914	5	,000	25,914	5	,000

a. Anfangsblock 1. Methode = Eingabe

Variablen in der Gleichung

	B	SE	Wald	Freiheitsgrade	Sig.	Exp(B)
Papier	60,107	57,368	1,098	1	,295	1,271E+26
Becher	110,943	68,173	2,648	1	,104	1,520E+48
Preis	-70,529	44,094	2,558	1	,110	,000
AQ1	,579	,736	,619	1	,431	1,784
AQ2	-,039	,375	,011	1	,917	,962

Abbildung 4.67: SPSS-Output der Prozedur COXREG für das erweiterte Preismodell

zu erwarten. Bei Anwendung des Likelihood-Ratio-Tests, den wir mit Excel durchführen können, erweisen sich aber zumindest die Koeffizienten für die Becherverpackung und für den Preis als signifikant.

Die Likelihood-Ratio-Statistik für das gesamte Modell ist mit LLR = 25,914 dagegen hoch signifikant. Für die Trefferquote ergibt sich jetzt sogar 100%.

Berücksichtigung von Response-Heterogenität

In dem Parameter b (Preiskoeffizient) kommt die Reaktion der Individuen auf Preisänderungen zum Ausdruck. Wenn dieser infolge unterschiedlicher Preisempfindlichkeit über die Individuen variiert, sprechen wir von Response-Heterogenität.

Nehmen wir an, dass die Preisempfindlichkeit mit dem Einkommen E variiert, insbesondere, dass sie mit höherem Einkommen abnimmt, so ließe sich dies durch Transformation der Variable *Preis* wie folgt berücksichtigen:

$$u_{ik} = a_k + b \cdot P_k / E_i \tag{4.38}$$

Alternativ könnte man auch einen zusätzlichen Interaktionsterm in die Nutzenfunktion einbringen:

$$u_{ik} = a_k + b \cdot P_k + c \cdot P_k \cdot E_i \tag{4.39}$$

Dieses Vorgehen entspricht der Vorgehensweise in der linearen Regressionsanalyse. In unserem Beispiel zeigt sich allerdings für obige Daten kein Zusammenhang zwischen Preis-Response und Alter.

4.4.3 Verallgemeinertes Logit-Choice-Modell

Abschließend wollen wir die obigen Ausführungen zusammenfassen und das der CBCA zugrundeliegende Logit-Choice-Modell in verallgemeinerter Form darstellen:[56]

$$prob_i(k,r) = \frac{e^{a_k + \sum_{j=1}^{J} b_j \cdot x_{ijkr} + \sum_{g=1}^{G} c_{gk} \cdot z_{ig}}}{\sum_{k'=1}^{K} e^{a_{k'} + \sum_{j=1}^{J} b_j \cdot x_{ijk'r} + \sum_{g=1}^{G} c_{gk'} \cdot z_{ig}}} \quad (k = 1, \ldots, K) \quad (4.40)$$

mit
- X_j: Variable, die über die Alternativen variiert (attribute of the alternatives), z. B. Produktmerkmal, Preis, Promotion, Produktbeurteilung. Sie kann binär (Dummy-Variable für Merkmalausprägung) oder metrisch sein.
- Z_g: Variable, die nicht über die Alternativen variiert (characteristic of the individuals), z. B. soziodemographisches oder psychographisches Merkmal von Personen.

Indices

i	Individuum, Person, Entscheider	(i = 1, 2, ..., N)
j	Merkmale der Alternativen	(j = 1, 2, ..., J)
g	Merkmale der Individuen	(g = 1, 2, ..., G)
k	Alternative, Stimulus, Produkt	(k = 1, 2, ..., K)

Parameter

- a_k alternativenspezifische Konstante
- b_j generischer Koeffizient von Variable X_j
- c_{gk} alternativenspezifischer Koeffizient von Variable Z_g

Es wird hier unterstellt, das eine nominale Variable mit M Stufen (attribute levels) durch M-1 binäre Variablen ersetzt wird. Diese lassen sich dann gleichermaßen wie metrische Variablen behandeln. Haben wir z. B. 4 Produktmerkmale mit 2 Ausprägungen, 3 Produktmerkmale mit 3 Ausprägungen und 2 metrische Produktmerkmale, dann ergeben sich J = 4 x 1 + 3 x 2 + 2 = 12 Variablen. In das Modell lassen sich außerdem Interaktionseffekte zwischen Produktmerkmalen einbeziehen.

Die Variablen, die über die Alternativen variieren, können zusätzlich auch über die Individuen variieren, z. B. Produktbeurteilungen (perceptions).

Für Variablen X_j, die über die Alternativen variieren, werden generische Koeffizienten b_j geschätzt, die konstant sind über die Alternativen. Für Variablen Z_g, die nicht über die Alternativen variieren (z. B. soziodemographische Merkmale), müssen jeweils K-1 alternativenspezifische Koeffizienten c_{gk} geschätzt werden.

4.5 Anwendungsempfehlungen

Die Durchführung einer CBCA erfordert seitens des Untersuchers eine Fülle von Entscheidungen, die das Ergebnis zum Teil erheblich beeinflussen können. Diese betreffen insbesondere das Erhebungsdesign, aber auch die Analyse der Daten. In Abbildung 4.68 sind einige Anwendungsempfehlungen zusammengestellt.

---

[56] Vgl. dazu Agresti (2002), S. 298 ff.; Fahrmeir/Kneib/Lang (2007), S. 241 f.; Maddala (1983), S. 41 ff.; Train (2009), S. 19 ff.; Tutz (2000), S. 156 ff.

Schritt	Empfehlung
1. Schritt: Definition von Eigenschaften und Ausprägungen	Die Menge der Eigenschaften und Ausprägungen ist möglichst gering zu halten. Man sollte sich auf die wirklich relevanten Merkmale beschränken. Hier ist weniger oft mehr.
2. Schritt: Wahl eines Nutzenmodells	Das additive Teilwert-Nutzenmodell ist sehr flexibel und daher generell einsetzbar. Ein Vektor-Modell kann nur bei quantitativen Eigenschaften angewendet werden, kann aber sehr viel effizienter sein. Gleiches gilt für nichtlineare Modelle, wie das Idealpunkt-Modell.
3. Schritt: Größe der Choice Sets	Die Auswahl aus einem größeren Choice Set liefert mehr Information als die Auswahl aus einem kleinen Choice Set. Andererseits stellt die Auswahl aus einem größeren Choice Set höhere Anforderungen an die Befragten, und mit höheren Anforderungen sinkt tendenziell die Datenqualität. Hier ist also ein Trade-off zwischen Informationsgewinn und Datenqualität erforderlich. Die Anforderungen an die Befragten steigen aber auch mit der Komplexität der Stimuli, d.h. mit der Anzahl der Eigenschaften und Ausprägungen (Schritt 1). Bei hoher Komplexität müssen daher die Choice Sets verkleinert werden. Bei geringer Komplexität bilden 6 - 7 Stimuli das Maximum.
4. Schritt: Anzahl der Choice Sets	Hier gilt ähnliches wie bezüglich der Größe der Choice Sets. Mit größerer Anzahl der Choice Sets steigt der Informationsgewinn. Andererseits treten Ermüdungserscheinungen auf und es sinkt die Datenqualität. Die maximale Anzahl der Choice Sets, die einem Probanden vorgelegt werden, sollte daher bei 12 - 15 liegen.
5. Schritt: Hold-out Sets	Hold-out-Sets sollten generell verwendet werden, um die Prognosevalidität testen zu können.
6. Schritt: None-Option	Durch Einbeziehung einer None-Option gewinnt das Design an Realitätsnähe. Sie ist überdies wichtig, um die Nutzenskala zu verankern, wenn man monetäre Nutzenwerte oder die Preisbereitschaft von Konsumenten ermitteln will.
7. Schritt: Festes oder zufälliges Design?	Mittels zufälliger Zuordnung von Choice Sets zu Probanden lassen sich systematische Fehler vermeiden. Und auch die Anordnung von Eigenschaften und Stimuli sollte zufällig variiert werden, um Reihenfolgeeffekte zu vermeiden.
8. Schritt: Warm Up	„Aufwärmaufgaben", um den Probanden mit dem Fragebogen vertraut zu machen, sind generell zu empfehlen.
9. Schritt: Test des Fragebogens	Ein Test des Fragebogens ist unerlässlich!

Abbildung 4.68: Anwendungsempfehlungen

4 Auswahlbasierte Conjoint-Analyse

Zusammenfassend kann festgestellt werden, dass die auswahlbasierten Verfahren der Conjoint-Analyse – wie nahezu alle Verfahren der multivariaten Analyse – eine Reihe von subjektiven Eingriffen des Forschers ermöglichen und erfordern. Die Anwendungsempfehlungen sind dabei keineswegs dogmatisch zu verstehen. Im Zweifel kommt es immer auf den Einzelfall an. Das gilt auch für die Wahl zwischen TCA und CBCA, die beide etablierte Methoden in der Marktforschungspraxis darstellen, wobei die CBCA derzeit häufiger als die traditionellen Verfahren eingesetzt wird.[57]

4.6 Anhang: Konstruktion von Erhebungsdesigns

Die traditionelle Conjoint-Analyse (TCA) wie auch die auswahlbasierte Conjoint-Analyse (CBCA) umfassen, wie schon ausgeführt, jeweils ein Erhebungsdesign und ein Analyseverfahren. Das Erhebungsdesign einer CBCA wird auch als *Choice Design* oder *Choice Experiment* bezeichnet. Bei der Konstruktion eines Choice Designs beginnt man oft mit der Konstruktion eines Designs, wie es für die TCA benötigt wird, und das dann zu einem Choice Design erweitert wird. Für die Konstruktion der Designs werden Methoden herangezogen, die zur Planung von wissenschaftlichen Experimenten (*Experimental Design*, Versuchsplanung) entwickelt wurden.[58]

Choice Design

Wie bei einem Experiment wird auch bei der Conjoint-Analyse eine Wirkungsbeziehung zwischen meist mehreren unabhängigen Variablen (den Eigenschaften der Stimuli) und einer abhängigen Variable (dem Nutzen der Stimuli) analysiert. Es soll ermittelt werden, welchen Effekt unterschiedliche Ausprägungen der Eigenschaften auf die Nutzenbeurteilung haben. Hierzu variiert der Untersucher die Eigenschaften in geeigneten Stufen und fragt die Nutzenbeurteilungen (TCA) oder die Auswahlentscheidungen (CBCA) ab.

Experimental Design

Das Experimental Design befasst sich jetzt mit der Frage, wie die Eigenschaften zweckmäßig variiert werden sollen, um möglichst gute Schätzwerte für die Effekte zu ermöglichen. Ein besseres Design vermag auch bessere Schätzwerte zu liefern. Oder negativ ausgedrückt: „rubbish in, rubbish out."[59]

Durch die Verwendung von Methoden des Experimental Design haben auch Begriffe aus diesem Bereich Eingang in die Conjoint-Analyse gehalten und die dort herrschende Begriffsvielfalt noch vermehrt. So werden die Eigenschaften auch als *Faktoren* (factors) und die Eigenschaftsausprägungen als Faktorstufen (factor levels oder treatments) bezeichnet. Im Rahmen der Planung von Experimenten versteht man unter einem Faktor eine Variable, die vom Untersucher zwecks Feststellung ihrer Wirkung variiert (manipuliert) wird. Ein experimentelles Design, bei dem gleichzeitig mehrere Faktoren variiert werden, nennt man ein *faktorielles Design*.[60] Bei der Conjoint-Analyse kommen also stets faktorielle Designs zur Anwendung. Eine Kombination von Faktorstufen wird in der experimentellen Planung auch als Versuch (treatment combination) bezeichnet und entspricht damit einem Stimulus in der Conjoint-Analyse. Manchmal wird aber auch von Cards oder Cases gesprochen, wenn es um das formale Design geht.

Faktorielles Design

---

[57] Vgl. Huber (2005), S. 1.
[58] Standardwerke zum Experimental Design sind z. B.: Cox (1958); Cochran/Cox (1992); Winer (1971).
[59] Hensher/Rose/Greene (2005), S. 100, bemerken dazu: „experimental design...is the least understood subject matter related to choice modeling."
[60] Es war die Idee von Sir Ronald Fisher (1926), durch gleichzeitige Variation mehrerer Faktoren eine höhere Effizienz von Experimenten zu erzielen, als wenn man jeden Faktor einzeln variiert. Überdies lassen sich damit auch Interaktionseffekte erfassen.

Die direkten Effekte der Faktoren (ohne Interaktionseffekte) werden als Haupteffekte bezeichnet. Das sind hier die Teilnutzen des additiven Nutzenmodells. Kennt man die Haupteffekte, so lassen sich die Wirkungen aller möglichen Kombinationen (Stimuli) prognostizieren, auch solcher, die in der Erhebung gar nicht vorgekommen sind. Von besonderer Wichtigkeit unter den faktoriellen Designs sind *orthogonale faktorielle Designs*, da sie es ermöglichen, alle Haupteffekte unabhängig voneinander zu schätzen.

Ein *Choice Design* kann man sich als eine Menge von Choice Sets oder als eine Menge von faktoriellen Designs vorstellen. So umfasst z.B. das Choice Design in 4.72 neun Choice Sets bzw. drei faktorielle Designs. Für die Testpersonen gilt nur die erste Sichtweise, da ihnen die Choice Sets jeweils einzeln präsentiert werden. Für die Konstruktion von Choice Designs dagegen ist auch die zweite Sichtweise relevant, da für jede Alternative ein faktorielles Design zu erzeugen ist.

Für die Konstruktion von Choice Designs existiert eine Vielzahl von Methoden.[61] Nachfolgend sollen einige skizziert werden. Meistens beginnt man mit der Konstruktion eines faktoriellen Designs, wie es auch für die TCA benötigt wird. Dieses wird sodann als Start-Design verwendet, um daraus ein Choice Design zu bilden. Im einfachsten Fall beginnt man mit einem vollständigen faktoriellen Design.

4.6.1 Vollständige faktorielle Designs

Ein vollständiges faktorielles Design entsteht, wenn alle möglichen Kombinationen der Eigenschaftsausprägungen, also gemäß (4.1) $S = M_1 \cdot M_2 \cdot \ldots \cdot M_J$ Stimuli, gebildet werden.

Man spricht auch von vollständiger Enumeration. Ein vollständiges faktorielles Design besitzt rein statistisch gesehen optimale Schätzeigenschaften. Problematisch ist, dass S sehr groß wird, wenn M und/oder J groß sind.

Zur Veranschaulichung diene ein Beispiel mit J = 2 Eigenschaften und jeweils M = 3 Ausprägungen (vgl. 4.69). Wir erhalten damit ein $M^J = 3^2$ Design (oder 3x3 Design). Es umfasst S = 3 x 3 = 9 mögliche Kombinationen (Stimuli), die in Abbildung 4.70 wiedergeben sind.

Beispiel

Eigenschaften	Ausprägungen	Kodierung
Preis	0,50 €	1
	1,00 €	2
	1,50 €	3
Verwendung	als Brotaufstrich geeignet	1
	zum Backen und Braten geeignet	2
	universell verwendbar	3

Abbildung 4.69: Beispiel mit zwei Eigenschaften und jeweils drei Ausprägungen

Mit der in Abbildung 4.69 angegebenen numerischen Kodierung erhält man die Design-Matrix in Abbildung 4.71. Sie enthält dieselbe Information wie Abbildung 4.70 in numerischer Form. Mit Hilfe der Funktion „Suchen und Ersetzen" in Word oder Excel kann man den Design-Code in verbale Beschreibungen umwandeln und kommt dann von Abbildung 4.71 wieder zu Abbildung 4.70. Für größere Designs oder

---
[61] Siehe hierzu Louviere/Hensher/Swait (2000); Hensher/Rose/Greene (2005); Street/Burgess (2007); Kuhfeld (1997); Kuhfeld (2010).

4 Auswahlbasierte Conjoint-Analyse

Stimulus r	Preis	Verwendung
1	0,50 €	Brotaufstrich
2	0,50 €	Backen & Braten
3	0,50 €	universell
4	1,00 €	Brotaufstrich
5	1,00 €	Backen & Braten
6	1,00 €	universell
7	1,50 €	Brotaufstrich
8	1,50 €	Backen & Braten
9	1,50 €	universell

Abbildung 4.70: Vollständiges faktorielles (3x3)-Design

Stimulus r	Preis	Verwendung
1	1	1
2	1	2
3	1	3
4	2	1
5	2	2
6	2	3
7	3	1
8	3	2
9	3	3

Abbildung 4.71: Design-Matrix für das vollständige faktorielle (3x3)-Design

für die Erstellung von Befragungsmaterial kann hierfür die SPSS-Prozedur Plancards verwendet werden (siehe unten).

4.6.2 Bildung von Choice Designs

Ausgehend von dem obigen vollständigen faktoriellen Design lassen sich mittels systematischer oder randomisierter Methoden Choice Designs konstruieren.

Shifting

Eine sehr einfache Methode zur Konstruktion von Choice Designs bildet das Shifting. Verwendet man das obige vollständige faktorielle Design als Start-Design, dann erhält man damit das in Abbildung 4.72 gezeigte Choice Design für $K = 3$ Alternativen.

Unter Alternative 1 findet sich das Start-Design. Daraus wird ein zweites faktorielles Design für Alternative 2 mittels folgender Transformationen (zyklischer Variation) gebildet:

$1 \to 2$
$2 \to 3$
$3 \to 1$

In gleicher Art wird ein drittes faktorielles Design für Alternative 3 aus dem zweiten

Choice Sets	Alternative 1		Alternative 2		Alternative 3	
r	Preis	Verwend.	Preis	Verwend.	Preis	Verwend.
1	1	2	2	2	3	3
2	1	2	2	3	3	1
3	1	3	2	1	3	2
4	2	1	3	2	1	3
5	2	2	3	3	1	1
6	2	3	3	1	1	2
7	3	1	1	2	2	3
8	3	2	1	3	2	1
9	3	3	1	1	2	2

Abbildung 4.72: Durch Shifting erzeugtes Choice Design (3x3, K=3, R=9)

Design gebildet. Wir erhalten so ein Choice Design mit R = 9 Choice Sets mit jeweils K = 3 Alternativen. Mit Excel lässt sich dies auch für größere Designs leicht durchführen (siehe unten).

In der obigen Form sollte das Choice Design allerdings nicht den Testpersonen präsentiert werden, da die Reihenfolge der Choice Sets eine deutliche Systematik aufweist. Generell sollten aus psychologischen Gründen systematische Muster vermieden werden. Es empfiehlt sich daher, die 9 Choice Sets vor der Abfrage in eine zufällige Reihenfolge zu bringen. Auf diese Weise lassen sich durch Permutation 9! = 362 880 unterschiedliche Choice Designs bilden. Man kann somit jeder Testperson ein anderes Choice Design präsentieren und damit eventuelle Reihenfolgeeffekte vermeiden.

Random-Mix

Ein andere einfache Methode zur Konstruktion von Choice Designs basiert auf der Durchführung einer Zufallsauswahl mit dem Urnenmodell.[62] Die R Stimuli des Start-Designs platzieren wir in eine Urne und K-1 Kopien des Start-Designs in weitere Urnen. Um ein erstes Choice Set mit K Alternativen zu bilden, wird aus jeder der K Urnen per Zufallsstichprobe ohne Zurücklegen ein Stimulus gezogen. Dabei ist darauf zu achten, dass keine zwei gleichen Stimuli gezogen werden. Andernfalls ist die Auswahl zu wiederholen. Der Vorgang wird wiederholt, bis alle Urnen leer sind. Wir haben dann ein Choice Design mit 9 Choice Sets.

Ein Beispiel zeigt Abbildung 4.73. Die Ziffern in den drei rechten Spalten geben an, um welchen Case (Stimulus) im Start-Design es sich bei den Alternativen handelt. Das erste Choice Set wurde also gebildet, indem aus Urne 1 der Stimulus 8, aus Urne 2 der Stimulus 5 und aus Urne 3 der Stimulus 3 gezogen wurde. Die Ziffern bilden Zufallszahlen zwischen 1 und 9. Praktisch lässt sich die Zufallsauswahl z. B. in Excel mit der Funktion „Zufallsbereich" durchführen. Jede Ziffer darf in der betreffenden Zeile und Spalte nur einmal vorkommen.

Mittels Shifting konstruierte Choice Designs weisen kein Overlap auf, falls die Anzahl der Alternativen nicht größer ist als die Anzahl der Eigenschaftsausprägungen (K ≤ M), was hier der Fall ist. Das durch Random-Mix erzeugte Choice Design weist dagegen in jedem Choice Set wenigstens ein Overlap auf.

---

[62] Vgl. Louviere/Hensher/Swait (2000), S. 114.

4 Auswahlbasierte Conjoint-Analyse

CS	Alternative 1		Alternative 2		Alternative 3		Case		
r	Preis	Verwend.	Preis	Verwend.	Preis	Verwend.	1	2	3
1	3	2	2	2	1	3	8	5	3
2	1	1	3	1	2	2	1	7	5
3	2	2	2	1	3	2	5	4	8
4	2	3	3	2	3	1	6	8	7
5	2	1	3	3	1	1	4	9	1
6	1	3	1	1	2	3	3	1	6
7	1	2	2	3	1	2	2	6	2
8	3	3	1	3	2	1	9	3	4
9	3	1	1	2	3	3	7	2	9

Abbildung 4.73: Durch Random-Mix erzeugtes Choice Design (3x3, K=3, R=9)

4.6.3 Gütekriterien

Da sehr vielfältige Methoden zur Konstruktion von Choice-Designs existieren, die jeweils unterschiedliche Designs liefern, werden Kriterien zur Beurteilung der Güte von Choice-Designs benötigt. Für die Güte von experimentellen Designs gelten Orthogonalität und Balanciertheit als wichtigste Kriterien. Bei der Beurteilung von Choice Designs kommen noch zwei weitere Kriterien hinzu, nämlich minimales Overlap und Utility Balance.[63]

Orthogonalität

Unabhängigkeit der Faktoren

Orthogonalität ist eine Bedingung für die Erlangung optimaler Schätzwerte. Dazu müssen die Faktoren (Eigenschaften) unabhängig voneinander sein bzw. die Korrelationen zwischen den Spalten der Design-Matrix müssen alle Null sein.

Bei Anwendung der linearen Regressionsanalyse erhält man für die geschätzten Koeffizienten die folgende Varianz-Kovarianz-Matrix:

$$cov(b) = \sigma^2 (X'X)^{-1} \qquad (4.41)$$

wobei X die Datenmatrix (bzw. Design-Matrix) und σ^2 die Fehlervarianz bezeichnen.

Wenn X orthogonal ist, dann sind nur die Diagonalelemente von $(X'X)^{-1}$ ungleich Null, während die Kovarianzen der Schätzwerte alle Null sind. Die Schätzwerte sind damit unabhängig voneinander und besitzen maximale Genauigkeit.

Für das in der Conjoint-Analyse primär verwendete additive Teilwert-Nutzenmodell, das ja ein nicht-lineares Modell ist, gilt dies allerdings nur approximativ. Die Variablen der Design-Matrix besitzen in diesem Fall nur nominales Skalenniveau.[64] Für die Schätzung ist es daher erforderlich, die Variablen binär zu kodieren.

---

[63] Siehe dazu Street/Burgess (2007), S. 89 f.; Hensher/Rose/Greene (2005), S. 115 ff.; Kuhfeld (1997); Kuhfeld (2010), S. 57 ff., S. 268; Huber/Zwerina (1996).
[64] Orthogonalität ist in diesem Fall gegeben, wenn die Stufen eines Faktors mit den Stufen eines anderen Faktors mit gleichen oder proportionalen Häufigkeiten auftreten. Sie werden dann durch die marginalen Häufigkeiten determiniert. Siehe dazu Addelman (1962), S. 23.

Balanciertheit (Ausgewogenheit)

Jede Ausprägung einer Eigenschaft kommt gleich oft vor wie die übrigen Ausprägungen dieser Eigenschaft (level balance). Ist dies nicht der Fall, so steigt die Varianz der Schätzwerte und ihre Genauigkeit nimmt damit ab.

Fehlende Balanciertheit kann überdies auch einen psychologischen Effekt bewirken. Kommt eine Ausprägung häufiger vor, so kann sie allein dadurch höhere Aufmerksamkeit erlangen und ihr Effekt kann überhöht werden.[65]

Minimales Overlap

Eine Eigenschaftsausprägung sollte innerhalb eines Choice Sets nicht mehrmals vorkommen. Da im Logit-Modell nur die Differenzen zwischen den Alternativen eine Rolle spielen, würde im Extremfall ein Choice Set keine Information erbringen, wenn die Eigenschaften der Alternativen alle gleich wären. Andererseits ist ein gewisses Maß an Overlap erforderlich, wenn Interaktionseffekte geschätzt werden sollen.[66]

Utility Balance

Dieses Kriterium besagt, dass die Nutzenwerte der Alternativen annähernd gleichwertig sein sollten. Die Auswahlentscheidung wird damit für die Testperson zwar schwieriger, vermag aber mehr Information zu liefern, als wenn eine Alternative eindeutig überlegen ist.[67] Die Anwendung dieses Kriteriums erfordert allerdings A-priori-Information bezüglich der Nutzenwerte.

Bei einem **vollständigen** faktoriellen Design sind Orthogonalität und Balanciertheit immer gegeben. Die obigen Gütekriterien sind daher insbesondere für **reduzierte** faktorielle Designs von Bedeutung. Hier können Orthogonalität und Balanciertheit auch miteinander in Konflikt stehen, z. B. bei asymmetrischen Designs. Überdies ist Orthogonalität aus anderen Gründen häufig nicht realisierbar, z. B. wenn

- für eine gewünschte Anzahl von Stimuli oder Choice Sets kein orthogonales Design existiert,

- ein orthogonales Design unrealistische Kombinationen (Stimuli) enthalten würde.

In derartigen Fällen werden oft **effiziente nicht-orthogonale Designs** angestrebt. Es existiert eine Vielzahl von Effizienz- bzw. Optimalitäts-Kriterien, wie z. B. A-, C-, D-, E- oder G-Effizienz, die aber meist zu recht ähnlichen Ergebnissen führen. Am gebräuchlichsten ist die D-Effizienz.[68] Sie heißt so, weil bei diesem Kriterium die Determinante der sog. **Informationsmatrix** X'X maximiert wird. Dabei ist hier mit X die Design-Matrix in Long-Form und binärer Kodierung gemeint.

Effiziente nicht-orthogonale Designs

---

[65] Siehe dazu Hensher/Rose/Greene (2005), S. 142 f.
[66] Siehe Street/Burgess (2007), S. 91.
[67] Siehe dazu Huber/Zwerina (1996).
[68] Siehe dazu Kuhfeld (1997); Kuhfeld (2010), S. 73 ff., S. 76 ff.

D-Effizienz   Die **D-Effizienz** (man spricht auch von D-Optimalität) wird wie folgt berechnet:

$$D - eff = 100 \cdot \frac{1}{N|(X'X)^{-1}|^{1/J}} \qquad (4.42)$$

mit
  N = Anzahl der Fälle (Cases)
  J = Anzahl der Faktoren

Dabei ist $|(X'X)^{-1}|^{1/J}$ das geometrische Mittel der Eigenwerte von $(X'X)^{-1}$.

Die Maximierung der D-Effizienz ist gleichbedeutend mit der Maximierung der Determinante der Informationsmatrix X'X. Bei orthogonaler Kodierung kann die D-Effizienz nur Werte zwischen 0 und 100 annehmen. In Abbildung 4.74 sind verschiedene **Kodierungsformen** gegenüber gestellt. Bei Effekt-Kodierung und orthogonaler Kodierung sind die Summen über die Faktorstufen (Spaltensummen) jeweils Null. Die Verwendung der orthogonalen Kodierung ist zweckmäßig, um die D-Effizienz zu normieren.

Faktorstufen	Design Code	Dummy-Kodierung		Effekt-Kodierung		Orthog. Kodierung	
M = 2	1	1		1		1	
	2	0		-1		-1	
M = 3	1	1	0	1	0	$\sqrt{1,5}$	$-\sqrt{0,5}$
	2	0	1	0	1	0	$\sqrt{2}$
	3	0	0	-1	-1	$-\sqrt{1,5}$	$-\sqrt{0,5}$

Abbildung 4.74: Kodierungsformen

Wenn die D-Effizienz den Wert 0 annimmt, so bedeutet dies, das einer oder mehrere Parameter nicht geschätzt werden können. Nimmt sie einen Wert zwischen 0 und 100 an, so bedeutet dies, dass einige oder alle Parameter nicht mit maximaler Genauigkeit geschätzt werden können. Nimmt sie den Wert 100 an, so ist das Design orthogonal und balanciert.

Die Berechnung der D-Effizienz sei nachfolgend für das obige, mittels Shifting erzeugte Choice Design 4.72 durchgeführt. Abbildung 4.75 zeigt dieses Choice Design in der Long-Form.

Die Korrelation zwischen den Variablen X1 und X2 ist Null, wie im Start-Design in Abbildung 4.71, das ja orthogonal sein muss, da es sich um ein vollständiges Design handelt.

Zwecks Schätzung des Teilwert-Modells ist der Design-Code in Abbildung 4.75 in Dummy-Kodierung zu überführen. Dies zeigt Abbildung 4.76. Die jeweils letzte (dritte) Dummy-Variable haben wir weggelassen, da darauf verzichtet werden kann.

Durch die Dummy-Kodierung geht die Orthogonalität der Design-Matrix verloren, wie die Korrelationsmatrix Abbildung 4.77 zeigt. Die Ausprägungen einer jeden Eigenschaft sind jetzt untereinander signifikant korreliert. Um die Orthogonalität wieder herzustellen, ist eine orthogonale Kodierung erforderlich.[69] Bei orthogonaler Kodierung sind die Spaltensummen der Design-Matrix jeweils Null.

---

[69] Siehe dazu Kuhfeld (1997), S. 75 f.

4.6 Anhang: Konstruktion von Erhebungsdesigns

Case	Situation r	Alternative k	Eigenschaften	
			X1	X2
1	1	1	1	1
2	1	2	2	2
3	1	3	3	3
4	2	1	1	2
5	2	2	2	3
6	2	3	3	1
7	3	1	1	3
8	3	2	2	1
9	3	3	3	2
10	4	1	2	1
11	4	2	3	2
12	4	3	1	3
13	5	1	2	2
14	5	2	3	3
15	5	3	1	1
16	6	1	1	3
17	6	2	3	1
18	6	3	1	2
19	7	1	2	1
20	7	2	3	2
21	7	3	1	3
22	8	1	3	2
23	8	2	1	3
24	8	3	2	1
25	9	1	3	3
26	9	2	1	1
27	9	3	2	2

Abbildung 4.75: Durch Shifting erzeugtes Choice Design in der Long-Form (3x3, K = 3, R = 9)

4 Auswahlbasierte Conjoint-Analyse

Case	Situation r	Alternative k	Eigenschaft 1 X11	Eigenschaft 1 X12	Eigenschaft 2 X21	Eigenschaft 2 X22
1	1	1	1	0	1	0
2	1	2	0	1	0	1
3	1	3	0	0	0	0
4	2	1	1	0	0	1
5	2	2	0	1	0	0
6	2	3	0	0	1	0
7	3	1	1	0	0	0
8	3	2	0	1	1	0
9	3	3	0	0	0	1
10	4	1	0	1	1	0
11	4	2	0	0	0	1
12	4	3	1	0	0	0
13	5	1	0	1	0	1
14	5	2	0	0	0	0
15	5	3	1	0	1	0
16	6	1	0	1	0	0
17	6	2	0	0	1	0
18	6	3	1	0	0	1
19	7	1	0	0	1	0
20	7	2	1	0	0	1
21	7	3	0	1	0	0
22	8	1	0	0	0	1
23	8	2	1	0	0	0
24	8	3	0	1	1	0
25	9	1	0	0	0	0
26	9	2	1	0	1	0
27	9	3	0	1	0	1

Abbildung 4.76: Choice Design in Dummy-Kodierung (3 x 3, K = 3, R = 9)

	X11	X12	X21	X22
X11	1,00	-0,50	0,00	0,00
X12	-0,50	1,00	0,00	0,00
X21	0,00	0,00	1,00	-0,50
X22	0,00	0,00	-0,50	1,00

Abbildung 4.77: Korrelationsmatrix der Dummy-Variablen des Choice Designs

4.6 Anhang: Konstruktion von Erhebungsdesigns

Case	Situation r	Alternative k	Eigenschaft 1		Eigenschaft 2	
			X11	X12	X21	X22
1	1	1	1,224745	-0,707107	1,224745	-0,707107
2	1	2	0	1,414214	0	1,414214
3	1	3	-1,224745	-0,707107	-1,224745	-0,707107
4	2	1	1,224745	-0,707107	0	1,414214
5	2	2	0	1,414214	-1,224745	-0,707107
6	2	3	-1,224745	-0,707107	1,224745	-0,707107
7	3	1	1,224745	-0,707107	-1,224745	-0,707107
8	3	2	0	1,414214	1,224745	-0,707107
9	3	3	-1,224745	-0,707107	0	1,414214
10	4	1	0	1,414214	1,224745	-0,707107
11	4	2	-1,224745	-0,707107	0	1,414214
12	4	3	1,224745	-0,707107	-1,224745	-0,707107
13	5	1	0	1,414214	0	1,414214
14	5	2	-1,224745	-0,707107	-1,224745	-0,707107
15	5	3	1,224745	-0,707107	1,224745	-0,707107
16	6	1	0	1,414214	-1,224745	-0,707107
17	6	2	-1,224745	-0,707107	1,224745	-0,707107
18	6	3	1,224745	-0,707107	0	1,414214
19	7	1	-1,224745	-0,707107	1,224745	-0,707107
20	7	2	1,224745	-0,707107	0	1,414214
21	7	3	0	1,414214	-1,224745	-0,707107
22	8	1	-1,224745	-0,707107	0	1,414214
23	8	2	1,224745	-0,707107	-1,224745	-0,707107
24	8	3	0	1,414214	1,224745	-0,707107
25	9	1	-1,224745	-0,707107	-1,224745	-0,707107
26	9	2	1,224745	-0,707107	1,224745	-0,707107
27	9	3	0	1,414214	0	1,414214
		sum =	0,0	0,0	0,0	0,0

Abbildung 4.78: Choice Design in Orthogonaler Kodierung (3 x 3, K = 3, R = 9)

	X11	X12	X21	X22
X11	1,00	0,00	0,00	0,00
X12	0,00	1,00	0,00	0,00
X21	0,00	0,00	1,00	0,00
X22	0,00	0,00	0,00	1,00

Abbildung 4.79: Korrelationsmatrix der orthogonal kodierten Variablen des Choice Designs

Die Korrelationsmatrix der orthogonal kodierten Variablen enthält außerhalb der Diagonalen nur Nullen und zeigt somit an, dass das Choice Design orthogonal ist. Die Informationsmatrix X'X bildet damit ebenfalls eine Diagonal-Matrix.

$$X'X = \begin{bmatrix} 27 & 0 & 3 & 3 \\ 0 & 27 & 3 & 3 \\ 3 & 3 & 27 & 0 \\ 3 & 3 & 0 & 27 \end{bmatrix}$$

Für die Determinante ergibt sich $|X'X| = 531.441$. Nach Invertierung der Informationsmatrix erhält man

$$(X'X)^{-1} = \begin{bmatrix} 0,037 & 0 & 0 & 0 \\ 0 & 0,037 & 0 & 0 \\ 0 & 0 & 0,037 & 0 \\ 0 & 0 & 0 & 0,037 \end{bmatrix}$$

mit der Determinante $|(X'X)^{-1}| = 0,00000188$.
Man erhält damit für die Effizienz:

$$D-eff = 100 \cdot \frac{1}{N|(X'X)^{-1}|^{1/J}} = 100 \cdot \frac{1}{27 \cdot 0,00000188^{1/4}} = 100,0$$

Das obige, durch Shifting erzeugte Choice Design besitzt somit maximale Effizienz. Ebenso besitzt hier auch das durch Random-Mix erzeugte Choice Design maximale Effizienz.

4.6.4 Reduzierte faktorielle Designs

Vorstehend wurden Methoden zur Konstruktion von Choice Designs und deren Güteprüfung gezeigt. Als Start-Design wurde dabei ein vollständiges faktorielles Design verwendet. Für praktische Anwendungen aber haben vollständige faktorielle Designs nur geringe Bedeutung, da ihr Umfang $S = M^J$ exponentiell mit der Anzahl der Eigenschaften J und/oder deren Ausprägungen M wächst und sie dann nicht mehr handhabbar sind. Z. B. würde man bei 6 Eigenschaften mit jeweils 3 Ausprägungen $S = 3^6 = 729$ Stimuli erhalten. Bei derartig großem Umfang müssen dann reduzierte (fraktionierte) faktorielle Designs gebildet werden, die eine geringere Größe aufweisen. Verwendet man ein solches reduziertes Design als Start-Design, so können zur Bildung und Prüfung von Choice Designs wiederum dieselben Methoden verwendet werden, wie sie oben für das vollständige Design angewendet wurden.

Ein reduziertes faktorielles Design bildet eine Untermenge des vollständigen Designs. Zur Gewinnung lassen sich zwei Strategien einschlagen:

- **Randomisierung**
  Man zieht aus der vollständigen Menge (Enumeration) per **Zufallsstichprobe** die gewünschte Anzahl von Elementen. Dabei wird man aber nur zufällig ein gutes Design. erhalten. Man kann die Ziehungen aber wiederholen und jeweils die Effizienz überprüfen. Das oder diejenigen Samples (Designs), die hinreichende D-Effizienz aufweisen, wählt man aus.

4.6 Anhang: Konstruktion von Erhebungsdesigns

- **Orthogonale Designs**
  Orthogonale reduzierte faktorielle Designs sind die kleinstmöglichen und damit sparsamsten faktoriellen Designs, mittels derer sich alle Haupteffekte unabhängig voneinander und somit präzise schätzen lassen. Sie sind daher von besonderer praktischer Wichtigkeit unter den reduzierten Designs. Wenn man von orthogonalen Designs spricht, dann sind damit i. d. R. orthogonale reduzierte faktorielle Designs gemeint.

Die bekannteste Gruppe von orthogonalen Designs sind die *lateinischen Quadrate*. Sie können angewendet werden für M^3 Designs, also wenn sich die Stimuli durch 3 Eigenschaften mit jeweils gleicher Anzahl von Ausprägungen beschreiben lassen. Und man kann sie leicht selber konstruieren, was ansonsten nicht so einfach ist.

Lateinisches Quadrat

X3		X2	
X1	1	2	3
1	1	2	3
2	2	3	1
3	3	1	2

Abbildung 4.80: Lateinisches Quadrat für M = 3

Abbildung 4.80 zeigt ein lateinisches Quadrat für M = 3 Ausprägungen. Das vollständige Design mit 3x3x3 = 27 Kombinationen lässt sich damit auf 9 Kombinationen reduzieren. Die Ausprägungen der Variablen X1 und X2 bilden die Zeilen und Spalten, und die Ausprägungen der Variablen X3 befinden sich in den Zellen. Letztere sind dabei so anzuordnen, dass jede der drei Ziffern nur einmal in jeder Zeile und Spalte vorkommt.

Stimulus r	X1	X2	X3
1	1	1	1
2	1	2	2
3	1	3	3
4	2	1	2
5	2	2	3
6	2	3	1
7	3	1	3
8	3	2	1
9	3	3	2

Abbildung 4.81: Design-Matrix für das lateinische Quadrat

Abbildung 4.81 zeigt die zugehörige Design-Matrix. Hier kommt jetzt jede Ziffer in jeder Zeile nur einmal vor. Somit kommt auch jede Ausprägung einer Eigenschaft genau einmal mit jeder Ausprägung einer anderen Eigenschaft vor. Und jede Ausprägung kommt insgesamt genau dreimal vor. Das Design ist damit orthogonal und balanciert. Vor der Anwendung sollte wiederum die Reihenfolge der Stimuli randomisiert werden. Entsprechend lässt sich ein Design mit 4x4x4 = 64 Kombinationen im lateinischen Quadrat auf 4x4 = 16 Kombinationen reduzieren.

Wollte man eine Zeile der Design-Matrix entfernen oder einen weiteren Stimulus hinzufügen, so wäre keine Orthogonalität mehr möglich. Das nächst größere orthogonale Design würde 16 Stimuli umfassen. Man sieht damit, dass Orthogonalität an bestimmte fixe Größen des Designs gebunden ist.

M^4 Designs lassen sich im *griechisch-lateinischen Quadrat* reduzieren. So lässt sich z. B. ein Design mit 3x3x3x3 = 81 Kombinationen wiederum auf 3x3 = 9 Kombinationen reduzieren. Allerdings existieren griechisch-lateinische Quadrate nicht für jedes M (z. B. nicht für M = 6). Komplizierter ist die Reduzierung von Designs mit mehr als vier Faktoren oder von *asymmetrischen Designs*, bei denen die Faktoren unterschiedliche Anzahl von Ausprägungen aufweisen, wie das (3 x 3 x 2 x 2)-Design für unser Fallbeispiel. Hilfreich sind in diesen Fällen die von Sidney Addelman entwickelten *Basic Plans*.[70] Mit Vorteil kann man zum Auffinden von orthogonalen Designs auch die Prozedur Orthoplan von IBM SPSS verwenden, wovon wir im Folgenden Gebrauch machen werden.

4.6.5 Erzeugung eines orthogonalen Designs mit Orthoplan

Um mit IBM SPSS ein orthogonales Design zu erzeugen, ist der Menüpunkt „Daten/Orthogonales Design/Erzeugen" aufzurufen. Man erhält damit die in Abbildung 4.82 abgebildete Dialog-Box.

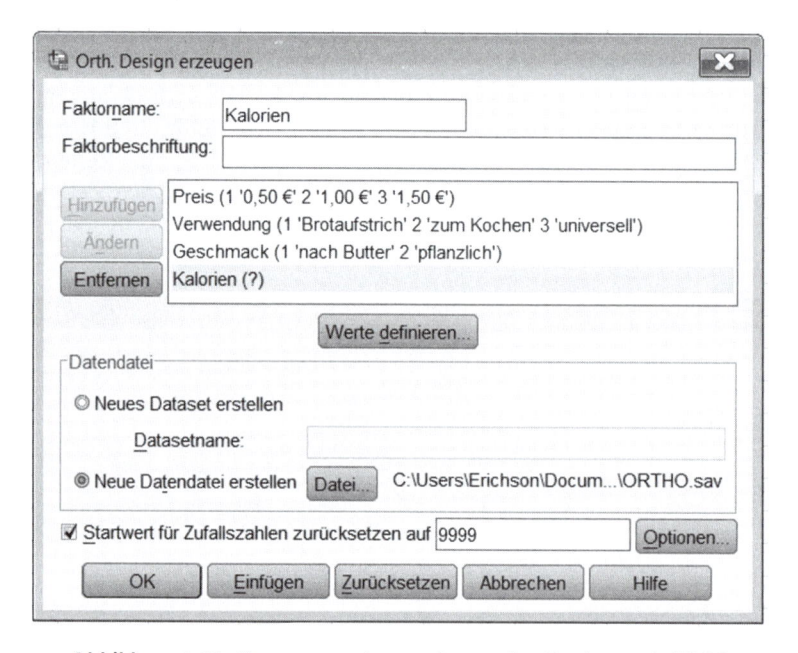

Abbildung 4.82: Erzeugung eines orthogonalen Designs mit SPSS

Hier ist zunächst für jede Eigenschaft deren Name („Faktorname") und optional noch eine Faktorbeschriftung (Label) einzugeben. Nach Eingabe eines Namens ist jeweils der Button „Hinzufügen" anzuklicken. Der Name erscheint dann im darunterliegenden Fenster mit einem Fragezeichen dahinter. Das Fragezeichen bedeutet, dass die Eigenschaftsausprägungen noch nicht spezifiziert wurden. Hierzu ist der betreffende Faktorname zu markieren und dann der Button „Werte definieren" anzuklicken. Es erscheint dann das Fenster in Abbildung 4.83, in welchem die Spezifikation der Ausprägungen vorgenommen werden kann.

---
[70] Siehe dazu Addelman (1962).

4.6 Anhang: Konstruktion von Erhebungsdesigns

Abbildung 4.83: Spezifikation der Eigenschaftsausprägungen

Anschließend ist der Button „Optionen" (Abbildung 4.82) zu betätigen, worauf sich das Menü in Abbildung 4.84 öffnet. Hier kann man eine Mindestzahl für die Anzahl der Stimuli (Fälle), die erzeugt werden sollen, angeben. Wir wollen ein möglichst sparsames Design erhalten. Da einschließlich einer None-Option 7 Parameter zu schätzen sind, spezifizieren wir „8", damit wenigstens ein Freiheitsgrad verbleibt. Für den Fall, dass man weitere Stimuli als Holdout-Fälle generieren möchte, lässt sich in diesem Menü ebenfalls die Anzahl angeben.

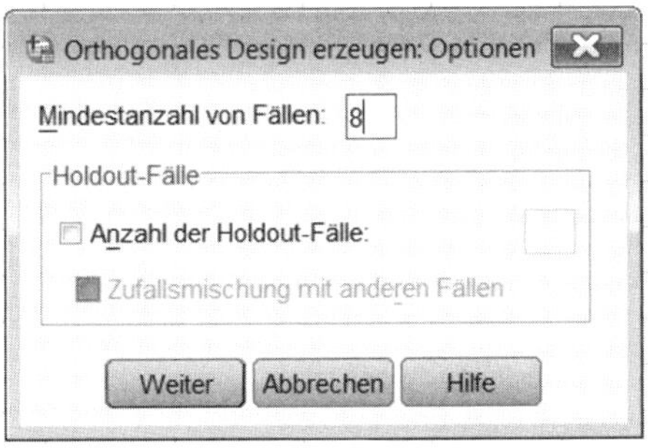

Abbildung 4.84: Mindestanzahl von Fällen

4 Auswahlbasierte Conjoint-Analyse

In der Orthoplan-Dialogbox ist noch anzugeben, ob das erzeugte Design in die aktive Arbeitsdatei geschrieben werden soll („Neues Daten-Set erstellen") oder ob eine neue externe Datendatei angelegt werden soll (Abbildung 4.82). Im zweiten Fall ist der Default-Name dieser Datei „ORTHO.sav".

Die Prozedur Orthoplan erzeugt bei jedem Aufruf ein anderes Design in Abhängigkeit von einer Zufallszahl, die das System generiert. Will man ein Design replizieren, so muss man unter „Startwert für Zufallszahlen zurücksetzen auf" eine Seed Number zwischen 0 und 2.000.000.000 angeben (Abbildung 4.82). Wir spezifizieren „9999". Überdies sollte man auch die Befehlssyntax speichern, damit man sie gegebenenfalls nicht noch einmal eingeben muss.

Sind alle notwendigen Eingaben erfolgt, ist nur noch der OK-Button anzuklicken, damit SPSS das gewünschte Design erzeugt. Mit dem Menüpunkt „Datei/Öffnen/Daten" können wir die Datei ORTHO.sav in den Dateneditor laden. Abbildung 4.85 zeigt das erzeugte Design. Mit dem Button „Wertebeschriftungen" in der Tool-Leiste (rechts unter „Fenster") lässt sich vom Design-Code in die verbalisierte Form (Abbildung 4.86) und wieder zurück wechseln.

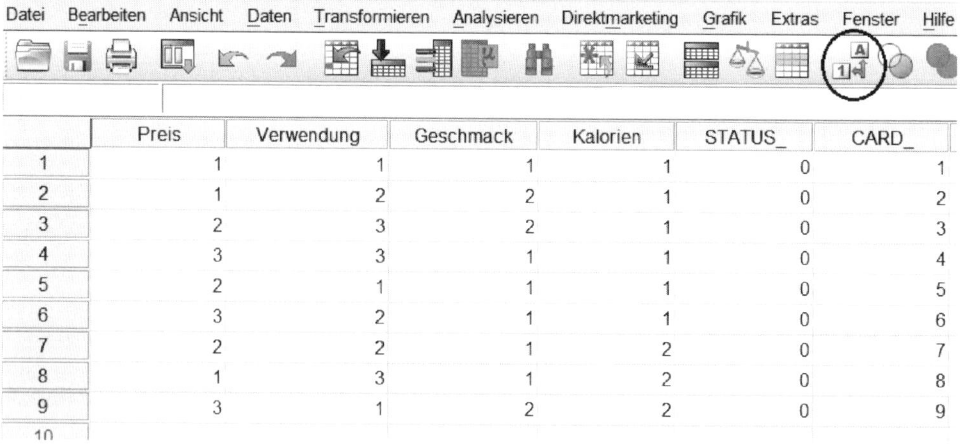

	Preis	Verwendung	Geschmack	Kalorien	STATUS_	CARD_
1	1	1	1	1	0	1
2	1	2	2	1	0	2
3	2	3	2	1	0	3
4	3	3	1	1	0	4
5	2	1	1	1	0	5
6	3	2	1	1	0	6
7	2	2	1	2	0	7
8	1	3	1	2	0	8
9	3	1	2	2	0	9

Abbildung 4.85: Erzeugtes orthogonales Design im Dateneditor von SPSS

4.6 Anhang: Konstruktion von Erhebungsdesigns

	Preis	Verwendung	Geschmack	Kalorien	STATUS_	CARD_
1	0,50 €	Brotaufstrich	nach Butter	kalorienarm	Design	1
2	0,50 €	zum Kochen	pflanzlich	kalorienarm	Design	2
3	1,00 €	universell	pflanzlich	kalorienarm	Design	3
4	1,50 €	universell	nach Butter	kalorienarm	Design	4
5	1,00 €	Brotaufstrich	nach Butter	kalorienarm	Design	5
6	1,50 €	zum Kochen	nach Butter	kalorienarm	Design	6
7	1,00 €	zum Kochen	nach Butter	normal	Design	7
8	0,50 €	universell	nach Butter	normal	Design	8
9	1,50 €	Brotaufstrich	pflanzlich	normal	Design	9

Abbildung 4.86: Anzeigen der Wertebeschriftungen des Designs im Dateneditor von SPSS

Wir stellen fest, dass SPSS kein Design mit 8 Stimuli sondern eines mit 9 Stimuli erzeugt hat.[71] Für unser Beispiel existiert kein orthogonales Design mit 8 Stimuli und auch keines mit 12 Stimuli. Mit dem erzeugten orthogonalen Design mit 9 Stimuli lässt sich gegenüber 12 Stimuli eine Ersparnis von 25 % erzielen. Bei den 100 befragten Personen sind das 300 Fragen.

Soll die Erstellung eines Designs wiederholt oder modifiziert werden, so empfiehlt es sich, mit der Befehlssyntax von SPSS zu arbeiten. Sie ist für unser Bespiel in Abbildung 4.87 wiedergegeben.

```
* FMVA CBCA
* Orthogonales Design erzeugen: 3x3x2x2
* Variablen (levels): Preis (3), Verwendung (3), Geschmack (2), Kalorien (2)

SET SEED = 9999 / FORMAT F8.0

ORTHOPLAN
  /FACTORS=
    Preis (1 '0,50 €' 2 '1,00 €' 3 '1,50 €')
    Verwendung (1 'Brotaufstrich' 2 'zum Kochen ' 3 'universell')
    Geschmack (1 'nach Butter' 2 'pflanzlich')
    Kalorien (1 'kalorienarm' 2 'normal')
  /REPLACE
  /MINIMUM = 8.

SAVE OUTFILE = 'D_\...\Ortho-Design-3x3x2x2.sav'.
```

Abbildung 4.87: SPSS-Kommandos zur Erzeugung eines orthogonalen (3x3x2x2)-Designs

---

[71] Das asymmetrische 3x3x2x2-Design lässt sich aus einem symmetrischen 3x3x3x3-Design ableiten und somit im lateinisch-griechischen Quadrat reduzieren.

4 Auswahlbasierte Conjoint-Analyse

4.6.6 Erzeugung des Choice Designs mit Excel

Das erzeugte orthogonale Design soll jetzt als Start-Design zur Erzeugung eines Choice Designs verwendet werden. Hierzu übertragen wir es in Excel (Abbildung 4.88). Es findet sich dort unter Alternative 1. Im Bearbeitungsfenster ist die Formel zu sehen, um mittels Shifting (zyklischer Variation) Alternative 2 und 3 zu erzeugen. Sie kann von dort in die übrigen Zellen kopiert werden. Dabei ist zu beachten, dass die Variablen X3 und X4 nur jeweils 2 Ausprägungen haben und somit statt „<3" für die betreffenden Zellen „<2" anzugeben ist.

L11				f_x	=WENN(H11<3;H11+1;1)						
G	H	I	J	K	L	M	N	O	P	Q	R	S
Choice	Alternative 1				Alternative 2				Alternative 3			
Sets	X1	X2	X3	X4	X1	X2	X3	X4	X1	X2	X3	X4
1	1	1	1	1	2	2	2	2	3	3	1	1
2	1	2	2	1	2	3	1	2	3	1	2	1
3	2	3	2	1	3	1	1	2	1	2	2	1
4	3	3	1	1	1	1	2	2	2	2	1	1
5	2	1	1	1	3	2	2	2	1	3	1	1
6	3	2	1	1	1	3	2	2	2	1	1	1
7	2	2	1	2	3	3	2	1	1	1	1	2
8	1	3	1	2	2	1	2	1	3	2	1	2
9	3	1	2	2	1	2	1	1	2	3	2	2

Abbildung 4.88: Erzeugung des Choice Designs mittels Schifting (3x3x2x2, K = 3, R = 9)

Abbildung 4.89 zeigt das erzeugte Choice Design in Long-Form und Dummy-Kodierung, wie es für die Durchführung der Logit-Analyse zur Schätzung Parameter benötigt wird.

Case	Set	Alt.	Eigenschaft 1			Eigenschaft 2			Eigenschaft 3		Eigenschaft 4	
	r	k	X11	X12	X23	X21	X22	X23	X31	X32	X41	X42
1	1	1	1	0	0	1	0	0	1	0	1	0
2	1	2	0	1	0	0	1	0	0	1	0	1
3	1	3	0	0	1	0	0	1	1	0	1	0
4	2	1	1	0	0	0	1	0	0	1	1	0
5	2	2	0	1	0	0	0	1	1	0	0	1
6	2	3	0	0	1	1	0	0	0	1	1	0
7	3	1	0	1	0	0	0	1	0	1	1	0
.	.	.	.	.	.	.	.	.	.	.	.	.
.	.	.	.	.	.	.	.	.	.	.	.	.
.	.	.	.	.	.	.	.	.	.	.	.	.
25	9	1	0	0	1	1	0	0	0	1	0	1
26	9	2	1	0	0	0	1	0	1	0	1	0
27	9	3	0	1	0	0	0	1	0	1	0	1

Abbildung 4.89: Choice Design in Dummy-Kodierung (3 x 3, K = 3, R = 9)

Nach Umwandlung in orthogonale Kodierung erhält man die Korrelationsmatrix in

4.6 Anhang: Konstruktion von Erhebungsdesigns

Abbildung 4.90. Sie enthält außerhalb der Diagonalen nur Nullen mit einer Ausnahme. Zwischen den Variablen 3 und 4 besteht eine geringfügige Korrelation von r = 0,10.

	X11	X12	X21	X22	X31	X41
X11	1,00	0,00	0,00	0,00	0,00	0,00
X12	0,00	1,00	0,00	0,00	0,00	0,00
X21	0,00	0,00	1,00	0,00	0,00	0,00
X22	0,00	0,00	0,00	1,00	0,00	0,00
X31	0,00	0,00	0,00	0,00	1,00	0,10
X41	0,00	0,00	0,00	0,00	0,10	1,00

Abbildung 4.90: Korrelationsmatrix der orthogonal kodierten Variablen des Choice Designs

Dadurch erhält man auch für die Informationsmatrix keine reine Diagonalmatrix. Ihre Determinante beträgt „lediglich" 382.638.154,3 gegenüber dem Maximum von 27^6 = 387.420.489. Ein anschaulicheres Maß ist die D-Effizienz. Man erhält hier D-eff = 99,793 %.

4.6.7 Verbalisierung des Choice Designs mit Plancards

Um das erzeugte Choice Design für die Durchführung der Befragung zu nutzen, muss der Design-Code in verbale Beschreibungen umgewandelt werden. Hierfür kann die Prozedur PLANCARDS von SPSS verwendet werden. Dazu ist zunächst das Choice Design aus Excel (Abbildung 4.88) in den Dateneditor von SPSS zu laden. Zuvor sollte die Reihenfolge der Choice Sets in Excel randomisiert werden. Wir verzichten hier darauf zwecks Übersichtlichkeit.

Prozedur PLANCARDS

Im Dateneditor ist, nachdem das Choice Design geladen wurde, von der Datenansicht in die Variablenansicht zu wechseln. Hier sind die Variablennamen und Wertebeschriftungen separat für jede Alternative einzugeben (Abbildung 4.91).

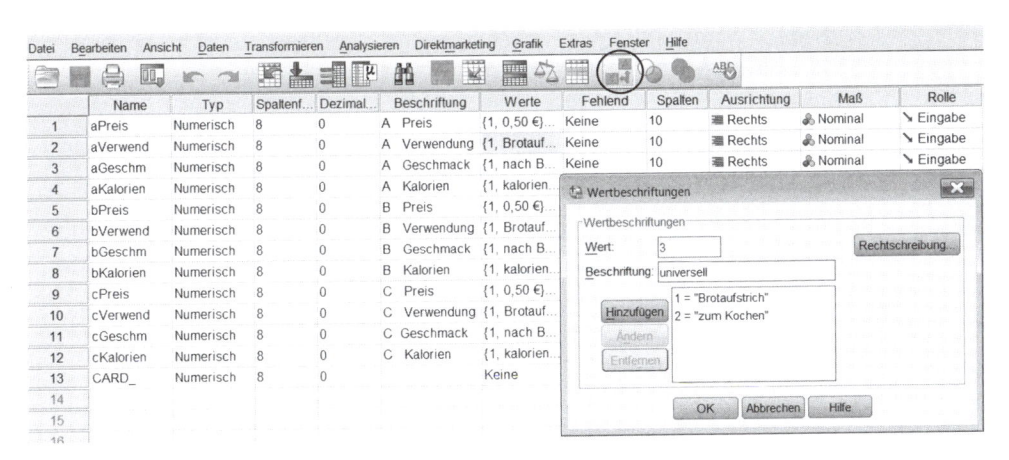

Abbildung 4.91: Variablenansicht des Dateneditors von SPSS

Da ein Variablenname nicht mehrmals vorkommen darf, setzen wir jeweils ein „a", „b" oder „c" vor den Variablennamen, um so zwischen den drei Alternativen A, B und C zu differenzieren. SPSS erlaubt in Variablennamen keine Leerstellen oder Son-

4 Auswahlbasierte Conjoint-Analyse

derzeichen. Um die Ausgabe etwas übersichtlicher zu gestalten, fügen wir daher noch Variablenbeschriftungen ein, z. B. „A Preis" für Variable „aPreis".

Außerdem fügen wir noch die spezielle Variable „CARD_" ein, um die Choice Sets zu nummerieren. Diese Variable wird auch von Orthoplan erzeugt (siehe Abbildung 4.86).

Nachdem alle Namen sowie Variablen- und Wertebeschriftungen eingegeben wurden, ist wieder in die Datenansicht zu wechseln. Nach Betätigung des Buttons „Wertebeschriftungen" in der Tool-Leiste (unter „Fenster") wird das Choice Design in verbalisierter Form im Dateneditor angezeigt (Abbildung 4.92). Mit dem Menüpunkt „Datei/Speichern unter" sollte die Datei zwecks späterer Verwendung gespeichert werden.

Abbildung 4.92: Anzeigen der Wertelabels des Choice Designs im Dateneditor von SPSS

Jetzt kann die Prozedur PLANCARDS aufgerufen werden. Hierzu ist der Menüpunkt „Daten/Orthogonales Design/Anzeigen" aufzurufen. Es öffnet sich die in Abbildung 4.93 abgebildete Dialog-Box. Hier sind jetzt alle Variablen in das Fenster „Faktoren" zu laden (mit Ausnahme der Variable CARD_). Als Output kann man eine „Liste für den Experimentator" und/oder „Profile für Subjekte" anfordern. Danach ist der OK-Button anzuklicken.

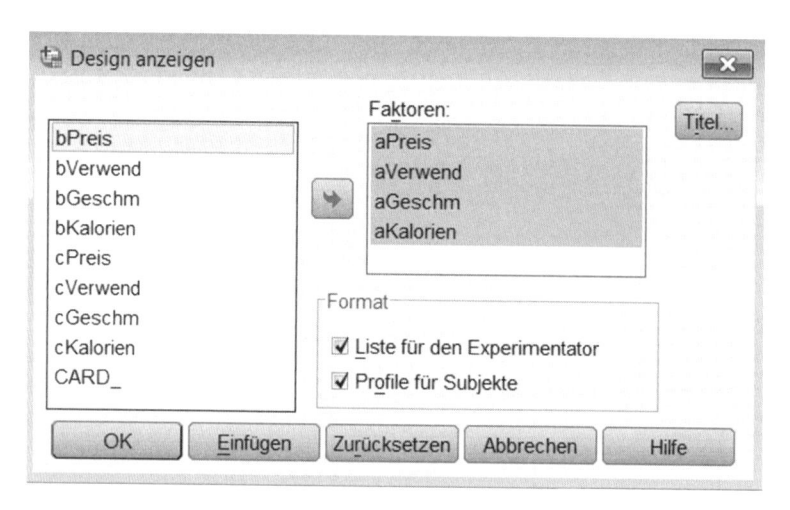

Abbildung 4.93: Dialogfenster der Prozedur Plancards

In der Ausgabe von SPSS erscheinen die Card List, die alle Choice Sets enthält, sowie die 9 Cards, die jeweils ein Choice Set enthalten. In Abbildung 4.94 sind die Card List und die ersten vier Cards wiedergegeben. Die drei Alternativen sind jeweils durch A, B und C gekennzeichnet. Für die Durchführung der Befragung lassen sie sich die Cards sicherlich noch etwas schöner gestalten.

4.6 Anhang: Konstruktion von Erhebungsdesigns

Kartenliste

Karten-ID	A Preis	A Verwendung	A Geschmack	A Kalorien	B Preis	B Verwendung	B Geschmack	B Kalorien	C Preis	C Verwendung	C Geschmack	C Kalorien
1	0,50 €	Brotaufstrich	nach Butter	kalorienarm	1,00 €	zum Kochen	pflanzlich	normal	1,50 €	universell	nach Butter	kalorienarm
2	0,50 €	zum Kochen	pflanzlich	kalorienarm	1,00 €	universell	nach Butter	normal	1,50 €	Brotaufstrich	pflanzlich	kalorienarm
3	1,00 €	universell	pflanzlich	kalorienarm	1,50 €	Brotaufstrich	nach Butter	normal	0,50 €	zum Kochen	pflanzlich	kalorienarm
4	1,50 €	universell	nach Butter	kalorienarm	0,50 €	Brotaufstrich	pflanzlich	normal	1,00 €	zum Kochen	nach Butter	kalorienarm
5	1,00 €	Brotaufstrich	nach Butter	kalorienarm	1,50 €	zum Kochen	pflanzlich	kalorienarm	0,50 €	universell	nach Butter	kalorienarm
6	1,50 €	zum Kochen	nach Butter	kalorienarm	0,50 €	universell	pflanzlich	kalorienarm	1,00 €	Brotaufstrich	nach Butter	kalorienarm
7	1,00 €	zum Kochen	nach Butter	normal	1,50 €	Brotaufstrich	pflanzlich	kalorienarm	0,50 €	universell	nach Butter	normal
8	0,50 €	universell	nach Butter	normal	1,00 €	zum Kochen	pflanzlich	kalorienarm	1,50 €	Brotaufstrich	nach Butter	normal
9	1,50 €	Brotaufstrich	pflanzlich	normal	0,50 €	zum Kochen	nach Butter	kalorienarm	1,00 €	universell	pflanzlich	normal

Profilnummer 1

Karten-ID	A Preis	A Verwendung	A Geschmack	A Kalorien	B Preis	B Verwendung	B Geschmack	B Kalorien	C Preis	C Verwendung	C Geschmack	C Kalorien
1	0,50 €	Brotaufstrich	nach Butter	kalorienarm	1,00 €	zum Kochen	pflanzlich	normal	1,50 €	universell	nach Butter	kalorienarm

Profilnummer 2

Karten-ID	A Preis	A Verwendung	A Geschmack	A Kalorien	B Preis	B Verwendung	B Geschmack	B Kalorien	C Preis	C Verwendung	C Geschmack	C Kalorien
2	0,50 €	zum Kochen	pflanzlich	kalorienarm	1,00 €	universell	nach Butter	normal	1,50 €	Brotaufstrich	pflanzlich	kalorienarm

Profilnummer 3

Karten-ID	A Preis	A Verwendung	A Geschmack	A Kalorien	B Preis	B Verwendung	B Geschmack	B Kalorien	C Preis	C Verwendung	C Geschmack	C Kalorien
3	1,00 €	universell	pflanzlich	kalorienarm	1,50 €	Brotaufstrich	nach Butter	normal	0,50 €	zum Kochen	pflanzlich	kalorienarm

Profilnummer 4

Karten-ID	A Preis	A Verwendung	A Geschmack	A Kalorien	B Preis	B Verwendung	B Geschmack	B Kalorien	C Preis	C Verwendung	C Geschmack	C Kalorien
4	1,50 €	universell	nach Butter	kalorienarm	0,50 €	Brotaufstrich	pflanzlich	normal	1,00 €	zum Kochen	nach Butter	kalorienarm

Abbildung 4.94: Choice Design: Card List und Cards (3x3x2x2, K = 3, R = 9)

4 Auswahlbasierte Conjoint-Analyse

Die Prozedur PLANCARDS erzeugt außerdem noch eine Text-Datei, in welcher die Eigenschaftsausprägungen der Stimuli über alle Choice Sets zeilenweise ausgegeben werden. Abbildung 4.95 zeigt den Beginn dieser Datei. Sie kann alternativ zur Erstellung der Befragungsunterlagen verwendet werden.

```
Choice Set

A  Preis 0,50 €
A  Verwendung Brotaufstrich
A  Geschmack nach Butter
B  Preis 1,00 €
B  Verwendung zum Kochen
B  Geschmack pflanzlich
B  Kalorien normal
C  Preis 1,50 €
C  Verwendung universell
C  Geschmack nach Butter
C  Kalorien kalorienarm
-------------------------------------
Choice Set

A  Preis 0,50 €
A  Verwendung zum Kochen
A  Geschmack pflanzlich
  .
  .
  .
```

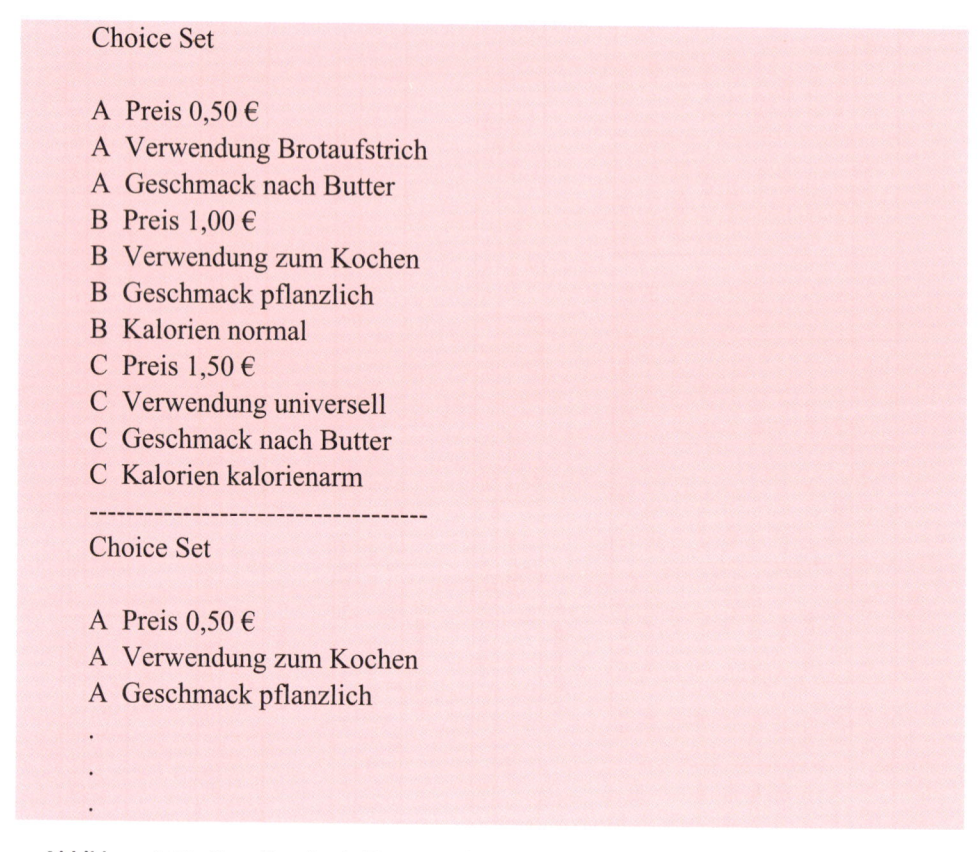

Abbildung 4.95: Text-Datei mit Eigenschaftsausprägungen für die zwei ersten Choice Sets

Auch hier ist es von Vorteil, mit der Befehlssyntax von SPSS zu arbeiten, um die Erstellung der Choice Designs schnell wiederholen zu können. Die Kommandos zur Erzeugung der Plancards sind in Abbildung 4.96 wiedergegeben.

```
* FMVA CBCA
* Plancards erstellen

Get
  FILE='D:\ ... \Ortho-Design-3x3x2x2-shifting-3A.sav'
DATASET NAME DatenSet1 WINDOW=FRONT.

PLANCARDS
  /FACTORS=
  aPreis aVerwend aGeschm aKalorien
  bPreis bVerwend bGeschm bKalorien
  cPreis cVerwend cGeschm cKalorien
  /FORMAT BOTH
  /TITLE='Choice Set'
  /FOOTER='-----------------------------------'
  /OUTFILE=D:\\'Ortho-Design-3x3x2x2-3A-shifting.txt'

LIST CARD_
  aPreis aVerwend aGeschm aKalorien
  bPreis bVerwend bGeschm bKalorien
  cPreis cVerwend cGeschm cKalorien
```

Abbildung 4.96: SPSS-Kommandos zur Erzeugung der Plancards des Choice Designs

Das erzeugte Choice Design gilt für die Abfrage einer Testperson. Man kann es natürlich für mehrere Personen oder auch für alle Personen der Stichprobe verwenden. Empfehlenswert ist es aber, mehrere Choice Designs zu erzeugen, indem Orthoplan jeweils mit einer anderen Seed Number gestartet wird und somit ein anderes Start-Design generiert. Die Testpersonen sollten zu gleichen Anteilen und randomisiert den verschiedenen Choice Designs zugeteilt werden.

4.6.8 Erzeugung von orthogonalen Choice Designs mit Orthoplan

Die Konstruktion von Choice Designs erfolgt gewöhnlich in zwei Schritten, wie es vorstehend gezeigt wurde. Betrachten wir zur Vereinfachung symmetrische Designs, so gilt:

1. Schritt 1: Erzeugung eines M^J faktoriellen Start-Designs für J Eigenschaften mit M Ausprägungen.
2. Schritt 2: Auf Basis des Start-Design werden dann entsprechend der Anzahl der Alternativen K-1 weitere Designs erzeugt, z. B. mittels Shifting oder Random Mix.

Unter Verwendung von Orthoplan kann sich der Benutzer die Erstellung von Choice Designs erheblich erleichtern, indem er ein komplexeres Design formuliert, bei dem die obigen beiden Schritte simultan durchgeführt werden. Anstatt K mal ein M^J Design

4 Auswahlbasierte Conjoint-Analyse

zu erstellen, wird ein Design vom Typ $M^{K \cdot J}$ erzeugt.[72] Die Elemente dieses Designs sind jetzt keine Stimuli, sondern Choice Sets mit jeweils K Stimuli (Alternativen).

In unserem Beispiel wäre ein Design mit K x J = 3 x 4 = 12 Variablen (Eigenschaften) zu erstellen. Die Erstellung eines so großen Designs ist natürlich rechnerisch sehr aufwendig, aber man kann hierfür Orthoplan verwenden.

Der Vorteil für den Benutzer ist, dass er auf die Zwischenschaltung von Excel für Schritt 2 verzichten kann. Daraus ergibt sich ein weiterer Vorteil, nämlich dass Orthoplan und Plancards jetzt sequentiell in einem Job aufgerufen werden können. Abbildung 4.98 zeigt die Befehlssyntax für diese Vorgehensweise.

Ein Problem, das dabei entsteht, ist folgendes. Das kleinste orthogonale Design für 12 Variablen umfasst 27 Elemente (Choice Sets). Das ist weit mehr, als man bei einer Person abfragen kann.

Blocking Es besteht aber die Möglichkeit, mittels **Blocking** das Design zu gliedern und auf mehrere Personen aufzuteilen. In unserem Fall lässt sich das Design in drei Blöcke a 9 Choice Sets unterteilen, die dann bei drei Personen abgefragt werden können.

---

[72] Vgl. Louviere/Hensher/Swait (2000), S. 120; Street/Burgess (2007), S. 285.

4.6 Anhang: Konstruktion von Erhebungsdesigns

Set	Alternative 1				Alternative 2				Alternative 3				Block
	X1	X2	X3	X4	X1	X2	X3	X4	X1	X2	X3	X4	
1	2	3	1	1	3	2	1	1	1	2	1	1	1
2	1	2	1	2	3	1	1	1	2	2	1	2	1
3	3	1	1	1	3	3	2	2	3	2	2	1	1
4	3	3	1	1	1	3	1	2	2	1	1	1	1
5	2	1	2	1	2	2	1	1	2	3	1	1	1
6	3	2	2	2	2	3	1	2	1	3	1	2	1
7	1	3	2	1	2	1	2	1	3	3	2	1	1
8	1	1	1	1	1	1	1	1	1	1	1	1	1
9	2	2	1	2	1	2	2	1	3	1	2	2	1
10	1	2	2	1	3	2	1	2	3	3	1	1	2
11	3	1	2	2	3	1	2	1	1	1	1	1	2
12	3	2	1	1	2	1	1	1	2	2	2	1	2
13	3	3	1	1	1	1	1	1	3	3	1	2	2
14	2	2	1	1	1	3	2	1	1	1	1	1	2
15	2	3	2	1	3	3	1	1	2	2	2	2	2
16	1	3	1	1	2	2	2	2	1	1	1	2	2
17	2	1	1	2	2	3	1	1	3	3	1	1	2
18	1	1	1	2	1	2	1	2	2	2	2	1	2
19	3	3	2	2	1	2	1	1	1	2	2	1	3
20	1	1	2	1	1	3	1	1	3	2	1	2	3
21	1	3	1	2	2	3	2	1	2	1	1	1	3
22	3	1	1	1	3	2	2	1	2	3	1	2	3
23	3	2	1	1	2	2	1	1	3	1	1	1	3
24	2	3	1	2	3	1	1	2	3	3	1	1	3
25	1	2	1	1	3	3	1	1	1	3	2	1	3
26	2	1	1	1	2	1	1	2	1	1	2	2	3
27	2	2	2	1	1	1	2	2	2	2	1	1	3

Abbildung 4.97: Geblocktes orthogonales Choice Designs (3x3x2x2, K = 3, R = 9, P=3)

4 Auswahlbasierte Conjoint-Analyse

```
* FMVA CBCA
* Orthogonales Choice Design erzeugen: 3x3x2x2, K = 3, R = 9
* Variablen (levels): Preis (3), Verwendung (3), Geschmack (2), Kalorien (2)
* Alternativen: A, B, C
* 3 Personen (Blöcke)

SET SEED = 9999 / FORMAT F8.0.

ORTHOPLAN
 /FACTORS=
   aPreis      'A Preis'        (1 '0,50 €' 2 '1,00 €' 3 '1,50 €')
   aVerwend    'A Verwendung'   (1 'Brotaufstrich' 2 'zum Kochen' 3'universell')
   aGeschm     'A Geschmack'    (1 'nach Butter' 2 'pflanzlich')
   aKalorien   'A Kalorien'     (1 'kalorienarm' 2 'normal')
   bPreis      'B Preis'        (1 '0,50 €' 2 '1,00 €' 3 '1,50 €')
   bVerwend    'B Verwendung'   (1 'Brotaufstrich' 2 'zum Kochen' 3'universell')
   bGeschm     'B Geschmack'    (1 'nach Butter' 2 'pflanzlich')
   bKalorien   'B Kalorien'     (1 'kalorienarm' 2 'normal')
   cPreis      'C Preis'        (1 '0,50 €' 2 '1,00 €' 3 '1,50 €')
   cVerwend    'C Verwendung'   (1 'Brotaufstrich' 2 'zum Kochen' 3'universell')
   cGeschm     'C Geschmack'    (1 'nach Butter' 2 'pflanzlich')
   cKalorien   'C Kalorien'     (1 'kalorienarm' 2 'normal')
   block (1 '1' 2 '2' 3 '3')
 /REPLACE
 /MINIMUM = 27.

SORT CASES BY block(A).

*PLANCARDS
 /FACTORS=
   aPreis  aVerwend  aGeschm  aKalorien
   bPreis  bVerwend  bGeschm  bKalorien
   cPreis  cVerwend  cGeschm  cKalorien
 /FORMAT BOTH
 /TITLE='Choice Set'
 /FOOTER='-------------------------------------'
 /OUTFILE=D:\ ... \Orthog-Choice-Design-3x3x2x2-3A.txt'.

LIST CARD_
   aPreis  aVerwend  aGeschm  aKalorien
   bPreis  bVerwend  bGeschm  bKalorien
   cPreis  cVerwend  cGeschm  cKalorien
   block.
```

Abbildung 4.98: SPSS-Kommandos zur Erzeugung eines orthogonalen Choice Designs

Um ein derart geblocktes Design mit Orthoplan zu erzeugen, muss lediglich eine weitere Variable, eine Blocking-Variable, einbezogen werden. Wir nennen diese Variable „block" und spezifizieren drei Ausprägungen „1", „2" und „3" für die drei Blöcke (siehe Abbildung 4.98). Entscheidend ist, dass die Blocking-Variable orthogonal zu den übrigen Variablen (Eigenschaften) ist. Um das zu erreichen, erfolgen die Erzeugung des Designs und das Blocking simultan. Die Blocking-Variable wird dabei wie eine weitere Eigenschaft behandelt. Es ergeben sich somit 13 Variablen.

Blocking-Variable

Zur Erstellung dieses orthogonalen Designs mit Orthoplan ist genau so vorzugehen, wie schon zuvor zur Erstellung eine Start-Designs. Zusätzlich sind anschließend die 27 Fälle nach den drei Blöcken zu sortieren. Dies kann mittels des Menüpunktes „Daten/Fälle sortieren" oder mit dem Befehl „SORT CASES BY block(A)" erfolgen. Das Ergebnis zeigt Abbildung 4.97.

Das so erzeugte Choice Design ist für jeweils drei Personen zu verwenden und es ist sicherzustellen, dass immer alle drei Blöcke abgefragt werden. Des Stichprobenumfang muss daher ein Vielfaches von 3 betragen, also z. B. 99 oder 102.

Wie oben gezeigt, lässt sich die Güte des Choice Designs prüfen. Das erzeugte Design ist orthogonal. Alle Korrelationen zwischen den Variablen sind Null, auch die zwischen den Eigenschaften und der Blocking-Variable.

Das Design ist aber nicht balanciert. Bei den beiden Eigenschaften mit nur zwei Ausprägungen kommt die erste Ausprägung jeweils doppelt so oft vor wie die zweite.

Für die Effizienz des Choice Designs ergibt sich D-eff = 99,793 %. Das ist exakt der Wert, der sich auch für das mittels Shifting konstruierte Choice Design ergeben hatte.

Im Unterschied zu dem mittels Shifting konstruierten Choice Design ist das von Orthoplan erzeugte Choice Design nicht frei von Overlap. Überdies besitzt es einen kleinen Schönheitsfehler. Die Alternativen in Choice Set 8 sind alle identisch. Auch wenn man die Generierung mit Orthoplan wiederholt, ergibt sich immer ein Choice Set mit identischen Alternativen.

Der Mangel lässt sich nur manuell beheben, z. B. indem man für die Alternativen von Choice Set 8 unterschiedliche Preise ansetzt. Das Choice Design ist dann nur noch nahezu orthogonal. Die Effizienz sinkt auf 99,590 %, was aber sicherlich hinreichend sein dürfte, um gute Schätzwerte zu erzielen. [73]

Mit der in Abbildung 4.98 gezeigten Befehlssyntax kann die Erzeugung des orthogonalen Choice Designs inklusive der Erstellung der Plancards (analog zu den Abbildungen 4.94 und 4.95 in einem Job bzw. mit einem Klick erfolgen. Durch Änderung der Seed Number mit dem Befehl „SET SEED" lassen sich damit auf einfache Weise beliebig viele Choice Designs generieren.

---

[73] Im Vergleich dazu: Das mit Sawtooth-Software erzeugte Choice Design, das in der Fallstudie verwendet wurde, hat eine Effizienz von 99,326 und damit ebenfalls eine recht hohe Güte. Randomisiert erzeugte Choice Designs haben eine durchschnittliche Effizienz von etwa 90%.

Literaturhinweise

A. Basisliteratur zur Auswahlbasierten Conjoint-Analyse

Baier, D./Brusch, M. (2009), Conjointanalyse: Methoden - Anwendungen - Praxisbeispiele, Berlin/Heidelberg/New York.

Gustavsson, A./Herrmann, A./Huber, F. (2003), Conjoint Measurement: Methods and Applications, 3rd ed., Berlin/Heidelberg/New York.

Train, K. E. (2003), Discrete choice methods with simulation, Cambridge et al.

Völckner, F./Sattler, H./Teichert, T. (2008), Wahlbasierte Verfahren der Conjoint-Analyse, in: Herrmann, A./Homburg, C./Klarmann, M. (Hrsg.), Handbuch Marktforschung, Wiesbaden, S. 687-711.

B. Zitierte Literatur

Addelman, S. (1962), Orthogonal main effects plans for asymmetrical factorial experiments. in: *Technometrics*, Vol. 4, Nr. 1, S. 21–46.

Agresti, A. (2002), Categorical Data Analysis, New York.

Ben-Akiva, M./Lerman, S. R. (1985), Discrete Choice Analysis, Cambridge.

Böhler, H. (2004), Marktforschung, 3. Aufl. Stuttgart u.a.

Cochran, W. G./Cox, G. M. (1992), Experimental Designs, 2. Auflage, New York.

Cox, D. R. (1958), Planning of Experiments, New York.

Cox, D. R./Oakes, D. (1984), Analysis of Survival Data, London et al.

Daganzo, C. (1979), Multinomial Probit - The Theory and its Application to Demand Forecasting, New York et al.

Erichson, B. (2005), Ermittlung von empirischen Preisresponsefunktionen durch Kaufsimulation. Otto-von-Guericke-Universität Magdeburg, Faculty of Economics and Management Magdeburg (FEMM), Working Paper, Nr. 4.

Erichson, B./Börtzler, K. (1992), Laboratory Price Response Measurement in Testing New Products, in: *ESOMAR Seminar on New Technologies for Marketing Decisions*, Rotterdam, S. 29–48.

Fahrmeir, L./Kneib, T./Lang, S. (2007), Regression: Modelle - Methoden und Anwendungen, Berlin/Heidelberg.

Fletcher, R. (1987), Practical Methods of Optimization, New York et al.

Gelman, A./Carlin, J./Stern, H./Rubin, D. (2004), Bayesian Data Analysis, Raton, FL: Chapman & Hall/CRC.

Gensler, S. (2003), Heterogenität in der Präferenzanalyse, Wiesbaden.

Hammann, P./Erichson, B. (2000), Marktforschung, 4. Aufl. Stuttgart.

Hensher, D. A./Rose, J. M./Greene, W. H. (2005), Applied Choice Analysis, Cambridge et al.

Herrmann, A./Homburg, C./Klarmann, M. (2008), Handbuch Marktforschung, Band 3, Wiesbaden: Gabler.

Hosmer, D. W./Lemeshow, S./May, S. (2008), Applied Survival Analysis, 2. Auflage, New Jersey.

Huber, J. (2005), Conjoint Analysis: How we got here and where we are (an update), in: *Sawtooth Software Research Paper*.

Huber, J./Zwerina, K. (1996), The importance of Utility Balance in Efficient Choice Designs, in: *Journal of Marketing Research*, 23, S. 307–316.

Klein, J. P./Moeschberger, M. L. (2003), Survival Analysis - Techniques for Censored and Truncated Data, 2. Aufl. USA.

Kuhfeld, W. F. (1997), Efficient Experimental Designs Using Computerized Searches, Sawtooth Software Conference Proceedings: Sequim, WA.

Kuhfeld, W. F. (2010), Marketing Research Methods in SAS, SAS 9.2 edition, http://support.sas.com/techsup/technote/mr2010.pdf.

Lindley, D./Smith, A. (1972), Bayes Estimates for the Linear Model, in: *Journal of the Royal Statistical Society. Series B (Methodological)*, 34, S. 1–41.

Louviere, J. J./Hensher, D. A./Swait, J. D. (2000), Stated Choice Methods - Analysis and Application, Cambridge et al.

Luce, R. (1959), Individual Choice Behavior, New York.

Maddala, G. S. (1983), Limited Dependent and Qualitative Variabels in Econometrics, Cambridge et al.

McFadden, D. (1974), Conditional Logit Analysis of Qualitative Choice Behavior, in: Zarembka, P. (Hrsg.): Frontiers in Econometrics, New York et al, S. 105–142.

McFadden, D. (1976), Quantal Choice Analysis: A Survey, in: *Annals of Economic and Social Measurement*, 4, S. 363–390.

McFadden, D. (1984), Econometric Analysis of Qualitative Response Models, in: Z. Griliches/D. Intriligator (Hrsg.): Handbook of Econometrics, Vol. 2, Amsterdam, Kapitel 26.

Moore, M./Gray-Lee, J./Louviere, J. (1998), A Cross-Validity Comparison of Conjoint-Analysis and Choice Models at Different Levels of Aggregation, in: *Marketing Letters*, 9, S. 195–207.

Norusis, M. J. (2008), SPSS 16.0 - Advanced Statistical Procedures Companion, New Jersey.

Literaturhinweise

Orme, B. K. (2012), SSi Web v8.1 Software for Interviewing and Conjoint Analysis, Manual Sawtooth Software: Orem, UT.

Press, W./Flannery, B./Teukolsky, S./Vetterling, W. (1986), Numerical Recipes - The Art of Scientific Computing, Cambridge - New York et al.

Rossi, P. E./Allenby, G. M./McCulloch, R. (2006), Bayesian Statistics and Marketing, Chichester (GB).

Sawtooth Software (2001), CBC User Manual, Version 2, Sequim, WA.

Schlag, N. (2008), Validierung der Conjoint-Analyse zur Prognose von Preisreaktionen mithilfe realer Zahlungsbereitschaften, Münster.

Street, D. S./Burgess, L. (2007), The Construction of Optimal Stated Choice Experiments, Hoboken.

Teichert, T. (2001), Nutzenermittlung in wahlbasierter Conjoint-Analyse: Ein Vergleich zwischen Latent-Class- und hierarchischem Bayes-Verfahren, in: *Zeitschrift für betriebswirtschaftliche Forschung*, 53, S. 798–822.

Train, K. E. (2003), Discrete Choice Methods with Simulation, Cambridge et al.

Train, K. E. (2009), Discrete Choice Methods with Simulation, Cambridge et al.

Tutz, G. (2000), Die Analyse kategorialer Daten, Oldenbourg/München.

Vriens, M./Oppewal, H./Wedel, M. (1998), Ratings-based versus choice-based latent class conjoint models - An empirical comparison, in: *Journal of Market Research Society*, 40, S. 237–248.

Weiber, R./Mühlhaus, D. (2009), Auswahl von Eigenschaften und Ausprägungen bei der Conjoint-Analyse, in: Baier, D./Brusch, M. (Hrsg.): Conjoint-Analyse: Methoden - Anwendungen - Praxisbeispiele, Berlin u. a, S. 43–58.

Wildner, R. (2003), Marktforschung für den Preis, in: *Jahrbuch der Absatz- und Verbrauchsforschung*, 1/2003, S. 4–26.

Winer, B. J. (1971), Statistical Principles in Experimental Design, 2. Auflage, New York et al.

Teil III
Strukturen-Entdeckende Verfahren

5 Neuronale Netze

5.1	Problemstellung		**296**
	5.1.1	Biologisches Lernen und Lernen in KNN	296
	5.1.2	Grundlegende funktionale Zusammenhänge und Rechenoperationen im KNN	301
5.2	Vorgehensweise		**307**
	5.2.1	Problemstrukturierung und Netztypauswahl	309
	5.2.2	Festlegung der Netztopologie	310
	5.2.3	Bestimmung der Informationsverarbeitung in Neuronen	311
		5.2.3.1 Auswahl der Propagierungsfunktion	312
		5.2.3.2 Auswahl der Aktivierungsfunktion	313
	5.2.4	Trainieren des Netzes	316
		5.2.4.1 Abbildung des Lernprozesses durch den Backpropagation-Algorithmus	317
		5.2.4.2 Problemfelder bei der Anwendung des Backpropagation-Algorithmus	322
	5.2.5	Anwendung des trainierten Netzes	323
5.3	Fallbeispiel		**325**
	5.3.1	Problemstellung	325
	5.3.2	Berechnung des Neuronalen Netzes mit Hilfe der Prozedur „Neuronale Netze" in SPSS	326
		5.3.2.1 Einstellungen zur Prozedur Neuronale Netze (MLP)	326
		5.3.2.2 Ergebnisse der Prozedur Mehrschichtiges Perzeptron im Fallbeispiel	330
		5.3.2.3 Anwendung des trainierten Netzes auf den anfänglichen Problemtyp und Reproduktion einer Analyse	335
	5.3.3	Ergebnisvergleich zwischen der Prozedur Neuronale Netze in SPSS und dem Erweiterungsmodul IBM SPSS Modeler	340
5.4	SPSS Kommandos		**342**
5.5	Anwendungsempfehlungen		**343**
	Literaturhinweise		**346**

5 Neuronale Netze

5.1 Problemstellung

In der Realität sind die Wirkungsbeziehungen zwischen Variablen häufig sehr komplex, wobei sich die Komplexität einerseits in einer großen Anzahl von miteinander verknüpften Einflussfaktoren äußert, andererseits darin, dass die Beziehungen zwischen den Variablen häufig nicht-linear sind. Auch kann der Anwender in vielen Fällen *keine* begründeten Hypothesen über die Art der Zusammenhänge aufstellen. In solchen Fällen sind sog. Künstliche Neuronale Netze (KNN) von großem Nutzen, da der Anwender bei dieser Gruppe von Analyseverfahren nicht zwingenderweise eine Vermutung über den Zusammenhang zwischen Variablen treffen muss. Das bedeutet, dass weder eine kausale Verknüpfung zwischen Variablen postuliert noch die Verknüpfung zwingend als linear untqerstellt werden muss. Außerdem können Neuronale Netze auch Variablen mit unterschiedlichem Skalenniveau verarbeiten. Durch KNN werden die Zusammenhänge zwischen Variablen selbständig durch einen Lernprozess ermittelt und sie können dabei eine Vielzahl von Variablen berücksichtigen.

Grundsätzlich können mit Neuronalen Netzen klassische multivariate Analysemethoden substituiert werden, soweit großzahlige Untersuchungen vorliegen. Es existieren zahlreiche Typen von Neuronalen Netzen, die ein sehr breites Einsatzspektrum, z. B. Prognosen (vgl. Regressionsanalyse) oder Zuordnungen zu bestehenden Gruppen (vgl. Diskriminanzanalyse), abdecken. Der Einsatz von Neuronalen Netzen bietet sich immer dann an, wenn die Wirkungszusammenhänge zwischen den einzelnen Einflussgrößen nicht unbedingt aufgedeckt werden müssen, sondern durch „Trainieren" des Netzes Lernprozesse erzeugt werden, die Lösungsansätze für die jeweilige Fragestellung bieten.

KNN wurden ursprünglich entwickelt, um die Abläufe im Nervensystem von Menschen und Tieren besser verstehen zu können. Dementsprechend dienen ihnen auch die in der Biologie beobachtbaren Lernprozesse als Vorbild. Um die Vorgehensweise von KNN besser verstehen zu können, bietet es sich deshalb an, die Analogie zum Nervensystem aufzugreifen. Im Folgenden wird zunächst die grundsätzliche Wirkungsweise von KNN am Beispiel des biologischen Nervensystems und menschlichen Lernens deutlich gemacht und sodann die grundlegenden funktionalen Zusammenhänge und Rechenoperationen bei KNN aufgezeigt.

5.1.1 Biologisches Lernen und Lernen in KNN

Im Nervensystem werden Signale über eine Vielzahl von Neuronen, also Nervenzellen, übertragen und verarbeitet. Abbildung 5.1 zeigt eine vereinfachte Darstellung einer einzelnen menschlichen Nervenzelle (sog. Neuron), die drei zentrale Bestandteile aufweist: den Zellkörper (auch Soma genannt), das Axon und die Dendriten.

Eine Nervenzelle empfängt über ihre Dendriten erregende bzw. hemmende Signale von mehreren sendenden Neuronen, die im empfangenden Neuron zu einem Gesamtsignal verdichtet werden. Im Zellkern werden die Signale ausgewertet und weiterverarbeitet, bevor sie durch das Axon, den Ausgangskanal der Nervenzelle, an Folgezellen weitergeleitet werden. Über die sog. Synapsen sind verschiedene Nervenzellen miteinander verbunden. Die Synapsen sind allerdings *nicht* den Nervenzellen zuzurechnen, da sie den Spalt zwischen dem sendenden Axon und dem empfangenden Dendriten darstellen.

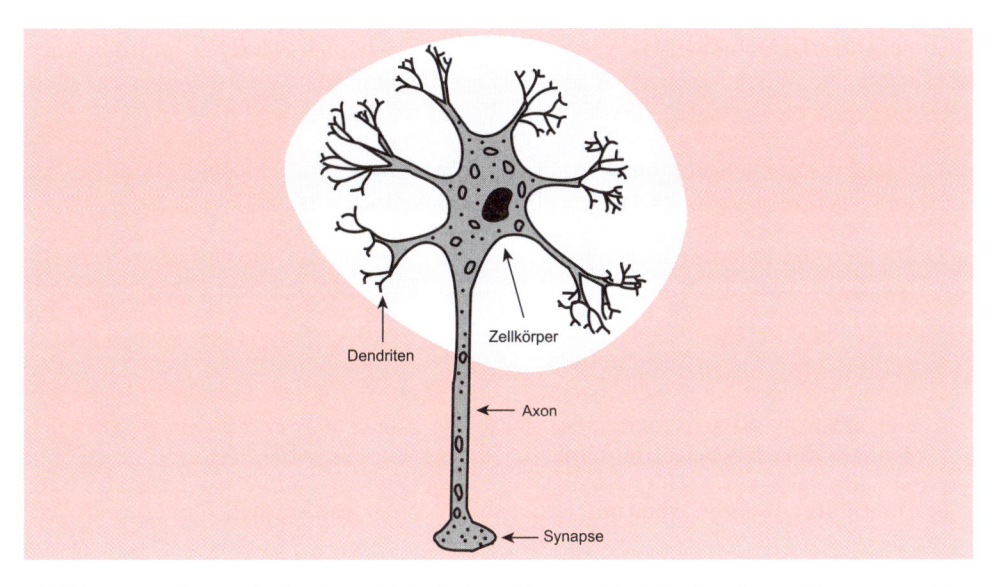

Abbildung 5.1: Bestandteile einer biologischen Nervenzelle (Quelle: In Anlehnung an Kandel et al. (2012).)

Die Signale werden im Nervensystem durch die Weitergabe von Erregung zwischen einzelnen Neuronen übertragen. Sobald ein Zellkern durch eingehende Signale über einen gewissen *Schwellwert* hinaus aktiviert wird, erzeugt die Nervenzelle einen kurzzeitigen elektrischen Impuls. Über das Axon gelangt der Impuls zu den Synapsen, die mit der Ausschüttung von Botenstoffen (sog. Neurotransmittern) reagieren. In den Dendriten der empfangenden Neuronen werden dadurch wiederum elektrische Impulse ausgelöst. Grundsätzlich können diese Impulse zur Anregung des empfangenden Somas beitragen oder aber hemmend wirken. Indem die Verbindungen zwischen den Nervenzellen angepasst werden, erfolgen Lernprozesse im menschlichen Gehirn. Bei häufiger Benutzung wachsen die Synapsen, während sie bei seltener Benutzung degenerieren, sodass die empfangenden Neuronen entsprechend stärker bzw. schwächer von den sendenden Nervenzellen beeinflusst werden.

Ein wesentliches Merkmal des Nervensystems und damit auch von KNN ist, dass sie auf Signale ihrer Umgebung (= Stimulus) reagieren (= Response). SOR-Modell
Abbildung 5.2 stellt das menschliche Nervensystem als Stimulus-Organismus-Response-Schema (SOR-Modell) dar:

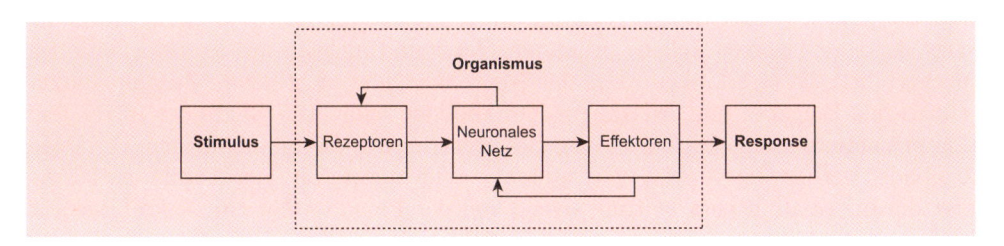

Abbildung 5.2: Das menschliche Nervensystem als SOR-Modell

5 Neuronale Netze

Entsprechend dem biologischen Nervensystem werden auch von KNN Informationen verarbeitet und Wissen gespeichert, wobei sich folgende zentrale Analogien zwischen KNN und dem biologischen Nervensystem festhalten lassen:

1. Reizeinwirkungen von außen stellen in KNN *systemexterne* Informationen dar und sind Ausgangspunkt für die Informationsverarbeitung.

2. Die Informationsverarbeitung erfolgt durch eine Vielzahl von einfachen, *vernetzten Elementen*, die sowohl bei KNN als auch bei biologischen Nervensystemen als Neuronen bezeichnet werden

3. Wissen wird durch *Lernprozesse* erworben.

4. Der aktuelle Wissensstand wird durch die *Stärke der Verbindungen* zwischen den einzelnen Verarbeitungseinheiten (Neuronen) repräsentiert.

5. Die Informationsverarbeitung erfolgt nicht streng sequentiell, sondern *parallel*.

Während in biologischen Neuronalen Netzen biochemische Prozesse die Grundlage der Informationsverarbeitung bilden, wird bei KNN versucht, die Informationsverarbeitung durch geeignete mathematische Rechenoperationen abzubilden. Diese werden in den Zellen bzw. Neuronen des KNN durchgeführt. Eine Zelle kann ähnlich wie ein biologisches Neuron eine Vielzahl von Eingabesignalen der vorgelagerten Zellen aufnehmen. Sie verdichtet diese Eingabesignale entsprechend ihrer Stärken (Gewichte) zu einem einheitlichen Eingabewert des Neurons. Anschließend bestimmt die sogenannte *Aktivierungsfunktion*, ob das Neuron aktiviert ist und ein Signal aussendet oder nicht. Ebenfalls analog zum Nervensystem sind die einzelnen Neuronen miteinander vernetzt und führen eine gemeinsame Informationsverarbeitung aus. Nach der *Richtung der Informationsverarbeitung* wird allgemein zwischen vorwärtsgerichteten (feedforward) und rückwärtsgerichteten (feedback bzw. Neuronalen Netzen mit Rückkopplung) KNN unterschieden:

In *vorwärtsgerichteten Netzen* sind die Neuronen in der Regel ebenenweise angeordnet bzw. geschichtet. Abbildung 5.3 zeigt die Grundstruktur eines dreischichtigen Neuronalen Netzes. Die erste Schicht stellt dabei die sog. Eingabeschicht dar, die sich in unserem Beispiel aus vier Neuronen (1 – 4) zusammensetzt und Informationen lediglich aufnimmt und unverändert an die Neuronen der nächsten Schicht weiterleitet. Diese Schicht wird allerdings bei der Benennung des Netzes nicht gezählt (deshalb: dreischichtiges Netz).

Die Neuronen 5, 6 und 7 gehören der ersten, die Neuronen 8 und 9 der zweiten verdeckten Schicht oder Zwischenschicht (*hidden layer*) an. Hier werden die Ausgabewerte der vorgelagerten Zellen zusammengefasst und nichtlineare Transformationen durchgeführt, die es erlauben, dass das Neuronale Netz nichtlineare Zusammenhänge zwischen Eingabe- und Ausgabewerten abbilden kann. Die Neuronen 10, 11 und 12 repräsentieren schließlich die Ausgabeschicht, in der die unabhängigen Variablen abgebildet werden. Im vorwärtsgerichteten, geschichteten Netz der Abbildung 5.3 erfolgt die Informationsverarbeitung streng von der Eingabe- hin zur Ausgabeschicht des Netzes. Es bestehen weder rückwärtsgerichtete Verbindungen noch Verbindungen zwischen den einzelnen Neuronen des Neuronalen Netzes. Dies erlaubt eine *parallele Informationsverarbeitung* in den einzelnen Neuronen des Netzes, da für die Rechenoperationen in den Neuronen lediglich die Ausgabewerte der vorgelagerten Schicht benötigt werden.

5.1 Problemstellung

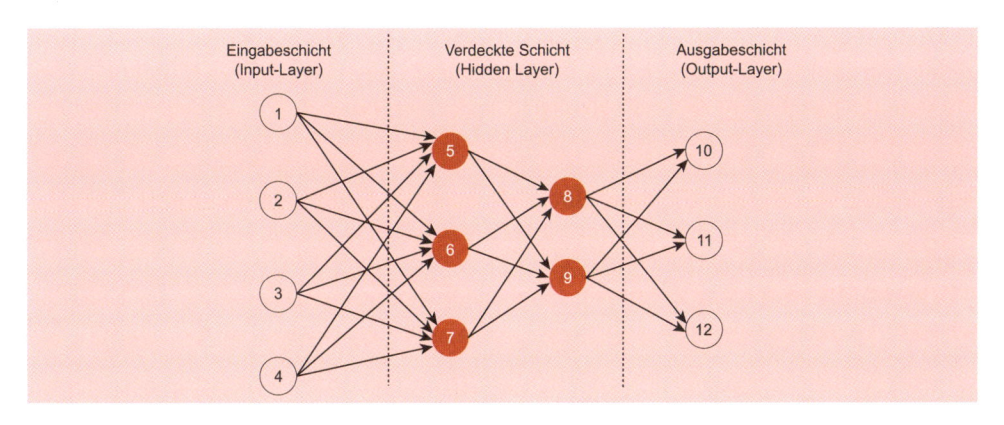

Abbildung 5.3: Grundstruktur eines dreischichtigen Neuronalen Netzes

Während *Feedforward-Netze* auf ein einmal berechnetes Ergebnis nicht mehr zurückgreifen können, erlauben *Feedback-Netze*, auch alte Zustände des Netzes in die neue Berechnung einfließen zu lassen, indem sie Rückkopplungen zulassen.[1] Bei Feedback-Netzen verläuft die Informationsverarbeitung nicht streng von einer Eingabe- hin zu einer Ausgabeschicht, sondern es können Verbindungen zwischen den Neuronen einer Schicht bestehen oder die Informationsverarbeitung kann von eigentlich nachgelagerten Neuronen in Richtung der Vorgängerneuronen erfolgen. Aufgrund dieser Wechselwirkungen können rückwärtsgerichtete Netze in vielen Fällen nicht sinnvoll nach Eingabe-, Ausgabe- und verdeckter Schicht unterschieden werden. Der *Lernprozess in einem KNN* bestimmt sich primär über die Art und Weise wie die Gewichte (= Stärke der Verbindung zwischen den einzelnen Neuronen) zwischen Neuronen verändert werden und kann grundsätzlich nach überwachtem und unüberwachtem Lernen unterschieden werden.

Überwachtes Lernen ist vergleichbar mit dem Lernen eines Schülers. Dem Schüler wird ein Problem anhand der Beschreibung der Problemsituation präsentiert. Die Problemsituation setzt sich aus einer Vielzahl von unterschiedlichen Elementen zusammen. Der Schüler analysiert das Problem und gelangt aufgrund seines aktuellen Wissensstandes zu einer Antwort. Der Lehrer kennt die richtige Antwort und kann entsprechend Fehler des Schülers korrigieren. Ist der Schüler künftig ähnlichen Problemen ausgesetzt, kann er mögliche Fehler bei dieser Antwort berücksichtigen. Man spricht davon „aus Fehlern zu lernen".

Bei einem KNN beschreiben die externen Eingabedaten die Problemsituation. So könnte beim Margarinekauf untersucht werden, ob Probanden eine Margarinemarke in Abhängigkeit von kaufentscheidungsrelevanten Einflussfaktoren (Eingabevariablen) kaufen. Zu diesem Zweck muss für verschiedene Marken ermittelt werden, welche Margarinemarke die Probanden bei verschiedenen Konstellationen der kaufentscheidungsrelevanten Einflussfaktoren kaufen. Dabei kann es sich sowohl um produkt-, käufer- als auch situationsspezifische Faktoren handeln. Bei Neuronalen Netzen des überwachten Lernens müssen für den Lernprozess die „wahren Antworten", d. h. ob der Proband in einer bestimmten Situation ein Produkt kauft oder nicht, mit erhoben werden. Neben den für die Kaufentscheidung relevanten Faktoren wie bspw. Preis, Werbeausgaben, Verkaufsförderung oder Geschlecht des Befragten wird also zugleich erhoben, ob die-

Feedback-Netze

Überwachtes Lernen

---
[1] Vgl. Rojas (1996), S. 44.

5 Neuronale Netze

se Auskunftsperson unter den gegebenen Bedingungen Margarine gekauft hat bzw. kaufen würde. Im Folgenden wird die Kombination aus betrachteten Eingabewerten und dem dazugehörigen Zielwert als *Datenmuster* bezeichnet. Die kaufentscheidungsrelevanten Daten einer Situation werden in das Netz gespeist, welches berechnet, ob der Nachfrager eine Marke kauft oder nicht. Sagt das Neuronale Netz hier ein falsches Ergebnis voraus, werden die Gewichte zwischen den Neuronen modifiziert. Wie der Schüler in der Schule lernt auch das Neuronale Netz aus seinen Fehlern und berücksichtigt die Modifikation der Gewichte.

Datenmuster

Beim **unüberwachten Lernen** besteht die Trainingsmenge lediglich aus Eingabemustern. Es gibt also keinen Lehrer, der weiß, wie die richtige Antwort lautet. Ziel hierbei ist es, aus den vorliegenden Eingabemustern ein konsistentes Ausgabemuster zu generieren. In diesem Falle versucht das Neuronale Netz, die verschiedenen Eingabemuster anhand ihrer Ähnlichkeiten zu gruppieren, indem sie auf benachbarten Neuronen abgebildet werden und zwar so, dass ähnlichen Eingaben nach der Trainingsphase ähnliche Ausgaben zugeordnet werden.

Unüberwachtes Lernen

Die Entscheidung, welche dieser beiden grundsätzlichen Lernregeln (überwachtes oder unüberwachtes Lernen) herangezogen wird, geht dabei einher mit der Auswahl eines aufgrund des Anwendungsproblems gewählten Netztyps. Die verschiedenen Netztypen lassen sich nach der Art der verwendeten Lernregel und der Richtung der Informationsverarbeitung entsprechend Abbildung 5.4 klassifizieren:

Netztypen

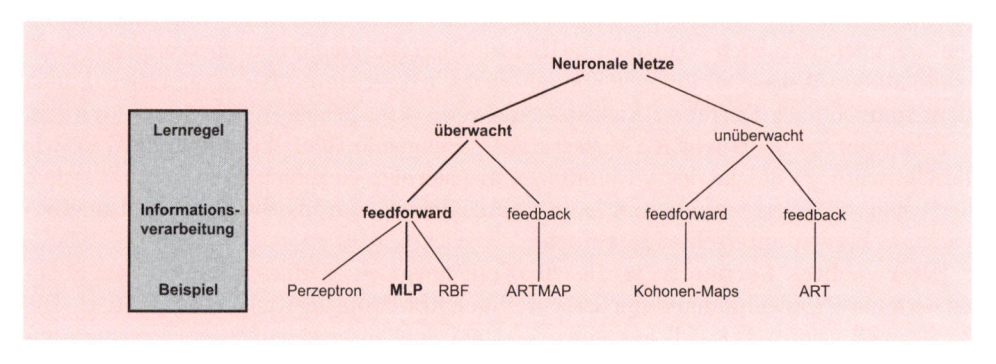

Abbildung 5.4: Ausgewählte Typen von KNN-Verfahren, mit:
MLP = Multi-Layer-Perceptron
RBF = Radiale Basisfunktionen
ART = Adaptive Resonance Theory

In Abbildung 5.4 ist für jede Klasse beispielhaft eine Verfahrensvariante (Netztyp) aufgeführt. Damit wird nochmals deutlich, dass es sich bei Neuronalen Netzen nicht um ein spezielles multivariates Analyseverfahren handelt, sondern dass der Ausdruck KNN eine Klasse von verschiedenen Methoden bezeichnet, die zur Datenanalyse eingesetzt werden können und gemein haben, dass sie zur Erschließung von Zusammenhängen iterative Lernprozesse durchlaufen.

Mit Hilfe von KNN können verschiedene Problemtypen analysiert werden, wobei Prognosen und Zuordnungen zu vorab definierten Klassen und Gruppenbildungen als primäre Typen unterschieden werden können. Ausgewählte Fragestellungen hierzu sind in Abbildung 5.5 aufgeführt.

5.1 Problemstellung

Fragestellung	Vorgehensweise	Problemtyp
Wie verhält sich der Aktienkurs bei Variation verschiedener Einflussfaktoren?	Es werden die Einflussfaktoren auf den Aktienkurs während einer bestimmten Periode und der korrespondierende Aktienkurs erhoben. Anschließend wird das KNN auf neue Situationen, also zur kurzfristigen Prognose von Aktienkursen, angewendet.[2]	Prognose
Wie hoch ist der Umsatz eines Unternehmens bei verschiedenen Szenarien?	Es wird der Umsatz eines Unternehmens in vergangenen Umweltsituationen untersucht. Die Umweltsituationen werden durch eine Reihe von Merkmalen beschrieben. Das KNN berechnet den Umsatz für neue Umweltsituationen.[3]	Prognose
Soll ein Bankkredit gewährt werden?	Ausgangsbasis ist ein Datensatz, der kreditwürdige und nicht-kreditwürdige Kunden sowie deren soziodemografischen und ökonomischen Angaben umfasst. Das KNN ordnet Kunden bei der Beantragung eines Kredites einer der beiden Gruppen zu.[4]	Klassifizierung (Zuordnung)
Wie ist die Bonität anhand von Jahresabschlüssen zu beurteilen?	Mit Hilfe von Kennzahlen aus Jahresabschlüssen vergangener Perioden werden die betrachteten Unternehmen in verschiedene Insolvenzklassen eingeteilt.[5]	Klassifizierung (Zuordnung)
Wie lassen sich die Käufer in verschiedene Gruppen einteilen?	Käufer werden über soziodemografische und ökonomische Merkmale definiert. Das KNN generiert eine Ausgabe, die über die Ähnlichkeit zwischen den verschiedenen Käufern Aufschluss gibt und als Grundlage für die Bildung von verschiedenen Käufergruppen dient.[6]	Klassifizierung (Gruppenbildung)

Abbildung 5.5: Anwendungsbeispiele

Im Folgenden konzentrieren sich die Ausführungen auf das Multi-Layer-Perceptron (MLP, vgl. Abbildung 5.4), weil es in der Praxis weite Verbreitung gefunden hat und mit dessen Hilfe im Rahmen eines einfachen Beispiels die Funktionsweise von KNN gut erläutert werden kann. Dabei werden die Fachtermini verwendet, die sich für KNN in der Literatur durchgesetzt haben. Nicht selten unterscheiden sie sich von den aus der klassischen Statistik bekannten Begriffen. Abbildung 5.6 zeigt eine tabellarische Gegenüberstellung der Ausdrücke.

MLP

5.1.2 Grundlegende funktionale Zusammenhänge und Rechenoperationen im KNN

Im Folgenden wird mithilfe eines einfachen Beispiels die Funktionsweise eines KNN verdeutlicht. Nach einer Darstellung der allgemeinen Vorgehensweise wird zu diesem Zweck zunächst die Aktivierung von Neuronen durch die Verarbeitung von Eingangssignalen aufgezeigt und anschließend der Lernprozess durch das „Trainieren eines Netzes" verdeutlicht. Im letzten Schritt werden die Überlegungen auf die Funktionsweise des Netztyps „Multi-Layer-Perceptrons (MLP)" erweitert.

---

[2] Vgl. Schöneburg/Hansen/Gawelczyk (2000), S. 151 ff.
[3] Vgl. Düsing (1997), S. 166 ff.
[4] Vgl. für Firmenkunden Bischoff/Bleile/Graalfs (1991), S. 375 ff.
[5] Vgl. Heitmann (2002).
[6] Bigus (1996), S. 131 ff.

5 Neuronale Netze

Neuronales Netz	Klassische Statistik
Netzwerkarchitektur	Modellspezifikationen
Eingangsvariable	unabhängige Variable
Zielvariable	abhängige Variable
Gewicht	Parameter/Koeffizienten
Training	Parameterschätzung
Trainings- und Validierungsmenge	In-Sample Mengen
Testmenge	Out-of-Sample Mengen
Konvergenz	In-Sample Qualität
Generalisierung	Out-of-Sample Qualität

Abbildung 5.6: Terminologie bei KNN im Vergleich zur klassischen Statistik

(1) Allgemeine Vorgehensweise

In Abbildung 5.3 wurde bereits die Grundstruktur eines neuronalen Netzes dargestellt. Auf der *Eingabeschicht* werden alle (empirisch erhobenen) Variablen als Eingabeneuronen abgebildet, die dann eine Aktivierung der Neuronen auf den beiden verdeckten Schichten bewirken. Auf der *Ausgabeschicht* dienen diejenigen (empirisch erhobenen) Variablen als Referenzgrößen für die Ausgabeneuronen, die den Output (Zielvariable) des Neuronalen Netzes widerspiegeln. Die Besonderheit von Neuronalen Netzen ist nun darin zu sehen, dass für die Verarbeitung der Eingangsvariablen auf den *verdeckten Schichten* keine Vorgaben (z.B. durch festgelegte Beziehungen oder Kausalhypothesen) gemacht werden, sondern das Netz durch einen Lernprozess den Aktivierungsgrad der einzelnen Neuronen auf den verdeckten Schichten jeweils so bestimmt, dass die Ausgabeneuronen die empirisch erhobenen Ergebnisgrößen möglichst genau abbilden können. Das Grundprinzip der Informationsverarbeitung in den Neuronen der verdeckten Schicht lässt sich wie folgt verdeutlichen: Zunächst werden die auf ein Neuron j treffenden Signale zu einem Nettoeingabewert (net_j) für das Neuron verdichtet. Innerhalb des Neurons wird dann dieser Nettoeingabewert nach Maßgabe einer Aktivierungsfunktion verarbeitet, die im Ergebnis den Aktivierungsgrad des Neurons bestimmt. Die Verdichtung der auf ein Neuron treffenden Signale zu einem Nettoeingabewert erfolgt nach Maßgabe der sog. *Propagierungsfunktion*, die im einfachsten Fall als Summenfunktion definiert ist und den Nettoeingabewert aus der Summe der Gewichte (w_{ij}) der Eingabesignale o_i berechnet. Für die Summenfunktion gilt:

$$net_j = \sum_{i=1}^{n} w_{ij}\, o_i \tag{5.1}$$

Durch die sog. *Aktivierungsfunktion* wird aus dem Nettoeingabewert dann der Aktivierungszustand des Neurons bestimmt, wobei im einfachsten Fall der Aktivierungszustand des Neurons ($a(net)$) zweiwertig – im Sinne von „aktiviert (1)" / „nicht aktiviert (0)" – ist. Für eine solche „einfache Schwellenwertfunktion" gilt:

$$a_j(net_j) = \begin{cases} 1 & \text{falls } net_j > \Theta_j \\ 0 & \text{sonst} \end{cases} \tag{5.2}$$

5.1 Problemstellung

Bleibt der Nettoeingabewert net_j des Neurons j unter dem Schwellenwert Θ_j, ist das Neuron nicht aktiviert; erreicht oder überschreitet es jedoch den vorher spezifizierten Schwellenwert, ist es aktiviert. Abbildung 5.7 illustiert eine Schwellenwertfunktion $a_j(net_j)$ als Stufenfunktion für $\Theta_j = 0{,}5$.

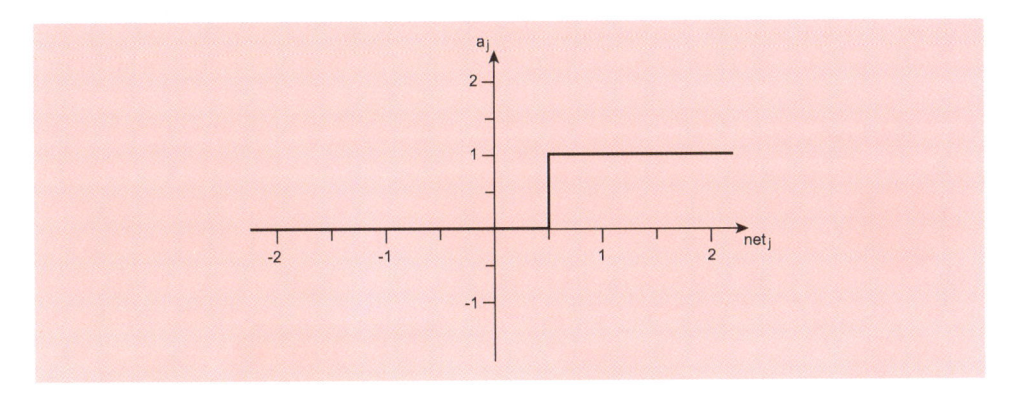

Abbildung 5.7: Schwellenwertfunktion als Stufenfunktion

Sowohl die Gewichte (w_{ij}) der Propagierungsfunktion als auch der Parameter Θ der Aktivierungsfunktion werden durch den Lernprozess des Netzes solange verändert und angepasst, bis die Ausgabeneuronen die empirisch gemessenen Ergebnisse (Zielvariable) möglichst gut abbilden können. Bereits hier wird deutlich, dass Neuronale Netze hohe Fallzahlen erfordern, mit denen das Netz trainiert werden muss.

(2) Informationsverarbeitung in Neuronen und deren Aktivierung

Die obigen Zusammenhänge lassen sich an folgendem vereinfachten Beispiel verdeutlichten: Ein Margarinehersteller geht davon aus, dass die Kaufentscheidung für Margarine maßgeblich durch den Kundenstatus (Stammkunde; Neukunde), den Preis und das Gesundheitsbewusstsein des Käufers (gemessen auf einer Skala von 0 = kein Gesundheitsbewusstsein bis 10 = sehr hohes Gesundheitsbewusstsein) bestimmt wird. Für eine große Zahl von Probanden werden deshalb diese Kriterien erhoben und gleichzeitig wird festgehalten, ob die jeweiligen Personen einen Kauf getätigt haben (1) oder nicht (0). Die erhobenen Daten für die ersten drei Personen sind in Abbildung 5.8 dargestellt.

	Eingangsvariable			Zielvariable
	Kd.status (x_1)	Preis (x_2)	Gesundheits-bewusstsein (x_3)	Kaufverhalten (x_4)
Person 1	Neukunde (1)	1,80 €	8	Kauf (1)
Person 2	Stammkunde (0)	2,00 €	8	Nichtkauf (0)
Person 3	Neukunde (1)	1,50 €	9	Nichtkauf (0)

Abbildung 5.8: Empirisch erhobene Daten der ersten drei Personen im Beispiel

Der Margarinehersteller möchte nun mit Hilfe eines KNN prüfen, ob sich mit Hilfe der drei Kaufkriterien (= Eingabeneuronen) das Kaufverhalten (= Ausgabeneuron) abbilden lässt. Dabei wird im Folgenden aus didaktischen Gründen *keine* verdeckte Schicht betrachtet, sondern direkt eine Beziehung zwischen den drei Eingabeneuronen

5 Neuronale Netze

und dem Ausgabeneuron unterstellt (sog. einschichtiges KNN). Kann das Ausgangsneuron durch die Informationsverarbeitung im Netz aktiviert werden, so erhält es den Wert eins, was bei der Zielvariablen einem Kauf entspricht. Weiterhin definiert der Margarinehersteller die Propagierungsfunktion als Summenfunktion gemäß Gleichung 5.1 und die Aktivierungsfunktion als Schwellenwertfunktion gem. Gleichung 5.2, wobei er $\Theta = 0,5$ setzt. Der Lernprozess, den das KNN nun durchläuft, lässt sich mit Hilfe der Werte in der 1. Zeile von Abbildung 5.9 für Person 1 wie folgt verdeutlichen:

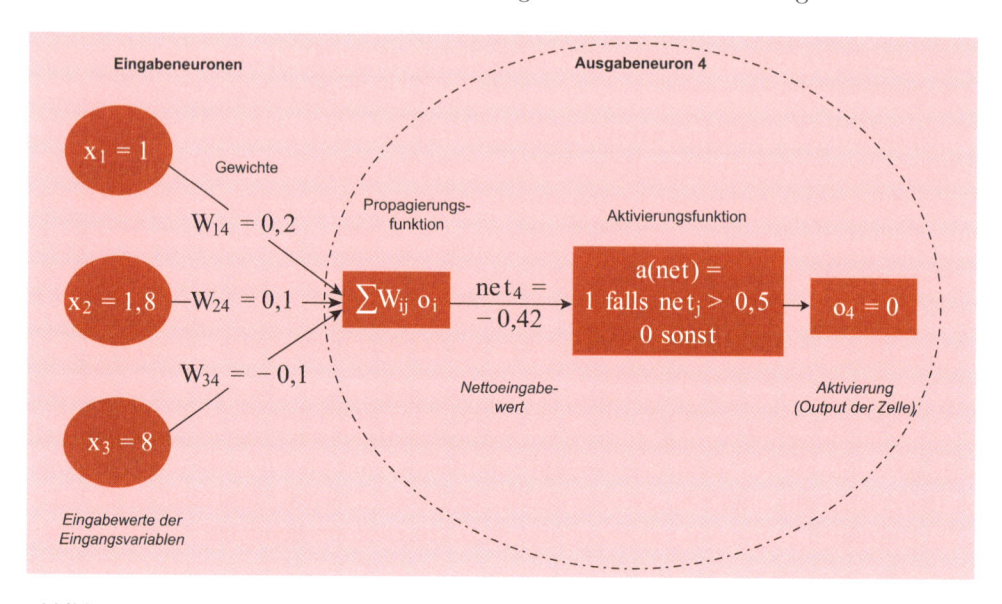

Abbildung 5.9: Informationsverarbeitungsprozess eines aktiven Neurons am Beispiel der Daten von Person 1

Im Ausgangspunkt müssen zunächst von null verschiedene Startwerte für die Gewichte w_{ij} vorgegeben werden, damit aus den Eingangsvariablen der Nettoeingabewert für das Ausgabeneuron berechnet werden kann. Diese Startwerte können vom Anwender vorgegeben oder aber durch den Algorithmus erzeugt werden. Anschließend werden die Daten von Person 1 eingelesen und wie in Abbildung 5.9 dargestellt verarbeitet. Dabei ergibt sich für Person 1 als Nettoeingabewert:

$$0,2 \cdot 1 + 0,1 \cdot 1,8 + (-0,1) \cdot 8 = -0,42$$

Da dieser Wert $< 0,5$ ist, wird das Ausgabeneuron für Person 1 nicht aktiviert ($o_4 = 0$), womit das tatsächliche Kaufverhalten der ersten Person (Kauf) jedoch *nicht* rekonstruiert werden kann und ein Lernprozess in Gang gesetzt werden muss.

(3) Lernprozess von Neuronalen Netzen

Lernen

Stellt das Netz über die zufällige Ausgangsgewichtung zwischen den Neuronen die Wirkungszusammenhänge der Realität richtig dar, müsste der Ausgabewert des Ausgangsneurons dem Code für das Kaufverhalten der Person entsprechen, falls die drei betrachteten Eingangsvariablen die Kaufentscheidung für alle potentiellen Käufer restlos erklären können. Im Beispiel müsste das Ausgabeneuron aktiviert sein und statt 0 einen Wert von 1 annehmen. Um dies zu erreichen, muss das Netz trainiert werden; es muss lernen.

5.1 Problemstellung

Beim überwachten Lernen wird mit Hilfe einer sogenannten Fehlerfunktion die Abweichung zwischen ermitteltem Ausgabewert und Sollausgabewert berechnet. Der quadratische Fehler für die erste Person beträgt $E^2 = \sum(0-1)^2 = 1$. Durch eine Änderung der Gewichte im Neuronalen Netz kann der „wahre Wirkungszusammenhang" approximiert werden.

Da alle berücksichtigten Variablen im positiven Wertebereich definiert sind, scheint es sinnvoll, die Gewichte jeweils zu vergrößern, um der ermittelten Abweichung für den ersten Probanden Rechnung zu tragen.

Um den Lernprozess in Gang zu setzen, bedarf es der Definition einer Lernregel. Als „provisorische Lernregel" formuliert der Margarinehersteller daher:

Lernregel

„Entspricht der Aktivierungszustand des Ausgabeneurons nicht dem tatsächlich beobachteten Kaufverhalten einer Person, so sind die Gewichte der Eingabeneuronen um 5 % der Eingabewerte dieser Person zu erhöhen bzw. zu vermindern (sog. Lernrate) und dann die Daten der folgenden Person mit den neuen Gewichten einzulesen."

Nach dieser Lernregel sind die Gewichte wie folgt zu verändern:

$$w_{14} = (0,2 + 1 \cdot 0,05) = 0,25$$
$$w_{24} = (0,1 + 1,8 \cdot 0,05) = 0,19$$
$$w_{34} = (-0,1 + 8 \cdot 0,05) = 0,30$$

Die Daten von Person 2 werden dann mit den neuen Gewichten eingelesen und es ergibt sich als Nettoeingabewert für Neuron 4 bei Person 2 der Wert:

$$0,25 \cdot 0 + 0,19 \cdot 2 + 0,30 \cdot 8 = 2,78$$

Da $2,78 > 0,5$ ist, wird das Ausgabeneuron nach diesem Schritt aktiviert, womit allerdings auch in diesem Fall das tatsächliche gezeigte Kaufverhalten dieser Person (Nichtkauf) nicht abgebildet werden kann. Folglich werden die Gewichte für den nächsten Schritt mit den Daten von Person 2 um 5 % verringert und es folgt:

$$w_{14} = (0,25 - 0 \cdot 0,05) = 0,25$$
$$w_{24} = (0,19 - 2 \cdot 0,05) = 0,09$$
$$w_{34} = (0,30 - 8 \cdot 0,05) = -0,1$$

Die Daten der dritten Person werden dann mit diesen modifizierten Gewichten eingelesen und es ergibt sich als Nettoeingabewert für Neuron 4 bei Person 3 der Wert:

$$0,25 \cdot 1 + 0,09 \cdot 1,5 - 0,1 \cdot 9 = -0,515$$

Da $-0,515 < 0,5$ ist, wird das Ausgabeneuron jetzt nicht aktiviert, was in diesem Fall auch dem tatsächlichen Kaufverhalten der dritten Person (Nichtkauf) entspricht. Dieser Prozess wird auch für die weiteren befragten Personen fortgesetzt, wobei die Anpassung der Gewichte entsprechend der Lernregel sich nicht nur an dem Kaufverhalten der jeweils „eingelesenen" Person orientiert, sondern gleichzeitig auch „rückschauend" unter Berücksichtigung aller bereits eingelesenen Personen erfolgt, bis der Fehler (im Sinne der Abweichung zwischen Aktivierungszustand des Ausgabeneurons und den tatsächlichen Kaufverhaltensweisen der Personen) über alle Personen des Trainingsdatensatzes minimal wird.

5 Neuronale Netze

Vor der Durchführung der Untersuchung ist ein Abbruchkriterium zu definieren, das dafür sorgt, dass z. B. sobald der mittlere quadratische Fehler über alle Probanden unterhalb einer bestimmten Grenze sinkt, die Modifizierung der Gewichte abgebrochen und der Lernvorgang beendet wird.

Der im Beispiel gewählte Weg, das Neuronale Netz zu trainieren, soll die grundlegende Funktionsweise verdeutlichen. Für den Einsatz in der Praxis ist diese Vorgehensweise jedoch insbesondere aus zwei Gründen ungeeignet:

Zum einen ist die Modifizierung der Gewichte nicht effizient; es ist nicht sicher, dass der Algorithmus ein Minimum findet und damit konvergiert. Die in der Praxis verwendeten Lernalgorithmen sind allerdings für ein einführendes Beispiel zu komplex. Zum anderen ist der Einsatz von einschichtigen, vorwärtsgerichteten Neuronalen Netzen des überwachten Lernens (Perzeptron) nicht sinnvoll, da erst durch den Einsatz mehrerer verdeckter Schichten die Approximation nichtlinearer Zusammenhänge ermöglicht wird. Voraussetzung hierfür aber ist, dass in den verdeckten Neuronen nichtlineare Aktivierungsfunktionen verwendet werden.

(4) Funktionsweise des Multi-Layer-Perceptron (MLP)

Um die Funktionsweise eines Multi-Layer-Perceptron (MLP) verdeutlichen zu können, erweitern wir unsere bisherigen Überlegungen im Ausgangsbeispiel um eine verdeckte Schicht mit zwei Neuronen und gelangen damit zu dem in Abbildung 5.10 dargestellten Netz:

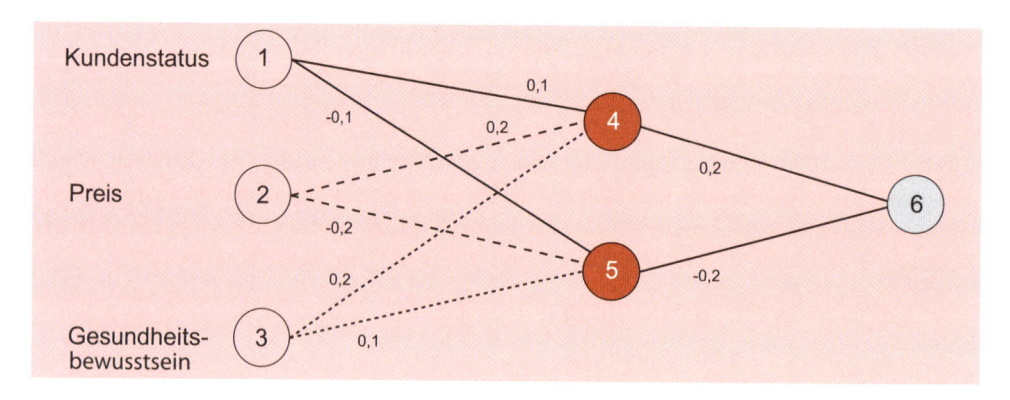

Abbildung 5.10: Beispiel eines KNN für den Margarinekauf mit verdeckter Schicht

Als Aktivierungsfunktion verwenden wir wiederum die nichtlineare Schwellenwertfunktion mit einem Schwellenwert von 0,5. Die Ausgangsgewichte sind in die Abbildung 5.10 eingetragen und in Abbildung 5.11 tabellarisch zusammengestellt.

Gewicht	Ausgangsgewichtung
w_{14}	0,1
w_{15}	−0,1
w_{24}	0,2
w_{25}	−0,2
w_{34}	0,2
w_{35}	0,1
w_{46}	0,2
w_{56}	−0,2

Abbildung 5.11: Ausgangsgewichte im Beispiel mit verdeckter Schicht

Für den ersten Probanden ergeben sich folgende Werte: Aus den Eingangswerten für Neuron 4 erhalten wir einen Nettoeingabewert für dieses Neuron von:

$$0,1 \cdot 1 + 0,2 \cdot 1,8 + 0,2 \cdot 8 = 2,06$$

Für Neuron 5 ergibt sich ein Nettoeingabewert von:

$$(-0,1) \cdot 1 + (-0,2) \cdot 1,8 + 0,1 \cdot 8 = 0,34$$

Damit ist das vierte Neuron aktiviert und liefert einen Ausgabewert von 1; das fünfte ist bei einem Ausgabewert von 0 nicht aktiviert.

Auf das Ausgabeneuron treffen die gewichteten Ausgabewerte der vorgelagerten Neuronen in Höhe von 0,2 und 0. Die Summe ergibt 0,2 und liegt unter dem Schwellenwert in Höhe von 0,5. Damit ist das Ausgabeneuron nicht aktiviert und nimmt einen Aktivierungszustand von 0 an. Der empirisch ermittelte Soll-Ausgabewert für den ersten Probanden beträgt eins. Die Fehlerfunktion ergibt für die Werte des ersten Probanden $E^2 = \sum (1-0)^2 = 1$. Die Gewichte müssten folglich im Netz modifiziert werden, um dem beobachteten Fehler Rechnung zu tragen. In Abschnitt 5.2.4.1 wird mit dem *Backpropagation-Algorithmus* ein Verfahren vorgestellt, das es erlaubt, die Veränderung der Gewichte effizient und strukturiert für mehrere Schichten vorzunehmen.

Backpropagation-Algorithmus

5.2 Vorgehensweise

KNN können auf unterschiedliche Art und Weise betrachtet werden. Im Folgenden wird eine anwendungsorientierte Perspektive gewählt, d.h. die einzelnen Schritte, die der Anwender einleiten muss, bilden das Gliederungskriterium. In Abhängigkeit vom Anwendungsgebiet ist zunächst die Modellbildung vorzunehmen und in Abhängigkeit des Problemtyps ein Netztyp auszuwählen. Dies beinhaltet häufig zugleich auch die *Wahl des Lernalgorithmus*. Die vorliegenden Ausführungen beschränken sich dabei auf *Multi-Layer-Perceptronen*, die mit dem *Backpropagation-Algorithmus* trainiert werden.

Neuronale Netze benötigen für den Lernprozess einen Trainingsdatensatz. Dazu ist es notwendig, dass der Anwender die Trainingsdaten sinnvoll definiert und gegebenenfalls eine Transformation durchführt, damit das Neuronale Netz die Daten verarbeiten kann. Mit der Auswahl der relevanten Eingabedaten und ihrer Kodierung

Trainingsdaten und -prozess

5 Neuronale Netze

wird die Anzahl der Eingabeneuronen festgelegt. Anschließend sind die Anzahl der verdeckten Schichten und die Neuronen in den verdeckten Schichten sowie die Anzahl der Neuronen in der Ausgabeschicht zu bestimmen. Ist das Neuronale Netz definiert, muss festgelegt werden, welche Rechenoperationen ein aktives Neuron des Neuronalen Netzes durchführen soll. Im Trainingsprozess werden die Netzgewichte verändert. Kann mit der Anpassung der Gewichte der funktionale Zusammenhang approximiert werden, wird das Netz auf neue Daten angewendet.

Zuvor sollte die Güte des Netzes bestimmt werden. Kann mit Hilfe der Gewichtsänderung allein der funktionale Zusammenhang nicht erfasst werden, so müssen die anderen Parameter des Neuronalen Netzes, wie zum Beispiel die Anzahl der Schichten und Neuronen oder die Rechenoperationen in den Neuronen und zuletzt auch die Art des verwendeten Lernalgorithmus, geändert werden. Führen diese Änderungen der Parameter eines bestimmten Netztyps bzw. eines bestimmten Lern-Algorithmus nicht zum Erfolg, sollte als letztes ein anderer Netztyp gewählt werden.

Das in Abbildung 5.12 dargestellte Ablaufschema beinhaltet somit keine starre Abfolge, die streng sequentiell zu durchlaufen ist, sondern beinhaltet i. d. R. auch Rückkopplungen. Diese Rückkopplungen können als Trial-and-Error-Prozess interpretiert werden, da bei der Datenanalyse mit KNN so lange verschiedene Modelle generiert werden, bis ein Modell gefunden wurde, das in der Lage ist, den betrachteten Zusammenhang hinreichend exakt zu erlernen.

1. Problemstrukturierung und Netztypauswahl
2. Festlegung der Netztopologie
3. Informationsverarbeitung in den Neuronen
4. Trainieren des Netzes
5. Anwendung des trainierten Netzes

Abbildung 5.12: Ablaufschritte bei Feedforward-Netzen

Bei den nachfolgenden Überlegungen wird vorausgesetzt, dass die betrachtete Problemstellung mit Hilfe eines MLP-Netzes bearbeitet werden kann. Grundlegende Voraussetzung dabei ist, dass zu jedem Eingangswert Soll-Ausgabe-Werte vorliegen, sodass überwachtes Lernen sinnvoll ist. Abbildung 5.13 gibt einen Überblick über die Parameter, die während der jeweiligen Ablaufschritte prinzipiell verändert werden können.

Problemstrukturierung	Festlegung der Netztopologie	Neuronendefinition	Trainieren des Netzes
Anzahl der Eingabeneuronen	Anzahl der verdeckten Schichten	Propagierungsfunktion	Lernrate
Anzahl der Ausgabeneuronen	Anzahl der verdeckten Neuronen je Schicht	Aktivierungsfunktion	Abbruchkriterium
	Art der Verbindungen zwischen den Neuronen		Ausgangsgewichte

Abbildung 5.13: Parameteroptionen in den einzelnen Ablaufschritten

5.2.1 Problemstrukturierung und Netztypauswahl

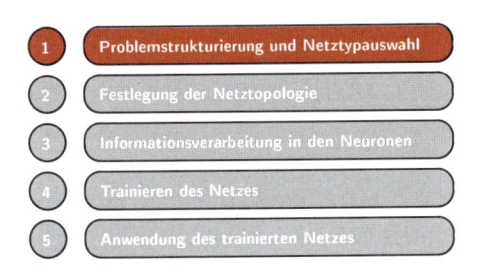

Auch bei Neuronalen Netzen ist der Problemstrukturierung eine zentrale Bedeutung beizumessen. Dabei sind in einem ersten Schritt alle relevanten Einflussfaktoren auf die Zielvariable(n) zu bestimmen. Dazu ist es notwendig, zunächst die Frage zu beantworten, welche Ergebnisse das Neuronale Netz liefern soll, d. h. welcher Problemtyp verfolgt wird (Prognose, Zuordnung oder Klassifizierung). Bei der Bestimmung der Eingabegrößen ist darauf zu achten, dass nur solche Größen berücksichtigt werden, von denen begründet vermutet werden kann, dass sie auch Einfluss auf den untersuchten Output haben. Diese Vermutung kann auf sachlogisch eingehend begründeten Hypothesen beruhen oder aber auch nur sehr vage formuliert sein. Im Gegensatz zu Strukturgleichungsmodellen haben aber KNN *nicht* zum Ziel, sachlogisch vermutete Kausalbeziehungen empirisch zu überprüfen, sondern einen Lernprozess zu modellieren, mit dessen Hilfe sich aus den Inputdaten die gewünschten Outputinformationen möglichst gut generieren lassen. Wie dieser Lernprozess im Ergebnis abläuft, ist für den Anwender dabei im Prinzip irrelevant.

Problemstrukturierung

Nach der Modellbildung ist in Abhängigkeit des zu Grunde liegenden Problemtyps der Netztyp zu bestimmen. Abbildung 5.14 nimmt eine Zuordnung ausgewählter Verfahrensvarianten vor.

Netztypauswahl

Problemtyp	Netztyp
Prognose/Ursache-Wirkungs-Beziehungen	MLP; Radiale Basis-Funktion (RBF)-Netze
Zuordnung zu gegebenen Gruppen	MLP; RBF-Netze
Klassifizierung	Kohonen Maps; Hopfield Netz; Adaptive Resonanztheorie (ART)

Abbildung 5.14: Zuordnung verschiedener Netztypen zu Problemtypen von KNN

Die verschiedenen Netztypen stellen unterschiedliche Anforderungen an das Skalenniveau der Daten, sodass in Abhängigkeit vom Netztyp auch die Datenerhebung zu planen ist. Dabei ist es notwendig, abzuschätzen, in welchen Wertebereich die Eingangs- und Zielvariablen fallen. Die Wertebereiche müssen so gewählt werden, dass sie über die gesamte Einsatzdauer des Neuronalen Netzes verwendet werden können.

Die grundsätzliche Fähigkeit von Neuronalen Netzen zu lernen, dass eine Variable keinen Einfluss auf die Ausgabewerte der Neuronen hat, lässt die Auswahl der Inputvariablen als weniger wichtig erscheinen. Allerdings steigert jede irrelevante Einflussgröße die Komplexität des Netzes. Eine zu großzügige Auswahl der Inputvariablen führt zwangsläufig zu einem überdimensionalen Eingaberaum und einem überparametrisierten Modell. Dies hat zur Folge, dass die notwendige Rechenleistung und -zeit z. T. dramatisch steigen.

Im ersten Schritt sollten sachlogische Überlegungen darüber angestellt werden, welche Variablen Einfluss auf das Ergebnis haben könnten. Im Gegensatz zu Kausalmodellen muss aber über die Art des Zusammenhangs hier keine Aussage gemacht werden. Im zweiten Schritt kann eine Vorselektion mit Hilfe statistischer Verfahren vorgenommen werden. Einen Anhaltspunkt dafür, ob eine Variable Einfluss auf die Ausgabewerte hat, liefert die Varianz der Variable. Ist die Varianz für eine Größe

Sachlogische (Vor-)Überlegungen

gering, so kann davon ausgegangen werden, dass diese Variable keinen wesentlichen Beitrag zur Parameterschätzung liefern kann (=„non variant fields"). Ebenso kann die Korrelation zwischen den einzelnen Eingabevariablen und den Ausgabevariablen zur Vorselektion verwendet werden.

5.2.2 Festlegung der Netztopologie

① Problemstrukturierung und Netztypauswahl
② **Festlegung der Netztopologie**
③ Informationsverarbeitung in den Neuronen
④ Trainieren des Netzes
⑤ Anwendung des trainierten Netzes

Nach der Auswahlentscheidung für einen bestimmten Netztyp – im Rahmen der nachfolgenden Ausführungen wird ausschließlich das MLP betrachtet – ist nun die Topologie dieses Netztyps zu bestimmen. Dabei sind folgende Größen festzulegen:

- Anzahl der verdeckten Schichten des MLP
- Anzahl der Neuronen je verdeckter Schicht
- Struktur der Verbindung zwischen den Neuronen

Probieren Empfehlungen zur Netztopologie lassen sich nur bedingt geben. Da es bei Neuronalen Netzen nicht darauf ankommt, Kausalzusammenhänge durch die Netztopologie unmittelbar zu reproduzieren, ist es sinnvoll, verschiedene Netztopologien auszuprobieren. Ziel sollte dabei allein sein, dass die Daten besser gelernt werden, wobei ein längerer Trial-and-Error-Prozess nicht ungewöhnlich ist. In der Praxis hat sich in vielen Fällen bewährt, maximal zwei verdeckte Schichten zu wählen.

Neben der Anzahl der Zwischenschichten ist auch die *Anzahl der Neuronen je verdeckter Schicht* (Zwischenschicht) festzulegen. Problematisch ist dabei, dass eine zu große Anzahl von Neuronen in den Zwischenschichten – genauso wie zu viele Zwischenschichten – den Rechenaufwand des Neuronalen Netzes stark erhöht. Außerdem wird dann zum Trainieren des Neuronalen Netzes eine größere Anzahl an Trainingsdatensätzen benötigt. Auf der anderen Seite kann das Neuronale Netz unter Verwendung einer größeren Anzahl an Neuronen in den Zwischenschichten den Zusammenhang zwischen Eingabewerten und Ausgabewerten möglicherweise besser approximieren. Einschränkend ist zu vermerken, dass eine möglichst gute Approximation der Trainingsdatensätze nicht unbedingt bedeutet, dass das Neuronale Netz auch auf neue Datensätze optimal anzuwenden ist – der Zusammenhang also möglichst gut generalisiert *Übertrainieren* wird. Es besteht vielmehr die Gefahr des „Übertrainierens", d. h., dass das Neuronale Netz die Trainingsmuster einschließlich der darin vorhandenen Fehler „auswendig" lernt und nicht die Struktur des Problems herausarbeitet. Um dies zu vermeiden, darf die Anzahl der Neuronen in den Zwischenschichten nicht zu hoch gewählt werden.

Die *Verbindungen zwischen Neuronen* werden grafisch als Linie dargestellt. Die Bezeichnung w_{ij} bezieht sich auf das Gewicht der Verbindung eines Neurons der Schicht i mit einem Neuron der Schicht j. Der Betrag $|w_{ij}|$ ist ein Maß für die Stärke der Verbindung.

In der Regel sind alle Neuronen ebenenweise vollständig miteinander verbunden. Können sinnvolle Vermutungen über die Wirkungszusammenhänge im realen Problem und im Neuronalen Netz getroffen werden, ist es möglich, dieses Wissen bei der Konstruktion der Netztopologie zu berücksichtigen, indem bestimmte aufeinander folgende Neuronen nicht verbunden werden bzw. zusätzliche Verbindungen geschaffen werden, um Schichten zu überspringen. Ist beispielsweise klar, dass das Niveau einer Eingabevariablen des Netzes direkt mit der Netzausgabe zusammenhängt, kann das Eingabeneuron unmittelbar mit dem betreffenden Ausgabeneuron verbunden werden. In den wenigsten Fällen können die Wirkungszusammenhänge sowohl in der Realität als auch im Neuronalen Netz sicher durchschaut werden. In der Regel empfiehlt es sich daher, ebenenweise vollständig verbundene Netze zu benutzen.

Es kommt vor, dass Neuronale Netze sehr komplex werden. Dies bezieht sich sowohl auf die Anzahl der Eingabeneuronen und verdeckten Neuronen als auch auf die Anzahl der Gewichte im Netz. In diesem Fall werden zahlreiche Trainingsmuster benötigt, um das Neuronale Netz zu trainieren. Es gibt verschiedene Verfahren, die Netztopologie zu optimieren. Eine Gruppe der Verfahren wird direkt in den Lernprozess integriert, eine andere reduziert die Netztopologie im Anschluss an den Lernprozess.

Komplexität der Netztopologie

Grundsätzlich existieren zwei Ansatzpunkte zur Reduktion des Netzes. Zum einen werden Neuronen der Eingabeschicht oder verdeckten Schicht gelöscht. Zum anderen werden Gewichte gelöscht, d. h. auf null gesetzt. Es bietet sich an, solche Neuronen bzw. Gewichte zu löschen, die nur einen geringen Einfluss auf die Ausgabewerte haben. Es hat sich gezeigt, dass bis zu einem gewissen Punkt Gewichte und Neuronen gelöscht werden können, ohne dass die Güte des Neuronalen Netzes leidet. Wird dieser Punkt allerdings überschritten, nimmt die Qualität des Neuronalen Netzes rapide ab. Für das Löschen von Gewichten stehen in der Literatur verschiedene Verfahren zur Verfügung, auf die an dieser Stelle allerdings nicht weiter eingegangen wird.[7]

5.2.3 Bestimmung der Informationsverarbeitung in Neuronen

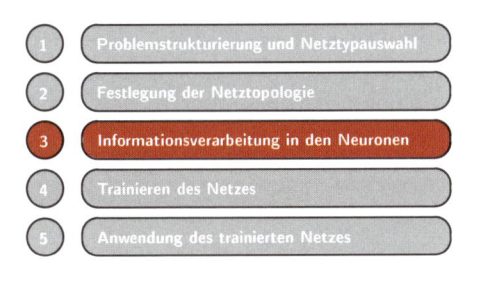

Ein Neuron nimmt die verschiedenen gewichteten Ausgabewerte der vorgelagerten Neuronen auf ($o_h \cdot w_{hi}$), wobei o_h den Ausgabewert eines Neurons der vorgelagerten Schicht h bezeichnet und w_{hi} das Gewicht einer Verbindung zwischen einem Neuron der vorgelagerten Schicht h zu dem betrachteten Neuron der Schicht i kennzeichnet. Durch die sog. *Propagierungsfunktion* werden die gewichteten Ausgabewerte der vorgelagerten Neuronen zu einem eindimensionalen Eingabewert des Neurons zusammengefasst, was sich im Ergebnis in der sog. Netzeingabe des Neurons net_i widerspiegelt. Aus der Netzeingabe des Neurons berechnet dann die sog. *Aktivierungsfunktion* f_{akt} den Aktivierungszustand a_i des Neurons.

Propagierungs- und Aktivierungsfunktion

Der Ausgabewert des betrachteten Neurons der Schicht i wird als o_i bezeichnet. Die Neuronen werden von der Eingabe- zur Ausgabeschicht durchgehend nummeriert. Das Gewicht zwischen dem ersten Neuron und dem fünften Neuron wird als w_{15} bezeichnet. Unglücklich ist dabei, dass dieser Bezeichnung nicht mehr entnommen werden kann, welcher Schicht die Neuronen angehören.

Allerdings werden hier in dieser einführenden Darstellung selten bestimmte Neuronen betrachtet.

---

[7]Vgl. exemplarisch Werbos (1988), S. 343 ff, Zell (1997), S. 117 und S. 320 sowie Bishop (1995).

5 Neuronale Netze

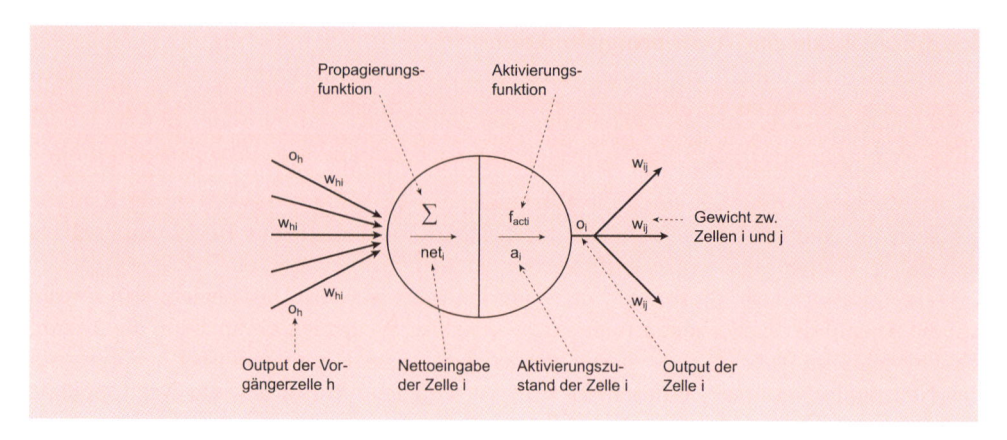

Abbildung 5.15: Der Aufbau eines aktiven Neurons in der verdeckten Schicht

Vielmehr wird allgemein für die Beziehung zwischen aufeinander folgenden Neuronen argumentiert. Dafür ist die hier verwendete Schreibweise unproblematisch. w_{ij} bezeichnet die Gewichtung der Verbindung zwischen einem bestimmten Neuron der Schicht i und einem bestimmten Neuron der nachgelagerten Schicht j.

5.2.3.1 Auswahl der Propagierungsfunktion

Einem einzelnen Neuron der verdeckten Schicht bzw. der Ausgabeschicht sind in der Regel mehrere Neuronen vorgelagert. Häufig ist das Neuron also mit mehreren Vorgängerneuronen durch gewichtete Verbindungen direkt verbunden. In einem Neuron wird allerdings nur ein *eindimensionales Eingabesignal* verarbeitet. Aus der Vielzahl der eingehenden Signale berechnet deshalb die sog. *Propagierungsfunktion* dieses einwertige Signal, das auch als Netzeingabe eines Neurons oder Nettoeingabewert net_j bezeichnet wird. Die nachfolgende Tabelle gibt einen Überblick über in der Praxis häufig benutzte Propagierungsfunktionen:

Bezeichnung	Funktionsvorschrift
Gewichtete Summe der Ausgabewerte	$net_j = \sum_{i=1}^{n} w_{ij} \cdot o_i$
Gewichtetes Produkt der Ausgabewerte	$net_j = \prod_{i=1}^{n} w_{ij} \cdot o_i$
Maximum der gewichteten Ausgabewerte	$net_j = \max\{w_{ij} \cdot o_i\}$

Abbildung 5.16: Exemplarischer Überblick über häufig verwendete Propagierungsfunktionen

Am häufigsten – und im Zusammenhang mit dem Backpropagation-Algorithmus nahezu ausschließlich – wird die *gewichtete Summe der Ausgabewerte* der Vorgängerzellen verwendet.[8] Ein wesentlicher Vorteil dieser Funktion ist, dass gewichtete Ausgabewerte von null hier durch die restlichen Werte kompensiert werden können.[9] Je nach Problemstellung sind unterschiedliche Kompensationseffekte erwünscht und können durch die Wahl der Propagierungsfunktion berücksichtigt werden.

---

[8] Bei der Vektorschreibweise entspricht die gewichtete Summe dem Skalarprodukt aus Gewichtsvektor und dem Vektor der Ausgabewerte der vorgelagerten Neuronen.

[9] Dadurch sind die Ansprüche an die Definition der Inputwerte geringer. Ansonsten kann ein Inputwert, der keinen Einfluss auf die Outputwerte hat, einen ausschließlichen Einfluss auf die Nachfolgerneuronen haben.

5.2.3.2 Auswahl der Aktivierungsfunktion

Der Aktivierungszustand bezeichnet, in Anlehnung an die Neuronen im menschlichen Gehirn, den Grad der Aktivierung der Zellen. Sie sind entweder aktiviert oder nicht-aktiviert. In künstlichen Neuronalen Netzen hat die sog. *Aktivierungsfunktion* zur Aufgabe, den Aktivierungszustand von Neuronen zu berechnen.[10] Die folgende Abbildung zeigt grafisch den Verlauf und die Funktionsvorschrift von vier häufig verwendeten Aktivierungsfunktionen.

Verschiedene Aktivierungsfunktionen

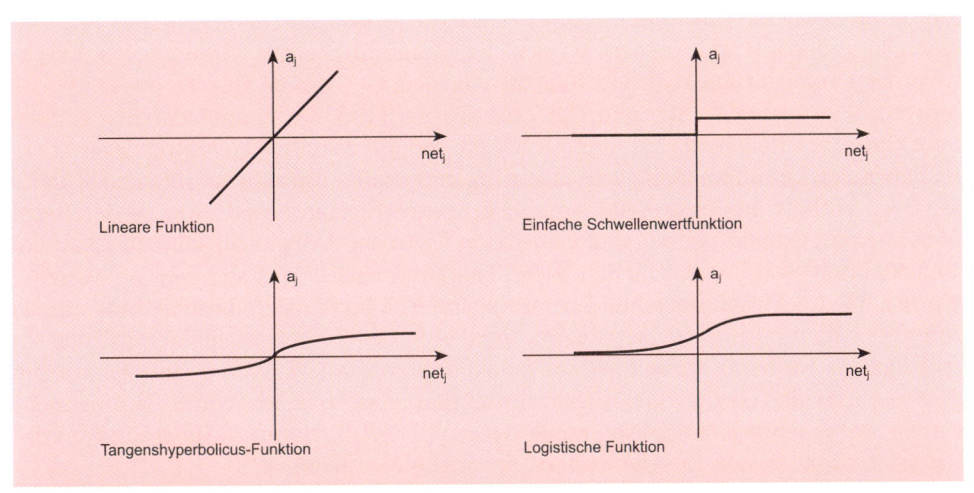

Aktivierungsfunktion	Funktionsvorschrift
Linearfunktion	$a_j(net_j) = \beta \cdot net_j$
Einfache Schwellenwertfunktion	$a_j(net_j) = \begin{cases} 1 & \text{falls } net_j > \theta_j \\ 0 & \text{sonst} \end{cases}$
Tangenshyperbolicus-Funktion	$a_j(net_j) = \tanh(net_j) \frac{e^{\beta(net_j - \theta_j)} - e^{-\beta(net_j - \theta_j)}}{e^{\beta(net_j - \theta_j)} + e^{-\beta(net_j - \theta_j)}}$
Logistische Funktion	$a_j(net_j) = \frac{1}{1 + e^{-\beta(net_j - \theta_j)}}$

Abbildung 5.17: Alternative Aktivierungsfunktionen bei KNN

Abbildung 5.17 macht deutlich, dass die *lineare Aktivierungsfunktion* über keinen Schwellenwert verfügt, da sie überall dieselbe Steigung aufweist. Demgegenüber kommt die *einfache Schwellenwertfunktion* (auch *Standard-Binärfunktion* genannt) dem biologischen Vorbild am nächsten, da sie nur zwischen zwei Aktivierungszuständen unterscheidet. Ein Neuron gilt hier als aktiviert, wenn das von der Propagierungsfunktion gelieferte Ergebnis eine bestimmte Reizschwelle (= Schwellenwert θ_j) überschreitet. Andernfalls ist das Neuron nicht aktiviert. Nachteil der Standard-Binärfunktion ist, dass sie nicht stetig und damit nicht differenzierbar ist. Für den Einsatz einiger Lösungsalgorithmen, darunter auch der in diesem Kapitel näher vorgestellte Backpropagation-Algorithmus, ist allerdings Voraussetzung, dass die Aktivierungsfunktion differenzierbar ist. Aus diesem Grund wird im Normalfall eine stetige Approximation der Binärfunktion verwendet, in der Regel sigmoide Aktivierungsfunktionen. *Sigmoide Funktionen* bezeichnen solche Funktionen, die einen S-förmigen Ver-

Sigmoide Funktionen

---

[10] Allgemein ist der Schwellenwert als der Ort der größten Steigung der Aktivierungsfunktion definiert. Vgl. Zell (1997), S. 81.

lauf aufweisen. Hierzu zählen sowohl die logistische als auch die Tangenshyperbolicus-Funktion. Das Neuron kann hier allerdings mehr als nur zwei Aktivierungszustände annehmen. Die Übergange zwischen den Extremen, beispielsweise als 0 und 1 kodiert, können ebenfalls Aktivierungszustand des Neurons sein. Der Übergang zwischen den Extremalausprägungen wird also geglättet.

Häufig wird als Aktivierungsfunktion eine Logistische Funktion verwendet. Je nachdem, welchen Wertebereich die Propagierungsfunktion liefert, fallen die Funktionswerte der *logistischen Aktivierungsfunktion* in den steilen Bereich um den Schwellenwert oder in die flacher verlaufenden Randbereiche. Je größer die Differenzen der Netzeingaben sind, desto stärker nähert sie sich der Standard-Binärfunktion an. Die Ergebnisse der Propagierungsfunktion hängen von den Gewichten ab, die im Laufe des Lernprozesses verändert werden. Der Logistischen Funktion kommt dabei vor allem dann eine große Bedeutung zu, wenn KNN für Aufgabenstellungen verwendet werden, bei denen der Zusammenhang zwischen Eingangs- und Ausgangsvariablen nichtlinear ist. Dazu enthält das Neuronale Netz nichtlineare Elemente und zwar in der Regel die Aktivierungsfunktionen in den verdeckten Neuronen. Allgemein sollte die Aktivierungsfunktion semi-linear sein, d. h. nichtlinear, differenzierbar und monoton steigend. Würden lineare Aktivierungsfunktionen eingesetzt, könnte das Neuronale Netz auf die Eingabe- und Ausgabeschicht reduziert werden.[11] Die Zwischenschichten würden ihre Aufgaben verlieren, denn mehrere aufeinanderfolgende lineare Transformationen können durch eine einzige lineare Transformation dargestellt werden. Es kann gezeigt werden, dass mehrschichtige Neuronale Netze mit nichtlinearen Aktivierungsfunktionen jeden funktionalen Zusammenhang approximieren können.[12]

Neben der Logistischen Funktion wird in der Praxis häufig auch die *Tangenshyperbolicus-Funktion* als Aktivierungsfunktion verwendet.[13] Sie ist ebenfalls semi-linear. Der Hauptunterschied zur Logistischen Funktion ist, dass ihr Ergebnis im Intervall $[-1; 1]$ liegt. Die Ergebnisse der Logistischen Funktion liegen dagegen zwischen 0 und 1.

Eine Veränderung des Schwellenwertes verschiebt die Aktivierungsfunktion horizontal. β ist ein vom Benutzer zu wählender Parameter, der die Steigung der Funktionen beeinflusst. Der Parameter β ist, falls die Summenfunktion als Propagierungsfunktion verwendet wird, linear mit den gewichteten Ausgabewerten der vorgelagerten Werte verknüpft. Eine lineare Veränderung aller Gewichte der eingehenden Verbindungen eines Neurons ist gleichbedeutend mit der Veränderung des Parameters β. Das bedeutet, die Form der Logistischen Funktion kann durch die Wahl der Größenordnung der Gewichte analog zu Abbildung 5.18 modifiziert werden.[14]

Die Veränderung der Gewichte erfolgt im später dargestellten Trainingsprozess. Ist β groß, nähert sich die logistische Aktivierungsfunktion tendenziell der Standard-Binärfunktion. Für β nahe null – dem entsprechen sehr kleine Gewichte im Neuronalen Netz – ist die Logistische Funktion eine Approximation der Linearfunktion. Der zuvor angesprochene Schwellenwert kann auf unterschiedliche Art umgesetzt werden. Zum Beispiel kann er als Parameter der Aktivierungsfunktion definiert werden. Nachteil

---

[11] Vgl. Zell (1997), S. 89 f.
[12] Vgl. Cybenko (1989), S. 303 ff.
[13] Am häufigsten werden die Logistische Funktion und die Tangenshyperbolicus Funktion als Aktivierungsfunktion verwendet. Sie können ineinander überführt werden. Vgl. Anders (1997), S. 48 ff. Vorteil der Tangenshyperbolicus-Funktion ist, dass sie symmetrisch zum Ursprung ist.
[14] Das Neuronale Netz sucht während des Lernprozesses die optimalen Stellen auf der Aktivierungsfunktion (Optimierung des Schwellenwertes), wobei zugleich die Aktivierungsfunktion optimal gestaucht wird (Modifikation der Größenordnung der Gewichte).

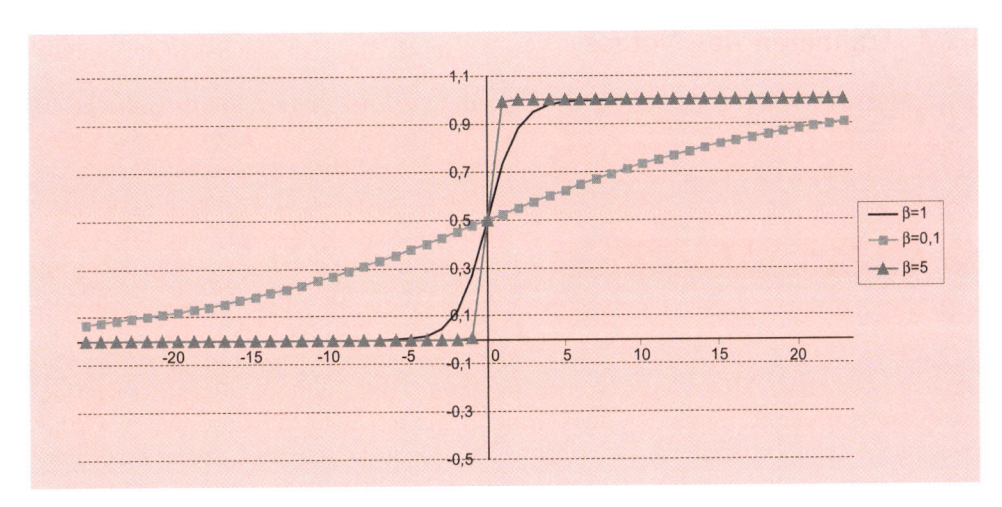

Abbildung 5.18: Die Bedeutung des Parameters β für den Verlauf der Aktivierungsfunktion

dieser Variante ist allerdings, dass der Schwellenwert dann nicht beim Lernprozess berücksichtigt wird. Die Gewichtsmodifikationen umfassen in diesem Fall *nicht* die Modifikation des Schwellenwertes. Dieser Nachteil kann umgangen werden, indem der Schwellenwert als sogenanntes *Schwellenwertneuron* definiert wird (vgl. Abbildung 5.19).

Schwellenwertneuron

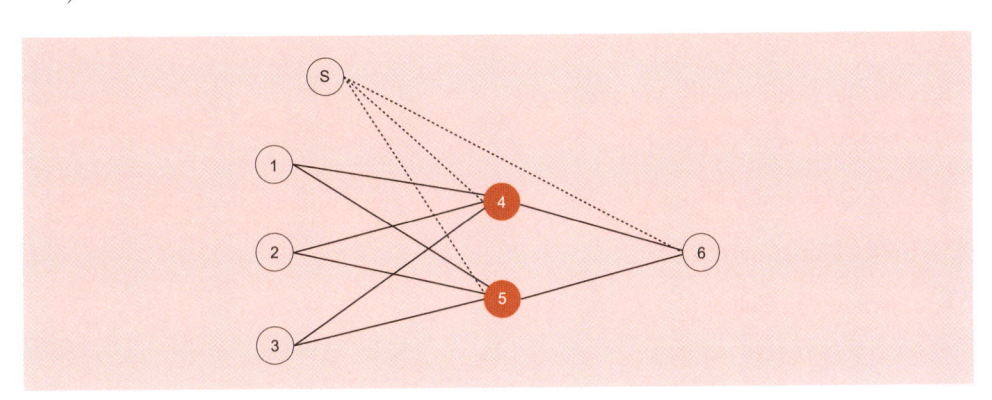

Abbildung 5.19: Schwellenwert als Schwellenwertneuron

Das Schwellenwertneuron S ist ein Neuron, das immer den Wert 1 hat und mit *allen anderen* Neuronen verbunden wird. Es wird also nicht für jede Ebene einzeln definiert, sondern es genügt, ein Schwellenwertneuron für das gesamte Neuronale Netz einzusetzen. Die Verbindung erfolgt analog zu den anderen Verbindungen im Netz über Gewichte, die auch im Lernprozess wie gewöhnliche Gewichte behandelt werden. Die Netzeingabe des Neurons net_j beinhaltet in diesem Fall bereits den Schwellenwert, sodass die Aktivierungsfunktion ohne Schwellenwert auskommt. Der Schwellenwert ist das negative Gewicht w_{oj} zwischen dem Schwellenwertneuron und dem betrachteten Neuron.[15]

---

[15] Vgl. Zell (1997), S. 82.

5.2.4 Trainieren des Netzes

1. Problemstrukturierung und Netztypauswahl
2. Festlegung der Netztopologie
3. Informationsverarbeitung in den Neuronen
4. Trainieren des Netzes
5. Anwendung des trainierten Netzes

Im Rahmen des Netztrainings vollzieht ein KNN den eigentlichen Lernprozess. Damit besitzt dieser Schritt eine grundlegende Bedeutung für KNN und wird im Folgenden einer detaillierteren Betrachtung unterzogen. Die Ausführungen beziehen sich dabei auf den Netztyp des Multi-Layer-Perceptrons (MLP), das den für die Praxis bedeutsamen Fall eines überwachten Feedforward-Lernens beschreibt. MLP-Netze werden meist mit Hilfe des sog. Backpropagation-Algorithmus trainiert, durch den die Lernmethodik in einem KNN abgebildet wird.[16] Nach einer kurzen Darstellung der prinzipiellen Möglichkeiten des Lernens werden anschließend die Grundlagen des Backpropagation-Algorithmus vorgestellt und schließlich ausgewählte Problemfelder diskutiert.

Netztraining

Neuronale Netze mit einem überwachten Lernprozess wie z. B. das Multi-Layer-Perceptron versuchen, im Trainingsprozess den Zusammenhang, der in der Realität zwischen Input- und Output-Werten vorliegt, aufzudecken. Lernen in einem KNN bedeutet, dass die Parameter des Modells so modifiziert werden, dass sie mit jedem Lernschritt den Wirkungszusammenhang eines Problems immer besser wiedergeben können. Theoretisch hat der Anwender dabei folgende Möglichkeiten, den Lernprozess zu beeinflussen:[17]

1. Entwicklung neuer Verbindungen
2. Löschen existierender Verbindungen
3. Modifikation des Schwellenwertes von Neuronen
4. Modifikation der Propagierungs- oder Aktivierungsfunktion
5. Entwicklung neuer Zellen
6. Löschen von Zellen
7. Modifikation der Stärke w_{ij} von Verbindungen

Die ersten beiden Möglichkeiten (Entwicklung zusätzlicher Verbindungen und Löschen existierender Verbindungen) können als Modifikation der Stärke w_{ij} von Verbindungen interpretiert werden, weshalb sie im Folgenden nicht weiter betrachtet werden. Ebenso kann die Modifikation des Schwellenwertes eines Neurons über die Modifikation der Gewichte erfasst werden, wenn die Schwellenwerte über ein Schwellenwertneuron in das Neuronale Netz integriert werden. Die Modifikation der Gewichte des Schwellenwertneurons geschieht analog zur Modifikation der übrigen Gewichte im Netz und bedarf deshalb keiner weiteren Erklärung. Für die Modifikation der Propagierungs- oder Aktivierungsfunktion existieren in der Praxis keine gebräuchlichen Algorithmen, durch die solche Modifikationen automatisiert werden könnten. Deshalb werden diese ebenfalls nur selten geändert.

---

[16] Das grundlegende Werk zum Backpropagation-Algorithmus ist von Rumelhart/Hinton/Williams (1986).
[17] Vgl. Zell (1997), S. 84.

Eine große Bedeutung besitzen demgegenüber solche Verfahren, die neue Zellen entwickeln bzw. wenig genutzte Zellen löschen. Diese Verfahren werden meist erst eingesetzt, nachdem die Gewichte im Neuronalen Netz optimiert wurden und die Ergebnisse, die das Netz liefert, noch nicht zufriedenstellend sind. Kern des Lernens von KNN ist somit die *Modifikation der Gewichte im Netz*. Im Folgenden verbinden wir deshalb mit dem *Lernen in KNN* die *Modifikation der Netzgewichte*. Dabei ist dem sog. *Backpropagation-Algorithmus*, der ebenfalls die Veränderung der Netzgewichte zum Gegenstand hat, eine zentrale Bedeutung in der Anwendungspraxis beizumessen. Deshalb wird er im Folgenden einer eingehenden Betrachtung unterzogen.

Modifikation der Netzgewichte

5.2.4.1 Abbildung des Lernprozesses durch den Backpropagation-Algorithmus

Bereits der Name „Backpropagation-Algorithmus" signalisiert, dass die Modifikation der Gewichte rückwärtsgerichtet erfolgt, d. h. von der Ausgabe- hin zur Eingabeschicht. Dabei ermittelt die sog. Fehlerfunktion den Fehler zwischen Soll-Ausgabe und der vom Netz berechneten Ausgabe. Da die Fehlerfunktion an der Ausgabeschicht ansetzt, kann nur der Beitrag der Verbindung, die direkt zur Ausgabeschicht führt, unmittelbar berechnet werden. Für die anderen Gewichte wird eine Fortpflanzung (*propagation*) des Fehlers von der Ausgabeschicht zur Eingabeschicht unterstellt. Dementsprechend erfolgt auch die Veränderung der Gewichte rückwärtsgerichtet (*back*). Im Folgenden wird am Beispiel eines mehrschichtigen Netzes die Informationsverarbeitung im Multi-Layer-Perceptron und das Training des Netzes mit dem Backpropagation-Algorithmus in seinen Grundzügen erläutert, wobei wir entsprechend Abbildung 5.20 neun Ablaufschritte unterscheiden:

Beispiel

Schritt 1: Initialisierung der Startgewichte
Für alle definierten Verbindungen w_{ij} zwischen den Neuronen der verschiedenen Schichten des Netzes werden zufällige Ausgangswerte gewählt.

Schritt 2: Berechnung der Ausgabewerte
Im vorwärtsgerichteten Schritt werden einzeln für jedes Datenmuster p die Netzausgaben berechnet.

Schritt 3: Berechnung des Netzfehlers
An der Ausgabeschicht wird der Fehler für das Datenmuster p durch die Fehlerfunktion E_p berechnet. Allgemein misst die Fehlerfunktion E_p die Abweichung zwischen den berechneten und den erhobenen Ausgabewerten für ein einzelnes Muster p. Zu minimieren ist nicht der Fehler eines Datenmusters p, sondern der durchschnittliche Gesamtfehler, der sich als Mittelwert der Fehler E_p für alle Datenmuster p an den Ausgabeneuronen bestimmt. Der Backpropagation-Algorithmus versucht, den durchschnittlichen Gesamtfehler zu minimieren, indem er die Netzgewichte einzeln für jeden Datensatz p ändert. Das arithmetische Mittel aller Gewichtsänderungen ist eine Schätzung der wahren Änderung der Gewichte, die nötig wäre, um den durchschnittlichen Gesamtfehler zu minimieren.

Netzfehler

5 Neuronale Netze

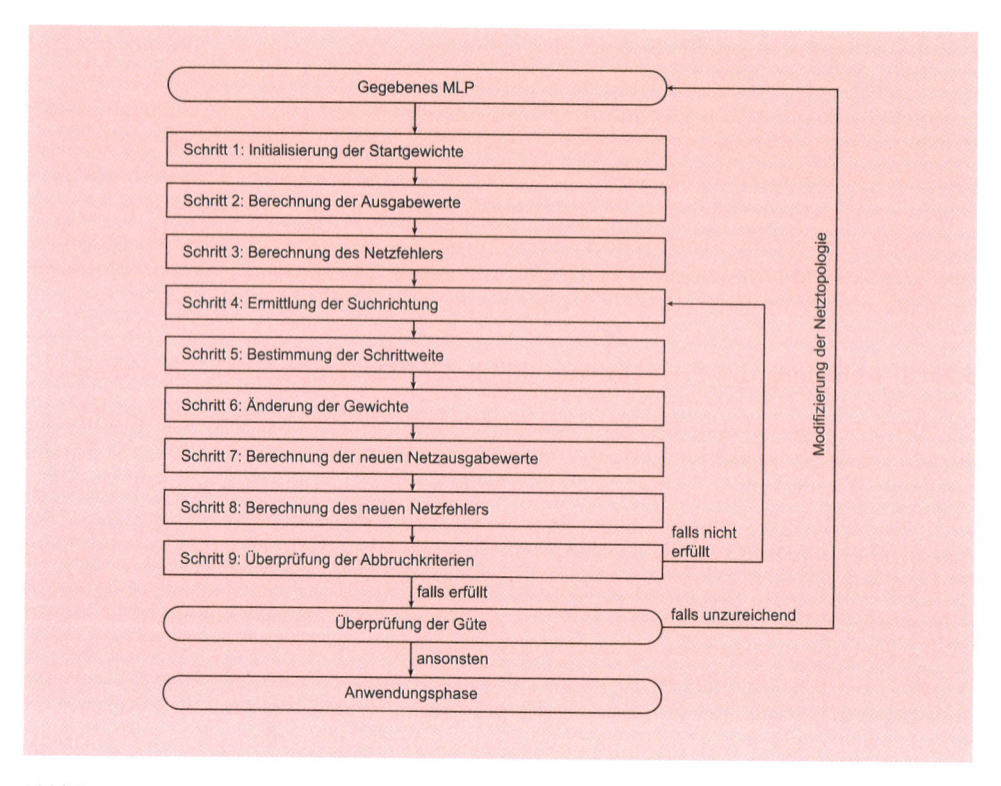

Abbildung 5.20: Ablaufschritte der Informationsverarbeitung im MLP und Netztraining mit Hilfe des Backpropagation-Algorithmus

In der Regel wird die *quadratische Fehlerfunktion*

$$E = \sum_{i=1}^{a}(o_i - t_i)^2 \tag{5.3}$$

verwendet, wobei a die Anzahl der Neuronen in der Ausgabeschicht angibt. Für jedes Neuron berechnet die Fehlerfunktion die Differenz zwischen dem berechneten Ausgabewert o und dem empirisch ermittelten Ausgabewert t. Durch Quadrierung der Differenz wird vermieden, dass sich Abweichungen mit unterschiedlichem Vorzeichen gegenseitig aufheben und insgesamt zu einer Fehlerreduktion führen. Für Klassifizierungsaufgaben mit zwei Klassen, bei denen die Netzausgabe die Wahrscheinlichkeit dafür bestimmt, dass das Muster einen Wert von 1 liefert, wird alternativ folgende Fehlerfunktion verwendet:

$$E = [t \cdot o + (1 - t) \cdot ln(1 - 0)] \tag{5.4}$$

Außerdem werden in der Literatur Fehlerfunktionen vorgeschlagen, die Kosten für Fehler zwischen Soll-Ausgabe und berechneten Ausgabewerten erzeugen. Da diese Kostenfunktionen lediglich auf Plausibilitätsüberlegungen beruhen, wird im Folgenden nur die quadratische Fehlerfunktion behandelt.

Schritt 4: Ermittlung der Suchrichtung

Die Gewichte sollen so verändert werden, dass der Fehler minimiert wird. Wird das Netztraining als Optimierungsproblem betrachtet, so kann die Fehlerfunktion als Zielfunktion betrachtet werden. Für jedes Gewicht im Netz wird mit Hilfe des *Gradientenverfahrens* die Richtung der Gewichtsänderung berechnet, die den Fehler am stärksten verringert. Der Gradient der Fehlerfunktion zeigt in die Richtung der steilsten Steigung an der aktuellen Stelle. Um den Gradienten auch für Verbindungen zwischen vorgelagerten Schichten berechnen zu können, wird das Konstrukt *Fehlersignal* eingeführt, das sich unmittelbar aus der mathematischen Herleitung des Backpropagation-Algorithmus ergibt.[18] Die Fehlersignale werden rekursiv von der Ausgabeschicht ausgehend berechnet und erlauben die Ermittlung des Beitrages eines vorgelagerten Gewichtes für das Zustandekommen des Netzfehlers an der Ausgabeschicht.

Fehlersignal

Schritt 5: Bestimmung der Schrittweite bzw. Lernrate

Die sog. Schrittweite gibt an, wie stark die Änderung der Gewichte in Richtung der steilsten Steigung erfolgen soll. Da sich in der Gewichtsänderung der Lernprozess widerspiegelt, wird die Schrittweite auch als Lernrate η bezeichnet. Die Lernrate η hat einen Einfluss darauf, inwieweit der Lernalgorithmus konvergiert, d. h. ein Minimum der Fehlerfunktion des Trainingsdatensatzes finden kann. Je kleiner die Lernrate ist, desto mehr Lernschritte sind notwendig, bis ein Minimum der Fehlerfunktion erreicht wird. Die Änderung der Gewichte in einem Lernschritt ist geringer, d. h. der Algorithmus macht sehr kleine Schritte auf der Fehlerfläche. Der Zeitaufwand für den Lernprozess wird gerade bei komplexen Netzstrukturen sehr groß. Die Schrittlänge darf aber auch nicht zu groß gewählt werden, weil sonst die Gefahr besteht, ein Minimum zu überspringen.

Die Lernrate ist ein Parameter, der im einfachen Backpropagation-Algorithmus vom Anwender verändert werden kann. Es sind zahlreiche Verfahren zur Optimierung der Lernrate entwickelt worden,[19] die zeigen, dass die Wirkung der Lernrate von der Größenordnung der Gewichte abhängt. Bei der Wahl der optimalen Lernrate kann daher nicht a priori ein Wert empfohlen werden. In der Literatur wird häufig dazu geraten, mit relativ großer Schrittweite zu beginnen. Bei Gewichten im Intervall $[-1; 1]$ könnte mit einem Lernfaktor in der Größenordnung von $2 - 3$ begonnen werden.[20] Allerdings sei betont, dass die optimale Lernrate von der Problemstellung, den Trainingsdaten, der Größe und der Netztopologie abhängt und Anwendungsempfehlungen aus diesem Grund mit großer Vorsicht zu betrachten sind. Es ist deshalb ratsam, verschiedene Lernraten auszuprobieren. Im einfachsten Fall bleibt die Lernrate während des gesamten Lernprozesses konstant. Bessere Ergebnisse können allerdings häufig erzielt werden, wenn die Lernrate im Laufe des Lernprozesses verändert wird. Prinzipiell kann es vorteilhaft sein, die Lernrate im Laufe des Lernprozesses zu verringern.

Lernrate

Vorsicht bei Anwendungsempfehlungen

Schritt 6: Änderung der Gewichte

Die Änderung der Gewichte w_{ij} erfolgt nach folgendem Berechnungsschema, das auf alle Gewichte w_{ij} angewendet wird:

---

[18] Vgl. zur Herleitung des Backpropagation-Algorithmus Zell (1997), S. 106 ff.
[19] Vgl. Rojas (1996), S. 168 ff.
[20] Vgl. z. B. Zell (1997), S. 114.

5 Neuronale Netze

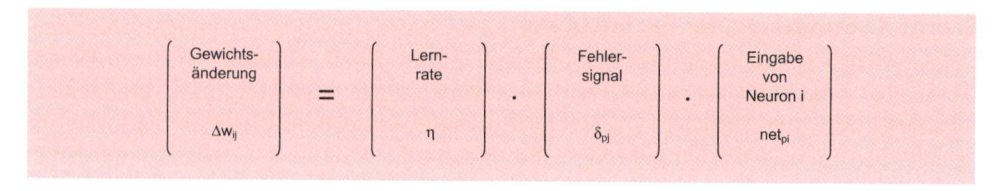

$$\begin{pmatrix} \text{Gewichts-} \\ \text{änderung} \\ \Delta w_{ij} \end{pmatrix} = \begin{pmatrix} \text{Lern-} \\ \text{rate} \\ \eta \end{pmatrix} \cdot \begin{pmatrix} \text{Fehler-} \\ \text{signal} \\ \delta_{pj} \end{pmatrix} \cdot \begin{pmatrix} \text{Eingabe} \\ \text{von} \\ \text{Neuron i} \\ net_{pi} \end{pmatrix}$$

Abbildung 5.21: Gewichtsänderungen beim BP-Algorithmus

Schritt 7: Berechnung der neuen Netzausgabewerte
Durch die Verwendung der neuen Gewichte erhält man die Ausgabewerte für das folgende Datenmuster. Analog zu Schritt 3 wird dann wiederum der Fehler an der Ausgabeschicht berechnet.

Schritt 8: Berechnung des neuen Netzfehlers
Analog zu Schritt 3 wird der Netzfehler für die neuen Gewichte berechnet.

Schritt 9: Überprüfung der Abbruchkriterien
Der Backpropagation-Algorithmus wird beendet, wenn die zuvor definierten Abbruchkriterien erfüllt sind, andernfalls wird mit Schritt 4 fortgefahren. Kann durch den Backpropagation-Algorithmus allein kein befriedigendes Ergebnis erzielt werden, so sind entweder die Neuronen anders zu definieren oder die Netztopologie bzw. das Abbruchkriterium zu verändern. Darüber hinaus kann auch eine andere Lernrate gewählt werden.

Abbruchkriterien

Da nicht allgemein gezeigt werden kann, wann der Backpropagation-Algorithmus konvergiert,[21] lässt sich mathematisch auch kein Abbruchkriterium ableiten. Für die praktische Anwendung existiert aber eine Reihe bewährter Abbruchkriterien, die allerdings weitgehend auf Plausibilitätskriterien beruhen. So scheint es sinnvoll zu sein, den Backpropagation-Algorithmus dann abzubrechen, wenn ein Minimum der Fehlerfläche – sei es ein globales oder lokales Minimum – erreicht wird. Im Minimum ist der Gradient der Gewichte $g(w)$, also der Vektor der partiellen Ableitungen erster Ordnung der Gewichte nach dem Fehler, gleich null. Dementsprechend besteht eine Variante darin, den Backpropagation-Algorithmus zu stoppen, wenn die Länge des Gradienten einen vorher zu definierenden Wert unterschreitet.

Nachteilig ist, dass die Trainingszeit u. U. sehr lang wird und dass ständig der Gradient berechnet werden muss. Ein weiterer Nachteil ist, dass die Fehlerfunktion im Minimum ein stationäres Maß ist, d. h. es werden keine Veränderungen widergespiegelt. Deshalb wird teilweise das Abbruchkriterium über die absolute Veränderung des durchschnittlichen quadratischen Fehlers definiert. Der Backpropagation-Algorithmus wird in diesem Fall angehalten, sobald der durchschnittliche quadratische Fehler in einem Durchlauf einen bestimmten Wert unterschreitet. Als Grenze haben sich hier Werte zwischen 0,1 % und 1 % bewährt. Allerdings kann dieses Kriterium zu einem zu frühen Abbruch des Lernprozesses führen.

Overfitting

Wird als Abbruchkriterium ein Maß verwendet, das sich nur auf die Daten bezieht, die auch zum Trainieren des Netzes verwendet wurden, kann es zu einem Phänomen kommen, das als *overfitting* in die Literatur eingegangen ist. *Overfitting* ist dann problematisch, wenn der Datensatz ein Rauschen enthält. Unter Rauschen sind

---
[21] Vgl. Haykin (2008), S. 173.

5.2 Vorgehensweise

nicht-systematische Fehler wie Messfehler zu verstehen, die den Wirkungszusammenhang zwischen Eingabe- und Ausgabevariablen teilweise überlagern. Ab einem Punkt „lernt" das Neuronale Netz bestimmte Zusammenhänge auswendig und verallgemeinert nicht mehr die Beziehung zwischen Ein- und Ausgabedaten. Fehlerhafte Daten werden durch das „Auswendiglernen" vom Neuronalen Netz bei der Bestimmung der Ausgabedaten unverändert reproduziert. In diesem Fall wäre es sinnvoller, den Lernprozess abzubrechen, bevor das Minimum der Fehlerfunktion des Trainingsdatensatzes erreicht ist.

Entsprechend der Zielsetzung, allgemeine Wirkungszusammenhänge zwischen Eingabe- und Ausgabedaten zu erschließen, wird der Lernprozess abgebrochen, wenn der Fehler in einem Datensatz, der nicht zum Trainieren des Netzes verwendet wurde, einen zuvor definierten Grenzwert unterschritten hat. Das Abbruchkriterium wird also von der Fehlerfunktion des Trainingsdatensatzes gelöst und statt dessen die Fehlerfunktion eines separaten *Validierungsdatensatzes* verwendet, der eigens zur Beurteilung der Güte des Lernprozesses generiert wird.[22] Dazu wird der empirisch erhobene Datensatz zunächst zufällig in Trainings- und Validierungsdaten unterteilt. Ziel ist es dabei, das Modell mit Daten zu validieren, die nicht zum Schätzen der Gewichte verwendet wurden. Aus einer anderen Perspektive betrachtet handelt es sich bei jeder Konstellation der Gewichte um ein separates Modell, das den Zusammenhang zwischen Eingabe- und Ausgabewerten anders darstellt als vor der jeweiligen Gewichtsänderung. Mit Hilfe der Validierungsdaten wird die Güte der verschiedenen Modelle, also verschiedener Gewichtskonstellationen, ermittelt und das beste Modell bzw. die beste Gewichtskonstellation ausgewählt. Das beste Modell entspricht dann einem Neuronalen Netz mit optimalen Gewichten. Abbildung 5.22 zeigt, dass die Fehlerfunktion E der Trainingsdaten ihr Minimum erst später erreicht. Die Fehlerfunktion sinkt mit zunehmender Anzahl an Lernschritten.

Validierungsdaten

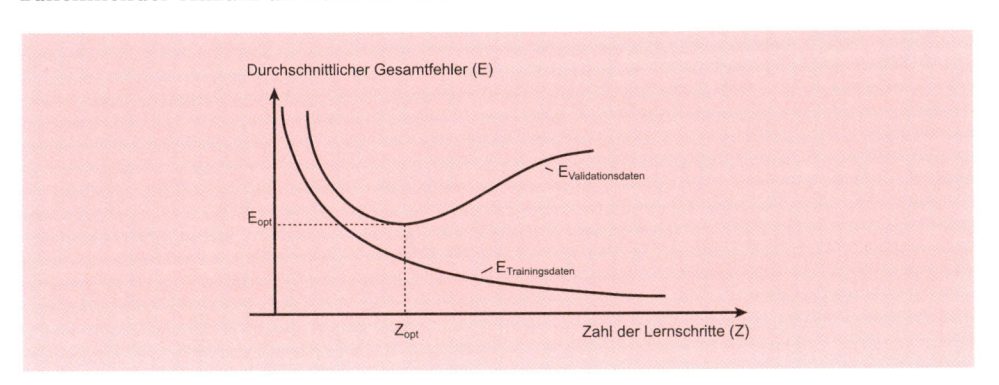

Abbildung 5.22: Optimierung des Lernprozesses

Da der Validierungsdatensatz bereits zur Modellauswahl verwendet wird, wird zur Bestimmung der Güte des letztendlich gewählten Modells ein Testdatensatz verwendet, der ebenfalls aus derselben Grundgesamtheit wie Trainings- und Validierungsdatensatz stammt, aber von ihnen verschieden ist. Es wird empfohlen, rund 80 % dem Trainingsdatensatz zuzuschlagen und den Rest auf Validierungs- und Testdatensatz aufzuteilen.[23]

---

[22]Diese Methode wird auch als Early-Stopping-Methode bezeichnet. Vgl. Haykin (2008).
[23]Vgl. Kearns (1996), S. 183 ff.

5 Neuronale Netze

Trainingsdaten	Validierungsdaten	Testdaten
ca. 80 %	ca. 10 %	ca. 10 %

Abbildung 5.23: Aufteilung des Datensatzes in Trainings-, Validierungs- und Testdaten

5.2.4.2 Problemfelder bei der Anwendung des Backpropagation-Algorithmus

Der Backpropagation-Algorithmus ist nicht frei von Problemen. Abbildung 5.24 stellt exemplarisch für ein Gewicht w_{ij} und die Fehlerfunktion E einige Problemfelder grafisch dar.

Teilweise liegen die Probleme darin begründet, dass der Backpropagation-Algorithmus als Gradientenverfahren nur seine unmittelbare Umgebung und nicht die gesamte Fehlerfläche berücksichtigen kann. Der Backpropagation-Algorithmus berechnet ein lokales Minimum. Er kann aber nicht sicherstellen, dass es sich dabei auch um ein globales Minimum der Fehlerfunktion handelt. Es kann auch keine Aussage darüber getroffen werden, wie groß der Unterschied zwischen lokalem und globalem Minimum ist. Möglicherweise ist ein lokales Minimum dennoch eine gute Näherung an das globale Minimum. Abbildung 5.24 zeigt oben links, wie der Backpropagation-Algorithmus ein lokales Minimum ausmacht, aber ein wesentlich effizienteres globales Minimum verpasst. Bei komplexeren Netzen gewinnt dieses Problem an Gewicht.

Lokale und globale Minima

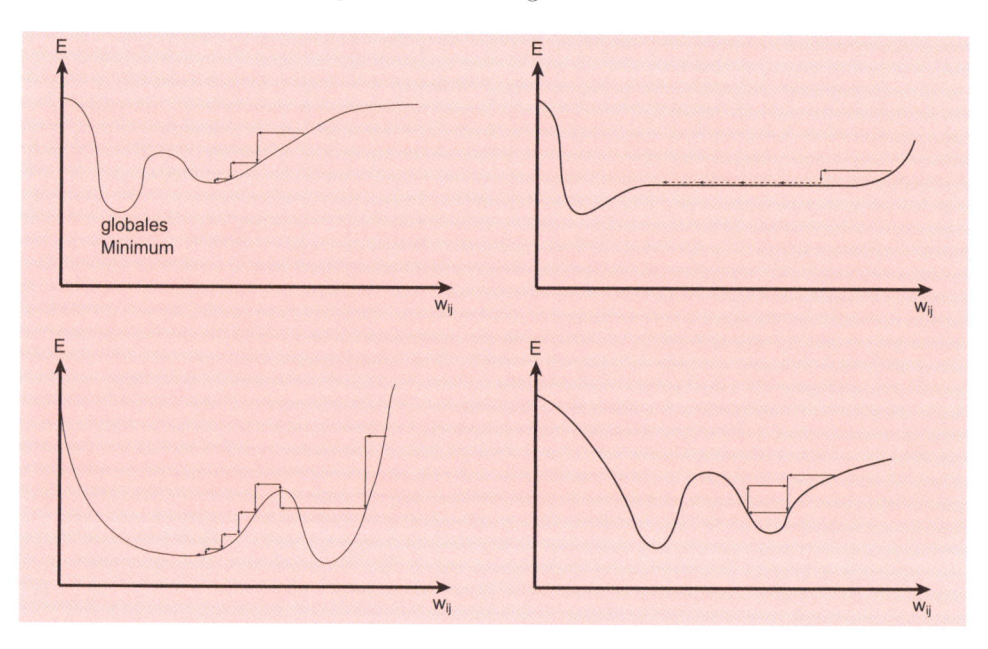

Abbildung 5.24: Ausgewählte Konvergenzprobleme des BP-Algorithmus (Quelle: in starker Anlehnung an Zell (1997), S. 113)

Gerade die Fehlerfunktionen von Netzen mit zahlreichen Eingabeneuronen, verdeckten Schichten und Ausgabeneuronen und damit zahlreichen Verbindungen zeichnen sich durch extrem unregelmäßige und unübersichtliche Fehlerfunktionen aus. Aus diesem Grunde wächst hier die Gefahr, statt in einem globalen in einem lokalen Minimum zu landen.

Flache Plateaus

Ein ähnliches Problem liegt bei sogenannten flachen Plateaus vor. Auch hier ist es möglich, dass der Lösungsalgorithmus nicht das globale Minimum identifiziert. Da sich bei flachen Plateaus kein Anstieg in der unmittelbaren Umgebung befindet, werden die Gewichte nicht mehr geändert. Der Gradient ist also der Nullvektor. Grafisch ist dies oben rechts in Abbildung 5.24 veranschaulicht.[24] Wird eine größere Lernrate gewählt, sinkt die Gefahr, dass der Backpropagation-Algorithmus ein suboptimales lokales Minimum der Fehlerfunktion identifiziert oder er in einem flachen Plateau hängenbleibt.

Es kann vorkommen, dass der Backpropagation-Algorithmus gute Minima verlässt und stattdessen ein suboptimales Minimum findet (vgl. Abbildung 5.24 unten links). Dies kommt nur bei besonders engen Tälern vor. In der Praxis ist dieser Fall aber eher selten anzutreffen.

Schließlich kann der Algorithmus in steilen Schluchten der Fehlerfunktion auch oszillieren. Ist der Gradient am Rande einer Schlucht sehr groß, kann er an die andere Seite der Schlucht springen. Hat die Schlucht auf der anderen Seite dieselbe Steigung, wird er wieder zurückspringen.

Steile Schluchten

5.2.5 Anwendung des trainierten Netzes

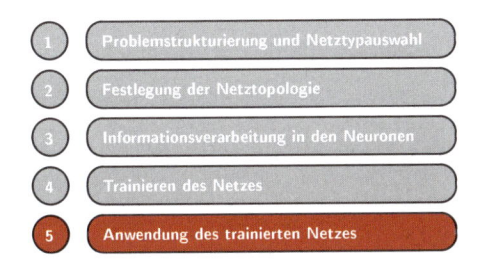

In der Anwendungsphase berechnet das Neuronale Netz aus Eingabedaten Ausgabedaten. Dabei handelt es sich je nach Problemstellung um Prognosen oder Klassifizierungen. Ein Produkt bzw. eine Umweltsituation wird über dieselben Merkmale bzw. Eingabeneuronen beschrieben wie in der Trainingsphase. Der Anwendungsdatensatz umfasst im Gegensatz zum Trainingsdatensatz keine empirischen Soll-Ausgabewerte. Eine Fehleranalyse ist deshalb erst dann möglich, wenn das zu prognostizierende bzw. zu klassifizierende Ereignis eingetreten ist.

Training und Anwendung

In der Regel wird die Anwendungsphase von der Trainingsphase strikt getrennt. Der Lernprozess ist nach der Trainingsphase abgeschlossen, die Gewichte werden „eingefroren" und während der Anwendungsphase nicht mehr verändert.

Wichtig ist, dass das Neuronale Netz nur für Anwendungssituationen verwendet wird, die den gleichen funktionalen Zusammenhang zwischen Netzinput und Netzoutput aufweisen, der auch dem Trainingsdatensatz zugrunde lag. Die Anwendungsdauer eines trainierten Netzes hängt damit von der Stabilität des jeweiligen Problems ab. Besteht insbesondere bei sich schnell verändernden Problemsituationen der Verdacht, dass sich die Eingabe-Ausgabe-Beziehung geändert hat, ist ein bereits trainiertes Neuronales Netz mit Vorsicht anzuwenden. Gegebenenfalls sind neue Trainingsdaten zu erheben.

---

[24] Vgl. Zell (1997), S. 112 f.

Sensitivitätsanalyse   Mit Hilfe von Sensitivitätsanalysen wird versucht, Einblick in die Kausalzusammenhänge der Problemsituation zu erhalten. In der Regel werden ein oder zwei der Eingabevariablen variiert, während für die restlichen Durchschnittswerte angesetzt werden. Es wird nun beobachtet, welchen Einfluss die Variation der ausgewählten Eingabevariablen auf die Ausgabevariablen hat. Problematisch ist dabei allerdings, dass nachträglich die ursprünglich im Modell enthaltenen nichtlinearitäten aufgrund der Verwendung von Durchschnittswerten keine Berücksichtigung finden. Die Durchschnittswertbetrachtung ist nur sinnvoll, wenn die nichtlinearitäten nicht sehr ausgeprägt sind.

5.3 Fallbeispiel

5.3.1 Problemstellung

In einer groß angelegten fiktiven Studie, durchgeführt in einer Vielzahl von Supermärkten, erhebt ein Margarinehersteller den Absatz von Margarine in Abhängigkeit von sechs Einflussfaktoren. Dabei handelt es sich um die in Abbildung 5.25 abgebildeten Variablen. Voruntersuchungen haben ergeben, dass der Margarineabsatz im Wesentlichen von diesen Einflussfaktoren abhängt. Außerdem wurde festgestellt, dass in den Supermärkten nahezu gleich viel Margarine abgesetzt wurde, wenn die sechs betrachteten Einflussfaktoren identisch waren. Die Untersuchung wurde über einen längeren Zeitpunkt durchgeführt, wobei eine homogene Stichprobe von Supermärkten gewählt wurde. Auf diese Weise konnte ein Datensatz von 800 Daten erhoben werden. Der Hersteller hofft, in Zukunft auf Basis dieser Daten den Margarineabsatz besser prognostizieren zu können.

Variablenname	Bedeutung	Skalenniveau	Codierung
PREIS	Preis	Metrisch	
PLAZIERU	Platzierung	Nominal	1 - Normalfach 2 - Kühlfach 3 - Zweitplatzierung
VERKAUFS	Verkaufsförderung	Metrisch	
VERTRETE	Vertreterbesuche	Metrisch	
VERPACKU	Verpackung	Nominal	0 - Plastik 1 - Papier
HALTBARK	Haltbarkeit	Metrisch	
MENGE	Menge	Metrisch	

Abbildung 5.25: Variable im Fallbeispiel

Nachfolgend wird anhand des obigen Fallbeispiels ein Neuronales Netz mit Hilfe der in SPSS enthaltenen Prozedur „Neuronale Netze" berechnet. Dass diese Prozedur in den zentralen Ergebnissen und den Gütekriterien zu den gleichen Ergebnissen führt wie das von IBM SPSS angebotene Erweiterungsmodul IBM SPSS Modeler, wird im Folgenden nur die Berechnung des Neuronalen Netzes für das Fallbeispiel mit der in SPSS implementierten Prozedur für Neuronale Netze vorgestellt. Für den interessierten Leser wird allerdings in Abschnitt 5.3.3 ein kurzer Vergleich zwischen der SPSS-Prozedur und dem IBM SPSS Modeler vorgenommen.

5.3.2 Berechnung des Neuronalen Netzes mit Hilfe der Prozedur „Neuronale Netze" in SPSS

5.3.2.1 Einstellungen zur Prozedur Neuronale Netze (MLP)

Zunächst wird in SPSS aus dem Menüpunkt „Analysieren" der Unterpunkt „Neuronale Netze" und dort die Prozedur „Mehrschichtiges Perzeptron" aufgerufen (vgl. Abbildung 5.26). Diese entspricht dem in diesem Kapitel besprochenen Multi-Layer-Perceptron (MLP).

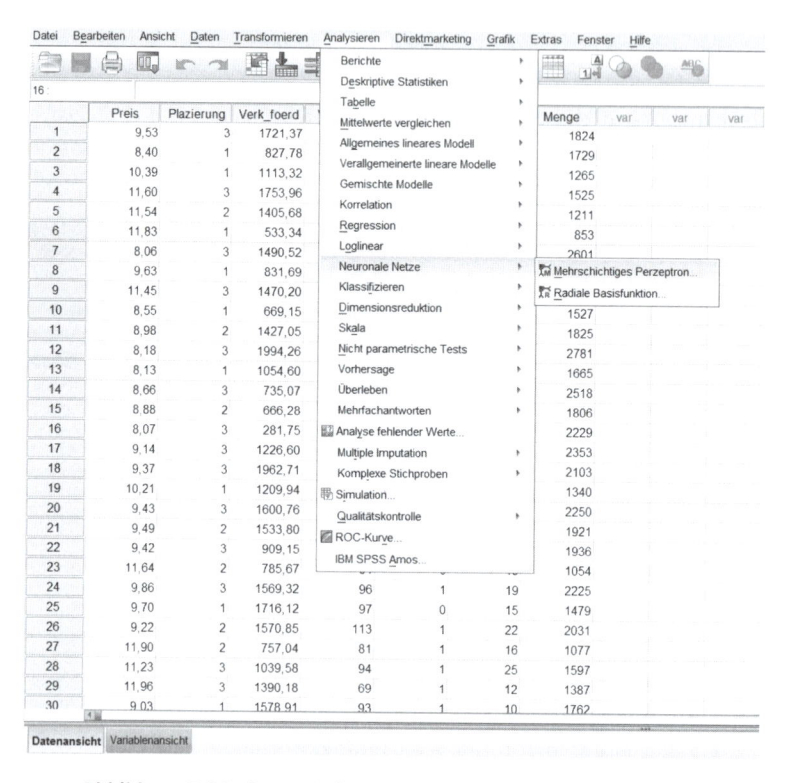

Abbildung 5.26: Daten-Editor mit Auswahl „Neuronale Netze"

Anschließend erfolgt in dem erscheinenden Menü zum Mehrschichtigen Perzeptron im Dialogfeld „Variablen" die Festlegung der abhängigen Variablen (hier: Menge) und der unabhängigen Variablen (hier: sechs Einflussfaktoren). Dabei werden nominal skalierte Variablen in das Feld „Faktoren" eingelesen (hier: Platzierung; Verpackung) und die metrisch skalierten Variablen in das Feld „Kovariaten" (vgl. Abbildung 5.27).

5.3 Fallbeispiel

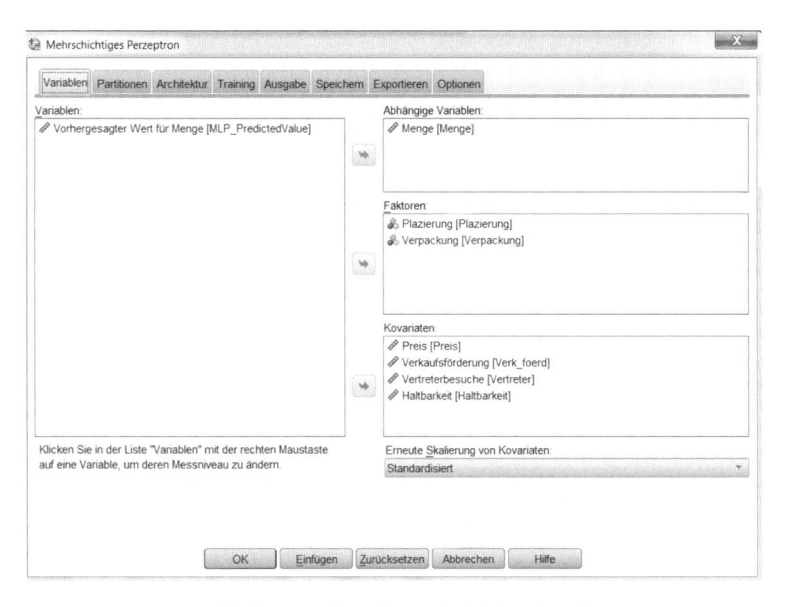

Abbildung 5.27: Dialogfeld „Variablen"

Nach Zuordnung der Variablen kann über das Dialogfeld „Partitionen" die Deklaration der Trainings- bzw. Testdaten erfolgen (vgl. Abbildung 5.28). Durch SPSS werden Fälle der Trainingsgruppe zufällig zugewiesen (Voreinstellung).

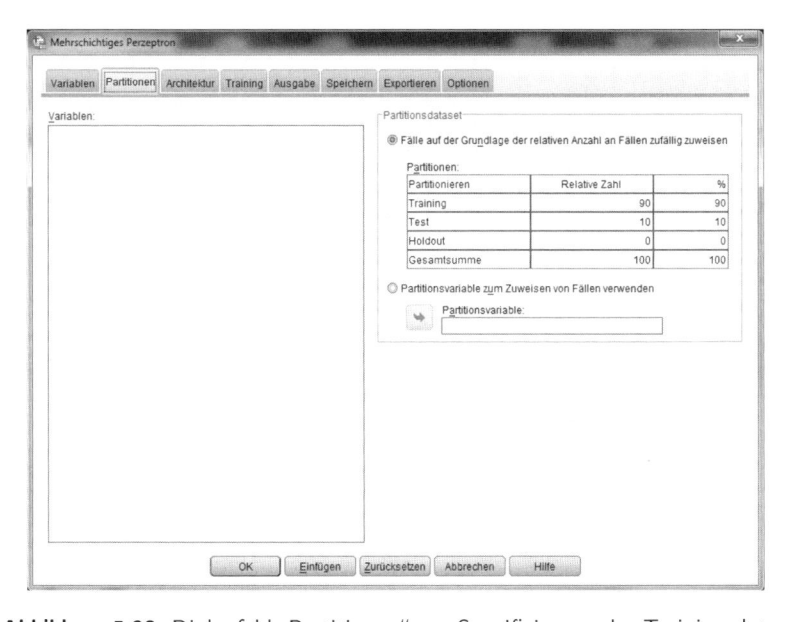

Abbildung 5.28: Dialogfeld „Partitionen" zur Spezifizierung der Trainingsdaten

Der Anwender kann aber auch eine Aufteilung des Datensatzes anhand frei spezifizierbarer Anteilswerte vornehmen. Soll z. B. eine Analyse identisch reproduziert werden, so sind hier die Vorgaben der bereits durchgeführten Analyse einzugeben. Ebenso besteht die Möglichkeit, über eine Partitionsvariable das Trainingsset fest-zulegen. Im Anschluss erfolgt die Festlegung der Netztopologie. Hierzu zählen die Bestimmung

5 Neuronale Netze

der Anzahl der verborgenen Schichten sowie der darin enthaltenen Einheiten. Der Anwender kann entweder auf die voreingestellte „Automatische Architekturauswahl" zurückgreifen oder selbst die Architektur vorgeben. Für das Fallbeispiel wurde eine benutzerdefinierte Architektur gewählt und dabei eine verborgene Schicht sowie sieben Einheiten in dieser Schicht spezifiziert. Weiterhin kann der Anwender in diesem Dialogfeld für die verborgene Schicht zwischen den Aktivierungsfunktionen Hyperbeltangens (Voreinstellung) und Sigmoid wählen und Aktivierungsfunktionen für die Ausgabeschicht angeben. Im Fallbeispiel wurde es bei den verborgenen Schichten sowie der Ausgabeschicht bei den Voreinstellungen (Hyperbeltangens bzw. Identität) belassen (vgl. Abbildung 5.29).

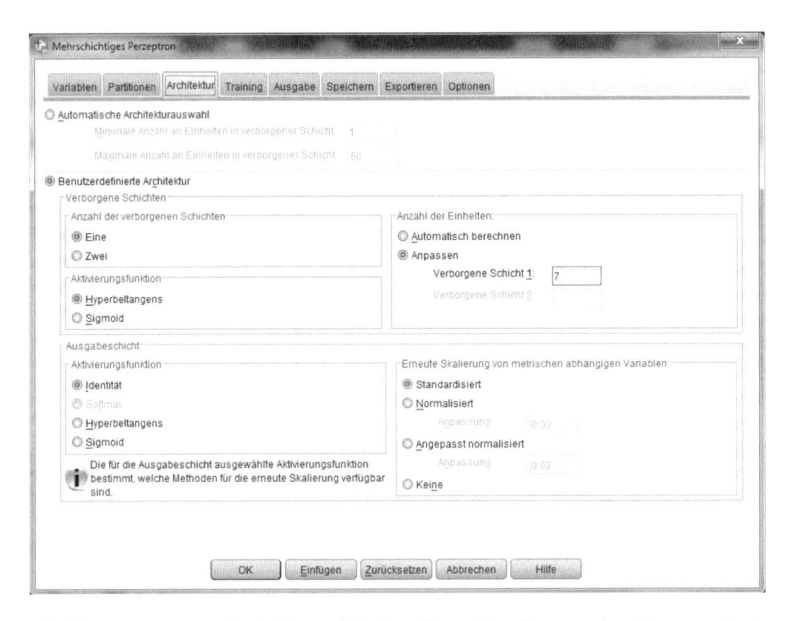

Abbildung 5.29: Dialogfeld „Architektur" zur Festlegung der Netztypologie

Darüber hinaus kann der Anwender über das Dialogfeld „Training" den Trainingsprozess steuern. Auf diese Möglichkeit wurde im Fallbeispiel verzichtet und die Voreinstellungen übernommen. Die Auswahl der auszugebenden Statistiken wird über das Dialogfeld „Ausgabe" gesteuert. Im Fallbeispiel wurden alle Ausgabemöglichkeiten ausgewählt, um nachfolgend auch alle Ausgabeoptionen besprechen zu können.

5.3 Fallbeispiel

Wird gewünscht, die durch das Netz für die abhängigen Variablen (hier: Menge) vorhergesagten Werte in späteren Analysen zu verwenden (z.B. zur Korrelationsberechnung zwischen den erhobenen und den durch das Netz prognostizierten Absatzmengen), so ist diese Option im Dialogfeld „Speichern" auszuwählen. Für die Vorhersagevariable verwendet SPSS standardmäßig die Bezeichnung „MLP_PredictedValue" oder den vom Anwender unter „Speichern" eingetragenen Namen. Weiterhin können die im Ergebnis erzeugten synaptischen Gewichtungsfaktoren (vgl. Abbildung 5.33) mit dem Dialogfeld „Exportieren" in einer XML-Datei ausgegeben werden (Abbildung 5.30). Im Fallbeispiel wurde die Exportdatei mit „Neuronale Netze_synaptische Gewichte" bezeichnet. Mit Hilfe dieser Datei können dann auf Basis der Ergebnisse des trainierten Netzes Prognosen für neue Fälle durchgeführt werden (vgl. Abschnitt 5.3.2.3).

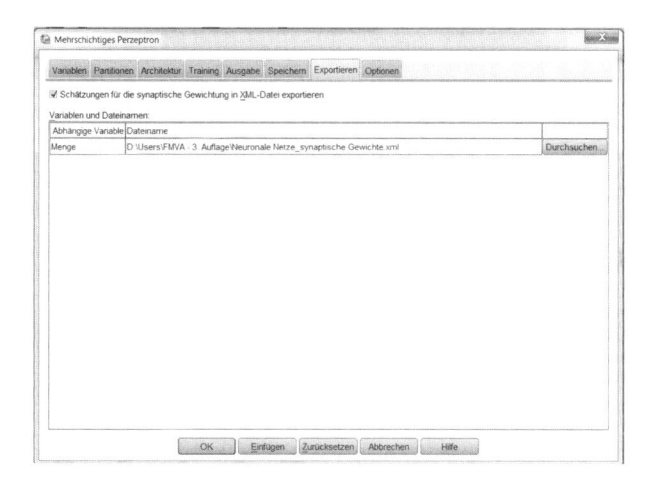

Abbildung 5.30: Dialogfeld „Exportieren" der synaptischen Gewichtungen

Schließlich bietet das Dialogfeld „Optionen" Möglichkeiten, um die Behandlung fehlender Werte (Ausschließen = Voreinstellung oder Einschließen) und Stoppregeln festzulegen sowie die maximale Trainingszeit in Minuten (Voreinstellung: 15 Minuten) und die maximale Anzahl an Trainingsdurchläufen (Trainingsepochen) zu bestimmen. Für das Fallbeispiel wurden auch hier die Voreinstellungen beibehalten.

5.3.2.2 Ergebnisse der Prozedur Mehrschichtiges Perzeptron im Fallbeispiel

Nach Durchführung der Analyse erhält der Nutzer zunächst eine Zusammenfassung der Fallverarbeitung und Informationen zum spezifizierten Modell in Form einer Variablenübersicht sowie eine Darstellung der Modellstruktur. Die Zusammenfassung der Fallverarbeitung in Abbildung 5.31 zeigt, dass der Trainingsstichprobe 733 und der Teststichprobe 67 Fälle zugewiesen wurden. Es wurden keine Fälle aus der Analyse ausgeschlossen.

Zusammenfassung der Fallverarbeitung

		N	Prozent
Muster	Training	733	91,6%
	Test	67	8,4%
Gültig		800	100,0%
Ausgeschlossen		0	
Gesamtsumme		800	

Netzinformationen

Eingabeschicht	Faktoren	1	Plazierung
		2	Verpackung
	Kovariaten	1	Preis
		2	Verkaufsförderung
		3	Vertreterbesuche
		4	Haltbarkeit
	Anzahl der Einheiten:[a]		9
	Neuskalierungsmethode für Kovariaten		Standardisiert
Verborgene Schicht(en)	Anzahl der verborgenen Schichten		1
	Anzahl der Einheiten in verborgener Schicht 1[a]		7
	Aktivierungsfunktion		Hyperbeltangens
Ausgabeschicht	Abhängige Variablen	1	Menge
	Anzahl der Einheiten:		1
	Neuskalierungsmethode für metrischen abhängigen Variablen		Standardisiert
	Aktivierungsfunktion		Identität
	Fehlerfunktion		Quadratsumme

a. Ohne Einheit für Verzerrungen

Abbildung 5.31: Zusammenfassung der Fallverarbeitung

(1) Netzdiagramm und Parameterschätzungen

Als erstes zentrales Ergebnis wird das Netzdiagramm für das Anwendungsbeispiel ausgegeben. Abbildung 5.32 zeigt das für das Fallbeispiel generierte Netz mit der Eingabeschicht (Prädiktoren), der verborgenen Schicht mit sieben (nicht sichtbaren) Knoten plus „Verzerrung" und der Ausgabeschicht. Auf dem Inputlayer werden nominal skalierte Prädiktoren (Faktoren) mit ihren Ausprägungen als farbliche Rechtecke abgebildet. Im Fallbeispiel sind das die Variablen „Verpackung" und „Platzierung".

5.3 Fallbeispiel

Die vier metrisch skalierten Eingabeneuronen (Kovariate) Preis, Verkaufsförderung, Vertreterbesuche und Haltbarkeit werden durch abgerundete Rechtecke verdeutlicht. Die sog. synaptischen Gewichtungen (Parameterschätzungen der Wirkbeziehungen) werden durch die Verbindungslinien zwischen den einzelnen Variablen dargestellt. Durch blaue Linien werden dabei Werte kleiner 0 gekennzeichnet, während Werte größer 0 durch graue Verbindungen visualisiert sind. Am Ende des Netzdiagramms werden nochmals die verwendeten Aktivierungsfunktionen für die verborgene Schicht (Hyperbeltangens) sowie für die Ausgabeschicht (Identität) aufgeführt.

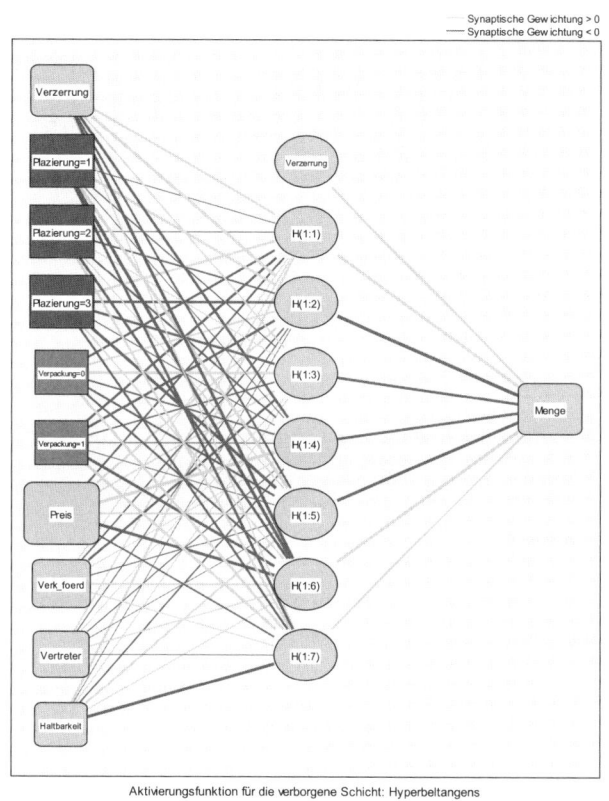

Abbildung 5.32: Netzdiagramm zum Fallbeispiel

5 Neuronale Netze

Während im Netzdiagramm die synaptischen Gewichte nur farblich nach positiv und negativ ausgeprägten Werten gekennzeichnet sind, liefert der Output „Parameterschätzungen" die konkreten Schätzwerte für die Gewichte (vgl. Abbildung 5.33). Die synaptischen Gewichtungen geben Richtung und Stärke der Beziehungen zwischen den Neuronen der Eingabeschicht und den Knoten der verborgenen Schicht sowie den Knoten der verborgenen Schicht und der Ausgabeschicht (Menge) an.

Parameterschätzungen

		Vorhersagewert						
		Verborgene Schicht 1						Ausgabeschicht
Prädiktor		H(1:1)	H(1:2)	H(1:3)	H(1:4)	H(1:5)	H(1:6)	H(1:7)	Menge
Eingabeschicht	(Verzerrung)	,308	,604	,192	-,383	-,192	-,504	,091	
	[Plazierung=1]	-,027	,436	-,062	-,026	,548	-,556	-,367	
	[Plazierung=2]	-,028	-,168	,060	-,184	,070	-,402	,323	
	[Plazierung=3]	,419	-,353	-,277	-,041	-,537	,181	-,275	
	[Verpackung=0]	-,269	,198	,457	-,145	-,192	-,236	,460	
	[Verpackung=1]	-,280	-,310	-,065	-,031	-,030	-,428	,545	
	Preis	-,186	,255	,136	,870	,222	-,544	-,176	
	Verk_foerd	,048	-,097	-,244	,062	-,043	,182	,084	
	Vertreter	,110	-,032	,036	-,030	-,023	,114	-,027	
	Haltbarkeit	,313	-,018	,057	-,095	,240	,091	-,497	
Verborgene Schicht 1	(Verzerrung)								,468
	H(1:1)								,628
	H(1:2)								-,723
	H(1:3)								-,425
	H(1:4)								-,401
	H(1:5)								-,498
	H(1:6)								,676
	H(1:7)								,205

Abbildung 5.33: Parameterschätzungen für das Netz im Fallbeispiel (synaptische Gewichte)

(2) Wichtigkeitsanalyse

Zur inhaltlichen Interpretation eines neuronalen Netzes werden die Wichtigkeiten der Prädiktoren zur Bestimmung des Outputs herangezogen. Neben den einfachen Wichtigkeiten, die auf das Intervall [0,1] normiert sind und in der Summe 100% ergeben, werden auch die normalisierten Wichtigkeiten der Prädiktoren ausgewiesen. Für diese gilt, dass der Effekt, den die jeweilige Eingabevariable auf die Ausgabenvariable ausübt, umso stärker ist, je dichter dieser Wert am Maximalwert eins liegt. Im vorliegenden Beispiel weist der „Preis" die höchste Wichtigkeit (0,424) auf. Hieraus wird deutlich, dass die Variable „Preis" den stärksten Effekt auf die Ausgangsvariable „Menge" aufweist. Um die normalisierten Wichtigkeiten zu erhalten, wird die Wichtigkeit des Preises von 0,424 als Referenzwert (100%) deklariert. Die weiteren Wichtigkeiten werden dann zu diesem Wert in Relation gesetzt. Auf diese Weise ergibt sich z. B. für den Prädiktor „Verpackung", der den schwächsten Effekt aufweist, eine normalisierte Wichtigkeit von 0,053/0,424=12,6%. Diese Ergebnisse werden in SPSS sowohl numerisch ausgegeben als auch grafisch verdeutlicht (vgl. Abbildung 5.34).

5.3 Fallbeispiel

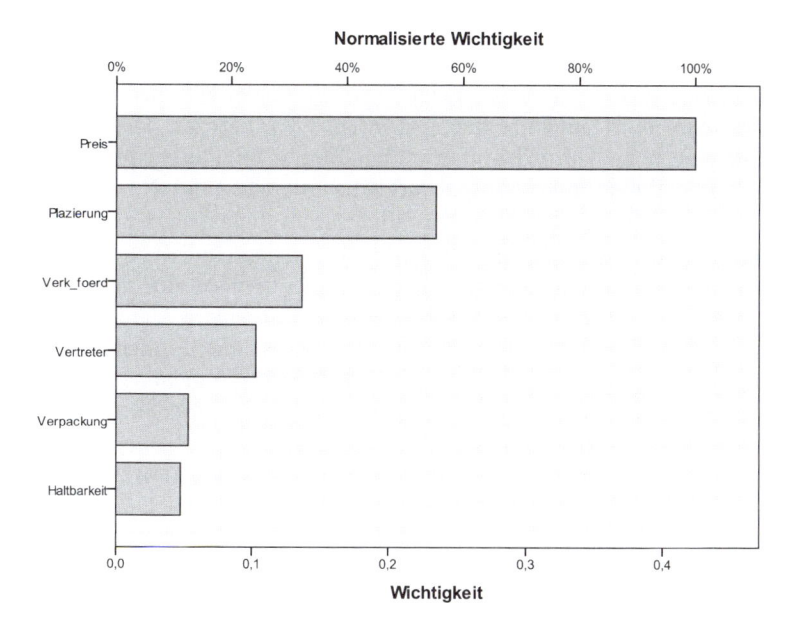

Abbildung 5.34: Normalisierte Wichtigkeiten der Eingabeknoten

(3) Beurteilung der Güte des trainierten Netzes

In der Trainingsphase versucht ein Neuronales Netz mit Hilfe der Trainingsdaten die Fehlerquadratsumme (Quadratsummenfehler) zwischen errechneten und beobachteten Outputwerten durch Optimierung der Gewichte sukzessive zu reduzieren. Die Fehlerquadratsumme stellt dabei die zu minimierende Gütefunktion während des Trainings dar. Die beste Lösung ist gefunden, wenn die Fehlerquadratsumme ein Minimum erreicht. Im Fallbeispiel weist die Fehlerquadratsumme der Trainingsphase über eine Trainingszeit von 5 Sekunden einen Wert von 2,527 auf und die der Testphase 0,722 (vgl. Abbildung 5.35).

Modellübersicht

Training	Quadratsummenfehler	2,527
	Relativer Fehler	,007
	Verwendete Stoppregel	1 aufeinanderfolgende(r) Schritt(e) ohne Verringerung des Fehlers[a]
	Trainingszeit	0:00:00,05
Test	Quadratsummenfehler	,722
	Relativer Fehler	,021

Abhängige Variable: Menge
a. Fehlerberechnungen basieren auf der Teststichprobe.

Abbildung 5.35: Fehlerquadratsummen und relative Fehler im Fallbeispiel

Mittels unabhängiger Testdaten, welche nicht für die Modellierung verwendet wurden, wird die Modellgüte überprüft. Da das Netz selbständig lernt und Variablen gewichtet, ist es im Prinzip nicht möglich, in die Modellierung gezielt einzugreifen. Die Optimierung der Inputdaten (Parameteraufbereitung, - auswahl und codierung)

5 Neuronale Netze

ist daher von großer Bedeutung für die Modellgüte. Für die Testdaten ergibt sich im Fallbeispiel eine Fehlerquadratsumme von 0,903. Darüber hinaus wird aus der Fehlerquadratsumme auch der relative Fehler errechnet, der dimensionslos ist und für die Trainingsphase 0,7% und für die Testdaten 0,8% beträgt. Diese geringen Werte weisen auf eine hohe Güte des neuronalen Netzes im Fallbeispiel hin. Weiterhin kann für die Ausgabevariable „Menge" und die mit Hilfe des Netzes prognostizierter Menge (vorhergesagter Wert) ein Streudiagramm angefordert werden. Abbildung 5.36 verdeutlicht die sehr gute Vorhersagekraft des berechneten neuronalen Netzes. Der Korrelationskoeffizient wird dabei jedoch von der Prozedur „Neuronale Netze" nicht bereitgestellt. Allerdings kann der Anwender unter dem Menüpunkt „Analysieren" diesen über die Prozedur „Korrelation" selbst berechnen, indem er die vom Netz prognostizierten Mengen als eigene Variable (Dialogfeld „Speichern") abspeichert. Im Fallbeispiel ergab sich dabei eine Korrelation von 0,996 zwischen den beobachteten und prognostizierten Werten der Variable „Menge", was ein erneutes Indiz für die hohe Anpassungsgüte bzw. gute Prognosefähigkeit des trainierten Netzes darstellt.

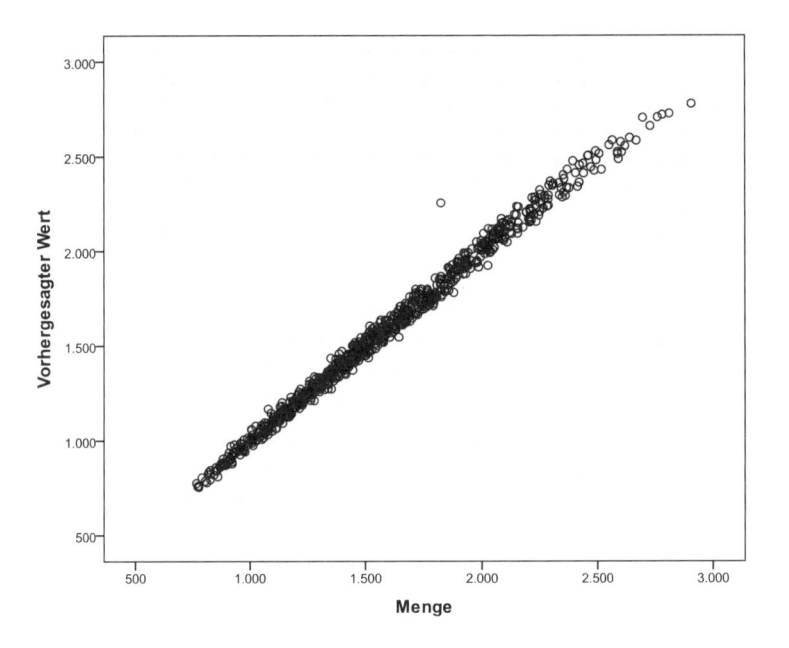

Abbildung 5.36: Streudiagramm beobachtete und vorhergesagte Absatzmenge

Je näher der Korrelationskoeffizient bei eins liegt, desto genauer stimmen die vorhergesagten Werte mit den beobachteten Werten überein. Der Korrelationskoeffizient darf jedoch nicht mit der Güte der den Daten zugrundeliegenden Messungen verwechselt werden, da systematische Fehler hierbei keine Berücksichtigung finden. Die Berechnung des Korrelationskoeffizienten ersetzt deshalb keine Fehlerbetrachtung. Schließlich bestätigt im vorliegenden Fallbeispiel auch das in Abbildung 5.37 dargestellte Streudiagramm zwischen den Residuen und den vorhergesagten Werten die hohe Güte des Netzes, da sich die Residuen eng um die Nulllinie verteilen.

5.3 Fallbeispiel

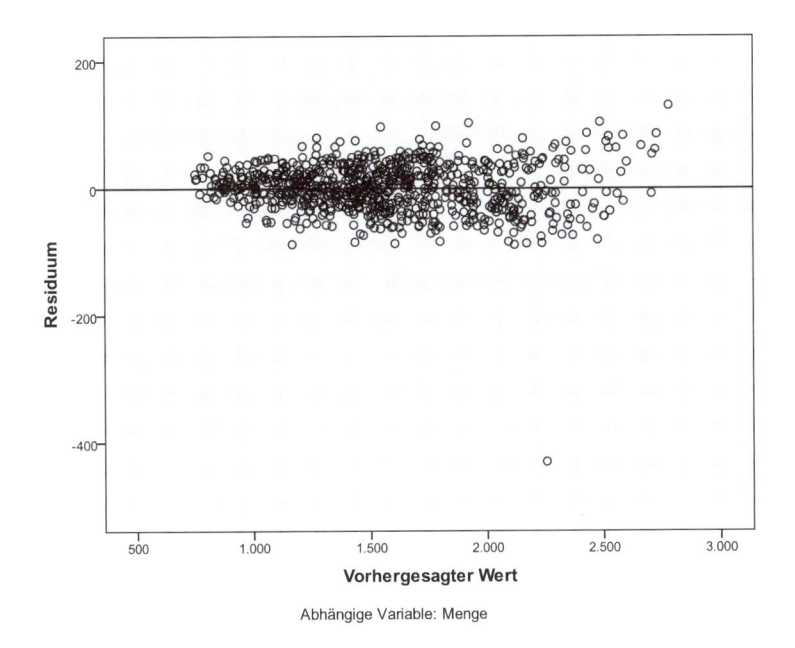

Abbildung 5.37: Streudiagramm der Residuen und der beobachteten Absatzmenge

5.3.2.3 Anwendung des trainierten Netzes auf den anfänglichen Problemtyp und Reproduktion einer Analyse

Ist das Neuronale Netz einmal trainiert und weist es ein hinreichendes Güteniveau auf, so kann es auf den im Ausgangspunkt definierten Problemtyp (Prognose, Klassifizierung oder Zuordnung) angewendet werden. An dieser Stelle wird nochmals deutlich, dass das Ziel von Neuronalen Netzen nicht darin besteht, die Zwischenschichten eines Netzes sowie die ermittelten Gewichte einer inhaltlichen Interpretation zu unterziehen. Vielmehr ist das Ziel darin zu sehen, die im Rahmen des Netztrainings ermittelten Zusammenhänge zwischen Eingabe- und Ausgabeschicht auf neue Datensätze zu übertragen. Die „ermittelten Zusammenhänge" sind dabei für den Anwender im Prinzip uninteressant, da nur das „Ergebnis" zählt.[25]

(1) Prognose im Fallbeispiel

Im Fallbeispiel möchte der Margarinehersteller mit Hilfe der Schätzergebnisse des Neuronalen Netzes für 20 nicht in der Stichprobe enthaltene Supermärkte eine Absatzprognose durchführen und hat zu diesem Zweck die Daten der sechs Einflussfaktoren in diesen Supermärkten erhoben. Zur Prognose wurden die in Abbildung 5.33 aufgeführten synaptischen Gewichte des gefundenen „besten Netzes" über die Export-Funktion in einer XML-Datei abgespeichert (vgl. Abbildung 5.30). Mit Hilfe der neuen Eingabedaten, für die es keine Zielausgabewerte gibt, können nun durch das generierte Neuronale Netz, unter Rückgriff auf die abgespeicherte XML-Datei, die Absatzmengen in den 20 Supermärkten prognostiziert werden. Zu diesem Zweck müssen die neuen Eingabedaten zunächst in SPSS geladen werden. Das erfolgt unter

---

[25] Allerdings sollten die ermittelten Zusammenhänge später soweit wie möglich bspw. mit Hilfe von Sensitivitätsanalysen offengelegt und plausibilisiert werden, um so zu vermeiden, dass das Netz Scheinzusammenhänge abbildet.

5 Neuronale Netze

dem Menüfeld „Extras" über die Funktion „Scoring-Assistent" (vgl. Abbildung 5.38). Diese führt zum Dialogfeld „Scoring Assistent" über den die XML-Datei mit den synaptischen Gewichtungen der unabhängigen Variablen eingelesen werden kann (vgl. Abbildung 5.39).

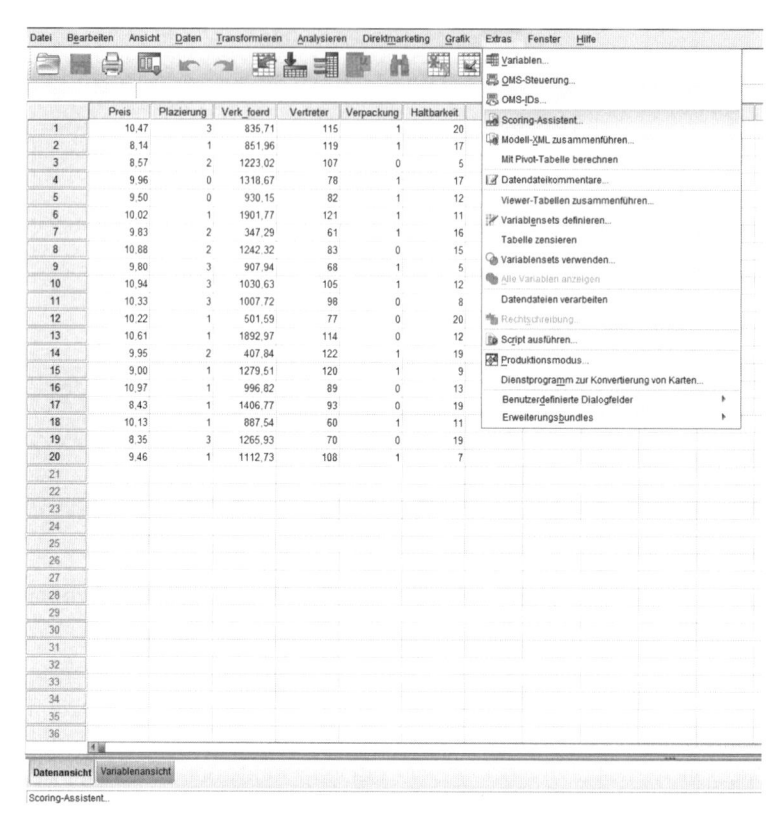

Abbildung 5.38: SPSS Dateneditor mit Eingabedaten der 20 neuen Supermärkte und Aufruf des „Scoring-Assistenten"

5.3 Fallbeispiel

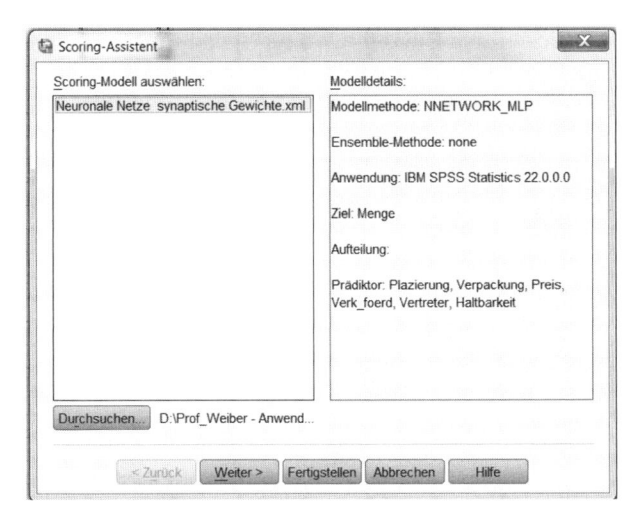

Abbildung 5.39: Dialogfeld „Scoring-Assistent" zum Einlesen der XML-Datei

Über den Button „Weiter" zeigt der Scoring-Assistent unter der Überschrift „Modellfelder mit Dataset abgleichen" die eingelesenen Variablen in einer Übersicht (vgl. Abbildung 5.40). Dabei ist zu beachten, dass die unabhängigen Variablen im Anwendungsdatensatz identische Bezeichnungen und Skalierungen aufweisen wie im Datensatz, mit dem das Netz trainiert wurde.

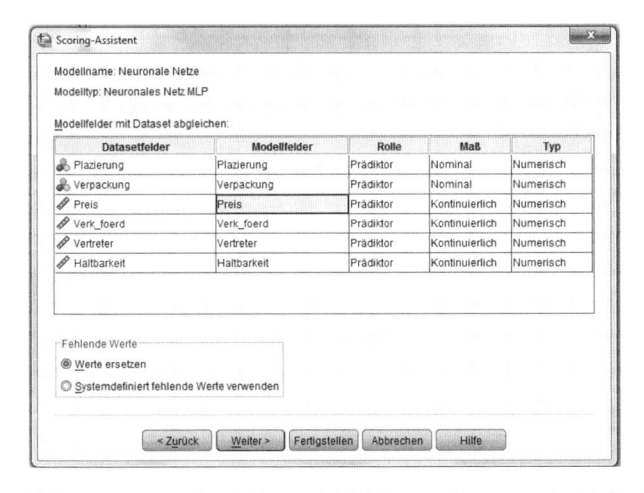

Abbildung 5.40: Dialogfeld „Modellfelder mit Dataset abgleichen"

5 Neuronale Netze

Durch erneutes Drücken des Buttons „Weiter" wird im nächsten Dialogfenster die zu prognostizierende Variable benannt (vgl. Abbildung 5.41) und abschließend der Scoring-Assistent über den Button „Fertigstellen" gestartet (vgl. Abbildung 5.42).

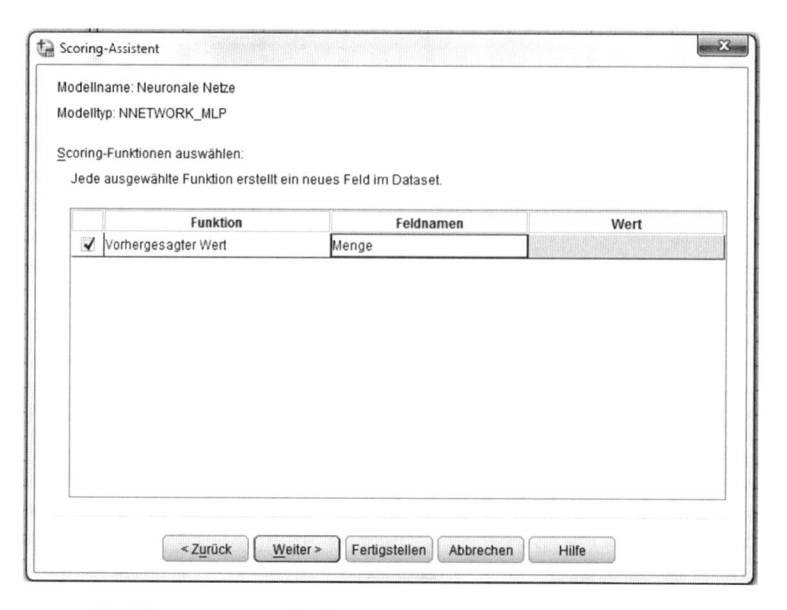

Abbildung 5.41: Dialogfeld „Definition der Ausgabevariable"

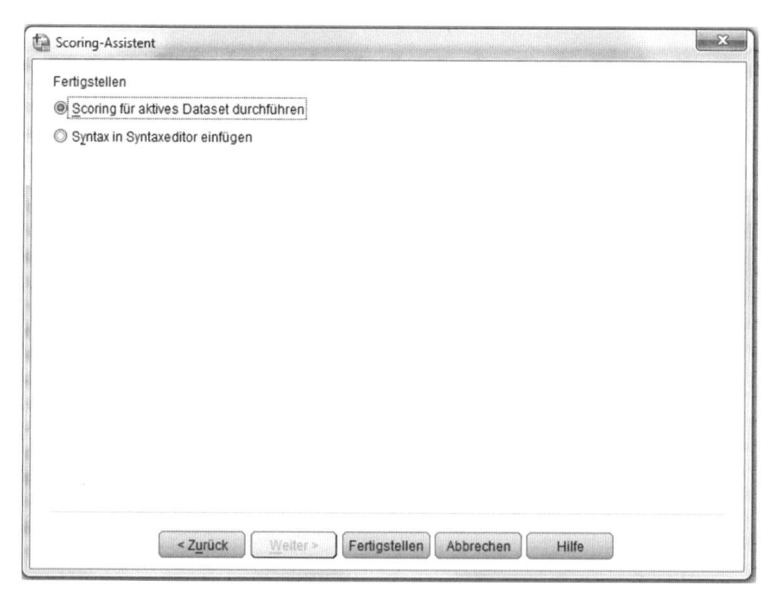

Abbildung 5.42: Dialogfeld „Durchführung des Scoring-Assistenten"

Die Ausgabe der prognostizierten abhängigen Variablen „Menge“ erfolgt abschließend im Dateneditor von SPSS. Dabei wird den einzelnen Fällen (hier die 20 neuen Supermärkte) der durch das neuronale Netzwerk prognostizierte Wert zugewiesen. Würden die unabhängigen Variablen für den ersten Fall (Supermarkt) die aufgeführten Werte für die sechs Einflussfaktoren annehmen, so wäre mit einer Absatzmenge von 1.867,30 Margarineeinheiten im ersten Supermarkt zu rechnen (vgl. Abbildung 5.43).

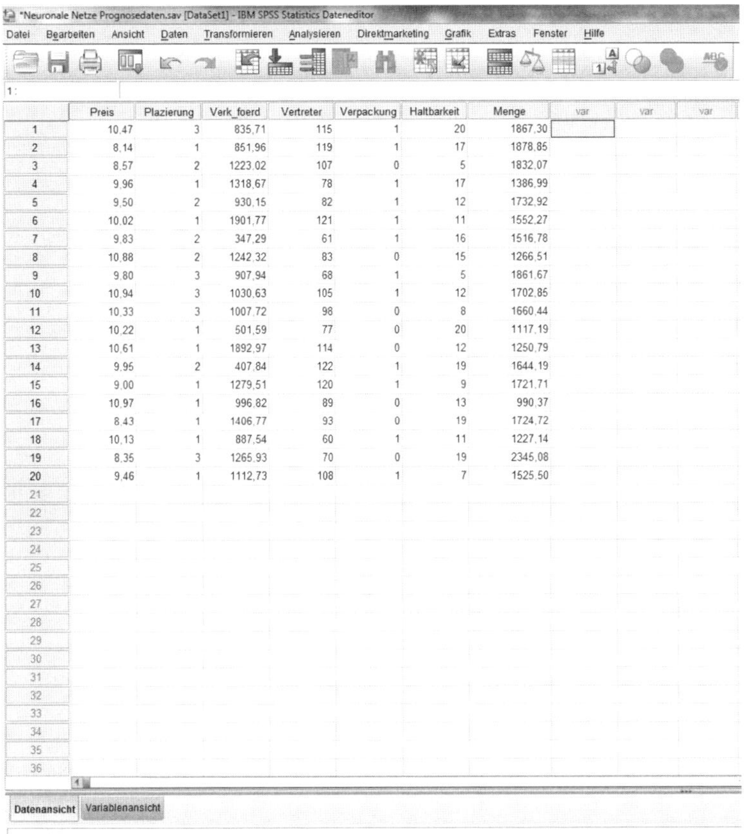

	Preis	Plazierung	Verk_foerd	Vertreter	Verpackung	Haltbarkeit	Menge	var	var	var
1	10,47	3	835,71	115	1	20	1867,30			
2	8,14	1	851,96	119	1	17	1878,85			
3	8,57	2	1223,02	107	0	5	1832,07			
4	9,96	1	1318,67	78	1	17	1386,99			
5	9,50	2	930,15	82	1	12	1732,92			
6	10,02	1	1901,77	121	1	11	1552,27			
7	9,83	2	347,29	61	1	16	1516,78			
8	10,88	2	1242,32	83	0	15	1266,51			
9	9,80	3	907,94	68	1	5	1861,67			
10	10,94	3	1030,63	105	1	12	1702,85			
11	10,33	3	1007,72	98	0	8	1660,44			
12	10,22	1	501,59	77	0	20	1117,19			
13	10,61	1	1892,97	114	0	12	1250,79			
14	9,95	2	407,84	122	1	19	1644,19			
15	9,00	1	1279,51	120	1	9	1721,71			
16	10,97	1	996,82	89	0	13	990,37			
17	8,43	1	1406,77	93	0	19	1724,72			
18	10,13	1	887,54	60	1	11	1227,14			
19	8,35	3	1265,93	70	0	19	2345,08			
20	9,46	1	1112,73	108	1	7	1525,50			
21										
22										
23										
24										
25										
26										
27										
28										
29										
30										
31										
32										
33										
34										
35										
36										

Abbildung 5.43: Prognostizierte Absatzmengen der 20 Supermärkte

5 Neuronale Netze

(2) Reproduktion einer Analyse

Grundsätzlich kann nicht ausgeschlossen werden, dass ein Datensatz bestimmte Muster aufweist, die auf die Reihenfolge zurückzuführen sind, mit der die Daten eingelesen werden. Sollen Analysen in der Trainingsphase wiederholt mit der gleichen Reihenfolge der Daten durchgeführt werden, so ist der in SPSS implementierte Zufallszahlengenerator bei jeder Analyse erneut auf den gleichen Startwert festzulegen. Im Fallbeispiel wurde der Startwert auf „1" gesetzt.

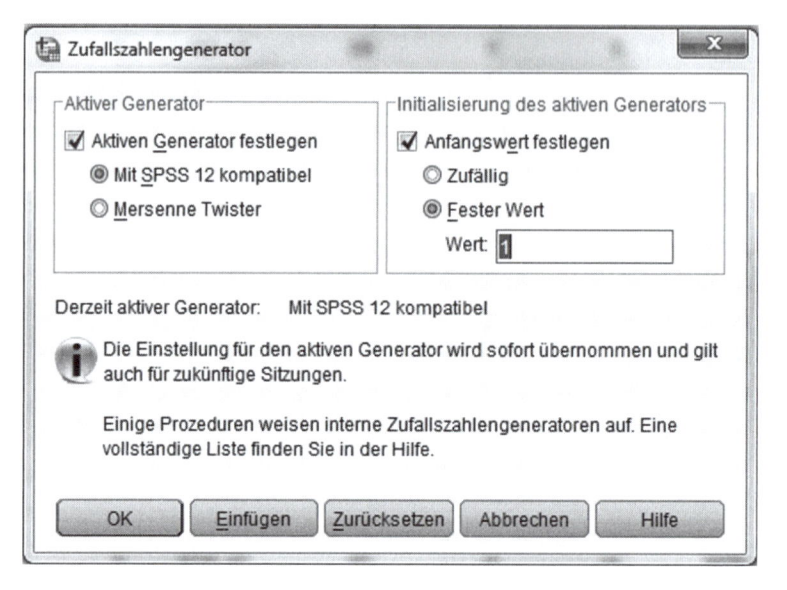

Abbildung 5.44: Dialogfeld „Zufallszahlengenerator"

Mit dem identischen Startwert werden dieselben Zufallszahlen erzeugt, womit auch die Reihenfolge der Daten in der Trainingsphase gleich bleibt und damit auch keine Abweichungen in den Ergebnissen von mehrfach durchgeführten Analysen auftreten, wenn die gleichen Optionen gewählt wurden. Der Zufallszahlengenerator kann über die Prozedur „Zufallszahlengeneratoren" unter dem Menüpunkt „Transformieren" aufgerufen werden. Über das in Abbildung 5.44 dargestellte Dialogfeld kann dann der Startwert festgelegt werden.

5.3.3 Ergebnisvergleich zwischen der Prozedur Neuronale Netze in SPSS und dem Erweiterungsmodul IBM SPSS Modeler

Im Vergleich zur Prozedur „Mehrschichtiges Perzeptron" im Basispaket IBM SPSS Statistics bietet das Erweiterungsmodul IBM SPSS Modeler bei Neuronalen Netzen zusätzliche Einstellungsmöglichkeiten, wobei hier folgende genannt seien:

- erhöhte Genauigkeit durch die Erstellung von Komponentenmodellen

- erhöhte Modellstabilität durch Bootstrap-Aggregation

- Ausgabe der Klassifizierungsergebnisse

- differenzierte Einstellmöglichkeiten im Trainingsprozess: trainieren, testen und validieren (im SPSS-Basispaket ist „validieren" nicht verfügbar

- Festlegung des Umgangs mit fehlenden Werten

- differenziertere Festlegung der Modellstruktur: drei statt nur zwei verdeckte Schichten möglich

- Definition der Lernraten

Zugunsten der SPSS Prozedur „Neuronale Netze" im Basispaket ist hervorzuheben, dass sie folgende Optionen enthält, die der Modeler nicht bereitstellt:

- Auswahl der Aktivierungsfunktion der verborgenen Schichten (Hyperbeltangens, Sigmoid) sowie der Ausgabeschicht (Identität, Softmax, Hyperbeltangens, Sigmoid).

- Festlegung der Art des Training (Batch, Online, Mini-Batch)

- Optimierungsalgorithmus des Trainings (skalierter konjugierter Gradient, Gradientenabstieg).

Die Berechnung des neuronalen Netzes für das Fallbeispiel mit dem IBM SPSS Modeler erbrachte grundsätzlich keine nennenswerten Unterschiede in den Ergebnissen. Abweichungen, z. B. bei den Wichtigkeiten, ergaben sich erst bei der dritten Nachkommastelle. Außerdem ist zu beachten, dass die Ergebnisse auch durch die Einstellung des Zufallsgenerators und den dadurch bestimmten Verlauf der Trainingsphase (leicht) variieren können. Vor diesem Hintergrund und aufgrund der deutlich komplizierteren Vorgehensweise zur Berechnung eines neuronalen Netzes mit dem IBM SPSS Modeler wird deshalb an dieser Stelle auf die Darstellung der Vorgehensweise mit dem Modeler für das Fallbeispiel verzichtet. Für den interessierten Leser wurde aber eine Dokumentation der Vorgehensweise mit dem Modeler auf der Internetseite zum Buch www.multivariate.de unter dem Register Service Download hinterlegt. Eine gesonderte Aufbereitung der Eingabedaten für den Modeler ist nicht erforderlich, sodass auf denselben Datensatz, der auch hier verwendet wurde, zurückgegriffen werden kann.

5.4 SPSS Kommandos

Neben der Möglichkeit, das hier dargestellte Neuronale Netz menügesteuert durchzuführen, kann die Auswertung auch mit der nachfolgend aufgeführten Syntaxdatei gerechnet werden. Die entsprechende Datei ist auf der Support-CD enthalten. [26]

```
GET FILE='D:\FMVA - 3. Auflage\Neuronale Netze\Neuronale Netze_Daten.sav'.
DATASET NAME DataSet1 WINDOW=FRONT.
SET RNG=MC SEED=1.
*Multilayer Perceptron Network.
MLP Menge (MLEVEL=S) BY Plazierung Verpackung WITH Preis Verk_foerd Vertreter Haltbarkeit
 /RESCALE COVARIATE=STANDARDIZED DEPENDENT=STANDARDIZED
 /PARTITION TRAINING=90 TESTING=10 HOLDOUT=0
 /ARCHITECTURE  AUTOMATIC=NO HIDDENLAYERS=1 (NUMUNITS=7) HIDDENFUNCTION=TANH
OUTPUTFUNCTION=IDENTITY
 /CRITERIA TRAINING=BATCH OPTIMIZATION=SCALEDCONJUGATE LAMBDAINITIAL=0.0000005
SIGMAINITIAL=0.00005 INTERVALCENTER=0 INTERVALOFFSET=0.5 MEMSIZE=1000
 /PRINT CPS NETWORKINFO SUMMARY SOLUTION IMPORTANCE
 /PLOT NETWORK PREDICTED RESIDUAL
 /SAVE PREDVAL
 /OUTFILE MODEL='D:\FMVA - 3. Auflage\Neuronale Netze\Neuronale Netze_synaptische Gewichte.xml'
 /STOPPINGRULES ERRORSTEPS= 1 (DATA=AUTO) TRAININGTIMER=ON (MAXTIME=15)
MAXEPOCHS=AUTO ERRORCHANGE=1.0E-4 ERRORRATIO=0.0010
 /MISSING USERMISSING=EXCLUDE
```

Abbildung 5.45: SPSS-Syntaxdatei zum Neuronalen Netz im Fallbeispiel

---

[26] Vgl. zur SPSS-Syntax auch die Ausführungen im einleitenden Kapitel dieses Buches. Die Support-CD kann mit Hilfe des Vordrucks am Anfang des Buches oder direkt über die Internetseite (www.multivariate.de) bestellt werden.

5.5 Anwendungsempfehlungen

Die folgenden Anwendungsempfehlungen fassen Kernpunkte beim Umgang mit Neuronalen Netzen zusammen und sollen eine erste Hilfestellung bei der Anwendung von Neuronalen Netzen gewähren:

- Neuronale Netze werden insbesondere dann eingesetzt, wenn keine verlässlichen Vermutungen über den Wirkungszusammenhang zwischen Input- und Outputvariablen angestellt werden können. Außerdem muss der Datensatz zum Training des Netzes ausreichend groß sein. Beispielsweise im Bereich des Handels, in dem über Scannerkassen leicht Daten erhoben werden können, bietet sich der Einsatz von Neuronalen Netzen an. Außerdem eröffnet das Internet neue Möglichkeiten, preisgünstig Daten zu erheben. *(Keine verlässlichen Vermutungen)*

- Ein trainiertes Neuronales Netz ist eine Funktion der Outputwerte in Abhängigkeit der Eingabewerte. Schon von einer geringen Komplexität der Neuronalen Netze an verliert der funktionale Zusammenhang seine Anschaulichkeit. Die Funktion besteht aus einer Vielzahl an Summanden. Daher eignen sich Neuronale Netze insbesondere für Aufgaben, bei denen es primär auf die Ergebnisse (z. B. Simulationen) und nur sekundär auf die Art und Weise ankommt, wie dieses Ergebnis zustande kommt und erklärt werden soll. Klassische multivariate Analysemethoden versagen häufig bei nichtlinearen funktionalen Zusammenhängen zwischen Input- und Outputvariablen. Deshalb bietet sich der Einsatz Neuronaler Netze bei nichtlinearen Problemen an. *(Ergebnis vor Erklärung)*

- Der Datensatz sollte auf Ausreißer hin untersucht werden. Die Ausreißer sind gegebenenfalls zu eliminieren, werden aber prinzipiell auch über die Aktivierungsfunktion abgefangen. *(Ausreißer)*

- Die Anzahl der Neuronen ist möglichst gering zu halten. Die Eingabeschicht ist auf Neuronen zu beschränken, die einen relevanten Einfluss auf die Netzausgabe haben. *(„Keep it simple")*

- Die Anzahl der verdeckten Schichten und der Neuronen der verdeckten Schicht ist allgemein abhängig von der Anzahl der Eingabeneuronen und der Komplexität des funktionalen Zusammenhangs des Problems. Die Komplexität des funktionalen Zusammenhangs äußert sich z. B. durch den Grad der nichtlinearität des Problems. In aller Regel sind zwei verdeckte Schichten vollkommen ausreichend. *(Zwei verdeckte Schichten)*

- Es existiert eine Vielzahl sich teilweise widersprechender Empfehlungen für die Anzahl der Neuronen. Es sollte mit einer verdeckten Schicht und einer kleinen Anzahl an verdeckten Neuronen angefangen werden. Die Anzahl der Neuronen ist langsam zu steigern. Gegebenenfalls wird eine zweite verdeckte Schicht ergänzt. Die Veränderung der Netztopologie wird beendet, sobald das Netz akzeptable Ergebnisse liefert. Der Rechenaufwand kann durch diese Vorgehensweise relativ gering gehalten werden. *(Widersprechende Empfehlungen)*

- A priori-Wissen kann in das Netz integriert werden, indem bestimmte Verbindungen in der Ausgangsnetztopologie gelöscht werden bzw. sogenannte Shortcuts eingesetzt werden, die Schichten überspringen. Dies ist aber nur sinnvoll, wenn der Anwender die Wirkungszusammenhänge in der Realität und im Netz *(A priori-Wissen)* kennt. Davon ist allerdings in der Regel nicht auszugehen, da Neuronale Netze gerade dann eingesetzt werden, wenn diese Zusammenhänge nicht bekannt sind. Auf der anderen Seite haben Neuronale Netze einen hohen Grad an Fehlertoleranz. Eine falsch begründete Veränderung der Netztopologie bedeutet nicht gleichzeitig, dass das Netz signifikant schlechtere Ergebnisse liefert.

Anzahl Trainingsmuster > Zahl von Eingabeneuronen

- Es müssen unbedingt mehr Trainingsdatenmuster als Eingabeneuronen verwendet werden. Die Anzahl der benötigten Trainingsmuster hängt neben der Anzahl der Eingabeneuronen von der Komplexität des funktionalen Zusammenhangs und der Stärke des Rauschens im Datensatz ab. Ein erster Anhaltspunkt ist, mindestens zehn mal so viele Trainingsdatenmuster zu verwenden wie Eingabeneuronen. Eine andere „Daumenregel" besagt, dass mindestens zehn mal so viele Trainingsmuster nötig sind wie freie Parameter im Netz (Gewichte). Für komplexe Situationen wird diese Zahl allerdings sicher nicht ausreichen.

Kleine Startgewichte

- Bei der Initialisierung der Gewichte sollte darauf geachtet werden, kleine Startgewichte zu wählen. Sie müssen aber unbedingt von null verschieden sein. Kleine Gewichte haben bei einer logistischen Aktivierungsfunktion mit einem Schwellenwert von null den Vorteil, dass an dieser Stelle die Ableitung der Aktivierungsfunktion am größten ist und der Lernprozess in diesem Fall besonders schnell ablaufen kann. Es bietet sich an, die Gewichte zufällig zu initiieren. Der Backpropagation-Algorithmus kann nur effektiv lernen, wenn sich die Startgewichte unterscheiden. Ist dies nicht der Fall, können sich zwischen der letzten verdeckten Schicht und der Ausgabeschicht keine unterschiedlichen Gewichte herausbilden.[27]

Lokale Minima

- Die Gefahr, dass das gefundene Minimum ein lokales Minimum ist, das sich signifikant von dem globalen unterscheidet, kann verringert werden, indem das Neuronale Netz für verschiedene Ausgangsgewichte trainiert wird. Als Anhaltspunkt sind mindestens zehn unterschiedliche Initialisierungen zu nennen.[28]

- Wird ein Neuronales Netz zur Klassifizierung von Daten verwendet, kommt es zu folgendem Problem: Die Ausgabewerte werden nur in Ausnahmefällen 0/1Werte sein, also direkte Klassenzugehörigkeiten ausdrücken. Beispielsweise berechnet ein Neuronales Netz einen Wert von 0,2 für die Zugehörigkeit zu Gruppe 1, einen Wert von 0,1 für Gruppe 2 und 0,7 für die Zugehörigkeit zu Gruppe 3. Das Datenmuster wird entweder automatisch der Klasse mit dem höchsten Ausgabewert zugewiesen oder es wird die Möglichkeit eingeschlossen, dass ein Datenmuster nicht klassifiziert werden kann. In letzterem Fall ist ein Schwellenwert vorab festzulegen, ab dem das Element einer Gruppe zugeordnet werden kann. Dieser Schwellenwert kann ein absoluter Wert sein, alternativ aber auch die Relation der Größe der Ausgabewerte zueinander berücksichtigen.

---

[27] Vgl. Zell (1997), S. 110 f.
[28] Vgl. Zell (1997), S. 419.

- Zur Berechnung von neuronalen Netzen ist die in IBM SPSS Statistics implementierte Prozedur „Neuronale Netze" für viele Anwendungsfälle ausreichend. Die Verwendung des Erweiterungsmoduls IBM SPSS Modeler ist vor allem dann angezeigt, wenn den in Abschnitt 5.3.3 aufgezeigten zusätzlichen Optionen des Modelers eine besondere Bedeutung beigemessen wird.

Eine umfassende Übersicht über die verschiedenen Optionen zur Analyse Neuronaler Netze in IBM SPSS findet der interessierte Leser in der IBM eigenen Dokumentation zu SPSS Neural Networks 22. In dieser Dokumentation wird neben der Prozedur „Mehrschichtigem Perzeptron" auch die Prozedur „Radikale Basisfunktion" beschrieben, die als weitere Analysemethode in IBM SPSS Statistics enthalten ist.

Literaturhinweise

A. Basisliteratur zu den Neuronalen Netzen

Anders, U. (1997), Statistische Neuronale Netze, München.

Rey, G. D. / Wender, K. F. (2008), Neuronale Netze - Eine Einführung in die Grundlagen, Anwendungen und Datenauswertung, Bern.

Rojas, R. (1996), Theorie der neuronalen Netze: Eine systematische Einführung, 4. Auflage, Berlin / Heidelberg.

Schöneburg, E./Hansen, N./Gawelczyk, A. (2000), Neuronale Netzwerke: Einführung, Überblick und Anwendungsmöglichkeiten, München.

SPSS Inc. (2013), IBM SPSS Neural Networks 22, Chicago.

B. Zitierte Literatur

Anders, U. (1997), Statistische Neuronale Netze, München.

Bigus, J. (1996), Data mining with neural networks: solving business problems - from application development to decision support, New York u. a.

Bischoff, R./Bleile, C./Graalfs, J. (1991), Der Einsatz Neuronaler Netze zur betrieblichen Kennzahlenanalyse, in: *Wirtschaftsinformatik*, Vol. 5, Nr. 33, S. 375–385.

Bishop, C. (1995), Neural Networks for Pattern Recognition, Oxford.

Cybenko, G. (1989), Approximation by superpositions of sigmoids, in: *Mathematics of Control, Signals, and Systems*, Vol. 2, S. 303–314.

Düsing, R. (1997), Betriebswirtschaftliche Anwendungsbereiche Konnektionistischer Systeme, Hamburg.

Haykin, S. (2008), Neural Networks: A Comprehensive Foundation, 3. Auflage, New York.

Heitmann, C. (2002), Beurteilung der Bestandfestigkeit von Unternehmen mit Neuro-Fuzzy, Frankfurt a. M. u. a.

Kandel, E. R./Schwartz, J. H./Jessell, T. M./Siegelbaum, S. A./Hudspeth, A. J. (2012), Principles of Neural Science, 5. Auflage, New York et al.

Kearns, M. (1996), A bound on the error of cross validation using the approximation and estimation rates, with consequences for the training-test split, 8. Auflage, Cambridge, MA, S. 183–189.

Rojas, R. (1996), Theorie der neuronalen Netze: Eine systematische Einführung, 4. Auflage, Berlin-Heidelberg.

Rumelhart, D./Hinton, G./Williams, R. (1986), Learning Internal Representations by Error Propagation, in: Rumelhart, D./McClelland, J. (Hrsg.), Parallel Distributed Processing: Explorations in the Microstructure of Cognition Cambridge, MIT Press, S. 318-362, 1. Auflage, Cambridge, MA.

Schöneburg, E./Hansen, N./Gawelczyk, A. (2000), Neuronale Netzwerke: Einführung, Überblick und Anwendungsmöglichkeiten, München.

Werbos, P. (1988), Backpropagation: Past and Future, in: Proceedings of the International Conference on Neural Networks, I, IEEE Press, S. 343 - 353, New York.

Zell, A. (1997), Simulation Neuronaler Netze, München.

6 Multidimensionale Skalierung

6.1	Problemstellung		**350**
6.2	Aufbau und Ablauf einer MDS		**355**
	6.2.1	Messung von Ähnlichkeiten	355
		6.2.1.1 Die Methode der Rangreihung	355
		6.2.1.2 Die Ankerpunktmethode	356
		6.2.1.3 Das Ratingverfahren	357
		6.2.1.4 Vergleich der Erhebungsverfahren	358
	6.2.2	Wahl des Distanzmodells	358
		6.2.2.1 Euklidische Metrik	359
		6.2.2.2 City-Block-Metrik	359
		6.2.2.3 Minkowski-Metrik	361
	6.2.3	Ermittlung der Konfiguration	361
	6.2.4	Zahl und Interpretation der Dimensionen	369
	6.2.5	Aggregation von Personen	371
	6.2.6	Fallbeispiel	372
6.3	Einbeziehung von Präferenzurteilen		**375**
	6.3.1	Externe Präferenzanalyse	376
		6.3.1.1 Messung von Präferenzen	376
		6.3.1.2 Nutzenmodelle	377
		6.3.1.3 Rechnerische Durchführung	380
		6.3.1.4 Ablauf von PREFMAP	383
		6.3.1.5 Fallbeispiel	384
	6.3.2	Interne Präferenzanalyse	387
6.4	Einbeziehung von Eigenschaftsurteilen		**387**
6.5	Anwendungsempfehlungen		**389**
	6.5.1	POLYCON-Kommandos	390
	6.5.2	PREFMAP-Kommandos	392
	6.5.3	Multidimensionale Skalierung mit SPSS	393
Literaturhinweise			**399**

6 *Multidimensionale Skalierung*

6.1 Problemstellung

Für viele Bereiche der sozialwissenschaftlichen Forschung ist es von großer Bedeutung, die subjektive Wahrnehmung von Objekten durch Personen (z. B. Wahrnehmung von Produkten durch Konsumenten, von Politikern durch Wähler, von Universitäten durch Studenten) zu bestimmen. Man geht davon aus, dass Objekte eine Position im Wahrnehmungsraum einer Person haben. Der Wahrnehmungsraum einer Person ist in der Regel mehrdimensional, d. h. Objekte werden von Personen im Hinblick auf verschiedene Dimensionen beurteilt (z. B. ein Auto nach Komfort, Sportlichkeit, Prestige). Die Gesamtheit der Positionen der Objekte im Wahrnehmungsraum in ihrer relativen Lage zueinander wird Konfiguration genannt. Abbildung 6.1 zeigt beispielhaft eine Konfiguration verschiedener Automarken für eine Person.

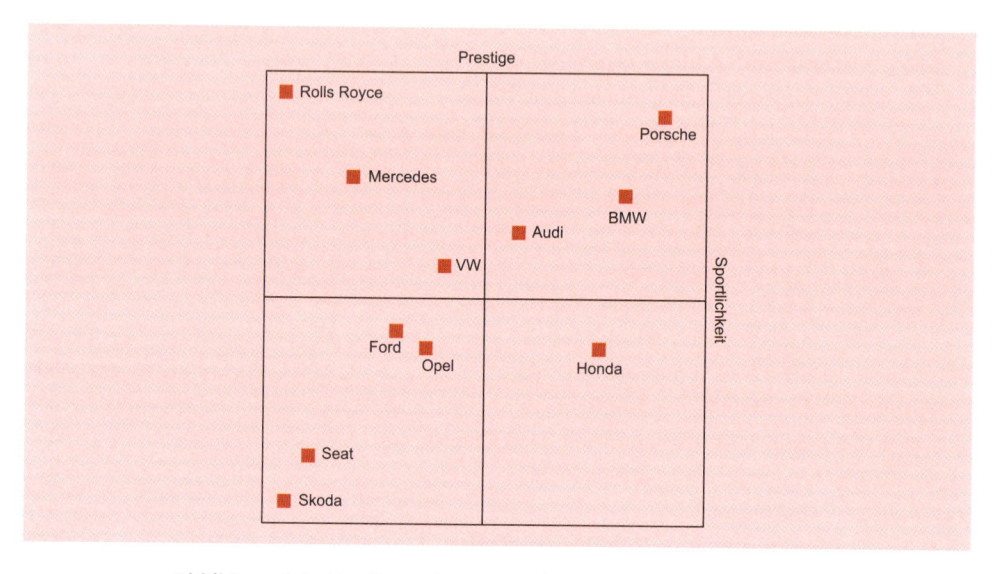

Abbildung 6.1: Konfiguration von wahrgenommenen Automarken

Um die Positionen von Objekten im Wahrnehmungsraum einer Person bestimmen zu können, stehen grundsätzlich zwei Wege zur Verfügung, nämlich auf Basis von:

- Eigenschaftsbeurteilungen der Objekte,
- Beurteilung der Ähnlichkeiten zwischen den Objekten.

Eigenschaften   Im ersten Fall ist eine Menge *relevanter Eigenschaften* festzulegen und die Auskunftsperson muss jedes Objekt bezüglich aller Eigenschaften beurteilen (z. B. durch Einstufung auf einer Ratingskala). Mittels Methoden der *Faktorenanalyse* ist es sodann möglich, die Dimensionen abzuleiten und die Objekte zu positionieren (vgl. Kapitel 7 im Buch *Multivariate Analysemethoden*). Die Zahl der Dimensionen ist i. d. R. sehr viel kleiner als die Zahl der relevanten Eigenschaften. In Ausnahmefällen (z. B. in Expertenbefragungen) ist es auch möglich, die Dimensionen selbst vorzugeben und die Objekte hinsichtlich dieser Dimensionen beurteilen zu lassen.

Ähnlichkeiten   Im zweiten Fall muss die Auskunftsperson lediglich die subjektiv empfundene Ähnlichkeit oder Unähnlichkeit zwischen den Objekten einschätzen. Aus diesen Ähnlichkeitsurteilen lässt sich mit Methoden der *Multidimensionalen Skalierung* (MDS) die Konfiguration der Objekte im Wahrnehmungsraum der Person ableiten.

Als *Vorteile der MDS* gegenüber Verfahren, die sich auf Eigenschaftsbeurteilungen stützen, sind zu nennen:

- Die relevanten Eigenschaften können unbekannt sein.
- Es erfolgt keine Beeinflussung des Ergebnisses durch die Auswahl der Eigenschaften und deren Verbalisierung.

Nachteilig ist, dass die Ergebnisse einer MDS schwieriger zu interpretieren sind, da der Bezug zwischen den gefundenen Dimensionen des Wahrnehmungsraumes und den empirisch erhobenen Eigenschaften der Objekte nicht besteht, wie es bei der Faktorenanalyse der Fall ist. Dadurch wird auch die konkrete Umsetzung von Positionierungsstrategien (wie sie im Marketing üblich sind) erschwert. Durch Anwendung ergänzender Methoden, auf die wir noch eingehen werden, ist es aber möglich, diese Nachteile zu beheben.

Das methodische Konzept der MDS lässt sich sehr gut anhand eines Beispiels verdeutlichen, in dem der Leser das Ergebnis der Analyse schon kennt. Man will die Skizze einer Landkarte erstellen, die die Lage von zehn Städten abbildet, d. h. man sucht die Konfiguration von 10 Städten. Die verfügbaren Informationen seien lediglich die Entfernungsangaben in einer Kilometertabelle, wie sie in jedem Autoatlas zu finden sind. Eine solche Tabelle gibt nicht die geographische Lage der Städte an, sondern lediglich die *paarweisen Distanzen*. Abbildung 6.2 zeigt die paarweisen Distanzen von zehn Städten.

Methodisches Konzept der MDS

Paarweise Distanzen

	Basel	Berlin	Frankfurt	Hamburg	Hannover	Kassel	Köln	München	Nürnberg	Stuttgart
Basel	- - -									
Berlin	874	- - -								
Frankfurt	337	555	- - -							
Hamburg	820	294	495	- - -						
Hannover	677	282	352	154	- - -					
Kassel	517	378	193	307	164	- - -				
Köln	496	569	189	422	287	243	- - -			
München	438	584	400	782	639	482	578	- - -		
Nürnberg	437	437	228	609	466	309	405	167	- - -	
Stuttgart	268	634	217	668	526	366	376	220	207	- - -

Abbildung 6.2: Entfernungen zwischen 10 Städten in Kilometern

Mit Hilfe der MDS soll nun das Problem gelöst werden, aus den vorhandenen paarweisen Distanzen die *relative Lage* aller Orte zueinander, d. h. die Konfiguration der zehn Städte zu ermitteln. Dies wird in Abbildung 6.3 zunächst für die ersten drei Werte aus Abbildung 6.2 (874, 337, 555) gezeigt. Die größte Distanz liegt zwischen den Städten Basel und Berlin, die willkürlich als Ausgangspunkte der Lösung gewählt werden. Die Position der dritten Stadt, Frankfurt, liegt 337 km von Basel entfernt (gezeichnet als Radius um Basel) und 555 km von Berlin (Radius um Berlin). Man erhält

6 Multidimensionale Skalierung

Rangwerte der Distanzen

bei zweidimensionaler Darstellung und verkleinertem Maßstab die Konfiguration in Abbildung 6.3.

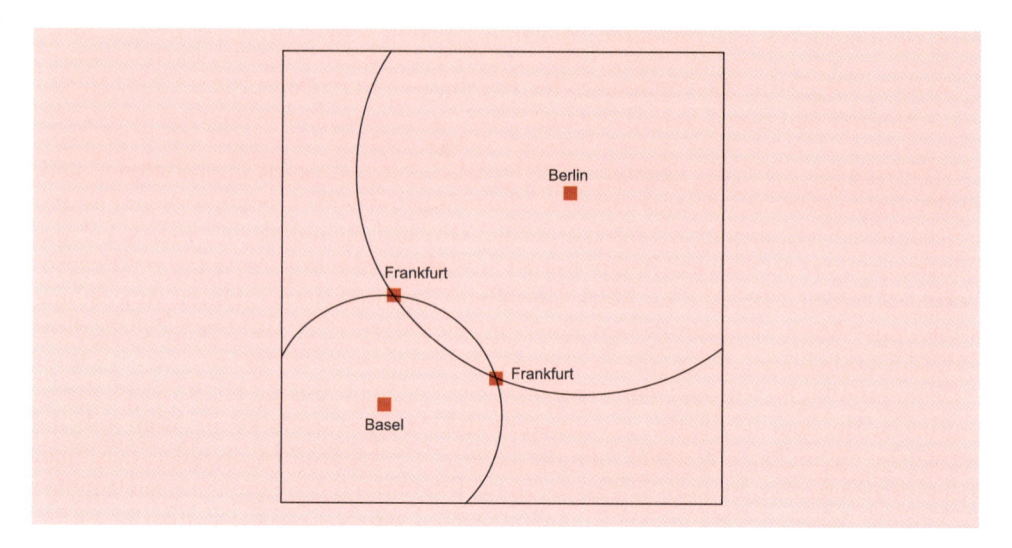

Abbildung 6.3: Positionierung von drei Städten

Es ergeben sich zwei mögliche Konfigurationen mit alternativen Lagen des dritten Ortes (Berlin-Frankfurt-Basel und Berlin-Frankfurt-Basel). Für den Aussagegehalt der MDS ist es nicht von Belang, welche der beiden Lösungen gewählt wird, da die beiden Lösungen spiegelbildlich identisch sind.

	Basel	Berlin	Frank-furt	Ham-burg	Han-nover	Kassel	Köln	Mün-chen	Nürn-berg	Stutt-gart
Basel	- - -									
Berlin	45	- - -								
Frank-furt	17	34	- - -							
Ham-burg	44	14	30	- - -						
Han-nover	42	12	18	1	- - -					
Kassel	32	21	5	15	2	- - -				
Köln	31	35	4	24	13	10	- - -			
Mün-chen	27	37	22	43	40	29	36	- - -		
Nürn-berg	25	25	9	38	28	16	23	3	- - -	
Stutt-gart	11	39	7	41	33	19	20	8	6	- - -

Abbildung 6.4: Rangwerte der Entfernungen (1: geringste Entfernung)

Bei der MDS geht es vielmehr nur darum, die relative Position der Objekte zueinander adäquat abzubilden: Diese Konfiguration ist unabhängig von Spiegelung und Drehung (Rotation).

6.1 Problemstellung

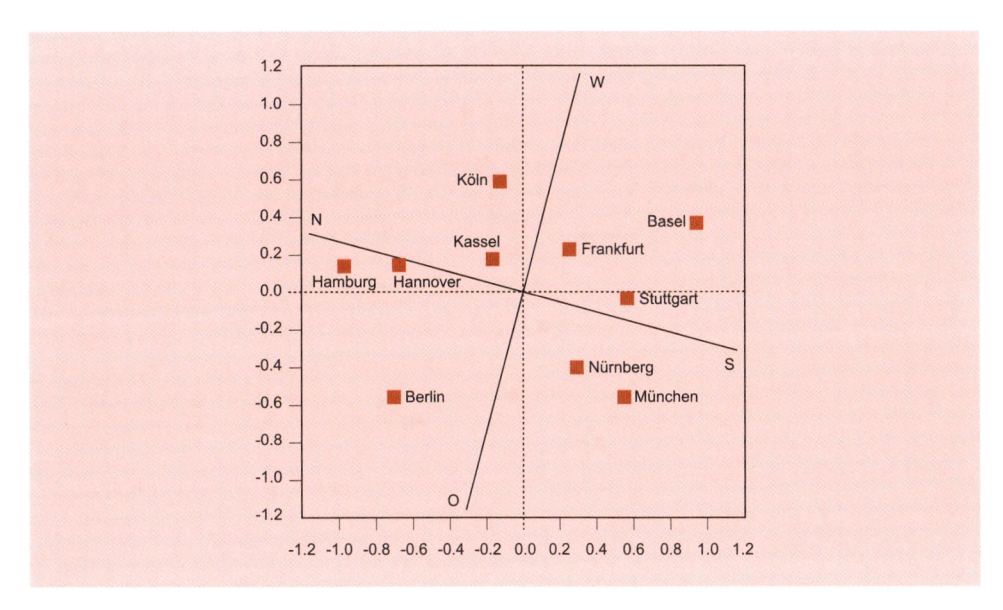

Abbildung 6.5: Durch MDS gewonnene Konfiguration von 10 Städten (vor Rotation und Spiegelung)

Abbildung 6.5 zeigt die Konfiguration, die aus den paarweisen Distanzen aller zehn Städte abgeleitet wurde. Das Bild mag zunächst verwirren. Jedoch durch bloße Rotation der Konfiguration und Spiegelung an der Nord-Süd-Achse erhält man die Darstellung in Abbildung 6.6. Kleine Ungenauigkeiten ergeben sich daraus, dass die verwendeten Distanzen nicht die Luftlinie, sondern die Straßenentfernung betreffen.

Das Beispiel macht deutlich, dass die Interpretation des Ergebnisses der MDS ein schwieriges Problem sein kann, das aufgrund von Sachkenntnis des untersuchten Problems gelöst werden muss. Neben der Interpretation der Dimensionen tritt bei empirischen Untersuchungen i. d. R. die Frage nach der Zahl der Dimensionen auf. Während in dem geographischen Beispiel die Zahl der Dimensionen von vornherein feststand, ist bei Konfigurationen in einem subjektiven Wahrnehmungsraum die Zahl der Dimensionen unbekannt und muss durch den Forscher bestimmt werden.

Zur Ableitung einer Konfiguration benötigt die MDS nicht unbedingt metrische Distanzangaben, sondern Rangwerte der Distanzen sind bereits ausreichend. Abbildung 6.4 zeigt die Rangwerte der Distanzen zwischen den 10 Städten, wobei hier 1 die niedrigste Distanz angibt. Die *nichtmetrische MDS*, mit der wir uns hier befassen, liefert auf Basis dieser Rangwerte dasselbe Ergebnis wie auf Basis der Distanzen.[1] Auch eine beliebige monotone Transformation der Rangwerte (z. B. Quadrierung oder Logarithmierung) würde am Ergebnis nichts ändern. Entscheidend ist lediglich, dass die Reihenfolge der Distanzen erhalten bleibt. Dies ist von erheblicher Bedeutung für die Wahrnehmungsmessung.

Konfiguration

Zahl der Dimensionen

---

[1] Mit MDS werden wir im Folgenden immer die nichtmetrische Multidimensionale Skalierung meinen. Dabei bezieht sich „nichtmetrisch" nur auf die Input-Daten, während die Ergebnisse immer metrisch sind. Die nichtmetrische MDS besitzt größere Bedeutung als die metrische MDS, da häufig nur Rangdaten vorliegen. Überdies können auch metrische Daten mit nichtmetrischer MDS verarbeitet werden, wie im Städtebeispiel gezeigt wurde.
Die metrische MDS beinhaltet eine Faktorenanalyse der Distanzen. In nichtmetrischen MDS-Programmen wird sie meist herangezogen, um eine Ausgangslösung zu finden, die anschließend mit nichtmetrischen Verfahren verbessert wird.

6 Multidimensionale Skalierung

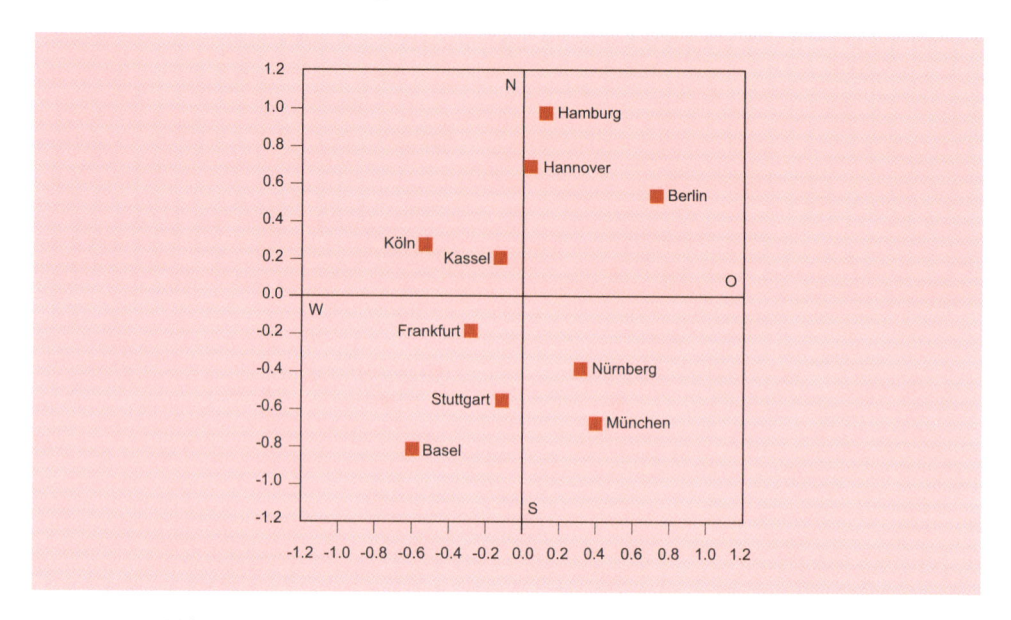

Abbildung 6.6: Konfiguration der Städte nach Rotation und Spiegelung

Die Aufgabe der MDS ist es nicht, wie in obigem Beispiel, bekannte Positionen von Objekten zu rekonstruieren, sondern unbekannte Positionen aufzufinden, insbesondere die Positionen von Objekten im psychologischen Wahrnehmungsraum von Personen. Dies ist möglich, wenn man die Distanzen der Objekte im Wahrnehmungsraum als Ähnlichkeiten oder, genauer gesagt, als Unähnlichkeiten interpretiert. Je dichter zwei Objekte im Wahrnehmungsraum beieinander liegen, desto ähnlicher werden sie empfunden, und je weiter sie voneinander entfernt liegen, desto unähnlicher werden sie empfunden. So werden in Abbildung 6.1 die Produkte „Opel" und „Ford" als relativ ähnlich, die Marken „VW" und „Rolls-Royce" als sehr unähnlich empfunden. Ziel der MDS ist es also letztlich, die subjektive Wahrnehmung von Objekten (Meinungsgegenständen) räumlich abzubilden. Erforderlich ist dazu lediglich, dass die Rangfolge der Ähnlichkeiten bekannt ist. Sie muss durch Befragung von Personen ermittelt werden.

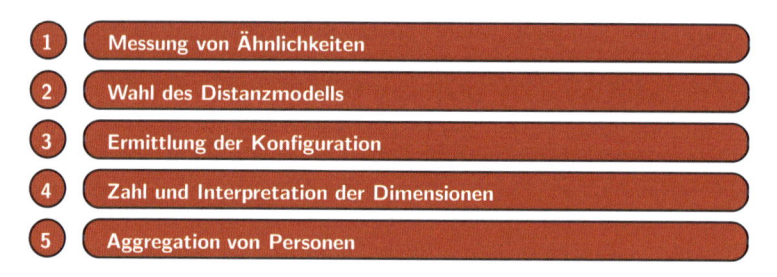

1. Messung von Ähnlichkeiten
2. Wahl des Distanzmodells
3. Ermittlung der Konfiguration
4. Zahl und Interpretation der Dimensionen
5. Aggregation von Personen

Abbildung 6.7: Ablauf einer MDS-Analyse

Die Schritte einer MDS sind in Abbildung 6.7 zusammengefasst. Sie werden nachfolgend im Einzelnen dargestellt.

6.2 Aufbau und Ablauf einer MDS

6.2.1 Messung von Ähnlichkeiten

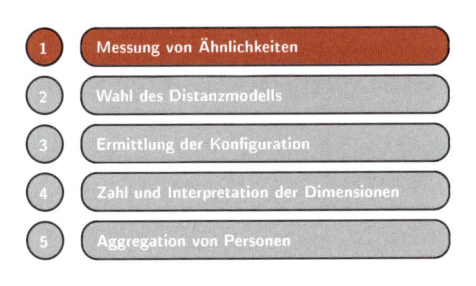

1. Messung von Ähnlichkeiten
2. Wahl des Distanzmodells
3. Ermittlung der Konfiguration
4. Zahl und Interpretation der Dimensionen
5. Aggregation von Personen

Für die Durchführung einer MDS muss zunächst die subjektive Wahrnehmung der Ähnlichkeit von Objekten (z. B. Marken einer Produktklasse) gemessen werden. Dazu sind *Ähnlichkeitsurteile* von Personen (z. B. potenzielle Käufer einer Produktklasse) zu erfragen. Ähnlichkeitsurteile beziehen sich nicht isoliert auf einzelne Objekte, sondern immer auf *Paare von Objekten*. In der Literatur werden zahlreiche Methoden zur Erhebung von Ähnlichkeitsurteilen dargestellt.[2] Im Folgenden werden die drei wichtigsten beschrieben.

Ähnlichkeitsurteile

6.2.1.1 Die Methode der Rangreihung

Das klassische Verfahren zur Erhebung von Ähnlichkeitsurteilen ist die Methode der Rangreihung. Dabei wird eine Auskunftsperson veranlasst, die Objektpaare nach ihrer empfundenen Ähnlichkeit zu ordnen, d. h. sie nach aufsteigender oder abfallender Ähnlichkeit in eine Rangfolge zu bringen. Hierzu werden ihr Kärtchen vorgelegt, auf denen jeweils ein Objektpaar angegeben ist.

Methode der Rangreihung

Bei K Objekten ergeben sich $K(K-1)/2$ Paare (Kärtchen), die zu ordnen sind. Die Zahl der Paare nimmt also überproportional mit der Zahl der Objekte zu. Um bei größerer Anzahl von Objekten die Aufgabe zu erleichtern, lässt man daher die Auskunftsperson zunächst zwei Gruppen bilden: „ähnliche Paare" und „unähnliche Paare", welche im zweiten Schritt jeweils wieder in zwei Untergruppen wie „ähnlichere Paare" und „weniger ähnliche Paare" geteilt werden usw., bis letztlich eine vollständige Rangordnung vorliegt. Für die Anwendung von MDS-Algorithmen sind die Objektpaare entsprechend ihrer Reihenfolge mit Zahlen (Rangwerten) zu versehen. Dies muss nicht die Auskunftsperson selbst tun, sondern kann auch von Untersuchenden übernommen werden. Bei $K = 10$ Objekten ergeben sich 45 Paare, denen die Ränge 1 bis 45 zuzuordnen sind. Dies kann alternativ so erfolgen, dass man Ähnlichkeits- oder Unähnlichkeitsdaten (similarities and dissimilarities) erhält:

$Ähnlichkeitsdaten:$ 1 = unähnlichstes Paar
                           45 = ähnlichstes Paar

$Unähnlichkeitsdaten:$ 1 = ähnlichstes Paar
                            45 = unähnlichstes Paar

Üblich ist die zweite Alternative, d. h. *mit Rangdaten sind üblicherweise Unähnlichkeitsdaten* gemeint, wie es auch in Abbildung 6.4 der Fall ist. Bei der Auswertung mit Computer-Programmen sind prinzipiell beide Alternativen zulässig; es muss nur dem Programm korrekt mitgeteilt werden, wie die Daten kodiert wurden, da man andernfalls unsinnige Ergebnisse erhält. Wie in Abbildung 6.4 sind die Rangdaten in einer Dreiecksmatrix zusammenzufassen.

---

[2] Vgl. z. B. Green/Carmone/Smith (1989), S. 56 ff.; Torgerson (1958), S. 262 ff.; Sixtl (1967), S. 316 ff.

6.2.1.2 Die Ankerpunktmethode

Bei der Ankerpunktmethode dient jedes Objekt genau einmal als Vergleichsobjekt, d. h. als Ankerpunkt für alle restlichen Objekte, um diese gemäß ihrer Ähnlichkeit zum Ankerpunkt in eine Rangfolge zu bringen. Zur näheren Erläuterung soll ein Beispiel herangezogen werden, bei dem elf Margarine- und Buttermarken betrachtet werden (Abbildung 6.8). Die Marke „Becel" bildet den ersten Ankerpunkt; die restlichen zehn Marken sind nach dem Grad der Ähnlichkeit zur Marke „Becel" mit einem Rangwert zu versehen, wobei eine fortlaufende Rangordnung zu bilden ist (Rang 1 beschreibt dabei die größte Ähnlichkeit, Rang 10 die geringste).

Entsprechend werden die anderen zehn Marken als Ankerpunkt vorgegeben. Für K Marken erhält man insgesamt $K(K-1)$ Paarvergleiche oder Rangwerte. Während bei der Methode der Rangreihung die Person eine Rangordnung über 55 Paare erstellen muss, ist hier das Problem der Rangreihung in eine Reihe von Teilaufgaben zerlegt. Für jede der elf Marken sind 10 Ähnlichkeitsvergleiche durchzuführen und in eine Rangordnung zu bringen, in unserem Beispiel mit 11 Marken also 110 Werte. Diese Rangwerte lassen sich in einer quadratischen Datenmatrix zusammenfassen (vgl. Abbildung 6.9).

Ankerpunktmethode

1. Ankerpunkt: Becel		
Marke		Rangwert
2	Du darfst	1
3	Rama	7
4	Delicado Sahnebutter	10
5	Holländische Markenbutter	8
6	Weihnachtsbutter	9
7	Homa	3
8	Flora Soft	2
9	SB	4
10	Sanella	6
11	Botteram	5

Abbildung 6.8: Datenerhebung mittels Ankerpunktmethode (Beispiel)

Die Datenmatrix, die man mit Hilfe der Ankerpunktmethode erhält, ist i. d. R. asymmetrisch, d. h. beim Vergleich einer Marke A mit Ankerpunkt B kann sich ein anderer Rang ergeben als beim Vergleich von Marke B mit Ankerpunkt A. Es handelt sich also um bedingte (konditionale) Daten, für welche die Werte in der Matrix nur zeilenweise für jeweils einen Ankerpunkt vergleichbar sind, so dass alle rechnerischen Transformationen streng getrennt für jede Zeile der Datenmatrix durchzuführen sind. Mittels geeigneter Verfahren ist es möglich, die asymmetrische Matrix in eine Dreiecksmatrix zu überführen, wie man sie bei der Rangreihung erhält.[3] Manche MDS-Programme (wie POLYCON oder ALSCAL) gestatten aber auch die direkte Eingabe von Ankerpunkt-Daten.

---

[3] Vgl. Carmone/Green/Robinson (1968), S. 219 ff. Mittels des Verfahrens der Triangularisation kann man die asymmetrische Datenmatrix in eine symmetrische Matrix umformen.

6.2 Aufbau und Ablauf einer MDS

Anker-punkt	Marke										
	1	2	3	4	5	6	7	8	9	10	11
1	-	1	7	10	8	9	3	2	4	6	5
2	1	-	9	7	2	8	3	5	4	6	10
3	10	9	-	8	7	6	3	5	4	2	1
4	7	6	8	-	1	2	4	9	10	5	3
5	10	9	8	1	-	2	7	3	5	6	4
6	10	9	3	1	2	-	8	7	5	6	4
7	8	7	2	5	6	10	-	3	4	1	9
8	8	9	4	10	5	6	2	-	3	7	1
9	9	8	3	10	7	6	4	5	-	1	2
10	9	10	1	8	6	7	2	5	3	-	4
11	9	10	1	5	8	6	7	2	3	4	-

Abbildung 6.9: Matrix der Ähnlichkeitsdaten (Ankerpunktmethode)

6.2.1.3 Das Ratingverfahren

Eine dritte Möglichkeit zur Gewinnung von Un-/Ähnlichkeitsdaten bildet die Anwendung von *Ratingverfahren*. Dabei werden die Objektpaare jeweils einzeln auf einer Ähnlichkeits- oder Unähnlichkeitsskala eingestuft, z. B.:

Ratingverfahren

Die Marken „Becel" und „Du darfst" sind

Vollkommen ähnlich |---|---|---|---|---|---|---| Vollkommen unähnlich
   1   2   3   4   5   6   7

Die Person soll jeweils den ihrer Meinung nach zutreffenden Punkt auf der Skala ankreuzen. Üblich sind 7- oder 9-stufige Skalen.

Da Ähnlichkeit und Unähnlichkeit (wie auch Nähe und Distanz) symmetrische Konstrukte sind, d. h. die Ähnlichkeit zwischen A und B ist gleich der Ähnlichkeit zwischen B und A, wird jedes Paar nur einmal beurteilt. Insgesamt sind so für K Marken $K(K-1)/2$ Paare zu beurteilen. In unserem Beispiel mit elf Marken sind 55 Urteile (Ratings) abzugeben. Man erhält damit halb so viele Werte wie bei der Ankerpunktmethode und ebenso viele Werte wie bei der Rangreihung, die sich wiederum in einer Dreiecksmatrix zusammenfassen lassen.

Das Ratingverfahren lässt sich von den Auskunftspersonen am schnellsten durchführen, da jedes Objektpaar isoliert beurteilt wird und nicht mit den anderen Paaren verglichen werden muss. Bei großer Anzahl von Objekten bzw. geringer Belastbarkeit der Auskunftspersonen ist es daher vorzuziehen. Es liefert aber auch die ungenauesten Daten, da zwangsläufig, wenn z. B. 55 Paare auf einer 7-stufigen Ratingskala beurteilt werden, verschiedene Paare gleiche Ähnlichkeitswerte (Ties) erhalten. Je größer die Zahl der Objekte und je geringer die Stufigkeit der Ratingskala, desto mehr derartiger Ties treten auf.

6.2.1.4 Vergleich der Erhebungsverfahren

Das Problem der Ties tritt hauptsächlich bei der Ankerpunktmethode und bei der Anwendung von Ratingverfahren auf. Die Stabilität der Lösung wird dadurch verringert. Um dem Problem zu begegnen, werden die Ähnlichkeitsdaten gewöhnlich über die Personen (oder Gruppen von Personen) aggregiert, z. B. durch Bildung von Medianen oder Mittelwerten. Für individuelle Analysen ist daher die Methode der Rangreihung besser geeignet, da sie detailliertere Daten liefert. Für aggregierte Analysen dagegen sind Ankerpunktmethode und Ratingverfahren von Vorteil, da sie die Datenerhebung erleichtern.

Unabhängig von der Wahl eines der obigen Ergebungsverfahren ist der Erhebungaufwand, der für die Durchführung einer MDS-Analyse erforderlich ist, recht hoch, wodurch die Praktikabilität des Verfahrens eingeschränkt ist. Dies gilt insbesondere bei großer Anzahl von Objekten. Im Gegensatz zu Positionierungsanalysen, die auf der Faktorenanalyse von Eigenschaftsbeurteilungen basieren (faktorielle Positionierung) nimmt bei der MDS der Erhebungsaufwand mit der Anzahl der Objekte progressiv zu. So sind z. B. bei 10 Objekten insgesamt 45 Paarvergleiche durchzuführen, während bei 20 Objekten die Zahl der Paarvergleiche bereits auf 190 ansteigt. Der erzeugte Output aber wächst nur proportional mit der Anzahl der Objekte (vgl. Abschnitt 6.2.4: Datenverdichtungskoeffizient). Man kann sich daher fragen, ob es bei großer Anzahl von Objekten notwendig bzw. effizient ist, alle möglichen Paarvergleiche durchzuführen. Eine nähere Betrachtung zeigt, dass bei zunehmender Anzahl von Objekten auch vermehrt redundante Paarvergleiche entstehen. Hier setzen neuere Entwicklungen im Bereich der MDS an, die sich mit der Konstruktion *reduzierter Abfragedesigns* befassen.[4] Für eine exakte Darstellung von n Objekten in einem r-dimensionalen metrischen Raum sind

$$z = \frac{n(r+1) - (r+1)(r+2)}{2} \quad \text{Ähnlichkeitsdaten}$$

ausreichend.[5] Liegen bspw. 15 Objekte vor, die anhand einer 2-dimensionalen Darstellung positioniert werden sollen, so sind von den insgesamt 105 möglichen Paarvergleichen $z = 39$ Paarvergleiche ausreichend. Es wäre somit eine Reduktion des Erhebungsaufwandes um mehr als 60% ohne Informationsverlust möglich.[6]

6.2.2 Wahl des Distanzmodells

Distanzmodell

Die Abbildung von Objekten in einem psychologischen Wahrnehmungsraum bedeutet die Darstellung von Ähnlichkeiten in Form von Distanzen, d. h. ähnliche Objekte liegen dicht beieinander (geringe Distanzen), unähnliche Objekte liegen weit auseinander (große Distanzen). Folglich ist es für die Durchführung der MDS von Bedeutung, ein Distanzmaß zu bestimmen. Dafür stehen dem Forscher verschiedene Ansätze zur Verfügung.

---

[4] Vgl. dazu z. B. DeSarbo/Young/Rangaswamy (1997); Malhotra/Jain/Pinson (1988); Burton (2003).
[5] Vgl. Young/Cliff (1972).
[6] Einen Überblick und empirischen Vergleich über verschiedene Varianten reduzierter Abfragedesigns sowie dabei auftretende Probleme geben Weiber/Mühlhaus/Hörstrup (2008a); Weiber/Mühlhaus/Hörstrup (2008b).

6.2.2.1 Euklidische Metrik

Bei der Euklidischen Metrik wird die Distanz zweier Punkte nach ihrer kürzesten Entfernung zueinander („Luftweg") beschrieben.

Euklidische Metrik

$$d_{kl} = \left[\sum_{r=1}^{R}(x_{kr} - x_{lr})^2\right]^{\frac{1}{2}} \qquad (6.1)$$

mit

d_{kl} = Distanz der Punkte k, l
x_{kr}, x_{lr} = Koordinaten der Punkte k, l auf der r-ten Dimension (r = 1,2,...,R)

Ein Beispiel soll die Berechnung verdeutlichen (vgl. Abbildung 6.10).

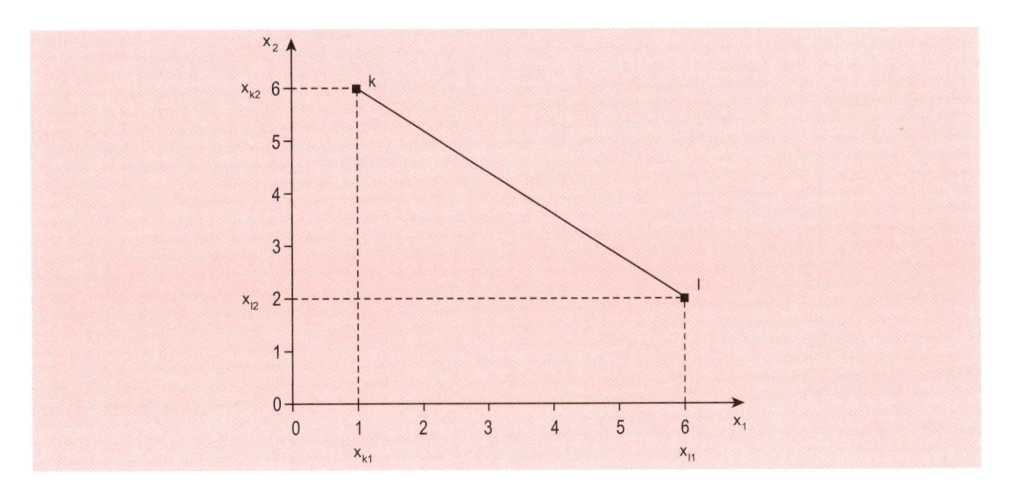

Abbildung 6.10: Euklidische Distanz

Die Distanz der Punkte k mit den Koordinaten (1,6) und l mit den Koordinaten (6,2) beträgt:

$$d_{kl} = \sqrt{(1-6)^2 + (6-2)^2} = \sqrt{25 + 16} = 6,4$$

6.2.2.2 City-Block-Metrik

Bei der City-Block-Metrik wird die Distanz zweier Punkte als Summe der absoluten Abstände zwischen den Punkten ermittelt.

City-Block-Metrik

$$d_{kl} = \sum_{r=1}^{R} |x_{kr} - x_{lr}| \tag{6.2}$$

mit

d_{kl} = Distanz der Punkte k, l
x_{kr}, x_{lr} = Koordinaten der Punkte k, l auf der r-ten Dimension (r = 1,2,...,R)

Die Idee der City-Block-Metrik lässt sich vergleichen mit einer nach dem Schachbrettmuster aufgebauten Stadt (z. B. Manhattan), in der die Entfernung zwischen zwei Punkten durch das Abschreiten rechtwinkliger Blöcke gemessen wird. Ein Beispiel verdeutlicht dies für die Entfernung zwischen den Punkten k und l (Abbildung 6.11).

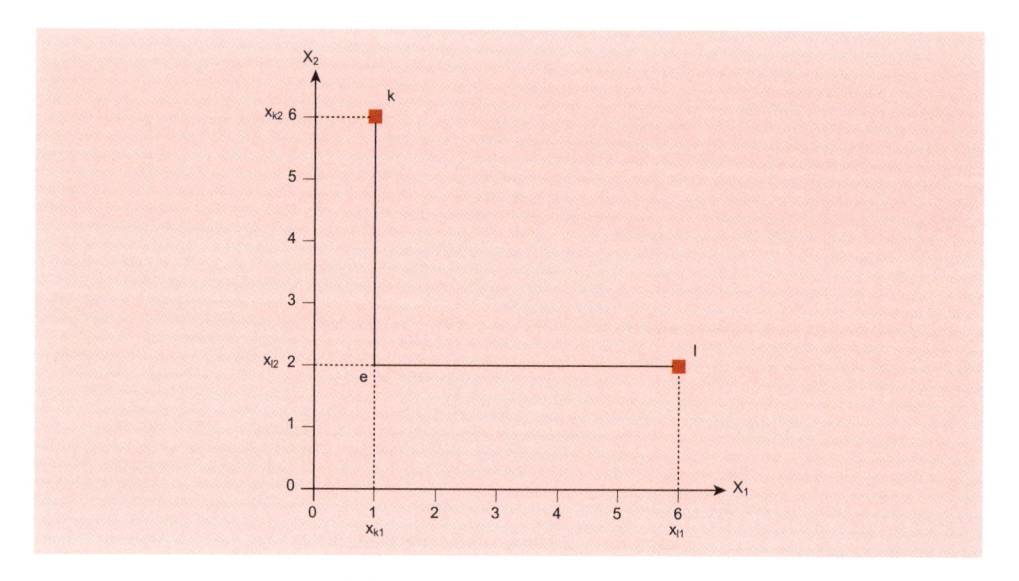

Abbildung 6.11: City-Block-Distanz

Die Distanz der Punkte k mit den Koordinaten (1,6) und l mit den Koordinaten (6,2) beträgt hier:

    Strecke von k nach e: $d_{ke} = |6-2| = 4$
$+$ Strecke von e nach l: $d_{el} = |1-6| = 5$
$=$ Strecke von k nach l: $d_{kl} = |4+5| = 9$

was man auch durch Einsetzen der Werte in Formel (6.2) erhält.

6.2.2.3 Minkowski-Metrik

Eine Verallgemeinerung der beiden obigen Metriken bildet die Minkowski-Metrik. Für zwei Punkte k, l wird die Distanz als Differenz der Koordinatenwerte über alle Dimensionen berechnet. Diese Differenzen werden mit einem konstanten Faktor c potenziert und anschließend summiert. Durch Potenzierung der Gesamtsumme mit dem Faktor $1/c$ erhält man die gesuchte Distanz d_{kl}:

Minkowski-Metrik

$$d_{kl} = \left[\sum_{r=1}^{R} |x_{kr} - x_{lr}|^c\right]^{\frac{1}{c}} \tag{6.3}$$

Minkowski-Metrik

mit
d_{kl} = Distanz der Punkte k, l
x_{kr}, x_{lr} = Koordinaten der Punkte k, l auf der r-ten Dimension (r = 1,2,...R)
$c \geq 1$ = Minkowski-Konstante

Für $c = 1$ ergibt sich die City-Block-Metrik und für $c = 2$ die Euklidische Metrik.

6.2.3 Ermittlung der Konfiguration

Das Verfahren der MDS lässt sich wie folgt umreißen: Aus vorgegebenen Ähnlichkeiten bzw. Unähnlichkeiten u_{kl} (für Objekte k und l) ist in einem Raum mit möglichst geringer Dimensionalität eine Konfiguration zu ermitteln, deren Distanzen d_{kl} möglichst gut die folgende *Monotoniebedingung* erfüllen sollten:

Monotoniebedingung

$$\text{Wenn } u_{kl} > u_{ij}, \text{ dann } d_{kl} > d_{ij} \tag{6.4}$$

In der gesuchten Konfiguration sollte also die Rangfolge der Distanzen zwischen den Objekten *möglichst gut* die Rangfolge der vorgegebenen Unähnlichkeiten wiedergeben. Eine perfekte Erfüllung der Monotoniebedingung ist i. d. R. nicht möglich (und sollte auch, wie unten noch erläutert wird, nicht möglich sein).

Um die Konfiguration zu finden, geht man iterativ vor. Man startet mit einer Ausgangskonfiguration und versucht, diese schrittweise zu verbessern. Wir betrachten dazu ein kleines Beispiel mit 4 Objekten, für die in Abbildung 6.12 die Matrix der Unähnlichkeiten u_{kl} wiedergegeben ist. Je größer der Wert u_{kl} ist, desto unähnlicher werden die Objekte k und l wahrgenommen und desto weiter sollen sie in der gesuchten Konfiguration voneinander entfernt liegen.

Für den Wahrnehmungsraum legen wir fest, dass er zwei Dimensionen habe und die Euklidische Metrik zugrunde liege.

Als Startkonfiguration für das Beispiel seien beliebige Koordinatenwerte vorgegeben (vgl. Abbildung 6.13). Die entsprechende Konfiguration ist in Abbildung 6.14 dargestellt. Wie man sieht, besteht keine Übereinstimmung zwischen der Rangfolge der Distanzen und der Rangfolge der Unähnlichkeiten. So ist z. B. die Unähnlichkeit

6 Multidimensionale Skalierung

k	l	1 Rama	2 Homa	3 Becel	4 Butter
1	Rama	-			
2	Homa	3	-		
3	Becel	2	1	-	
4	Butter	5	4	6	-

Abbildung 6.12: Unähnlichkeitsdaten u_{kl}

u_{23} zwischen den Objekten 2 und 3 am geringsten, während in Abbildung 6.14 die Distanz d_{13} zwischen den Objekten 1 und 3 am geringsten ist.

Objekt	k	Koordinaten	
		x_{k1}	x_{k2}
1	Rama	3	2
2	Homa	2	7
3	Becel	1	3
4	Butter	10	4

Abbildung 6.13: Koordinaten der Startkonfiguration

In Abbildung 6.15 werden die Distanzen d_{kl} berechnet. In Klammern sind jeweils die Rangzahlen der ermittelten Distanzen angegeben (vorletzte Spalte). Diesen sind die Unähnlichkeitsdaten u_{kl} gegenübergestellt (letzte Spalte). Wie man sieht, stimmen die beiden Rangreihen nur für das erste Paar (1,2) und das letzte Paar (3,4) überein.

Um die Güte der Übereinstimmung zwischen den Distanzen in der Konfiguration und den wahrgenommenen Unähnlichkeiten zu veranschaulichen, sind in Abbildung 6.16 die Unähnlichkeiten auf der Abszisse, und die Distanzen auf der Ordinate abgetragen. Diese Darstellung wird auch als *Shepard-Diagramm* bezeichnet.

Shepard-Diagramm

Wenn die Rangfolge der Distanzen der Rangfolge der Unähnlichkeiten entspricht, entsteht durch Verbindung der Punkte ein monoton steigender Verlauf. Das ist in Abbildung 6.16 nicht der Fall. Wie schon aus Abbildung 6.15 ersichtlich, ist die Monotoniebedingung nur für die Objektpaare (1,2) und (3,4) erfüllt. Eine Verbesserung lässt sich möglicherweise durch eine Veränderung der Ausgangskonfiguration erreichen.

6.2 Aufbau und Ablauf einer MDS

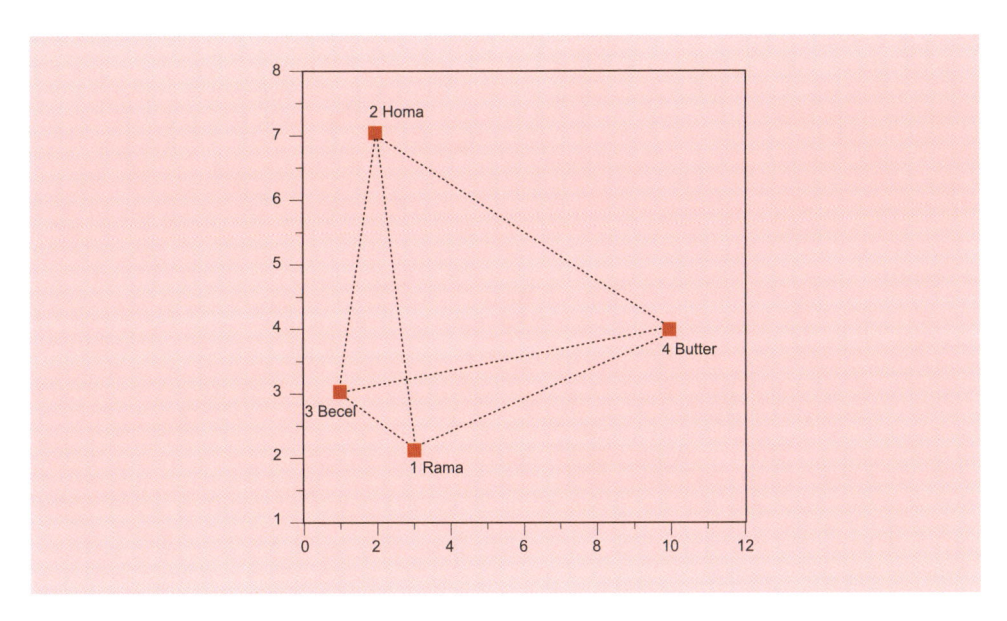

Abbildung 6.14: Startkonfiguration für das Handbeispiel

Punkte k,l	$|x_{k1} - x_{l1}|$	$|x_{k2} - x_{l2}|$	$\sum_r |x_{kr} - x_{1r}|^2$	d_{kl}	u_{kl}
1,2	$|3-2|=1$	$|2-7|=5$	$1+25=26$	5,1 (3)	3
1,3	$|3-1|=2$	$|2-3|=1$	$4+1=5$	2,2 (1)	2
1,4	$|3-10|=7$	$|2-4|=2$	$49+4=53$	7,3 (4)	5
2,3	$|2-1|=1$	$|7-3|=4$	$1+16=17$	4,1 (2)	1
2,4	$|2-10|=8$	$|7-4|=3$	$64+9=73$	8,5 (5)	4
3,4	$|1-10|=9$	$|3-4|=1$	$81+1=82$	9,1 (6)	6

Abbildung 6.15: Berechnung der euklidischen Distanzen d_{kl}

Neben den Unähnlichkeiten u_{kl} und den Distanzen d_{kl} wird im Rahmen der MDS noch eine dritte Gruppe von Größen, die sog. *Disparitäten* $\hat{d}_{kl}$, eingeführt. Es handelt sich dabei um Zahlen, die von den Distanzen möglichst wenig abweichen sollen (im Sinne des Kleinstquadratekriteriums) und die die folgende Bedingung erfüllen müssen:

Disparitäten

Wenn $u_{kl} > u_{ij}$, dann $\hat{d}_{kl} \geq \hat{d}_{ij}$

Die Disparitäten bilden also schwach monotone Transformationen der Unähnlichkeiten. Ein rechnerischer Weg zur Ermittlung der Disparitäten ist die Mittelwertbildung zwischen den Distanzen der nichtmonotonen Objektpaare. Im Beispiel für die Objektpaare 1,3 und 2,3 ergibt sich:

$\hat{d}_{1,3} = \hat{d}_{2,3} = \frac{d_{1,3}+d_{2,3}}{2} = \frac{2,2+4,1}{2} = 3,15$

Trägt man die Disparitäten im Shepard-Diagramm über den Unähnlichkeiten ab und verbindet die entsprechenden Punkte, so erhält man den in Abbildung 6.17 dargestellten monotonen Funktionsverlauf.

6 Multidimensionale Skalierung

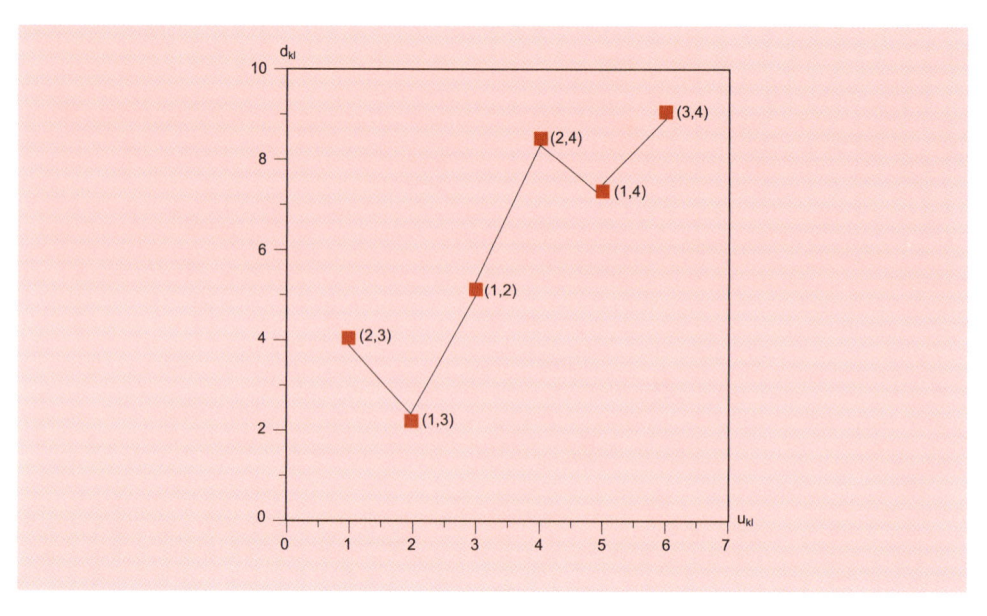

Abbildung 6.16: Beziehung zwischen Unähnlichkeiten und Distanzen (Shepard-Diagramm)

Aus Abbildung 6.17 kann man erkennen, dass sich die angestrebte Monotonie dadurch herstellen lässt, dass man für die abweichenden Objektpaare (1,3), (2,3), (1,4) und (2,4) die Distanzen verändert. Zum Beispiel könnte das Objekt 3 in der Konfiguration so verschoben werden, dass die Distanz zum Objekt 2 kleiner wird und gleichzeitig zum Objekt 1 vergrößert wird. Dabei muss jedoch beachtet werden, dass von dieser Verschiebung auch die Distanz zwischen Objekt 3 und 4 betroffen ist.

Zur Lösung dieses Problems wurde erstmals von J.B. Kruskal ein Algorithmus vorgeschlagen, der unter Nutzung der Disparitäten neue, verbesserte Koordinatenwerte ermittelt.[7] Als Maß für die Güte einer Konfiguration und damit als Zielkriterium für deren Optimierung wird dabei das sog. *STRESS-Maß* verwendet:

STRESS-Maß

$$STRESS = \sqrt{\frac{\sum_k \sum_l (d_{kl} - \hat{d}_{kl})^2}{Faktor}} \qquad (6.5)$$

mit
- d_{kl} = Distanz zwischen Objekten k und l
- $\hat{d}_{kl}$ = Disparitäten für Objekte k und l

Das STRESS-Maß misst, wie gut (genauer gesagt, wie schlecht) eine Konfiguration die Monotoniebedingung (6.4) erfüllt. Je größer der STRESS ausfällt, desto schlechter ist die Anpassung der Distanzen an die Ähnlichkeiten (badness of fit).

Die Größe des STRESS-Maßes wird bestimmt durch die Differenzen $(d_{kl} - \hat{d}_{kl})$ zwischen Distanzen und Disparitäten. Sie sind in Abbildung 6.17 durch die vertikalen Pfeile dargestellt. Da positive wie negative Differenzen gleichermaßen unerwünscht sind, werden sie quadriert. Im Fall einer exakten monotonen Anpassung entsprechen alle Distanzen den Disparitäten und der STRESS nimmt den Wert null an.

---
[7] Kruskal (1964a), S. 1 ff. sowie Kruskal (1964b), S. 115 ff.

6.2 Aufbau und Ablauf einer MDS

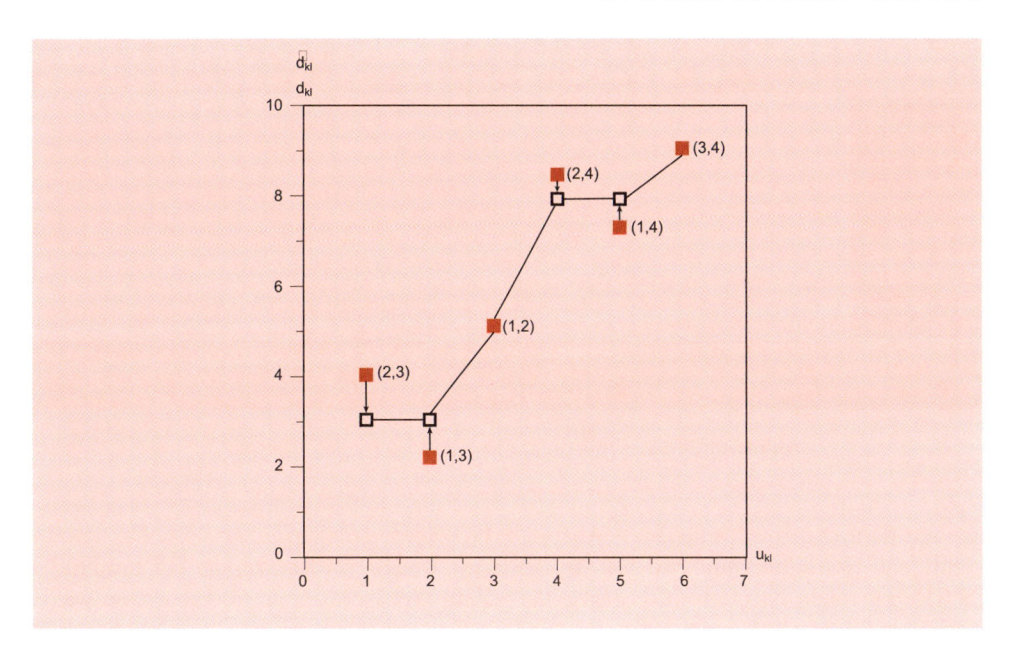

Abbildung 6.17: Beziehung zwischen Unähnlichkeiten und Disparitäten (Shepard-Diagramm)

Der Faktor im Nenner von Formel (6.5) dient lediglich zur Normierung des STRESS-Maßes auf Werte zwischen null und eins. Hier existieren unterschiedliche Varianten. Besonders gebräuchlich sind die *STRESS-Formeln 1 und 2* von Kruskal:

STRESS-Maß nach Kruskal

$$STRESS\ 1 = \sqrt{\frac{\sum_k \sum_l (d_{kl} - \hat{d}_{kl})^2}{\sum_k \sum_l d_{kl}^2}} \tag{6.6}$$

$$STRESS\ 2 = \sqrt{\frac{\sum_k \sum_l (d_{kl} - \hat{d}_{kl})^2}{\sum_k \sum_l (d_{kl} - \overline{d})^2}} \tag{6.7}$$

mit
$\overline{d}$ = Mittelwert der Distanzen

Die obigen STRESS-Formeln finden in bedeutenden Computer-Programmen für die MDS (z. B. MDSCAL, KYST, POLYCON) wie auch in Programmen zum Conjoint Measurement (z. B. MONANOVA) Verwendung. Da die Werte der beiden STRESS-Maße sich stark unterscheiden (Formel 2 liefert etwa doppelt so große Werte wie Formel 1), ist beim Vergleich von Ergebnissen, die mit verschiedenen Programmen erzielt wurden, darauf zu achten, welche Formel verwendet wurde.

Ein weiteres STRESS-Maß ist *S-Stress* von Takane/Young/de Leeuw, das in dem Programm ALSCAL als Zielkriterium verwendet wird.[8] Im Programmpaket SPSS ist ALSCAL verfügbar, nicht aber POLYCON. Im Ausdruck von ALSCAL wird als Gütemaß neben S-STRESS auch STRESS 1 angegeben.

Für das Handbeispiel zeigt Abbildung 6.18 die Berechnung des STRESS-Maßes.

Bei dem von Kruskal vorgeschlagenen Algorithmus zum Auffinden einer optimalen Konfiguration handelt es sich methodisch um ein iteratives Optimierungsverfahren,

---
[8] Vgl. z. B. Schiffman/Reynolds/Young (1981), S. 354.

6 Multidimensionale Skalierung

Objektpaar k,l	u_{kl}	d_{kl}	$\hat{d}_{kl}$	$(d_{kl}-\hat{d}_{kl})^2$	d_{kl}^2	$(d_{kl}-\bar{d})^2$
2,3	1	4,1	3,15	0,9	16,8	3,8
1,3	2	2,2	3,15	0,9	4,8	14,8
1,2	3	5,1	5,10	0,0	26,0	0,9
2,4	4	8,5	7,90	0,4	72,3	6,0
1,4	5	7,3	7,90	0,4	53,3	1,6
3,4	6	9,1	9,10	0	82,8	9,3
$\sum$		36,3		2,6	256,0	36,4
$\bar{d} = 36,3/6 = 6,05$				$STRESS\ 1 = \sqrt{2,6/256} = 0,10$		
				$STRESS\ 2 = \sqrt{2,6/36,4} = 0,27$		

Abbildung 6.18: Ermittlung des STRESS-Maßes (Beispiel)

Gradientenverfahren   das auf dem Prinzip des steilsten Anstiegs (Gradientenverfahren) basiert. Die jeweils gefundene Konfiguration wird iterativ so lange weiter verbessert, bis ein minimaler STRESS erreicht ist oder eine vorgegebene Zahl von Iterationen überschritten wird.

Mittels folgender Formel lässt sich für den Koordinatenwert x_{kr} von Objekt k auf Dimension r iterativ ein „neuer" Koordinatenwert berechnen, der die Position von Objekt k relativ zu Objekt l verbessert:

$$x_{kr}^+(1) = x_{kr} + \alpha \left(1 - \frac{\hat{d}_{kl}}{d_{kl}}\right) \cdot (x_{lr} - x_{kr}) \qquad (k \neq l,\ r = 1, ..., R) \qquad (6.8)$$

Dabei bezeichnet α die Schrittweite der Iteration. Eine Veränderung des Koordinatenwertes ergibt sich nur, wenn eine Differenz zwischen Disparität $\hat{d}_{kl}$ und Distanz d_{kl} besteht.

Durch Formel (6.8) wird der Koordinatenwert lediglich bezüglich *einem* anderen Objekt l verändert. Um eine Verbesserung bezüglich aller $K - 1$ übrigen Objekte zu erzielen, ist die Formel wie folgt zu erweitern:

$$x_{kr}^+ = x_{kr} + \frac{\alpha}{K-1} \sum_{l=1}^{K} \left(1 - \frac{\hat{d}_{kl}}{d_{kl}}\right) \cdot (x_{lr} - x_{kr}) \qquad (r = 1, ..., R) \qquad (6.9)$$

Durch Formel (6.9) wird ein Vektor zur Verschiebung des Objektes k erzeugt, dessen Richtung von den Koordinaten aller Objekte und den Disparitäten bezüglich k abhängig ist. Die Länge dieses Vektors kann durch die Schrittweite α variiert werden. Diese darf weder zu klein sein, da sonst der Iterationsprozess sehr lange dauern würde, noch darf sie zu groß sein, da man sonst über das Optimum hinausschießt und so eine Verschlechterung bewirkt werden kann. Diese Problematik wird als *Schrittweitenproblem* bezeichnet. Als Startwert schlägt Kruskal z. B. 0,2 vor. Überdies variieren die *Schrittweitenproblem*   gängigen Algorithmen die Schrittweite in Abhängigkeit vom jeweiligen STRESS-Wert, d. h. je kleiner der STRESS-Wert wird und je mehr man sich folglich dem Optimum nähert, desto kleiner wird die Schrittweite gewählt.

Beispielhaft berechnen wir neue Koordinatenwerte für Objekt $k = 3$. Aus Abbildung 6.14 wie auch aus Abbildung 6.17 ist ersichtlich, dass die Position von Objekt 3 so verändert werden muss, dass die Distanz zu Objekt 2 verringert und die zu Objekt 1 vergrößert wird. Um eine deutliche Veränderung zu erhalten, wählen wir hier, entgegen obigen Ausführungen, mit $\alpha = 3$ eine extrem große Schrittweite. Man erhält dann mittels Formel (6.9) die folgenden verbesserten Koordinatenwerte.

Dimension 1:

$$\begin{aligned} x_{31}^+ &= 1 + \frac{3}{4-1} \cdot \sum_{l=1, l \neq 3}^{4} \left(1 - \frac{\hat{d}_{31}}{d_{31}}\right) \cdot (x_{11} - 1) \\ &= 1 + \left(1 - \frac{3,15}{2,20}\right) \cdot (3-1) \\ &\quad + \left(1 - \frac{3,15}{4,10}\right) \cdot (2-1) \\ &\quad + \left(1 - \frac{9,10}{9,10}\right) \cdot (10-1) \\ &= 1 - 0,86 \ + \ 0,23 \ + \ 0 \\ &= 1 - 0,63 \ = \ 0,37 \end{aligned}$$

Dimension 2:

$$\begin{aligned} x_{32}^+ &= 3 + \frac{3}{4-1} \cdot \sum_{l=1, l \neq 3}^{4} \left(1 - \frac{\hat{d}_{31}}{d_{31}}\right) \cdot (x_{12} - 3) \\ &= 3 + \left(1 - \frac{3,15}{2,20}\right) \cdot (2-3) \\ &\quad + \left(1 - \frac{3,15}{4,10}\right) \cdot (7-3) \\ &\quad + \left(1 - \frac{9,10}{9,10}\right) \cdot (4-3) \\ &= 3 + 0,43 \ + \ 0,93 \ + \ 0 \\ &= 3 + 1,36 \ = \ 4,36 \end{aligned}$$

In Abbildung 6.20 ist durch einen Pfeil die sich ergebende Veränderung der Position von Objekt 3 markiert. Wie gewünscht wird die Distanz zu Objekt 2 verringert und die zu Objekt 1 vergrößert. Analog lassen sich neue Positionen für die übrigen Objekte berechnen. Das Endergebnis nach zwei Iterationen ist in Abbildung 6.20 dargestellt. Betrachtet man jetzt die Distanzen zwischen den neuen Positionen der Objekte, so zeigt sich, dass diese die Monotoniebedingung exakt erfüllen, d. h. sie stimmen hinsichtlich ihrer Rangfolge mit den vorgegebenen Unähnlichkeiten genau überein. Das STRESS-Maß wird damit Null und eine weitere Verbesserung durch den Algorithmus ist nicht möglich.

Bemerkt sei, dass immer dann, wenn der STRESS null wird, auch weitere Lösungen existieren, die ebenfalls die Monotoniebedingung erfüllen. Eine eindeutige Lösung ist in derartigen Fällen also nicht möglich. Hierauf wird im folgenden Abschnitt näher eingegangen.

Ist eine stressminimale Lösung gefunden und ist der STRESS größer null, so hilft Abbildung 6.19 bei der Beurteilung der Anpassungsgüte. Kruskal hat diese Erfahrungswerte als Anhaltspunkte zur Beurteilung des STRESS-Maßes vorgeschlagen.[9]

---

[9] Kruskal/Carmone (1973).

6 Multidimensionale Skalierung

Anpassungsgüte	STRESS 1	STRESS 2
gering	0,2	0,4
ausreichend	0,1	0,2
gut	0,05	0,1
ausgezeichnet	0,025	0,05
perfekt	0	0

Abbildung 6.19: Anhaltswerte zur Beurteilung des STRESS-Maßes

Im anfangs vorgestellten Städtebeispiel ergab sich mit STRESS 1 = 0,0118 bzw. STRESS 2 = 0,03 eine nahezu perfekte Anpassung.

Wir haben hier nur die Lösung im 2-dimensionalen Raum betrachtet. Das Verfahren gilt aber analog auch für Räume mit mehr als 2 Dimensionen. Lediglich die Berechnung der Distanzen in Abbildung 6.15 verändert sich dadurch. Auf die Frage nach der Anzahl der Dimensionen des Wahrnehmungsraumes gehen wir nachfolgend ein.

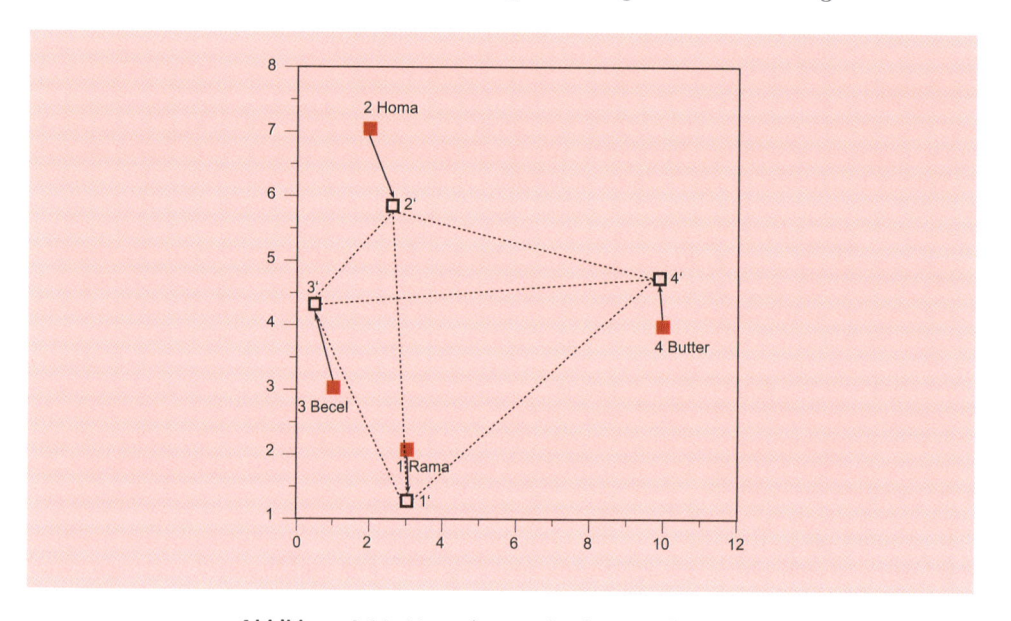

Abbildung 6.20: Veränderung der Startkonfiguration

6.2.4 Zahl und Interpretation der Dimensionen

1. Messung von Ähnlichkeiten
2. Wahl des Distanzmodells
3. Ermittlung der Konfiguration
4. **Zahl und Interpretation der Dimensionen**
5. Aggregation von Personen

Ein Wahrnehmungsraum wird neben der *Metrik* auch durch die *Zahl der Dimensionen* bestimmt. Beides muss vom Anwender einer MDS festgelegt werden.

Zahl der Dimensionen

Die Zahl der Dimensionen sollte der „wahren" Dimensionalität der Wahrnehmung entsprechen. Da diese aber i. d. R. unbekannt ist und oft durch die MDS erst aufgedeckt werden soll, entsteht ein schwieriges Problem. Dieses Problem wird aber dadurch gemildert, dass der Spielraum für die Zahl der Dimension sehr eng ist.

Aus praktischen Erwägungen wird man sich meist auf zwei oder drei Dimensionen beschränken, um eine grafische Darstellung der Ergebnisse zu ermöglichen und so die inhaltliche Interpretation zu erleichtern. Da sich unsere räumliche Erfahrung und Vorstellung auf maximal drei Dimensionen beschränkt, wird zum Teil argumentiert, dass dies generell auch für Wahrnehmungsräume der Fall ist.

Ob zwei oder drei Dimensionen zu wählen sind, kann inhaltlich danach entschieden werden, welche Lösung eine bessere Interpretation der Konfiguration wie auch der Dimensionen ermöglicht. Auch eine einzige Dimension kann ausreichend sein.

Wenngleich eine Interpretation der Dimensionen (der Achsen des Koordinatensystems) nicht immer möglich oder notwendig ist, so erhöht die Interpretierbarkeit der Dimensionen doch die Anschaulichkeit und bestärkt die Validität der gefundenen Lösung. Zwecks besserer Interpretierbarkeit ist es oft notwendig, die Achsen geeignet zu rotieren. Dabei wird meist das *Varimaxkriterium* angewendet, bei dem die Achsen so gelegt werden, dass die Objekte sich möglichst entlang der Achsen verteilen, nicht aber in diagonaler Richtung. Auf diese Weise wird eine sog. Einfachstruktur bewirkt (vgl. Kapitel 7 im Buch *Multivariate Analysemethoden*: Faktorenanalyse). Damit lassen sich Unterschiede zwischen den Objekten mit den Achsen in Verbindung bringen.

Varimaxkriterium

Als formales Kriterium zur Bestimmung der Zahl der Dimensionen kann das STRESS-Maß herangezogen werden. Der STRESS einer Lösung sollte möglichst niedrig sein. Dabei ist aber zu beachten, dass generell der STRESS abnimmt, wenn die Zahl der Dimensionen erhöht wird. Bei nur geringfügiger Änderung des STRESS sollte daher die Lösung mit geringerer Anzahl von Dimensionen vorgezogen werden. Zur Unterstützung der Entscheidung kann das Elbow-Kriterium herangezogen werden (vgl. Kapitel 8 im Buch *Multivariate Analysemethoden*: Cluster-Analyse).

Vorsicht ist geboten, wenn der STRESS null oder sehr klein wird (z. B. < 0,01), da dies ein Indiz für eine *degenerierte Lösung* sein kann. Die Objekte klumpen sich dann meist im Mittelpunkt des Koordinatensystems. Ein gewisses Mindestmaß an STRESS ist deshalb bei der MDS immer notwendig, um eine eindeutige Lösung zu erhalten.

Bei der MDS erfolgt eine *Gewinnung von metrischen Ergebnissen aus ordinalen Daten*, also eine Anhebung des Skalenniveaus. Dies ist nur durch Verdichtung der ordinalen Daten möglich. Hierin kommt ein wichtiges Prinzip der Skalierung zum Ausdruck. Eine nützliche Kennziffer bildet der *Datenverdichtungskoeffizient Q*:

Datenverdichtungskoeffizient Q

6 Multidimensionale Skalierung

$$Q = \frac{K \cdot (K-1)/2}{K \cdot R} = \frac{\text{Zahl der Ähnlichkeiten}}{\text{Zahl der Koordinaten}} \qquad (6.10)$$

mit
- K = Anzahl der Objekte
- R = Anzahl der Dimensionen
- $K \cdot (K-1)/2$ = Anzahl der Un-/Ähnlichkeiten: Input-Daten
- $K \cdot R$ = Anzahl der Koordinaten: Output-Daten

Zahl der Objekte	Dimensionen	
K	R=2	R=3
7	1,50	1,00
8	1,75	1,17
9	2,00	1,33
10	2,25	1,50
11	2,50	1,67
12	2,75	1,83
13	3,00	2,00

Abbildung 6.21: Werte des Datenverdichtungskoeffizienten Q für eine unterschiedliche Anzahl von Objekten und Dimensionen

Damit eine Anhebung des Skalenniveaus möglich ist, muss die Zahl der Input-Daten größer als die Zahl der Output-Daten und somit Q größer als 1 sein. Die Verdichtung ist umso höher, je größer die Anzahl der Objekte ist, und umso niedriger, je höher die Anzahl der Dimensionen ist. Als *Faustregel* zur Erzielung einer stabilen Lösung kann $Q \geq 2$ gelten. Dabei sind gegebenenfalls auch Ties oder fehlende Werte (missing values) zu berücksichtigen, die den Wert von Q verringern.

Faustregel

In Abbildung 6.21 sind Werte von Q für verschiedene Werte von K und R aufgelistet.

Die Zahl der Dimensionen wird, wie man sieht, auch durch die Zahl der Objekte begrenzt. Bei 13 Objekten sind entsprechend obiger Faustregel maximal 3 Dimensionen und bei 9 Objekten maximal 2 Dimensionen zulässig. Anders gesehen wäre damit 9 die minimale Anzahl von Objekten für eine MDS.

Als Kriterien für die Zahl der Dimensionen bieten sich damit

- der *Verdichtungskoeffizient*, der eine obere Grenze liefert,
- der *STRESS-Wert*, der möglichst klein sein sollte (im Sinne des Elbow-Kriteriums),
- die *Interpretierbarkeit* der Ergebnisse, die letztlich das wichtigste Kriterium bildet.

Weiterhin wurde aus der Behandlung des Datenverdichtungskoeffizienten deutlich, dass eine Mindestzahl von etwa 9 Objekten für die Anwendung der MDS erforderlich ist. Hier offenbart sich ein gewisses *Dilemma der MDS*, da mit der Zahl der Objekte einerseits die Präzision des Verfahrens zunimmt, andererseits sich aber auch die Schwierigkeit der Datengewinnung erhöht.

6.2.5 Aggregation von Personen

1. Messung von Ähnlichkeiten
2. Wahl des Distanzmodells
3. Ermittlung der Konfiguration
4. Zahl und Interpretation der Dimensionen
5. **Aggregation von Personen**

Wir haben bisher die MDS zur Ermittlung des Wahrnehmungsraumes einer Person verwendet. Diese Art der MDS wird auch als klassische MDS bezeichnet. Bei vielen Anwendungsfragestellungen interessieren jedoch nicht individuelle Wahrnehmungen, sondern diejenigen von Gruppen, z. B. bei der Analyse der Markenwahrnehmung durch Käufergruppen.

Klassische MDS

Grundsätzlich bieten sich drei Möglichkeiten zur Lösung des Aggregationsproblems an:

Aggregationsproblem

1. Es werden vor der Durchführung der MDS die Ähnlichkeitsdaten durch Bildung von Mittelwerten oder Medianen aggregiert. Auf die so aggregierten Daten wird dann eine klassische MDS angewendet.

2. Es wird eine klassische MDS für jede Person durchgeführt und anschließend werden die Ergebnisse aggregiert. Da die Ergebnisse immer metrisch sind, im Gegensatz zu den empirischen Ähnlichkeitsdaten, erscheint diese Vorgehensweise adäquater. Sie ist allerdings sehr aufwendig und infolge von Ties und fehlenden Werten nicht immer möglich.

3. Einige Computer-Programme, wie POLYCON, KYST oder ALSCAL, erlauben eine gemeinsame Analyse der Ähnlichkeitsdaten einer Mehrzahl von Personen, für die dann eine gemeinsame Konfiguration ermittelt wird. Man bezeichnet diese Art der MDS auch als RMDS (replicated MDS).[10]

Beim Vergleich einer MDS auf Basis von aggregierten Ähnlichkeitsdaten und einer RMDS ist zu berücksichtigen, dass letztere zwangsläufig höhere STRESS-Werte liefert. Daraus darf nicht der Fehlschluss gezogen werden, dass die extern aggregierten Daten eine bessere Abbildung der Objekte im Wahrnehmungsraum liefern.[11]

Grundsätzlich ist bei der Aggregation über Personen zu prüfen, ob hinreichende Homogenität der Personen vorliegt. Andernfalls ist z. B. mit Hilfe der Cluster-Analyse (vgl. Kapitel 8 im Buch *Multivariate Analysemethoden*: Cluster-Analyse) zuvor eine Segmentierung vorzunehmen, d. h. es sind möglichst homogene Cluster zu bilden, innerhalb derer eine Aggregation zulässig ist.

Nützlich für die Prüfung der Homogenität und eventuelle Segmentierungen ist die Anwendung von Verfahren der MDS, die individuelle Differenzen berücksichtigen. Dies erfolgt durch Berechnung individueller Gewichtungen der Dimensionen. Man spricht daher auch von WMDS (weighted MDS). Geeignete Programme sind z. B. INDSCAL und ALSCAL.[12]

---

[10] Vgl. Schiffman/Reynolds/Young (1981), S. 56 ff.
[11] Vgl. Schiffman/Reynolds/Young (1981), S. 119.
[12] Einen Überblick über diese und weitere Programme geben Green/Carmone/Smith (1989) bzw. Schiffman/Reynolds/Young (1981).

6 Multidimensionale Skalierung

6.2.6 Fallbeispiel

Bei 32 Personen wurden Unähnlichkeiten zwischen 11 Margarine- und Buttermarken abgefragt. Die 55 Markenpaare wurden jeweils mittels einer 7-stufigen Ratingskala beurteilt, wie sie in Abschnitt 6.2.1.3 dargestellt wurde.

Auf Basis der so ermittelten beispielhaften Daten sollen die 11 Marken mittels MDS im Wahrnehmungsraum positioniert werden. Hierzu wird das Computer-Programm POLYCON von F.W. Young verwendet.[13] Es soll eine aggregierte Lösung über alle 32 Personen erstellt werden (replicated MDS). Als Metrik wird die euklidische Metrik vorgegeben, und die Zahl der Dimensionen wird auf 2 festgelegt.

Output von Polycon

Abbildung 6.22 zeigt einen Ausschnitt des Computer-Ausdrucks von POLYCON, den wir von oben nach unten gehend erläutern.

(1) Bei einer Lösung in 2 Dimensionen sind für die 11 Punkte (Marken) 22 Koordinaten zu berechnen. Von den maximal 55 x 32 = 1.760 Unähnlichkeitsdaten stehen hier nur 1.351 Daten zur Verfügung, da die Auskunftspersonen Paare mit unbekannten Marken nicht beurteilt haben. Für die 409 fehlenden Werte wurde im Datensatz jeweils eine '0' eingesetzt, die von POLYCON als 'missing value' behandelt wird.

(2) Es wird angezeigt, dass PHASE 1 durchlaufen wurde (hier erfolgt die Anwendung eines metrischen Verfahrens nach Young und Housholder) und eine Lösung mit minimalem STRESS-Wert gefunden wurde.

(3) Es wird angezeigt, dass PHASE 2 durchlaufen wurde (hier erfolgt die weitere Verbesserung der Lösung mittels nicht-metrischer Optimierung) und dass ein minimaler STRESS-Wert gefunden wurde. Die optimale Lösung wurde hier bereits nach 2 Iterationen gefunden (siehe unten).

(4) Unter der Überschrift „BEST ITERATION" werden für die optimale Lösung die Kennziffern für jede Person angegeben. Dabei betrifft die erste Zeile die fehlenden Werte und die letzte Zeile die aggregierte Lösung. Insbesondere bezeichnet z. B.:

ITER	Zahl der Iterationen, die zur Erreichung des Optimums benötigt wurden
P	Nummer der Personen
NP	Anzahl der vorliegenden Unähnlichkeitsdaten für Person P
DIST M	Mittelwert der Distanzen für Person P
DISP M	Mittelwert der Disparitäten für Person P
DIST V	Varianz der Distanzen
DISP V	Varianz der Disparitäten
DIST SQ	Summe der quadrierten Distanzen
DIFF SQ	Summe der quadrierten Differenzen zwischen Disparitäten und Distanzen

In den letzten zwei Spalten stehen die beiden oben erläuterten STRESS-Maße.

---

[13]Siehe hierzu Young (1973), S. 66 ff.; Schiffman/Reynolds/Young (1981), S. 103 ff.

6.2 Aufbau und Ablauf einer MDS

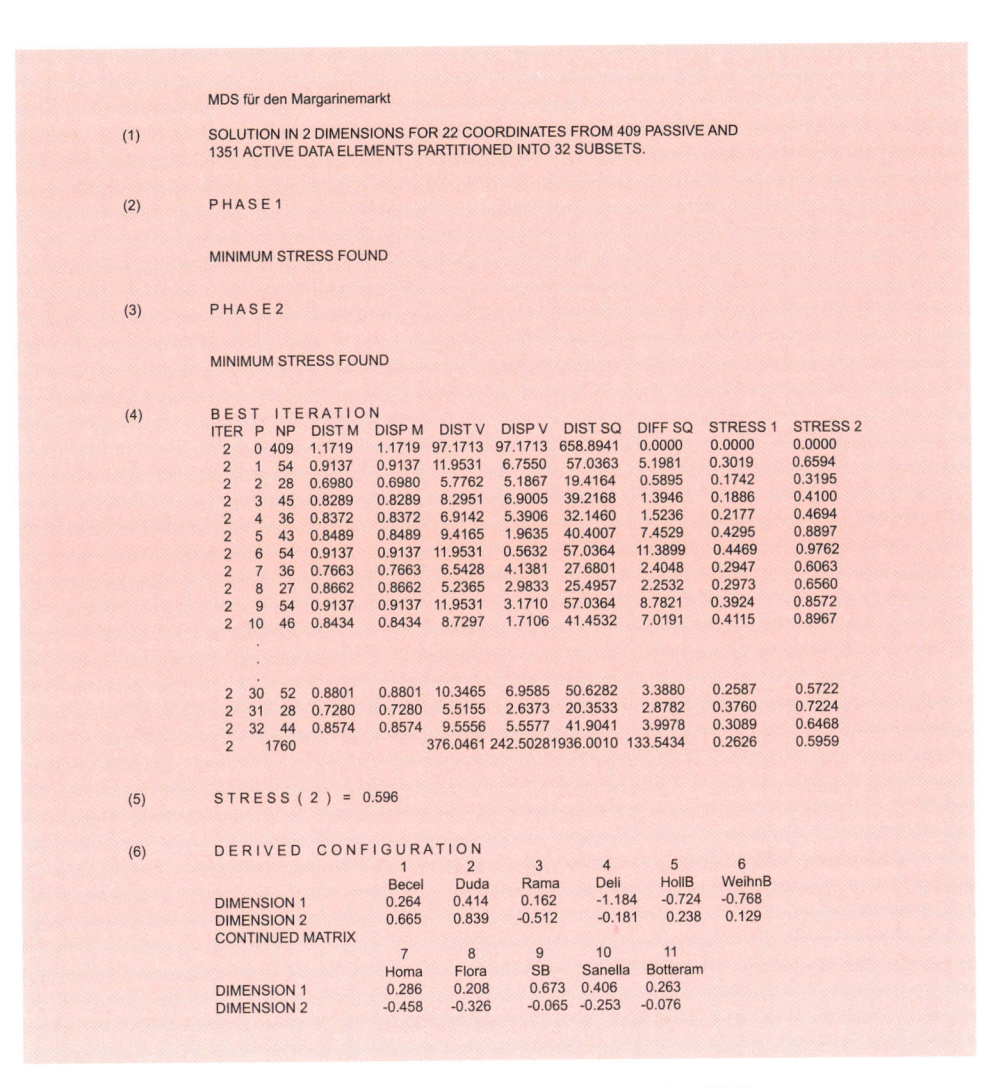

```
     MDS für den Margarinemarkt

(1)  SOLUTION IN 2 DIMENSIONS FOR 22 COORDINATES FROM 409 PASSIVE AND
     1351 ACTIVE DATA ELEMENTS PARTITIONED INTO 32 SUBSETS.


(2)  PHASE 1

     MINIMUM STRESS FOUND

(3)  PHASE 2

     MINIMUM STRESS FOUND

(4)  BEST ITERATION
     ITER  P   NP   DIST M  DISP M  DIST V   DISP V   DIST SQ   DIFF SQ   STRESS 1   STRESS 2
      2    0  409   1.1719  1.1719  97.1713  97.1713  658.8941   0.0000    0.0000     0.0000
      2    1   54   0.9137  0.9137  11.9531   6.7550   57.0363   5.1981    0.3019     0.6594
      2    2   28   0.6980  0.6980   5.7762   5.1867   19.4164   0.5895    0.1742     0.3195
      2    3   45   0.8289  0.8289   8.2951   6.9005   39.2168   1.3946    0.1886     0.4100
      2    4   36   0.8372  0.8372   6.9142   5.3906   32.1460   1.5236    0.2177     0.4694
      2    5   43   0.8489  0.8489   9.4165   1.9635   40.4007   7.4529    0.4295     0.8897
      2    6   54   0.9137  0.9137  11.9531   0.5632   57.0364  11.3899    0.4469     0.9762
      2    7   36   0.7663  0.7663   6.5428   4.1381   27.6801   2.4048    0.2947     0.6063
      2    8   27   0.8662  0.8662   5.2365   2.9833   25.4957   2.2532    0.2973     0.6560
      2    9   54   0.9137  0.9137  11.9531   3.1710   57.0364   8.7821    0.3924     0.8572
      2   10   46   0.8434  0.8434   8.7297   1.7106   41.4532   7.0191    0.4115     0.8967
                .
                .
                .
      2   30   52   0.8801  0.8801  10.3465   6.9585   50.6282   3.3880    0.2587     0.5722
      2   31   28   0.7280  0.7280   5.5155   2.6373   20.3533   2.8782    0.3760     0.7224
      2   32   44   0.8574  0.8574   9.5556   5.5577   41.9041   3.9978    0.3089     0.6468
      2       1760                         376.0461 242.5028 1936.0010 133.5434    0.2626     0.5959


(5)  STRESS ( 2 ) = 0.596


(6)  DERIVED CONFIGURATION
                         1        2        3       4        5        6
                       Becel    Duda     Rama    Deli     HollB    WeihnB
           DIMENSION 1  0.264   0.414    0.162  -1.184   -0.724   -0.768
           DIMENSION 2  0.665   0.839   -0.512  -0.181    0.238    0.129
           CONTINUED MATRIX
                         7        8        9      10       11
                       Homa     Flora    SB     Sanella  Botteram
           DIMENSION 1  0.286   0.208    0.673   0.406    0.263
           DIMENSION 2 -0.458  -0.326   -0.065  -0.253   -0.076
```

Abbildung 6.22: Output der MDS mit POLYCON

6 Multidimensionale Skalierung

(5) Für die aggregierte Lösung wird ein STRESS-Wert von 0,596 erzielt. Dieser Wert weist auf eine recht geringe Anpassungsgüte hin, die bei empirischen Untersuchungen aber leider häufig vorkommt.

(6) Unter der Überschrift „DERIVED CONFIGURATION" sind für jede Marke die Koordinaten der optimalen Lösung im 2-dimensionalen Wahrnehmungsraum angegeben. Hiermit erhält man die Konfiguration in Abbildung 6.23.

Grafische Darstellung und Interpretation

In Abbildung 6.23 ist die ermittelte Konfiguration der 11 Marken grafisch dargestellt. Es lassen sich drei Gruppen (Cluster) erkennen: Oben die Diät-Margarinen 'Becel' und 'Du darfst' (Cluster A), links die drei Buttermarken (Cluster B) und schließlich die übrigen Margarinemarken (Cluster C). In Abbildung 6.24 sind die drei Cluster markiert.

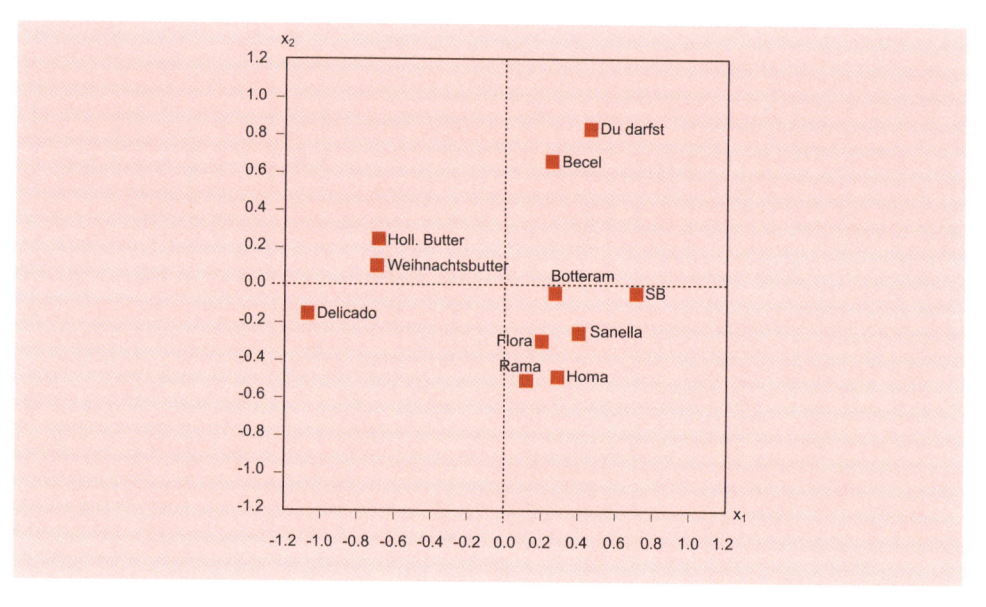

Abbildung 6.23: Konfiguration der Marken im Wahrnehmungsraum (POLYCON)

Die Darstellung von Marken im Wahrnehmungsraum der Konsumenten vermag folgende Erkenntnisse zu liefern:

- Sie zeigt, wie eine Marke relativ zu konkurrierenden Marken wahrgenommen wird.

- Sie lässt erkennen, welche Marken ähnlich wahrgenommen werden und somit in einer engen Konkurrenzbeziehung stehen.

- Sie kann Hinweise liefern, wo eventuell Marktlücken für neue Produkte bestehen.

Aus dem Vorteil der MDS, dass sie ohne Vorgabe von Eigenschaften und deren Verbalisierung auskommt, ergibt sich eine besondere Schwierigkeit für die *Interpretation der Dimensionen*. Sie ist nur indirekt über die Lage der Marken in Bezug auf die Dimensionen möglich.

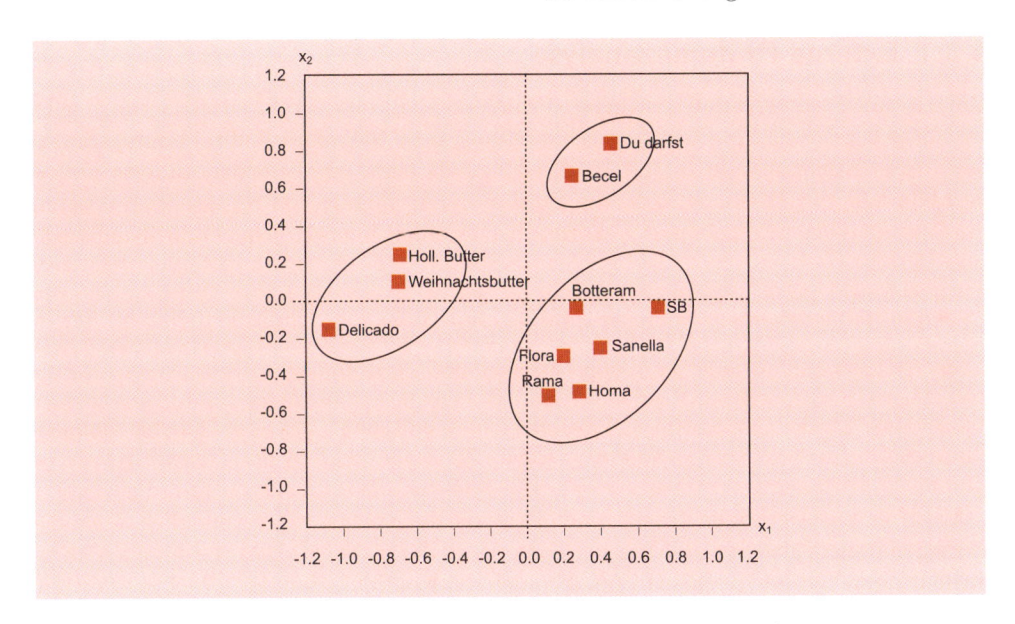

Abbildung 6.24: Konfiguration und Clusterung der Marken

Gewöhnlich rotiert man die Dimensionen, um die Interpretation zu erleichtern. Im vorliegenden Fall aber ist bereits eine „Einfachstruktur" gegeben, so dass die Anwendung einer *Varimax-Rotation* hier keine nennenswerten Änderungen bringt.

Auf der Dimension 1 (Abzisse) unterscheidet sich das Butter-Cluster B primär von den beiden Margarine-Clustern A und C. Man könnte sie daher mit der Bezeichnung „Geschmack" versehen. Auf der Dimension 2 (Ordinate) unterscheidet sich das Diät-Cluster A von den beiden anderen Clustern, weshalb man sie mit der Bezeichnung „gesunde Ernährung" umschreiben könnte.

Gegebenenfalls ist es durch Hinzuziehung weiterer Daten und Analysen möglich, Hilfestellung für die Interpretation zu erlangen. Dies wird z. B. durch die Methode des *Property Fitting* ermöglicht, auf die wir in Abschnitt 6.4 eingehen. Mittels dieser Methode werden separat erhobene Eigenschaftsbeurteilungen der Objekte nachträglich in den Wahrnehmungsraum einbezogen. Dabei zeigt sich, dass die Dimensionen des Wahrnehmungsraumes oft komplexer Natur sind, die sich nur unzulänglich mit einem einzigen Begriff umreißen lassen.

Property Fitting

6.3 Einbeziehung von Präferenzurteilen

Ähnlichkeitsurteile beinhalten keinerlei Information über die Präferenzen einer Person bezüglich der Objekte. Liegen derartige Informationen vor, so ist es möglich, die MDS zu erweitern, d.h. neben den Objekten auch die Präferenzen von Personen in den Wahrnehmungsraum (perceptual space) einzubeziehen. Man spricht in diesem Fall auch von *Joint-space-Analyse*.[14] Hierbei unterscheidet man zwei Ansätze, die interne und die *externe Präferenzanalyse*. Wir befassen uns zunächst mit der externen Präferenzanalyse und werden anschließend kurz auf die weniger bedeutsame *interne Präferenzanalyse* eingehen.[15]

Joint-space-Analyse

---

[14] Der Begriff des Joint Space wurde von Coombs im Rahmen seiner Unfolding-Analyse eingeführt. Vgl. Coombs (1950), S. 145 ff. sowie derselbe: A Theory of Data, New York u. a.
[15] Vgl. Carroll (1972), S. 105 ff.

6.3.1 Externe Präferenzanalyse

Externe Präferenzanalyse

Die externe Präferenzanalyse (auch externe oder indirekte Präferenzskalierung) geht von einer *gegebenen Konfiguration* (Darstellung der Objekte im Wahrnehmungsraum) aus. Diese Konfiguration ist i. d. R. das Ergebnis einer aggregierten Analyse für eine Mehrzahl von Personen, d. h. die Punkte der Konfiguration repräsentieren deren durchschnittliche Wahrnehmung. Formal ist es dabei unerheblich, ob die Konfiguration mittels

- *multidimensionaler Skalierung* (MDS) auf Basis von Ähnlichkeitsdaten oder
- *Faktorenanalyse* auf Basis von Eigenschaftsbeurteilungen

ermittelt wurde. Inhaltlich ist allerdings von Wichtigkeit, dass die Dimensionen des Raumes die *für die Präferenzbildung relevanten Eigenschaften der Objekte repräsentieren.*

Mit Hilfe von Methoden der externen Präferenzanalyse ist es jetzt möglich, auch die Personen in dem gegebenen Wahrnehmungsraum darzustellen. Dies sollten nach Möglichkeit dieselben Personen sein, für die auch die Konfiguration der Objekte ermittelt wurde. Benötigt werden dazu *Präferenzwerte* der Personen.

Wir behandeln zunächst die *Messung von Präferenzen* und sodann alternative *Nutzenmodelle*, die bei der Einbeziehung von Präferenzen zugrunde gelegt werden. Die Begriffe Nutzen und Präferenz können wir dabei als synonym auffassen.[16] Insbesondere definieren wir hier *Präferenz* als eine eindimensionale psychische Variable, die die empfundene relative Vorteilhaftigkeit von Alternativen zum Ausdruck bringt. Die Alternativen können z. B. Objekte oder Zustände betreffen.

6.3.1.1 Messung von Präferenzen

Zur Messung von Präferenzen lassen sich, wie auch zur Messung von Ähnlichkeiten, die *Rangreihung* und das *Ratingverfahren* heranziehen.

Rangreihung der Ähnlichkeiten

Im vorliegenden Fallbeispiel wurde die Rangreihung verwendet, d. h. die Personen wurden wie folgt gebeten, die 11 Margarine- und Buttermarken entsprechend ihrer Präferenz zu ordnen:

„Bitte geben Sie an, welche Marke Ihnen am besten,
welche am zweitbesten usw. gefällt!"

Der meistpräferierten Marke wurde hier der Wert 1, der zweitpräferierten der Wert 2 usw. zugewiesen. In Abbildung 6.25 sind beispielhaft die Präferenzdaten von drei Personen wiedergegeben.

Die Messung von Präferenzen gestaltet sich sehr viel einfacher als die Messung von Ähnlichkeiten, da nur die K Objekte selbst zu ordnen sind, während bei der Ähnlichkeitmessung die $K(K-1)/2$ Paare von Objekten zu ordnen sind.

---

[16] In der normativen Entscheidungstheorie bezieht sich der Begriff Nutzen auf bestimmte Objekte oder Zustände, der Begriff Präferenz dagegen auf Handlungsalternativen, mittels derer sich die betreffenden Objekte oder Zustände erreichen lassen. Im Fall der Sicherheit besteht eine deterministische Beziehung zwischen Handlung und Ergebnis der Handlung und die Begriffe Präferenz und Nutzen sind somit austauschbar. Dies gilt nicht mehr im Fall von Unsicherheit, bei der eine Handlungsalternative unterschiedliche Ergebnisse mit unterschiedlichem Nutzen nach sich ziehen kann. Die Problematik von Unsicherheit soll hier jedoch unberücksichtigt bleiben.

6.3 Einbeziehung von Präferenzurteilen

Person	Marke										
	1	2	3	4	5	6	7	8	9	10	11
1	10	11	2	4	5	6	1	8	3	7	9
2	6	7	8	5	4	1	10	9	11	2	3
3	11	10	3	9	2	8	7	1	5	4	6

Abbildung 6.25: Matrix der Präferenzdaten von drei Personen

6.3.1.2 Nutzenmodelle

Während die Objekte immer durch Punkte im Wahrnehmungsraum dargestellt werden, hängt die Darstellungsart der Personen von dem verwendeten Nutzenmodell ab. Dabei kommen zwei verschiedene Nutzenmodelle zur Anwendung: *Idealpunkt-Modell* und *Vektor-Modell*. Welches Modell adäquat ist, hängt ab vom Typ der relevanten Eigenschaften der Objekte bzw. der sie repräsentierenden Dimensionen. Nach der Art des Nutzenverlaufs in Abhängigkeit von der Ausprägung einer Eigenschaft unterscheiden wir:[17]

    Idealpunkt-Modell

1. „Es gibt eine optimale Ausprägung": *Idealpunkt-Modell* (vgl. Abbildung 6.26a)

2. „Je mehr, desto besser": *Vektor-Modell* (vgl. Abbildung 6.26b).

Beispiele für Eigenschaften von Typ 1 wären z. B. bei einer Tasse Kaffee: Süße, Stärke, Temperatur. Zuviel oder zuwenig ist jeweils von Nachteil, zumindest für die Mehrzahl der Kaffeetrinker. Beispiele für Eigenschaften von Typ 2 wären bei einem Auto: Leistung, Sicherheit, Komfort. Mehr ist immer besser. Die Annahme eines linearen Verlaufs bildet dabei allerdings eine Vereinfachung, die nur in einem begrenzten Bereich zulässig ist.

Unter Anwendung des *Idealpunkt-Modells* lassen sich Personen im Wahrnehmungsraum, gemeinsam mit der Konfiguration der Objekte (*Realpunkte*), als *Idealpunkte* darstellen. Der Idealpunkt markiert die von einer Person als ideal empfundene Kombination von Eigenschaften (Ausprägungen der Wahrnehmungsdimensionen). Die Nutzen- oder Präferenzfunktion über dem Wahrnehmungsraum nimmt in diesem Punkt ihr Maximum an. Abbildung 6.27 veranschaulicht dies im Falle eines zweidimensionalen Wahrnehmungsraumes.

Die Gesamtheit aller Punkte gleicher Präferenz ergibt die *Iso-Präferenz-Linie*. Gewöhnlich wird eine Nutzenfunktion mit kreisförmiger Iso-Präferenz-Linie unterstellt. Ebenso sind aber auch elliptische oder andere Formen denkbar. Im Falle kreisförmiger Iso-Präferenz-Linien gilt: Je geringer die Distanz eines Objektes zum Idealpunkt ist, desto höher ist die Präferenz der betreffenden Person für dieses Objekt. In Abbildung 6.27 ergibt sich für die 5 dargestellten Objekte folgende Präferenzfolge:

$$C > B > A > D > E$$

---

[17] Ein dritter Typ von Nutzenmodellen ist das Teilnutzenwert-Modell (part-worth model), das insbesondere für qualitative Merkmale dient, bei entsprechender Diskretisierung aber auch für quantitative Merkmale verwendet werden kann. Dieses Modell findet z. B. beim Conjoint Measurement Verwendung (vgl. Kapitel 9). Dem Vorteil des Teilnutzenwert-Modells, dass es sehr flexibel ist, steht der Nachteil gegenüber, dass bei seiner Anwendung viele Parameter (einer je Teilwert) zu schätzen sind.

6 Multidimensionale Skalierung

Vektor-Modell Bei Anwendung des *Vektor-Modells* wird eine Person im Wahrnehmungsraum durch einen Vektor, ihren Präferenzvektor, repräsentiert. Der Präferenz-Vektor zeigt an, in welcher Richtung sich die Präferenz einer Person erhöht (vgl. Abbildung 6.28).

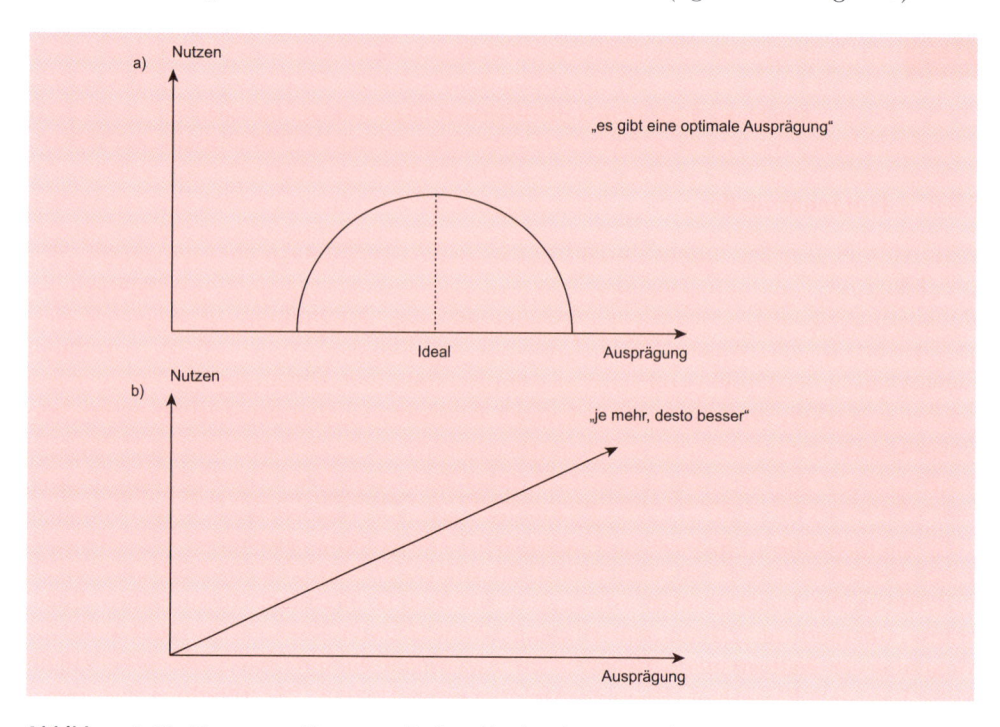

Abbildung 6.26: Typen von Nutzenverläufen: Idealpunkt-Modell (oben) und Vektor-Modell (unten)

Im Unterschied zum Idealpunkt-Modell bilden die Iso-Präferenz-Linien im Vektor-Modell Geraden. Damit lässt sich durch Projektion eines Realpunktes auf den Präferenzvektor dessen Präferenz geometrisch ermitteln. In Abbildung 10.28 ergibt sich für die dargestellten Objekte folgende Präferenzfolge:

$$B > E > C > A > D$$

Das Vektor-Modell lässt sich auch als ein Spezialfall des Idealpunkt-Modells auffassen. Bewegt man den Idealpunkt aus der Konfiguration der Realpunkte heraus, so werden mit zunehmender Distanz die Iso-Präferenz-Kreise größer und damit im Bereich der Konfiguration flacher, d. h. sie nähern sich dort den Geraden an. Das Vektor-Modell ergibt sich damit aus dem Idealpunkt-Modell im Fall eines unendlich weit entfernten Idealpunktes.

Im Rahmen der Präferenzanalyse wird meist auf individueller Ebene gearbeitet, d. h. es werden die Idealpunkte separat für die Personen einer Stichprobe ermittelt. Die Realpunkte werden dagegen, da die Wahrnehmung über die Personen meist weniger variiert als deren Präferenzen, auf aggregierter Ebene ermittelt. Durch Clusteranalyse können sodann die individuellen Idealpunkte zu einer oder mehreren Gruppe(n) (Marktsegmenten) zusammengefasst werden. Damit lassen sich Hinweise für die Positionierung existierender oder neuer Produkte gewinnen.

6.3 Einbeziehung von Präferenzurteilen

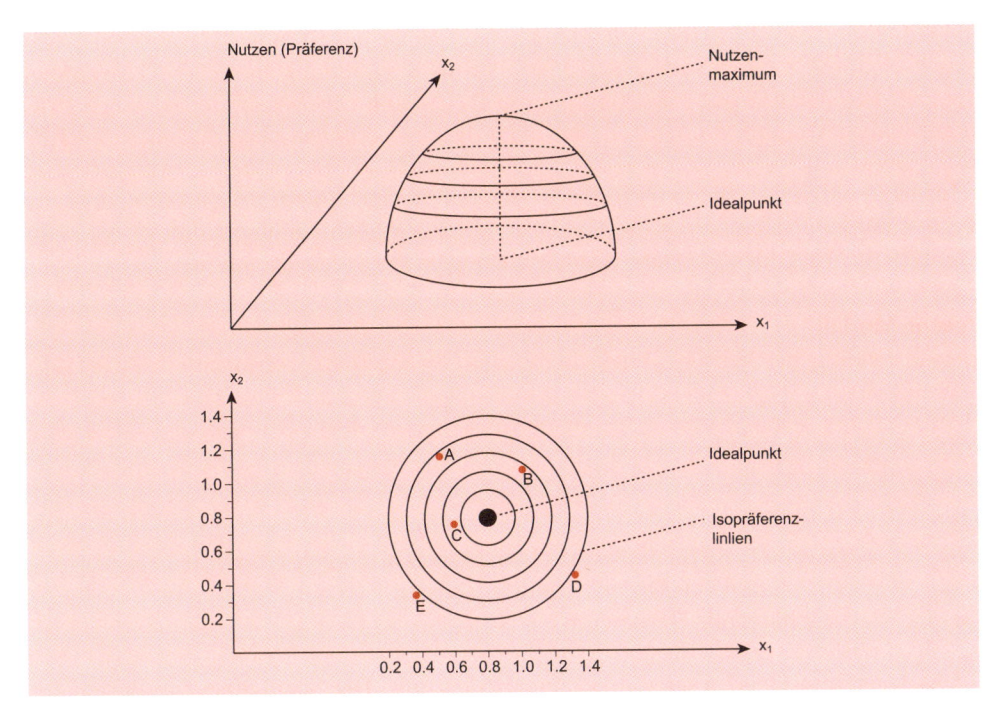

Abbildung 6.27: Idealpunkt-Modell der Präferenz: Präferenz-Vektor und Iso-Präferenz-Linien im Idealpunktmodell

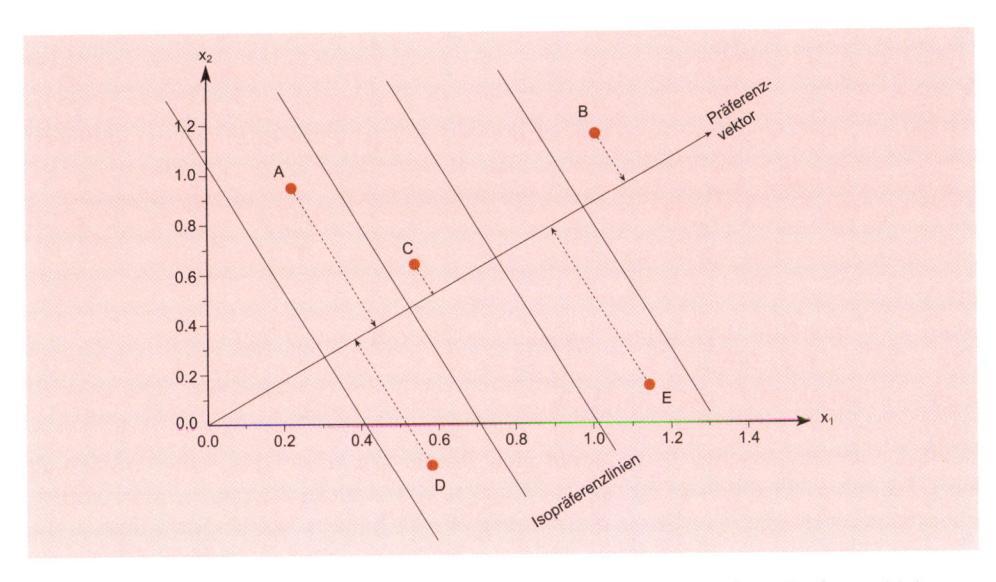

Abbildung 6.28: Vektormodell der Präferenz: Präferenz-Vektor und Iso-Präferenz-Linien

6.3.1.3 Rechnerische Durchführung

Die Durchführung von externen Präferenzanalysen ist mit Standardverfahren der Regressionsanalyse möglich. Von Vorteil ist aber die Verwendung spezieller Programme, wie z. B. PREFMAP von J.J. Chang und J.D. Carroll. Der Begriff der externen Präferenzanalyse stammt von Carroll, der auch die theoretischen Grundlagen zu PREFMAP gelegt hat.[18]

Im Kern beinhaltet die externe Präferenzanalyse eine *Präferenzregression*, d. h. die Regression der Präferenz auf die Dimensionen des Wahrnehmungsraumes (vgl. dazu Kapitel 1 im Buch *Multivariate Analysemethoden*: Regressionsanalyse).

Vektor-Modell

Bei Anwendung des Vektor-Modells lautet das geschätzte Regressionsmodell wie folgt:

$$\hat{y}_k = a + \sum_{r=1}^{R} b_r \cdot x_{rk} \qquad (k = 1, ..., K) \tag{6.11}$$

mit

$\hat{y}_k$ = geschätzter Präferenzwert einer Person bezüglich Objekt k
x_{rk} = Koordinate von Objekt k auf Dimension r (r = 1,...,R)
a, b_r = zu schätzende Parameter

Das konstante Glied a ist dabei ohne Bedeutung. Die Schätzung der Parameter auf Basis der empirischen Präferenzränge p_k kann alternativ durch metrische oder nichtmetrische (monotone) Regression erfolgen.

Bei der *metrischen Regression* werden die Präferenzränge p_k wie metrische Daten behandelt. Die Parameter werden so bestimmt, dass das folgende Zielkriterium (Kleinstquadratekriterium) minimiert wird:

$$\underset{a,b_r}{\text{Min}} \sum_{k=1}^{K} (p_k - y_k)^2 \tag{6.12}$$

Bei der *nichtmetrischen Regression* wird dagegen folgendes Zielkriterium minimiert:

$$\underset{f_m}{\text{Min}} \underset{a,b_r}{\text{Min}} \sum_{k=1}^{K} (z_k - y_k)^2 \tag{6.13}$$

mit

z_k = monoton transformierte Präferenzränge, für die gelten muss:
$\quad z_k \leq z_k$ für $p_k < p_k$
f_m = monotone Transformation

Bei der nichtmetrischen bzw. monotonen Regression erfolgt also eine Anpassung der geschätzten Präferenzwerte y_k an monotone Transformationen z_k der empirischen Präferenzränge p_k. Mittels eines iterativen Verfahrens werden alternierend die y_k durch Kleinstquadrateschätzung und die z_k durch monotone Transformation optimal angepasst und so die Summe der quadrierten Abweichungen sukzessiv verkleinert,

---

[18]Vgl. Carroll (1972), S. 105 ff.

6.3 Einbeziehung von Präferenzurteilen

bis ein Konvergenzkriterium erreicht ist. Ein analoges Vorgehen erfolgt bei der Minimierung des STRESS-Maßes.

I. d. R. unterscheiden sich die Ergebnisse einer metrischen Regression nur wenig von denen einer monotonen Regression.[19] Nur wenn die Präferenzränge deutliche Sprünge aufweisen, wird daher die sehr viel aufwendigere monotone Regression erforderlich.

Die Lage des Präferenzvektors im Wahrnehmungsraum lässt sich grafisch mit Hilfe der Regressionskoeffizienten b_r $(r = 1, ..., R)$ bestimmen (siehe nachfolgendes Beispiel). Mittels der Beta-Werte der Regressionskoeffizienten lässt sich aussagen, welche unterschiedliche Wichtigkeit die Dimensionen des Wahrnehmungsraumes für die Präferenzbildung der betreffenden Person haben.

Beispiel: Für die 5 Objekte in Abbildung 6.28 sind in Abbildung 6.29 die Präferenzränge und Koordinaten aufgeführt.

Objekt k	Präferenzrang p_k	Koordinaten x_{1k}	x_{2k}
A	4	0,23	0,92
B	1	1,06	1,08
C	3	0,68	0,58
D	5	0,60	-0,30
E	2	1,16	0,28

Abbildung 6.29: Präferenzränge und Koordinaten von 5 Objekten (vgl. Abbildung 6.16)

Die Regression der Präferenz auf die beiden Eigenschaften liefert:

$$y_k = 6,4 - 3,34 x_{1k} - 1,80 x_{2k}$$

Da es sich hier bei den Präferenzdaten um Rangdaten handelt, bei denen der niedrigste Wert die höchste Präferenz bedeutet, sind die Vorzeichen umzudrehen. Danach erhält man:

$$y_k = -6,4 + 3,34 x_{1k} + 1,80 x_{2k}$$

Dieses Ergebnis würde man auch bei Durchführung einer metrischen Analyse mit PREFMAP erhalten. Die Lage des Präferenzvektors im Wahrnehmungsraum erhält man, indem man den Punkt mit den Koordinaten $x_1 = b_1 = 3,34$ und $x_2 = b_2 = 1,80$ sucht und diesen mit dem Ursprung (Nullpunkt) des Wahrnehmungsraumes verbindet (vgl. Abbildung 6.28). Die Steigung des Präferenzvektors beträgt somit b_2/b_1.

Idealpunkt-Modell

Bei Anwendung des Idealpunkt-Modells wird eine modifizierte Präferenzregression durchgeführt. Das Modell lautet:[20]

Idealpunkt-Modell

---

[19] Cattin/Wittink (1976), Vgl. hierzu.
[20] Vgl. Carroll (1972), S. 135, sowie Schiffman/Reynolds/Young (1981), S. 266.

6 Multidimensionale Skalierung

$$y_k = a + \sum_{r=1}^{R} b_r \cdot x_{rk} + b_{R+1} \cdot q_k \tag{6.14}$$

mit

$$q_k = \sum_{r=1}^{R} x_{rk}^2 \qquad (k = 1, ..., K)$$

Die Regressionsgleichung wird also um eine Variable q erweitert, deren Werte sich aus der Summe der quadrierten Koordinaten eines Objektes k ($k = 1, ..., K$) ergeben. Die Koordinaten des Idealpunktes erhält man durch

$$x_r^* = \frac{-b_r}{2b_{R+1}} \qquad (r = 1, ..., R) \tag{6.15}$$

Beispiel: Für das Regressionsmodell (6.14) erhält man mit den Daten in Abbildung 6.30 und nach Umkehrung der Vorzeichen:

$$y_k = 13,7 - 15,03 x_{1k} - 16,28 x_{2k} + 9,43 q_k$$

Für die Koordinaten des Idealpunktes der betreffenden Person erhält man gemäß (6.15):

$$x_1^* = 0,80, \quad x_2^* = 0,86$$

Bei Anwendung von PREFMAP erhält man neben den Koordinaten des Idealpunktes auch Gewichte für die Dimensionen. Während deren Werte hier nicht interessieren, so sind doch deren Vorzeichen zu beachten. Diese sind normalerweise positiv. Negative Vorzeichen dagegen zeigen an, dass es sich um einen *Anti-Idealpunkt* handelt, d.h. mit zunehmender Entfernung von diesem Punkt nimmt die Präferenz der betreffenden Person zu. Ein Beispiel mag die Temperatur von Tee (in einem gewissen Bereich) sein: Kalter wie auch heißer Tee werden möglicherweise einem lauwarmen Tee vorgezogen. Unterscheiden sich die Vorzeichen der Gewichte, so liegt ein *Sattelpunkt* vor. Generell bereitet die Interpretation von Anti-Idealpunkten und erst recht die von Sattelpunkten Schwierigkeiten.

Objekt k	Präferenzrang p_k	Koordinaten	
		x_{1k}	x_{2k}
A	3	0,57	1,30
B	2	0,99	1,21
C	1	0,62	0,80
D	4	1,30	0,55
E	5	0,37	0,33

Abbildung 6.30: Präferenzränge und Koordinaten von 5 Objekten (vgl. Abbildung 6.26)

6.3.1.4 Ablauf von PREFMAP

PREFMAP umfasst neben dem Vektor-Modell und dem Idealpunkt-Modell mit kreisförmigen Iso-Präferenz-Linien zwei weitere Idealpunkt-Modelle, ein elliptisches Modell und ein rotiertes elliptisches Modell (vgl. Abbildung 6.31). Entsprechend diesen Modellen läuft PREFMAP in 4 Phasen ab:

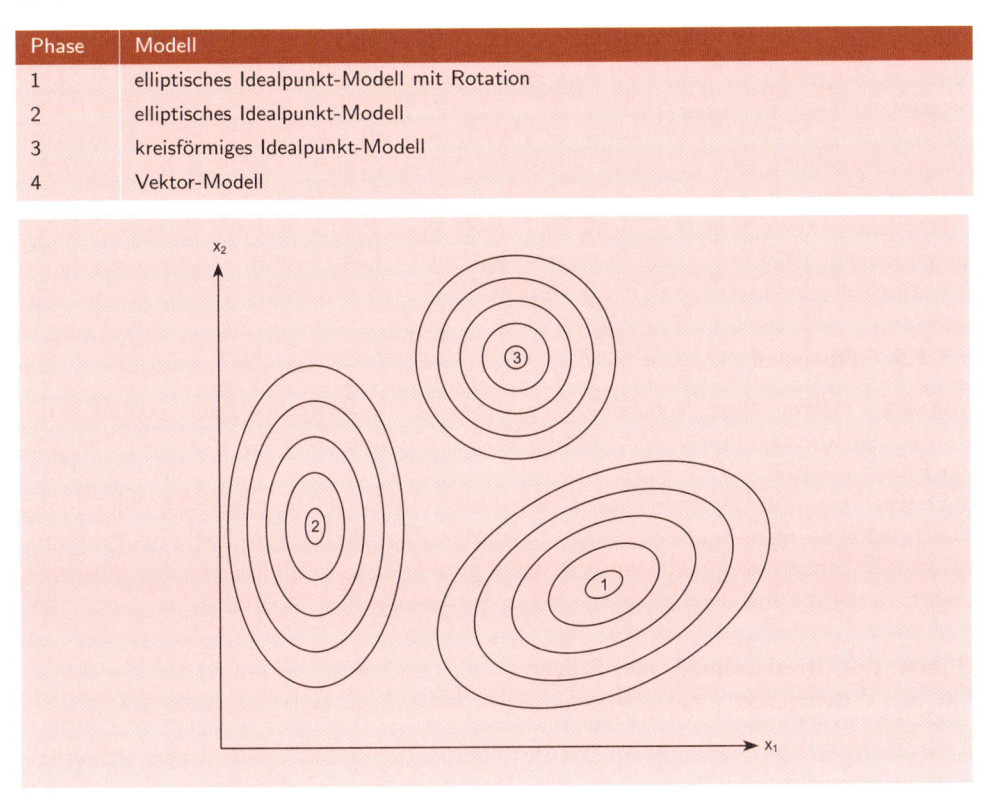

Phase	Modell
1	elliptisches Idealpunkt-Modell mit Rotation
2	elliptisches Idealpunkt-Modell
3	kreisförmiges Idealpunkt-Modell
4	Vektor-Modell

Abbildung 6.31: Die drei Idealpunkt-Modelle von PREFMAP

Die Modelle werden in obiger Reihenfolge durchlaufen, d. h. zuerst das allgemeinste und komplexeste Modell und zuletzt das einfachste Modell, das Vektor-Modell. Der Benutzer kann aber angeben, in welcher Phase er beginnen will. Bei Wahl von Phase 1 oder 2 ändern sich auch die Ergebnisse der nachfolgenden Phasen.

Für den Benutzer stellt sich die Frage, welches Modell er anwenden soll. Generell sollte er am Anfang nur das einfache (kreisförmige) Idealpunkt-Modell oder das Vektor-Modell anwenden, also mit Phase 3 oder 4 beginnen. Für die Wahl zwischen Idealpunkt- und Vektor-Modell können sowohl inhaltliche wie auch statistische Kriterien herangezogen werden. Im Zweifelsfall sollte dem einfacheren Modell, dem Vektor-Modell, der Vorzug gegeben werden.

Das Idealpunkt-Modell sollte nur dann angewendet werden, wenn es auch sinnvoll interpretierbar ist, also wenn die Dimensionen nicht vom Typ „Je mehr, desto besser" sind. Dies gilt erst recht für Anti-Idealpunkte, die meist nur schwer interpretierbar sind. Überdies ist die Anwendung des Idealpunkt-Modells nur dann zwingend, wenn der Idealpunkt innerhalb der Konfiguration der Objekte liegt. Bei (weit) außerhalb liegenden Idealpunkten ist daher ebenfalls das Vektor-Modell vorzuziehen.

6 Multidimensionale Skalierung

Ein statistisches Kriterium bildet die Prüfung des Regressionskoeffizienten b_{R+1} für die Dummy-Variable im Regressionsansatz (6.14). Nur wenn dieser signifikant ist (was mit einem t-Test festgestellt werden kann), ist das komplexere Idealpunkt-Modell gerechtfertigt.

PREFMAP liefert für jedes Modell weitere statistische Gütemaße, wie den multiplen Korrelationskoeffizienten und zugehörigen F-Wert. Zwangsläufig aber liefert ein komplexeres Modell immer auch eine bessere Anpassung an die Daten und damit einen höheren Wert für den Korrelationskoeffizienten bzw. das Bestimmtheitsmaß. Nützlich ist daher eine weitere Testgröße, die PREFMAP bietet, der F-Wert für den Unterschied zwischen zwei Phasen. Dieser F-Wert wird für alle Paare von durchlaufenen Phasen berechnet. Der F-Test ist allerdings, wie auch der t-Test, nur bei metrischer Analyse gültig.

Abschließend sei bemerkt, dass PREFMAP, wenn Präferenzdaten für mehrere Personen eingegeben werden, alle Analysen separat für jede Person wie auch aggregiert (für eine durchschnittliche Person) ausführt.

6.3.1.5 Fallbeispiel

Mit den Präferenzdaten von 36 Personen wurde eine externe Präferenzanalyse mit PREFMAP durchgeführt. Der Job hierfür ist in Abschnitt 6.5.2 wiedergegeben und wird dort erläutert.

Es wurden nur die Phasen 3 und 4, also das kreisförmige Idealpunkt-Modell und das Vektor-Modell, angewendet und eine metrische Analyse durchgeführt. In Abbildung 6.32 ist die Summary-Tabelle von PREFMAP, die sich jeweils am Ende des Ausdrucks findet, in verkürzter Form wiedergegeben. Sie gliedert sich in drei Teile.

Oberer Teil: Korrelationen und F-Werte

Für jede durchlaufene Phase werden

- die Korrelationen zwischen den Präferenzdaten und den geschätzten Präferenzwerten und

- die jeweiligen F-Werte der Korrelationskoeffizienten

für jede Person und für die „durchschnittliche Person" angegeben (in Abbildung 6.32 werden nur die Werte der ersten drei und der letzten Person wiedergegeben). Das Idealpunkt-Modell liefert infolge seiner höheren Komplexität auch höhere Korrelationen als das Vektor-Modell. Dagegen sind die zugehörigen F-Werte beim Vektor-Modell mit einer Ausnahme höher. Bei einer Irrtumswahrscheinlichkeit (Signifikanzniveau) von 5 % gelten folgende theoretischen F-Werte (vgl. F-Tabelle im Anhang des Buches):

- Phase 3 (3 und 7 Freiheitsgrade): F = 4,35

- Phase 4 (2 und 8 Freiheitsgrade): F = 4,46

Folglich ist unter den hier betrachteten Fällen das Idealpunkt-Modell für Person 1 und 2 nicht signifikant, während das Vektor-Modell nur für Person 2 nicht signifikant ist.

	CORRELATION (PHASE)		F RATIO (PHASE)	
	... R3	R4	... F3	F4
DF			... 3 7	2 8
SUBJ				
1	... .777	.740	... 3.565	4.841
2	... .696	.542	... 2.192	1.668
3	... .831	.824	... 5.204	8.446
.				
36	... .938	.929	... 17.049	25.259
AVG	... .850	.849	... 6.062	10.315

F RATIO (BETWEEN PHASE)						
	F12	F13	F14	F23	F24	F34
DF	1 5	2 5	3 5	1 6	2 6	1 7
SUBJ						
1	.000	.000	.000	.000	.000	1.007
2	.000	.000	.000	.000	.000	2.580
3	.000	.000	.000	.000	.000	.268
.						
36	.000	.000	.000	.000	.000	.949
AVG	.000	.000	.000	.000	.000	.038

ROOT MEAN SQUARE	
PHASE	
1	.000
2	.000
3	.755
4	.694

Abbildung 6.32: Summary-Tabelle von PREFMAP (verkürzt)

Mittlerer Teil: Zwischen-Phasen-F-Werte

Genaueren Aufschluss darüber, ob ein komplexeres Modell gegenüber einem einfacheren Modell eine signifikante Verbesserung bringt und seine Anwendung somit gerechtfertigt ist, geben die Zwischen-Phasen-F-Werte. Wenn alle vier Modelle durchlaufen werden, lassen sich jeweils sechs Zwischen-Phasen-F-Werte berechnen. Da hier nur die Phasen 3 und 4 durchlaufen wurden, ist nur der F-Wert F_{34} relevant. Er indiziert die Verbesserung, die das Idealpunkt-Modell gegenüber dem Vektor-Modell bringt. Der theoretische F-Wert bei einer Irrtumswahrscheinlichkeit (Signifikanzniveau) von 5 % beträgt F = 5,59. Er wird unter den 36 Personen nur bei drei Personen überschritten.

Unterer Teil: Mittlere Korrelationen

Hier ist für jede durchlaufene Phase das arithmetische Mittel der individuellen Korrelationskoeffizienten angegeben.

Aufgrund der obigen Prüfmaße wird hier das Vektor-Modell ausgewählt. In Abbildung 6.33 sind die ermittelten Präferenzvektoren der 36 Personen im Wahrnehmungsraum zusammen mit der Konfiguration der Produkte dargestellt. Aus Gründen der Übersichtlichkeit wurden nur die Spitzen der Präferenzvektoren eingezeichnet. Der gestrichelte Pfeil dagegen zeigt die aggregierte Lösung (durchschnittlicher Präferenzvektor).

Eine Cluster-Analyse auf Basis der Präferenzvektoren ergab die dargestellten 5 Cluster in Abbildung 6.34. Bemerkenswert ist, dass das zweitstärkste Cluster Nr. 1, aber auch das Cluster Nr. 4, in Bereichen liegen, die durch keine existierenden Produkte abgedeckt werden. Dies könnten Hinweise auf bestehende Marktlücken sein.

6 Multidimensionale Skalierung

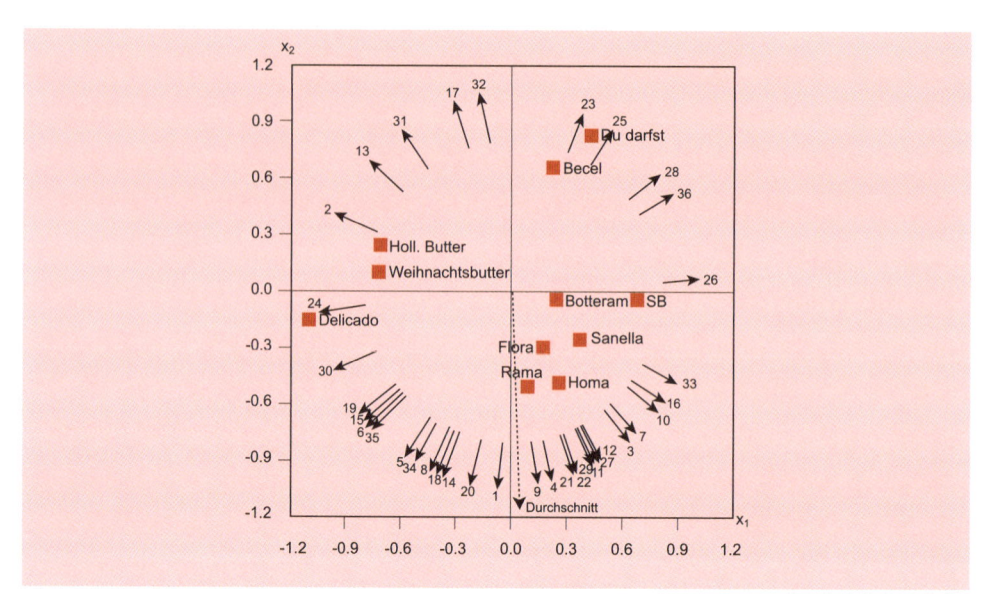

Abbildung 6.33: Marken und Präferenzvektoren im Wahrnehmungsraum (externe Präferenzskalierung)

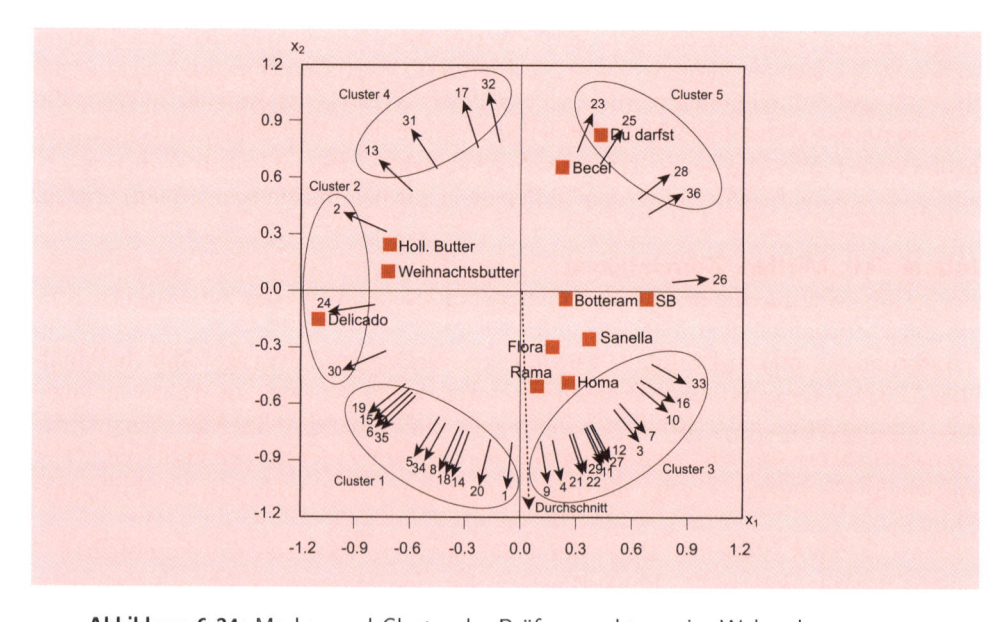

Abbildung 6.34: Marken und Cluster der Präferenzvektoren im Wahrnehmungsraum

6.3.2 Interne Präferenzanalyse

Der Begriff der internen Präferenzanalyse (direkte Präferenzskalierung) beinhaltet, dass gemeinsam mit den Objekten (Stimuli) auch ein fiktives Ideal beurteilt und skaliert wird. Methodisch ergeben sich dabei keinerlei Unterschiede gegenüber einer „normalen" multidimensionalen Skalierung. Im Unterschied zur externen Präferenzanalyse, bei der zwei Mengen von Daten (Koordinaten der Objekte und Präferenzen der Personen) verarbeitet werden, wird bei der internen Präferenzanalyse nur eine Menge von Daten verarbeitet:

- Ähnlichkeiten bei Anwendung der nichtmetrischen multidimensionalen Skalierung,
- Eigenschaftsbeurteilungen bei Anwendung der Faktorenanalyse.

Bei Anwendung der MDS auf Basis von Ähnlichkeitsdaten wird davon Gebrauch gemacht, dass sich Präferenz auch als eine spezielle Ähnlichkeit interpretieren lässt, nämlich als Ähnlichkeit zwischen einem realen Objekt und dem Ideal. Die Auswahl der Paarvergleiche, die für die praktische Anwendung der MDS eine kritische Größe bildet, erhöht sich dadurch allerdings erheblich, z. B. bei 11 realen Objekten von 55 auf 66, oder allgemein bei K Objekten um K Paarvergleiche.

Weitere Nachteile, die sowohl bei Anwendung der MDS wie auch der Faktorenanalyse gelten, sind:

- Es kann nur das Idealpunkt-Modell zur Anwendung kommen, nicht aber das Vektor-Modell, da das Ideal wie alle realen Objekte behandelt und somit als Punkt dargestellt wird.
- Die Beurteilung eines fiktiven Ideals mag dem Befragten realitätsfremd erscheinen und somit Schwierigkeiten bereiten.

Eine weitere Form der internen Präferenzanalyse, die hier erwähnt sei, bildet das Unfolding von Coombs, das später von Bennett und Hays zum multidimensionalen Unfolding weiterentwickelt wurde.[21] Bei diesem Verfahren werden allein auf Basis von Präferenzdaten Objekte und Personen in einem gemeinsamen Wahrnehmungsraum skaliert.

6.4 Einbeziehung von Eigenschaftsurteilen

Ähnlichkeitsurteile beinhalten weder Information über die Präferenzen einer Person bezüglich der Objekte, noch darüber, wie sie bestimmte Eigenschaften der Objekte beurteilt. Analog zur Einbeziehung von Präferenzen mittels externer Präferenzanalyse ist es auch möglich, Eigenschaftsbeurteilungen in den Wahrnehmungsraum einzubeziehen, was auch als *Property Fitting* bezeichnet wird.

Methodisch besteht zwischen dem Property Fitting und der externen Präferenzanalyse kein Unterschied. Es werden i. d. R. die über die Personen aggregierten Eigenschaftsbeurteilungen herangezogen, da erfahrungsgemäß die Wahrnehmung von Personen weniger individuelle Differenzen aufweist als deren Präferenzen.

Um die formale Übereinstimmung zu verdeutlichen, sind nachfolgend die Datensätze für die externe Präferenzanalyse und für das Property Fitting schematisch gegenüber gestellt.

---

[21] Vgl. Coombs (1950), S. 80 ff; Bennet/Hays (1960), S. 27 ff.

6 Multidimensionale Skalierung

Datensatz für die Präferenzanalyse:

Person 1: Präferenzen für die K Objekte
.
.
.
Person I: Präferenzen für die K Objekte

Datensatz für das Property Fitting:

Eigenschaft 1: Beurteilungen der K Objekte
.
.
.
Eigenschaft J: Beurteilungen der K Objekte

Zusätzlich werden (jeweils identisch) die Daten für die vorgegebene Konfiguration der Objekte benötigt.

Jede Eigenschaft lässt sich, wie zuvor jede Person, als Punkt oder als Vektor im Wahrnehmungsraum darstellen (je nach Modellwahl). Das Ergebnis für unser Fallbeispiel zeigt Abbildung 6.35. Damit steht eine zusätzliche Interpretationshilfe für die Dimensionen des Wahrnehmungsraumes zur Verfügung.

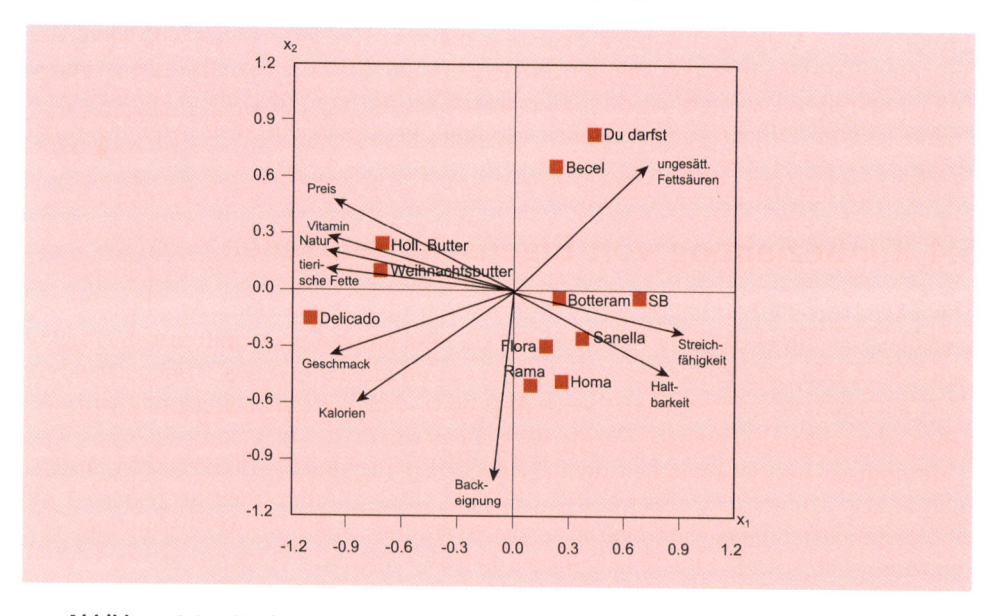

Abbildung 6.35: Marken und Eigenschaften im Wahrnehmungsraum (Property Fitting)

6.5 Anwendungsempfehlungen

Folgende Empfehlungen sollen dem Anfänger den Einstieg bei der Anwendung der MDS erleichtern.

1. Die Zahl der Objekte sollte nicht zu klein sein (möglichst mehr als acht).
2. Die Erhebung der Ähnlichkeitsdaten wird durch Anwendung des Ratingverfahrens erleichtert. Für individuelle Analysen aber sind i. d. R. Rangdaten erforderlich.
3. Bei der Wahl des Distanzmodells sollte die Euklidische Metrik bevorzugt werden.
4. Es sollten nicht mehr als zwei oder drei Dimensionen vorgegeben werden.
5. Für aggregierte Analysen ist ein Verfahren mit Replikationen zu bevorzugen.
6. Zur Erleichterung der Interpretation sollten die Achsen geeignet rotiert werden (z. B. Varimax-Kriterium).
7. Eine vernünftige Interpretation der Lösung ist nicht ohne fundierte Sachkenntnis des untersuchten Problems möglich.

Bei zusätzlicher Durchführung einer externen Präferenzanalyse oder eines Property-Fittings wird weiterhin empfohlen:

1. Während bei Wahrnehmungsdaten eine aggregierte Analyse meist zweckmäßig und oft auch notwendig ist, sollten Präferenzdaten immer individuell analysiert werden.
2. Bei Anwendung von PREFMAP sollte man nicht mit Phase 1, sondern besser erst mit Phase 3 (kreisförmiges Idealpunkt-Modell) oder Phase 4 (Vektor-Modell) beginnen.
3. Es sollte mit einer metrischen Analyse begonnen werden, da die statistischen Testkriterien bei der monotonen Analyse nicht gültig sind.
4. Das Idealpunkt-Modell sollte nur dann angewendet werden, wenn es auch sinnvoll interpretierbar ist (also nicht, wenn die Dimensionen vom Typ „Je mehr, desto besser" sind).
5. Die Anwendung des Idealpunkt-Modells ist nur dann zwingend, wenn der Idealpunkt innerhalb der Konfiguration der Objekte liegt.
6. Im Zweifelsfall sollte dem einfacheren Modell, dem Vektor-Modell, der Vorzug gegeben werden.

6 Multidimensionale Skalierung

```
START
TITLE       MDS für den Margarinemarkt
LABEL       Becel,Duda,Rama,Deli,HollB,WeihnB,Homa
            ,Flora,SB,Sanella,Botteram.
INPUT       DATA MATRIX,
            TRIANGULAR(11),
            NO DIAGONAL,
            REPLICATIONS(32),
            FORMAT(10F1.0).

2
65
765
7642
76323
651454
5536442
65204323
661544141
6613433222
0
00
000
0040
00603
001054
0020652
00304522
001055221
0020542321
1
.
.
.
.
0340702633
PLOT        ROTATED CONFIGURATION,
            GOODNESS OF FIT.
PRINT       DATA MATRIX,
            DISTANCES MATRIX,
            ROTATED CONFIGURATION.
ANALYSIS    EUCLIDEAN,
            ITERATIONS(10,30),
            ASCENDING REGRESSION,
            SECONDARY,
            DIMENSIONS(3,2).
COMPUTE
STOP
```

Abbildung 6.36: Kommandos zur MDS mit POLYCON

6.5.1 POLYCON-Kommandos

POLYCON

In Abbildung 6.36 sind die Kommandos zur Durchführung der MDS mit POLY-CON (vgl. Abschnitt 6.2.6) wiedergegeben.[22] In den Spalten 1-10 steht jeweils der Kommando-Name und in den Spalten 11-72 folgen dessen Spezifikationen (Parameter), soweit diese erforderlich sind.

Durch das Kommando *START* wird ein Job eingeleitet und mittels *TITLE* lässt sich ein Titel angeben.

Durch das Kommando *LABEL* können den Variablen Namen mit jeweils 8 Zeichen zugeordnet werden.

---

[22] Bezüglich näherer Ausführungen zur Verwendung von POLYCON siehe Schiffman/Reynolds/Young (1981), S. 103 ff. sowie Young (1973), S. 66 ff. Zur Durchführung der MDS wurde hier eine PC-Version von POLYCON verwendet. Diese kann von den Autoren dieses Buches bezogen werden.
Eine Beschreibung der mathematischen Grundlagen von POLYCON liefert Young (1973), S. 69 ff.

6.5 Anwendungsempfehlungen

Das *INPUT*-Kommando dient zur Beschreibung der Daten:

INPUT   DATA MATRIX, TRIANGULAR(11), NO DIAGONAL,
        REPLICATIONS(32), FORMAT(10F1.0).

DATA MATRIX besagt, dass (Ähnlichkeits- bzw. Unähnlichkeits-)Daten folgen. Alternative Spezifikationen sind INITIAL CONFIGURATION zur Eingabe einer Startkonfiguration oder TARGET CONFIGURATION zur Eingabe einer Zielkonfiguration für die Rotation der gefundenen Konfiguration.

TRIANGULAR(11) besagt, dass die Datensätze in Form einer unteren Dreiecksmatrix angeordnet sind und dass es sich hier um die Daten von 11 Objekten handelt. Alternative Spezifikationen sind SQUARE(n) für quadratische und RECTANGULAR(n) für rechteckige Matrizen.

NO DIAGONAL besagt, dass die Diagonale der vollständigen Matrix fehlt.

REPLICATIONS(32) besagt, dass es sich um die Daten von 32 Personen handelt und somit hier 32 Dreiecksmatrizen folgen.

FORMAT(10F1.0) gibt das Format der Daten in FORTRAN-Notation an (hier: maximal 10 Zahlen pro Zeile, wobei jede Zahl nur eine Stelle umfasst und somit 0 Stellen hinter dem Dezimalpunkt besitzt).

Die Kommandos *PRINT* und *PLOT* dienen zur Steuerung der Ausgabe. Wenn diese Kommandos fehlen, wird nur die Standardinformation ausgegeben.

Durch das *ANALYSIS*-Kommando wird die Art der Analyse spezifiziert:

ANALYSIS   EUCLIDIAN, ITERATIONS(10,30),
           ASCENDING REGRESSION, SECONDARY,
           DIMENSIONS(3,2).

EUCLIDEAN besagt, dass als Distanzmaß die euklidische Distanz verwendet wird. Alternativ kann MINKOWSKI(c) spezifiziert werden, wobei MINKOWSKI(2) identisch mit EUCLIDEAN ist und MINKOWSKI(1) die City-Block-Metrik ergibt.

ITERATIONS(10,30) besagt, dass maximal 10 Iterationen in Phase 1 und maximal 30 Iterationen in Phase 2 erfolgen sollen.

Durch ASCENDING REGRESSION wird angezeigt, dass es sich hier um Unähnlichkeitsdaten handelt und folglich mit deren Größe auch die Werte der gesuchten Distanzen ansteigen sollten. Für Ähnlichkeitsdaten ist DESCENDING REGRESSION anzugeben.

SECONDARY besagt, dass Ties in den Daten (Gleichheit von Unähnlichkeiten) erhalten bleiben sollen, d. h. dass auch die entsprechenden Disparitäten gleich gesetzt werden (Secondary Approach). Alternativ bedeutet PRIMARY, dass Ties aufgelöst werden, d. h. bei Gleichheit der Unähnlichkeiten ergeben sich daraus keine Anforderungen an die Disparitäten. Dadurch kann der STRESS-Wert wesentlich niedriger ausfallen. SECONDARY ist die Voreinstellung bei POLYCON. Bei Anwendung des Primary Approach vermindert sich im Fallbeispiel STRESS 1 von 0,263 auf 0,185 und STRESS 2 von 0,596 auf 0,448.

DIMENSIONS(3,2) besagt, dass zunächst eine Lösung in drei Dimensionen und sodann in zwei Dimensionen gesucht werden soll. In Abschnitt 6.2.6 wurden nur die Ergebnisse der Lösung in zwei Dimensionen wiedergegeben.

Durch *COMPUTE* wird die Durchführung einer Analyse ausgelöst. Es können weitere ANALYSIS-Kommandos, jeweils gefolgt von COMPUTE, in einem Job folgen. Durch das Kommando *STOP* wird ein Job beendet.

6 Multidimensionale Skalierung

6.5.2 PREFMAP-Kommandos

Abbildung 6.37 zeigt die Steuerdatei (Job), mit Hilfe derer die externe Präferenzanalyse in Abschnitt 6.3.1 durchgeführt wurde.[23]

```
11   2   36   0   1   0   3   4   0   0   0   15   0   0   1
(3X,2F7.3)
01   0.162   0.697
02   0.285   0.891
03   0.236  -0.482
04  -1.144  -0.355
05  -0.752   0.127
06  -0.778   0.013
07   0.351  -0.410
08   0.254  -0.292
09   0.676   0.036
10   0.439  -0.189
11   0.272  -0.036
(11F3.0)
10 11  2  4  5  6  1  8  3  7  9
 6  7  8  5  4  1 10  9 11  2  3
 7 11  4  8  9 10  6  5  3  1  2
.
.
.
 2  1  6 11  9 10  8  4  3  5  7
```

Abbildung 6.37: Steuerdatei zur Präferenzanalyse mit PREFMAP

Die erste Zeile der Steuerdatei enthält die Werte der Steuerparameter. Es folgen zwei Datenblöcke, die Koordinaten der Konfiguration und die Präferenzdaten. Den beiden Datenblöcken ist jeweils eine Formatangabe in FORTRAN-Notation vorangestellt.

In Abbildung 6.38 sind die Parametereinstellungen in Verbindung mit den Symbolen der Steuerparameter dargestellt.

```
 11    2    36    0   1   0   3   4   0    0   0   15    0   0   1
  N    K    ISV       IRX IPS         IAV              CRIT
                          IPE             MAXIT
       NSUB NORS          IWRT              ISHAT
                          LFITSW             IPLOT
```

Abbildung 6.38: Benutzte Parametereinstellung für die Präferenzanalyse

Abbildung 6.39 gibt eine vollständige Übersicht der Steuerparameter von PREFMAP mit ihren jeweiligen Ausprägungen. Empfehlenswerte Einstellungen, mit denen man bei der Anwendung beginnen sollte, sind durch (*) gekennzeichnet.[24]

Mittels Parameter LFITSW lässt sich zwischen metrischer und nicht-metrischer (monotoner) Analyse wählen. Wenn sog. Ties (gleiche Präferenzränge p_k für verschiedene Objekte) vorkommen, so kann bei der monotonen Analyse weiterhin zwischen dem Primary Approach (die Ties werden aufgelöst) und dem Secondary Approach (die Ties bleiben erhalten) gewählt werden.

---

[23] Es wurde hier die PC-Version von PREFMAP aus der Serie PC-MDS von S.M. Smith (Brigham Young University, Provo, Utah 84602, USA) verwendet. Dieses Programm ist auch auf der Diskette zum Buch von Green, P.E./Carmone, F./Smith, S.M., 1989 enthalten.

[24] Vgl. hierzu: Green/Carmone/Smith (1989), S. 303 ff.; Schiffman/Reynolds/Young (1981), S. 253 ff.; Chang/Carroll (o. J.).

6.5 Anwendungsempfehlungen

Symbol	Spalte	Erläuterung
N	1-4	Anzahl der Objekte bzw. Stimuli (im Text K)
K	5-8	Anzahl der Dimensionen (im Text R)
NSUB	9-12	Anzahl der Personen (im Text I) oder der Eigenschaften (im Text J)
ISV	13-16	0 = kleinerer Wert bedeutet größere Präferenz (*) 1 = größerer Wert bedeutet größere Präferenz
NORS	17-20	Normalisierung der Skalenwerte für jede Person: 1 = ja (*), 0 = nein
IRX	21-24	Eingabeform der Koordinaten für Konfiguration: 0 = Objekte in Zeilen, Dimensionen in Spalten (*) 1 = Objekte in Spalten, Dimensionen in Zeilen
IPS	25-28	Angabe der Start-Phase: 1, 2, 3 oder 4 (*: 3 oder 4)
IPE	28-32	Angabe der letzten Phase: IPS ≤ IPE ≤ 4)
IRWT	33-36	Vorgabe unterschiedlicher Gewichte für Dimensionen: 0 = nein (*), 1 = ja
LFITSW	37-40	Art der Analyse 0 = metrisch (*) 1 = monoton, keine ties 2 = monoton, primary approach für ties 3 = monoton, secondary approach für ties
IAV	41-44	Berechnung der durchschnittlichen Skalenwerte: 0 = einmalig in Startphase (*) 1 = erneut in jeder Phase (irrelevant für metrische Analyse)
MAXIT	45-48	Maximale Anzahl von Iterationen (*: 15)
ISHAT	49-52	0 = Benutze Skalenwerte von vorhergehender Phase (*) 1 = Berechnung neuer Skalenwerte in jeder Phase
IPLOT	53-56	Plot-Optionen für Phase 1 und 2: 0 = Idealpunkt für durchschnittliche Person 1 = zusätzlich Funktionsplot für jede Person 2 = zusätzlich Idealpunkt für jede Person
CRIT	57-60	Konvergenz-Kriterium für Iteration (*: 0001)

Abbildung 6.39: Steuerparameter von PREFMAP

In Abbildung 6.40 ist die Steuerdatei zum Property Fitting (vgl. Abschnitt 6.4) wiedergegeben. Sie enthält anstelle der Präferenzdaten der 36 Personen die 10 Eigenschaftsbeurteilungen der Objekte. Ansonsten ist sie analog aufgebaut. Da hier nur das Vektormodell angewendet werden soll, wird mit Phase 4 gestartet (IPS = 4).

6.5.3 Multidimensionale Skalierung mit SPSS

Im Programmpaket SPSS ist für die Multidimensionale Skalierung das Programm ALSCAL von Young und Lewyckyj,[25] das allerdings etwas andere Ergebnisse liefert als POLYCON. Es soll hier kurz die Analyse des Fallbeispiels mit ALSCAL unter SPSS gezeigt werden.[26]

MDS in SPSS

Abbildung 6.41 zeigt die Steuerdatei zur MDS mit SPSS. Der Aufbau ist der Steuerdatei von POLYCON sehr ähnlich. Bei der Dateneingabe ist zu beachten, dass,

---

[25] Vgl. Young/Lewyckyj (1979); Takane/Young/De Leeuw (1977), S. 7 ff.
[26] Bezüglich näherer Erläuterungen siehe Norusis (2011), S. 335 ff.; Kockläuner (1994). Siehe zu ALSCAL auch Kockläuner (1994), S. 1ff.

6 Multidimensionale Skalierung

```
11  2 10  0  1  0  4  4  0  0  0 15  0  0  1
 (3X,2F7.3)
01  0.162  0.697
02  0.285  0.891
03  0.236 -0.482
04 -1.144 -0.355
05 -0.752  0.127
06 -0.778  0.013
07  0.351 -0.410
08  0.254 -0.292
09  0.676  0.036
10  0.439 -0.189
11  0.272 -0.036
 (11F5.2)
4.68 4.90 4.97 3.71 3.58 3.67 5.00 5.48 4.70 4.68 4.38 Streichf.
4.74 4.60 4.13 5.79 5.23 3.30 3.86 4.36 3.97 3.79 3.65 Preis
4.37 4.05 4.75 3.43 3.71 3.40 4.64 4.77 4.67 4.52 4.10 Haltbark.
4.37 3.80 3.71 3.14 3.87 3.62 3.86 3.93 3.90 3.97 3.64 Ungefett
3.63 2.35 4.34 4.00 4.26 4.03 4.29 4.03 3.97 4.45 3.79 Backeign.
4.26 3.90 4.34 5.29 5.55 4.57 4.32 4.52 4.31 4.26 3.83 Geschmack
3.37 2.84 4.06 5.00 5.29 4.93 3.89 3.61 3.86 4.19 3.62 Kalorien
2.13 2.29 1.78 4.82 5.91 5.64 2.09 1.78 1.54 2.00 2.00 Tierfett
4.47 3.85 3.94 4.21 4.23 3.86 4.25 4.32 3.73 3.77 3.31 Vitamin
4.53 3.50 3.78 4.64 5.23 4.53 3.75 3.97 3.87 3.71 3.62 Natur
```

Abbildung 6.40: Steuerdatei zum Property Fitting mit PREFMAP

anders als bei POLYCON oder auch bei der Original-Version von ALSCAL, bei der Eingabe einer unteren Dreiecksmatrix auch die Diagonale vorhanden sein muss. Da sie nicht gelesen wird, reicht es aus, wenn lediglich der Platz dafür vorhanden ist, was darauf hinausläuft, dass vor jeder Dreiecksmatrix eine Leerzeile einzufügen ist.

```
* MVA: Fallbeispiel Multidimensionale Skalierung.
* DATENDEFINITION.
DATA LIST FREE / Becel Duda Rama Deli HollB WeihnB Homa Flora SB Sanella Botteram 1-11.

BEGIN DATA

2
6 5
7 6 5
............
END DATA.

* PROZEDUR.
* Multidimensionale Skalierung für den Margarinemarkt.
ALSCAL
    /VARIABLES  = Becel TO Botteram
    /SHAPE      = SYMMETRIC
    /LEVEL      = ORDINAL (UNTIE)
    /CONDITION  = MATRIX
    /MODEL      = EUCLID
    /CRITERIA   = CONVERGE(.001) STRESSMIN(.005) ITER(30) CUTOFF(0) DIMENS(2,2)
    /PLOT       = DEFAULT
    /PRINT      = DATA HEADER.
```

Abbildung 6.41: SPSS(ALSCAL)-Job zur MDS

Durch LEVEL=ORDINAL (UNTIE) wird spezifiziert, dass eine nicht-metrische Analyse durchgeführt werden soll und dass der Primary Approach anzuwenden ist (siehe oben). Alternativ zu UNTIE kann mittels SIMILAR der Secondary Approach angewendet werden, bei dem die Ties erhalten bleiben. In diesem Fall aber konnte die Prozedur ALSCAL keine Lösung für das Fallbeispiel erbringen.

6.5 Anwendungsempfehlungen

Abbildung 6.42 zeigt auszugsweise das Ergebnis der MDS. In ALSCAL wird abweichend von den meisten MDS-Programmen nicht STRESS sondern S-STRESS als Zielkriterium der Optimierung verwendet. Im Unterschied zu (6.5) berechnet es sich wie folgt:

$$S - STRESS = \sqrt{\frac{\sum_k \sum_l (d_{kl}^2 - \hat{d}_{kl}^2)^2}{\sum_k \sum_l \hat{d}_{kl}^4}} \tag{6.16}$$

```
Iteration history for the 2 dimensional solution (in squared distances)

              Young's S-stress formula 1 is used.

           Iteration    S-stress    Improvement

               1         ,43187
               2         ,40737       ,02450
               3         ,39815       ,00921
               4         ,39546       ,00270
               5         ,39480       ,00065

                    Iterations stopped because
            S-stress improvement is less than   ,001000


            Stress and squared correlation (RSQ) in distances

      RSQ values are the proportion of variance of the scaled data (disparities)
                  in the partition (row, matrix, or entire data) which
                  is accounted for by their corresponding distances.
                    Stress values are Kruskal's stress formula 1.

Matrix Stress  RSQ   Matrix Stress  RSQ   Matrix Stress  RSQ   Matrix Stress  RSQ
  1    ,270  ,561      2    ,302  ,438      3    ,270  ,554      4    ,297  ,456
  5    ,345  ,274      6    ,375  ,147      7    ,270  ,551      8    ,237  ,653
  9    ,321  ,389     10    ,355  ,243     11    ,270  ,547     12    ,292  ,477
 13    ,310  ,410     14    ,279  ,523     15    ,261  ,587     16    ,317  ,390
 17    ,338  ,302     18    ,285  ,497     19    ,320  ,375     20    ,346  ,262
 21    ,313  ,405     22    ,260  ,588     23    ,307  ,439     24    ,338  ,302
 25    ,243  ,642     26    ,310  ,414     27    ,247  ,621     28    ,215  ,721
 29    ,270  ,549     30    ,321  ,377     31    ,314  ,393     32    ,323  ,367

               Averaged (rms) over matrices
            Stress = ,29983     RSQ = ,45172
```

Abbildung 6.42: Output der MDS mit SPSS (ALSCAL)

Im Output von ALSCAL wird neben S-STRESS auch STRESS 1 für jede Person sowie als Mittel über die Personen angegeben. Der mittlere Wert für STRESS 1 beträgt hier 0,2998. Er liegt damit etwas höher als bei POLYCON mit 0,2626. Der Wert für STRESS 1 bei POLYCON aber vermindert sich weiter auf 0,1848, wenn wie hier der Primary Approach gewählt wird.

RSQ bezeichnet die quadrierte Korrelation zwischen den Disparitäten und den Distanzen. Im Gegensatz zum STRESS-Maß (badness of fit) handelt es sich hierbei um ein „Güte"-Maß (goodness of fit), das mit dem Bestimmtheitsmaß der Regressionsanalyse vergleichbar ist.

Ein Vorteil von ALSCAL unter SPSS ist, dass der Benutzer sofort eine High-Resolution-Darstellung der ermittelten Konfiguration erhält. Sie ist für das Fallbeispiel in Abbildung 6.43 wiedergegeben.

SPSS bietet auch die Möglichkeit, eine Multidimensionale Skalierung menügeleitet durchzuführen. Die nachfolgenden Abbildungen (Abbildung 6.44 bis Abbildung 6.48) zeigen die Durchführung für unser Fallbeispiel.

6 Multidimensionale Skalierung

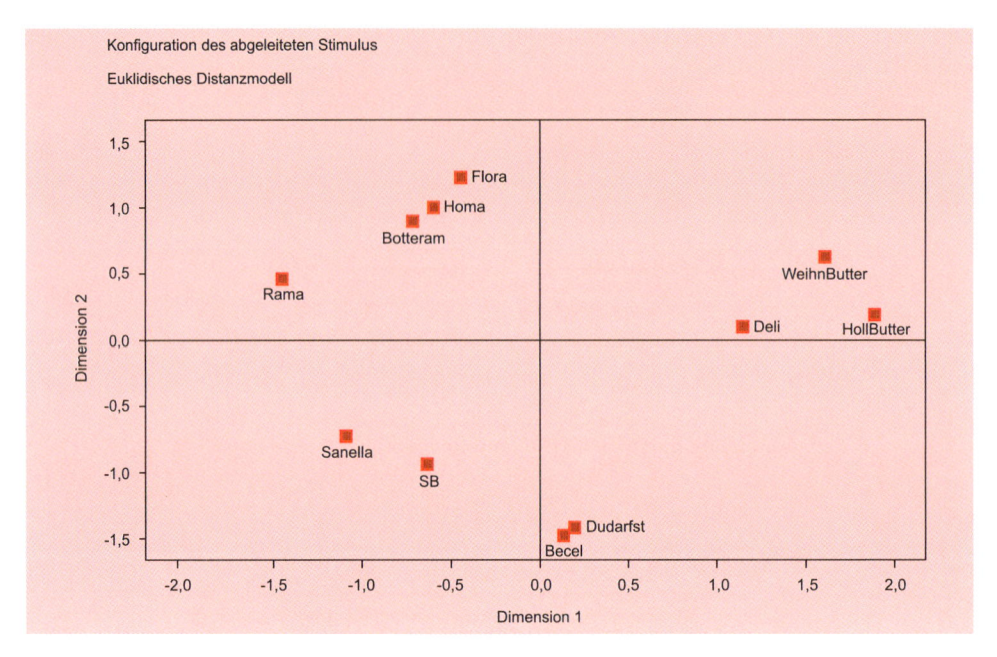

Abbildung 6.43: SPSS-Darstellung der ermittelten Konfiguration

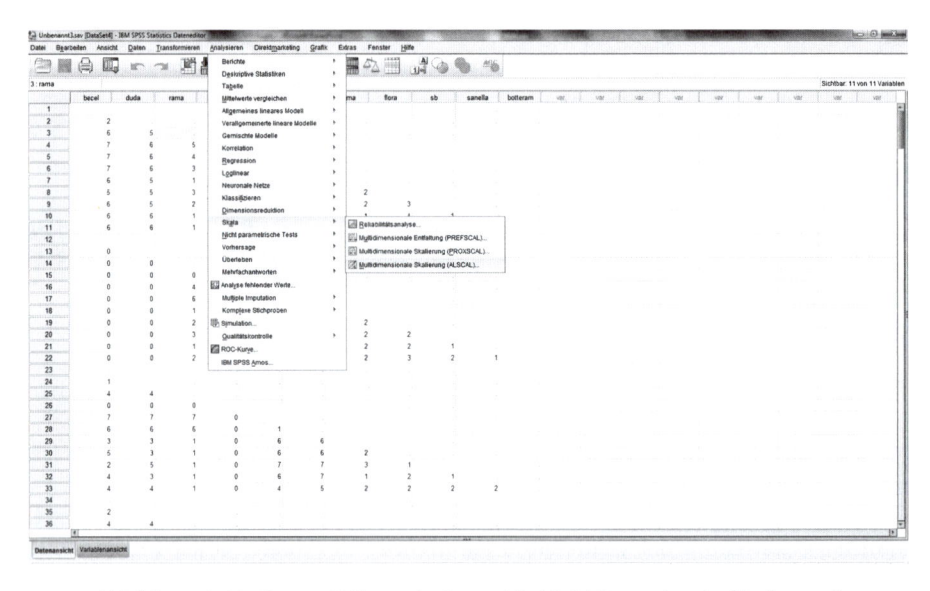

Abbildung 6.44: Daten-Editor mit Auswahl „Multidimensionale Skalierung"

6.5 Anwendungsempfehlungen

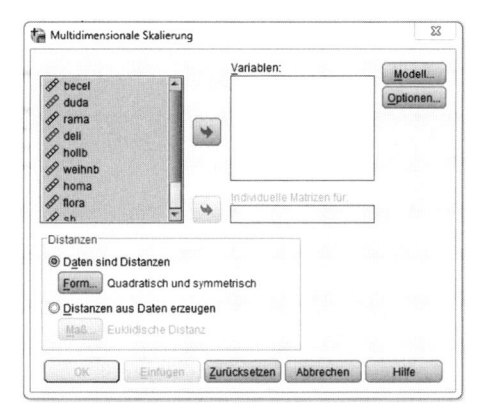

Abbildung 6.45: Dialogfeld „Multidimensionale Skalierung"

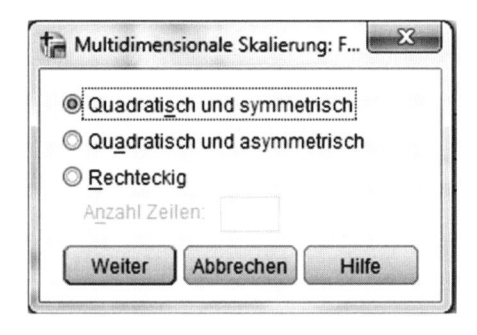

Abbildung 6.46: Dialogfeld „Form der Daten"

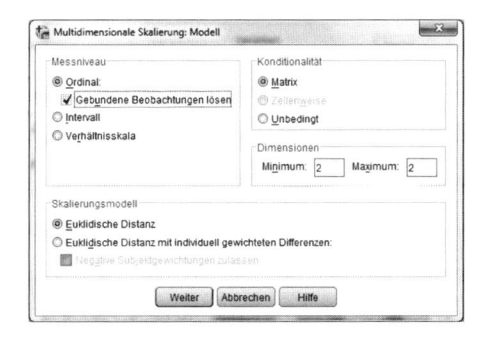

Abbildung 6.47: Dialogfeld „Modell"

6 Multidimensionale Skalierung

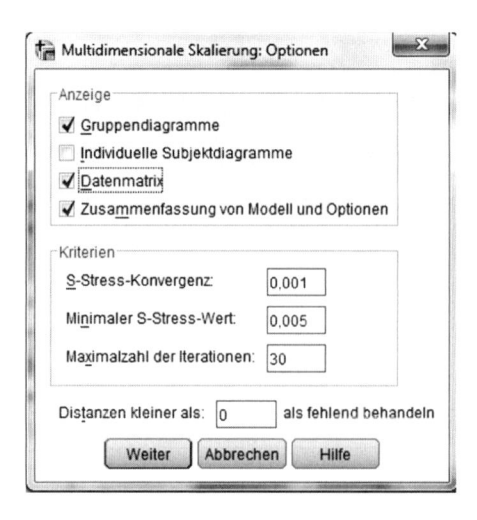

Abbildung 6.48: Dialogfeld „Optionen"

Die Ergebnisse sind den Abbildungen 6.42 und 6.43 zu entnehmen.

Literaturhinweise

A. Basisliteratur zur Multidimensionalen Skalierung

Hair, J./ Black, W./ Babin, B./ Anderson, R. (2010), Multivariate Data Analysis, 7. Auflage, Englewood Cliffs (N.J.), Kapitel 9.

Green, P./Carmone, F./Smith, S. (1989), Multidimensional Scaling: Concepts and Applications, Boston/London u. a.

Kockläuner, G. (1994), Angewandte metrische Skalierung, Wiesbaden.

Schiffman, S./Reynolds, M./Young, F. (1981), Introduction to Multidimensional Scaling, Orlando u. a.

Torgerson, W. (1958), Theory and Methods of Scaling, New York.

B. Zitierte Literatur

Bennet, J./Hays, W. (1960), Multidimensional Unfolding: Determining the Dimensionality of Ranked Preference Data, in: *Psychometrica*, Vol. 25, Nr. 118, S. 27–43.

Burton, M. (2003), Too Many Questions? The Uses of Incomplete Cyclic Designs for Paired Comparisons, in: *Field Methods*, Vol. 15, S. 115–130.

Carmone, F./Green, P./Robinson, P. (1968), TRICON - An IBM 360/65 FORTRAN IV Program for the Triangularisation of Conjoint Data, in: *Journal of Marketing Research*, Vol. 5, S. 219–220.

Carroll, J. (1972), Individual Differences and Multidimensional Scaling, in: Shepard, B./Romney, A./Nerlove, S. (1972): Multidimensional Scaling, S. 105-155, New York u.a.

Cattin, P./Wittink, D. (1976), A Monte-Carlo Study of Metric and Nonmetric Estimation Methods for Multiattribute Models, Research Paper No. 341, Graduate School of Business, Stanford University, Stanford.

Chang, J./Carroll, J. (o. J.), How to Use PREFMAP and PREFMAP2 - Programs which Relate Preference Data to Multidimensional Scaling Solution, Bell Laboratories, Murray Hill (N.J.).

Coombs, C. (1950), Psychological Scaling without a Unit of Measurement, in: *Psychological Review*, Vol. 57, S. 145–158.

DeSarbo, W./Young, R./Rangaswamy, A. (1997), A Parametric Multidimensional Unfolding Procedure for Incomplete Nonmetric Preference & Choice Set Data in Marketing Research, in: *Journal of Marketing Research*, 34, 499–516.

Green, P./Carmone, F./Smith, S. (1989), Multidimensional Scaling: Concepts and Applications, Boston-London u.a.

Kockläuner, G. (1994), Angewandte metrische Skalierung, Braunschweig u.a..

Literaturhinweise

Kruskal, J. (1964a), Multidimensional Scaling by Optimizing Goodness of Fit to a Nonmetric Hypothesis, in: *Psychometric monographes*, Vol. 29, S. 1–27.

Kruskal, J. (1964b), Nonmetric Multidimensional Scaling: A Numerical Method, in: *Psychometric monographes*, Vol. 29, S. 115–129.

Kruskal, J./Carmone, F. (1973), How to Use MDSCAL, A Program to do Multidimensional Scaling and Multidimensional Unfolding (Version 5M), Bell Laboratories, Murray Hill (N.Y.).

Malhotra, N./Jain, A./Pinson, C. (1988), The Robustness of MDS Configurations in the Case of Incomplete Data, in: *Journal of Marketing Research*, Vol. 25, 95–102.

Norusis, M. (2011), IBM SPSS Statistics 19 Guide to Data Analysis, Upper Saddle River, New Jersey.

Schiffman, S./Reynolds, M./Young, F. (1981), Introduction to Multidimensional Scaling, Orlando u.a.

Sixtl, F. (1967), Meßmethoden der Psychologie, Weinheim.

Takane, Y./Young, F./De Leeuw, J. (1977), Nonmetric Individual Differences Multidimensional Scaling: An Alternating Least Squares Method with Optimal Scaling Features, in: *Psychometrika*, Vol. 42, S. 7–67.

Torgerson, W. (1958), Theory and Methods of Scaling, New York.

Weiber, R./Mühlhaus, D./Hörstrup, R. (2008a), AVD ein reduziertes Erhebungsdesign für MDS-Anwendungen, in: *Marketing Review St. Gallen*, Vol. 6, S. 44–49.

Weiber, R./Mühlhaus, D./Hörstrup, R. (2008b), Gestaltung von Erhebungsdesigns für die metrische MDS: II. Konzeption und Evaluation reduzierter Abfragedesigns, Forschungsbericht Nr. 8, hrsg. von Rolf Weiber, Trier.

Young, F./Cliff, N. (1972), Interactive scaling with individual subjects, in: *Psychometrika*, Vol. 37, S. 385–415.

Young, F./Lewyckyj, R. (1979), ALSCAL Users Guide, 3. Auflage, University of North Carolina, Chapel Hill.

Young, F. (1973), POLYCON - Conjoint Scaling, The L.L. Thurstone Psychometric Laboratory, University of North Carolina, Report No. 118, S. 66-92, Chapel Hill.

7 Korrespondenzanalyse

7.1	**Problemstellung**		**402**
	7.1.1	Beispiel	402
	7.1.2	Entstehung und Einordnung der Korrespondenzanalyse	404
	7.1.3	Anwendungsbereiche der Korrespondenzanalyse	406
7.2	**Vorgehensweise**		**406**
	7.2.1	Vorbereitende Schritte	407
		7.2.1.1 Erstellung einer Kontingenztabelle	407
		7.2.1.2 Erstellung von Zeilen- und Spaltenprofilen	409
		7.2.1.3 Ermittlung der Streuung in den Daten	412
	7.2.2	Standardisierung der Daten	415
	7.2.3	Extraktion der Dimensionen	417
	7.2.4	Normalisierung der Koordinaten	420
		7.2.4.1 Symmetrische Normalisierung	420
		7.2.4.2 Varianten der Normalisierung	423
	7.2.5	Interpretation	427
7.3	**Fallbeispiel**		**431**
	7.3.1	Problemstellung	431
	7.3.2	Ergebnisse	434
7.4	**Anwendungsempfehlungen**		**438**
7.5	**Mathematischer Anhang**		**445**
Literaturhinweise			**448**

7 Korrespondenzanalyse

7.1 Problemstellung

Die *Korrespondenzanalyse* ist ein Verfahren zur Visualisierung von Datentabellen, insbesondere von Tabellen mit Häufigkeiten qualitativer Merkmale. Sie dient damit der Vereinfachung und Veranschaulichung komplexer Sachverhalte. Die Häufigkeiten qualitativer Merkmale, man spricht hier auch von *qualitativen Daten*, werden oft in Form einer Kreuztabelle angeordnet, nämlich wenn man die gemeinsamen Häufigkeiten für zwei Gruppen von Merkmalen bzw. Merkmalskategorien vorliegen hat und etwas über deren Zusammenhänge herausfinden möchte (vgl. Abbildung 7.1).

Graphische Darstellung von qualitativen Daten

Mit derartigen Kreuztabellen (Kontingenztabellen) befasst sich auch die *Kontingenzanalyse*, die im Kapitel 6 des Buches *Multivariate Analysemethoden* behandelt wird. Während aber die Kontingenzanalyse die Daten statistisch analysiert, um die Signifikanz von Zusammenhängen zu prüfen, bezweckt die Korrespondenzanalyse die grafische Darstellung der Daten. Die Korrespondenzanalyse ist also ein Verfahren der *multidimensionalen Skalierung*, das insbesondere für qualitative Daten geeignet ist.

Durch Anwendung der Korrespondenzanalyse werden die Daten einer möglicherweise umfangreichen Kreuztabelle überschaubar gemacht und es lassen sich Zusammenhänge erkennen, die ansonsten aus der Masse der Daten nicht oder nur schwer ersichtlich wären. Sie gehört damit zu einer Gruppe von Verfahren, die der Vereinfachung komplexer Sachverhalte dienen und die in einer immer komplexer werdenden Welt von großer Wichtigkeit sind. Da sich außerdem qualitative Daten leichter erheben lassen als quantitative Daten, kommt der Korrespondenzanalyse eine besondere praktische Bedeutung zu.

7.1.1 Beispiel

Die Korrespondenzanalyse soll hier zunächst an einem sehr vereinfachten, aber allseits vertrauten und praxisrelevanten Beispiel erläutert werden, nämlich der Beurteilung von Automarken durch Konsumenten.

Automarken	Merkmale		
	Sicherheit	Sportlichkeit	Komfort
Mercedes	9	3	6
BMW	3	6	3
Opel	1	1	2
Audi	2	5	4

Abbildung 7.1: Kreuztabelle für das Autobeispiel

Den Ausgangspunkt einer Korrespondenzanalyse bildet eine Kreuztabelle, wie sie Abbildung 7.1 zeigt. Die Zeilen betreffen vier bekannte Automarken und die Spalten drei wichtige Merkmale von Autos.

Zur Gewinnung der Daten wurden 15 zufällig ausgewählte Studierende wie folgt befragt:
„Bitte beurteilen Sie einige Automarken bezüglich folgender Merkmale:

1. besonders hohe Sicherheit,

2. besonders hohe Sportlichkeit,

3. besonders hoher Komfort."

7.1 Problemstellung

Für jedes der drei Merkmale lautet sodann die Frage:
„Welcher der folgenden Automarken würden Sie dieses Merkmal am ehesten zuordnen?

1. Mercedes,

2. BMW,

3. Opel,

4. Audi?"

Das Ergebnis dieser kleinen Befragung soll und kann keinerlei Anspruch auf Repräsentanz erheben, sondern lediglich zur Illustration der hier behandelten Methode dienen. Im Fallbeispiel im Abschnitt 7.3 dieses Kapitels wird dagegen eine umfassendere Studie des deutschen Margarine-Marktes behandelt.

Illustration

Das Merkmal „Sicherheit" wurde hier von neun Befragten der Marke Mercedes als am ehesten passend zugeordnet, drei Befragte ordneten es dagegen der Marke BMW, zwei der Marke Audi und nur eine Person ordnete es der Marke Opel zu. Insgesamt sieht man, dass Mercedes stark mit „Sicherheit" assoziiert wird, aber auch mit „Komfort". BMW und Audi werden dagegen als besonders sportlich angesehen, während Opel im Vergleich dazu nur wenige Zuordnungen erhält und als unprofiliert erscheint. Während hier jedes Merkmal von jeder Person genau einer Marke zugeordnet wurde, hätten auch Mehrfachzuordnungen erfolgen können, wie es in der Marktforschung häufig praktiziert wird.

Assoziative Zuordnung

Das Ergebnis der Standarddurchführung einer Korrespondenzanalyse für das Autobeispiel zeigt Abbildung 7.2. Jede der vier Zeilen (Automarken) und drei Spalten (Merkmale) ist in dieser Abbildung als Punkt in einem gemeinsamen Raum (joint space) dargestellt.

Aus der Lage der Punkte lässt sich erkennen, dass BMW und Audi als ähnlich wahrgenommen werden, da die betreffenden Punkte relativ dicht beieinander liegen, während Mercedes und Opel als unähnlich zueinander wie auch zu BMW und Audi empfunden werden, da sie relativ isolierte Positionen einnehmen. Da auch die drei Merkmale durch Punkte in demselben Raum repräsentiert werden, erkennt man weiterhin, dass die Position von Mercedes sehr nahe bei dem Merkmal „Sicherheit" liegt, während BMW und Audi in der Nähe des Merkmals „Sportlichkeit" positioniert sind.

Bevor wir im folgenden Abschnitt die Vorgehensweise der Korrespondenzanalyse und die Interpretation ihrer Ergebnisse eingehender behandeln, wollen wir zunächst kurz auf die Entstehung und Einordnung der Korrespondenzanalyse sowie ihre Anwendungsbereiche eingehen.

7 Korrespondenzanalyse

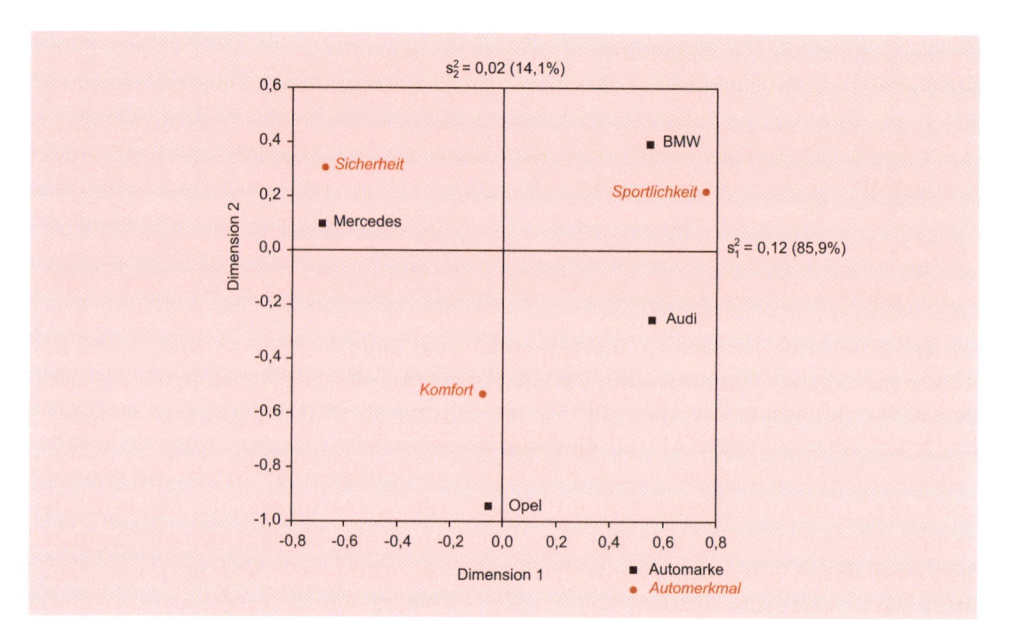

Abbildung 7.2: Korrespondenzanalyse für das Autobeispiel

7.1.2 Entstehung und Einordnung der Korrespondenzanalyse

Jede der beiden Merkmalsgruppen (soweit man Automarke als Merkmal bezeichnet) lässt sich als eine *kategoriale Variable* auffassen, wobei die Gruppe der Zeilen (Automarken) vier Kategorien umfasst und die Gruppe der Spalten (Merkmale von Autos) drei Kategorien. Die Korrespondenzanalyse wird daher auch als ein Verfahren zur Visualisierung kategorialer Variablen bezeichnet. Kategoriale Variablen können sowohl nominale Kategorien (Skalenniveau) besitzen (wie es hier der Fall ist) als auch ordinale Kategorien (z. B. die Preiskategorien „niedrig", „mittel" und „hoch") umfassen. Ordinale Kategorien werden in der Korrespondenzanalyse wie nominale Kategorien behandelt.

<small>Visualisierung kategorialer Daten</small>

Die Korrespondenzanalyse ist als ein Verfahren zur Skalierung von multivariaten Daten eng verwandt mit der Faktorenanalyse, die in Kapitel 7 des Buches *Multivariate Analysemethoden* behandelt wird, und der Multidimensionalen Skalierung (MDS), die in Kapitel 6 dieses Buches behandelt wird. Wie diese Verfahren ist auch die Korrespondenzanalyse ein strukturen-entdeckendes Verfahren, das zur Beschreibung und Exploration von Daten bestimmt ist. Alle drei Verfahren ermöglichen die Visualisierung komplexer Datenmengen und unterstützen die Aufdeckung von zugrundeliegenden latenten Dimensionen.

<small>Strukturen-entdeckende Verfahren</small>

Die Faktorenanalyse wird primär für *metrische* Daten, die MDS für *ordinale* Daten und die Korrespondenzanalyse für *nominale* Daten (und z. T. auch ordinale Daten) angewendet. Da die Erhebung von Daten auf nominalem Skalenniveau prinzipiell einfacher bzw. leichter ist als auf metrischem Niveau, kommt der Korrespondenzanalyse große praktische Bedeutung zu. Ihre Anwendung hat daher in der jüngeren Vergangenheit stark zugenommen. Während Faktorenanalyse und MDS vorwiegend im angloamerikanischen Raum entwickelt wurden und dort breite Anwendung gefunden haben, hat sich die Korrespondenzanalyse parallel und lange unbemerkt in Frankreich entwickelt, insbesondere auf Betreiben des französischen Linguisten und

<small>Bezug zur Faktorenanalyse und MDS</small>

7.1 Problemstellung

Analytikers Jean-Paul Benzécri. In den frühen 60er Jahren untersuchte er im Bereich der Linguistik die Häufigkeiten des Auftretens bestimmter Kombinationen von Vokalen und Konsonanten (Benzécri (1963)).[1] Da seine Veröffentlichungen mit einer Ausnahme (Benzécri (1969)) in Französisch erfolgten, fanden sie außerhalb der Grenzen Frankreichs bis in die 70er Jahre nur geringe Beachtung, und die von ihm entwickelte Korrespondenzanalyse wurde daher auch als „vernachlässigte multivariate Methode" charakterisiert.[2]

Die von Benzécri verwendete Bezeichnung „Analyse des Correspondances", wobei mit dem französischen Begriff *correspondance* ein System von Assoziationen, nämlich zwischen den Elementen zweier Gruppen, gemeint war, wurde sehr direkt und leicht missverständlich in „correspondance analysis" bzw. „Korrespondenzanalyse" übersetzt. Aufgrund ihrer Ähnlichkeit mit der Faktorenanalyse bzw. deren spezieller Form der Hauptkomponentenanalyse wird die Korrespondenzanalyse auch als „Hauptkomponentenanalyse mit kategorialen Daten" oder als „LAnalyse Factorielle des Correspondances" bezeichnet.[3]

Ein weiterer Grund für die schleppende Akzeptanz der Korrespondenzanalyse, auf den Greenacre (1984) verweist, bildete die recht eigenwillige wissenschaftstheoretische Auffassung von J.-P. Benzécri, die nicht dazu beitrug, die Sympathie seiner „Zunft" zu gewinnen. Dem in der modernen Wissenschaft verbreiteten modelltheoretischen Denken, welches Modelle als Repräsentationen der Realität oder gar als Gesetze der Natur ansieht, stand er weitgehend ablehnend gegenüber. Benzécri vertrat vielmehr die Philosophie, dass Datenanalyse streng induktiv ausgerichtet sein muss. Das Primat bildeten für ihn die Daten und nicht die Modelle, was er wie folgt ausgedrückte: „The model must fit the data, not vice versa".[4]

Akzeptanzprobleme der Korrespondenzanalyse

Ein dritter Grund für die auch heute noch relativ geringe Verbreitung der Korrespondenzanalyse in der Praxis ist in dem Verfahren selbst zu sehen. Die Ergebnisse sind oft schwieriger zu interpretieren als die vergleichbarer Verfahren und bergen die Gefahr von Fehlinterpretationen. Überdies existiert eine verwirrende Vielfalt von Varianten der Korrespondenzanalyse.

Während die Korrespondenzanalyse ein grafisch orientiertes Verfahren ist, wurden die mathematischen Grundlagen bereits sehr viel früher durch den deutschen Mathematiker Hirschfeld (1935), aber auch durch Horst (1935) sowie Eckart/Young (1936) begründet und im Bereich der Biometrie durch Fisher (1938) bzw. im Bereich der Psychologie durch Horst (1935), der die Bezeichnung *Reciprocal Averaging* vorschlug, und Guttman (1941) angewendet und weiterentwickelt. Mathematisch mit der Korrespondenzanalyse weitgehend identische Verfahren bilden die von Nishisato (1980) entwickelte Methode des *Dual Scaling* (auch *Optimal Scaling*) sowie die Methode *Biplot* von Gabriel (1971).

Dual Scaling Biplot

---

[1] Vgl. Greenacre (1984), der ein Schüler von J.-P. Benzécri war und auf dessen ausführliche Darstellung wir hier primär zurückgreifen, oder Nishisato (1980), S. 21 ff., Lebart/Morineau/Warwick (1984), S. 30 ff., Blasius (2001), S. 2 ff.
[2] Vgl. Hill (1974), zitiert bei Greenacre (1984), S. 9.
[3] Blasius (2001), S. 6, 83.
[4] Vgl. Greenacre (1984), S. 10. Bezüglich einer kritischen Stellungnahme siehe Gifi (1981), S. 23.

7 Korrespondenzanalyse

7.1.3 Anwendungsbereiche der Korrespondenzanalyse

Zur Verbreitung der Korrespondenzanalyse in der Praxis haben besonders die Bücher von Greenacre (1984, 1993), der ein Schüler von J.-P. Benzécri war, beigetragen. Inzwischen existieren auch im deutschsprachigen Raum ausführliche Abhandlungen zur Korrespondenzanalyse von Blasius (2001), ?, und Meyer/Diehl/Wendenburg (2008). Frühe Anwendungen im Marketingbereich erfolgten durch Hoffmann/Franke (1986) und Backhaus/Meyer (1988).

Es sei an dieser Stelle noch einmal zusammengefasst, dass die Aufgabe der Korrespondenzanalyse darin besteht, zwei Gruppen von qualitativen Merkmalen (bzw. Merkmalskategorien), deren Häufigkeiten sich in einer Kreuztabelle anordnen lassen, in einem gemeinsamen Raum (joint space) grafisch darzustellen. Dabei ist es unerheblich, welche der beiden Merkmalsgruppen die Zeilen und welche die Spalten der Kreuztabelle bildet. Beispiele für mögliche Anwendungsbereiche der Korrespondenzanalyse zeigt Abbildung 7.3.

Anwendungsbereich	Merkmalsgruppe 1	Merkmalsgruppe 2
Linguistik	Vokale	Konsonanten
Biometrik	Augenfarben	Haarfarben
Wahlforschung	Wählertypen, Berufsgruppen	Parteien
Marktforschung	Produkte, Marken, Unternehmen	Merkmale, Beurteilungen, Käufertypen
Sozialwissenschaft	Berufsgruppen, Nationalitäten	Verhaltensweisen, Lebensstile
Medizin	Krankheiten, Erreger	Symptome
Psychologie	Persönlichkeitstypen	Verhaltensweisen, Einstellungen
Multidimensionale Zeitreihenanalyse	Objekte (z. B. Produktgruppen, Unternehmen, Länder)	Perioden

Abbildung 7.3: Anwendungsbeispiele der Korrespondenzanalyse

7.2 Vorgehensweise

Nachfolgend soll anhand des oben eingeführten kleinen Autobeispiels die Methodik und rechnerische Durchführung der Korrespondenzanalyse erläutert werden.

1. Vorbereitende Schritte
2. Standardisierung der Daten
3. Extraktion der Dimensionen
4. Normalisierung der Koordinaten
5. Interpretation

Abbildung 7.4: Ablaufschritte der Korrespondenzanalyse

7.2 Vorgehensweise

Die rechnerische Durchführung der Ermittlung einer grafischen Darstellung im Rahmen der Korrespondenzanalyse lässt sich in drei Schritte gliedern, nämlich die

3 Schritte

- Standardisierung der Daten,
- Extraktion der Dimensionen,
- Normalisierung der Koordinaten.

Im Folgenden sollen diese Schritte sukzessiv behandelt werden. Zuvor aber wollen wir uns mit einigen Grundlagen befassen, die zur Vorbereitung einer Korrespondenzanalyse sowie zu deren Verständnis unerlässlich sind. Die eigentliche Korrespondenzanalyse beginnt dann auf Stufe (2) des Ablaufschemas in Abbildung 7.4.

7.2.1 Vorbereitende Schritte

7.2.1.1 Erstellung einer Kontingenztabelle

Die Zusammenstellung der gemeinsamen Häufigkeiten von zwei Gruppen von Merkmalskategorien zu einer Kreuztabelle bildet gewöhnlich den ersten Schritt einer Korrespondenzanalyse wie auch einer Kontingenzanalyse. Wir wollen diese als Kontingenztabelle bezeichnen, wenn neben den gemeinsamen Häufigkeiten auch die marginalen Häufigkeiten (Zeilen- und Spaltensummen) enthalten sind. Generell hat eine Kontingenztabelle die in Abbildung 7.5 dargestellte Form.

Kontingenztabelle

		\multicolumn{5}{c	}{Spalten}	Zeilen-summen
		1	...	j	...	J	
	1	n_{11}	...	n_{1j}	...	n_{1J}	$n_{1.}$
	.	.		.		.	.
	.	.		.		.	.
	.	.		.		.	.
Zeilen	i	n_{i1}	...	n_{ij}	...	n_{iJ}	$n_{i.}$
	.	.		.		.	.
	.	.		.		.	.
	.	.		.		.	.
	I	n_{I1}	...	n_{Ij}	...	n_{IJ}	$n_{I.}$
Spalten-summen		$n_{.1}$	...	$n_{.j}$	...	$n_{.J}$	n

Abbildung 7.5: Kontingenztabelle

7 Korrespondenzanalyse

Es gelte folgende Notation:
n_{ij} = Häufigkeit der Merkmalskombination i, j
mit $\quad i = 1, ..., I$ (Zeilen) und $j = 1, ..., J$ (Spalten)

$$n_{i.} = \sum_{j=1}^{J} n_{ij} \qquad \text{Zeilensumme i (Häufigkeit von Merkmal i)}$$

$$n_{.j} = \sum_{i=1}^{I} n_{ij} \qquad \text{Spaltensumme j (Häufigkeit von Merkmal j)}$$

$$n = \sum_{i=1}^{I} \sum_{j=1}^{J} n_{ij} \qquad \text{Gesamthäufigkeit (Fallzahl)}$$

Mit den Werten in Abbildung 7.1 erhält man für unser Beispiel die Kontingenztabelle in Abbildung 7.6. Wir wollen im Folgenden die beiden Arten von Merkmalskategorien kurz als „Automarken" und als „Merkmale" bezeichnen. Beispielsweise beträgt die marginale Häufigkeit für die Automarke Mercedes $n_{1.} = 18$ (Zeilensumme), d.h. insgesamt 18 Mal wurde der Marke Mercedes ein Merkmal zugeordnet. Für das Merkmal „Sicherheit" beträgt die marginale Häufigkeit $n_{.1} = 15$ (Spaltensumme), denn jedes Merkmal wurde 15 Mal (einmal von jeder Person) zugeordnet.

Pick-any-method

Dass hier die drei Spaltensummen identisch sind, ist keineswegs notwendig für die Korrespondenzanalyse. Üblicherweise werden in der Marktforschung Mehrfachzuordnungen zugelassen (pick-any-method), d.h. die Befragten können ein Merkmal beliebig vielen Produkten oder Marken zuordnen. Daher ergeben sich bei derartigen Anwendungen gewöhnlich ungleiche Spaltensummen.

Automarken	Merkmale			Summe
	Sicherheit	Sportlichkeit	Komfort	
Mercedes	9	3	6	18
BMW	3	6	3	12
Opel	1	1	2	4
Audi	2	5	4	11
Summe	15	15	15	45

Abbildung 7.6: Kontingenztabelle (Autobeispiel)

Die Gesamthäufigkeit, die hier $n = 45$ beträgt, bezeichnet die Anzahl der Beobachtungen (Fallzahl). Jede(r) der 15 Studierenden musste die drei Merkmale jeweils einer Automarke zuordnen, sodass sich insgesamt 45 Urteile ergaben.

Bevor wir auf Stufe (2) mit den Rechenschritten der eigentlichen Korrespondenzanalyse beginnen, wollen wir uns zunächst mit zwei Formen der Auswertung von Kontingenztabellen befassen, die grundlegend für das Verständnis der Korrespondenzanalyse sind, nämlich der

Zwei Auswertungsformen

- Erstellung von Spalten- und Zeilenprofilen,
- Ermittlung der Streuung in den Daten.

Es sei hier noch einmal bemerkt, dass die Korrespondenzanalyse Zeilen und Spalten in gleicher Weise behandelt (anders als z. B. die Faktorenanalyse). Das Ergebnis einer Korrespondenzanalyse ändert sich also nicht, wenn man Zeilen und Spalten vertauscht, also im Beispiel die Automarken in den Spalten und die Merkmale in den Zeilen anordnet.

7.2.1.2 Erstellung von Zeilen- und Spaltenprofilen

Eine einfache grafische Beschreibung der Daten einer Kontingenztabelle bildet die Erstellung von Zeilen- und Spaltenprofilen. Ein *Profil* einer Menge von Häufigkeiten erhält man, wenn man die Häufigkeiten durch ihre Summe dividiert.

Profile

Zur Erstellung der *Zeilenprofile* werden die Häufigkeiten einer Zeile durch die zugehörige Zeilensumme dividiert. Dadurch werden die Zeilensummen jeweils auf Eins normiert und die Häufigkeitsverteilungen in den Zeilen besser vergleichbar. Die Werte in einer Zeile geben jetzt an, wie sich die Gesamtzahl der Zuordnungen, die eine Marke erhielt, auf die drei Merkmale aufteilt.

$$\text{Zeilenprofil } i : \left\{ \frac{n_{ij}}{n_{i.}} \right\} \qquad (i = 1, ..., I)$$

Analog erhält man die *Spaltenprofile*, indem man jede Spalte durch die zugehörige Spaltensumme dividiert:

$$\text{Spaltenprofil } j : \left\{ \frac{n_{ij}}{n_{.j}} \right\} \qquad (j = 1, ..., J)$$

Für das Autobeispiel zeigt Abbildung 7.7 die vier Zeilenprofile für die Automarken, die in Abbildung 7.8 grafisch in Form von Balkendiagrammen dargestellt sind. Jedes der vier Zeilenprofile ist im Projektionsraum der Korrespondenzanalyse (Korrespondenzraum) in Abbildung 7.2 durch einen Punkt repräsentiert. Das Problem, das mit Hilfe der Korrespondenzanalyse gelöst werden soll, ist es, die Lage dieser Punkte zu bestimmen.

Korrespondenzraum

Automarken	Sicherheit	Merkmale Sportlichkeit	Komfort	Summe
Mercedes	0,500	0,167	0,333	1,000
BMW	0,250	0,500	0,250	1,000
Opel	0,250	0,250	0,500	1,000
Audi	0,182	0,455	0,364	1,000
Mittelwert	0,333	0,333	0,333	1,000

Abbildung 7.7: Zeilenprofile für die Automarken

Die Tabelle in Abbildung 7.10 zeigt die drei Spaltenprofile für die Automerkmale, die in Abbildung 7.9 grafisch dargestellt sind. Jedes der drei Spaltenprofile für die Merkmale ist wiederum in Abbildung 7.2 als Punkt repräsentiert.

In den Tabellen in Abbildung 7.7 und 7.10 sind jeweils auch die aus den Mittelwerten bestehenden Durchschnittsprofile angegeben, die sich durch Division der Randsummen durch die Gesamthäufigkeit ergeben. Ihre Elemente werden in der Korrespondenzanalyse als *Massen* bezeichnet und spielen hier eine wichtige Rolle. Die Massen geben jeweils den Anteil einer Zeile oder Spalte an der Gesamthäufigkeit an. Sie werden bei Ermittlung der Konfiguration der Zeilen- und Spaltenpunkte zur Gewichtung verwendet und beeinflussen damit die Lage der Punkte im Korrespondenzraum.

Massen

7 Korrespondenzanalyse

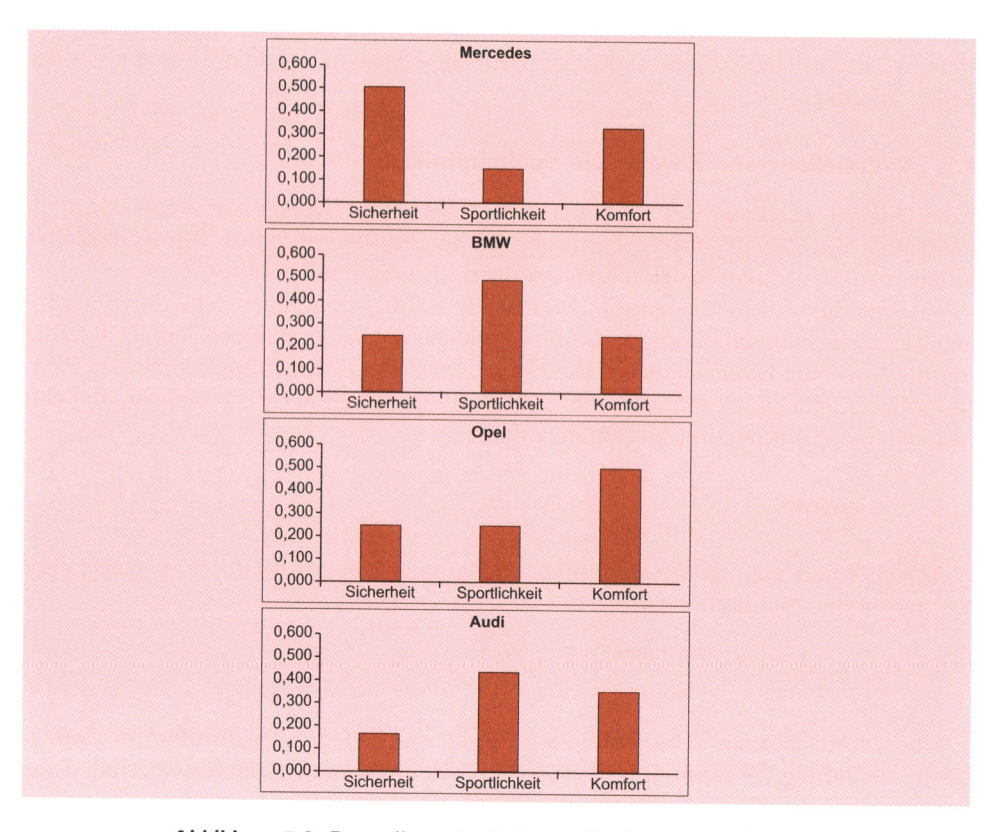

Abbildung 7.8: Darstellung der Zeilenprofile für das Autobeispiel

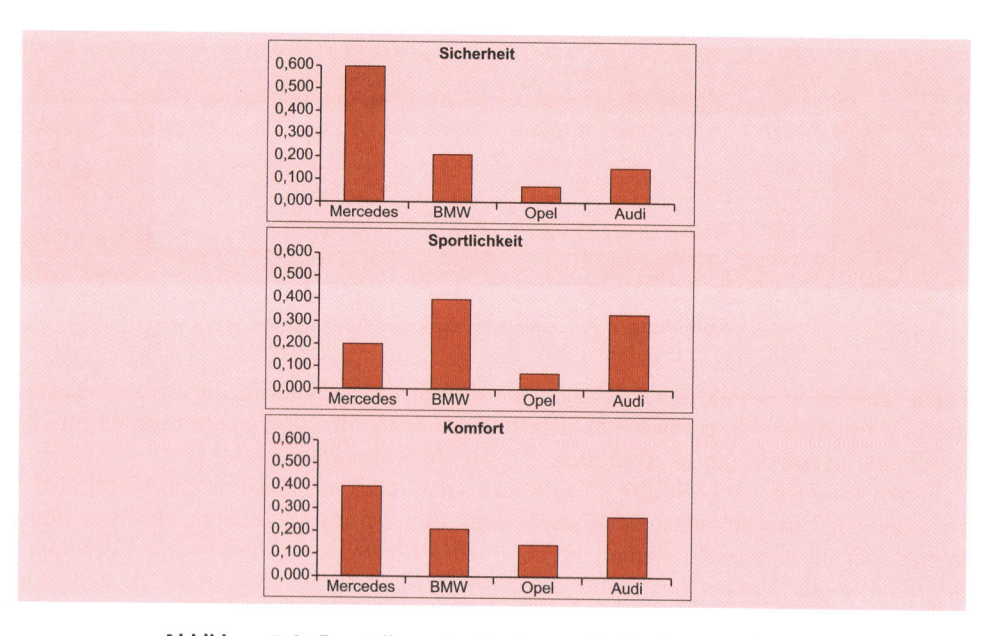

Abbildung 7.9: Darstellung der Spaltenprofile für das Autobeispiel

7.2 Vorgehensweise

Automarken	Merkmale			Mittelwert
	Sicherheit	Sportlichkeit	Komfort	
Mercedes	0,600	0,200	0,400	0,400
BMW	0,200	0,400	0,200	0,267
Opel	0,067	0,067	0,133	0,089
Audi	0,133	0,333	0,267	0,244
Summe	1,000	1,000	1,000	1,000

Abbildung 7.10: Spaltenprofile für die Merkmale

Die Massen der Zeilen bilden das Durchschnittsprofil der Spalten (rechte Spalte in Abbildung 7.10), und es gilt:

$$p_{i.} = \frac{n_{i.}}{n} \qquad \text{Masse von Zeile i}$$

Die Massen der Spalten bilden das Durchschnittsprofil der Zeilen (unterste Zeile in Abbildung 7.7) und es gilt:

$$p_{.j} = \frac{n_{.j}}{n} \qquad \text{Masse von Spalte j}$$

Beispielsweise ergibt sich für Mercedes mit 0,400 die größte Masse unter den Zeilen, da auf diese Marke die meisten Zuordnungen, nämlich 18, entfielen, während Opel mit 4 Zuordnungen nur eine Masse von 0,089 besitzt. Die Massen der Spalten sind dagegen alle 0,333 und damit identisch, da jedes Merkmal von jeder befragten Person genau einmal und damit insgesamt gleich oft zugeordnet wurde. Die Massen bzw. Durchschnittsprofile sind in Abbildung 7.11 dargestellt.

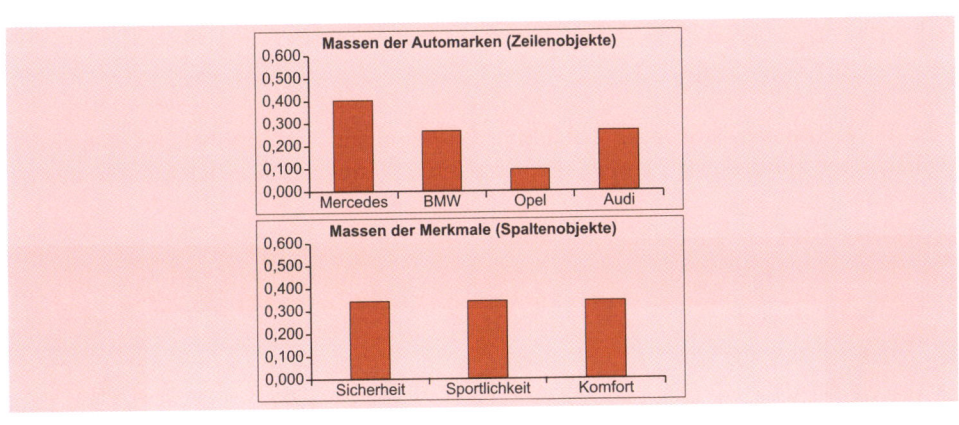

Abbildung 7.11: Massen der Zeilen (Durchschnittsprofil der Spalten) und Massen der Spalten (Durchschnittsprofil der Zeilen)

Das Durchschnittsprofil der Zeilen wird auch als *Centroid* (Schwerpunkt) der Zeilen(punkte) bezeichnet und analog das Durchschnittsprofil der Spalten als Centroid der Spalten(punkte). Geometrisch bildet das Centroid der Zeilen einen Punkt, der im Mittelpunkt der gesuchten Konfiguration der Zeilenpunkte liegt. Analoges gilt für das Centroid der Spalten. Die Konfigurationen der Zeilen- und Spaltenpunkte werden im gemeinsamen Korrespondenzraum so angeordnet, dass ihre Centroide jeweils in den Koordinatenursprung fallen und damit deckungsgleich sind.

Centroid

7.2.1.3 Ermittlung der Streuung in den Daten

Chi-Quadrat

Eine elementare statistische Größe, die für die Kontingenzanalyse wie auch für die Korrespondenzanalyse zentrale Bedeutung besitzt, ist *Chi-Quadrat* (χ^2). In der Kontingenzanalyse wird die Chi-Quadrat-Statistik zur Überprüfung der Abhängigkeit (Assoziation) zwischen Zeilen und Spalten einer Kreuztabelle verwendet (vgl. Kapitel zur Kontingenzanalyse im Buch *Multivariate Analysemethoden*). Sie berechnet sich aus den Abweichungen zwischen beobachteten und erwarteten Häufigkeiten.

Chi-Quadrat

$$\chi^2 = \sum \frac{(\text{beobachtete Häufigkeit - erwartete Häufigkeit})^2}{\text{erwartete Häufigkeit}}$$

oder in obiger Notation:

$$\chi^2 = \sum_{i=1}^{I} \sum_{j=1}^{J} \frac{(n_{ij} - e_{ij})^2}{e_{ij}} \quad (7.1)$$

mit

$$e_{ij} = \frac{n_{i.} \cdot n_{.j}}{n}$$

Dabei ist e_{ij} die theoretische Häufigkeit einer Kombination (i,j), die bei Unabhängigkeit zwischen Zeilen- und Spaltenmerkmalen zu erwarten wäre. Sie errechnet sich durch Multiplikation der betreffenden marginalen Häufigkeiten (Randsummen) und Division durch die Gesamthäufigkeit. Man erhält z. B. für Mercedes bezüglich des Merkmals Sicherheit die erwartete Häufigkeit

$$e_{11} = \frac{18 \cdot 15}{45} = 6$$

In der Kontingenztabelle in Abbildung 7.12 sind für das Autobeispiel neben den beobachteten Häufigkeiten jeweils die erwarteten Häufigkeiten in Klammern angegeben.

Automarken	Sicherheit	Merkmale Sportlichkeit	Komfort	Summe
Mercedes	9 (6,00)	3 (6,00)	6 (6,00)	18
BMW	3 (4,00)	6 (4,00)	3 (4,00)	12
Opel	1 (1,33)	1 (1,33)	2 (1,33)	4
Audi	2 (3,67)	5 (3,67)	4 (3,67)	11
Summe	15	15	15	45

Abbildung 7.12: Beobachtete und erwartete Häufigkeiten

Die beobachtete Häufigkeit von 9 für Mercedes bezüglich Sicherheit weicht erheblich von der erwarteten Häufigkeit von 6 ab. Gemäß (7.1) erhält man die Chi-Quadrat-Abweichung

$$\frac{(9-6)^2}{6} = 1,5$$

Automarken	Merkmale			Summe
	Sicherheit	Sportlichkeit	Komfort	
Mercedes	1,500	1,500	0,000	3,000
BMW	0,250	1,000	0,250	1,500
Opel	0,083	0,083	0,333	0,500
Audi	0,758	0,485	0,030	1,273
Summe	2,591	3,068	0,614	6,273

Abbildung 7.13: Chi-Quadrat-Abweichungen

In Abbildung 7.13 sind die Chi-Quadrat-Abweichungen für alle Kombinationen angegeben.
Den Wert der Chi-Quadrat-Statistik erhält man damit gemäß Formel (7.1) durch Summation aller Chi-Quadrat-Abweichungen:

$$\chi^2 = \frac{(9-6)^2}{6} + \frac{(3-6)^2}{6} + \frac{(6-6)^2}{6} + \frac{(3-4)^2}{4} + ... + \frac{(4-3,67)^2}{3,67}$$
$$= 1,5 + 1,5 + 0 + 0,25 + ... + 0,03$$
$$= 6,27$$

Je stärker die beobachteten Häufigkeiten von den erwarteten Häufigkeiten abweichen, desto größer wird Chi-Quadrat. Es wird daher in der Kontingenzanalyse als Maß für die Abhängigkeit zwischen Zeilen und Spalten verwendet. Unter der Nullhypothese, dass Zeilen und Spalten voneinander unabhängig sind, ist die Chi-Quadrat-Statistik annähernd chi-quadrat-verteilt und kann damit als statistische Testgröße zur Signifikanzprüfung der Abhängigkeit bzw. Assoziation zwischen Zeilen und Spalten dienen (vgl. Kapitel 6 zur Kontingenzanalyse im Buch *Multivariate Analysemethoden*).

In der Korrespondenzanalyse wird Chi-Quadrat als ein Maß für die Streuung der beobachteten Werte um die erwarteten Werte und somit als Maß für die in ihnen enthaltene Streuung oder auch Information angesehen. Weichen die beobachteten Werte nicht von den erwarteten Werten ab, so enthalten sie auch keine Information, denn sie könnten dann auch aus den marginalen Häufigkeiten (Randsummen der Kontingenztabelle) berechnet werden. Damit sind dann auch die Zeilen- und Spaltenprofile jeweils identisch. Chi-Quadrat wird in diesem Fall gleich Null.

Ein Nachteil von Chi-Quadrat als Maß für die Streuung ist, dass es von der Höhe der Fallzahl abhängig ist, d.h. man erhält auch hohe Werte für Chi-Quadrat bei Daten mit niedriger Streuung, wenn nur die Zahl der Daten hinreichend groß ist. In der Kontingenzanalyse dividiert man daher Chi-Quadrat durch die Gesamthäufigkeit n und erhält so die sog. *mittlere quadratische Kontingenz*. Diese Größe, die unabhängig von der Fallzahl der Daten ist, wird als *totale Inertia* (Trägheit bzw. auch Gesamtträgheitsmoment) oder einfach auch nur als Inertia einer Kreuztabelle bezeichnet. Die Inertia bildet einen zentralen Begriff der Korrespondenzanalyse.

Nachteil

Totale Inertia

Totale Inertia

$$T = \frac{1}{n} \sum_{i=1}^{I} \sum_{j=1}^{J} \frac{(n_{ij} - e_{ij})^2}{e_{ij}} = \frac{\chi^2}{n} \qquad (7.2)$$

7 Korrespondenzanalyse

Die totale Inertia lässt sich zerlegen in die Trägheitsgewichte der Zeilen

$$T_i = \frac{1}{n} \sum_j \frac{(n_{ij} - e_{ij})^2}{e_{ij}} \tag{7.3}$$

oder in die Trägheitsgewichte der Spalten

$$T_j = \frac{1}{n} \sum_i \frac{(n_{ij} - e_{ij})^2}{e_{ij}} \tag{7.4}$$

Für unser Beispiel erhält man für die totale Inertia:

$$T = \frac{6,27}{45} = 0,139$$

Wertebereich der Inertia

Der Wertebereich der Inertia ist begrenzt durch die Anzahl der Zeilen und Spalten einer Kreuztabelle. Genauer gesagt ergibt sich der maximale Wert aus dem Minimum von Zeilen und Spalten vermindert um Eins. Es gilt damit für den *Wertebereich der Inertia* einer (IxJ)-Kreuztabelle:

$$0 \leq T \leq Min\{I, J\} - 1$$

Für eine (4 x 3)-Kreuztabelle, wie in unserem Beispiel, beträgt die maximale Inertia damit 2. Praktisch ist der Wert der Inertia meist viel kleiner als der Maximalwert. Ein Beispiel für eine Kreuztabelle mit maximaler Inertia zeigt Abbildung 7.14. Wie sich leicht errechnen lässt, sind hier alle erwarteten Häufigkeiten 5, und die angegebenen „beobachteten Häufigkeiten" weichen stark davon ab.

	Y1	Y2	Y3
X1	15	0	0
X2	0	15	0
X3	0	0	15

Abbildung 7.14: (3 x 3) – Kreuztabelle mit maximaler Streuung: Totale Inertia = 2

Dagegen sind in der Kreuztabelle in Abbildung 7.15 die Zeilen und Spalten jeweils proportional zueinander und somit die Zeilen- und Spaltenprofile jeweils identisch. Die erwarteten Häufigkeiten e_{ij}, die sich gemäß (7.1) berechnen lassen, stimmen mit den beobachteten n_{ij} Häufigkeiten überein und die Inertia ist folglich Null.

	Y1	Y2	Y3
X1	1	2	4
X2	2	4	8
X3	3	6	12

Abbildung 7.15: (3 x 3) – Kreuztabelle ohne Streuung: Totale Inertia = 0

Die Aufgabe der Korrespondenzanalyse kann jetzt formuliert werden als die Gewinnung einer Darstellung der Zeilen- und Spaltenprofile in einem gemeinsamen Raum (Korrespondenzraum) mit möglichst geringer Dimensionalität, und zwar so, dass die in den Daten enthaltene Streuung (Information) möglichst weitgehend erhalten bleibt.

Dabei muss meist die Sparsamkeit einer Darstellung in wenigen Dimensionen gegen den Verlust an Information abgewogen werden. In der Regel wird man zwecks guter Anschaulichkeit eine Darstellung im zweidimensionalen Raum anstreben.

Für unser kleines Beispiel ist nur eine Darstellung in einem Raum mit maximal zwei Dimensionen möglich, da die Datenmatrix nur drei Spalten besitzt. Deshalb beträgt auch die maximale Inertia nur 2, während die tatsächliche Inertia sogar nur 0,139 beträgt. Eine zweidimensionale Darstellung, wie sie Abbildung 7.2 zeigt, ist daher ohne Informationsverlust möglich.

Beispiel

7.2.2 Standardisierung der Daten

Den ersten Schritt zur Gewinnung der gesuchten Konfiguration der Zeilen- und Spaltenelemente im Korrespondenzraum bildet die Standardisierung der Daten. Diese wollen wir aus Gründen der Anschaulichkeit in zwei Teilschritte untergliedern.

Im *ersten Teilschritt* werden die absoluten Häufigkeiten der Kreuz- oder Kontingenztabelle in *relative Häufigkeiten* (proportions) umgewandelt, indem sie durch die Gesamthäufigkeit n dividiert werden:

$$p_{ij} = \frac{n_{ij}}{n}$$

Die so erhaltene Tabelle, die Abbildung 7.16 zeigt, wird als *Korrespondenztabelle* bezeichnet. Im Gegensatz zur Kreuz- bzw. Kontingenztabelle ist die Korrespondenztabelle fallzahlunabhängig. Die Randsummen der Zeilen ergeben jetzt die Massen der Zeilen und die Randsummen der Spalten ergeben die Massen der Spalten. Wir haben damit die Massen der Zeilen und Spalten in einer Tabelle vereint. Die Massen der Zeilen bilden wiederum das Durchschnittsprofil der Spalten und die Massen der Spalten das Durchschnittsprofil der Zeilen.

Korrespondenztabelle

	Merkmale			Summe
Automarken	Sicherheit	Sportlichkeit	Komfort	
Mercedes	0,200	0,067	0,133	0,400
BMW	0,067	0,133	0,067	0,267
Opel	0,022	0,022	0,044	0,089
Audi	0,044	0,111	0,089	0,244
Summe	0,333	0,333	0,333	1,000

Abbildung 7.16: Korrespondenztabelle mit relativen Häufigkeiten

Die Chi-Quadrat-Statistik lässt sich auch auf Basis der relativen Häufigkeiten der Korrespondenztabelle errechnen, und man erhält analog zu Formel (7.1) den folgenden Ausdruck:

7 Korrespondenzanalyse

$$\chi^2 = n \sum_{i=1}^{I} \sum_{j=1}^{J} \frac{(p_{ij} - \hat{e}_{ij})^2}{\hat{e}_{ij}} \tag{7.5}$$

mit $\hat{e}_{ij} = p_{i.} \cdot p_{.j}$ (erwartete relative Häufigkeiten).

Man sieht damit, dass die Chi-Quadrat-Statistik fallzahlabhängig ist, da hier die Gesamthäufigkeit n als Multiplikator eingeht. Im Gegensatz dazu ist, wie oben dargelegt, die Inertia fallzahlunabhängig. Denn dividiert man gemäß (7.2) Chi-Quadrat in (7.5) durch n, so entfällt dieses.

Zentrierung — Den *zweiten Teilschritt* zur Standardisierung der Daten bildet deren *Zentrierung*:

$$z_{ij} = \frac{p_{ij} - \hat{e}_{ij}}{\sqrt{\hat{e}_{ij}}} \tag{7.6}$$

Durch die Zentrierung wird erreicht, dass die Centroide der Zeilen- und Spaltenpunkte der gesuchten Konfiguration jeweils in den Koordinatenursprung gerückt werden.

Die beiden Teilschritte lassen sich in einer Formel wie folgt zusammenfassen:

Standardisierung der Daten

$$z_{ij} = \frac{n_{ij}}{\sqrt{n_{i.} n_{.j}}} - \frac{\sqrt{n_{i.} n_{.j}}}{n} \tag{7.7}$$

Man erhält damit die Daten in Abbildung 7.17.[5]

Automarken	Sicherheit	Merkmale Sportlichkeit	Komfort
Mercedes	0,183	-0,183	0,000
BMW	-0,075	0,149	-0,075
Opel	-0,043	-0,043	0,086
Audi	-0,130	0,104	0,026

Abbildung 7.17: Standardisierte Daten z_{ij}

Mit Hilfe der standardisierten Daten lässt sich die totale Inertia jetzt im Vergleich zu oben relativ einfach berechnen:

$$T = \sum_i \sum_j z_{ij}^2 \tag{7.8}$$

---

[5] Die Formeln (7.6) und (7.7) sind mathematisch äquivalent, was sich wie folgt zeigen lässt:

$$z_{ij} = \frac{p_{ij} - \hat{e}_{ij}}{\sqrt{\hat{e}_{ij}}} = \frac{p_{ij}}{\sqrt{\hat{e}_{ij}}} - \sqrt{\hat{e}_{ij}} = \frac{n_{ij}/n}{\sqrt{n_{i.} n_{.j}/n^2}} - \sqrt{n_{i.} n_{.j}/n^2}$$

$$= \frac{n_{ij}}{\sqrt{n_{i.} n_{.j}}} - \frac{\sqrt{n_{i.} n_{.j}}}{n}$$

Trotz mathematischer Äquivalenz aber können sich, bedingt durch begrenzte Rechengenauigkeit, Abweichungen ergeben, die sich auf das Ergebnis der nachfolgenden Berechnungen (bei der Einzelwertzerlegung) auswirken können. Formel (7.7), die auch im Programm SPSS verwendet wird, ist dabei der Vorzug zu geben.

Aus Formel (7.8) wird nochmals deutlich, dass die Inertia im Unterschied zu Chi-Quadrat unabhängig von der Fallzahl der Daten ist. Ein Vergleich der Formeln (7.8) und (7.6) mit Formel (7.1) lässt außerdem erkennen, dass man durch Quadrieren der standardisierten Daten die durch n dividierten Chi-Quadrat-Abweichungen erhält. Es gilt:

Unabhängigkeit der Inertia von der Fallzahl

$$z_{ij}^2 = \frac{(p_{ij} - \hat{e}_{ij})^2}{\hat{e}_{ij}} = \frac{1}{n} \frac{(n_{ij} - e_{ij})^2}{e_{ij}}$$

Dies lässt sich allerdings nicht umkehren, d.h. aus den Chi-Quadrat-Abweichungen lassen sich nicht die standardisierten Werte berechnen, da durch die Quadrierung das Vorzeichen verloren geht. Wie Abbildung 7.17 zeigt, können die standardisierten Daten auch negative Werte annehmen.[6]

Wenn man die standardisierten Daten im Sinne der Multidimensionalen Skalierung (MDS) als Maße der Assoziation bzw. der Ähnlichkeit zwischen Spalten- und Zeilenelementen interpretiert, dann lässt sich folgender Bezug zur Konfiguration in Abbildung 7.2 herstellen. Ein hoher Wert von z_{ij} bedeutet dann eine hohe Ähnlichkeit der Elemente i und j. Sie sind im Korrespondenzraum nahe beieinander positioniert. Bei einem niedrigen oder gar negativen Wert dagegen sind die Elemente weit voneinander positioniert. So ist z. B. Mercedes mit $z_{11} = 0,183$ sehr nahe zum Merkmal „Sicherheit" und mit $z_{12} = -0,183$ weit entfernt vom Merkmal „Sportlichkeit" positioniert. Für BMW ergibt sich mit $z_{22} = 0,149$ eine Position nahe bei „Sportlichkeit" und Opel ist mit $z_{33} = 0,086$ am dichtesten bei dem Merkmal „Komfort" positioniert. Der Korrespondenzanalyse liegt jedoch eine andere Logik zugrunde als der MDS, wie nachfolgend gezeigt wird.

Interpretation

Zur Gewinnung der Konfiguration in Abbildung 7.2 sind noch zwei weitere Schritte erforderlich.

7.2.3 Extraktion der Dimensionen

Die maximale Anzahl der Dimensionen für den Korrespondenzraum beträgt bei einer (IxJ)-Datentabelle

$$K = Min\{I, J\} - 1 \qquad (7.9)$$

und sie bildet damit die Obergrenze der Inertia. In unserem Beispiel mit einer (4 x 3) - Tabelle beträgt die maximale Anzahl der Dimensionen lediglich 2, wie schon bemerkt wurde. Gewöhnlich wird man aber auch bei größeren Kreuztabellen eine zweidimensionale Lösung zwecks anschaulicher Darstellung anstreben. Dies ist dann i. d. R. nicht ohne Informationsverlust möglich. Mit

---

[6]In der Literatur findet man auch eine andere Form der Standardisierung, die nur positive Werte liefert:

$$z_{ij} = \frac{p_{ij}}{\sqrt{\hat{e}_{ij}}}$$

Ihre Anwendung liefert bei der Einzelwertzerlegung im zweiten Rechenschritt einen sog. „trivialen Faktor" mit Einzelwert Eins, der für die grafische Darstellung belanglos ist. Die Standardisierung gemäß (7.6) oder (7.7) vermeidet diesen trivialen Faktor.

7 Korrespondenzanalyse

Hilfe der Korrespondenzanalyse ist es aber möglich, diesen Informationsverlust zu minimieren.

Einzelwertzerlegung

Um die Koordinaten der Zeilen- und Spaltenelemente in einem Raum geringer Dimensionalität bei minimalem Verlust an Information zu gewinnen, wird die Matrix mit den standardisierten Daten z_{ij} einer sog. *Einzelwertzerlegung* unterzogen.[7]

Diese lässt sich in Matrizenschreibweise wie folgt darstellen:

$$\mathbf{Z} = \mathbf{U} \cdot \mathbf{S} \cdot \mathbf{V}' \tag{7.10}$$

Dabei bedeuten:

$\mathbf{Z} = (z_{ij})$:   (I x J) - Matrix mit den standardisierten Daten
$\mathbf{U} = (u_{ik})$:   (I x K) - Matrix für die Zeilenelemente
$\mathbf{V} = (v_{jk})$:   (J x K) - Matrix für die Spaltenelemente
$\mathbf{S} = (s_{kk})$:   (K x K) - Diagonalmatrix mit den Einzelwerten.

$\mathbf{V}'$ bezeichnet die Transponierte von Matrix V.

Die Matrizen **U** und **V** sind in tabellarischer Form in Abbildung 7.18 und 7.19 dargestellt.

	Dimension	
	1	2
Mercedes	-0,743	0,170
BMW	0,479	0,545
Opel	-0,028	-0,750
Audi	0,467	-0,335

Abbildung 7.18: Matrix **U** (Zeilenelemente)

	Dimension	
	1	2
Sicherheit	-0,667	0,472
Sportlichkeit	0,742	0,341
Komfort	-0,075	-0,813

Abbildung 7.19: Matrix **V** (Spaltenelemente)

Die den beiden Dimensionen zugehörigen Einzelwerte lauten

$$s_1 = 0,346 \qquad s_2 = 0,140.$$

---

[7] Die Einzelwertzerlegung bzw. Singular Value Decomposition (SVD) ähnelt dem Eigenwertverfahren, welches in der Faktorenanalyse für die Zerlegung der Korrelationsmatrix angewendet wird. Im Gegensatz zur Korrelationsmatrix, die quadratisch ist, kann die Matrix **Z** auch rechteckig sein. Die Einzelwertzerlegung ist ein verallgemeinertes Eigenwertverfahren, welches sich auch auf beliebige nicht quadratische Matrizen anwenden lässt. Sie basiert auf dem Dekompositionstheorem von Eckart/Young (1936). Siehe dazu z. B. Golub/Reinsch (1971).

Die Einzelwerte liefern ein Maß für die Streuung (Information), die eine Dimension aufnimmt oder repräsentiert. Die quadrierten Einzelwerte sind sog. Eigenwerte und lassen sich im Kontext der Korrespondenzanalyse als Trägheitsgewichte der Dimensionen bezeichnen. Sie summieren sich zur totalen Inertia (Trägheit):

Trägheitsgewichte

$$T = \sum_k s_k^2 \qquad (7.11)$$

Jede Dimension kann maximal eine Streuung von Eins aufnehmen, woraus deutlich wird, dass die maximale Anzahl der Dimensionen mit der maximalen Inertia übereinstimmt.

Eine Gegenüberstellung der Formeln (7.3), (7.8) und (7.11) zeigt die folgenden alternativen Möglichkeiten der Aufteilung der Inertia auf Zellen, Zeilen, Spalten und Dimensionen:

$$T = \sum_i \sum_j z_{ij}^2 = \sum_i T_i = \sum_j T_j = \sum_k s_k^2$$

Diese Aufteilungen sind wichtig für die Interpretation der Ergebnisse einer Korrespondenzanalyse. Im Beispiel erhält man durch Einsetzen der obigen Einzelwerte in (7.11):

$$T = s_1^2 + s_2^2 = 0{,}346^2 + 0{,}140^2 = 0{,}1393$$

Dieses Ergebnis stimmt mit dem zuvor erhaltenen Wert der Inertia überein.

Setzt man die quadrierten Einzelwerte, also die Eigenwerte, in Relation zur Inertia, so erhält man den sog. *Eigenwertanteil*.

Eigenwertanteil

$$EA_k = \frac{s_k^2}{T} \qquad \text{Eigenwertanteil der Dimension k} \qquad (7.12)$$

Der Eigenwertanteil gibt an, welchen Anteil an der gesamten Streuung der Daten eine Dimension aufnimmt bzw. „erklärt" und ist somit ein Maß für deren Wichtigkeit. Es ergibt sich hier:

$$\frac{0{,}1197}{0{,}1393} = 0{,}859 \text{ bzw. } 85{,}9\% \qquad \text{Eigenwertanteil von Dimension 1}$$

$$\frac{0{,}0196}{0{,}1393} = 0{,}141 \text{ bzw. } 14{,}1\% \qquad \text{Eigenwertanteil von Dimension 2}$$

Die beiden Dimensionen sind orthogonal (rechtwinklig) zueinander und bilden so die Achsen eines rechtwinkligen Koordinatensystems. Sie werden derart extrahiert, dass die erste Dimension einen maximalen Anteil der in den Daten vorhandenen Streuung (Information) aufnimmt. Die zweite Dimension nimmt einen maximalen Anteil der noch verbleibenden Streuung auf, usw. Die Wichtigkeit der Dimensionen nimmt somit sukzessiv ab. In Abbildung 7.2 bildet die horizontale Achse die erste Dimension und die vertikale Achse die zweite Dimension. Da hier nur zwei Dimensionen möglich sind, addieren sich die beiden Eigenwertanteile zu 100 %. Bei größeren Datensätzen, die mehrere Dimensionen ermöglichen, muss man anhand der Eigenwertanteile entscheiden, welche davon berücksichtigt werden sollen.[8]

---

[8] Eine Regel wie das Kaiserkriterium in der Faktorenanalyse existiert nicht.

7.2.4 Normalisierung der Koordinaten

7.2.4.1 Symmetrische Normalisierung

Um aus den Matrizen U und V die endgültigen Koordinaten zu gewinnen, damit eine gemeinsame grafische Darstellung der Zeilen- und Spaltenelemente im Korrespondenzraum möglich wird, müssen diese im dritten und letzten Rechenschritt noch *normalisiert* (reskaliert) werden. Dabei werden die Einzelwerte s_k als Gewichte für die Dimensionen (Achsen) und die Massen $p_{i.}$ und $p_{.j}$ zur Gewichtung der Zeilen und Spalten herangezogen.

Die Normalisierung der Koordinaten lässt sich wiederum in zwei Teilschritte zerlegen. Im *ersten Teilschritt* erfolgt eine achsenweise Transformation. Die Spalten k der Matrizen U und V, die die Dimensionen des Korrespondenzraumes betreffen, wurden bei der Einzelwertzerlegung so skaliert, dass die Summen der quadrierten Werte jeweils Eins ergeben:

$$\sum_{i=1}^{I} u_{ik}^2 = 1 \qquad \text{bzw.} \qquad \sum_{j=1}^{J} v_{jk}^2 = 1$$

Diese werden jetzt derart reskaliert, dass die Summe der quadrierten Werte einer Achse den betreffenden Einzelwert der Achse ergibt:

$$\hat{u}_{ik} = u_{ik} \cdot \sqrt{s_k} \qquad \rightarrow \qquad \sum_{i=1}^{I} \hat{u}_{ik}^2 = s_k \qquad (7.13)$$

$$\hat{v}_{jk} = v_{jk} \cdot \sqrt{s_k} \qquad \rightarrow \qquad \sum_{j=1}^{J} \hat{v}_{jk}^2 = s_k \qquad (7.14)$$

Im *zweiten Teilschritt* erfolgt eine zeilen- bzw. spaltenweise Transformation. Indem die Zeilen i von U bzw. j von V, die die Zeilen- bzw. Spaltenpunkte betreffen, durch die Quadratwurzeln der zugehörigen Massen $p_{i.}$ bzw. $p_{.j}$ dividiert werden, erhält man die endgültigen Koordinaten:

$$r_{ik} = \hat{u}_{ik}/\sqrt{p_{i.}} \qquad (7.15)$$

$$c_{jk} = \hat{v}_{jk}/\sqrt{p_{.j}} \qquad (7.16)$$

Fasst man beide Operationen zusammen, so erhält man die Koordinaten durch folgende Transformation:

Koordinaten der Zeilenpunkte (row points)

$$r_{ik} = u_{ik}\sqrt{s_k}/\sqrt{p_{i.}} \qquad (7.17)$$

Row points

Koordinaten der Spaltenpunkte (column points)

$$c_{jk} = v_{jk}\sqrt{s_k}/\sqrt{p_{.j}} \qquad (7.18)$$

Die für die Berechnung notwendigen Daten des Autobeispiels seien nachfolgend in den Abbildungen 7.20 und 7.21 zusammengefasst.

Column points

	Dimension		Massen
	1	2	
	0,346	0,140	$p_{i.}$
Mercedes	-0,743	0,170	0,400
BMW	0,479	0,545	0,267
Opel	-0,028	-0,750	0,089
Audi	0,467	-0,335	0,244

Abbildung 7.20: Matrix U mit Einzelwerten und Massen der Zeilen

	Dimension		Massen
	1	2	
	0,346	0,140	$p_{.j}$
Sicherheit	-0,667	0,472	0,333
Sportlichkeit	0,742	0,341	0,333
Komfort	-0,075	-0,813	0,333

Abbildung 7.21: Matrix V mit Einzelwerten und Massen der Spalten

Damit ergeben sich die Koordinaten r_{ik} für die Zeilenelemente (Automarken) in Abbildung 7.22 und die Koordinaten c_{jk} für die Spaltenelemente (Merkmale) in Abbildung 7.23.

	Dimension	
	1	2
Mercedes	-0,691	0,100
BMW	0,546	0,395
Opel	-0,055	-0,941
Audi	0,555	-0,253

Abbildung 7.22: Koordinaten r_{ik} für die Zeilenelemente (Automarken)

7 Korrespondenzanalyse

	Dimension	
	1	2
Sicherheit	-0,679	0,306
Sportlichkeit	0,756	0,221
Komfort	-0,077	-0,527

Abbildung 7.23: Koordinaten c_{jk} für die Spaltenelemente (Merkmale)

Mit Hilfe dieser Koordinaten lässt sich die Konfiguration in Abbildung 7.2 erstellen. Die Schritte für die rechnerische Durchführung der Korrespondenzanalyse seien noch einmal wie folgt zusammengefasst:

1. *Standardisierung* der Ausgangsdaten, welche die Matrix Z liefert.

2. *Einzelwertzerlegung* von Z, welche die gesuchten Dimensionen sowie die Matrizen U und V liefert.

3. *Normalisierung* von U und V zwecks Gewinnung der Koordinaten für die gesuchte Konfiguration.

Ablaufschema der Korrespondenzanalyse

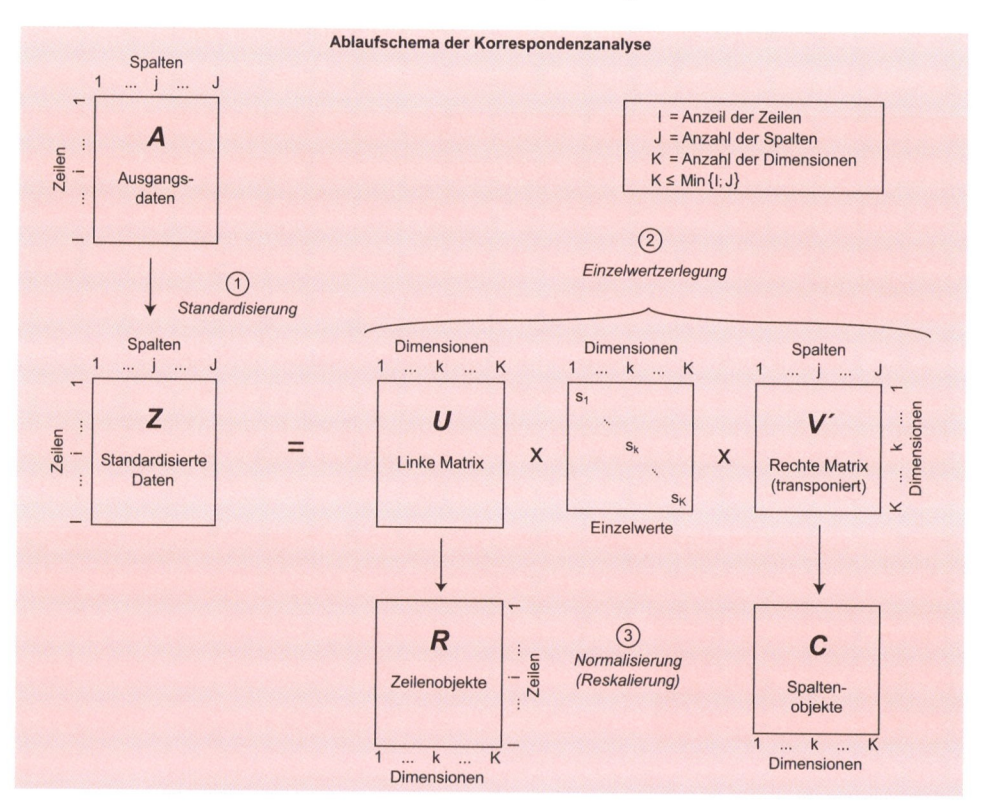

In Abbildung 7.24 sind die Rechenschritte der Korrespondenzanalyse in allgemeiner Form und in Abbildung 7.25 für das Autobeispiel dargestellt.

Abbildung 7.24: Die Rechenschritte der Korrespondenzanalyse

7.2 Vorgehensweise

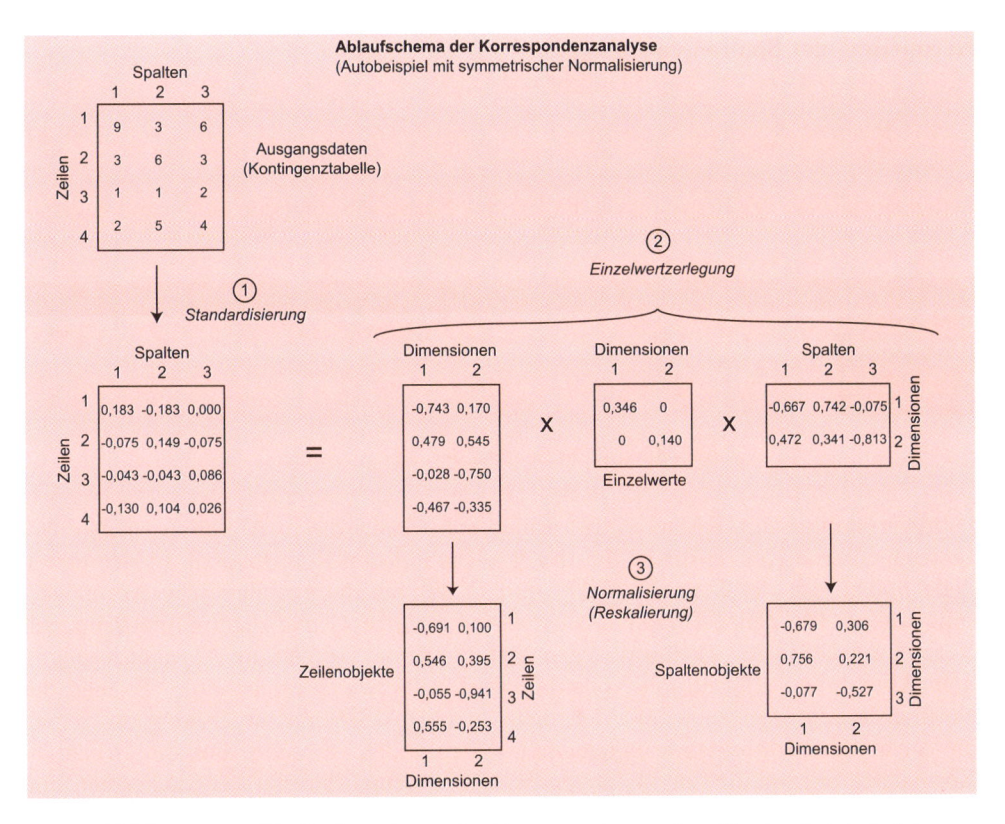

Abbildung 7.25: Die Rechenschritte der Korrespondenzanalyse für das Autobeispiel

Beispiel
Ablaufschema

7.2.4.2 Varianten der Normalisierung

Hinsichtlich der Normalisierung der Koordinaten existieren verschiedene Varianten der Korrespondenzanalyse. Bei obiger Darstellung der Korrespondenzanalyse hatten wir die sog. symmetrische Normalisierung gewählt, die als die klassische Form der Korrespondenzanalyse gilt. Greenacre bemerkt hierzu: „This option is by far the most popular in the correspondence literature, but also the most controversial."[9] Deshalb erscheint es angebracht, hier auch auf alternative Formen der Normalisierung und deren Auswirkungen auf die grafische Darstellung einzugehen. Neben der behandelten symmetrischen Normalisierung existieren auch zwei asymmetrische Formen sowie weitere symmetrische Formen. Dabei sind besonders die beiden asymmetrische Formen bedeutsam, da sie einer Interpretation leichter zugänglich sind.

Symmetrische
Normalisierung

Die Formeln (7.13) und (7.14) zur Normierung der Werte von U und V lassen sich in verallgemeinerter Form wie folgt schreiben.

Normierung der Spalten von U

$$\sum_{i=1}^{I} \hat{u}_{ik}^2 = s_k^{(1+q)} \qquad (7.19)$$

---

[9]Siehe Greenacre (1993), S. 69.

7 Korrespondenzanalyse

Normierung der Spalten von V

$$\sum_{j=1}^{J} \hat{v}_{jk}^2 = s_k^{(1-q)} \qquad (7.20)$$

Dabei spezifiziert der Parameter q die Art der Normalisierung gemäß folgendem Schema:[10]

q	Normalisierung	
0	Symmetrisch	(symmetrical)
1	Zeilen-Prinzipal	(row principal)
-1	Spalten-Prinzipal	(column principal)

Abbildung 7.26: Schema der Normalisierung

Asymmetrische Normalisierung

In Verbindung mit Formel (7.15) erhält man damit die in Abbildung 7.27 angegebenen alternativen Formeln für die Berechnung der Koordinaten. In der ersten Zeile finden sich die Formeln (7.17) und (7.18) für die symmetrische Normalisierung wieder. Die Zeilen-Prinzipal-Normalisierung ($q=1$) und die Spalten-Prinzipal-Normalisierung ($q=-1$) sind dagegen asymmetrische Formen der Normalisierung.

Sonderformen der symmetrischen Normalisierung

In Abbildung 7.27 sind der Vollständigkeit halber noch zwei weitere Formen der Normalisierung angegeben, die sich nicht in obiges Schema integrieren lassen und die auch hier nicht vertieft behandelt werden sollen. Es sind dies die Prinzipal-Normalisierung und die Carroll/Green/Schaffer-Normalisierung.[11] Beide Formen sind wiederum symmetrisch.[12]

Normalisierung	Zeilenpunkte r_{ik}	Spaltenpunkte c_{jk}
1. Symmetrisch	$u_{ik} \cdot \frac{\sqrt{s_k}}{\sqrt{p_{i.}}}$	$v_{jk} \cdot \frac{\sqrt{s_k}}{\sqrt{p_{.j}}}$
2. Zeilen-Prinzipal	$u_{ik} \cdot \frac{s_k}{\sqrt{p_{i.}}}$	$v_{jk} \cdot \frac{1}{\sqrt{p_{.j}}}$
3. Spalten-Prinzipal	$u_{ik} \cdot \frac{1}{\sqrt{p_{i.}}}$	$v_{jk} \cdot \frac{s_k}{\sqrt{p_{.j}}}$
4. Prinzipal	$u_{ik} \cdot \frac{s_k}{\sqrt{p_{i.}}}$	$v_{jk} \cdot \frac{s_k}{\sqrt{p_{.j}}}$
5. Carroll/Green/Schaffer	$u_{ik} \cdot \frac{\sqrt{1+s_k}}{\sqrt{p_{i.}}}$	$v_{jk} \cdot \frac{\sqrt{1+s_k}}{\sqrt{p_{.j}}}$

Abbildung 7.27: Formen der Normalisierung

---

[10] Vgl. SPSS Inc. (1991), S. 13. Die symmetrische Darstellung wird auch als „french plot" bezeichnet (vgl. Blasius (2001), S. 64). Während die symmetrische Form in der „französischen Schule" bevorzugt wird, werden die asymmetrischen Formen in der „holländischen Schule" favorisiert (vgl. Blasius (2001), S. 66; Carroll/Green/Schaffer (1987), S. 445).

[11] Vgl. Carroll/Green/Schaffer (1987).

[12] Im Programm SPSS werden alle diese Formen der Normalisierung, mit Ausnahme der von Carroll/Green/Schaffer, als Optionen angeboten. Außerdem können durch die Spezifikation von nicht ganzzahligen Werten für q ($0 \leq q \leq 1$) weitere Normalisierungen vorgenommen werden.
Für die Prinzipal-Normalisierung liefert SPSS keine gemeinsame Darstellung von Zeilen- und Spaltenpunkten.

7.2 Vorgehensweise

Bei den Normalisierungen 1 bis 3 wird die totale Inertia mittels der Einzelwerte s_k auf die Dimensionen k verteilt. Bei der symmetrischen Form geschieht dies gleichermaßen für Zeilen und Spaltenelemente, bei den asymmetrischen Formen unterschiedlich. Die aus der symmetrischen Normalisierung resultierende grafische Darstellung, die bereits in Abbildung 7.2 gezeigt wurde, sei an dieser Stelle zum Vergleich mit den beiden asymmetrischen Formen noch einmal in Abbildung 7.28 wiedergegeben.

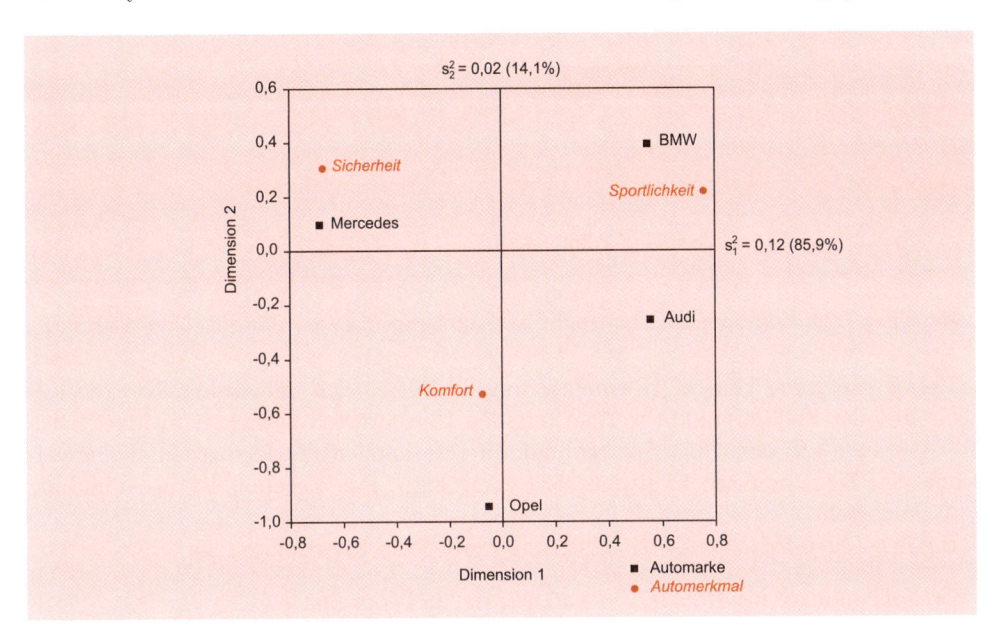

Abbildung 7.28: Korrespondenzanalyse für das Autobeispiel: Symmetrische Normalisierung

Bei der Zeilen-Prinzipal-Normalisierung wird die Inertia nicht gleichermaßen auf Zeilen- und Spaltenelemente übertragen, sondern nur auf die Zeilenpunkte, indem deren Koordinaten mit den Einzelwerten gewichtet werden. Bei der symmetrischen Form dagegen werden Zeilen- und Spaltenelemente mit den Wurzeln der Einzelwerte gewichtet.

Da die Einzelwerte immer kleiner Eins sind und somit

$$s_k < \sqrt{s_k} < 1$$

gilt, rücken die Zeilenpunkte (Automarken) an den Schwerpunkt der Konfiguration heran. Die Spaltenpunkte (Merkmale) müssen dagegen, damit die totale Inertia erhalten bleibt, auseinander rücken. Das Ergebnis ist in Abbildung 7.29 dargestellt.

7 Korrespondenzanalyse

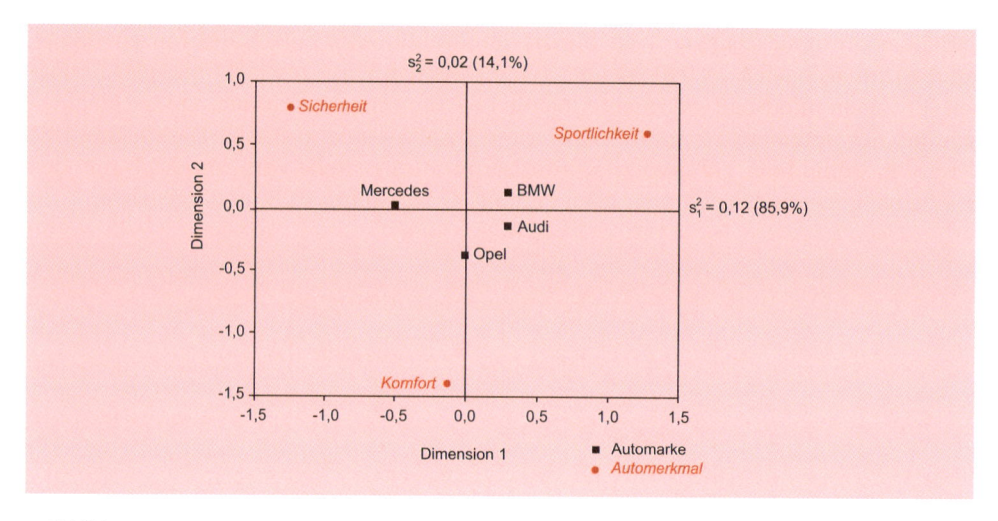

Abbildung 7.29: Korrespondenzanalyse für das Autobeispiel: Zeilen-Prinzipal-Normalisierung

Zeilen-/Spalten-Prinzipal-Normalisierung

Bei der Spalten-Prinzipal-Normalisierung verhält es sich umgekehrt. Nur die Koordinaten der Spaltenpunkte werden mit den Einzelwerten gewichtet, wodurch sich die Abstände zwischen den Spaltenpunkten (Merkmalen) verkleinern und die zwischen den Zeilenpunkten (Automarken) vergrößern. Das Ergebnis ist in Abbildung 7.30 dargestellt.

Bei der Zeilen-Prinzipal-Normalisierung werden die Koordinaten der

- Zeilenpunkte als *Hauptkoordinaten* (principal coordinates)
- Spaltenpunkte als *Standardkoordinaten* (standard coordinates)

bezeichnet und bei der Spalten-Prinzipal-Normalisierung ist es umgekehrt.[13] Die Standardkoordinaten haben den Mittelwert 0 und die Standardabweichung 1. Es gelten folgende Beziehungen (vgl. Abbildung 7.27):

$$\text{Hauptkoordinate} = s_k \cdot \text{Standardkoordinate}$$

$$\text{Standardkoordinate} = \frac{1}{s_k} \cdot \text{Hauptkoordinate}$$

Mittels dieser Transformationen lässt sich die Zeilen-Prinzipal-Normalisierung leicht in eine Spalten-Prinzipal-Normalisierung umwandeln und umgekehrt.

---

[13] Vgl. Greenacre (1984), S. 88 ff.; Blasius (2001), S. 60.

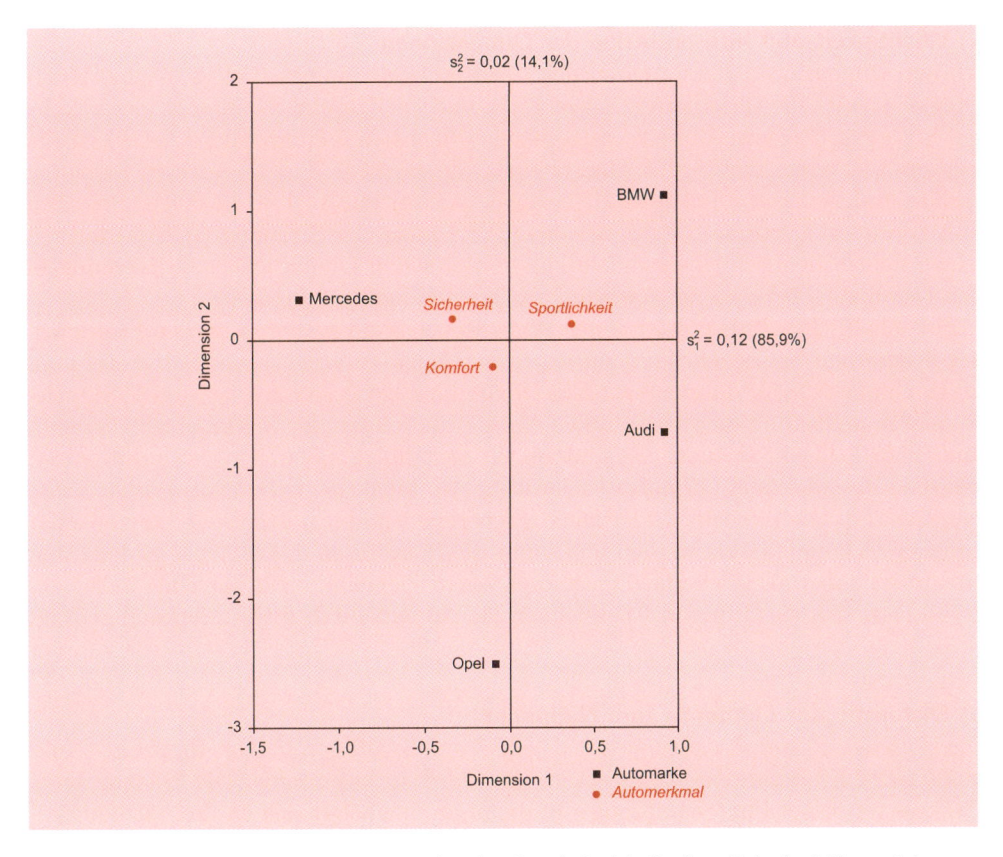

Abbildung 7.30: Korrespondenzanalyse für das Autobeispiel: Spalten-Prinzipal-Normalisierung

7.2.5 Interpretation

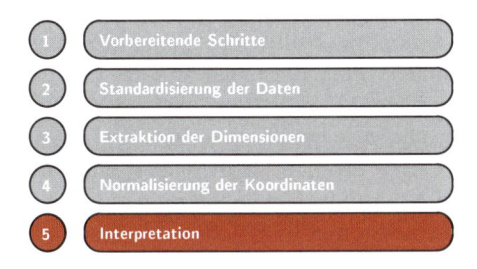

Ein Vergleich der drei alternativen Darstellungen in den Abbildungen 7.28 - 7.30 macht deutlich, warum die symmetrische Form der Normalisierung höhere Popularität genießt: Die Zeilen- und Spaltenpunkte sind hier gleichmäßig im Korrespondenzraum verteilt, während bei den asymmetrischen Formen die Elemente der einen Gruppe dichter zur Mitte gerückt und die der anderen Gruppe weiter nach außen verlagert sind. Ein zusätzlicher Grund mag sein, dass der Untersucher sich keine Gedanken machen muss, ob er eine zeilen- oder eine spaltenorientierte Normierung vornehmen soll.

Die Interpretation der grafischen Ergebnisse einer Korrespondenzanalyse lässt sich unter verschiedenen Aspekten vornehmen, die nachfolgend angesprochen werden sollen.

a) Wichtigkeit und Interpretation der Dimensionen

An den Dimensionen bzw. Achsen des Korrespondenzraumes sind in obigen Abbildungen jeweils die quadrierten Einzelwerte und in Prozent die Anteile der erklärten Streuung (Eigenwertanteile) angegeben. Dimension 1 (horizontale Achse) ist die weitaus wichtigere der beiden Dimensionen, da sie 85,9 % der gesamten Streuung erklärt, während auf Dimension 2 (vertikale Achse) nur 14,1 % entfallen. Bei allen drei Formen der Normalisierung ist diese Aufteilung der Streuung (Inertia) auf die Dimensionen identisch. Insgesamt erklären die beiden Dimensionen die Streuung in den Daten zu 100 %, da die Datenmatrix nur drei Spalten umfasst.

Aufteilung der Inertia

Zur inhaltlichen Interpretation der Dimensionen kann man sich an den Positionen der Zeilen- und Spaltenelemente im Korrespondenzraum orientieren. Betrachtet man in Abbildung 7.28 für die symmetrische Darstellung die Positionen der drei Merkmale, so sieht man, dass auf der horizontalen Achse insbesondere die Merkmale „Sicherheit" und „Sportlichkeit" streuen. Sie sind auf ihr weit links und weit rechts positioniert, während das Merkmal „Komfort" nahezu in der Mitte liegt. Die horizontale Achse repräsentiert also die beiden Merkmale „Sicherheit" und „Sportlichkeit", die offenbar gegensätzlich empfunden werden und somit die Polaritäten dieser Achse bilden. Man könnte sie daher als „Sicherheit vs. Sportlichkeit" benennen. Die vertikale Achse dagegen lässt sich als „Komfort" bezeichnen, da sie nur durch dieses Merkmal geprägt wird.

b) Distanzen der Elemente zum Nullpunkt

Die Punkte sind Repräsentationen der Zeilen- und Spaltenprofile. Im Ursprung (Nullpunkt) des Koordinatensystems liegen die Durchschnittsprofile. Die Distanz eines Punktes vom Koordinatenursprung gibt damit an, inwieweit sich das betreffende Profil vom Durchschnittsprofil unterscheidet.[14]

Dabei ist zu beachten, dass sich mit der Änderung der Häufigkeiten eines Zeilen- oder Spaltenelementes nicht nur dessen Position zum Nullpunkt des Koordinatensystems verändert, sondern dass sich auch die Position des Nullpunktes in der Konfiguration verschiebt (oder anders ausgedrückt, dass sich der Schwerpunkt der Konfiguration verlagert). Dies hat z. B. zur Folge, dass sich durch eine Erhöhung der Häufigkeiten eines Zeilen- oder Spaltenelementes dessen Distanz zum Nullpunkt nicht unbedingt erhöht, sondern auch vermindern kann. Multipliziert man beispielsweise die Häufigkeiten der Merkmalszuordnungen für Mercedes mit dem Faktor 10, so vermindert sich die Distanz von Mercedes zum Nullpunkt, während das Profil von Mercedes unverändert bleibt. Dies lässt sich auch aus Formel (7.17) ersehen. Multipliziert man die Häufigkeiten gar mit 100, so fallen Mercedes und Nullpunkt fast zusammen, d.h. Mercedes erhält eine so große Masse, dass diese Marke zum Schwerpunkt der gesamten Konfiguration wird. Das der Korrespondenzanalyse zugrunde liegende Modell lässt sich damit als ein „Schwerpunktmodell" (baryzentrisches System) charakterisieren.[15]

---

[14] Die in der Korrespondenzanalyse verwendeten Distanzen sind allerdings keine euklidischen Distanzen sondern sog. Chi-Quadrat-Distanzen. Siehe dazu die Ausführungen im mathematischen Anhang dieses Kapitels.

[15] Die Korrespondenzanalyse unterscheidet sich damit trotz vieler Ähnlichkeiten grundlegend von der Faktorenanalyse, die sich als ein „Vektormodell" charakterisieren lässt. Je höher die Ausprägung eines Objektes bezüglich eines Merkmales ist, desto weiter wird dieses im Faktorraum in der Richtung des betroffenen Merkmales vom Nullpunkt entfernt positioniert.

c) Distanzen zwischen den Automarken

In unserem Beispiel interessiert natürlich insbesondere die Konfiguration der Automarken, die ja den Gegenstand der Untersuchung bilden.[16] Man sieht in Abbildung 7.28, dass BMW und Audi relativ nahe beieinander positioniert sind und offenbar als ähnlich wahrgenommen werden, während Mercedes und Opel weit entfernt von diesen und auch voneinander entfernt positioniert sind. Geringe Distanzen bedeuten starke Ähnlichkeit der Profile und große Distanzen starke Unähnlichkeit.

Mercedes nimmt auf der „Sicherheit vs. Sportlichkeit"-Achse eine exponierte Position im linken Teil (Sicherheit) ein, während BMW und Audi auf dieser Achse am anderen Ende (Sportlichkeit) positioniert sind. Opel liegt dagegen bezüglich der horizontalen Achse fast in der Mitte, nimmt aber auf der „Komfort"-Achse eine besonders profilierte Position ein.

d) Distanzen zwischen Automarken und Merkmalen

Bislang haben wir nur Distanzen innerhalb der beiden Gruppen von Elementen, den Automarken (Zeilenelementen) und den Merkmalen (Spaltenelementen) betrachtet. Die gemeinsame Darstellung dieser beiden Gruppen in einem Raum aber legt es nahe, auch die Distanzen zwischen den beiden Gruppen miteinander zu vergleichen und zu interpretieren, womit ein Kernproblem der Korrespondenzanalyse berührt wird.

In Abbildung 7.28 ist Mercedes nahe bei „Sicherheit" und BMW und Audi sind nahe bei „Sportlichkeit" positioniert. Dies entspricht unseren Erwartungen aufgrund der Daten in Abbildung 7.1. Nicht so plausibel ist dagegen, dass Opel dichter zu „Komfort" positioniert ist als Mercedes, BMW und Audi, obgleich letzteren drei Marken das Merkmal Komfort öfter zugeordnet wurde als Opel. Wie ist dies zu erklären?

Die Punkte sind Repräsentationen der Profile und die Punkte für die Automarken somit Repräsentationen der Zeilenprofile. Bei der Erstellung der Zeilenprofile wird durch die jeweilige Zeilensumme dividiert, wodurch die Niveauunterschiede zwischen den Zeilen eliminiert werden. Analoges passiert bei der Zentrierung der Daten gemäß Formel (7.6). Opel besitzt hinsichtlich „Komfort" lediglich relativ zu den anderen beiden Merkmalen eine hohe Ausprägung, da die Häufigkeit der Zuordnung, auch wenn sie nur 2 beträgt, doppelt so hoch ist wie die für die Merkmale „Sicherheit" und „Sportlichkeit". Im Vergleich zu den anderen Marken dagegen ist diese Häufigkeit niedriger, was aber aus den Zeilenprofilen nicht mehr ersichtlich ist (Abbildung 7.8). Es wird daher auch im Ergebnis der Korrespondenzanalyse nicht deutlich.[17]

Eine Interpretation der Distanzen zwischen den Zeilen- und Spaltenelementen in der symmetrischen Darstellung birgt generell die Gefahr von Missverständnissen. Zur Begründung siehe auch die Ausführungen im mathematischen Anhang dieses Kapitels. Wenngleich eine derartige Interpretation in der Praxis verbreitet ist und diese durch die symmetrische Vereinigung von Zeilen- und Spaltenpunkten in einem gemeinsamen

---

[16] Es sei an dieser Stelle noch einmal darauf hingewiesen, dass der Datensatz keinerlei Anspruch auf Repräsentanz erhebt, sondern zur der Erläuterung der Methode dienen soll.
[17] Hierin unterscheidet sich die Korrespondenzanalyse von der Faktorenanalyse. Bei letzterer werden nur die Variablen, nicht aber die Objekte standardisiert. Niveauunterschiede zwischen den Objekten bleiben damit erhalten.

7 Korrespondenzanalyse

Raum suggeriert wird, muss hiervor eindringlich gewarnt werden.[18] Einen Ausweg aus diesem Dilemma eröffnen die asymmetrischen Formen der Korrespondenzanalyse.

e) Zeilen-Prinzipal-Normalisierung

Die Darstellung in Abbildung 7.29 lässt sich auch erzielen, ohne Zeilen- und Spaltenelemente in einem Raum zu vereinigen. Hierzu erweitern wir die Kreuztabelle mit unseren Ausgangsdaten durch drei weitere Zeilen entsprechend der Anzahl der Spalten (Merkmale), wie in Abbildung 7.31 gezeigt. Diese Zeilen lassen sich als *Extremtypen* von Autos interpretieren, für die alle Zuordnungen auf nur ein Merkmal entfallen. Die Koordinaten dieser Zeilenpunkte für die Extremtypen sind identisch mit denen der Spaltenpunkte, so dass man in Abbildung 7.29 die Punkte der Merkmale auch als Positionen dieser fiktiven Extremtypen interpretieren kann. Damit können wir so tun, als hätten wir nur Elemente einer Gruppe, nämlich Zeilenelemente, im Korrespondenzraum und haben eine Rechtfertigung, jetzt auch die Distanzen zwischen Automarken und Merkmalen (Extremtypen) zu interpretieren. Es leuchtet allerdings ein, dass es in dieser Darstellung wenig Sinn macht, die Distanzen zwischen den Merkmalen zu interpretieren.

Extremtypen

Autotypen	Merkmale		
	Sicherheit	Sportlichkeit	Komfort
Mercedes	9	3	6
BMW	3	6	3
Opel	1	1	2
Audi	2	5	4
X-Sicherheit	15	0	0
X-Sportlichkeit	0	15	0
X-Komfort	0	0	15

Abbildung 7.31: Erweiterte Kreuztabelle für das Autobeispiel: Automarken und fiktive Extremtypen

Qualitativ hat sich in Abbildung 7.29 gegenüber Abbildung 7.28 allerdings wenig geändert, abgesehen davon, dass die Merkmale (Extremtypen) nach außen gewandert sind. Mercedes liegt wiederum am nächsten zu „Sicherheit", d.h. ist dem Extremtyp „Sicherheit" am ähnlichsten, und BMW und Audi ähneln am ehesten einem Extremtyp „Sportlichkeit". Opel ist auch hier dem Extremtyp „Komfort" am ähnlichsten, da ja dieser Marke das Merkmal „Komfort" doppelt so oft zugeordnet wurde wie die beiden anderen Merkmale. Da in den Zeilenprofilen die Niveauunterschiede zwischen den Zeilen nicht mehr enthalten sind, sind sie auch im Ergebnis der Zeilen-Prinzipal-Normalisierung nicht mehr sichtbar.

Erweiterung der Kreuztabelle

Die Erweiterung der Kreuztabelle um die Extremtypen kann auch derart erfolgen, dass anstelle von '15' jeweils '1' eingesetzt wird. Die drei zusätzlichen Zeilen ergeben

---

[18] Greenacre (1984), S. 65, bemerkt hierzu: „Notice, however, that we should avoid the danger of interpreting distances between points of different clouds, since no such distances have been explicitly defined." Und Lebart/Morineau/Warwick (1984), S. 46, schreiben: „...it is legitimate to interpret distances among elements of one set of points... It is also legitimate to interpret the relative position of one point of one set with respect to *all the points* of the other set. Except in special cases it is extremely dangerous to interpret the proximity of two points corresponding to different sets of points."

dann eine Einheitsmatrix. Dies hat keinen Einfluss auf die abgeleiteten Koordinaten. Was sich ändert, sind lediglich die Inertia der Daten und deren Aufteilung auf die Dimensionen. Tatsächlich aber muss man diese Berechnungen, die lediglich eine Rechtfertigung für die Interpretation der Distanzen zwischen Zeilen und Spaltenpunkten liefern sollten, natürlich nicht durchführen.

f) Spalten-Prinzipal-Normalisierung
In analoger Weise lässt sich auch das Ergebnis der Spalten-Prinzipal-Normalisierung in Abbildung 7.30 auffassen, indem alle Punkte als Spaltenprofile interpretiert werden. In den Spaltenprofilen bleiben im Gegensatz zu den Zeilenprofilen die Niveauunterschiede zwischen den Automarken erhalten (vgl. Abbildung 7.10). Da z. B. Mercedes das Merkmal „Komfort" öfter zugeordnet wurde als Opel, ist die entsprechende Distanz jetzt geringer. Und auch die anderen Automarken haben jetzt geringere Distanzen zum Merkmal „Komfort" als Opel. Die Niveauunterschiede zwischen den Automarken werden also durch die Distanzen jetzt richtig wiedergegeben.

Zusammenfassung
Eine asymmetrische Form der Normalisierung ist immer dann angebracht, wenn es sich bei den Zeilen- und Spaltenelementen um Kategorien bzw. Gruppen unterschiedlicher Art und Bedeutung für den Untersucher handelt, wie z. B. einer Gruppe von Objekten (z. B. Produkte, Marken, Unternehmen etc.) und einer Gruppe von Merkmalen dieser Objekte. Gewöhnlich liegt dabei das Hauptinteresse auf den Objekten. Diese Konstellation ist z. B. bei Anwendungen in der Marktforschung vorherrschend. Wurden die Objekte in den Zeilen angeordnet, so gilt Folgendes:

- Interessieren vornehmlich die Profile der Objekte, also wie die Merkmale bezüglich eines Objektes verteilt sind, so ist eine Zeilen-Prinzipal-Normalisierung vorzuziehen.

Interessenschwerpunkte

- Interessieren dagegen die Niveauunterschiede zwischen den Objekten bezüglich der einzelnen Merkmale, so ist die Spalten-Prinzipal-Normalisierung vorzuziehen.

Die Aussagen sind umzukehren, wenn die Objekte in den Spalten und deren Merkmale in den Zeilen angeordnet werden.

7.3 Fallbeispiel

7.3.1 Problemstellung

In einer umfassenden Untersuchung zum Margarinemarkt in Deutschland wurden 268 Personen gebeten, 18 Margarinemarken bezüglich 44 verschiedener Merkmale zu beurteilen. Hierzu wurde den Befragten eine Liste mit den Margarinemarken vorgelegt, und sie wurden sodann gebeten, sukzessiv jedes Merkmal der- oder denjenigen Marken zuzuordnen, für die es ihrer Meinung nach am ehesten passen würde. Abbildung 7.32 zeigt eine Auswahl der abgefragten Merkmale und die zugehörigen Statements, mit denen die Merkmale operationalisiert wurden.

7 Korrespondenzanalyse

Nr.	Merkmal	Statement
1	Gesundheit	... ist besonders für gesunde Ernährung geeignet
2	Rohstoffe	... ist aus besten pflanzlichen Rohstoffen hergestellt
3	Brotaufstrich	... ist besonders gut als Brotaufstrich geeignet
4	Gewichtsreduzierung	... ist etwas für Leute, die auf ihr Gewicht achten
5	Bekanntheit	... man hört viel von dieser Marke
6	Natürlichkeit	... ist ein natürliches Produkt
7	Sympathie	... die Marke ist mir sympathisch
8	Familie	... ist für die ganze Familie geeignet
9	Fettgehalt	... ist besonders niedrig im Fettgehalt
10	Verpackung	... hat eine gute Verpackung
11	Qualität	... hat eine hochwertige Qualität
12	Vertrauen	... ist eine Marke, der ich vertraue

Abbildung 7.32: Merkmale mit Statements

Beispiel der Befragung für Merkmal 2:

Die Margarinemarke ist besonders für gesunde Ernährung geeignet.

„Für welche Margarinemarken trifft diese Aussage Ihrer Meinung nach am ehesten zu?"

Aus Gründen der Übersichtlichkeit beschränken wir uns hier auf die in Abbildung 7.32 wiedergegebenen Merkmale sowie eine Teilauswahl von 10 Marken. Die ausgewählten Margarinemarken sind:

1. Becel
2. Botteram
3. Dante
4. Deli Reform
5. Du darfst
6. Flora Soft
7. Homa Gold
8. Lätta
9. Rama
10. SB

Zeilen-/Spalten-Anordnung

Die sich aus der Befragung für die ausgewählten Merkmale und Margarinemarken ergebenen Häufigkeiten lassen sich in einer (12 x 10) - Kreuztabelle zusammenfassen. Abbildung 7.33 zeigt diese Daten im Dateneditor von SPSS. Im Unterschied zum Autobeispiel sind jetzt die Merkmale in den Zeilen und die Marken in den Spalten angeordnet. Die Zellen geben an, wie oft die Befragten ein bestimmtes Merkmal (z. B. „Gesundheit" oder „Rohstoffe") einer bestimmten Margarinemarke zugeordnet haben.

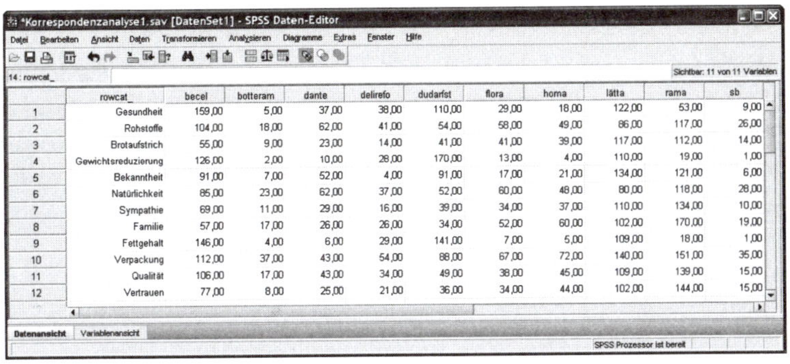

	rowcat_	becel	botteram	dante	delirefo	dudarfst	flora	homa	lätta	rama	sb
1	Gesundheit	159,00	5,00	37,00	38,00	110,00	29,00	18,00	122,00	53,00	9,00
2	Rohstoffe	104,00	18,00	62,00	41,00	54,00	58,00	49,00	86,00	117,00	26,00
3	Brotaufstrich	55,00	9,00	23,00	14,00	41,00	41,00	39,00	117,00	112,00	14,00
4	Gewichtsreduzierung	126,00	2,00	10,00	28,00	170,00	13,00	4,00	110,00	19,00	1,00
5	Bekanntheit	91,00	7,00	52,00	4,00	91,00	17,00	21,00	134,00	121,00	6,00
6	Natürlichkeit	85,00	23,00	62,00	37,00	52,00	60,00	48,00	80,00	118,00	28,00
7	Sympathie	69,00	11,00	29,00	16,00	39,00	34,00	37,00	110,00	134,00	10,00
8	Familie	57,00	17,00	26,00	26,00	34,00	52,00	60,00	102,00	170,00	19,00
9	Fettgehalt	146,00	4,00	6,00	29,00	141,00	7,00	5,00	109,00	18,00	1,00
10	Verpackung	112,00	37,00	43,00	54,00	88,00	67,00	72,00	140,00	151,00	35,00
11	Qualität	106,00	17,00	43,00	34,00	49,00	38,00	45,00	109,00	139,00	15,00
12	Vertrauen	77,00	8,00	25,00	21,00	36,00	34,00	44,00	102,00	144,00	15,00

Abbildung 7.33: Datentabelle im Dateneditor von SPSS

Um die Daten in Form einer Kreuztabelle mit SPSS verarbeiten zu können, muss auf die Kommandosprache (Syntax) zurückgegriffen werden. Will man mit SPSS eine Korrespondenzanalyse allein mittels Menüführung durchführen, so müssen die Daten zunächst anders angeordnet werden (siehe Abschnitt 7.5), was u.U. bei größeren Anwendungen mühselig sein kann. Die Kommandosprache von SPSS enthält zur Verarbeitung von Kreuztabellen das Kommando TABLE.

SPSS-Anforderungen

Abbildung 7.34 zeigt die SPSS-Kommandos (Syntax-Datei) für die hier durchgeführte Korrespondenzanalyse. Die Variable ROWCAT_ wurde eingefügt, um eine Zuordnung von Namen (Wertelabels) für die Zeilen (hier die Merkmale) zu ermöglichen, die der Beschriftung der zu erzeugenden Tabellen und Abbildungen dienen soll.

```
* MVA: Fallbeispiel Korrespondenzanalyse.
* DATENDEFINITION.
DATA LIST FREE / ROWCAT_ becel botteram dante delirefo dudarfst flora homa lätta rama sb.
VALUE LABELS ROWCAT_ 1 'Gesundheit' 2 'Rohstoffe' 3 'Brotaufstrich' 4
'Gewichtsreduzierung' 5 'Bekanntheit' 6 'Natürlichkeit' 7 'Sympathie' 8 'Familie'
9 'Fettgehalt' 10 'Verpackung' 11 'Qualität' 12 'Vertrauen'.

BEGIN DATA
1  159  5   37   38   110   29   18   122   53    9
2  104  18  62   41   54    58   49   86    117   26
3   55  9   23   14   41    41   39   117   112   14
............
12  77  8   25   21   36    34   44   102   144   15
END DATA.

* PROZEDUR.
* Korrespondenzanalyse für den Margarinemarkt.
CORRESPONDENCE
  TABLE=ALL(12,10)
  /DIMENSIONS = 2
  /MEASURE = CHISQ
  /STANDARDIZE = RCMEAN
  /NORMALIZATION = SYMMETRICAL
  /PLOT = BIPLOT, RPOINTS, CPOINTS.
```

Abbildung 7.34: SPSS-Job zur Korrespondenzanalyse

7 Korrespondenzanalyse

7.3.2 Ergebnisse

Kontingenztabelle — Zunächst werden die Ausgangsdaten in Form einer Kontingenztabelle ausgewiesen, die in SPSS als Korrespondenztabelle bezeichnet wird (Abbildung 7.35). Die „aktiven Ränder" beinhalten die Zeilen- und Spaltensummen. Die Fallzahl, d.h. die Gesamthäufigkeit der Zuordnungen, die von den Befragten vorgenommen wurden, beträgt 6698.

Zeilenweise	\multicolumn{11}{c}{Spaltenweise}
	BECEL	BOTTERAM	DANTE	DELI	DUDARFST	FLORA	HOMA	LÄTTA	RAMA	SB	Aktiver Rand
Gesundheit	159	5	37	38	110	29	18	122	53	9	580
Rohstoffe	104	18	62	41	54	58	49	86	117	26	615
Brotaufstrich	55	9	23	14	41	41	39	117	112	14	465
Gewichtsreduzierung	126	2	10	28	170	13	4	110	19	1	483
Bekanntheit	91	7	52	4	91	17	21	134	121	6	544
Natürlichkeit	85	23	62	37	52	60	48	80	118	28	593
Sympathie	69	11	29	16	39	34	37	110	134	10	489
Familie	57	17	26	26	34	52	60	102	170	19	563
Fettgehalt	146	4	6	29	141	7	5	109	18	1	466
Verpackung	112	37	43	54	88	67	72	140	151	35	799
Qualität	106	17	43	34	49	38	45	109	139	15	595
Vertrauen	77	8	25	21	36	34	44	102	144	15	506
Aktiver Rand	1187	158	418	342	905	450	442	1321	1296	179	6698

Abbildung 7.35: Kontingenztabelle im SPSS-Ausdruck

Die Abbildung 7.36 zeigt die Maße für die Streuung der Daten und das Ergebnis der Einzelwertzerlegung. Die Inertia beträgt trotz der Größe der Datenmatrix nur 0,177, während Chi-Quadrat infolge der hohen Fallzahl 1188,9 beträgt.

Da die Datenmatrix 12 Zeilen und 10 Spalten besitzt, ergeben sich hier maximal 9 mögliche Dimensionen. In der Reihenfolge der Einzelwerte spiegelt sich die abnehmende Wichtigkeit der Dimensionen wider. Der Wert des ersten Einzelwertes beträgt 0,37 und dessen Quadrat, der Eigenwert bzw. das Trägheitsgewicht der Dimension, beträgt 0,137. Damit ergibt sich gemäß Formel (7.12) ein Eigenwertanteil von 0,772. Die erste Dimension erklärt also 77,2 % der Streuung in den Daten.

Einzelwert — Der kumulierte Eigenwertanteil der beiden ersten Dimensionen beträgt 89,7 %. Der dritte Einzelwert, der 0,099 beträgt, hat nur noch einen Eigenwertanteil von 5,6 %. Auf die Berücksichtigung der dritten sowie der weiteren Dimensionen wird daher hier zugunsten einer zweidimensionalen Darstellung verzichtet.

Dimension	Einzelwert	Trägheit	Chi-Quadrat	Sig.	Anteil der Trägheit		Konfidenz für Einzelwert	
					Berücksichtigt für	Kumuliert	Standard-abweichung	Korrelation 2
1	,370	,137			,772	,772	,011	,017
2	,149	,022			,124	,897	,012	
3	,099	,010			,056	,952		
4	,070	,005			,028	,980		
5	,042	,002			,010	,990		
6	,038	,001			,008	,998		
7	,016	,000			,001	,999		
8	,009	,000			,000	1,000		
9	,005	,000			,000	1,000		
Gesamtauswertung		,177	1188,883	,000[a]	1,000	1,000		

[a]. 99 Freiheitsgrade

Abbildung 7.36: Ergebnisse der Einzelwertzerlegung

Die Abbildungen 7.37 und 7.38 enthalten die gesuchten Koordinaten für die Zeilen- und Spaltenpunkte sowie weitere Informationen. Abbildung 7.37 gibt eine Übersicht über die Zeilenpunkte. In der ersten Spalte sind hier die Massen $p_{i.}$ der Merkmale aufgelistet.

Die beiden folgenden Spalten enthalten die Koordinaten der Merkmale bezüglich der beiden Dimensionen des Korrespondenzraumes, mittels derer sich die zugehörigen Punkte in Abbildung 7.39 einzeichnen lassen.

In der nächsten Spalte sind unter der Überschrift „Übersicht über Trägheit" die Trägheitsgewichte der Zeilen aufgelistet, die man mittels Formel (7.3) erhält und die sich zur Inertia summieren. Sie geben an, welchen Beitrag eine Zeile bzw. ein Zeilenpunkt zur Gesamtstreuung (Inertia) liefert.

Trägheit

Wir hatten bislang nur die Zerlegung der Inertia auf die Zeilen, Spalten und Dimensionen behandelt und damit die Trägheitsgewichte der Punkte (Zeilen oder Spalten) und der Dimensionen (quadrierte Einzelwerte, Eigenwerte) erhalten. Diese lassen sich jeweils weiter zerlegen. Die Trägheitsgewichte der Punkte (Zeilen oder Spalten) lassen sich bezüglich der Dimensionen aufteilen und die Trägheitsgewichte der Dimensionen lassen sich bezüglich der Punkte (Zeilen oder Spalten) aufteilen. Im Ausdruck von SPSS werden diese Aufteilungen ausgewiesen und als „Beitrag des Punktes an der Trägheit der Dimension" und „Beitrag der Dimension an der Trägheit des Punktes" bezeichnet.

Die Tabelle in Abbildung 7.37 enthält diese Aufteilungen für die Zeilenpunkte. Das Trägheitsgewicht eines Zeilenpunktes bezüglich einer Dimension hängt ab von der Masse $p_{i.}$ dieses Punktes und dem Quadrat seines Abstandes vom Nullpunkt auf dieser Dimension, also dem Quadrat der Koordinate r_{ik}. In SPSS werden als „Beiträge des Punktes an der Trägheit der Dimension" relative Trägheitsgewichte ausgegeben, die man durch Division des absoluten Trägheitsgewichtes durch den Einzelwert der Dimension erhält.[19] Sie lassen erkennen, durch welche Merkmale eine Dimension besonders geprägt wird und liefern damit eine Basis zur Interpretation der Dimensionen.[20] Bezüglich der ersten Dimension dominieren die Merkmale „Gewichtsreduzierung" (0,335) und „Fettgehalt" (0,301), die diese Dimension prägen. Bezüglich der zweiten Dimension besteht keine so ausgeprägte Dominanz. Die größten Beiträge liefern hier die Merkmale „Bekanntheit" (0,229), „Natürlichkeit" (0,188) und „Rohstoffe" (0,166).

Interpretation

Dies lässt sich auch anhand von Abbildung 7.39 nachvollziehen. Man sieht, dass die Merkmale „Gewichtsreduzierung" und „Fettgehalt" auf der ersten Dimension (horizontale Achse) weit vom Nullpunkt entfernt und dicht beieinander liegen. Sie werden offenbar als nahezu identisch empfunden und hängen auch eng mit dem Merkmal „Gesundheit" zusammen. Die Merkmale „Natürlichkeit" und „Rohstoffe" liegen auf der zweiten Dimension (vertikale Achse) weit oben und werden ebenfalls als eng verwandt angesehen, aber gegensätzlich zum Merkmal „Bekanntheit", das auf dieser Dimension weit unten liegt.

---

[19]Bezogen auf unser Beispiel errechnet sich der Beitrag eines Zeilenpunktes an der Trägheit der Dimension k errechnet sich in unserem Beispiel durch:

$$\hat{t}_{ik} = \frac{p_{i.} \cdot r_{ik}^2}{s_k}$$

z.B. $\hat{t}_{11} = \frac{0,400 \cdot (-0,691)^2}{0,346} = 0,552$, $\hat{t}_{12} = \frac{0,400 \cdot 0,100^2}{0,140} = 0,029$

Bei asymmetrischer Normalisierung ist die Formel entsprechend (7.19) zu modifizieren.

[20]Die Werte $\hat{t}_{ik}$ lassen sich vergleichen mit den Faktorladungen in der Faktorenanalyse.

7 Korrespondenzanalyse

Übersichtszeilenpunkte[a]

Zeilenweise	Masse	Wert in Dimension 1	Wert in Dimension 2	Übersicht der Trägheit	Beitrag des Punktes an der Trägheit der Dimension 1	Beitrag des Punktes an der Trägheit der Dimension 2	Beitrag der Dimension an der Trägheit des Punktes 1	Beitrag der Dimension an der Trägheit des Punktes 2	Gesamt-übersicht
Gesundheit	,087	-,620	,211	,015	,090	,026	,832	,039	,870
Rohstoffe	,092	,307	,518	,008	,023	,166	,404	,463	,867
Brotaufstrich	,069	,335	-,399	,006	,021	,075	,481	,274	,755
Gewichtsreduzierung	,072	-1,311	-,017	,047	,335	,000	,968	,000	,968
Bekanntheit	,081	-,160	-,647	,010	,006	,229	,076	,500	,576
Natürlichkeit	,089	,406	,562	,011	,039	,188	,508	,390	,898
Sympathie	,073	,345	-,460	,006	,023	,104	,570	,407	,977
Familie	,084	,642	-,217	,015	,093	,027	,853	,039	,892
Fettgehalt	,070	-1,265	,016	,042	,301	,000	,982	,000	,982
Verpackung	,119	,258	,378	,008	,021	,115	,367	,316	,684
Qualität	,089	,250	-,003	,003	,015	,000	,662	,000	,662
Vertrauen	,076	,394	-,374	,007	,032	,071	,633	,229	,862
Aktiver Gesamtwert	1,000			,177	1,000	1,000			

[a] Symmetrische Normalisierung

Abbildung 7.37: Übersicht über die Zeilenpunkte

Abbildung 7.38 gibt eine Übersicht über die Spaltenpunkte und lässt sich analog zu Abbildung 7.37 interpretieren. Sie enthält die Koordinaten zur Darstellung der Margarinemarken in Abbildung 7.39. Man sieht hier, dass besonders die Marken Rama und Lätta große Massen haben, da sie viele Zuordnungen erhielten.

Übersichtsspaltenpunkte[a]

Spaltenweise	Masse	Wert in Dimension 1	Wert in Dimension 2	Übersicht der Trägheit	Beitrag des Punktes an der Trägheit der Dimension 1	Beitrag des Punktes an der Trägheit der Dimension 2	Beitrag der Dimension an der Trägheit des Punktes 1	Beitrag der Dimension an der Trägheit des Punktes 2	Gesamt-übersicht
becel	,177	-,528	,134	,021	,134	,022	,864	,022	,886
botteram	,024	,643	,742	,007	,026	,087	,506	,270	,776
dante	,062	,377	,317	,012	,024	,042	,276	,078	,354
delirefo	,051	-,098	,813	,006	,001	,227	,029	,804	,833
dudarfst	,135	-1,039	-,009	,056	,394	,000	,965	,000	,965
flora	,067	,568	,419	,011	,058	,079	,743	,162	,905
homa	,066	,733	,116	,014	,096	,006	,927	,009	,936
lätta	,197	-,152	-,390	,007	,012	,202	,241	,638	,878
rama	,193	,640	-,418	,035	,214	,228	,842	,144	,986
sb	,027	,743	,770	,008	,040	,107	,665	,287	,952
Aktiver Gesamtwert	1,000			,177	1,000	1,000			

[a] Symmetrische Normalisierung

Abbildung 7.38: Übersicht über die Spaltenpunkte

Abbildung 7.39 zeigt die Konfiguration der Margarinemarken gemeinsam mit der Konfiguration der Merkmale. Fünf Marken, nämlich SB, Botteram, Flora, Dante und Homa, liegen im oberen rechten Quadranten und werden offenbar als ähnlich wahrgenommen. Besonders SB und Botteram werden sehr ähnlich beurteilt.

Die Marken Du darfst und Becel liegen dagegen weit links und die Marken Lätta und Rama sind im unteren Teil positioniert. Die Marke Deli nimmt eine etwas abseitige Position im oberen Teil ein.

Zieht man die Merkmale in die Betrachtung ein, so lassen sich die fünf Marken im

7.3 Fallbeispiel

oberen rechten Quadranten (SB, Botteram, Flora, Dante, Homa) besonders mit den Merkmalen „Natürlichkeit", „Rohstoffe" und „Verpackung" in Verbindung bringen.

Den Marken Becel und Du darfst werden vor allem die Eigenschaften „Fettgehalt", „Gewichtsreduzierung" und „Gesundheit" zugesprochen.

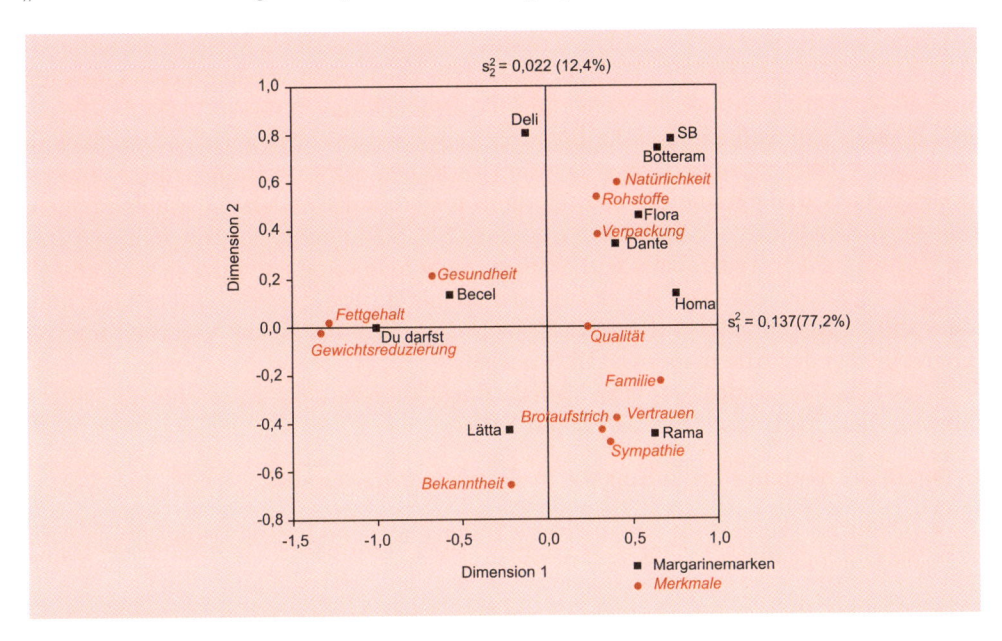

Abbildung 7.39: Margarinemarken und Merkmale im Korrespondenzraum (Symmetrische Normalisierung)

Die Marke Rama wird besonders eng mit den Merkmalen „Familie", „Vertrauen" und „Sympathie" verbunden, und in schwächerem Maße trifft dies auch für Lätta zu. Beide Marken werden als sehr bekannt angesehen und es wird ihnen auch eine Eignung als Brotaufstrich beigemessen.

Die Marke Deli nimmt eine gewisse Sonderstellung ein. Ein Defizit von Deli scheint vor allem die fehlende Bekanntheit zu sein und damit verbunden auch fehlende Sympathie und mangelndes Vertrauen.

Auf die Gefahren einer Interpretation der Zwischengruppendistanzen zwischen den Margarinemarken und den Merkmalen wurde oben hingewiesen. Um die Niveauunterschiede zwischen den Marken zu verdeutlichen, sollte daher zusätzlich eine Zeilen-Prinzipal-Normierung vorgenommen werden.

7.4 Anwendungsempfehlungen

Zur Durchführung einer Korrespondenzanalyse mit Hilfe von SPSS dient die Prozedur CORRESPONDENCE (daneben existiert noch die ältere Version ANACOR). Bei deren Anwendung stößt man zunächst auf Schwierigkeiten, wenn man die Daten in Form einer Kreuztabelle („Table"-Format) eingeben möchte. SPSS erwartet standardmäßig, dass die Daten in Form einer Matrix angeordnet werden, bei der sich die Spalten auf Variablen und die Zeilen auf die Beobachtungen dieser Variablen beziehen. In einer Kreuztabelle sind die Beobachtungen von zwei kategorialen Variablen in aggregierter Form zusammengefasst, wobei die Zeilen der Kreuztabelle die Kategorien der einen Variablen und die Spalten die Kategorien der anderen Variablen bilden. Dies entspricht nicht der Standardform einer SPSS-Datentabelle. Hat man die Daten in Form einer Kreuztabelle vorliegen, so muss man diese entweder in eine andere Form bringen, um die Analyse mittels der Menüführung durchzuführen, oder man muss auf die Kommandosprache (Syntax) zurückgreifen, die für die Verarbeitung von Kreuztabellen das Kommando TABLE enthält.

Es bestehen insgesamt drei verschiedene Eingabeformate der Daten für die Durchführung einer Korrespondenzanalyse mit SPSS:

- „Table"-Format für die Eingabe in Form einer Kreuztabelle,
- „Casewise"-Format für eine fallweise Dateneingabe, d.h. jede Beobachtung wird einzeln aufgeführt,
- „Weight"-Format für eine aggregierte Dateneingabe, bei der die Häufigkeiten in den Zellen der Kreuztabelle in Form von Gewichten eingegeben werden.

An unserem Autobeispiel sollen diese alternativen Formen der Dateneingabe demonstriert werden.

a) „Table"-Format

Das „Table"-Format erlaubt die Dateneingabe in Form einer Kreuztabelle. Abbildung 7.40 zeigt die Ausgangsdaten des Autobeispiels im Daten-Editor von SPSS.

Die Bezeichnungen der Spalten der Kreuztabelle (Merkmale der Autos) werden im Kopf der Datentabelle als Variablennamen angegeben und können zusätzlich mittels Variablenlabels ausführlicher spezifiziert werden. Um auch die Bezeichnungen der Zeilen (Automarken) berücksichtigen zu können, wurde die Variable „rowcat_" in der ersten Spalte eingefügt (wie auch im Fallbeispiel). Ihren Werten, die die vier Automarken repräsentieren, wurden Wertelabels zugeordnet (1 = Mercedes, 2 = BMW, 3 = Opel, 4 = Audi).

Über *Datei* und *neu (Syntax)* kann ein neues Syntaxfenster geöffnet werden, in das die Kommandos zur Ausführung einer Korrespondenzanalyse eingegeben werden können. Abbildung 7.41 zeigt diese im Syntax-Fenster. Damit die Daten in Form einer Kontingenztabelle richtig verarbeitet werden können, muss das Kommando TABLE = (4,3) verwendet werden. Damit wird mitgeteilt, dass die Eingabedaten in Form eine Kreuztabelle mit 4 Zeilen und 3 Spalten angeordnet sind.

Für eine menügesteuerte Analyse müssen die Ausgangsdaten in die anderen Formate („Casewise"-Format oder „Weight"-Format) überführt werden.

7.4 Anwendungsempfehlungen

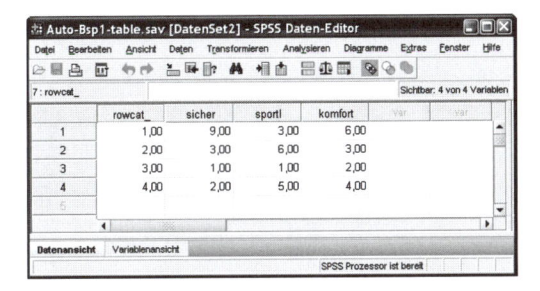

Abbildung 7.40: SPSS Daten-Editor für das Format „Table"

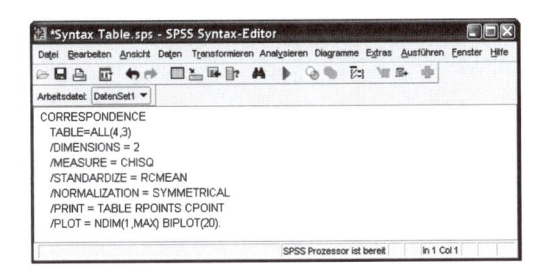

Abbildung 7.41: SPSS Syntax-Fenster

b) „Casewise"-Format

Die Abbildung 7.42 zeigt die Daten im „Casewise"-Format. Jede Beobachtung, d.h. jede Zuordnung eines Merkmals zu einer Automarke, bildet jetzt eine eigene Zeile, sodass sich 45 Zeilen ergeben (im Fallbeispiel wären es 6698 Zeilen). Die Variable „Merkmal" umfasst die Merkmalskategorien 1 - 3 und die Variable „Marke" die Automarken 1 - 4. Die Variable „Person" wird für die Auswertung nicht benötigt, sondern soll nur zeigen, wie die Daten entstanden sind, d.h. welche Beurteilungen die einzelnen Personen vorgenommen haben.

Zur Beschriftung der Ergebnisse sind den beiden Variablen „Merkmal" und „Marke" Wertelabels zuzuordnen.

Über den Menüpunkt *Analysieren* und *Dimensionsreduktion* kann nach Eingabe der Daten die Korrespondenzanalyse angewählt werden (vgl. Abbildung 7.43).

Es öffnet sich das Dialogfeld zur Korrespondenzanalyse (Abbildung 7.44). Hier ist anzugeben, welche Variable den Zeilen der Kreuztabelle und welche deren Spalten zugeordnet werden soll. Wie schon bemerkt, kann man in der Korrespondenzanalyse Zeilen und Spalten ohne Einfluss auf das Ergebnis vertauschen. Hier wird, wie schon zuvor, die Variable „Marke" den Zeilen und die Variable „Merkmal" den Spalten zugeordnet.

SPSS fordert nun, dass mittels *Bereich definieren* die zu berücksichtigenden Kategorien angegeben werden. Für die Variable „Marke" sind hier als Minimalwert die Zahl 1 und als Maximalwert die Zahl 4 anzugeben (Abbildung 7.45). Über *Aktualisieren* und *Weiter* wird dieses Dialogfenster verlassen. Analog sind für die Marke „Merkmal" die Werte 1 und 3 einzugeben.

7 Korrespondenzanalyse

	Person	Merkmal	Marke
1	1	1	1
2	1	2	2
3	1	3	1
4	2	1	1
5	2	2	1
6	2	3	1
7	3	1	1
8	3	2	4
9	3	3	1
10	4	1	2
11	4	2	2
12	4	3	2
13	5	1	1
14	5	2	2
15	5	3	1
16	6	1	3
17	6	2	3
18	6	3	3
19	7	1	1
20	7	2	4
21	7	3	4
22	8	1	2
23	8	2	2
24	8	3	2
25	9	1	4
26	9	2	4
27	9	3	4
28	10	1	1
29	10	2	4
30	10	3	4
31	11	1	2
32	11	2	2
33	11	3	2
34	12	1	1
35	12	2	1
36	12	3	1
37	13	1	1
38	13	2	1
39	13	3	1
40	14	1	1
41	14	2	2
42	14	3	3
43	15	1	4
44	15	2	4
45	15	3	4

Abbildung 7.42: Ausgangsdaten im „Casewise"-Format

7.4 Anwendungsempfehlungen

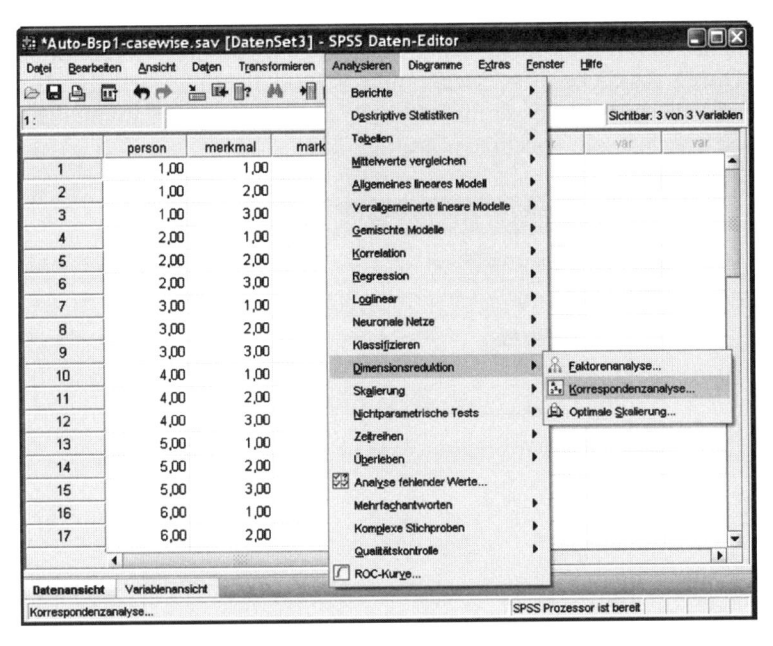

Abbildung 7.43: Auswahl der Analysemethode: Korrespondenzanalyse

Abbildung 7.44: Dialogfenster zur Korrespondenzanalyse

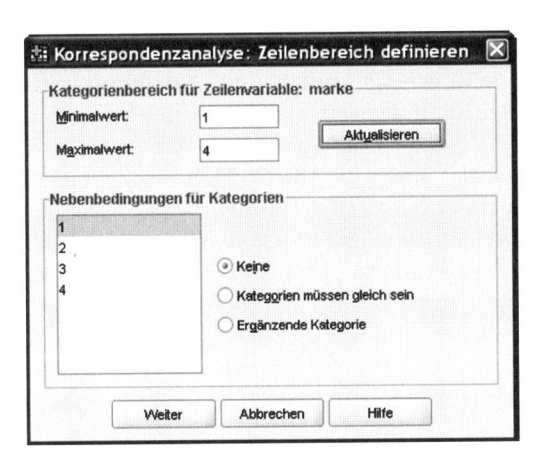

Abbildung 7.45: Zeilenbereich definieren

7 Korrespondenzanalyse

Für den weiteren Fortgang der Analyse sind die Menüpunkte *Modell, Statistiken* und *Diagramme* unten im Dialogfenster *Korrespondenzanalyse* (Abbildung 7.44) anzuwählen. Durch Anklicken des Menüpunktes Modell öffnet sich das Dialogfenster in Abbildung 7.46, mittels dessen das Modell, welches der Korrespondenzanalyse zugrunde gelegt werden soll, spezifiziert werden kann.

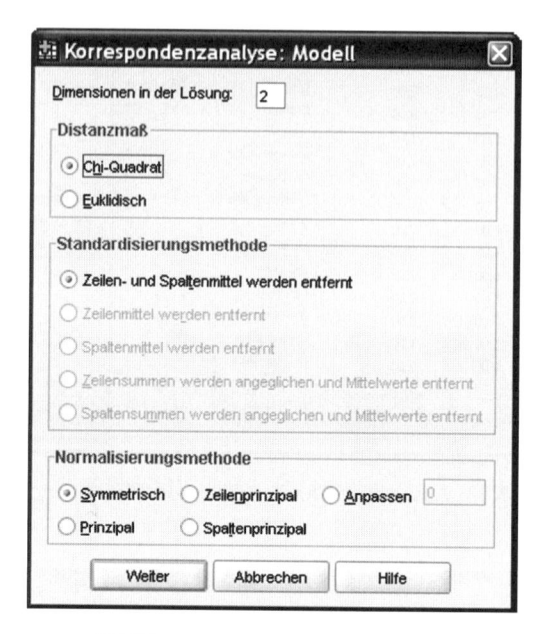

Abbildung 7.46: Modellspezifikation

Hier ist zunächst die Anzahl der gewünschten Dimensionen für die zu ermittelnde Konfiguration anzugeben. Wir wählen 2. Weiterhin muss die Metrik des Korrespondenzraumes spezifiziert werden. Wir wählen hier *Chi-Quadrat* als Distanzmaß, die Standardform der Korrespondenzanalyse. Sie impliziert, dass Zeilen- und Spaltenmittel bei der Standardisierung der Daten entfernt werden. Als Normalisierungsmethode wählen wir hier *symmetrisch*. Alternativ können auch die oben behandelten asymmetrischen Formen der Normalisierung (Zeilen-Prinzipal und Spalten-Prinzipal) sowie die Prinzipal-Normalisierung gewählt werden. Über *Weiter* kann das Dialogfenster verlassen werden und man gelangt zurück zum Dialogfenster *Korrespondenzanalyse*.

Unter *Statistiken* kann nun angegeben werden, welche statistischen Auswertungen durchgeführt und im Ausgabefenster von SPSS angezeigt werden sollen. Wir wählen hier „*Korrespondenztabelle*" sowie die Übersichten der Zeilen- und Spaltenpunkte.

Schließlich ist noch das Dialogfeld *Diagramme* anzuwählen, mittels dessen die zu erstellenden Diagramme ausgewählt werden können. Wir wählen hier mit *Biplot* eine gemeinsame Darstellung von Marken und Merkmalen im Korrespondenzraum.

Über *Weiter* gelangt man wieder zurück zum Dialogfenster in Abbildung 7.44 und durch Anklicken von *OK* wird die Durchführung der Korrespondenzanalyse veranlasst. Abbildung 7.49 zeigt das Protokoll der Kommandos, die mittels der Menüführung erzeugt wurden, im Syntax-Fenster.

7.4 Anwendungsempfehlungen

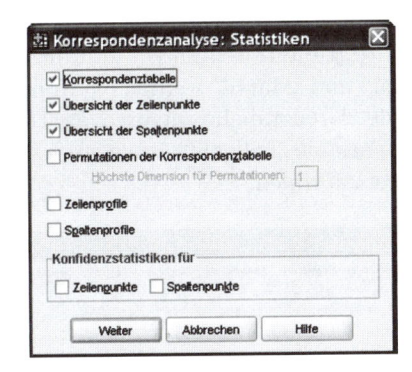

Abbildung 7.47: Statistik

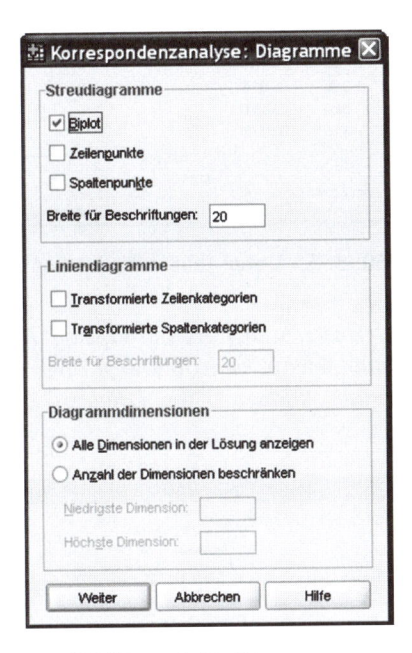

Abbildung 7.48: Diagramme

```
CORRESPONDENCE
  TABLE = marke (1 4) BY merkmal (1 3)
  /DIMENSIONS = 2
  /MEASURE = CHISQ
  /STANDARDIZE = RCMEAN
  /NORMALIZATION = SYMMETRICAL
  /PRINT = TABLE RPOINTS CPOINTS
  /PLOT = NDIM(1,MAX) BIPLOT(20).
```

Abbildung 7.49: Syntax des „Casewise"-Formats

7 Korrespondenzanalyse

c) „Weight"-Format

Das „Weight"-Format ermöglicht eine aggregierte Eingabe der Daten mit Hilfe von Gewichten. Abbildung 7.50 zeigt die Daten im Daten-Editor. Mittels der beiden kategorialen Variablen „Merkmal" und „Marke" werden die Kombinationen der Kategorien spezifiziert, die den Zellen der Kreuztabelle entsprechen. Die Häufigkeiten der Kreuztabelle werden mittels der Variable „Fallzahl" eingegeben. Sie lassen sich sodann den Kombinationen als Gewichte zuordnen.

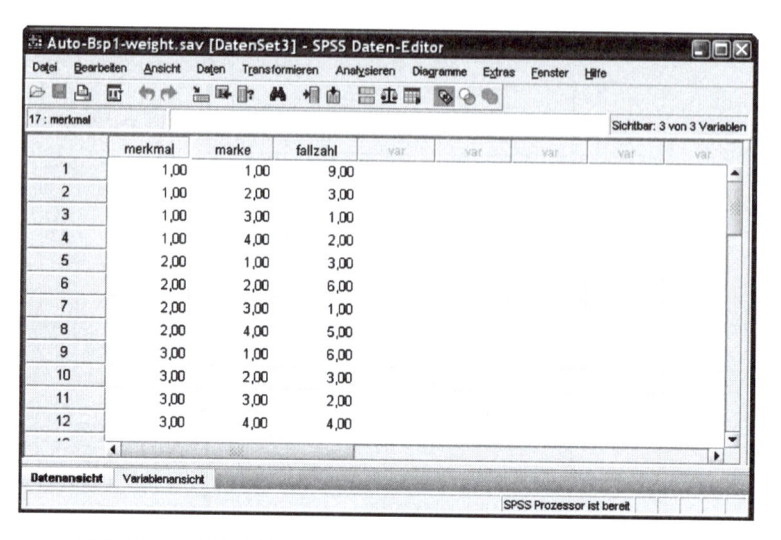

Abbildung 7.50: SPSS Daten-Editor für das Format „Weight"

Dazu ist der Menüpunkt *Daten* und dort die Option *Fälle gewichten* zu wählen. Man gelangt damit zum Dialogfenster in Abbildung 7.51, wo die gewünschten Spezifikationen vorgenommen werden können. Über *OK* wird dieses Dialogfenster wieder verlassen.

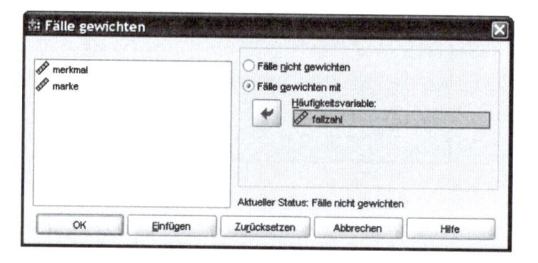

Abbildung 7.51: Dialogfenster Fälle gewichten

Die Durchführung der Korrespondenzanalyse erfolgt nun mit den gleichen Schritten wie beim „Casewise"-Format. Das „Weight"-Format ermöglicht damit eine sehr viel bequemere Eingabe der Daten als das „Casewise"-Format und erlaubt ebenso die Durchführung der Korrespondenzanalyse mittels Menüführung.

7.5 Mathematischer Anhang

Formal lässt sich das Zielkriterium der Korrespondenzanalyse ausdrücken als die Auffindung einer Konfiguration, bei der die (euklidischen) Distanzen zwischen den Zeilenpunkten (Spaltenpunkten) im Korrespondenzraum möglichst gut die Chi-Quadrat-Distanzen zwischen den Zeilenprofilen (Spaltenprofilen) approximiert werden.[21] Die sog. Chi-Quadrat-Distanz bezeichnet Greenacre als „the most problematic and esoteric aspect of correspondence analysis".[22] Wenngleich die rechnerische Durchführung der Korrespondenzanalyse auch ohne die Berechnung von Chi-Quadrat-Distanzen auskommt, wie vorstehend gezeigt wurde, soll hier kurz darauf eingegangen werden, da sie ein fundamentales Element der Korrespondenzanalyse bilden.

Bei einer Distanz denkt man üblicherweise an die euklidische Distanz, d.h. an die Länge einer Linie zwischen zwei Punkten, die sich (im zweidimensionalen Raum) mit einem Lineal messen oder analytisch mit Hilfe des Satzes von Pythagoras berechnen lässt. Ein Zeilenprofil mit J Elementen lässt sich als Punkt in einen J-dimensionalen Raum auffassen und zwischen zwei Zeilenprofilen lassen sich somit euklidische Distanzen berechnen.

Euklidische Distanz

Die quadrierte **euklidische Distanz** zwischen zwei Zeilenprofilen i und i' lautet:

$$d_{ii'}^2 = \sum_j \left(\frac{n_{ij}}{n_{i.}} - \frac{n_{i'j}}{n_{i'.}} \right)^2$$

Im Unterschied dazu lautet die quadrierte Chi-Quadrat-Distanz zwischen zwei Zeilenprofilen i und i':

$$\tilde{d}_{ii'}^2 = \sum_j \frac{n}{n_{.j}} \left(\frac{n_{ij}}{n_{i.}} - \frac{n_{i'j}}{n_{i'.}} \right)^2$$

$$= \sum_j \frac{(\text{Element j von Zeilenprofil i - Element j von Zeilenprofil i'})^2}{\text{Masse von Spalte j}}$$

Die Chi-Quadrat-Distanz zwischen zwei Zeilenprofilen ist, wie sich ersehen lässt, eine gewichtete euklidische Distanz, wobei die Gewichtung mit den reziproken Massen der Spalten erfolgt.[23]

Analog lassen sich euklidische Distanzen und Chi-Quadrat-Distanzen zwischen zwei Spalten j und j' berechnen:

Chi-Quadrat-Distanz

---

[21] Vgl. Greenacre (1993), S. 69, Blasius (2001), S. 47..
[22] Siehe Greenacre (1993), S. 20 und 24 ff.
[23] Ein Grund, warum in der Korrespondenzanalyse Chi-Quadrat-Distanzen zugrunde gelegt werden, ist das Prinzip der „Distributional Equivalence", welches die Stabilität der Chi-Quadrat-Distanzen garantiert. D.h. die Distanzen zwischen den Zeilenprofilen ändern sich nicht wesentlich, wenn ähnliche Spaltenkategorien zusammengefasst werden oder wenn eine Spaltenkategorien in ähnliche Kategorien unterteilt wird. So ließe sich z. B. im Autobeispiel die Kategorie Sicherheit in aktive und passive Sicherheit unterteilen. Siehe hierzu Greenacre (1984), S. 65 f, Greenacre (1993), S. 36.

7 Korrespondenzanalyse

$$d_{jj'}^2 = \sum_i \left(\frac{n_{ij}}{n_{\cdot j}} - \frac{n_{ij'}}{n_{\cdot j'}} \right)^2$$

$$\tilde{d}_{jj'}^2 = \sum_i \frac{n}{n_{i\cdot}} \left(\frac{n_{ij}}{n_{\cdot j}} - \frac{n_{ij'}}{n_{\cdot j'}} \right)^2$$

$$= \sum_i \frac{(\text{Element i von Zeilenprofil j - Element i von Zeilenprofil j'})^2}{\text{Masse von Zeile i}}$$

In den Abbildungen 7.52 und 7.53 sind die Chi-Quadrat-Distanzen für das Autobeispiel angegeben.

$\tilde{d}_{ii'}$	Mercedes	BMW	Opel	Audi
Mercedes	0	0,736	0,540	0,745
BMW	0,736	0	0,612	0,243
Opel	0,540	0,612	0	0,442
Audi	0,745	0,243	0,442	0
Mittleres Zeilenprofil	0,408	0,354	0,354	0,340

Abbildung 7.52: Chi-Quadrat-Distanzen zwischen den Zeilenprofilen sowie zwischen Zeilenprofilen und mittlerem Zeilenprofil für das Autobeispiel

Z. B. errechnet sich die quadrierte Chi-Quadrat-Distanz zwischen Mercedes und BMW wie folgt:

$$\tilde{d}_{1,2}^2 = \frac{45}{15} \left(\frac{9}{18} - \frac{3}{12} \right)^2 + \frac{45}{15} \left(\frac{3}{18} - \frac{6}{12} \right)^2 + \frac{45}{15} \left(\frac{6}{18} - \frac{3}{12} \right)^2 = 0,5417$$

Damit ergibt sich für die Chi-Quadrat-Distanz zwischen Mercedes und BMW:

$$\tilde{d}_{1,2} \sqrt{0,5417} = 0,736$$

$\tilde{d}_{jj'}$	Sicherheit	Sportlichkeit	Komfort
Sicherheit	0	0,845	0,472
Sportlichkeit	0,845	0	0,564
Komfort	0,472	0,564	0
Mittleres Zeilenprofil	0,416	0,452	0,202

Abbildung 7.53: Chi-Quadrat-Distanzen zwischen den Spaltenprofilen sowie zwischen Spaltenprofilen und mittlerem Spaltenprofil für das Autobeispiel

Es lassen sich außerdem Chi-Quadrat-Distanzen zwischen einem Zeilenprofil i und dem mittlerem Zeilenprofil und analog zwischen einem Spaltenprofil und dem mittleren Spaltenprofil berechnen. Sie entsprechen in der grafischen Darstellung den Abständen der Punkte vom Koordinatenursprung (Nullpunkt) und sind in den Abbildungen 7.52 und 7.53 ebenfalls für das Autobeispiel angegeben.

7.5 Mathematischer Anhang

Die quadrierte Chi-Quadrat-Distanz zwischen Zeilenprofil i und mittlerem Zeilenprofil lautet:

$$\tilde{d}_i^2 = \sum_j \frac{n}{n_{.j}} \left(\frac{n_{ij}}{n_{i.}} - \frac{n_{.j}}{n}\right)^2 = \sum_j \frac{\left(\frac{n_{ij}}{n_{i.}} - p_{.j}\right)^2}{p_{.j}}$$

$$= \sum_j \frac{(\text{Element j von Zeilenprofil i - Element j vom mittl. Zeilenprofil})^2}{\text{Element j vom mittl. Zeilenprofil}}$$

$$= \sum_j \frac{(\text{Element j von Zeilenprofil i - Masse von Spalte j})^2}{\text{Masse von Spalte j}}$$

Chi-Quadrat als Maß der Streuung in den Daten lässt sich als Summe der gewichteten Chi-Quadrat-Distanzen der Zeilenprofile (Spaltenprofile) vom mittleren Zeilenprofil (Spaltenprofil) errechnen, wobei die Gewichtung mit den jeweiligen Zeilensummen (Spaltensummen) erfolgt:

$$\chi^2 = \sum_i n_{i.} \tilde{d}_i^2$$

Beweis:

$$\chi^2 = \sum_i \sum_j \frac{(n_{ij} - e_{ij})^2}{e_{ij}} \qquad \text{mit } e_{ij} = \frac{n_{i.} n_{.j}}{n}$$

$$= \sum_i \sum_j \frac{\left(n_{ij} - \frac{n_{i.} n_{.j}}{n}\right)^2 / n_{i.}^2}{\frac{n_{i.} n_{.j}}{n} / n_{i.}^2} = \sum_i \sum_j n_{i.} \frac{\left(\frac{n_{ij}}{n_{i.}} - \frac{n_{.j}}{n}\right)^2}{\frac{n_{.j}}{n}}$$

$$= \sum_i n_{i.} \sum_j \frac{n}{n_{.j}} \left(\frac{n_{ij}}{n_{i.}} - \frac{n_{.j}}{n}\right)^2 = \sum_i n_{i.} \tilde{d}_i^2$$

Entsprechend erhält man die Inertia aus den Chi-Quadrat-Distanzen der Zeilenprofile vom mittleren Zeilenprofil durch Gewichtung mit den Massen der Zeilen.

In der Korrespondenzanalyse wird, wie bemerkt, eine grafische Darstellung angestrebt, die möglichst gut die Chi-Quadrat-Distanzen zwischen Zeilenprofilen und zwischen Spaltenprofilen wiedergibt.

Die hier errechneten Chi-Quadrat-Distanzen zwischen den Zeilenprofilen entsprechen exakt den Abständen zwischen den Zeilenpunkten bei der Zeilen-Prinzipal-Normalisierung in Abbildung 7.29. Es lassen sich auch Chi-Quadrat-Distanzen zwischen Zeilenprofilen und Extrem-Zeilenprofilen, die die Spalten repräsentieren, berechnen, die durch die Abstände der betreffenden Punkte in der grafischen Darstellung wiedergegeben werden. Analoges gilt für die Spaltenprofilen bei Anwendung der Spalten-Prinzipal-Normalisierung, deren Ergebnis Abbildung 7.30 zeigt. Es sind aber keine Chi-Quadrat-Distanzen zwischen Zeilen- und Spaltenprofilen definiert, weshalb eine theoretische Grundlage für die Interpretation dieser Zwischen-Gruppen-Distanzen in der symmetrischen Darstellung fehlt.

Literaturhinweise

A. Basisliteratur zur Korrespondenzanalyse

Backhaus, K./Meyer, M. (1988), Korrespondenzanalyse - ein vernachlässigtes Analyseverfahren nicht metrischer Daten in der Marketing-Forschung, in: *Marketing ZFP*, Vol. 10, S. 295-307.

Greenacre, M. (1984), Theory and Applications of Correspondence Analysis, London.

Greenacre, M. (1993), Correspondence Analysis in Practice, London.

Meyer, M./Diehl, H./Wendenburg, D. (2008), Korrespondenzanalyse, in: Herrmann, A./Homburg, C./Klarmann, M. (Hrsg.), Handbuch Marktforschung, 3. Auflage, S. 405-438, Wiesbaden.

B. Zitierte Literatur

Backhaus, K./Meyer, M. (1988), Korrespondenzanalyse: Ein vernachlässigtes Analyseverfahren nicht metrischer Daten in der Marketing-Forschung, in: *Marketing ZFP*, Vol. 10, S. 295–307.

Benzécri, J.-P. (1963), Cours de Lingustique Mathématique, Universite de Rennes, Rennes, France.

Benzécri, J.-P. (1969), Statistical Analysis as a Tool to Make Patterns Emerge from Data, in: Watanabe, S. (Hrsg.): Methodologies of Pattern Recognition, S. 35-74, New York.

Blasius, J. (2001), Korrespondenzanalyse, München u. a..

Carroll, J./Green, P./Schaffer, C. (1987), Comparing Interpoint Distances in Correspondence Analysis: A Clarification, in: *Journal of Marketing Research*, Vol. 24, S. 445–450.

Eckart, C./Young, G. (1936), The Approximation of one Matrix by another one of Lower Rank, in: *Psychometrika*, Vol. 1, S. 211–218.

Fisher, R. (1938), Statistical methods for research workers, Edinburgh.

Gabriel, K. (1971), The Biplot - Graphic Display of Matrices with Application to Principal Components Analysis, in: *Biometrika*, Vol. 58, S. 453–467.

Gifi, A. (1981), Non-Linear Multivariate Analysis, University of Leiden, Leiden.

Golub, G./Reinsch, C. (1971), Singular Value Decomposition and Least Squares Solutions, in: Wilkinson, H./Reinsch, C. (Hrsg.): Handbook for Automatic Computation, Vol. II, Linear Algebra, S. 134-151, Berlin u.a.

Greenacre, M. (1984), Theory and Applications of Correspondence Analysis, London.

Greenacre, M. (1993), Correspondence Analysis in Practice, London.

Guttman, L. (1941), The quantification of a class of attributes: A theory and method of scale contruction. In: Horst, P. (Hrsg.): The Prediction of Personal Adjustment, Social Science Research Council, S. 319-348, New York.

Hill, M. (1974), Correspondence Analysis: A Neglected Multivariate Method, in: *Applied Statistics*, Vol. 23, Nr. 3, S. 340–354.

Hirschfeld, H. (1935), A Connection Between Correlation and Contingency, in: *Proceedings of the Cambridge Philosophical Society*, Vol. 31, S. 520–524.

Hoffmann, D./Franke, G. (1986), Correspondence Analysis: Graphical Representation of Categorical Data in Marketing Research, in: *Journal of Marketing Research*, Vol. 24, S. 213–227.

Horst, P. (1935), Measuring complex attitudes, in: *Journal of Social Psychol*, Vol. 6, S. 369–374.

Lebart, L./Morineau, A./Warwick, K. (1984), Multivariate Descriptive Statistical Analysis: Correspondence Analysis and Related Techniques for Large Matrices, New York.

Meyer, M./Diehl, H./Wendenburg, D. (2008), Korrespondenzanalyse, in: Herrmann, A./Homburg, C./Klarmann, M. (Hrsg.), Handbuch Marktforschung, 3. Auflage, S. 405-438, Wiesbaden.

Nishisato, S. (1980), Analysis of Categorical Data: Dual Scaling and its Applications, University of Toronto, Toronto.

SPSS Inc. (1991), SPSS Statistical Algorithms, Band 2, Chicago.

Stichwortverzeichnis

Ähnlichkeitsurteile, 355
überidentifizierte Modelle, 87

Abbruchkriterium, 306
Abnehmende Ertragszuwächse, 43
Adopter, 49
Aktivierungsfunktion, 298, 302, 311
   logistische, 314
Algorithmen, 37, 57
AMOS, 12, 69, 98, 152
ANOVA-Tabelle, 57
Anpassungsgüte, 93
asymptotically distribution-free, 113
Ausgabeneuronen, 303

Backpropagation-Algorithmus, 307
Berücksichtigung von Stichprobeneinflüssen, 113
Blocking, 286
Blocking-Variable, 289
Bootstrap-Schätzer, 59
Bootstrapping, 43

Centroid, 411
Chi-Quadrat, 412
   Anpassungstest, 94
   Distanz, 445
   Test, 148
   Teststatistik, 94
   Wert, 94, 148
Choice Design, 264
Choice Set, 183
Choice-Model, 191
City-Block-Metrik, 359
Column points, 421
Conjoint-Analyse
   auswahlbasiert, 13

   choice based, 176
   traditionelle, 176
Critical Ratio, 144
Cronbachs Alpha, 142

D-Effizienz, 270
Datenmuster, 300
Dekompositionelle Verfahren, 176
Diffusionstheorie, 49
direkte Beeinflussungseffekte, 107
Diskrepanzfunktionen, 90, 141
Diskriminanzvalidität, 142, 147, 165
Disparitäten, 363
Distanzmodell, 358
Drittvariable, 84
Drittvariableneffekte, 84
Dual Scaling Biplot, 405
Durchschnittlich extrahierte Varianz (DEV), 146, 165

Eigenschaftsurteile, 387
Eigenwertanteil, 419
Eingabeneuronen, 303
Eingabeschicht, 302
Einzelwert, 434
Einzelwertzerlegung, 418
EQS-Verfahren (EQuations based Structural program), 111
Erweiterte Logistische Funktion, 61
Erweitertes Bass-Modell, 61
Euklidische Metrik, 359
Experimental Design, 264
Exponential-Modell, 38
Extremtypen, 430

F-Statistik, 41
Faktorenanalyse

Stichwortverzeichnis

konfirmatorische, 13
Faktorielles Design, 264
Faktorladungen, 126
 quadrierte, 165
Faktorreliabilität, 142, 146, 165
Faktorwerte, 126
Feedback-Netze, 299
Fehlersignal, 319
Fehlervariable, 133
Fehlervarianz, 133
Feste Parameter, 85, 100
Fit eines Messmodells, 143
Flache Plateaus, 322
Fornell/Larcker-Kriterium, 142, 147
Freie Parameter, 85, 101
Freiheitsgrade, 86, 135
Fundamentaltheorem der Faktorenanalyse, 77, 126

Gütekriterien, 92
 deskriptive, 150
 inferenzstatistische, 148
Gamma-Koeffizient, 69
Gesamtstreuung, 41
Globales Optimum, 62
Gompertz-Modell, 47
Goodness-of-Fit-Index, 150
Gradientenverfahren, 198, 366

Hidden Layer, 298
Hypothesen, 97
hypothetische Konstrukte, 67, 122, 129

Idealpunkt-Modell, 187, 377, 381
Identifizierbarkeit, 87, 100, 135
Independence Model, 109
Indikatoren, 75
Indikatorreliabilität, 93, 104
Indikatorvariablen, 73, 76, 125
indirekte Effekte, 107
Intrinsisch linear, 26
Intrinsisch nichtlinear, 26
Item-to-Total-Korrelation, 142
Iterationsprotokoll, 56
Iterative Algorithmen, 31

Joint-space-Analyse, 375

Künstliche Neuronale Netze, 296
 einschichtige, 304

Kausalanalyse, 11, 71
Kausalmodell, 81
Koeffizienten, 92
kompensatorische Nutzenmodelle, 189
Konfidenzintervalle, 42
Konfiguration, 353
Konstrukt-Konzeptualisierung, 111
Konstrukte
 erster Ordnung, 170
 höherer Ordnung, 170
 hypothetische, 122
Konstruktebene, 142
Kontingenztabelle, 407, 434
Konvergenzkriterium, 34
Konvergenzvalidität, 142
Konzept multipler Items, 130
Korrelation, 72, 93
Korrelationskoeffizient, 72
Korrespondenztabelle, 415
Korrespondenzanalyse, 15
Korrespondenzraum, 409
kovarianzanalytischen Ansatzes, 71
Kovarianzstrukturanalyse, 69, 91, 141

Lateinisches Quadrat, 275
Latent Class-Ansatz, 218
Levenberg-Marquardt-Methode, 57
Likelihood-Ratio-Test, 94, 148
Linearität, 24, 26
LISREL-Ansatz (Linear Structural Relationships), 111
Log-Likelihood-Funktion, 197
Logistisches Modell, 47
Logit, 193
Logit-Choice-Model, 192
Lokales Minimum, 34

Massen, 409
Max-Utility-Model, 191
Maximum-Likelihood-Methode, 91, 141, 196
Mehrgruppen-Faktorenanalyse, 170
Mehrgruppen-Kausalanalyse, 114
Messmodell, 75
 der latenten endogenen Variablen, 79
 der latenten exogenen Variablen, 79
 formatives, 111, 124
 reflektives, 76, 122, 125
Methode der kleinsten Quadrate, 33

Methodenfaktor, 84
MIMIC-Modell, 111, 171
Minkowski-Metrik, 361
MLP, 301
Mobilfunkteilnehmer, 47
Modellbeurteilung, 113
Modelle
    überidentifiziert, 141
Modellebene, 143
Modellidentifikation, 135
Modellkomplexität, 24
Modellmodifikation, 114
Modellspezifikation, 134
modelltheoretische Korrelationsmatrix, 117
Monotoniebedingung, 361
Multidimensionale Skalierung, 14

Nebenbedingungen, 62
Netzfehler, 317
Netztraining, 316
Netztypauswahl, 309
Netztypen, 300
Neuronale Netze, 14
Nicht-Linearität, 296
Nichtlineare Regression, 24
Nichtlinearität, 25
None-Option, 181
Normalisierung, 420
Normalverteilung
    Prüfung der, 112
Nullmodell (independence model), 167

Operationalisierung, 68, 124
Overfitting, 320

P-Wert, 145
Paarweise Distanzen, 351
Parameter
    feste, 134, 156
    freie, 135, 156
    restringierte, 134, 156
Parameterschätzer, 57
    standardisiert, 104
    unstandardisiert, 104
Parameterschätzungen, 92, 137, 169
Partial Least Squares (PLS), 69, 115, 125, 171
PCLOSE, 95
PCLOSE-Wert, 150

Pfaddiagramm, 74, 82, 98, 132, 152, 154
Pfadkoeffizienten, 165
Phi-Matrix, 102
Pick-any-method, 408
Plausibilitätsprüfung, 143
Positionierung, 14
Potenz-Modell, 38
Praktische Durchführung, 34
Profile, 409
Propagierungsfunktion, 302, 311
Property Fitting, 375, 387

Quadratwurzel-Modell, 26
Quadrierte multiple Korrelationskoeffizienten, 92
Quasi-Newton-Verfahren, 198

R-Quadrat, 40
Random-Choice-Model, 192
Ratingverfahren, 357
Rationalitätsparameter, 192
Referenzvariable, 136
Regression
    nichtlineare, 12
Reliabilität, 92, 142
Reliabilitäts- und Validitätsprüfung, 143
Reliabilitätskoeffizienten, 92
Restringierte Parameter, 85, 101
Root Mean Square Error of Approximation (RMSEA), 95, 149
Row points, 421

Sättigungsgrenze, 44, 47
saturierte Modelle, 109
scale free least-squares, 113
Schätzalgorithmus, 90, 141
Schrittweitenproblem, 366
Schwellenwertneuron, 315
Second-Order-Faktorenanalyse, 170
Sensitivitätsanalyse, 324
Shepard-Diagramm, 362
Sigmoide Funktionen, 313
Skalenniveau, 111
Solver, 34
Solver-Parameter, 36
SOR-Modell, 297
Split-Half-Methode, 142
SPSS-Dialog, 55

Stichwortverzeichnis

SPSS-Output, 56
SPSS-Syntax, 54
Squared Multiple Correlations, 104, 146
Störgrößen, 74
Standardfehler der Parameter, 42
Standardfehler der Schätzung, 92, 144
Standardfehler des Modells, 41
standardisierte Regressionskoeffizienten (Standardized Regression Weights), 104
Standardized Root Mean Square Residual, 150
Startwerte, 37, 62
Stichprobenumfang, 113
Stimuli
   physisch, 182
   verbal, 182
   visuell, 182
STRESS-Maß, 364
Streudiagramm, 28
Strukturen-entdeckende Verfahren, 11, 404
Strukturen-prüfende Verfahren, 11
Strukturgleichungen, 74
Strukturgleichungsanalyse, 12, 65, 67, 83, 110
Strukturgleichungsmodell, 68
   vollständiges, 73
Strukturmodell, 68, 74, 79
Summe der quadrierten Residuen, 33
Summenfunktion, 302
Symmetrische Normalisierung, 423
Syntaxdatei, 60

t-Test, 144
Tangenshyperbolicus-Funktion, 314
Teilwert-Modell (Partworth-Modell), 187
Theoretische Begriffe, 122
Totale Inertia, 413
totaler Beeinflussungseffekt, 107
Trägheit, 435
Trägheitsgewichte, 419

unweighted least-squares, 113

Validierungsdaten, 321
Validität, 94
Variable
   latente, 68, 122, 136
   latente exogene, 75
   manifeste, 136
Variableneffekte, 104
Varimaxkriterium, 369
Vektor-Modell, 187, 378, 380
Verlustfunktionen, 59
Vorwärtsgerichtete Netze, 298

Wachstumsmodell, 30, 44
Wachstumsprozesse, 45
Werbebudget, 27

Zentrierung, 416

![Springer Gabler] springer-gabler.de

Klaus Backhaus
Bernd Erichson
Rolf Weiber

Fortgeschrittene Multivariate Analysemethoden

Eine anwendungsorientierte Einführung

3. Auflage

Preis der Deutschen Marktforschung 2015

EXTRAS ONLINE — Springer Gabler

Jetzt im Springer Shop bestellen:
http://springer.com/978-3-662-46086-3

Lizenz zum Wissen.

Sichern Sie sich umfassendes Wirtschaftswissen mit Sofortzugriff auf tausende Fachbücher und Fachzeitschriften aus den Bereichen: Management, Finance & Controlling, Business IT, Marketing, Public Relations, Vertrieb und Banking.

Exklusiv für Leser von Springer-Fachbüchern: Testen Sie Springer für Professionals 30 Tage unverbindlich. Nutzen Sie dazu im Bestellverlauf Ihren persönlichen Aktionscode C0005407 auf *www.springerprofessional.de/buchkunden/*

Jetzt 30 Tage testen!

Springer für Professionals.
Digitale Fachbibliothek. Themen-Scout. Knowledge-Manager.

- 🔍 Zugriff auf tausende von Fachbüchern und Fachzeitschriften
- 🕑 Selektion, Komprimierung und Verknüpfung relevanter Themen durch Fachredaktionen
- 🔗 Tools zur persönlichen Wissensorganisation und Vernetzung

www.entschieden-intelligenter.de

Springer für Professionals — Springer

Springer Gabler

springer-gabler.de

Das Gabler Wirtschaftslexikon – aktuell, kompetent, zuverlässig

Springer Fachmedien Wiesbaden, E. Winter (Hrsg.)

Gabler Wirtschaftslexikon

18., aktualisierte Aufl. 2014. Schuber, bestehend aus 6 Einzelbänden, ca. 3700 S. 300 Abb. In 6 Bänden, nicht einzeln erhältlich. Br.

* € (D) 79,99 | € (A) 82,23 | sFr 100,00
ISBN 978-3-8349-3464-2

- Das Gabler Wirtschaftslexikon vermittelt Ihnen die Fülle verlässlichen Wirtschaftswissens
- Jetzt in der aktualisierten und erweiterten 18. Auflage

Das Gabler Wirtschaftslexikon lässt in den Themenbereichen Betriebswirtschaft, Volkswirtschaft, aber auch Wirtschaftsrecht, Recht und Steuern keine Fragen offen. Denn zum Verständnis der Wirtschaft gehört auch die Kenntnis der vom Staat gesetzten rechtlichen Strukturen und Rahmenbedingungen. Was das Gabler Wirtschaftslexikon seit jeher bietet, ist eine einzigartige Kombination von Begriffen der Wirtschaft und des Rechts. Kürze und Prägnanz gepaart mit der Konzentration auf das Wesentliche zeichnen die Stichworterklärungen dieses Lexikons aus.

Als immer griffbereite „Datenbank" wirtschaftlichen Wissens ist das Gabler Wirtschaftslexikon ein praktisches Nachschlagewerk für Beruf und Studium - jetzt in der 18., aktualisierten und erweiterten Auflage. Aktuell, kompetent und zuverlässig informieren über 180 Fachautoren auf 200 Sachgebieten in über 25.000 Stichwörtern. Darüber hinaus vertiefen mehr als 120 Schwerpunktbeiträge grundlegende Themen.

€ (D) sind gebundene Ladenpreise in Deutschland und enthalten 7% MwSt; € (A) sind gebundene Ladenpreise in Österreich und enthalten 10% MwSt. sFr sind unverbindliche Preisempfehlungen. Preisänderungen und Irrtümer vorbehalten.

Jetzt bestellen: springer-gabler.de

Printing and Binding: PHOENIX PRINT GmbH, Würzburg